Django 5 Web 应用开发实战

黄永祥 / 著

清華大學出版社
北京

内 容 简 介

本书集Django架站基础、项目实践、开发经验于一体，是一本从零基础到精通Django Web企业级开发技术的实战指南。本书内容以Python 3.x和Django 5版本为基础，从Django 5构建项目开始，逐步深入讲述Django框架的各项功能要点，每个功能要点从源码角度分析，并在源码的基础上实现自定义的功能开发。还介绍了Django的第三方功能应用，如DRF框架开发API接口、生成网站验证码、站内搜索引擎、第三方网站实现账号注册、异步任务和定时任务、即时通信实现在线聊天，同时介绍了当前流行的前后端分离模式和微服务架构网站的开发，本书还提供了两个完整的Web实战案例：博客系统和音乐网站平台，从中读者可以学习了解网站开发的全流程，最后介绍了Django项目的上线部署。

本书注重案例教学，讲解深入浅出，非常易于上手，适合有一定Python基础的开发人员和在校学生学习，也可以用作培训机构和大中专院校Web项目开发的教学实践用书。

图书在版编目（CIP）数据

Django 5 Web应用开发实战/黄永祥著. —北京：清华大学出版社，2024.5
ISBN 978-7-302-66183-2

Ⅰ. ①D… Ⅱ. ①黄… Ⅲ. ①软件工具－程序设计 Ⅳ. ①TP311.561

中国国家版本馆CIP数据核字（2024）第086438号

责任编辑：王金柱
封面设计：王　翔
责任校对：闫秀华
责任印制：刘海龙

出版发行：清华大学出版社
网　　址：https://www.tup.com.cn，https://www.wqxuetang.com
地　　址：北京清华大学学研大厦A座　　**邮　　编**：100084
社 总 机：010-83470000　　**邮　　购**：010-62786544
投稿与读者服务：010-62776969，c-service@tup.tsinghua.edu.cn
质量反馈：010-62772015，zhiliang@tup.tsinghua.edu.cn
印 装 者：三河市铭诚印务有限公司
经　　销：全国新华书店
开　　本：190mm×260mm　　**印　　张**：34　　**字　　数**：917千字
版　　次：2024年5月第1版　　**印　　次**：2024年5月第1次印刷
定　　价：129.00元

产品编号：106761-01

前　　言

Python是当前热门的开发语言之一，它有着广泛的应用领域。无论是网络爬虫、Web开发、数据分析还是人工智能等领域，Python都备受开发者的青睐。目前，很多企业都选择Python作为网站服务器的开发语言。因此，掌握Web开发是Python开发者必不可少的技能之一。

Django是Python在Web开发领域的首选框架，其优势在于强调开发的规范性，这不仅有助于规范开发者的编码习惯，而且与企业对规范化管理的需求相契合。因此，Django已成为开发人员必学的Web框架之一。

本书讲述的内容基于Django 5及更高版本，涉及从Django入门到网站架构设计的广泛主题。通过对本书内容的学习，读者能够深入了解Web开发技术，并在通往架构师之路上稳步前行。

本书结构

本书共16章，各章内容概述如下：

第1章介绍网站的基础知识和Django的环境搭建，包括网站的运行原理及开发流程、Django的安装、开发环境的搭建、项目的创建与调试。

第2章介绍Django的项目配置，包括基本配置、资源文件配置、模板配置、数据库配置和中间件。

第3章讲述路由的编写规则，包括路由变量的设置、设置正则表达式、命名空间与路由命名、路由的反向解析和重定向。

第4章介绍视图函数的定义方法，其中包括用户的响应方式、文件下载、HTTP请求信息、文件上传、Cookie反爬虫功能以及请求头反爬虫功能。

第5章讲述视图类的定义与使用，将视图类根据用途划分为三部分：数据显示视图、数据操作视图和日期筛选视图。

第6章详细讲解模板的编写方法，包括Django模板引擎和Jinja2模板引擎的使用。

第7章涵盖模型与数据库的内容，包括模型的定义与数据迁移、数据表的数据关系、数据的读写操作、多数据库的连接与使用，并讲述数据表的动态创建和MySQL分表功能。

第8章介绍表单与模型，主要讲述表单与模型如何结合生成数据表单，并通过数据表单操作实现数据表的数据读写。例如，同一网页多个表单、一个表单多个按钮、表单批量处理和多文件批量上传等常见的Web应用。

第9章介绍Django内置的Admin后台系统，讲述Admin的基本设置以及一些常用功能的二次开发。

第10章介绍Django内置的Auth认证系统，讲述内置模型User的使用和扩展，以及如何实现用户注册和登录功能、用户权限的设置和用户组的设置。

第11章介绍Django常用的Web应用程序，包括会话控制、缓存机制、CSRF防护、消息框架、分页功能、国际化和本地化、单元测试、自定义中间件、异步编程（多线程的应用、ASGI服务、异步视图以及异步与同步的转换）以及信号机制。

第12章介绍Django的第三方功能应用，如DRF框架开发API接口、生成网站验证码、站内搜索引擎、第三方网站实现用户注册、异步任务和定时任务、即时通信实现在线聊天。

第13章讲述博客系统的开发，网站功能包括用户（博主）注册和登录、博主资料信息、图片墙功能、留言板功能、文章列表、文章正文内容以及Admin后台系统。

第14章讲述音乐网站平台的开发，网站主要功能包括首页、歌曲排行榜、歌曲搜索、歌曲播放、歌曲点评、用户注册和登录、用户中心、Admin后台管理以及网站异常机制。

第15章讲述基于前后端分离与微服务架构的网站开发，包括Vue开发用户界面、Django开发API接口、微服务架构、JWT认证以及微服务注册与发现。

第16章分别讲述Django如何部署在Windows和Linux上。在Windows上采用IIS+wfastcgi+Django部署方案；在Linux上是基于Docker部署Nginx+uWSGI+Django来搭建网站。

本书特色

本书具有以下特色：

图文并茂，深入浅出：全书图文并茂地介绍了Django在Web开发中的 应用，从零基础到项目实战，对Django 5的各项功能进行了深入浅出 的讲解，同时，很多图示还进行了指示性标注，非常易于初次上手 Django的读者理解。

步骤教学，案例丰富：使用一步一步的教学方式，无论是功能讲解， 还是项目示例，尽可能一步一步地详细阐述操作流程，并辅之以丰富 的代码示例。

项目实战，拒绝纸上谈兵：书中除了提供了大量小示例，还提供完整 的Web网站项目，从项目需求分析到完整开发流程全方位讲解，特别 是Web项目包含的功能足够完整，已非常接近于实际项目，对于提升 读者的开发技能大有裨益。

注重介绍主流技术和企业级开发技能：书中介绍了当前Web开发广泛 使用的微服务技术和前后端分离架构技术，可帮助读者掌握主流开发 技术，成长为真正的企业级开发高手。

资深作者带你飞：笔者作为开发人从业超过十年，长期从事Web开发，拥有丰富的大型项目的实战经验，你从本书不仅能够掌握实战技能 ，还能感受到笔者的经验之谈。

源代码下载

本书所有程序代码均在Python 3.10和Django 5下调试通过，读者可以扫描下面的二维码下载：

如果在下载过程中遇到问题，可发送邮件至booksaga@126.com，邮件主题为“Django 5 Web应用开发实战”。

读者对象

本书主要适合以下读者阅读：

- Django 初学者及在校学生
- Django 初级开发工程师
- 从事 Python 网站开发的技术人员
- 其他学习 Django 的开发人员

虽然笔者力求本书更臻完美，但由于水平有限，书中难免存在疏漏之处，尤其是随着Django版本的更新，书中提供的源代码可能会在运行过程中出现问题。因此，竭诚欢迎广大读者和专家批评指正，笔者将不胜感激。

黄永祥

2024年1月1日

目　　录

第 1 章

走进Django 5

Django是一个开放源代码的Web应用框架，已成为当前Web开发的首选框架，如果想快速开发一个Web网站，那么Django可以说是最佳选择。本章将介绍Django的基础知识，包括安装Django 5、创建项目、使用Django的操作指令、程序调试方法等内容。

1.1 Django 5 的新特性

Django由Python编写而成，最初用于管理劳伦斯出版集团旗下的一些以新闻内容为主的网站。它是一个CMS（内容管理系统）软件，于2005年7月在BSD许可证下发布，并以比利时的吉卜赛爵士吉他手Django Reinhardt的名字来命名。Django采用了MTV框架模式，即模型（Model）、模板（Template）和视图（Views），三者之间各自承担不同的职责。

- 模型：数据存取层，用于处理与数据相关的所有事务，例如存取数据、验证数据有效性、定义行为和数据之间的关系等。
- 模板：表现层，用于处理与呈现相关的决策，例如如何在页面或其他类型的文档中进行显示。
- 视图：业务逻辑层，负责存取模型并调取适当的模板，是模型与模板之间的桥梁。

Django的主要目的是简便、快速地开发由数据库驱动的网站。它强调代码复用，多个组件可以很方便地以插件形式服务于整个框架。Django有许多功能强大的第三方插件，可以便捷地开发出自己的工具包，这使得Django具有很强的可扩展性。此外，Django还强调快速开发和DRY（Do Not Repeat Yourself）原则。Django基于MTV的设计十分优美，具有以下特点：

- 对象关系映射（Object Relational Mapping，ORM）：通过定义映射类来构建数据模型，将模型与关系数据库连接起来。使用ORM框架内置的数据库接口可实现复杂的数据操作。
- URL设计：开发者可以自由设计URL（网站地址），同时支持正则表达式的使用。
- 模板系统：提供可扩展的模板语言，支持模板之间的继承。
- 表单处理：能够生成各种表单模型，并提供有效性验证功能。
- Cache系统：具备完善的缓存系统，支持多种缓存方式。
- Auth认证系统：提供用户认证、权限设置和用户组功能，具有较强的功能扩展性。

- 国际化：内置国际化系统，便于开发多种语言的网站。
- Admin后台系统：内置Admin后台管理系统，具有较强的扩展性。

目前，Django最新版本为5.0，它只支持Python 3.10或以上版本。新版本在模型、Admin后台系统、表单、异步身份验证功能、地理空间功能扩展、消息框架等功能上进行了改进。

（1）新增了模型字段GeneratedField，主要用于模型字段计算处理。以下是该字段的属性说明：

- expression：用于设置字段计算规则。
- output_field：用于设置字段数据类型。
- db_persist：表示字段是否占用存储空间，若db_persist=True，则模型字段在数据表中生成相应表字段；若db_persist=False，则数据表不生成相应表字段。

GeneratedField的使用示例如下：

```
from django.db import models
from django.db.models import F
class Square(models.Model):
    side = models.IntegerField()
    area = models.GeneratedField(expression=F("side") * F("side"),
                output_field=models.IntegerField(),db_persist=True)
```

（2）新增了模型字段属性db_default，用于设置表字段的默认值。它与字段属性default相似，但db_default是数据表的默认值，而default是模型字段的默认值。

（3）优化了模型字段属性choices，支持二级选项，如图1-1所示。

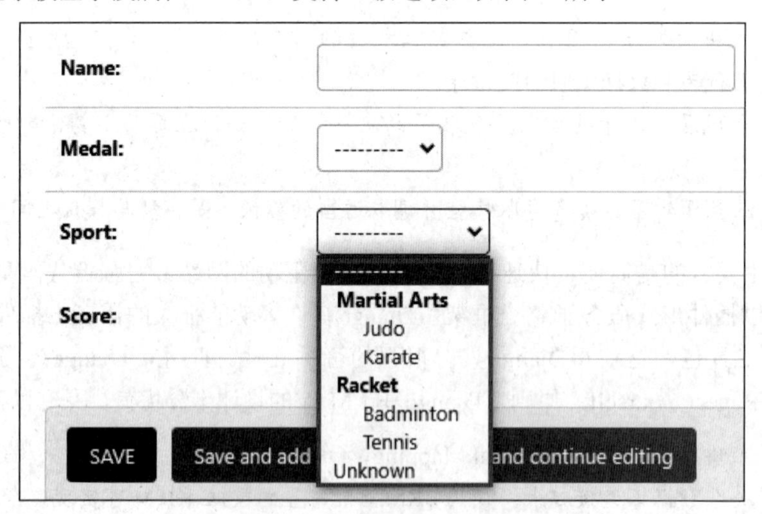

图 1-1 字段属性 choices

（4）新增了Admin后台系统配置属性show_facets，其属性值分别为admin.ShowFacets.ALWAYS、admin.ShowFacets.ALLOW、admin.ShowFacets.NEVER，主要用于控制过滤器的数据量，如图1-2所示。

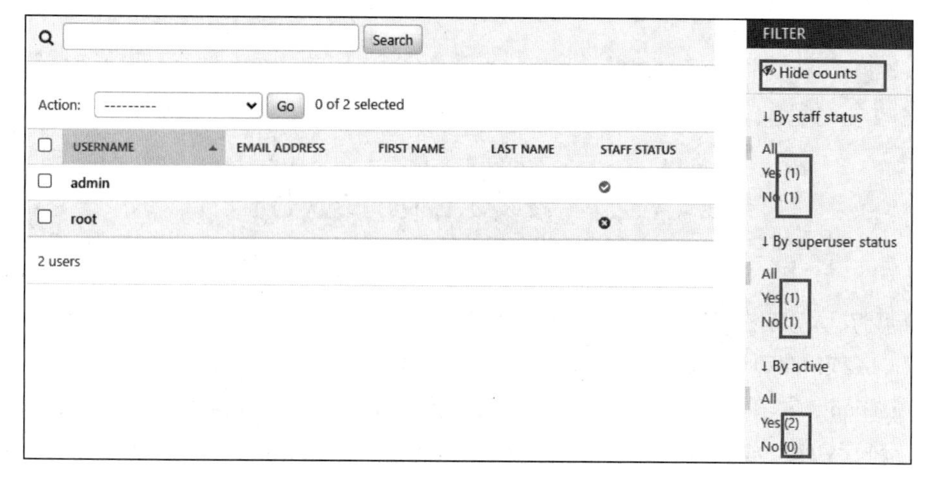

图 1-2　配置属性 show_facets

（5）优化了表单字段渲染，引入了“字段组”和字段组模板的概念。这一改进简化了Django表单字段的渲染，减少了渲染表单所需的HTML和模板代码量，使模板更简洁、更易于维护，示例如下：

```
# 优化前
<form>
...
<div>
  {{ form.name.label_tag }}
  ...
  {{ form.name }}
  <div class="row">
    ...
    <div class="col">{{ form.email.label_tag }}
      ...
      {{ form.email }}
    </div>
    <div class="col">{{ form.password.label_tag }}
      ...
      {{ form.password }}
    </div>
  </div>
</div>
...
</form>

# 优化后
<form>
...
<div>
  {{ form.name.as_field_group }}
  <div class="row">
    <div class="col">{{ form.email.as_field_group }}</div>
    <div class="col">{{ form.password.as_field_group }}</div>
  </div>
```

```
</div>
...
</form>
```

1.2 安装Django 5

为了满足广大读者的需求，本书的开发环境要求为Windows并使用Python 3.10或更高版本。对于使用Linux或Mac OS X操作系统的读者，可以在虚拟机上安装Windows操作系统。

在安装Django之前，首先需要安装Python。读者可以从Python官网下载.exe安装包进行安装。建议安装Python 3.10或更高版本，因为Django 5只支持Python 3.10及以上的版本。完成Python的安装后，接下来安装Django，安装方法如下：

（1）使用pip进行安装。首先按快捷键Windows+R打开“运行”对话框，然后在对话框中输入“CMD”并按回车键，进入命令提示符窗口（也称为终端），最后在命令提示符窗口输入以下安装指令：

```
pip install Django
```

（2）输入上述指令后按回车键，系统将自行下载Django的最新版本并进行安装，我们只需等待安装完成即可。

完成Django的安装后，需要进一步校验安装是否成功：再次进入命令提示符窗口，输入“python”并按回车键，即可进入Python交互解释器。在交互解释器下输入以下校验代码：

```
>>> import django
>>> django.__version__
```

1.3 创建项目

一个项目可以理解为一个网站。要创建一个Django项目，可以通过在命令提示符窗口输入创建指令来完成。首先，打开命令提示符窗口，然后将当前路径切换到D盘，再输入项目创建指令：

```
C:\Users\000>d:
D:\>django-admin startproject MyDjango
```

第一行指令是将当前路径切换到D盘；第二行指令是在D盘的路径下创建Django项目。指令中的“MyDjango”是项目名称，读者可自行命名。项目创建后，可以在D盘下看到新创建的文件夹MyDjango，在PyCharm下查看该项目的结构，如图1-3所示。

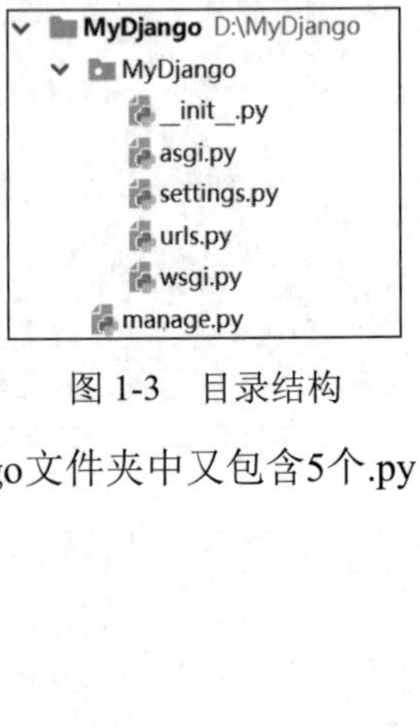

MyDjango D:\MyDjango
MyDjango
__init__.py
asgi.py
settings.py
urls.py
wsgi.py
manage.py

图 1-3 目录结构

MyDjango项目里包含MyDjango文件夹和manage.py文件，而MyDjango文件夹中又包含5个.py文件。项目的各个文件说明如下：

- manage.py：命令行工具，内置多种方式与项目进行交互。在命令提示符窗口下，将路径切换到MyDjango项目并输入“python manage.py help”，可以查看该工具的指令信息。
- __init__.py：初始化文件，一般情况下无须修改。
- asgi.py：开启一个ASGI服务，ASGI是异步网关协议接口。
- settings.py：项目的配置文件，项目的所有功能都需要在该文件中进行配置，配置说明会在第2章详细讲述。
- urls.py：项目的路由设置，设置网站的具体网址内容。
- wsgi.py：全称为Python Web Server Gateway Interface，即Python服务器网关接口，是Python应用与Web服务器之间的接口，用于Django项目在服务器上的部署和上线，一般不需要修改。

完成项目的创建后，接着创建项目应用。项目应用简称为App，每个App代表网站的一个功能。App的创建由文件manage.py实现，创建指令如下：

```
D:\>cd MyDjango
D:\MyDjango>python manage.py startapp index
```

从D盘进入项目MyDjango，然后执行python manage.py startapp XXX命令创建App，其中XXX是App的名称，读者可以自行命名。上述指令创建了网站首页，再次查看项目MyDjango的目录结构，结果如图1-4所示。

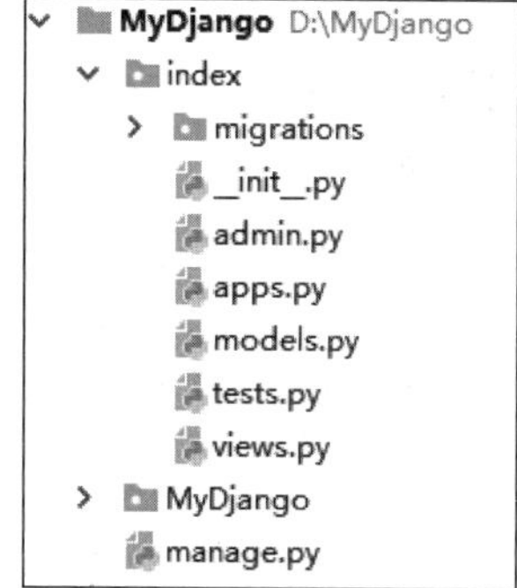

图 1-4　目录结构

MyDjango项目新建了index文件夹，它可以作为网站首页。在index文件夹中可以看到多个.py文件和1个migrations文件夹，说明如下：

- migrations：用于生成数据迁移文件，通过数据迁移文件可以在数据库里自动生成相应的数据表。
- __init__.py：index文件夹的初始化文件。
- admin.py：用于设置当前App的后台管理功能。
- apps.py：当前App的配置信息，一般情况下无须修改。
- models.py：定义数据库的映射类，每个类可以关联一张数据表，实现数据持久化，即MTV里面的模型（Model）。
- tests.py：自动化测试的模块，用于实现单元测试。
- views.py：视图文件，用于处理功能的业务逻辑，即MTV里面的视图（Views）。

完成项目和App的创建后，在命令提示符窗口输入以下指令启动项目：

```
C:\Users\000>d:
D:\>cd MyDjango
D:\MyDjango>python manage.py runserver 8001
```

将命令提示符窗口的路径切换到项目的路径，输入运行指令“python manage.py runserver 8001”，如图1-5所示。其中8001是端口号，如果指令里没有设置端口，端口就默认为8000。最后在浏览器上输入http://127.0.0.1:8001/，可看到项目的运行情况，如图1-6所示。

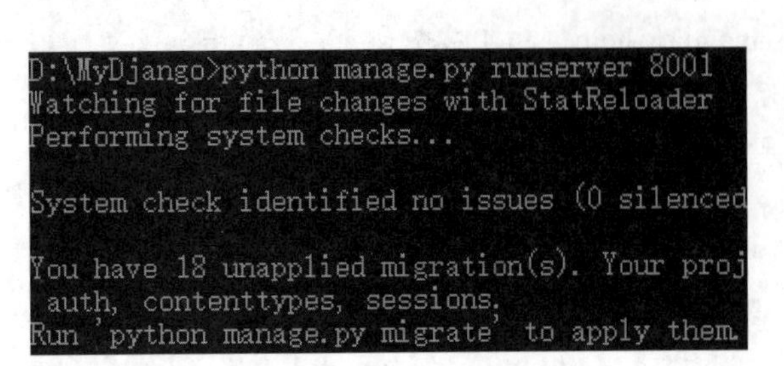

图 1-5　输入运行指令

图 1-6　项目运行情况

1.4　PyCharm 创建项目

除了在命令提示符窗口中创建项目之外，还可以在PyCharm中创建项目。PyCharm是一种广受欢迎的Python集成开发环境（IDE），我们可以用它开发和调试代码和管理项目。

PyCharm必须为专业版才能创建与调试Django项目，社区版是不支持此功能的。首先，打开PyCharm，在左上方菜单栏中依次单击“File→New Project”，创建新项目，如图1-7所示。

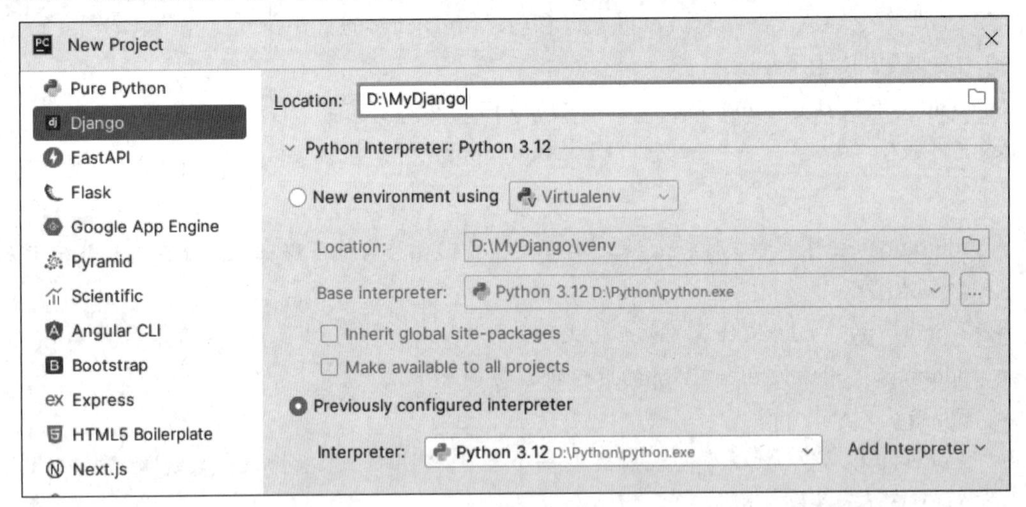

图 1-7　PyCharm 创建 Django

项目创建后，可以看到目录结构中多出了templates文件夹，该文件夹用于存放HTML模板文件，如图1-8所示。

接着，创建App，可以在PyCharm的Terminal中输入创建指令，创建指令与命令提示符窗口中输入的指令是相同的，如图1-9所示。

完成项目和App的创建后，启动项目。如果项目是由PyCharm创建的，就直接单击“运行”按钮启动项目，如图1-10所示。

如果项目是在命令提示符窗口中创建的，而又想要在PyCharm中启动项目，但PyCharm没有运行脚本，就需要为该项目创建运行脚本，如图1-11所示。

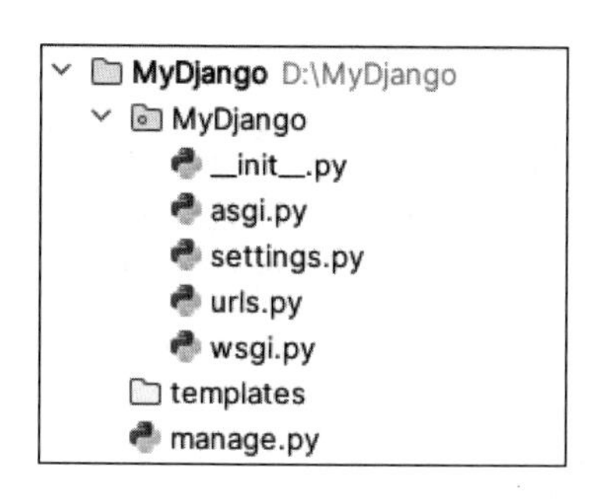

图 1-8　项目目录结构

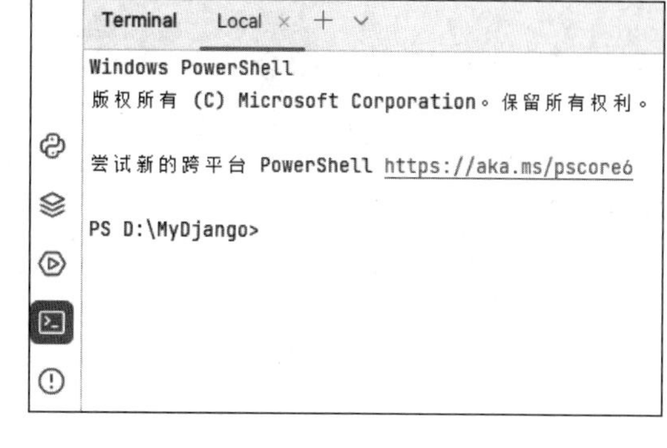

图 1-9　PyCharm 创建 App

图 1-10　PyCharm 启动项目

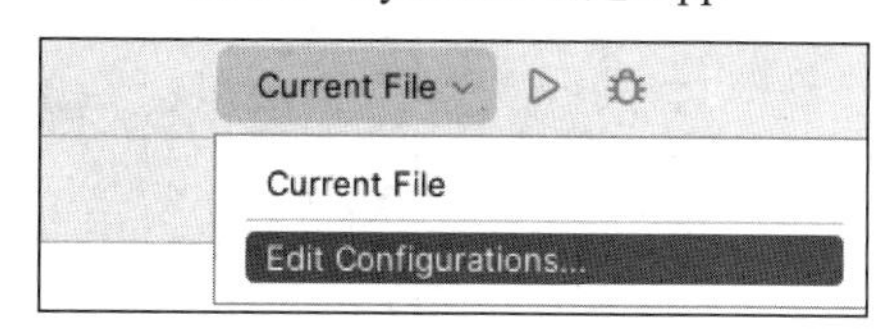

图 1-11　创建运行脚本

单击图1-11中的Edit Configurations就会出现Run/Debug Configurations界面，单击该界面左上方的 + 按钮，选择Django server，再输入脚本名字和Python安装目录，最后单击OK按钮即可创建运行脚本，如图1-12所示。

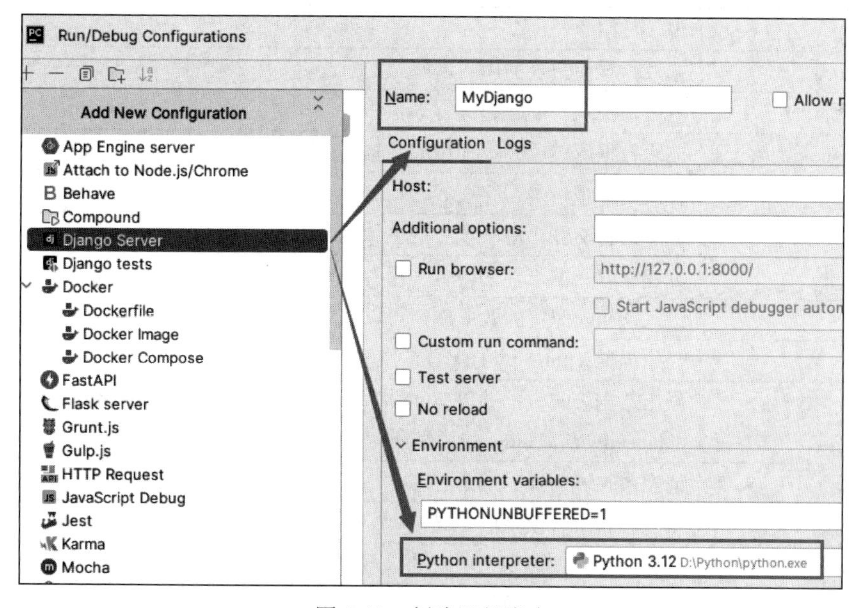

图 1-12　创建运行脚本

1.5　初试 Django 5

要学习Django，首先需要了解Django的操作指令。本节将大致介绍Django的操作指令，然后在MyDjango项目里编写Hello World网页，通过该网页来简单讲解Django的开发过程。

1.5.1　Django的操作指令

上一节介绍了如何在命令提示符窗口或PyCharm下创建Django项目和项目应用，无论是创建项目还是项目应用，都需要输入相关的指令才能实现，而这些都是Django内置的操作指令。

在PyCharm的Terminal中输入指令“python manage.py”后按回车键，即可看到相关的指令信息，如图1-13所示。

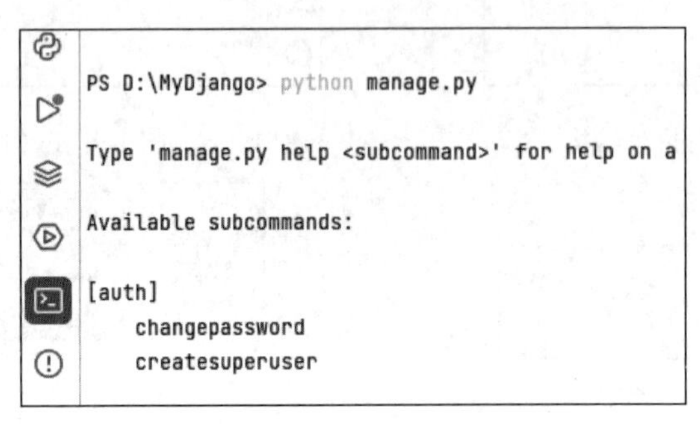

图 1-13　Django 指令信息

Django的操作指令共有31条，每条指令的说明以表格形式展示，如表1-1所示。

表 1-1　Django 操作指令说明

指　　令	说　　明
changepassword	修改内置用户表的用户密码
createsuperuser	为内置用户表创建超级管理员账号
remove_stale_contenttypes	删除数据库中已经不使用的数据表
check	检测整个项目是否存在异常
compilemessages	编译语言文件，用于项目的区域语言设置
createcachetable	创建缓存数据表，为内置的缓存机制提供存储功能
dbshell	进入Django配置的数据库，可以执行数据库的SQL语句
diffsettings	显示当前settings.py的配置信息与默认配置的差异
dumpdata	导出数据表的数据并以JSON格式存储，如python manage.py dump data index > data.json，这是index的模型所对应的数据导出，并保存在data.json文件中
flush	清空数据表的数据信息
inspectdb	获取项目所有模型的定义过程
makemessages	创建语言文件，用于项目的区域语言设置
loaddata	将数据文件导入数据表，如python manage.py loaddata data.json
makemigrations	从模型对象创建数据迁移文件并保存在App的migrations文件夹中
migrate	根据迁移文件的内容，在数据库里生成相应的数据表
optimizemigration	优化迁移操作并覆盖现有的迁移文件
sendtestemail	向指定的收件人发送测试的电子邮件
shell	进入Django的Shell模式，用于调试项目功能
showmigrations	查看当前项目的所有迁移文件

（续表）

指　令	说　明
sqlflush	查看清空数据库的SQL语句脚本
sqlmigrate	根据迁移文件内容输出相应的SQL语句
sqlsequencereset	重置数据表递增字段的索引值
squashmigrations	对迁移文件进行压缩处理
startapp	创建项目应用App
startproject	创建新的Django项目
test	运行App里面的测试程序
testserver	新建测试数据库，并使用该数据库运行项目
clearsessions	清除会话（Session）数据
collectstatic	收集所有的静态文件
findstatic	查找静态文件的路径信息
runserver	在本地计算机上启动Django项目

表1-1简单讲述了Django操作指令的作用，对于刚接触Django的读者来说，可能并不理解每个指令的具体作用，本节只对这些指令进行概述，读者只需要大概了解，在后续的学习中会具体讲述这些指令的使用方法。此外，有兴趣的读者也可以参考官方文档（https://docs.djangoproject.com/zh-hans/5.0/ref/django-admin/）。

1.5.2　开启Hello World之旅

相信读者现在已经对Django有了大概的认知，接下来我们将在MyDjango项目中开发Hello World网页，让读者打开Django的大门。

首先，在templates文件夹中新建一个index.html文件，该文件是Django模板文件。如果在命令提示符窗口下创建了MyDjango，则需要自行创建templates文件夹。项目目录结构如图1-14所示。

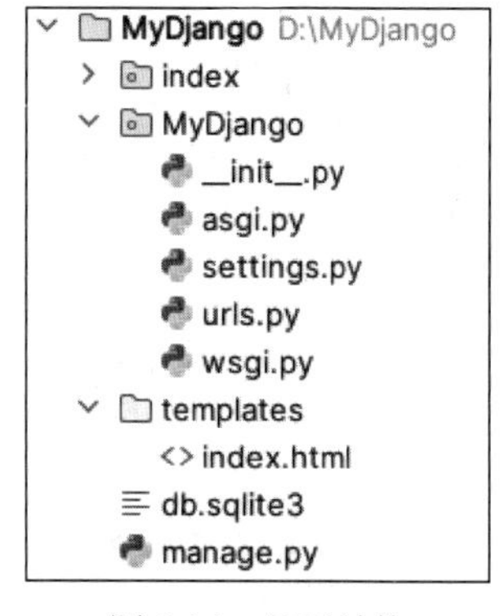

图 1-14　目录结构

接着，打开MyDjango文件夹的配置文件settings.py，找到配置属性INSTALLED_APPS和TEMPLATES，分别将项目应用index和模板文件夹templates添加到相应的配置属性中，其配置如下所示：

```
INSTALLED_APPS = [
    'django.contrib.admin',
    'django.contrib.auth',
    'django.contrib.contenttypes',
    'django.contrib.sessions',
    'django.contrib.messages',
    'django.contrib.staticfiles',
    # 添加项目应用index
    'index'
]
TEMPLATES = [
 {
    'BACKEND': 'django.template.backends.django.DjangoTemplates',
```

```
        'DIRS': [BASE_DIR / 'templates'],
        'APP_DIRS': True,
        'OPTIONS': {
            'context_processors': [
                'django.template.context_processors.debug',
                'django.template.context_processors.request',
                'django.contrib.auth.context_processors.auth',
                'django.contrib.messages.context_processors.messages',
            ],
        },
    },
]
```

Django的所有功能都需要在配置文件settings.py中设置，否则项目在运行的时候无法生成相应的功能。有关配置文件settings.py的配置属性将会在第2章讲述。

最后，在项目的urls.py（位于MyDjango文件夹中的urls.py）、views.py（位于项目应用index中的views.py文件）和index.html（位于templates文件夹中的index.html）中编写相应的代码，即可实现简单的Hello World网页。代码如下：

```
# MyDjango的urls.py
from django.contrib import admin
from django.urls import path
# 导入项目应用index
from index.views import index
urlpatterns = [
    path('admin/', admin.site.urls),
    path('', index)
]

# index的views.py
from django.shortcuts import render
def index(request):
    return render(request, 'index.html')

# templates的index.html
<!DOCTYPE html>
<html lang="en">
<head>
    <meta charset="UTF-8">
    <title>Hello World</title>
</head>
<body>
    <span>Hello World!!</span>
</body>
</html>
```

在上述代码里可以简单地映射出用户访问网页的过程，说明如下：

- 当用户在浏览器中访问某个网址时，该网址将在项目中设置的路由（urls.py文件）里找到相应的路由信息。
- 然后，从路由信息里找到对应的视图函数（views.py文件），由视图函数处理用户的请求。

- 视图函数将处理结果传递给模板文件（index.html文件），由模板文件生成网页内容，并在浏览器中展示。

启动 MyDjango 项目，然后在浏览器中访问路由地址 http://127.0.0.1:8000，即可看到Hello World网页，如图1-15所示。

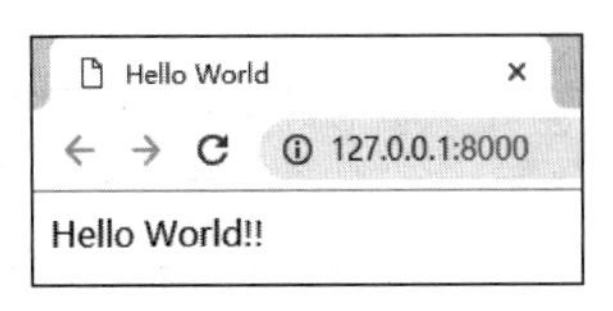

图 1-15　Hello World 网页

注意　由于Django默认使用SQLite作为数据库，因此在启动MyDjango项目后，将在MyDjango的目录中自动新建一个名为db.sqlite3的文件。

1.6　调试 Django 项目

在开发网站的过程中，为了确保功能可以正常运行并验证是否实现了开发需求，开发人员需要对已实现的功能进行调试。Django提供了两种调试方式：PyCharm断点调试和调试异常。

1.6.1　PyCharm断点调试

我们知道，要使用PyCharm调试Django开发的项目，需要使用PyCharm专业版，因为社区版不具备Web开发功能。在使用PyCharm启动Django时，可以在PyCharm上看到一个带有爬虫图标的按钮，该按钮用于开启Django的调试模式，如图1-16所示。

单击图1-16中的调试按钮（带有爬虫图标的按钮），即可开启调试模式，在PyCharm的正下方可以看到相关的调试信息，如图1-17所示。

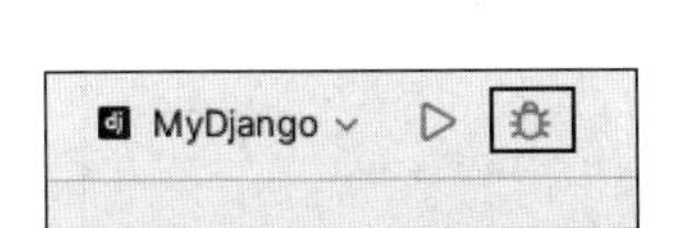

图 1-16　调试按钮

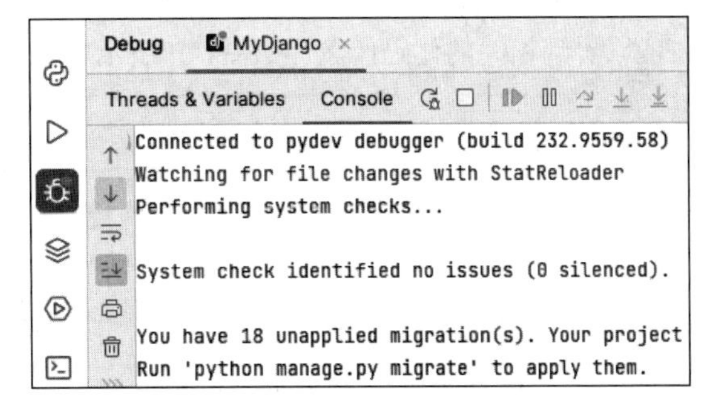

图 1-17　调试信息

在图1-17中的调试界面内可以看到多个操作按钮，其中常用的调试按钮的功能如表1-2所示。

表 1-2　常用的调试按钮的功能说明

按　钮	说　明
Console	显示项目的运行信息
Threads & Variables	显示程序的对象信息
	重新运行项目
	继续往下执行程序，直到下一个断点才暂停程序
	暂停当前运行的程序

（续表）

按　钮	说　明
	停止程序的运行
	查看所有断点信息
	清空Console的信息
	程序断点后，执行下一行的代码

下面将通过示例讲述如何使用PyCharm的调试模式。以MyDjango为例，在项目的index应用中，打开views.py文件，向视图函数index添加变量value，并在返回值return处设置一个断点，如图1-18所示。

```
views.py ×
1   from django.shortcuts import render
    2 usages
2   def index(request):
3       value = 'This is test!'
4       print(value)
●   <>  return render(request,  template_name: 'index.html')
```

图 1-18　设置断点

在图1-18中单击方框，即可出现红色的圆点，该圆点代表断点已经设置好了。当项目开启调试模式并运行到断点所在的代码位置时，程序就会暂停运行。

运行MyDjango的调试模式，并在浏览器上访问127.0.0.1:8000，在PyCharm正下方的调试界面中可以看到相关的代码信息，如图1-19所示。

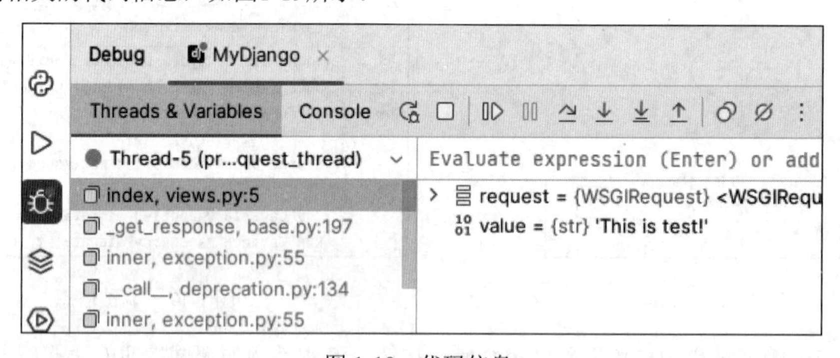

图 1-19　代码信息

调试界面Debug中的Frames是当前断点所在程序所依赖的程序文件。单击某个文件，Variables就会显示当前文件对应的程序所生成的对象信息。

单击 按钮，PyCharm就会自动往下执行程序，直到下一个断点才暂停程序。单击 按钮，PyCharm只会执行当前暂停位置的下一步代码，这样可以清晰地看到每行代码的执行情况。这两个按钮是断点调试最为常用的，它们能让开发者清晰地了解代码的执行情况和运行逻辑。

如果程序在运行过程中出现异常或者代码中设有输出功能（如print），那么这些信息就可以在PyCharm的正下方调试界面的Console中查看，如图1-20所示。

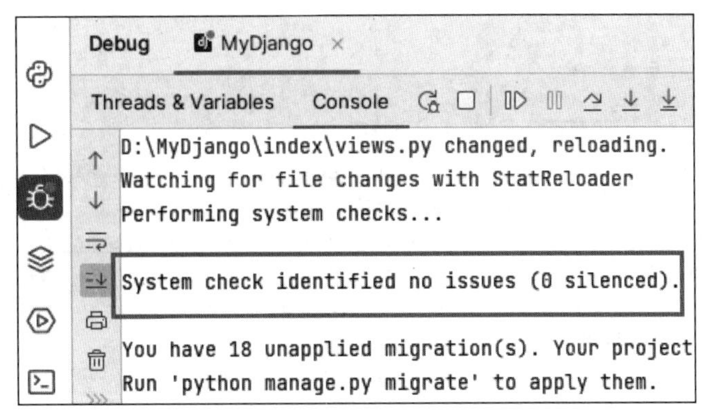

图 1-20　输出信息

启动项目时，在图1-20中的运行信息中看到“System check identified no issues (0 silenced)”信息，该信息表示Django对项目里所有的代码语法进行了检测，如果代码语法存在错误，在启动过程中就会报出相关的异常信息。

如果在图1-20中出现“This is test!”，就表示视图函数index成功执行了；如果出现“"GET / HTTP/1.1" 200”，表示浏览器成功访问了127.0.0.1:8000，其中200代表HTTP的状态码。

注意　由于无法在模板文件（templates的index.html）中设置断点，因此无法使用断点调试对模板文件进行调试。相反，可以通过PyCharm调试界面的Console或浏览器开发者工具来进行调试。

1.6.2　调试异常

PyCharm的调试模式无法调试模板文件，而模板文件需要使用Django的模板语法。如果想调试模板文件，那么最有效的方法是查看PyCharm或浏览器提示的异常信息。

调试异常需要根据项目运行时所产生的异常信息进行分析。使用浏览器访问路由地址时，如果出现异常信息，就可以直接查看异常信息来找出错误位置。例如，在templates的模板文件index.html里添加错误的代码，如下所示：

```
<!DOCTYPE html>
<html lang="en">
<head>
    <meta charset="UTF-8">
    <title>Hello World</title>
</head>
<body>
    {# 添加错误代码static#}
    {% static %}
    <span>Hello World!!</span>
</body>
</html>
```

当运行MyDjango项目并在浏览器访问http://127.0.0.1:8000时，PyCharm正下方的调试界面的Console中就会出现异常信息，从异常信息中可以找到具体的异常位置，如图1-21所示。

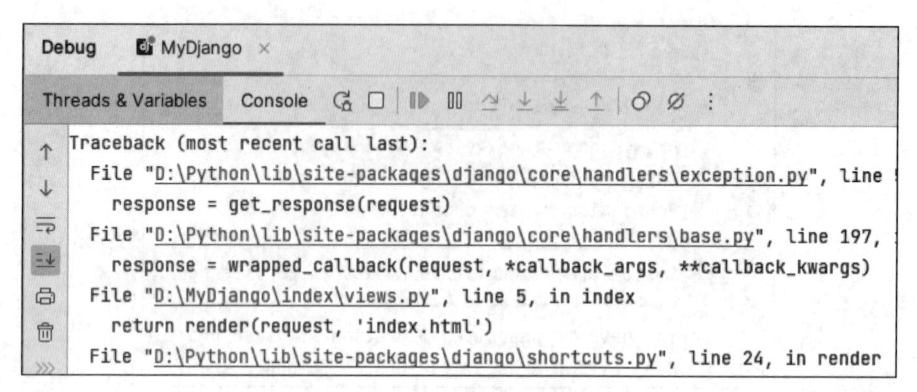

图 1-21　异常信息

除了在PyCharm正下方的调试界面的Console中查看异常信息外，还可以在浏览器上分析异常信息，比如模板文件index.html的错误语法。Django能够标记出错的位置，便于开发者进行调试和跟踪，如图1-22所示。

```
Invalid block tag on line 9: 'static'. Did you forget to register or
1   <!DOCTYPE html>
2   <html lang="en">
3   <head>
4       <meta charset="UTF-8">
5       <title>Hello World</title>
6   </head>
7   <body>
8       {# 添加错误代码static#}
9       {% static %}
10      <span>Hello World!!</span>
```

图 1-22　异常信息

还有一种常见的情况是，网页能正常显示，但网页内容出现部分缺失。对于这种情况，只能使用浏览器的开发者工具对网页进行分析处理。以templates的模板文件index.html为例，在其中添加正确的代码，但在网页中出现了内容缺失，如下所示：

```
<!DOCTYPE html>
<html lang="en">
<head>
    <meta charset="UTF-8">
    <title>Hello World</title>
</head>
<body>
    {# 添加正确代码，但不出现在网页 #}
    <div>Hi,{{ value }}</div>
    <span>Hello World!!</span>
</body>
</html>
```

再次启动MyDjango项目并在浏览器中访问http://127.0.0.1:8000时，浏览器能够正常访问网页，但无法显示{{ value }}的内容。打开浏览器的开发者工具可以看到，{{ value }}的内容是不存在的，如图1-23所示。

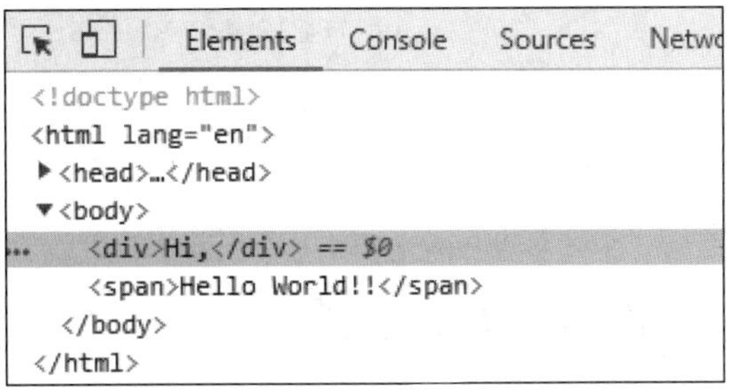

```
Elements  Console  Sources  Netw
<!doctype html>
<html lang="en">
▶<head>…</head>
▼<body>
...  <div>Hi,</div> == $0
     <span>Hello World!!</span>
   </body>
</html>
```

图 1-23　开发者工具

此外，浏览器的开发者工具对于调试AJAX和CSS样式非常有用。通过对生成的网页内容进行分析来反向检测代码的合理性是常见的手段之一。这种方法是通过校验结果与开发需求是否一致来调试项目功能的。

1.7　本章小结

本章介绍了Django的概念及安装和基本使用，读者应重点了解和掌握以下内容：

（1）Django的MTV框架模式，即模型（Model）、模板（Template）和视图（Views），了解三者之间各自承担的不同职责。

（2）了解使用pip安装Django的方法，即：

```
pip install Django
```

（3）掌握如何创建Django项目，并了解Django项目的目录结构及各部分的含义。

（4）了解Django的操作指令以及使用Django编写Hello World网页的方法，同时掌握项目开发的调试方法。

第 2 章
配置Django项目

Django用配置文件settings.py来配置整个网站的环境和功能，核心配置包括项目路径、密钥配置、域名访问权限、App列表、中间件、资源文件、模板配置、数据库的连接方式等。本章将介绍Django项目配置信息的含义及其配置方法。

2.1 基本配置信息

一个简单的Django项目必须具备的基本配置信息有：项目路径、密钥配置、调试模式、域名访问权限、App列表。以MyDjango项目为例，settings.py的基本配置如下：

```
from pathlib import Path
# 项目路径
BASE_DIR = Path(__file__).resolve().parent.parent

# 密钥配置，用于加密
SECRET_KEY = 'django-insecure-xu1ju6hiu#myng2xf=+p7m@'

# 调试模式
DEBUG = True

# 域名访问权限
ALLOWED_HOSTS = []

# App列表
INSTALLED_APPS = [
    'django.contrib.admin',
    'django.contrib.auth',
    'django.contrib.contenttypes',
    'django.contrib.sessions',
    'django.contrib.messages',
    'django.contrib.staticfiles',
]
```

上述代码列出了项目路径BASE_DIR、密钥配置SECRET_KEY、调试模式DEBUG、域名访问权限ALLOWED_HOSTS和App列表INSTALLED_APPS的配置，各个配置项的说明如下：

- 项目路径BASE_DIR：读取当前项目在计算机系统中的文件路径。该代码在创建项目时自动生成，一般情况下无须修改。
- 密钥配置SECRET_KEY：这是一个随机值，在项目创建的时候自动生成，一般情况下无须修改。主要用于重要数据的加密处理，以提高项目的安全性，避免遭到攻击者恶意破坏。密钥主要用于用户密码、CSRF（Cross-Site Request Forgery，跨站请求伪造）机制和Session等数据加密。
  - 用户密码：Django内置了一套Auth认证系统，该系统具有用户认证和存储用户信息等功能。在创建用户的时候，将用户密码通过密钥进行加密处理，保证用户的安全性。
  - CSRF机制：该机制主要用于表单提交，防止黑客窃取网站的用户信息来制造恶意请求。
  - Session：Session的信息存放在Cookie中，以一串随机的字符串表示，用于标识当前访问网站的用户身份，记录相关用户信息。
- 调试模式DEBUG：该值为布尔类型。在开发调试阶段，该值应设置为True，以便在开发调试过程中自动检测代码是否发生更改，根据检测结果来判断是否刷新重启系统。项目部署上线后，应将其值改为False，否则会泄露项目的相关信息。
- 域名访问权限ALLOWED_HOSTS：设置可访问的域名，默认值为空列表。当DEBUG为True并且ALLOWED_HOSTS为空列表时，项目只允许以localhost或127.0.0.1在浏览器上访问。当DEBUG为False时，ALLOWED_HOSTS为必填项，否则程序无法启动；如果想允许所有域名的访问，可设置ALLOWED_HOSTS = ['*']。
- App列表INSTALLED_APPS：告诉Django有哪些App。在项目创建时已有admin、auth和sessions等配置信息，这些都是Django内置的应用功能，各个功能说明如下：
  - admin：内置的后台管理系统。
  - auth：内置的用户认证系统。
  - contenttypes：记录项目中所有model元数据（Django的ORM框架）。
  - sessions：会话功能，用于标识当前访问网站的用户身份，记录相关用户信息。
  - messages：消息提示功能。
  - staticfiles：查找静态资源路径。

如果在项目中创建了新的App，就必须将该App的名称添加到INSTALLED_APPS列表中。以下是将MyDjango项目中已经创建的App添加到App列表中的代码示例：

```
INSTALLED_APPS = [
    'django.contrib.admin',
    'django.contrib.auth',
    'django.contrib.contenttypes',
    'django.contrib.sessions',
    'django.contrib.messages',
    'django.contrib.staticfiles',
    'index',
]
```

2.2 资源文件配置

在Django中，资源文件分为两种类型：静态资源和媒体资源。静态资源的配置方式由配置属性STATIC_URL、STATICFILES_DIRS和STATIC_ROOT进行设置；媒体资源的配置方式由配置属性MEDIA_URL和MEDIA_ROOT决定。

2.2.1 资源路由——STATIC_URL

静态资源指的是网站中不会改变的文件，通常包括CSS文件、JavaScript文件、图片、字体等。我们简单介绍一下CSS和JavaScript文件。

CSS（层叠样式表，Cascading Style Sheets）是一种用来描述HTML或XML文档呈现样式的计算机语言。CSS可以静态地修饰网页，也可以配合各种脚本语言动态地对网页元素进行格式化。

JavaScript是一种解释式脚本语言，也是一种动态类型、弱类型、基于原型的语言。它的解释器被称为JavaScript引擎，为浏览器的一部分。这种广泛用于客户端的脚本语言，最早用于在HTML网页上增加动态功能。

在项目开发过程中，肯定需要使用CSS和JavaScript文件。在Django中，这些静态文件的存放位置主要由配置文件settings.py中的配置项进行设置。Django默认的配置信息如下：

```
# Static files (CSS, JavaScript, Images)
STATIC_URL = '/static/'
```

上述配置用于设置静态资源的路由地址，使得浏览器能够访问Django的静态资源。默认情况下，Django只能识别项目应用中static文件夹中的静态资源。当项目启动时，Django会从项目应用中查找相关的资源文件，查找功能主要通过App列表INSTALLED_APPS的staticfiles项来实现。在index中创建static文件夹并在该文件夹中放置图片dog.jpg，如图2-1所示。

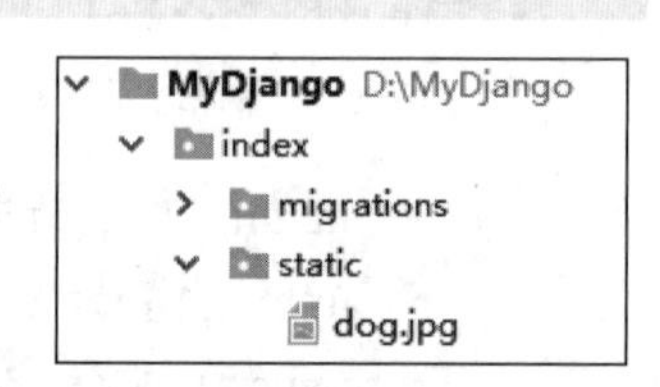

图 2-1 创建 static 文件夹

需要注意的是，Django在调试模式（DEBUG=True）下只能识别项目应用中static文件夹内的静态资源，如果将该文件夹改为其他名字，或者将该文件夹放在MyDjango项目的根目录下，Django都无法识别，如图2-2所示。

图 2-2 static 的路径设置

为了进一步验证Django在调试模式（DEBUG=True）下只能识别项目应用中static文件夹内的静态资源，我们在index文件夹中创建一个名为Mystatic的文件夹，并在其中放置一张名为cow.jpg的图片。同时，在MyDjango项目的根目录下创建一个名为static的文件夹，并在其中放置一张名为duck.jpg的图片。最终，整个MyDjango项目的静态资源文件夹包括：static（在index文件夹中）、Mystatic（在index文件夹中）和static（在MyDjango项目的根目录下），如图2-3所示。

启动MyDjango项目，并在浏览器中分别访问http://127.0.0.1:8000/static/dog.jpg、http://127.0.0.1:8000/ static/duck.jpg和http://127.0.0.1:8000/static/cow.jpg。可以发现，只有dog.jpg能被正常访问到，而无法访问到duck.jpg和cow.jpg，如图2-4所示。

图 2-3　静态资源文件夹

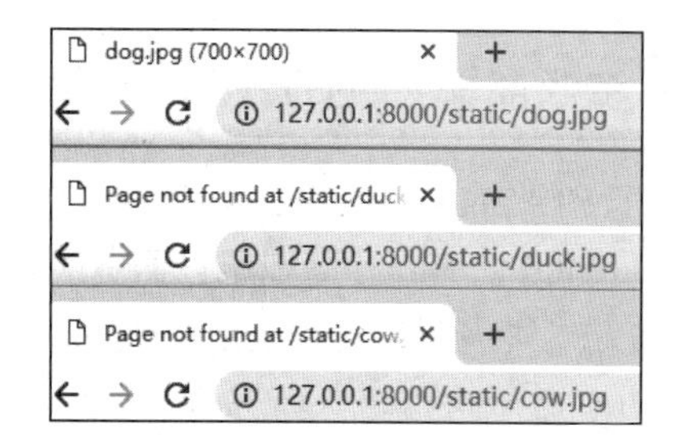

图 2-4　访问静态资源

上述例子说明，当静态资源的路由STATIC_URL的值为/static/，浏览器访问静态资源的URL必须以“/static/”为前缀，否则无法访问。同时，Django在调试模式（DEBUG=True）下只能识别项目应用目录下的static文件夹中的静态资源。

2.2.2　资源集合——STATICFILES_DIRS

由于STATIC_URL的特殊性，在开发过程中可能会造成一些不便，比如将静态文件夹存放在项目的根目录以及定义多个静态文件夹等。以MyDjango为例，若想在网页上正常访问图片duck.jpg和cow.jpg，可以将根目录的static文件夹和index目录下的Mystatic文件夹添加到静态文件搜索路径TATICFILES_DIRS中。

在配置文件settings.py中设置STATICFILES_DIRS属性。该属性以列表的形式表示，用于指定静态文件的搜索路径。设置方式如下：

```
# 设置根目录的静态资源文件夹static
STATICFILES_DIRS = [BASE_DIR / 'static',
# 设置App（index）的静态资源文件夹Mystatic
BASE_DIR / 'index/Mystatic',]
```

再次启动MyDjango，并在浏览器上分别访问图片dog.jpg、duck.jpg和cow.jpg，可以发现三者都能正常访问，如图2-5所示。

在浏览器访问图片时，图片路径均为http://127.0.0.1:8000/static/xxx.jpg，其中static是静态资源路径STATIC_URL的值。若将STATIC_URL的值更改为Allstatic，则需要重启MyDjango项目，并在浏览器中将图片资源路径的static更改为Allstatic，如图2-6所示。

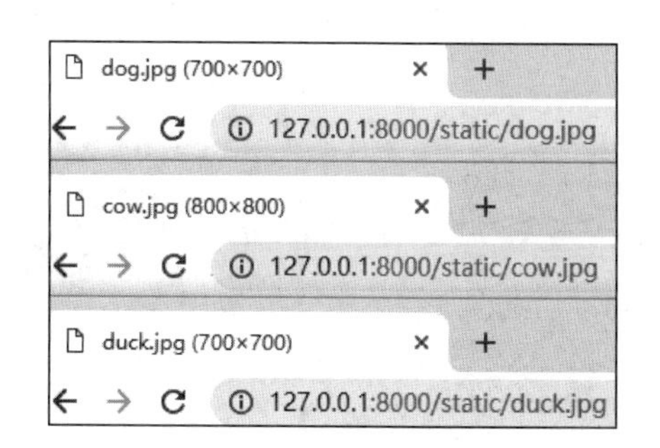

图 2-5　访问静态资源

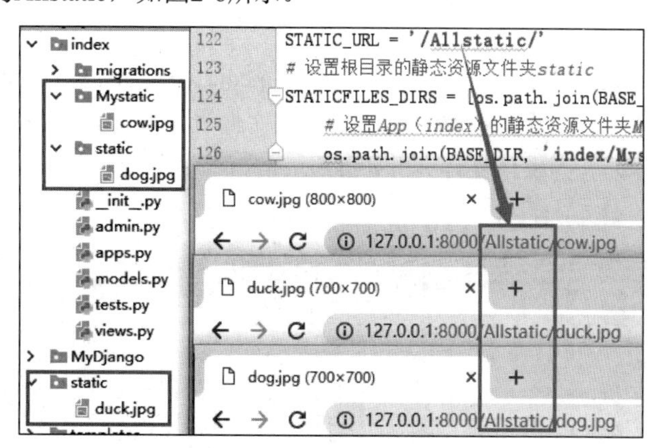

图 2-6　修改图片路由地址

2.2.3　资源部署——STATIC_ROOT

除了STATICFILES_DIRS和STATIC_URL，静态资源配置还有一个重要的属性STATIC_ROOT，其作用是在服务器上部署项目时，收集整个项目的静态资源并存放在一个新的文件夹中，以实现服务器和项目之间的映射关系。STATIC_ROOT的配置方式如下：

```
STATIC_ROOT = BASE_DIR / 'AllStatic'
```

当项目的配置属性DEBUG设置为True时，Django会自动提供静态文件代理服务，此时整个项目处于开发阶段，因此无须使用STATIC_ROOT。当配置属性DEBUG设置为False时，意味着项目进入生产环境，Django不再提供静态文件代理服务，此时需要在项目的配置文件中设置STATIC_ROOT。

设置STATIC_ROOT需要使用Django操作指令collectstatic来收集所有静态资源，这些静态资源都会保存在STATIC_ROOT所设置的文件夹中。关于STATIC_ROOT的使用会在后续章节中详细讲述。

2.2.4　媒体资源——MEDIA

一般情况下，STATIC_URL用于设置静态文件的路由地址，如CSS样式文件、JavaScript文件以及常用图片等。对于一些经常变动的资源，如用户上传的头像、歌曲文件等，通常存放在媒体资源文件夹中。

媒体资源和静态资源是可以同时存在的，两者可以独立运行，互不影响。但是，与静态资源不同，媒体资源只有配置属性MEDIA_URL和MEDIA_ROOT。以MyDjango为例，首先在MyDjango的根目录下创建media文件夹并存放图片monkey.jpg，如图2-7所示。

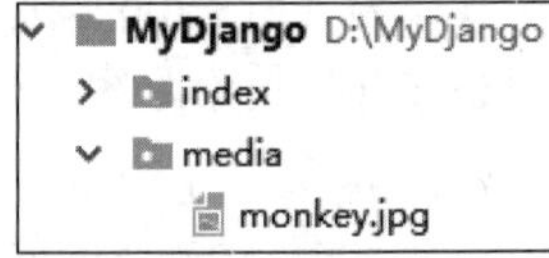

图2-7　创建media文件夹

然后，在设置文件settings.py中设置配置属性MEDIA_URL和MEDIA_ROOT。其中，MEDIA_URL用于设置媒体资源的路由地址，而MEDIA_ROOT用于获取media文件夹在计算机系统中的完整路径信息，如下所示：

```
# 设置媒体路由地址信息
MEDIA_URL = '/media/'
# 获取media文件夹的完整路径信息
MEDIA_ROOT = BASE_DIR / 'media'
```

设置完配置属性后，还需要将media文件夹注册到Django中，以便让Django知道如何找到媒体文件，否则无法在浏览器中访问该文件夹内的文件信息。为此，打开MyDjango文件夹中的urls.py文件，并为媒体文件夹media添加相应的路由地址，代码如下：

```
from django.contrib import admin
from django.urls import path, re_path
# 导入项目应用index
from index.views import index
# 配置媒体文件夹media
from django.views.static import serve
from django.conf import settings
urlpatterns = [
    path('admin/', admin.site.urls),
```

```
    path('', index),
    # 配置媒体文件的路由地址
    re_path('media/(?P<path>.*)',serve,
        {'document_root': settings.MEDIA_ROOT}, name='media'),
]
```

最后，再次启动MyDjango，并在浏览器中访问http://127.0.0.1:8000/media/monkey.jpg和http://127.0.0.1:8000/static/dog.jpg，我们会发现这两个文件都可以正常访问了，如图2-8所示。

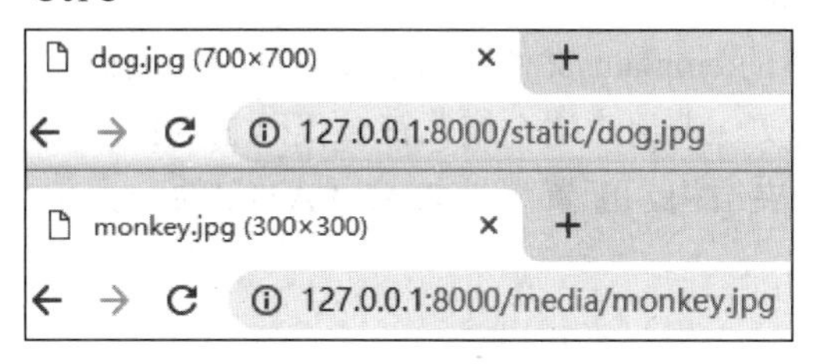

图 2-8　访问媒体文件

2.3 模板配置

在Web开发中，模板是一种特殊的HTML文档。这个HTML文档中嵌入了一些能够让Django识别的变量和指令，然后由Django的模板引擎解析这些变量和指令，从而生成完整的HTML网页并返回给用户浏览。模板是Django的MTV框架模式中的T部分，配置模板路径就是告诉Django在解析模板时，如何找到模板所在的位置。创建项目时，Django已经有了初始的模板配置信息，如下所示：

```
TEMPLATES = [
    {
        'BACKEND': 'django.template.backends.django.DjangoTemplates',
        'DIRS': [],
        'APP_DIRS': True,
        'OPTIONS': {
            'context_processors': [
                'django.template.context_processors.debug',
                'django.template.context_processors.request',
                'django.contrib.auth.context_processors.auth',
                'django.contrib.messages.context_processors.messages',
            ],
        },
    },
]
```

模板配置以列表格式呈现，每个元素都具有不同的含义，具体说明如下：

- BACKEND：定义模板引擎，用于识别模板中的变量和指令。内置的模板引擎有Django Templates和Jinja2，每个模板引擎都有自己的变量和指令语法。
- DIRS：设置模板所在的路径，告诉Django在哪个地方查找模板，默认为空列表。

- APP_DIRS：是否在App中查找模板文件。
- OPTIONS：用于填充在RequestContext的上下文（模板中的变量和指令），一般情况下不需要做任何修改。

通常情况下，只需要配置DIRS的属性值即可。在项目的根目录和index下分别创建templates文件夹，并在每个文件夹中分别创建文件index.html和app_index.html，如图2-9所示。

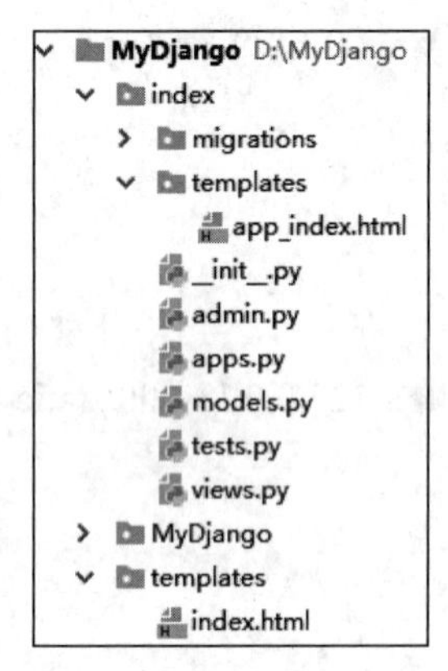

图 2-9　设置模板文件夹

一般情况下，根目录下的templates文件夹用于存放共用的模板文件，可以被各个App的模板文件调用，这个模式符合代码重复使用的原则。根据图2-9中的文件夹结构，配置属性TEMPLATES的配置信息如下：

```
TEMPLATES = [
    {
        'BACKEND': 'django.template.backends.django.DjangoTemplates',
        # 注册根目录和index的templates文件夹
        'DIRS': [BASE_DIR / 'templates',
                 BASE_DIR / 'index/templates'],
        'APP_DIRS': True,
        'OPTIONS': {
            'context_processors': [
                'django.template.context_processors.debug',
                'django.template.context_processors.request',
                'django.contrib.auth.context_processors.auth',
                'django.contrib.messages.context_processors.messages',
            ],
        },
    },
]
```

2.4　数据库配置

本节讲述如何使用mysqlclient和pymysql模块实现Django与MySQL数据库的通信连接，并简单介绍如何在单个项目中实现多个数据库连接。

2.4.1　mysqlclient连接MySQL

数据库配置是指选择项目所使用的数据库类型。不同的数据库需要设置不同的数据库引擎，数据库引擎用于实现项目与数据库之间的连接。Django提供了4种数据库引擎：

- django.db.backends.postgresql
- django.db.backends.mysql
- django.db.backends.sqlite3
- django.db.backends.oracle

项目创建时默认使用SQLite3数据库，这是一款轻量级的数据库，占用的资源非常少，常用于嵌入式系统开发。SQLite3数据库的配置信息如下：

```
DATABASES = {
    'default': {
        'ENGINE': 'django.db.backends.sqlite3',
        'NAME': BASE_DIR / 'db.sqlite3',
    }
}
```

如果要把上述的连接信息更改为MySQL数据库，则首先需要安装MySQL连接模块mysqlclient。这里以pip安装方法为例，打开命令提示符窗口并输入安装指令“pip install mysqlclient”，等待模板安装完成即可。

完成mysqlclient模块的安装后，在项目的配置文件settings.py中配置MySQL数据库连接信息，代码如下：

```
DATABASES = {
    'default': {
        'ENGINE': 'django.db.backends.mysql',
        'NAME': 'django_db',
        'USER':'root',
        'PASSWORD':'1234',
        'HOST':'127.0.0.1',
        'PORT':'3306',
    }
}
```

为了验证数据库连接信息是否正确，我们可以使用数据库可视化工具Navicat Premium打开本地的MySQL数据库。在本地的MySQL数据库中创建一个名为django_db的数据库，如图2-10所示，刚创建的数据库django_db是一个空白的数据库。

图 2-10　数据库 django_db

接着在PyCharm的Terminal界面下输入Django操作指令“python manage.py migrate”，创建具有Django内置功能的数据表。因为Django自带内置功能，如Admin后台系统、Auth用户系统和会话机制等功能，这些功能都需要借助数据表来实现，所以该操作指令可以将内置的迁移文件生成数据表，如图2-11所示。

```
Terminal
D:\MyDjango>python manage.py migrate
Operations to perform:
  Apply all migrations: admin, auth, contenttypes, sessions
Running migrations:
  Applying contenttypes.0001_initial... OK
```

图 2-11　创建数据表

最后在数据库可视化工具Navicat Premium（读者可自行上网搜索并安装该工具）里查看数据库django_db是否生成了相应的数据表，如图2-12所示。

使用mysqlclient连接MySQL数据库时，Django对mysqlclient版本有使用要求。打开Django的源码查看mysqlclient的版本要求，结果如图2-13所示。

图 2-12 查看数据表

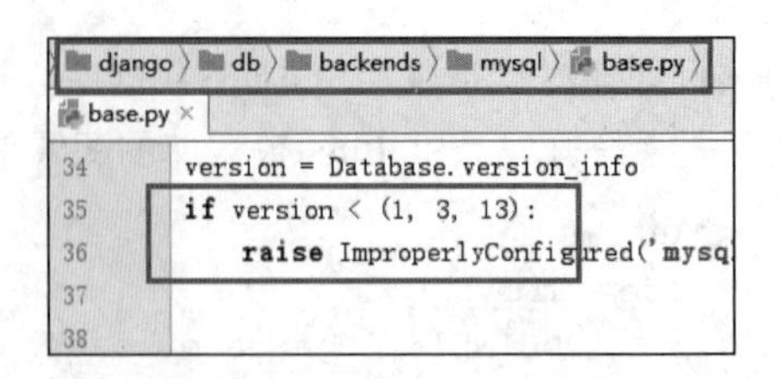

图 2-13 mysqlclient 版本要求

一般情况下，使用pip安装mysqlclient模块就能满足Django的使用要求。如果在开发过程中发现Django提示mysqlclient版本过低，那么可以对Django的源码进行修改，将图2-13中的if条件判断注释掉即可。

2.4.2 pymysql连接MySQL

除了使用mysqlclient模块连接MySQL数据库之外，还可以使用pymysql模块连接MySQL数据库。pymysql模块使用pip在线安装，在命令提示符窗口中输入“pip install pymysql”指令并等待安装完成即可。

pymysql模块安装成功后，项目配置文件settings.py的数据库配置信息无须修改，只需在MyDjango文件夹的__init__.py中设置数据库连接模块即可，代码如下：

```
# MyDjango文件夹的__init__.py
import pymysql
pymysql.install_as_MySQLdb()
```

若要验证pymysql模块连接MySQL数据库的功能，建议读者先卸载mysqlclient模块，这样可以排除干扰因素，而验证方式与mysqlclient模块连接MySQL的验证方式一致。记得在验证之前，务必将数据库django_db中的数据表删除，具体的验证过程不再重复讲述。

值得注意的是，如果读者使用的MySQL是8.0以上版本，在Django连接MySQL数据库时会提示django.db.utils.OperationalError的错误信息，这是因为MySQL 8.0以上版本的密码加密方式发生了改变，用户密码采用的是CHA2（即caching_sha2_password）加密方式。

在MySQL的可视化工具中运行以下SQL语句，将8.0以上版本的加密方式改回原来的加密方式，就可以解决Django连接MySQL数据库错误的问题。

```
# newpassword是已设置的用户密码
ALTER USER 'root'@'localhost' IDENTIFIED WITH mysql_native_password BY
'newpassword';
FLUSH PRIVILEGES;
```

Django除了支持PostgreSQL、SQLite3、MySQL和Oracle的连接之外，还支持SQL Server和MongoDB的连接。由于不同的数据库有不同的连接方式，因此此处不过多介绍，本书主要介绍MySQL连接。若需了解其他数据库的连接方式，读者可自行搜索相关资料。

2.4.3 多个数据库的连接方式

在一个项目里可能需要使用多个数据库才能满足开发需求，特别是数据量过大的系统，若使用单个数据库存储数据，就会使服务器负载过大，因此会将数据划分到多个数据库服务器来共同存储。若Django想利用这些数据开发功能系统，则需要对各个数据库服务器进行连接。

从Django单个数据库连接信息可以看到，配置属性DATABASES的属性值是以字典的格式表示的，字典里的每一个键值对（Key-Value Pair）代表连接某一个数据库。因此，我们在配置属性DATABASES中设置多个键值对即可实现多个数据库连接，实现代码如下：

```
DATABASES = {
# 第一个数据库
'default': {
        'ENGINE': 'django.db.backends.mysql',
        'NAME': 'django_db',
        'USER':'root',
        'PASSWORD':'1234',
        'HOST':'127.0.0.1',
        'PORT':'3306',
    },
# 第二个数据库
'MyDjango': {
        'ENGINE': 'django.db.backends.mysql',
        'NAME': 'mydjango_db',
        'USER':'root',
        'PASSWORD':'1234',
        'HOST':'127.0.0.1',
        'PORT':'3306',
    },
# 第三个数据库
'MySqlite3': {
        'ENGINE': 'django.db.backends.sqlite3',
        'NAME': BASE_DIR / 'sqlite3',
    },
}
```

上述代码共连接了3个数据库，分别是django_db、mydjango_db和sqlite3。django_db和mydjango_db均属于MySQL数据库系统，sqlite3属于SQLite3数据库系统。

若项目中连接了多个数据库，则数据库之间的使用需要遵循一定的规则和设置。比如项目中定义了多个模型，每个模型所对应的数据表可以选择在某个数据库中生成。如果模型没有指向某个数据库，则模型就会在key为default的数据库中生成。

2.4.4　使用配置文件动态连接数据库

在大多数情况下，我们都是在settings.py中配置数据库的连接方式，每次修改settings.py的配置属性都要重新启动Django，否则修改的内容就无法生效。当项目运行上线之后，为了保证系统在不中断的情况下切换到另一个数据库，可以将数据库的连接方式写到配置文件中，这样就无须修改settings.py的配置属性。

首先，在MyDjango的目录下创建配置文件my.cnf。然后，在配置文件my.cnf中写入MySQL数据库的连接信息，代码如下：

```
# my.cnf
[client]
```

```
database=django_db
user=root
password=123456
host=127.0.0.1
port=3306
```

编写配置文件my.cnf必须设置[client]分组。[client]在配置信息中代表分组的意思，它将一个或多个配置信息划分到某一个分组中。在[client]分组中，每个配置信息分别代表MySQL的数据库名称、用户名、密码、IP地址和端口信息。

接着，在Django的配置文件settings.py中编写DATABASES的配置信息，代码如下：

```
DATABASES = {
    'default': {
        'ENGINE': 'django.db.backends.sqlite3',
        'OPTIONS':{'read_default_file':str(BASE_DIR / 'my.cnf')},
    }
}
```

从DATABASES的配置信息中可以看到，我们只需在default->OPTIONS->read_default_file中设置配置文件my.cnf的地址路径即可，Django会自动读取配置文件my.cnf的数据库连接信息，从而实现数据库连接。

为了验证能否使用配置文件my.cnf实现数据库连接，在MyDjango的urls.py中设置路由index，路由的视图函数indexView()在项目应用index的view.py中定义。在MyDjango的urls.py中设置路由index，代码如下：

```
# MyDjango的urls.py
from django.contrib import admin
from django.urls import path
# 导入项目应用index
from index.views import index
urlpatterns = [
    path('admin/', admin.site.urls),
    path('', index, name='index')
]
```

在项目应用index的view.py中定义路由index的视图函数indexView()，代码如下：

```
from django.shortcuts import render
from django.contrib.contenttypes.models import ContentType
def indexView(request):
    c = ContentType.objects.values_list().all()
    print(c)
    return render(request, 'index.html')
```

视图函数indexView()读取并输出Django内置模型ContentType的数据，并将模板文件夹templates的index.html作为当前请求的响应内容。

启动MyDjango之前，需要使用Django内置指令创建数据表：打开PyCharm的Terminal窗口，确保窗口的当前路径是MyDjango目录，然后输入“python manage.py migrate”指令，Django会自动创建内置数据表，如图2-14所示。

```
D:\MyDjango>python manage.py migrate
Operations to perform:
  Apply all migrations: admin, auth, contenttypes, sessions
Running migrations:
  Applying contenttypes.0001_initial... OK
  Applying auth.0001_initial... OK
  Applying admin.0001_initial... OK
  Applying admin.0002_logentry_remove_auto_add... OK
  Applying admin.0003_logentry_add_action_flag_choices... OK
```

图 2-14　创建数据表

数据表创建成功后，启动MyDjango，然后在浏览器中访问http://127.0.0.1:8000/，在PyCharm的Run窗口下可以看到当前的请求信息以及视图函数indexView()输出的模型ContentType的数据信息，如图2-15所示。

```
Starting development server at http://127.0.0.1:8000/
Quit the server with CTRL-BREAK.
[16/Oct/2020 15:26:06] "GET / HTTP/1.1" 200 179
<QuerySet [(1, 'admin', 'logentry'), (3, 'auth', 'group'), (2,
```

图 2-15　输出信息

注意：Django使用配置文件my.cnf连接数据库，必须确保项目的绝对路径中不能出现中文，否则Django无法连接数据库并提示OperationalError异常信息，如图2-16所示。

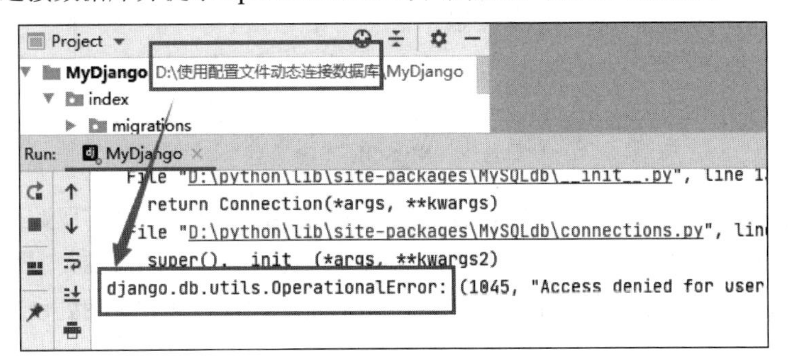

图 2-16　异常信息

2.4.5　通过SSH隧道远程连接MySQL

在企业开发中，数据库和Web系统可能部署在不同的服务器上，当Web系统连接数据库时，如果数据库所在的服务器禁止了外网直连，则只能通过SSH方式连接服务器，再从已连接的服务器上连接数据库。遇到这种情况，如何在Django中实现数据库连接呢？

为了清楚地理解SSH连接数据库的实现过程，我们使用数据库可视化工具Navicat Premium来演示如何通过SSH连接数据库。

首先，打开Navicat Premium连接MySQL的界面，单击“SSH”选项，在SSH连接界面中输入服务器的连接信息，如图2-17所示。

然后，切换到“常规”选项卡，输入服务器上MySQL的连接信息，如图2-18所示。最后，单击“确定”按钮即可完成整个连接过程。

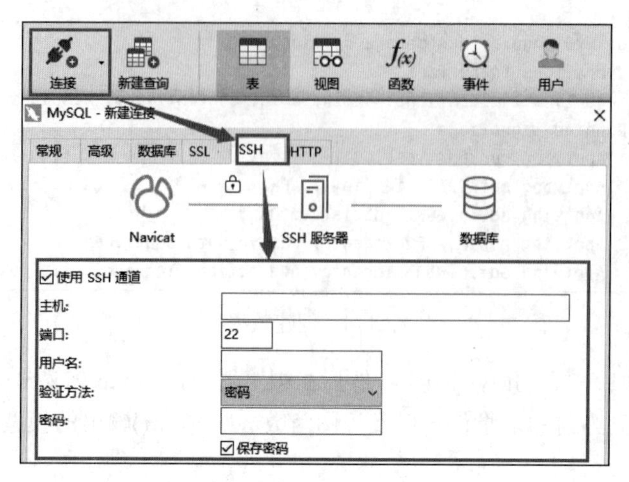

图 2-17　SSH 连接信息

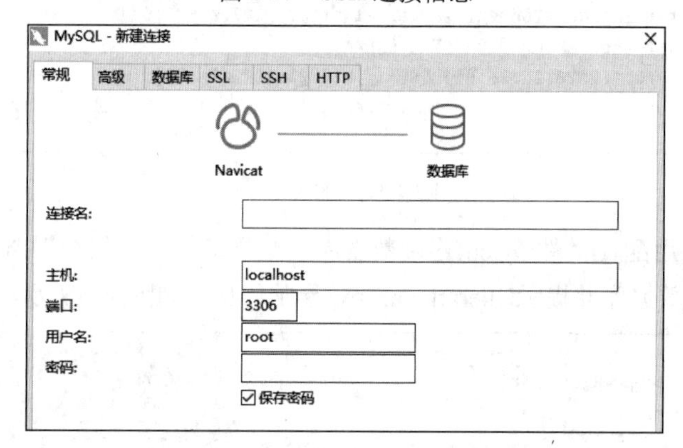

图 2-18　MySQL 连接信息

因此，数据库只允许SSH方式连接，我们需要使用SSH隧道方式来实现数据库连接。首先使用pip指令下载sshtunnel模块，该模块能够通过SSH方式连接到目标服务器，并生成服务器的SSH连接对象；然后在Django的配置文件settings.py中的配置属性DATABASES处设置数据库连接，实现过程的代码如下：

```
# 数据库服务器的IP地址或主机名
ssh_host = "XXX.XXX.XXX.XXX"
# 数据库服务器的SSH连接端口号，一般都是22，必须是数字
ssh_port = 22
# 数据库服务器的用户名
ssh_user = "root"
# 数据库服务器的用户密码
ssh_password = "123456"

# 数据库服务器的MySQL的主机名或IP地址
mysql_host = "localhost"
# 数据库服务器的MySQL的端口，默认为3306，必须是数字
mysql_port = 6603
# 数据库服务器的MySQL的用户名
mysql_user = "root"
# 数据库服务器的MySQL的密码
```

```
mysql_password = "123456"
# 数据库服务器的MySQL的数据库名
mysql_db = "mydjango"
from sshtunnel import open_tunnel
def get_ssh():
    server = open_tunnel(
        (ssh_host, ssh_port),
        ssh_username=ssh_user,
        ssh_password=ssh_password,
        # 绑定服务器的MySQL数据库
        remote_bind_address=(mysql_host, mysql_port))
    # SSH通道服务启动
    server.start()
    return str(server.local_bind_port)

DATABASES = {
    'default': {
        'ENGINE': 'django.db.backends.mysql',
        'NAME': mysql_db,
        'USER': mysql_user,
        'PASSWORD': mysql_password,
        'HOST': mysql_host,
        'PORT': get_ssh(),
    }
}
```

在上述代码中，我们分别设定了两组不同的配置信息，包括IP地址、用户名和密码等，每组配置信息的作用说明如下：

（1）带有ssh_前缀的配置信息用于实现SSH连接目标服务器，主要在sshtunnel模块中使用。

（2）带有mysql_前缀的配置信息用于在目标服务器基础上连接MySQL数据库，在配置属性DATABASES和sshtunnel模块中均被使用。

从整个配置过程中可以看出，Django使用SSH连接服务器的MySQL数据库的过程如下：

（1）分别定义服务器的SSH连接信息和数据库的连接信息。

（2）定义用于创建连接服务器的SSH隧道连接函数get_ssh()，该函数使用sshtunnel模块的open_tunnel函数来实现SSH连接，并设置相应的函数参数。其中，参数remote_bind_address用于绑定服务器的MySQL数据库的地址和端口。

（3）在配置属性DATABASES的PORT中，调用get_ssh()函数创建SSH隧道，Django将根据DATABASES的PORT（端口）通过SSH隧道连接到服务器上的MySQL数据库。

2.5 中　间　件

中间件（Middleware）是一个用来处理Django的请求（Request）和响应（Response）的框架级别的钩子，它是一个轻量的、低级别的插件系统，用于在全局范围内改变Django的输入和输出。

用户在网站中进行某个操作，这个过程实际是用户向网站发送HTTP请求；而网站会根据用户的操作返回相关的网页内容（这个过程称为响应处理）。从请求到响应的过程中，当Django接收到用户请求时，首先使用中间件处理请求信息，执行相关的处理，然后将处理结果返回给用户。中间件的执行流程如图2-19所示。

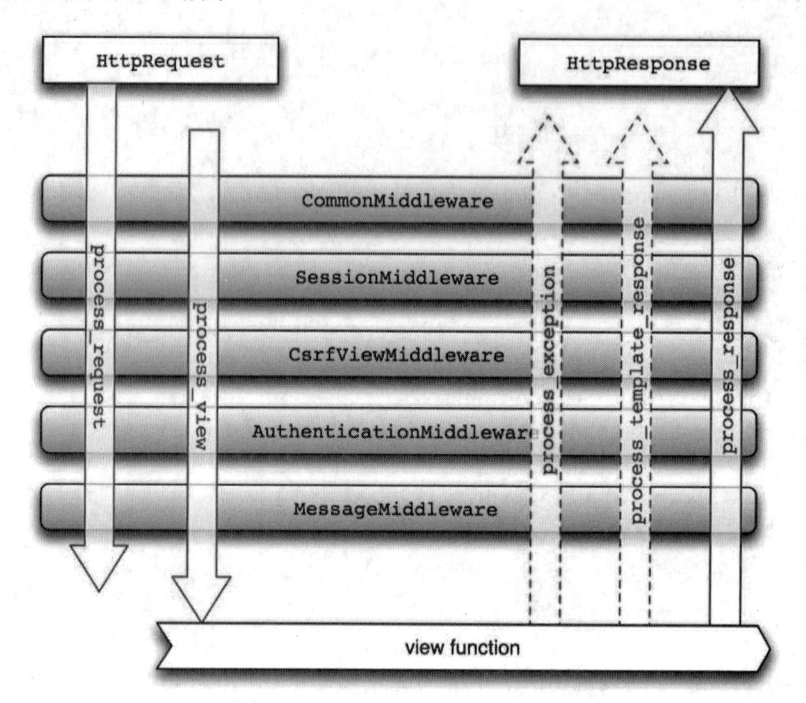

图2-19　中间件的执行流程

从图2-19中能清晰地看到，中间件的作用是处理用户请求信息和返回响应内容。开发者可以根据自己的开发需求自定义中间件，只要将自定义的中间件添加到配置属性MIDDLEWARE中即可激活。

一般情况下，Django默认的中间件配置均可满足大部分的开发需求。例如，我们在项目的MIDDLEWARE中添加LocaleMiddleware中间件，使得Django内置的功能支持中文显示，代码如下：

```
MIDDLEWARE = [
    'django.middleware.security.SecurityMiddleware',
    'django.contrib.sessions.middleware.SessionMiddleware',
    # 添加中间件LocaleMiddleware
    'django.middleware.locale.LocaleMiddleware',
    'django.middleware.common.CommonMiddleware',
    'django.middleware.csrf.CsrfViewMiddleware',
    'django.contrib.auth.middleware.AuthenticationMiddleware',
    'django.contrib.messages.middleware.MessageMiddleware',
    'django.middleware.clickjacking.XFrameOptionsMiddleware',
]
```

配置属性MIDDLEWARE的数据格式为列表类型，每个中间件的设置顺序是固定的，如果随意变更中间件，就很容易导致程序异常。每个中间件的说明如下：

- SecurityMiddleware：内置的安全机制，用于保护用户与网站的通信安全。
- SessionMiddleware：会话功能。
- LocaleMiddleware：国际化和本地化功能。
- CommonMiddleware：处理请求信息，规范化请求内容。
- CsrfViewMiddleware：开启CSRF防护功能。
- AuthenticationMiddleware：开启内置的用户认证系统。
- MessageMiddleware：开启内置的信息提示功能。
- XFrameOptionsMiddleware：防止恶意程序单击劫持。

2.6 本章小结

本章介绍了Django项目的配置信息及配置方法，读者应该重点了解和掌握以下内容：

（1）了解配置信息包括的内容，例如项目路径、密钥配置、域名访问权限、App列表、静态资源、模板文件、数据库、中间件。

（2）了解App列表INSTALLED_APPS中各个功能的含义。

（3）了解两种资源文件，即静态资源和媒体资源。静态资源指的是网站中不会改变的文件。在一般的应用程序中，静态资源包括CSS文件、JavaScript文件以及图片等资源文件；媒体资源是指经常变动的资源，通常存放在媒体资源文件夹中，如用户头像、歌曲文件等。

（4）了解模板信息的列表格式，以及每个元素具有的含义。

（5）掌握Django连接MySQL的配置信息的写法，即：

```
DATABASES = {
    'default': {
        'ENGINE': 'django.db.backends.mysql',
        'NAME': 'django_db',
        'USER':'root',
        'PASSWORD':'1234',
        'HOST':'127.0.0.1',
        'PORT':'3306',
    }
}
```

（6）了解中间件的有关知识，如中间件由属性MIDDLEWARE完成配置，属性MIDDLEWARE的数据格式为列表类型，每个中间件的设置顺序是固定的，如果随意变更中间件，很容易导致程序异常。

第 3 章

路由的编写规则与使用

一个完整的路由包含路由地址、视图函数（或者视图类）、可选变量和路由命名。本章将介绍Django的路由编写规则与使用方法，内容包括路由定义规则、命名空间与路由命名以及路由的使用方式。

3.1 路由定义规则

路由称为URL（Uniform Resource Locator，统一资源定位符）或URLconf，是对互联网上可获取资源位置和访问方法的简洁表示，是互联网上标准资源的地址。互联网上每个文件都有一个唯一的URL（路由），用于指出网站文件的路径位置。简单地说，路由可以视为我们常说的网址，每个网址代表不同的网页。

3.1.1 Django的路由定义

我们知道，完整的路由包含路由地址、视图函数（或者视图类）、可选变量和路由命名。其中，基本的信息必须包括路由地址和视图函数（或者视图类）。路由地址就是我们常说的网址，而视图函数（或者视图类）则是在App的views.py文件中定义的函数（或类）。

在介绍路由定义规则之前，我们需要调整MyDjango项目的目录结构，使它更符合开发规范。在项目的index文件夹中添加一个空白的.py文件，并将它命名为urls.py。项目结构如图3-1所示。

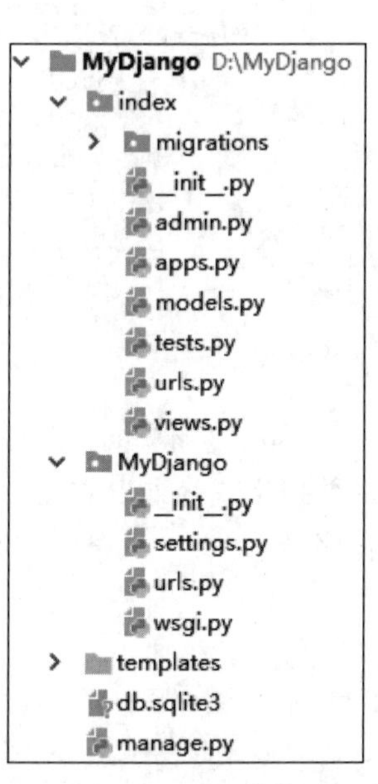

图 3-1 项目结构

在App（index文件夹）中添加urls.py是为了将所有属于该App的路由都写入该文件中，这样更容易管理和区分每个App的路由地址。而MyDjango文件夹中的urls.py文件则用于对各个App的urls.py文件进行统一管理。这种路由设计模式是Django常用的，其工作原理如下：

（1）运行MyDjango项目时，Django会从MyDjango文件夹中的urls.py文件中找到各个App所定义的路由信息，并生成完整的路由列表。

（2）当用户在浏览器中访问某个路由地址时，Django就会收到该用户的请求信息。

（3）Django从当前请求信息中获取路由地址，并在路由列表中匹配相应的路由信息，然后执行路由信息所指向的视图函数（或视图类），从而完成整个请求响应过程。

在这种路由设计模式下，MyDjango文件夹中urls.py文件内的代码如下：

```
from django.contrib import admin
from django.urls import path, include
urlpatterns = [
    # 指向内置Admin后台系统的路由文件sites.py
    path('admin/', admin.site.urls),
    # 指向index的路由文件urls.py
    path('', include('index.urls')),
]
```

MyDjango文件夹中urls.py文件定义了两条路由信息，分别是Admin站点管理和首页地址（index）。其中，Admin站点管理在创建项目时已自动生成，一般情况下无须更改；首页地址是指index文件夹的urls.py。MyDjango文件夹中urls.py文件的代码解释如下：

- from django.contrib import admin：导入内置Admin功能模块。
- from django.urls import path,include：导入Django的路由函数模块。
- urlpatterns：代表整个项目的路由集合，以列表格式表示，每个元素代表一条路由信息。
- path('admin/', admin.site.urls)：设定Admin的路由信息。'admin/'代表127.0.0.1:8000/admin的路由地址，admin后面的斜杠是路径分隔符，其作用等同于计算机中文件目录的斜杠符号；admin.site.urls指向内置Admin功能所自定义的路由信息，可以在Python目录Lib\site-packages\django\contrib\admin\sites.py中找到具体的定义过程。
- path('',include('index.urls'))：路由地址为“\”，即127.0.0.1:8000，通常是网站的首页；路由函数include用于将该路由信息分发给index的urls.py处理。

由于首页地址已经分发给index的urls.py处理，因此下一步需要针对index的urls.py编写路由信息，代码如下：

```
# index的urls.py
from django.urls import path
from . import views
urlpatterns = [
    path('', views.index)
]
```

index的urls.py文件的编写规则与MyDjango文件夹中urls.py文件的规则大致相同，这里是最简单的定义方法，还可以参考内置Admin功能的路由定义方法。

在index的urls.py文件中，需要导入index的views.py文件，该文件用于编写视图函数或视图类，主要负责处理当前请求信息并把响应内容返回给用户。在路由信息path('', views.index)中，views.index指的是视图函数index处理网站首页的用户请求和响应过程。因此，需要在index的views.py文件中编写index函数的处理过程，代码如下：

```
from django.shortcuts import render
def index(request):
    value = 'This is test!'
    print(value)
    return render(request, 'index.html')
```

index函数必须设置一个参数，参数命名不固定，但常以request进行命名，代表当前用户的请求对象，该对象包含当前请求的用户名、请求内容和请求方式等。

视图函数执行完成后，必须使用return语句将处理结果返回，否则程序会抛出异常信息。启动MyDjango项目，在浏览器中访问127.0.0.1:8000，运行结果如图3-2所示。

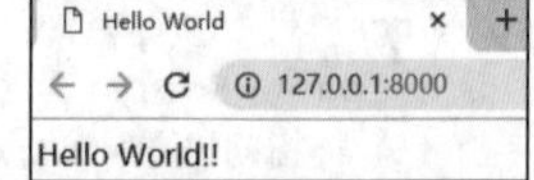

图3-2　首页内容

从上述例子可以看到，当启动MyDjango项目时，Django会从配置文件settings.py中读取属性ROOT_URLCONF的值，默认值为MyDjango.urls，代表MyDjango文件夹中的urls.py文件，然后根据ROOT_URLCONF的值来生成整个项目的路由列表。

路由文件urls.py的路由定义规则是相对固定的，路由列表由urlpatterns变量表示，每一个列表元素代表一条路由。路由是由Django的path函数定义的，该函数的第一个参数是路由地址，第二个参数是路由所对应的处理函数（视图函数或视图类），这两个参数是路由定义的必选参数。

3.1.2　路由变量的设置

在日常开发过程中，有时一个路由可以代表多个不同的页面。例如，编写带有日期的路由，若按照前面的编写方式，按一年计算，则需要开发者编写365个不同的路由才能实现，这种做法明显是不可取的。因此，Django在定义路由时，可以对路由设置变量值，使路由具有多样性。

路由的变量类型有字符串类型、整型、slug和uuid，其中最为常用的是字符串类型和整型。各个类型的说明如下：

- 字符串类型：匹配任何非空字符串，但不含斜杠。如果没有指定类型，就默认使用该类型。
- 整型：匹配0和正整数。
- slug：可理解为注释、后缀或附属等概念，常作为路由的解释性字符。可以匹配任何ASCII字符以及连接符和下画线，能使路由更加清晰易懂。比如网页的标题是“13岁的孩子”，其路由地址可以设置为“13-sui-de-hai-zi”。
- uuid：匹配一个uuid格式的对象。为了防止冲突，规定必须使用“-”，并且所有字母必须小写，例如075194d3-6885-417e-a8a8-6c931e272f00。

根据上述变量类型，在MyDjango项目的index文件夹的urls.py文件里新定义一条路由，并且带有字符串类型、整型和slug的变量，代码如下：

```
# index的urls.py
from django.urls import path
from . import views
urlpatterns = [
    # 添加带有字符串类型、整型和slug的路由
    path('<year>/<int:month>/<slug:day>',views.myvariable)
]
```

在路由中，使用变量符号“<>”可以为路由设置变量。括号里面的内容以冒号划分为两部分，冒号前面代表的是变量的数据类型，冒号后面代表的是变量名，变量名可自行命名。如果没有设置变量的数据类型，则默认为字符串类型。上述代码设置了3个变量，分别是<year>、<int:month>和<slug:day>，变量说明如下：

- <year>：变量名为year，数据格式为字符串类型，与<str:year>的含义相同。
- <int:month>：变量名为month，数据格式为整型。
- <slug:day>：变量名为day，数据格式为slug。

在上述新增的路由中，路由的处理函数为myvariable，因此需要在index的views.py中编写视图函数myvariable的处理过程，代码如下：

```
# views.py的myvariable函数
from django.http import HttpResponse
def myvariable(request, year, month, day):
    return HttpResponse(str(year)+'/'+str(month)+'/'+str(day))
```

视图函数myvariable有4个参数，其中year、month和day的参数值分别来自路由地址所设置的变量<year>、<int:month>和<slug:day>。启动项目，在浏览器上输入127.0.0.1:8000/2018/05/01，运行结果如图3-3所示。

从上述例子中可以看出，路由地址所设置的变量可以在视图函数里以参数的形式使用，视图函数myvariable将路由地址的变量值作为响应内容（2018/5/01）输出到网页上。需要注意的是，虽然路由变量month的数据类型为整型，但是在输出时会自动转换为字符串类型，因此输出结果为“2018/5/01”而不是“2018/5/1”。此外，由于路由变量day的数据类型为slug，因此路由地址的“05”会被转换为“5”。

如果浏览器输入的路由地址与其变量类型不相符，Django就会提示“Page not found”，例如将路由地址中的“05”改为字母“AA”，运行结果如图3-4所示。

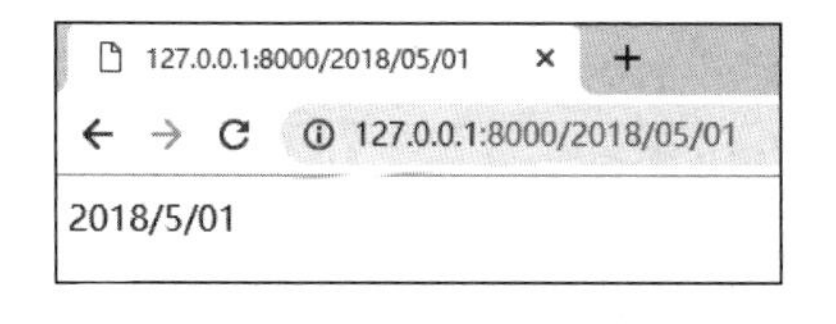

图3-3　运行结果

图3-4　运行结果

路由的变量和视图函数的参数要一一对应，如果视图函数的参数与路由的变量对应不上，那么程序会抛出参数不相符的报错信息。例如，路由地址里设置了3个变量<year>、int:month和slug:day，而视图函数myvariable仅设置了两个路由变量的参数year和month，当再次访问网页时，浏览器就会给出报错信息，如图3-5所示。

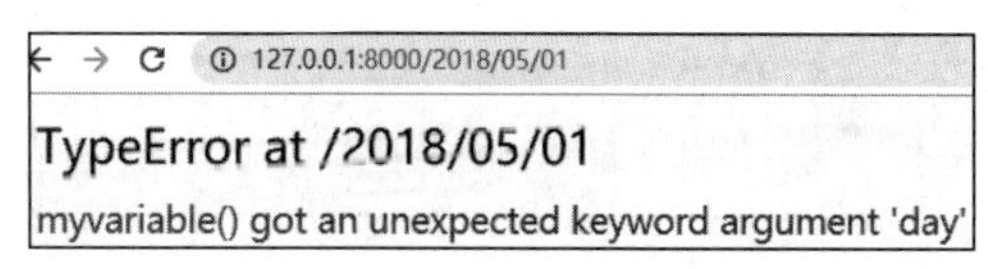

图3-5　运行结果

除了在路由地址上设置变量外，Django还支持在路由地址外设置变量（路由的可选变量）。例如，在index的urls.py和views.py中分别新增路由和视图函数，代码如下：

```
# index的urls.py
from django.urls import path
from . import views
urlpatterns = [
    # 添加带有字符串类型、整型和slug的路由
    path('<year>/<int:month>/<slug:day>',views.myvariable),
    # 添加路由地址外的变量month
    path('', views.index, {'month': '2019/10/10'})
]

# index的views.py
from django.http import HttpResponse
def myvariable(request, year, month, day):
    return HttpResponse(str(year)+'/'+str(month)+'/'+str(day))

def index(request, month):
    return HttpResponse('这是路由地址之外的变量：'+month)
```

从上述代码中可以看出，路由函数path的第3个参数是{'month': '2019/10/10'}，该参数的设置规则如下：

- 参数只能以字典的形式表示。
- 设置的参数只能在视图函数中读取和使用。
- 字典的一个键值对（Key-Value Pair）代表一个参数，键值对的键代表参数名，键值对的值代表参数值。
- 参数值没有数据格式限制，可以为某个实例对象、字符串或列表（元组）等。

视图函数index的参数必须对应字典的键，如果字典里设置了两个键值对，则视图函数就要设置相应的函数参数，否则在浏览器上访问的时候就会给出如图3-5所示的报错信息。

最后重新运行MyDjango项目，在浏览器上访问127.0.0.1:8000，运行结果如图3-6所示。

图3-6　运行结果

3.1.3　正则表达式的路由定义

由3.1.2节的路由设置得知，路由地址变量分别代表日期的年、月、日，其变量类型分别是字符串类型、整型和slug，因此在浏览器上输入127.0.0.1:8000/AAAA/05/01也是合法的，但这不符合日期格式要求。为了进一步规范日期格式，可以使用正则表达式限制路由地址变量的取值范围。在index文件夹的urls.py文件中使用正则表达式定义路由地址，代码如下：

```
# index的urls.py
from django.urls import re_path
from . import views
urlpatterns = [
re_path('(?P<year>[0-9]{4})/(?P<month>[0-9]{2})/(?P<day>[0-9]{2}).html',
views.mydate)
]
```

路由的正则表达式是由路由函数re_path定义的，其作用是对路由地址进行截取与判断。正

则表达式是以圆括号为单位的，每个圆括号的前后可以使用斜杠或者其他字符来分隔或结束。以上述代码为例，分别将变量year、month和day以斜杠隔开，每个变量以一个圆括号为单位，在圆括号内，可分为3部分。下面以(?P<year>[0-9]{4})为例进行解释：

- ?P是固定格式，字母P必须为大写。
- <year>为变量名。
- [0-9]{4}是正则表达式的匹配模式，代表变量的长度为4，只允许取0~9的值。

上述路由的处理函数为mydate，因此还需要在index的views.py文件中编写视图函数mydate，代码如下：

```
# views.py的mydate函数
from django.http import HttpResponse
def mydate(request, year, month, day):
    return HttpResponse(str(year)+'/'+str(month)+'/'+str(day))
```

启动MyDjango项目，在浏览器上输入127.0.0.1:8000/2018/05/01.html即可查看运行结果，如图3-7所示。

路由地址的末端设置了“.html”，这是一种伪静态URL技术，可以将网址设置为静态网址，用于SEO搜索引擎（如百度、谷歌等）的爬取。在本例中，在末端设置“.html”是为变量day设置终止符，假如末端没有设置“.html”，那么在浏览器上输入无限长的字符串，路由也能正常访问，如图3-8所示。

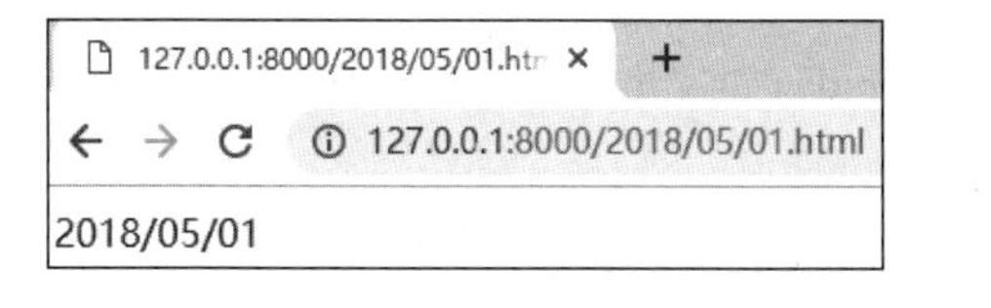

图 3-7　运行结果

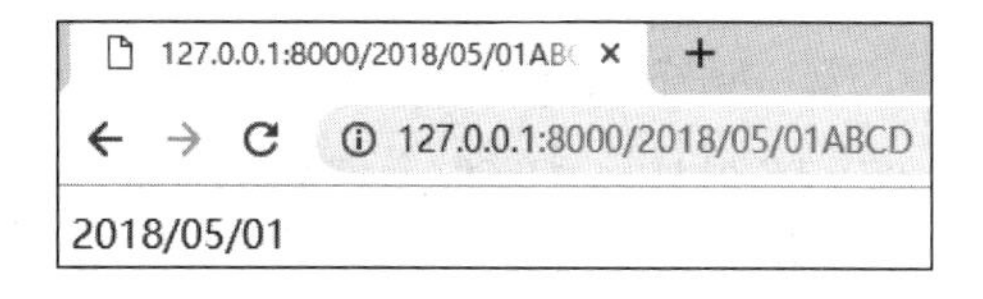

图 3-8　运行结果

3.2　命名空间与路由命名

随着网站规模的扩大，网页的数量也会越来越多，如果网站的网址过多，在管理或者维护上就会存在一定的难度。为了更好地管理和使用路由，Django提供了路由命名空间和路由命名的功能。

3.2.1　命名空间namespace

在MyDjango项目中，创建新的项目应用user，并在user文件夹中创建urls.py文件，然后在配置文件settings.py中的INSTALLED_APPS选项中添加项目应用user，使得Django在运行时能够识别项目应用user。该项目结构如图3-9所示。

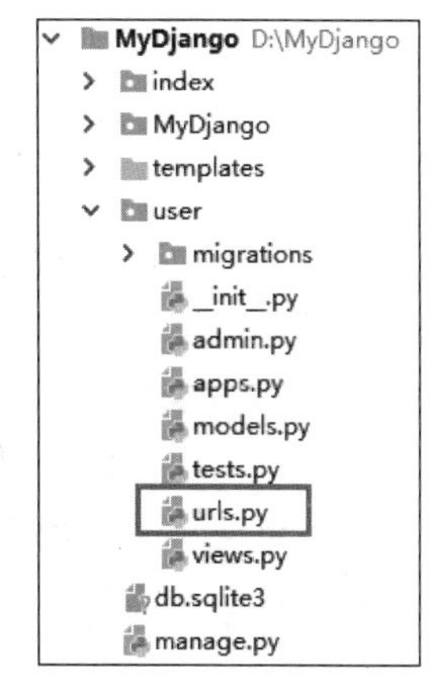

图 3-9　目录结构

在MyDjango项目文件夹中的urls.py文件内重新定义路由信息，使它们分别指向index文件夹的urls.py和user文件夹的urls.py，代码如下：

```
from django.contrib import admin
from django.urls import path, include
urlpatterns = [
    # 指向内置Admin后台系统的路由文件sites.py
    path('admin/', admin.site.urls),
    # 指向index的路由文件urls.py
    path('',include(('index.urls','index'),
namespace='index')),
    # 指向user的路由文件urls.py
    path('user/',include(('user.urls','user'),
namespace='user'))
]
```

在上述代码中，新增的路由使用了Django路由函数include，并且分别指向了index文件夹的urls.py和user文件夹的urls.py。在函数include里设置了可选参数namespace，该参数是函数include特有的，它就是Django设置路由的命名空间。

路由函数include设有参数arg和namespace，参数arg指向项目应用App的urls.py文件，其数据格式以元组或字符串表示；可选参数namespace是路由的命名空间。

若要对路由设置参数namespace，则参数arg必须以元组格式表示，并且元组的长度必须为2。元组的元素说明如下：

- 第一个元素为项目应用的urls.py文件，比如('index.urls','index')中的"index.urls"，这是代表项目应用index的urls.py文件。
- 第二个元素可以自行命名，但不能为空。通常情况下，我们会将其命名为项目应用的名称，如('index.urls','index')中的"index"是以项目应用index进行命名的。

如果路由设置了参数namespace，并且参数arg为字符串或元组长度不足2，则在运行MyDjango的时候，就会提示错误信息，如图3-10所示。

```
e "D:\MyDjango\MyDjango\urls.py", line 22, in <module>
ath('', include(('index.urls'), namespace='index')),
e "D:\Python\lib\site-packages\django\urls\conf.py", line 39, in i
Specifying a namespace in include() without providing an app_name
```

图3-10　报错信息

接下来，我们分析路由函数include的作用，该函数将当前的路由分配到某个项目应用的urls.py文件，而项目应用的urls.py文件可以设置多条路由。这种情况类似计算机上的文件夹A，其中包含多个子文件夹。而Django的命名空间namespace则相当于对文件夹A进行命名。

假设项目路由设计为：在MyDjango文件夹的urls.py中新定义4条路由，每条路由都使用路由函数include，并分别命名为A、B、C、D，每条路由对应某个项目应用的urls.py文件，并且每个项目应用的urls.py文件里定义了若干条路由。

根据上述的路由设计模式，我们可以将MyDjango文件夹的urls.py视为计算机上的D盘，在D盘下有4个文件夹，分别命名为A、B、C、D，每个项目应用的urls.py所定义的若干条路由可视为这4个文件夹里面的文件。在这种情况下，Django的命名空间namespace等同于文件夹A、B、C、D的文件名。

Django的命名空间namespace可以帮助我们快速定位某个项目应用的urls.py，再结合路由命名name就能快速地从项目应用的urls.py中找到某条路由的具体信息，这样就能有效管理整个项目的路由列表。有关路由函数include的定义过程，可以在Python安装目录下找到源码（Lib\site-packages\ django\urls\conf.py）进行解读。

3.2.2　路由命名name

回顾3.2.1节，我们在MyDjango文件夹的urls.py中重新定义了两条路由，这两条路由都使用了路由函数include，并且分别指向index文件夹的urls.py和user文件夹的urls.py，命名空间namespace分别为index和user。在此基础上，我们在index文件夹的urls.py和user文件夹的urls.py中重新定义路由，代码如下：

```
# index文件夹的urls.py
from django.urls import re_path, path
from . import views
urlpatterns = [
    re_path('(?P<year>[0-9]{4}).html',views.mydate,name='mydate'),
    path('', views.index, name='index')
]

# user文件夹的urls.py
from django.urls import path
from . import views
urlpatterns = [
    path('index', views.index, name='index'),
    path('login', views.userLogin, name='userLogin')
]
```

每个项目应用的urls.py都定义了两条路由，每条路由都由相应的视图函数进行处理。因此，在index文件夹的views.py和user文件夹的views.py中定义视图函数，代码如下：

```
# index文件夹的views.py
from django.http import HttpResponse
from django.shortcuts import render
def mydate(request, year):
    return HttpResponse(str(year))

def index(request):
    return render(request, 'index.html')

# user文件夹的views.py
from django.http import HttpResponse
def index(request):
    return HttpResponse('This is userIndex')

def userLogin(request):
    return HttpResponse('This is userLogin')
```

项目应用index和user的urls.py所定义的路由都设置了参数name，这是对路由进行命名，它是路由函数path或re_path的可选参数。从3.2.1节的例子得知，项目应用的urls.py所定义的若干条路由可视为D盘下的某个文件夹里的文件，而文件夹里的每个文件的命名在同一个文件夹下是唯一的，路由命名name的作用等同于文件夹里的文件名。

如果路由里使用了路由函数include，就可以对该路由设置参数name，因为路由的命名空间namespace是路由函数include的可选参数，而路由命名name是路由函数path或re_path的可选参数，两者隶属于不同的路由函数，因此可在同一路由里共存。一般情况下，使用路由函数include就没必要再对路由设置参数name，因为参数name在实际开发中没有实质的作用。

从index的urls.py和user的urls.py的路由可以看出，不同项目应用的路由命名是可以重复的，比如项目应用index和user都设置了名为index的路由，这种命名方式是合理的。

在同一个项目应用里，多条路由是允许使用相同的命名的，但是这种命名方式是不合理的，因为在使用路由命名来生成路由地址的时候，Django会随机选取某条路由，这样就会为项目开发带来不必要的困扰。

综上所述，Django的路由命名name是对路由进行命名的，其作用是在开发过程中，在视图或模板等其他功能模块里使用路由命名name来生成路由地址。

在实际开发过程中，我们支持使用路由命名，因为网站更新或防止爬虫程序往往需要频繁修改路由地址，倘若在视图或模板等其他功能模块里使用路由地址，当路由地址发生更新变换时，这些模块里所使用的路由地址也要随之修改，这样就不利于版本的变更和维护；相对而言，如果在这些功能模块里使用路由命名来生成路由地址，就能避免路由地址的更新维护问题。

3.3 路由的使用方式

路由为网站开发定义了具体的网址，不仅如此，它还能被其他功能模块使用，比如视图、模板、模型、Admin后台或表单等，本节将讲述如何在其他功能模块中优雅地使用路由。

3.3.1 在模板中使用路由

通过前面的学习，相信读者对Django的路由定义规则有了一定的了解。路由经常在模板和视图中使用，举个例子，我们在访问爱奇艺首页的时候，网页上会有各种各样的链接，通过单击这些链接可以访问其他网页，如图3-11所示。

如果将爱奇艺网站当作一本书，那么首页可以作为书的目录，通过目录就能快速找到我们需要阅读的内容；网站首页的功能也是如此，它的作用就是将网站中所有的网址一并显示。

从网站开发的角度分析，网址代表路由，若想将项目定义的路由显示在网页上，则要在模板上使用模板语法来生成路由地址。Django内置了一套模板语法，它能将Python的语法转换成HTML语言，然后通过浏览器解析HTML语言并生成相应的网页内容。

打开MyDjango项目，该项目仅有一个项目应用文件夹index和模板文件夹templates，在index文件夹和模板templates文件夹中分别添加urls.py文件和index.html文件，切勿忘记在配置文件settings.py中添加index文件夹和templates文件夹的配置信息。项目的目录结构如图3-12所示。

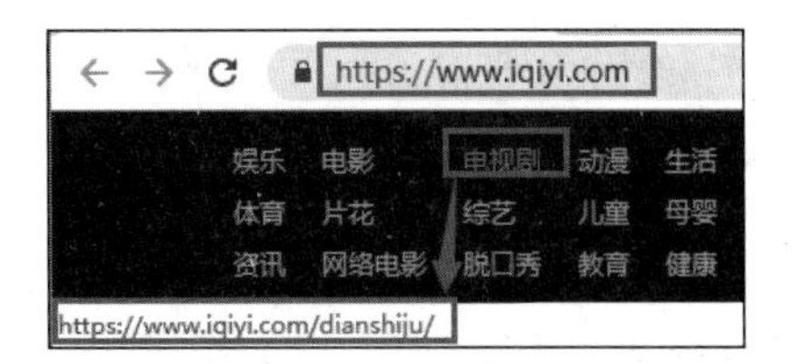

图 3-11　爱奇艺首页

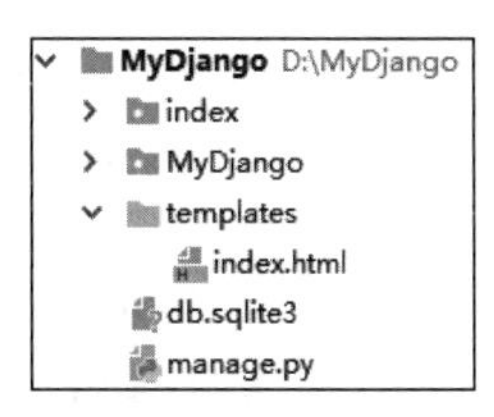

图 3-12　目录结构

项目环境搭建成功后，在MyDjango文件夹的urls.py中使用路由函数path和include定义项目应用文件夹index的路由，代码如下：

```
# MyDjango的urls.py
from django.contrib import admin
from django.urls import path, include
urlpatterns = [
    # 指向内置Admin后台系统的路由文件sites.py
    path('admin/', admin.site.urls),
    # 指向index的路由文件urls.py
    path('', include('index.urls')),
]
```

在项目应用index里，分别在urls.py和views.py文件中定义路由和视图函数；在模板文件夹templates的index.html文件中编写模板内容，代码如下：

```
# index的urls.py
from django.urls import path
from . import views
urlpatterns = [
    # 添加带有字符串类型、整型和slug的路由
    path('<year>/<int:month>/<slug:day>',views.mydate,name='mydate'),
    # 定义首页的路由
    path('', views.index)
]
# index的views.py
from django.http import HttpResponse
from django.shortcuts import render
def mydate(request, year, month, day):
    return HttpResponse(str(year)+'/'+str(month)+'/'+str(day))

def index(request):
    return render(request, 'index.html')
# templates的index.html
<!DOCTYPE html>
<html lang="en">
<head>
    <meta charset="UTF-8">
    <title>Hello World</title>
</head>
<body>
  <span>Hello World!!</span>
  <br>
```

```
  <a href="{% url 'mydate' '2019' '01' '10' %}">查看日期</a>
</body>
</html>
```

项目应用index的urls.py和views.py文件的路由和视图函数定义过程不再详细讲述。我们分析index.html的模板内容，模板使用了Django内置的模板语法url来生成路由地址，模板语法url里设有4个不同的参数。这些参数的说明如下：

- mydate：代表命名为mydate的路由，即index的urls.py中设有字符串类型、整型和slug的路由。
- 2019：代表路由地址变量year，它与mydate之间使用空格隔开。
- 01：代表路由地址变量month，它与2019之间使用空格隔开。
- 10：代表路由地址变量day，它与01之间使用空格隔开。

模板语法url的参数设置与路由定义是相互关联的，具体说明如下：

- 若路由地址存在变量，则模板语法url需要设置相应的参数值，参数值之间使用空格隔开。
- 若路由地址不存在变量，则模板语法url只需设置路由命名name即可，无须设置额外的参数。
- 若路由地址的变量与模板语法url的参数数量不相同，则在浏览器访问网页的时候会提示“NoReverseMatch at”的错误信息，如图3-13所示。

从路由定义与模板语法url的使用对比中可以发现，路由所设置的变量month与模板语法url的参数'01'是不同的数据类型，这种写法是允许的，因为Django在运行项目的时候，会自动将模板的参数值转换成路由地址变量的数据格式。运行MyDjango项目，在浏览器访问127.0.0.1:8000并单击“查看日期”链接，网页内容如图3-14所示。

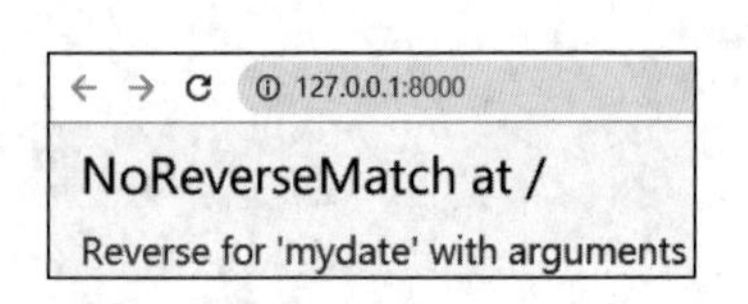

图3-13　报错信息

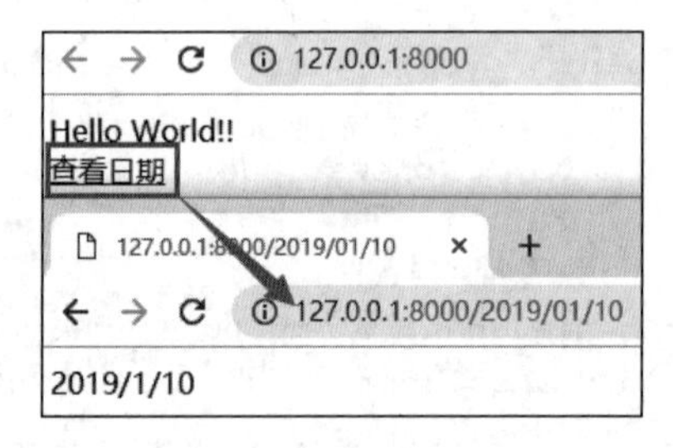

图3-14　网页内容

上述例子中，MyDjango文件夹的urls.py在使用函数include定义路由时，并没有设置命名空间namespace。若设置了命名空间namespace，则模板里使用路由的方式将会有所变化。下面对MyDjango文件夹中的urls.py和模板文件夹templates中的index.html的代码进行修改：

```
# MyDjango文件夹中的urls.py
from django.contrib import admin
from django.urls import path, include
urlpatterns = [
    # 指向内置Admin后台系统的路由文件sites.py
    path('admin/', admin.site.urls),
    # 指向index的路由文件urls.py
    # path('', include('index.urls')),
```

```
    # 使用命名空间namespace
    path('',include(('index.urls','index'),namespace='index')),
]
# templates文件夹中的index.html
<!DOCTYPE html>
<html lang="en">
<head>
    <meta charset="UTF-8">
    <title>Hello World</title>
</head>
<body>
  <span>Hello World!!</span>
  <br>
  {# <a href="{% url 'mydate' '2019' '01' '10' %}">查看日期</a>#}
  <a href="{% url 'index:mydate' '2019' '01' '10' %}">查看日期</a>
</body>
</html>
```

从模板文件index.html可以看出，若项目应用的路由设有命名空间namespace，则模板语法url在使用路由时，需要在命名路由name前面添加命名空间namespace并使用冒号隔开，如“namespace:name”。若路由在定义过程中使用了命名空间namespace，而模板语法url没有添加命名空间namespace，则在访问网页时，Django提示如图3-13所示的报错信息。

3.3.2　反向解析reverse与resolve

路由除了在模板里使用之外，还可以在视图里使用。我们知道Django的请求生命周期是指用户在浏览器访问网页时，Django根据网址在路由列表里查找相应的路由，再从路由里找到视图函数或视图类进行处理，最后将处理结果作为响应内容返回浏览器并生成网页内容。这个生命周期是不可逆的，而在视图里使用路由这一过程被称为反向解析。

Django的反向解析主要由函数reverse和resolve实现：函数reverse是通过路由命名或可调用视图对象来生成路由地址的；函数resolve是通过路由地址来获取路由对象信息的。

以MyDjango项目为例，项目的目录结构不再重复讲述，其结构与3.3.1节的目录结构相同。在MyDjango文件夹中的urls.py和index文件夹中的urls.py里定义路由地址，代码如下：

```
# MyDjango文件夹中的urls.py
from django.urls import path, include
urlpatterns = [
    # 指向index的路由文件urls.py
    path('',include(('index.urls','index'),namespace='index')),
]

# index文件夹中的urls.py
from django.urls import path
from . import views
urlpatterns = [
    # 添加带有字符串类型、整型和slug的路由
    path('<year>/<int:month>/<slug:day>',views.mydate,name='mydate'),
    # 定义首页的路由
```

```
    path('', views.index, name='index')
]
```

上述代码定义了项目应用index的路由信息，路由命名分别为index和mydate，路由定义过程中设置了命名空间namespace和路由命名name。

由于反向解析函数reverse和resolve常用于视图（views.py）、模型（models.py）或Admin后台（admin.py）等，因此在视图（views.py）的函数mydate和index里分别调用reverse和resolve，代码如下：

```
from django.http import HttpResponse
from django.shortcuts import reverse
from django.urls import resolve

def mydate(request, year, month, day):
    args = ['2019', '12', '12']
     # 先调用reverse，再调用resolve
    result = resolve(reverse('index:mydate', args=args))
    print('kwargs: ', result.kwargs)
    print('url_name: ', result.url_name)
    print('namespace: ', result.namespace)
    print('view_name: ', result.view_name)
    print('app_name: ', result.app_name)
    return HttpResponse(str(year)+'/'+str(month)+'/'+str(day))

def index(request):
    kwargs = {'year': 2010, 'month': 2, 'day': 10}
    args = ['2019', '12', '12']
    # 调用reverse生成路由地址
    print(reverse('index:mydate', args=args))
    print(reverse('index:mydate', kwargs=kwargs))
    return HttpResponse(reverse('index:mydate', args=args))
```

函数index主要调用反向解析函数reverse来生成路由mydate的路由地址。为了进一步了解函数reverse，我们在PyCharm下打开函数reverse的源码文件，如图3-15所示。

```
site-packages 〉 django 〉 urls 〉 base.py 〉

def reverse(viewname, urlconf=None, args=None, kwargs=None, current_app=None):
    if urlconf is None:
        urlconf = get_urlconf()
```

图3-15　函数reverse

从图3-15中可以看到，函数reverse中设有必选参数viewname，其余参数是可选参数，各个参数说明如下：

- viewname：代表路由命名或可调用视图对象，一般情况下是以路由命名name来生成路由地址的。
- urlconf：设置反向解析的URLconf模块。默认情况下，使用配置文件settings.py的ROOT_URLCONF属性（MyDjango文件夹中的urls.py）。

- args：以列表方式传递路由地址变量，列表元素顺序和数量应与路由地址变量的顺序和数量一致。
- kwargs：以字典方式传递路由地址变量，字典的键必须对应路由地址变量名，字典的键值对（Key-Value Pair）数量与变量的数量一致。
- current_app：提示当前正在执行的视图所在的项目应用，主要起到提示作用，在功能上并无实质的作用。

一般情况下只需设置函数reverse的参数viewname即可，如果路由地址设有变量，那么可自行选择参数args或kwargs来设置路由地址的变量值。参数args和kwargs不能同时设置，否则会提示ValueError报错信息，如图3-16所示。

运行MyDjango项目，在浏览器上访问127.0.0.1:8000，当前请求将由视图函数index处理，该函数使用reverse来获取路由命名为mydate的路由地址并显示在网页上，如图3-17所示。

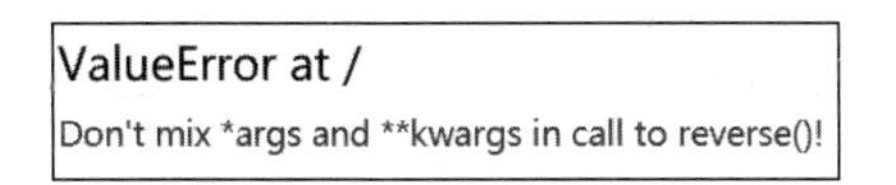

图 3-16　ValueError 报错信息

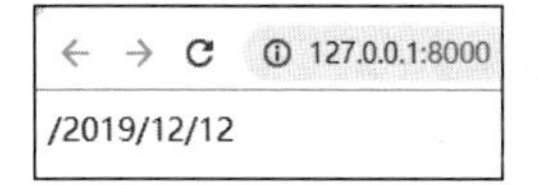

图 3-17　网页内容

从网页内容得知，路由地址/2019/12/12是一个相对路径。在Django里，所有路由地址皆以相对路径表示，地址路径中的首个斜杠（/）代表域名（127.0.0.1:8000）。

接下来分析视图函数mydate，它在函数reverse的基础上使用函数resolve。我们在PyCharm里打开函数resolve的源码文件，如图3-18所示。

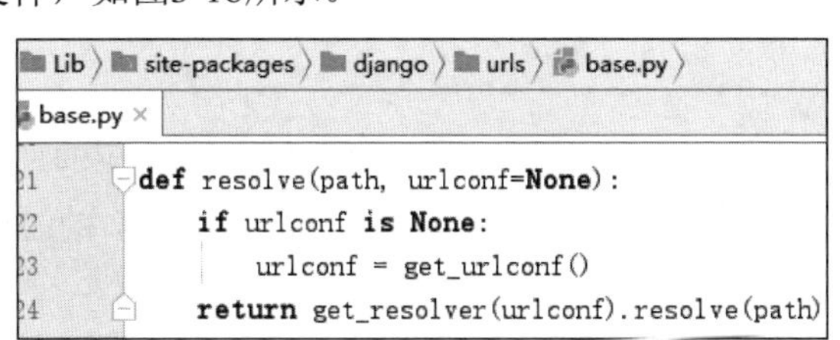

图 3-18　函数 resolve

从图3-18中可以看到，函数resolve设有两个参数，path是必选参数，urlconf是可选参数，参数说明如下：

- path：代表路由地址，通过路由地址来获取对应的路由对象信息。
- urlconf：设置反向解析的URLconf模块。默认情况下，使用配置文件settings.py的ROOT_URLCONF属性（MyDjango文件夹中的urls.py）。

函数resolve是以路由对象作为返回值的，该对象内置多种函数方法来获取具体的路由信息，如表3-1所示。

表 3-1　内置的函数方法

函数方法	说　　明
func	路由的视图函数对象或视图类对象
args	以列表格式获取路由的变量信息

（续表）

函数方法	说　明
kwargs	以字典格式获取路由的变量信息
url_name	获取路由命名name
app_name	获取路由函数include的参数arg的第二个元素值
app_names	与app_name功能一致，但以列表格式表示
namespace	获取路由的命名空间namespace
namespaces	与namespace功能一致，但以列表格式表示
view_name	获取整个路由的名称，包括命名空间

运行MyDjango项目，在浏览器上访问127.0.0.1:8000/2019/12/12，在PyCharm的下方查看函数resolve的对象信息，如图3-19所示。

```
kwargs:  {'year': '2019', 'month': 12, 'day': '12'}
url_name:  mydate
namespace:  index
view_name:  index:mydate
app_name:  index
```

图 3-19　函数 resolve 的对象信息

综上所述，函数reverse和resolve主要是对路由进行反向解析，通过路由命名或路由地址来获取路由信息。在调用这两个函数时，需要注意两者所传入的参数类型和返回值的数据类型。

3.3.3　路由重定向

重定向是指HTTP协议重定向，也可以称为网页跳转，它对应的HTTP状态码为301、302、303、307、308。简单来说，网页重定向就是在浏览器访问某个网页的时候，这个网页不提供响应内容，而是自动跳转到其他网址，由其他网址来生成响应内容。

Django的网页重定向有两种方式：第一种是路由重定向；第二种是自定义视图的重定向。两种重定向方式各有优点，前者是使用Django内置的视图类RedirectView实现的，默认支持HTTP的GET请求；后者是在自定义视图的响应状态设置重定向，能让开发者实现多方面的开发需求。

下面通过MyDjango项目分别讲述Django的两种重定向方式。在index的urls.py中定义路由turnTo，代码如下：

```
from django.urls import path
from . import views
from django.views.generic import RedirectView
urlpatterns = [
    # 添加带有字符串类型、整型和slug的路由
    path('<year>/<int:month>/<slug:day>',views.mydate,name='mydate'),
    # 定义首页的路由
    path('', views.index, name='index'),
    # 设置路由跳转
    path('turnTo',RedirectView.as_view(url='/'),name='turnTo')
]
```

在路由里使用视图类RedirectView就必须使用as_view方法将视图类实例化，参数url用于设置网页跳转的路由地址，“/”代表网站首页（路由命名为index的路由地址）。

在index的views.py中定义视图函数mydate和index，代码如下：

```
from django.http import HttpResponse
from django.shortcuts import redirect
from django.shortcuts import reverse
def mydate(request, year, month, day):
    return HttpResponse(str(year)+'/'+str(month)+'/'+str(day))

def index(request):
    print(reverse('index:turnTo'))
    return redirect(reverse('index:mydate',args=[2019,12,12]))
```

视图函数index是使用重定向函数redirect实现网页重定向的，这是Django内置的重定向函数，只需在函数中传入路由地址即可实现重定向。

运行MyDjango项目，在浏览器上输入127.0.0.1:8000/turnTo，发现该网址首先通过视图类RedirectView重定向首页（路由命名为index），然后在视图函数index里使用重定向函数redirect跳转到路由命名为mydate的路由地址，如图3-20所示。

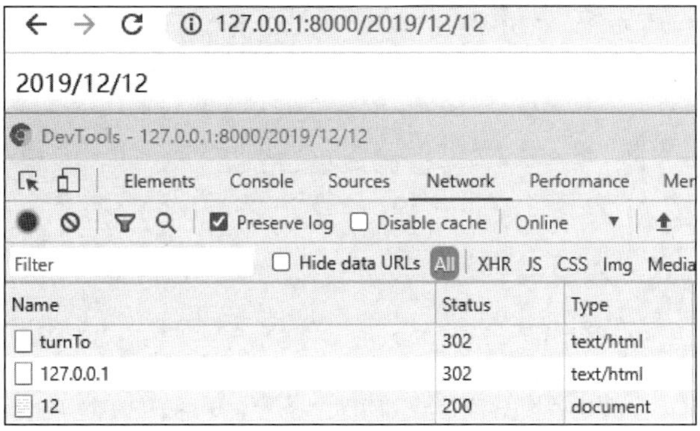

图3-20　网页重定向

从图3-20中可以看到，浏览器的开发者工具记录了3条请求信息，其中名为turnTo的请求信息是我们在浏览器输入的网址，而名为127.0.0.1的请求信息是网站首页，两者的HTTP状态码都是302，说明视图类RedirectView和重定向函数redirect皆能实现网站的重定向。

根据视图类RedirectView和重定向函数redirect的功能来划分，两者分别隶属于视图类和视图函数，有关两者功能的实现过程和源码剖析将分别在4.1.2节和5.1.1节详细讲述。

3.4　本章小结

本章介绍了Django路由的概念、定义规则与使用方法，读者应重点了解和掌握以下内容：

（1）了解路由的概念，即什么是路由。路由就是我们常说的网址，每个网址代表不同的网页。

（2）掌握路由的基本编写规则。例如，路由文件urls.py的路由定义规则、路由列表中的每个元素、路由的定义函数path以及该函数的参数。

（3）掌握路由的变量类型、路由地址的变量设置、路由的正则表达式的使用等。

（4）了解命名空间namespace与路由命名之间的关系。Django的路由命名name是对路由进行命名，其作用是在开发过程中可以在视图或模板等其他功能模块里使用路由命名name来生成路由地址；而模板语法url的参数设置与路由定义是相互关联的。

（5）了解Django网页重定向的两种方式，即路由重定向与自定义视图的重定向。两种重定向方式各有优点，前者是使用Django内置的视图类RedirectView实现的，默认支持HTTP的GET请求；后者是在自定义视图的响应状态设置重定向，能让开发者实现多方面的开发需求。

第 4 章

简单直观的FBV视图

视图（Views）是Django的MTV架构模式的V部分，主要负责处理用户请求和生成相应的响应内容，然后在页面或其他类型文档中显示。视图也可视为MVC架构中的C部分（控制器），主要处理功能和业务上的逻辑。我们通常使用视图函数来处理HTTP请求，即在视图中定义def函数，这种方式被称为FBV（Function Base Views）。

4.1 设置响应方式

网站的运行遵循HTTP协议，核心交互由HTTP请求和HTTP响应两部分组成。HTTP响应方式也被称为HTTP状态码，一共分为5种：消息状态码、成功状态码、重定向状态码、请求错误状态码和服务器错误状态码。若以使用频率来划分，则HTTP状态码可以分为成功状态码、重定向状态码和异常响应状态码（客户端请求错误和服务器错误）3种。

4.1.1 返回响应内容

视图函数通过return方式返回响应内容，并在浏览器上生成相应的网页内容。return是Python的内置语法，用于设置函数的返回值。若要设置不同的响应方式，则需要使用Django内置的响应类，如表4-1所示。

表 4-1 响应类

响应类型	说　明
HttpResponse('Hello world')	状态码200，请求已成功被服务器接收
HttpResponseRedirect('/')	状态码302，重定向首页地址
HttpResponsePermanentRedirect('/')	状态码301，永久重定向首页地址
HttpResponseBadRequest('400')	状态码400，访问的页面不存在或请求错误
HttpResponseNotFound('404')	状态码404，网页不存在或网页的URL失效
HttpResponseForbidden('403')	状态码403，没有访问权限
HttpResponseNotAllowed('405')	状态码405，不允许使用该请求方式
HttpResponseServerError('500')	状态码500，服务器内容错误

（续表）

响应类型	说　明
JsonResponse({'foo': 'bar'})	默认状态码200，响应内容为JSON数据
StreamingHttpResponse()	默认状态码200，响应内容以流式输出

不同的响应方式代表不同的HTTP状态码，其核心作用是告诉浏览器当前网页请求的结果，或者Web服务器的响应状态。上述的响应类主要来自模块django.http，该模块是实现响应功能的核心。以HttpResponse为例，可以在MyDjango项目的index文件夹的urls.py和views.py中编写相关功能代码：

```
# index的urls.py
from django.urls import path
from . import views
urlpatterns = [
    # 定义首页的路由
    path('', views.index, name='index'),
]
# index的views.py
from django.http import HttpResponse
def index(request):
    html = '<h1>Hello World</h1>'
    return HttpResponse(html , status=200)
```

视图函数index使用响应类HttpResponse实现响应过程。由HttpResponse的参数可知，第一个参数是响应内容，一般是网页内容或JSON数据，网页内容以HTML语言为主，JSON数据用于生成API接口数据；第二个参数用于设置HTTP状态码，它支持HTTP所有的状态码。

从源码角度分析，打开响应类HttpResponse的源码文件，可以发现表4-1中的响应类都是在HttpResponse的基础上实现的，只不过它们的HTTP状态码有所不同，如图4-1所示。

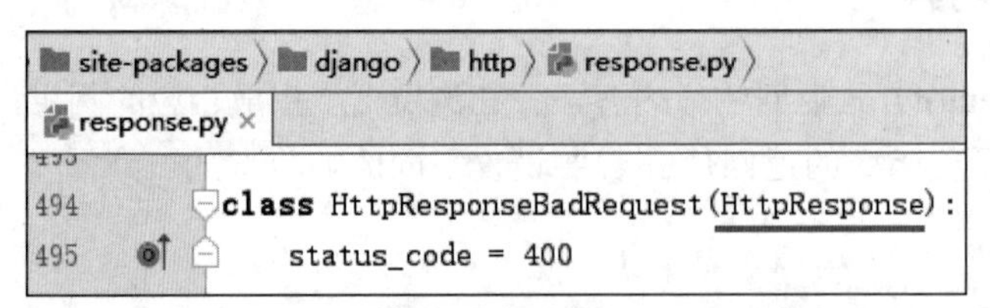

图 4-1　响应类

从HttpResponse的使用过程可知，如果要生成网页内容，就需要将HTML语言以字符串的形式表示，如果网页内容过大，就会增加视图函数的代码量，同时也没有体现模板的作用。因此，Django在此基础上进行了封装处理，定义了函数render和redirect。

render的语法如下：

```
render (request, template_name, context = None, content_type = None, status = None,
using = None)
```

render的request和template_name参数是必选参数，其余的是可选参数。各个参数说明如下：

- request：浏览器向服务器发送的请求对象，包含用户信息、请求内容和请求方式等。
- template_name：模板文件名，用于生成网页内容。

- context：对模板上下文（模板变量）赋值，以字典格式表示，默认情况下是一个空字典。
- content_type：响应内容的数据格式，一般情况下使用默认值即可。
- status：HTTP状态码，默认为200。
- using：设置模板引擎，用于解析模板文件，生成网页内容。

为了更好地说明render的使用方法，下面通过一个简单的例子来加以说明。以MyDjango为例，在index的views.py和templates的index.html中编写以下代码：

```
#index的views.py
from django.shortcuts import render
def index(request):
    value = {'title': 'Hello MyDjango'}
    return render(request, 'index.html', context=value)

#templates的index.html
<!DOCTYPE html>
<html>
<body>
<h3>{{ title }}</h3>
</body>
</html>
```

视图函数index定义的变量value作为render的参数context，而模板index.html里通过使用模板上下文（模板变量）{{ title }}来获取变量value的数据，上下文的命名必须与变量value的数据命名（字典的key）相同，这样Django内置的模板引擎才能将参数context（变量value）的数据与模板上下文进行配对，从而将参数context的数据转换成网页内容。运行MyDjango项目，在浏览器上访问127.0.0.1:8000即可看到网页信息，如图4-2所示。

图 4-2　运行结果

在实际开发过程中，如果视图传递的变量过多，在设置参数context时就显得非常冗余，而且不利于日后的维护和更新。因此，可以使用Python内置语法locals()取代参数context，在index的views.py和templates的index.html中重新编写以下代码：

```
# index的views.py
def index(request):
    title = {'key': 'Hello MyDjango'}
    content = {'key': 'This is MyDjango'}
    return render(request, 'index.html', locals())

# templates的index.html
<!DOCTYPE html>
<html>
<body>
<h3>{{ title.key }}</h3>
<div>{{ content.key }}</div>
</body>
</html>
```

在视图函数index中定义变量title和content，在使用render的时候，只需设置请求对象request、模板文件名和locals()即可完成响应过程。locals()会自动将变量title和content传入模板文件，并由模板引擎找到与之匹配的上下文。因此，在视图函数中所定义的变量名一定要与模板文件的上下文（变量名）相同才能生效。

视图定义的变量的数据格式不同，在模板文件里的使用方式也各不相同。有关模板上下文的使用方式会在第6章详细讲述。运行MyDjango项目，上述代码的运行结果如图4-3所示。

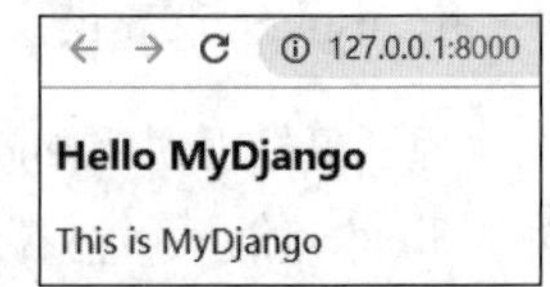

图 4-3　运行结果

掌握了render的使用方法后，为了进一步了解其原理，在PyCharm里查看render的源码信息，按Ctrl键并单击函数render即可打开该函数的源码文件，结果如图4-4所示。

```
site-packages 〉 django 〉 shortcuts.py 〉
s.py ×
def render(request, template_name, context=None, content_typ
    """
    Return a HttpResponse whose content is filled with the re
    django.template.loader.render_to_string() with the passed
    """
    content = loader.render_to_string(template_name, context,
    return HttpResponse(content, content_type, status)
```

图 4-4　render 的源码文件

函数render的返回值调用响应类HttpResponse来生成具体的响应内容，这说明响应类HttpResponse是Django在响应过程中的核心功能类。结合render源码进一步阐述render读取模板index.html的运行过程：

（1）调用loader.render_to_string方法读取模板文件内容。

（2）由于模板文件设有模板上下文，因此模板文件解析网页内容的过程需要由模板引擎using实现。

（3）解析模板文件的过程中，loader.render_to_string的参数context给模板语法的变量提供具体的数据内容，若模板上下文在该参数里不存在，则对应的网页内容为空。

（4）调用响应类HttpResponse，并将变量content（模板文件的解析结果）、变量content_type（响应内容的数据格式）和变量status（HTTP状态码）以参数形式传入HttpResponse，从而完成响应过程。

至此，我们介绍了Django的响应类，如HttpResponse、HttpResponseRedirect和HttpResponseNotFound等，其中最为核心的响应类是HttpResponse，它是所有响应类的基础。在此基础上，Django还进一步封装了响应函数render，该函数能直接读取模板文件，并且能设置多种响应方式（设置不同的HTTP状态码）。

4.1.2　设置重定向

Django的重定向方式已在3.3.3节简单介绍过了，本小节将深入讲述Django的重定向类HttpResponseRedirect、HttpResponsePermanentRedirect以及重定向函数redirect。

重定向的状态码分为301和302，前者是永久性跳转的，后者是临时跳转的，两者的区别在于搜索引擎的网页抓取。301重定向是永久的重定向，搜索引擎在抓取新内容的同时会将旧的网址替换为重定向之后的网址。302跳转是暂时的跳转，搜索引擎会抓取新内容而保留旧的网址。因为服务器返回的是302代码，所以搜索引擎认为新的网址只是暂时的。

重定向类HttpResponseRedirect和HttpResponsePermanentRedirect分别代表HTTP状态码302和301，在PyCharm里查看源码，发现两者都继承HttpResponseRedirectBase类，如图4-5所示。

```
site-packages 〉 django 〉 http 〉 response.py 〉

class HttpResponseRedirect(HttpResponseRedirectBase):
    status_code = 302


class HttpResponsePermanentRedirect(HttpResponseRedirectBase):
    status_code = 301
```

图 4-5　源码信息

在图4-5的文件里可以找到HttpResponseRedirectBase类的定义过程，发现该类继承了响应类HttpResponse，并重写了__init__()和__repr__()。也就是说，Django的重定向是在响应类HttpResponse的基础上进行功能重写的，从而实现整个重定向过程，如图4-6所示。

```
class HttpResponseRedirectBase(HttpResponse):
    allowed_schemes = ['http', 'https', 'ftp']

    def __init__(self, redirect_to, *args, **kwargs):
        super().__init__(*args, **kwargs)
        self['Location'] = iri_to_uri(redirect_to)
        parsed = urlparse(str(redirect_to))
        if parsed.scheme and parsed.scheme not in self.allowed_schemes:
            raise DisallowedRedirect("Unsafe redirect to URL with protoco

    url = property(lambda self: self['Location'])

    def __repr__(self):
        return '<%(cls)s status_code=%(status_code)d%(content_type)s,
            'cls': self.__class__.__name__,
            'status_code': self.status_code,
            'content_type': self._content_type_for_repr,
            'url': self.url,
        }
```

图 4-6　HttpResponseRedirectBase 类

HttpResponseRedirect和HttpResponsePermanentRedirect的使用只需传入路由地址即可，两者只支持路由地址而不支持路由命名的传入。为了进一步完善功能，Django在此基础上定义了重定向函数redirect，该函数支持路由地址或路由命名的传入，并且能通过函数参数来设置重定向的状态码。在PyCharm里查看函数redirect的源码信息，结果如图4-7所示。

```
site-packages 〉 django 〉 shortcuts.py 〉

def redirect(to, *args, permanent=False, **kwargs):
    redirect_class = HttpResponsePermanentRedirect if permanent
    return redirect_class(resolve_url(to, *args, **kwargs))
```

图 4-7　函数 redirect 的源码信息

从函数redirect的定义过程可以看出，该函数的运行原理如下：

（1）通过判断参数permanent的真假性来选择重定向的函数。若参数permanent为True，则调用HttpResponsePermanentRedirect来完成重定向过程；若为False，则调用HttpResponseRedirect。

（2）由于HttpResponseRedirect和HttpResponsePermanentRedirect只支持路由地址的传入，因此函数redirect调用resolve_url方法对参数to进行判断。若参数to是路由地址，则直接将参数to的参数值返回；若参数to是路由命名，则使用reverse函数转换路由地址；若参数to是模型对象，则将模型转换成相应的路由地址（这种方法的使用频率相对较低）。

函数redirect将HttpResponseRedirect和HttpResponsePermanentRedirect的功能进行了完善和组合。下面通过在MyDjango项目讲述这三者的使用方法：在index文件夹的urls.py中定义路由信息，在views.py中定义相关的视图函数，代码如下：

```
# index的urls.py
from django.urls import path
from . import views
urlpatterns = [
    # 定义首页的路由
    path('', views.index, name='index'),
    # 定义商城的路由
    path('shop', views.shop, name='shop')
]

# index的views.py
from django.http import HttpResponseRedirect
from django.http import HttpResponsePermanentRedirect
from django.shortcuts import reverse
from django.shortcuts import render, redirect

def index(request):
    return redirect('index:shop',permanent=True)
    # 设置302的重定向
    # url = reverse('index:shop')
    # return HttpResponseRedirect(url)
    # 设置301的重定向
    # return HttpResponsePermanentRedirect(url)

def shop(request):
    return render(request, 'index.html')
```

视图函数index的响应函数redirect将参数permanent设置为True，并跳转到路由命名为shop的网页；若调用HttpResponseRedirect或HttpResponsePermanentRedirect，则需要调用reverse函数将路由命名转换成路由地址。从三者的调用方式来说，函数redirect更为便捷，更符合Python语言程序设计的“哲学”思想。

4.1.3 异常响应

异常响应是指HTTP状态码为404或500的响应状态，它与正常的响应过程（HTTP状态码为200的响应过程）是一样的，只是HTTP状态码有所不同。因此，使用函数render作为响应过程，并且设置参数status的状态码（404或500）即可实现异常响应。

同一个网站的每种异常响应所返回的页面都是相同的，因此网站的异常响应必须适用于整个项目的所有应用。要在Django中配置全局的异常响应，就必须在项目名的urls.py文件里配置。以MyDjango为例，在MyDjango文件夹的urls.py中定义路由以及在index文件夹的views.py中定义视图函数，代码如下：

```
# MyDjango的urls.py
from django.urls import path, include
urlpatterns = [
    # 指向index的路由文件urls.py
    path('',include(('index.urls','index'),namespace='index')),
]
# 全局404页面配置
handler404 = 'index.views.pag_not_found'
# 全局500页面配置
handler500 = 'index.views.page_error'

# index的views.py
from django.shortcuts import render
def pag_not_found(request, exception):
    """全局404的配置函数 """
    return render(request,'404.html',status=404)

def page_error(request):
    """全局500的配置函数 """
    return render(request,'500.html',status=500)
```

在MyDjango文件夹的urls.py里设置handler404和handler500，分别指向index文件夹的views.py的视图函数pag_not_found和page_error。当用户请求不合理或服务器发生异常时，Django就会根据请求信息执行相应的异常响应。在视图函数中用到了模板404.html和500.html，因此在templates文件夹里新增404.html和500.html文件，代码如下：

```
# 404.html
<!DOCTYPE html>
<html>
<body>
<h3>这是404页面</h3>
</body>
</html>

# 500.html
<!DOCTYPE html>
<html>
<body>
<h3>这是500页面</h3>
</body>
</html>
```

上述内容是设置Django全局404和500的异常响应，只需在项目的urls.py中设置变量handler404和handler500即可。变量值是指向某个项目应用的视图函数，而被指向的视图函数需要设置相应的模板文件和响应状态码。

为了验证全局404和500的异常响应，需要对MyDjango项目进行功能调整，修改配置文件

settings.py中的DEBUG和ALLOWED_HOSTS，并在index文件夹的urls.py和views.py中设置路由和相应的视图函数，代码如下：

```
# settings.py
# 关闭调试模式
DEBUG = False
# 设置所有域名可访问
ALLOWED_HOSTS = ['*']

# index的urls.py
from django.urls import path
from . import views
urlpatterns = [
    # 定义首页的路由
    path('', views.index, name='index'),
]

# index的views.py
from django.shortcuts import render
from django.http import Http404
def index(request):
    # request.GET是获取请求信息
    if request.GET.get('error', ''):
        raise Http404("page does not exist")
    else:
        return render(request, 'index.html')
```

如果想要验证404或500的异常响应，就必须同时设置settings.py的DEBUG=False和ALLOWED_HOSTS=['*']。在Django的调试模式下，即DEBUG=True，当出现异常时，Django内置的404调试页面将提供代码的异常信息，如图4-8所示。

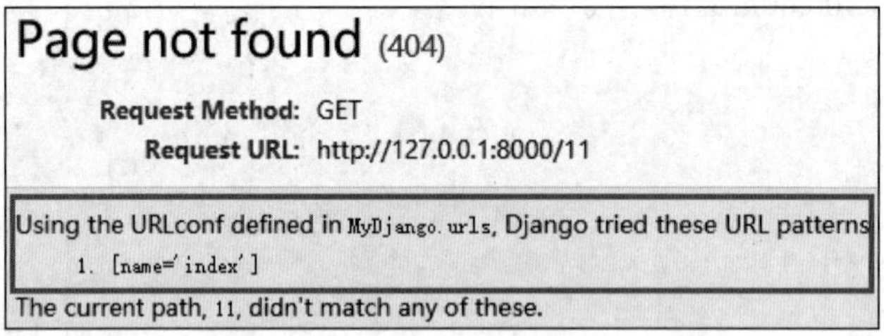

Page not found (404)

Request Method: GET
Request URL: http://127.0.0.1:8000/11

Using the URLconf defined in MyDjango.urls, Django tried these URL patterns
1. [name='index']

The current path, 11, didn't match any of these.

图4-8　调试页面

关闭调试模式（DEBUG=False），并且没有设置ALLOWED_HOSTS=['*']，在运行Django的时候，程序就会提示CommandError的错误信息，如图4-9所示。

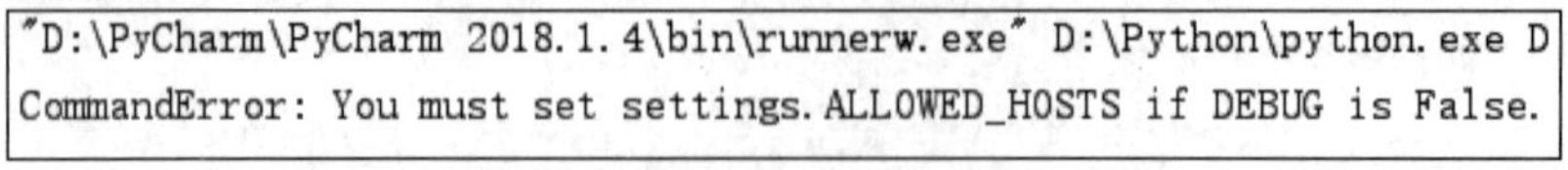

```
"D:\PyCharm\PyCharm 2018.1.4\bin\runnerw.exe" D:\Python\python.exe D
CommandError: You must set settings.ALLOWED_HOSTS if DEBUG is False.
```

图4-9　CommandError错误信息

视图函数index从请求信息里获取请求参数error并进行判断，如果请求参数为空，就将模板文件index.html返回浏览器生成网页内容；如果请求参数不为空，就使用Django内置函数Http404主动抛出404异常响应。

4.1.4　文件下载功能

除了返回网页信息，响应内容还可以实现文件下载功能，这是网站常用的功能之一。Django提供了三种方式来实现文件下载功能，它们分别是HttpResponse、StreamingHttpResponse和FileResponse：

- HttpResponse是所有响应过程的核心类，它的底层功能类是HttpResponseBase。
- StreamingHttpResponse是在HttpResponseBase的基础上进行继承与重写的，它实现流式响应输出（流式响应输出是使用Python的迭代器将数据进行分段处理并传输），适用于大规模数据响应和文件传输响应。
- FileResponse是在StreamingHttpResponse的基础上进行继承与重写的，它实现文件的流式响应输出，只适用于文件传输响应。

为了进一步了解StreamingHttpResponse和FileResponse，在PyCharm中打开StreamingHttpResponse的源码文件，结果如图4-10所示。

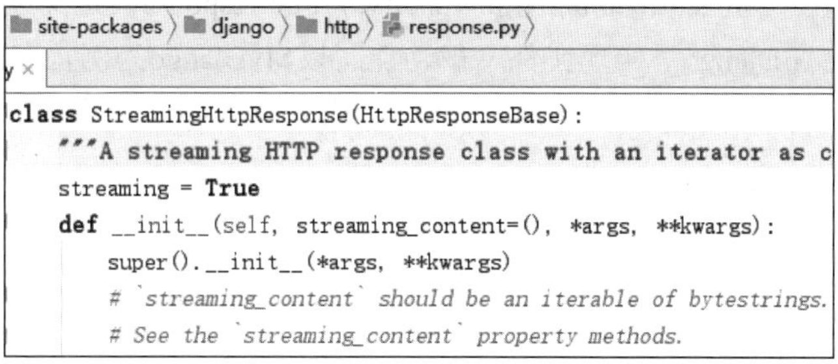

```
site-packages 〉 django 〉 http 〉 response.py 〉
class StreamingHttpResponse(HttpResponseBase):
    """A streaming HTTP response class with an iterator as c
    streaming = True
    def __init__(self, streaming_content=(), *args, **kwargs):
        super().__init__(*args, **kwargs)
        # `streaming_content` should be an iterable of bytestrings.
        # See the `streaming_content` property methods.
```

图 4-10　StreamingHttpResponse 的源码信息

从图4-10中可以看出，StreamingHttpResponse的初始化函数中设置了参数streaming_content和形参*args及**kwargs，参数说明如下：

- 参数streaming_content的数据格式可设为迭代器对象或字节流，代表数据或文件内容。
- 形参*args和**kwargs用于设置HttpResponseBase的参数，即响应内容的数据格式content_type和响应状态码status等参数。

总的来说，若使用StreamingHttpResponse实现文件下载功能，则文件以字节的方式读取，在StreamingHttpResponse实例化时传入文件的字节流。由于该类支持数据或文件内容的响应式输出，因此还需要设置响应内容的数据格式和文件下载格式。

继续分析FileResponse，在PyCharm里打开FileResponse的源码文件，结果如图4-11所示。

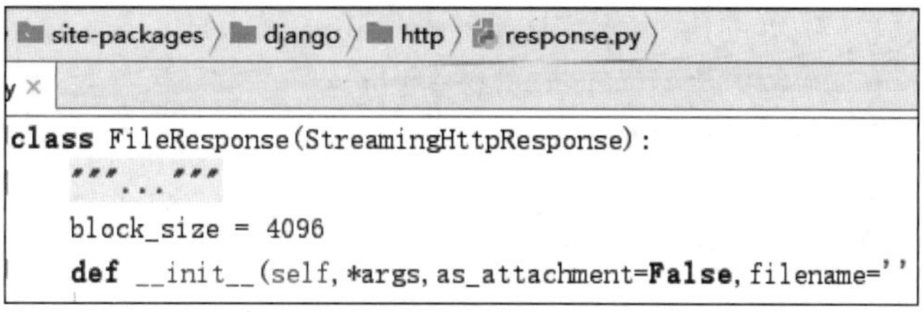

```
site-packages 〉 django 〉 http 〉 response.py 〉
class FileResponse(StreamingHttpResponse):
    """..."""
    block_size = 4096
    def __init__(self, *args, as_attachment=False, filename=''
```

图 4-11　FileResponse 的源码信息

从FileResponse的初始化函数__init__的定义得知，该函数设置了参数as_attachment和filename，以及形参*args和**kwargs，参数说明如下：

- 参数as_attachment的数据类型为布尔型，若值为False，则不提供文件下载功能，文件将会在浏览器里打开并读取，若浏览器无法打开文件，则将文件下载到本地计算机，但没有设置文件后缀名；若值为True，则开启文件下载功能，将文件下载到本地计算机，并设置文件后缀名。
- 参数filename设置下载文件的文件名，该参数与参数as_attachment的设置有关。若as_attachment的值为False，则filename不起任何作用。在as_attachment为True的前提下，若filename为空，则使用该文件原有的文件名作为下载文件的文件名，反之以filename作为下载文件的文件名。参数filename与参数as_attachment的关联可在FileResponse类的函数set_headers里找到。
- 形参*args和**kwargs用于设置HttpResponseBase的参数，即响应内容的数据格式content_type和响应状态码status等参数。

我们从源码的角度分析了StreamingHttpResponse和FileResponse的定义过程，下面通过一个简单的例子来讲述如何在Django里实现文件下载功能。以MyDjango为例，在MyDjango的urls.py，index的urls.py、views.py和templates的index.html中分别定义路由、视图函数和模板文件，代码如下：

```
# MyDjango的urls.py
from django.urls import path, include
urlpatterns = [
    # 指向index的路由文件urls.py
    path('',include(('index.urls','index'),namespace='index')),
]

# index的urls.py
from django.urls import path
from . import views
urlpatterns = [
    # 定义首页的路由
    path('', views.index, name='index'),
    path('download/file1',views.download1,name='download1'),
    path('download/file2',views.download2,name='download2'),
    path('download/file3',views.download3,name='download3'),
]

# index的views.py
from django.shortcuts import render
from django.http import HttpResponse, Http404
from django.http import StreamingHttpResponse
from django.http import FileResponse

def index(request):
    return render(request, 'index.html')

def download1(request):
    file_path = 'D:\cat.jpg'
```

```
    try:
        r = HttpResponse(open(file_path, 'rb'))
        r['content_type'] = 'application/octet-stream'
        r['Content-Disposition']='attachment;filename=cat.jpg'
        return r
    except Exception:
        raise Http404('Download error')

def download2(request):
    file_path = 'D:\duck.jpg'
    try:
        r = StreamingHttpResponse(open(file_path, 'rb'))
        r['content_type'] = 'application/octet-stream'
        r['Content-Disposition']='attachment;filename=duck.jpg'
        return r
    except Exception:
        raise Http404('Download error')

def download3(request):
    file_path = 'D:\dog.jpg'
    try:
        f = open(file_path, 'rb')
        r=FileResponse(f,as_attachment=True,filename='dog.jpg')
        return r
    except Exception:
        raise Http404('Download error')
# templates的index.html
<!DOCTYPE html>
<html>
<body>
<a href="{%url 'index:download1'%}">HttpResponse-下载</a>
<br>
<a href="{%url 'index:download2'%}">StreamingHttpResponse-下载</a>
<br>
<a href="{%url 'index:download3'%}">FileResponse-下载</a>
</body>
</html>
```

上述代码是整个MyDjango项目的功能代码，文件下载功能实现原理如下：

（1）MyDjango的urls.py定义的路由指向index的urls.py文件。

（2）index的urls.py定义了4条路由信息，路由index是网站首页，路由所对应的视图函数index将模板文件index.html作为网页内容呈现在浏览器上。

（3）当在浏览器上访问127.0.0.1:8000时，网页会出现3条地址链接，每条链接分别对应路由download1、download2和download3，这些路由所对应的视图函数分别使用不同的响应类实现文件下载功能。

（4）视图函数download1使用HttpResponse实现文件下载，它将文件以字节流的方式读取并传入响应类HttpResponse进行实例化，并对实例化对象r设置参数content_type和Content-Disposition，这样就能实现文件下载功能。

（5）视图函数download2使用StreamingHttpResponse实现文件下载，该类的使用方式与响应类HttpResponse的使用方式相同。

（6）视图函数download3使用FileResponse实现文件下载，该类的使用方式最为简单，只需将文件以字节流的方式读取并设置参数as_attachment和filename，然后将三者一并传入FileResponse进行实例化即可。如果读者对参数as_attachment和filename的关联存在疑问，那么可自行修改上述代码的参数值来梳理两者的关联。

运行MyDjango项目，在D盘下分别放置图片dog.jpg、duck.jpg和cat.jpg，然后在浏览器上访问127.0.0.1:8000，并单击每幅图片的下载链接，如图4-12所示。

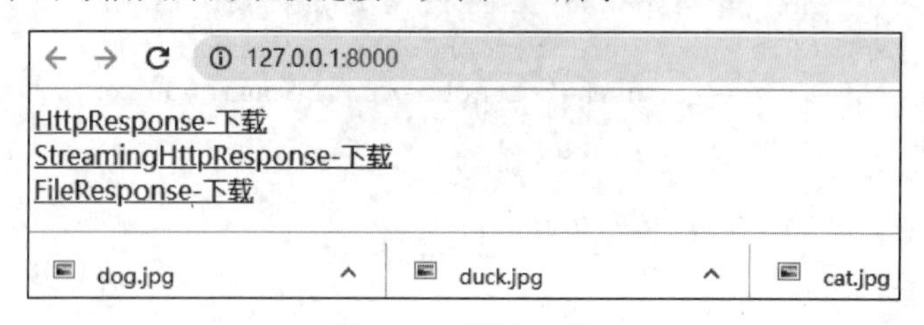

图4-12　图片下载

上述例子证明HttpResponse、StreamingHttpResponse和FileResponse都能实现文件下载功能，但三者之间存在一定的差异，说明如下：

- HttpResponse实现文件下载存在很大的弊端，其工作原理是将文件读取并载入内存，然后输出到浏览器上实现下载功能。如果下载的文件较大，该方法就会占用很多内存。对于下载大文件，Django推荐使用StreamingHttpResponse和FileResponse方法，这两个方法将下载文件分批写入服务器的本地磁盘，而不将文件载入服务器的内存。
- StreamingHttpResponse和FileResponse的实现原理是相同的，两者都是将下载文件分批写入本地磁盘，实现文件的流式响应输出。
- 从适用范围来说，StreamingHttpResponse的适用范围更为广泛，可支持大规模数据或文件输出，而FileResponse只支持文件输出。
- 从使用方式来说，由于StreamingHttpResponse支持数据或文件输出，因此在使用时需要设置响应输出类型和方式，而FileResponse只需设置3个参数即可实现文件下载功能。

4.2 HTTP请求对象

网站根据用户请求来生成相应的响应内容。用户请求是指用户在浏览器上访问某个网址链接的操作，浏览器会根据网址链接信息向网站发送HTTP请求。那么，当Django接收到用户请求时，它是如何获取用户的请求信息呢？

4.2.1 获取请求信息

在浏览器上访问某个网址，实质是向网站发送一个HTTP请求。HTTP请求分为8种请求方式，每种请求方式的说明如表4-2所示。

表 4-2　HTTP 请求方式

请求方式	说　明
OPTIONS	返回服务器针对特定资源所支持的请求方法
GET	向特定资源发出请求（访问网页）
POST	向指定资源提交数据处理请求（提交表单、上传文件）
PUT	向指定资源位置上传数据内容
DELETE	请求服务器删除request-URL所标示的资源
HEAD	与GET请求类似，返回的响应中没有具体内容，用于获取报头
TRACE	回复和显示服务器收到的请求，用于测试和诊断
CONNECT	HTTP/1.1协议中能够将连接改为管道方式的代理服务器

在上述的HTTP请求方式里，最基本的是GET请求和POST请求，网站开发者关心的也只有GET请求和POST请求。GET请求和POST请求都可以设置请求参数，两者的设置方式如下：

- GET请求的请求参数是在路由地址后添加“？”和参数内容，参数内容以key=value形式表示，等号前面的是参数名，后面的是参数值，如果涉及多个参数，每个参数之间使用“&”隔开，如127.0.0.1:8000/?user=xy&pw=123。
- POST请求的请求参数一般以表单的形式传递，常见的表单使用HTML的form标签，并且form标签的method属性设为POST。

对于Django来说，当它接收到HTTP请求之后，会根据HTTP请求携带的请求参数以及请求信息来创建一个WSGIRequest对象，并将它作为视图函数的首个参数，这个参数通常写成request，该参数包含用户所有的请求信息。在PyCharm里查看WSGIRequest对象的源码信息（django\core\handlers\wsgi.py），结果如图4-13所示。

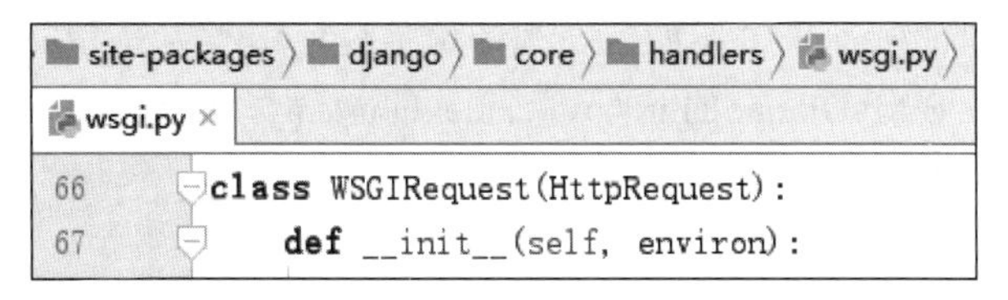

图 4-13　WSGIRequest

从类WSGIRequest的定义中可以看到，它继承并重写类HttpRequest。若要获取请求信息，只需从类WSGIRequest中读取相关的类属性即可。下面对一些常用的属性进行说明。

- COOKIE：获取客户端（浏览器）的Cookie信息，以字典形式表示，并且键值对都是字符串类型。
- FILES：django.http.request.QueryDict对象，包含所有的文件上传信息。
- GET：获取GET请求的请求参数，它是django.http.request.QueryDict对象，操作起来类似于字典。
- POST：获取POST请求的请求参数，它是django.http.request.QueryDict对象，操作起来类似于字典。
- META：获取客户端（浏览器）的请求头信息，以字典形式存储。

- method：获取当前请求的请求方式（GET请求或POST请求）。
- path：获取当前请求的路由地址。
- session：一个类似于字典的对象，用来操作服务器的会话信息，可临时存放用户信息。
- user：当Django启用AuthenticationMiddleware中间件时才可用。它的值是内置数据模型User的对象，表示当前登录的用户。如果用户当前没有登录，那么user将设为django.contrib.auth.models.AnonymousUser的一个实例。

由于类WSGIRequest继承并重写了类HttpRequest，因此类HttpRequest里定义的类方法同样适用于类WSGIRequest。打开类HttpRequest所在的源码文件，结果如图4-14所示。

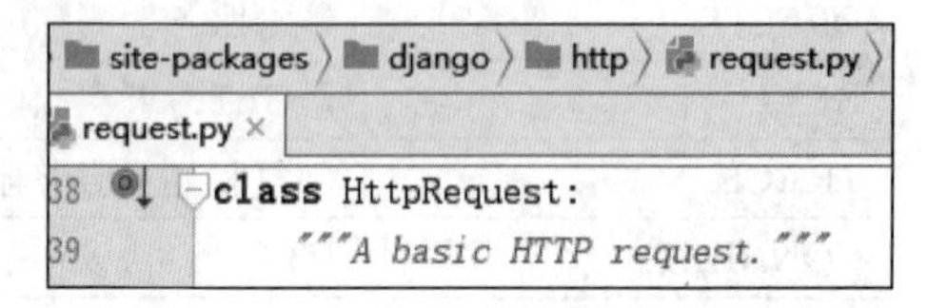

图 4-14　HttpRequest

类HttpRequest一共定义了31个类方法，我们选择一些常用的方法进行讲述。

- is_secure()：是否采用HTTPS协议。
- is_ajax()：是否采用AJAX发送HTTP请求。判断原理是请求头中是否存在X-Requested-With:XMLHttpRequest。
- get_host()：获取服务器的域名。如果在访问的时候设有端口，就会加上端口号，如127.0.0.1:8000。
- get_full_path()：返回路由地址。如果请求为GET请求并且设有请求参数，那么返回路由地址就会将请求参数返回，如/?user=xy&pw=123。
- get_raw_uri()：获取完整的网址信息，将服务器的域名、端口和路由地址一并返回，如http://127.0.0.1:8000/?user=xy&pw=123。

下面通过一个简单的例子来讲述如何在视图函数里使用类WSGIRequest，从中获取请求信息。以MyDjango为例，在MyDjango的urls.py，index的urls.py、views.py和模板文件夹templates的index.html中编写以下代码：

```
# MyDjango的urls.py
from django.urls import path, include
urlpatterns = [
    # 指向index的路由文件urls.py
    path('',include(('index.urls','index'),namespace='index')),
]

# index的urls.py
from django.urls import path
from . import views
urlpatterns = [
    # 定义首页的路由
    path('', views.index, name='index'),
]

# index的views.py
from django.shortcuts import render
def index(request):
```

```
    # 使用method属性判断请求方式
    if request.method == 'GET':
        # 类方法的使用
        print(request.is_secure())
        print(request.is_ajax())
        print(request.get_host())
        print(request.get_full_path())
        print(request.get_raw_uri())
        # 属性的使用
        print(request.COOKIES)
        print(request.content_type)
        print(request.content_params)
        print(request.scheme)
        # 获取GET请求的请求参数
        print(request.GET.get('user', ''))
        return render(request, 'index.html')
    elif request.method == 'POST':
        # 获取POST请求的请求参数
        print(request.POST.get('user', ''))
        return render(request, 'index.html')

# templates的index.html
<!DOCTYPE html>
<html>
<body>
<h3>Hello world</h3>
<form action="" method="POST">
    # Django的CSRF防御机制
    {% csrf_token %}
   <input type="text" name="user"/>
   <input type="submit" value="提交"/>
</form>
</body>
</html>
```

视图函数index的参数request是类WSGIRequest的实例化对象，通过参数request的method属性来判断HTTP请求方式。在浏览器上访问127.0.0.1:8000/?user=xy&pw=123，相当于向Django发送GET请求，从PyCharm的正下方查看请求信息的输出情况，结果如图4-15所示。

在网页上的文本框中输入数据并单击“提交”按钮，这时就会触发一个POST请求，再次在PyCharm的正下方查看请求信息的输出情况，结果如图4-16所示。

```
False
False
127.0.0.1:8000
/?user=xy&pw=123
http://127.0.0.1:8000/?user=xy&pw=123
{'csrftoken': '3PyP82kSoCys00UJBU4golu7
text/plain
{}
http
xy
```

图 4-15　GET 请求信息

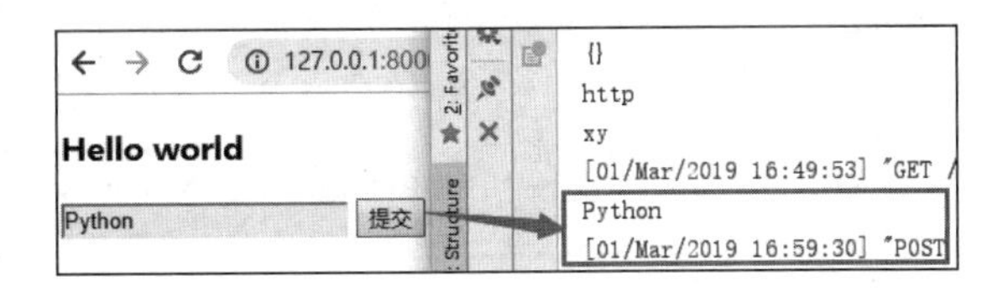

图 4-16　POST 请求信息

4.2.2 文件上传功能

文件上传功能是网站开发常用的功能之一，比如上传图片（用户头像或身份证信息）和导入文件（音视频文件、办公文件或安装包等）。无论上传的文件是什么格式，其上传原理都是将文件以二进制的数据格式读取并写入网站指定的文件夹中。

下面通过一个简单的例子来讲述如何使用Django实现文件上传功能。以MyDjango为例，在index的urls.py、views.py和模板文件夹templates的upload.html中编写以下代码：

```
# index的urls.py
from django.urls import path
from . import views
urlpatterns = [
    # 定义路由
    path('', views.upload, name='uploaded'),
]

# index的views.py
from django.shortcuts import render
from django.http import HttpResponse
import os
def upload(request):
    # 请求方法为POST时，执行文件上传
    if request.method == "POST":
        # 获取上传的文件，如果没有文件，就默认为None
        myFile = request.FILES.get("myfile", None)
        if not myFile:
            return HttpResponse("no files for upload!")
        # 打开特定的文件进行二进制的写操作
        f = open(os.path.join("D:\\upload",myFile.name),'wb+')
        # 分块写入文件
        for chunk in myFile.chunks():
            f.write(chunk)
        f.close()
        return HttpResponse("upload over!")
    else:
        # 请求方法为GET时，生成文件上传页面
        return render(request, 'upload.html')

# templates的upload.html
<!DOCTYPE html>
<html>
<body>
<form enctype="multipart/form-data" action="" method="post">
   # Django的CSRF防御机制
   {% csrf_token %}
   <input type="file" name="myfile" />
   <br>
   <input type="submit" value="上传文件"/>
</form>
</body>
</html>
```

从视图函数upload中可以看到，如果当前的HTTP请求为POST，就会触发文件上传功能，其运行过程如下：

（1）模板文件upload.html使用带form标签的文件控件file生成文件上传功能，该控件将用户上传的文件以二进制读取，读取方式由form标签的属性enctype="multipart/form-data"设置。

（2）浏览器将用户上传的文件读取后，通过HTTP的POST请求将二进制数据传入Django，当Django接收到POST请求后，从请求对象的属性FILES中获取文件信息，然后在D盘的upload文件夹里创建新的文件，文件名（从文件信息对象myFile.name获取）与用户上传的文件名相同。

（3）从文件信息对象myFile.chunks()中读取文件内容，并写入D盘的upload文件夹的文件中，从而实现文件上传功能。

上述例子有两个关键知识点，即form标签属性enctype="multipart/form-data"和文件对象myFile，两者说明如下：

- 如果将模板文件的form标签属性enctype="multipart/form-data"去掉，当用户在浏览器操作文件上传的时候，Django就无法从请求对象的FILES中获取文件信息，控件file变为请求参数的形式传递，如图4-17所示。
- 文件对象myFile包含文件的基本信息，如文件名、大小和后缀名等。在PyCharm的断点调试模式下可以查看文件对象myFile的具体信息，如图4-18所示。

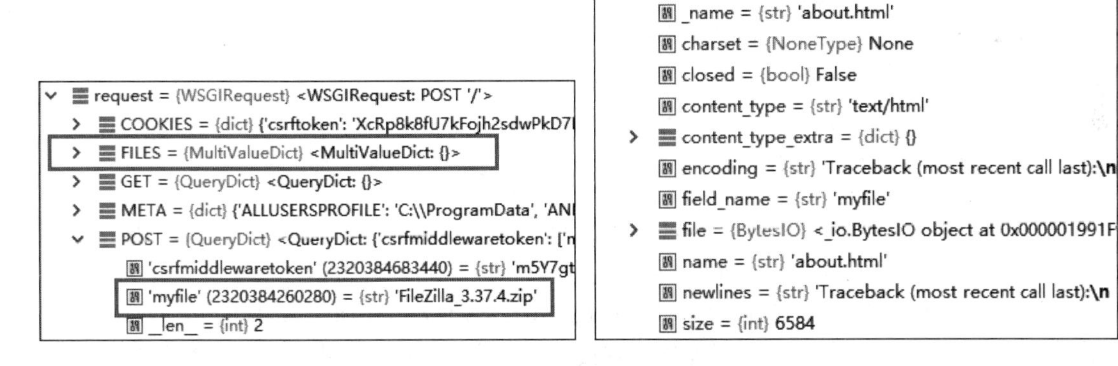

图 4-17　控件 file 变为请求参数　　　　图 4-18　文件对象 myFile

从图4-18中可以看到，文件对象myFile提供了以下属性来获取文件信息：

- myFile.name：获取上传文件的文件名，包含文件后缀名。
- myFile.size：获取上传文件的文件大小。
- myFile.content_type：获取文件类型，通过后缀名来判断文件类型。

对于从文件对象myFile获取文件内容，Django提供了以下读取方式：

- myFile.read()：从文件对象中读取整个文件上传的数据，这种方式只适合小文件。
- myFile.chunks()：按流式响应方式读取文件，在for循环中进行迭代，将大文件分块写入服务器所指定的保存位置。

- myFile.multiple_chunks()：判断文件对象的文件大小，返回True或者False，当文件大于2.5MB（默认值为2.5MB）时，该方法返回True，否则返回False。因此，可以调用该方法来选择是调用read方法还是chunks方法进行读取。

上述是从功能实现的角度讲述Django的文件上传过程，为了深入介绍文件上传机制，下面从Django源码的角度分析文件上传功能。在PyCharm里打开Django文件上传的源码文件uploadedfile.py，如图4-19所示。

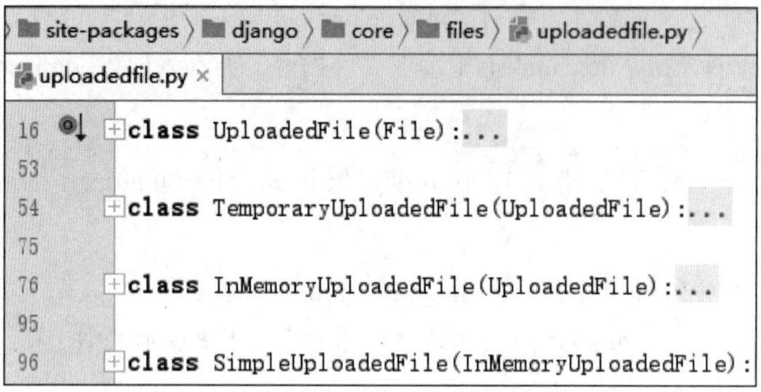

```
site-packages 〉 django 〉 core 〉 files 〉 uploadedfile.py 〉
uploadedfile.py ×
16   class UploadedFile(File):...
53
54   class TemporaryUploadedFile(UploadedFile):...
75
76   class InMemoryUploadedFile(UploadedFile):...
95
96   class SimpleUploadedFile(InMemoryUploadedFile):
```

图4-19 源码文件uploadedfile.py

源码文件uploadedfile.py定义了4个功能类，每个类所实现的功能说明如下：

- UploadedFile：文件上传的基本功能类，继承父类File，该类主要获取文件的文件名、大小和类型等基本信息。
- TemporaryUploadedFile：将文件数据临时存放在服务器所指定的文件夹中，适用于大文件的上传。
- InMemoryUploadedFile：将文件数据存放在服务器的内存中，适用于小文件的上传。
- SimpleUploadedFile：将文件的文件名、大小和类型生成字典格式。

由上述内容得知，使用myFile.read()和myFile.chunks()读取文件内容，实质是分别调用InMemoryUploadedFile和TemporaryUploadedFile来实现文件上传，两者的区别在于保存上传文件之前，文件数据需要存放在某个位置。默认情况下，当上传的文件小于2.5MB时，Django通过InMemoryUploadedFile把上传的文件的全部内容读进内存；当上传的文件大于2.5MB时，Django会使用TemporaryUploadedFile把上传的文件写到临时文件中，然后存放到系统临时文件夹中，从而节省内存的开销。

在这4个功能类的基础上，Django进一步完善了文件上传处理过程，主要完善了文件的创建、读写和关闭处理等。处理过程可以在源码文件uploadhandler.py中找到，该文件共定义了7个Handler类和一个函数，如图4-20所示。

图4-20所示的7个Handler类可以划分为两类：异常处理和程序处理。异常处理是处理文件上传的过程中出现的异常情况，如中断上传、网络延迟和上传失败等。程序处理是实现文件上传过程，其中TemporaryFileUploadHandler调用TemporaryUploadedFile来实现上传过程，MemoryFileUploadHandler则调用InMemoryUploadedFile。无论是哪个Handler类，Django都为文件上传机制设置了4个配置属性，分别说明如下：

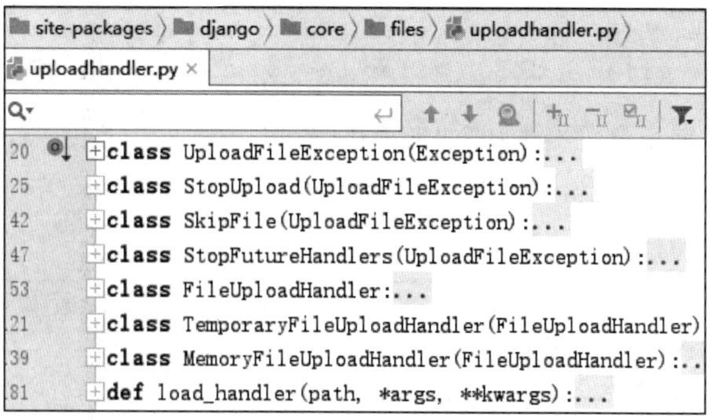

```
site-packages 〉 django 〉 core 〉 files 〉 uploadhandler.py 〉
uploadhandler.py ×
20  class UploadFileException(Exception):...
25  class StopUpload(UploadFileException):...
42  class SkipFile(UploadFileException):...
47  class StopFutureHandlers(UploadFileException):...
53  class FileUploadHandler:...
21  class TemporaryFileUploadHandler(FileUploadHandler)
39  class MemoryFileUploadHandler(FileUploadHandler):..
81  def load_handler(path, *args, **kwargs):...
```

图 4-20　源码文件 uploadhandler.py

- FILE_UPLOAD_MAX_MEMORY_SIZE：判断文件大小的条件（以字节数表示），默认值为2.5MB。
- FILE_UPLOAD_PERMISSIONS：可以在源码文件storage.py中找到，用于配置文件上传的用户权限。
- FILE_UPLOAD_TEMP_DIR：可以在源码文件uploadedfile.py中找到，用于配置文件数据的临时存放文件夹。
- FILE_UPLOAD_HANDLERS：设置文件上传的处理过程。

配置属性FILE_UPLOAD_HANDLERS用于修改文件上传的处理过程，这一配置属性在开发过程中非常重要。当Django内置的文件上传机制不能满足开发需求时，我们可以自定义文件上传的处理过程。以MyDjango为例，在MyDjango文件夹里新增handler.py文件，在该文件里定义myFileUploadHandler类，并继承TemporaryFileUploadHandler类，代码如下：

```
# MyDjango的handler.py
from django.core.files.uploadhandler import *
from django.core.files.uploadedfile import *
class myFileUploadHandler(TemporaryFileUploadHandler):
    def new_file(self, *args, **kwargs):
        super().new_file(*args, **kwargs)
        print('This is my FileUploadHandler')
        self.file = TemporaryUploadedFile(self.file_name,
                    self.content_type,0,self.charset,
                    self.content_type_extra)
```

自定义类myFileUploadHandler继承自TemporaryFileUploadHandler类，并在new_file方法里添加了print函数，通过print的输出来验证myFileUploadHandler类是否生效。最后在配置文件settings.py中设置文件上传的配置属性，代码如下：

```
# 配置文件数据的临时存放文件夹
FILE_UPLOAD_TEMP_DIR = 'D:\\temp'
# 判断文件大小的条件
FILE_UPLOAD_MAX_MEMORY_SIZE = 209715200
# 设置文件上传的处理过程
FILE_UPLOAD_HANDLERS = ['MyDjango.handler.myFileUploadHandler']
# 默认配置，以列表或元组的形式表示
# FILE_UPLOAD_HANDLERS = (
```

```
#    "django.core.files.uploadhandler.MemoryFileUploadHandler",
#    "django.core.files.uploadhandler.TemporaryFileUploadHandler",)
```

运行MyDjango项目并在浏览器上访问127.0.0.1:8000，在文件上传页面完成文件上传操作，发现在PyCharm的正下方有数据输出，并与类myFileUploadHandler添加print函数的数据一致，如图4-21所示。

```
Starting development server at http://127.0.0.1:8000/
Quit the server with CTRL-BREAK.
[05/Mar/2019 17:03:57] "GET / HTTP/1.1" 200 333
This is my FileUploadHandler
[05/Mar/2019 17:04:00] "POST / HTTP/1.1" 200 12
```

图4-21 运行结果

4.2.3 Cookie实现反爬虫

我们知道，Django接收的HTTP请求信息中包含有Cookie信息，Cookie的作用是识别当前用户的身份。下面通过一个例子来说明Cookie的作用。

浏览器向服务器（Django）发送请求，服务器做出响应之后，二者便会断开连接（会话结束），下次用户再来请求服务器时，服务器没有办法识别此用户是谁。比如对于用户登录功能，如果没有Cookie机制的支持，那么只能通过查询数据库实现，并且每次刷新页面都要重新执行一次用户登录操作才可以识别用户，这会给开发人员带来大量的冗余工作，简单的用户登录功能会给服务器带来巨大的负载压力。

Cookie从浏览器向服务器传递数据，让服务器能够识别当前用户，而服务器对Cookie的识别机制是通过Session实现的，Session存储了当前用户的基本信息，如姓名、年龄和性别等。由于Cookie存储在浏览器里面，而且Cookie的数据是由服务器提供的，如果服务器将用户信息直接保存在浏览器中，就很容易泄露用户信息，并且Cookie大小不能超过4KB，不能支持中文。因此，需要一种机制在服务器的某个域中存储用户数据，这个域就是Session。

总而言之，Cookie和Session是为了解决HTTP协议无状态的弊端、为了让浏览器和服务端建立长久联系的会话而出现的。

Cookie除了解决HTTP协议无状态的弊端之外，还可以实现反爬虫机制。随着大数据和人工智能的发展，爬虫技术日益完善，网站为了保护自身数据的安全性和负载能力，都会设置反爬虫机制。

本小节将讲述如何在Cookie里设置反爬虫机制，但在此之前，我们首先需要学习如何使用Django的Cookie。

由于Cookie是通过HTTP协议从浏览器传递到服务器的，因此从视图函数的请求对象request可以获取Cookie对象，而Django提供以下方法来操作Cookie对象：

```
#获取Cookie，与Python的字典读取方式一致
request.COOKIES['uuid']
request.COOKIES.get('uuid')
# 在响应内容中添加Cookie，将Cookie返回给浏览器
return HttpResponse('Hello world')
response.set_cookie('key','value')
```

```
return response

# 在响应内容中删除Cookie
return HttpResponse('Hello world')
response.delete_cookie('key')
return response
```

操作Cookie对象无非就是对Cookie进行获取、添加和删除处理。添加Cookie信息是使用set_cookie方法实现的，该方法由响应类HttpResponseBase定义。在PyCharm里打开Django的源码文件response.py，查看set_cookie方法的定义过程，结果如图4-22所示。

```
site-packages 〉 django 〉 http 〉 response.py 〉

def set_cookie(self, key, value='', max_age=None, expires=None, path='/',
               domain=None, secure=False, httponly=False, samesite=None)
```

图 4-22　源码文件 response.py

set_cookie方法定义了9个参数，每个参数的说明如下：

- key：设置Cookie的key，类似字典的key。
- value：设置Cookie的value，类似字典的value。
- max_age：设置Cookie的有效时间，以秒为单位。
- expires：设置Cookie的有效时间，以日期格式为单位。
- path：设置Cookie的生效路径，默认值为根目录（网站首页）。
- domain：设置Cookie生效的域名。
- secure：设置传输方式，若值为False，则使用HTTP；否则使用HTTPS。
- httponly：设置是否只能使用HTTP协议传输。
- samesite：设置强制模式，可选值为lax或strict，主要防止CSRF攻击。

常见的反爬虫主要是设置参数max_age、expires和path。参数max_age或expires用于设置Cookie的有效性，使爬虫程序无法长时间爬取网站数据；参数path用于将Cookie的生成过程隐藏起来，使爬虫开发者不容易找到并破解。

除此之外，我们在源码文件response.py里也能找到delete_cookie方法，该方法设有参数key、path和domain，这些参数的作用与set_cookie的参数相同，此处不详细讲述。

Cookie的数据信息一般都是经过加密处理的，若使用set_cookie方法设置Cookie，则参数value需要自行加密，如果数据加密过于简单，就很容易被爬虫开发者破解，但是过于复杂又不利于日后的维护。为了简化这个过程，Django内置Cookie的加密方法set_signed_cookie，该方法可以在源码文件response.py里找到，如图4-23所示。

```
site-packages 〉 django 〉 http 〉 response.py 〉

def set_signed_cookie(self, key, value, salt='', **kwargs):
    value = signing.get_cookie_signer(salt=key + salt).sign(value)
    return self.set_cookie(key, value, **kwargs)
```

图 4-23　源码文件 response.py

set_signed_cookie是将参数value进行加密处理，再将加密后的value传递给set_cookie，从而实现Cookie的加密与添加。set_signed_cookie设有4个参数，各个参数说明如下：

- key：设置Cookie的key，类似字典的key（键）。
- value：设置Cookie的value，类似字典的value（值）。
- salt：设置加密盐，用于数据的加密处理。
- **kwargs：设置可选参数，用于设置set_cookie的参数。

Cookie的加密过程是调用get_cookie_signer方法实现的，该方法来自源码文件signing.py，如图4-24所示。

```
site-packages > django > core > signing.py
def get_cookie_signer(salt='django.core.signing.get_cookie
    Signer = import_string(settings.SIGNING_BACKEND)
    key = force_bytes(settings.SECRET_KEY)  # SECRET_KEY may b
    return Signer(b'django.http.cookies' + key, salt=salt)
```

图 4-24　get_cookie_signer 的源码信息

从图4-24中可知，变量Signer用于获取项目配置文件settings.py的Cookie数据加密（解密）引擎SIGNING_BACKEND，默认值为django.core.signing.TimestampSigner，即源码文件signing.py定义的TimestampSigner类，如图4-25所示；变量key用于获取项目配置文件settings.py的配置属性SECRET_KEY。

由于get_cookie_signer的返回值调用了TimestampSigner类，因此可以在源码文件signing.py中找到TimestampSigner类。在该类中找到加密方法sign，加密过程继承父类Signer的sign方法，而父类的sign方法是调用signature方法执行加密计算的，这时采用的是b64_encode加密算法，如图4-26所示。

```
site-packages > django > core > signing.py
signing.py
class TimestampSigner(Signer):
    def timestamp(self):
        return baseconv.base62.encode(int(t
    def sign(self, value):
        value = '%s%s%s' % (value, self.se
        return super().sign(value)
    def unsign(self, value, max_age=None):
```

图 4-25　TimestampSigner 的源码信息

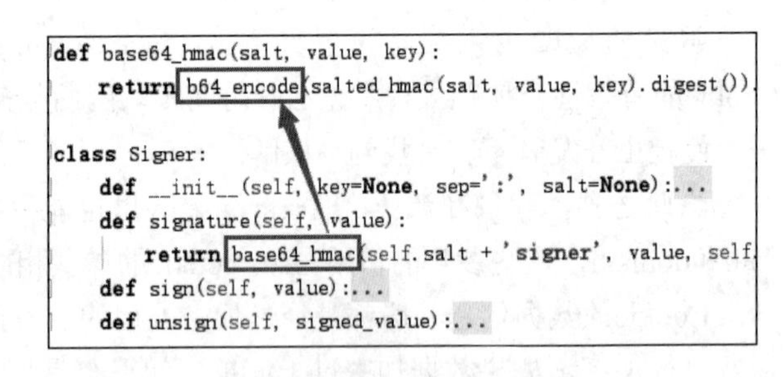

图 4-26　Cookie 的加密算法

加密数据由set_signed_cookie的参数key、参数value、参数salt、配置文件settings.py的SECRET_KEY、get_cookie_signer的字符串（django.http.cookies）和TimestampSigner的时间戳函数timestamp组成。

从TimestampSigner类或Signer类可以看到，类方法unsign用于Cookie解密处理，主要是接收浏览器传递的Cookie并进行解密处理，解密过程与加密过程是相反的，此处不再详细讲述。

了解了Django的Cookie机制后，下面以MyDjango项目为例，讲述如何使用Cookie实现反爬虫机制。在index的urls.py、views.py和templates的index.html中编写以下代码：

```
# index的urls.py
from django.urls import path
from . import views
urlpatterns = [
    # 定义路由
    path('', views.index, name='index'),
    path('create', views.create, name='create'),
    path('myCookie', views.myCookie, name='myCookie'),
]

# index的views.py
from django.http import Http404, HttpResponse
from django.shortcuts import render, redirect
from django.shortcuts import reverse

def index(request):
    return render(request, 'index.html')

def create(request):
    r = redirect(reverse('index:index'))
    # 添加Cookie
    # response.set_cookie('uid', 'Cookie_Value')
    # 设置Cookie的有效时间为10秒
    r.set_signed_cookie('uuid','id',salt='MyDj',max_age=10)
    return r

def myCookie(request):
    cookieExist = request.COOKIES.get('uuid', '')
    if cookieExist:
        # 验证加密后的Cookie是否有效
        try:
            request.get_signed_cookie('uuid',salt='MyDj')
        except:
            raise Http404('当前Cookie无效哦！')
        return HttpResponse('当前Cookie为：'+cookieExist)
    else:
        raise Http404('当前访问没有Cookie哦！')

# templates的index.html
<!DOCTYPE html>
<html>
<body>
<h3>Hello Cookies</h3>
<a href="{% url 'index:create' %}">创建Cookie</a>
<br>
<a href="{% url 'index:myCookie' %}">查看Cookie</a>
</body>
</html>
```

index的urls.py中定义了3条路由信息，每条路由对应某个视图函数，其实现的功能说明如下：

- 路由index对应视图函数index，它返回模板文件index.html并生成相应的网页内容。index.html使用模板语法url分别将路由create和myCookie在网页上生成相应的路由地址。
- 路由create对应视图函数create，它的响应内容是重定向路由index，在重定向的过程中，调用set_signed_cookie方法添加Cookie信息。
- 路由myCookie对应视图函数myCookie，用于判断当前请求是否有特定的Cookie信息，如果没有，就抛出404异常并提示异常信息（当前访问没有Cookie）；如果有，就对Cookie调用get_signed_cookie方法进行解密处理，如果解密成功，就说明Cookie是正确的，并将Cookie信息返回到网页上，否则抛出404异常并提示相关的异常信息（当前Cookie无效）。

从上述例子可以看出，路由myCookie是我们设置反爬虫机制的页面的路由地址，反爬虫机制通常只设定在某些网页上。如果整个网站都设置反爬虫，就会影响用户体验，因为当用户操作过快或操作不当时，网站很容易将真实用户视为爬虫程序，从而禁止用户正常访问。

反爬虫机制的实质是对特定的Cookie进行解密和判断，解密过程必须与加密过程相符，然后根据Cookie解密后的数据进行判断，主要判断解密后的数据是否与加密前的数据相符，从而执行相应操作。总的来说，Cookie的反爬虫机制是判断特定的Cookie信息是否合理地执行相应的响应操作。

一般而言，网站在生成特定Cookie时，都会将这个生成过程隐藏起来，从而增加爬虫开发者的破解难度，比如使用前端的AJAX方式或者隐藏请求信息等。上述例子是将Cookie的生成过程由路由create实现，并且将其响应方式设为重定向，从而起到隐藏的作用。

运行MyDjango项目，在浏览器中打开开发者工具，然后访问127.0.0.1:8000，在Network查看当前请求信息，结果如图4-27所示。

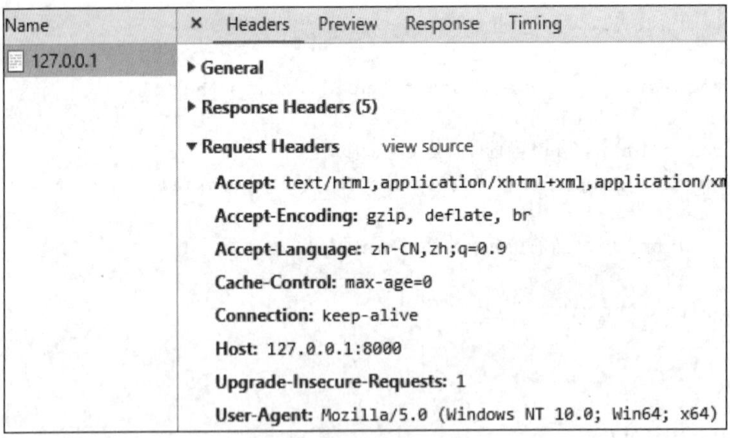

图4-27 请求信息

首次访问MyDjango的首页是没有Cookie信息的，若存在Cookie信息，则说明曾经访问过路由create，可在浏览器中删除历史记录。接着在网页里单击“查看Cookie”，发现网页提示404，并提示“当前访问没有Cookie哦！”，如图4-28所示。

回到网站首页并单击“创建Cookie”，发现网页会自动刷新。在开发者工具里可以看到两个请求信息，查看请求信息create，发现它已经创建了Cookie信息，如图4-29所示。

图 4-28　查看 Cookie

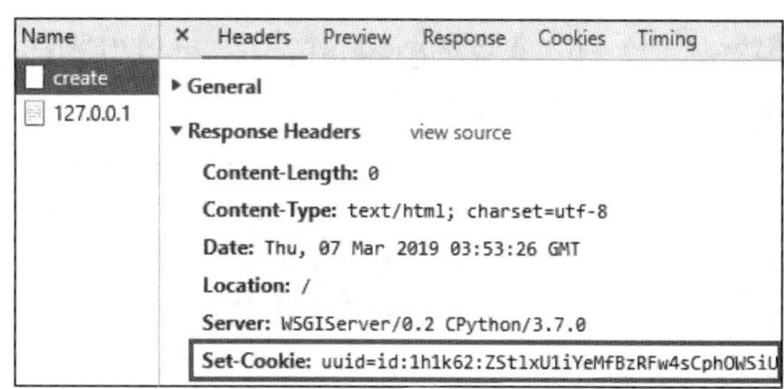

图 4-29　创建 Cookie

再次在首页单击“查看Cookie”：如果在“创建Cookie”的操作后10秒内“查看Cookie”，网页就会显示当前的Cookie信息；如果超出10秒，Cookie就会失效，这时单击“查看Cookie”将会提示404异常。异常信息提示当前访问没有Cookie，而不是当前Cookie无效，因为Cookie失效时，在浏览器里触发的HTTP请求是不会将失效的Cookie发送到服务器的，只有使用爬虫程序模拟HTTP请求并发送Cookie的时候才会提示当前Cookie无效。

上述例子使用了Django内置的Cookie加密（解密）机制，这种内置机制有时难以满足开发需求，为了解决复杂多变的开发需求，Django允许开发者自定义Cookie加密（解密）机制。

Cookie加密（解密）机制是由源码文件signing.py的TimestampSigner类实现的，若要自定义Cookie加密（解密）机制，只需定义TimestampSigner的子类并重写sign和unsign方法即可。

以MyDjango项目为例，在MyDjango文件夹里创建mySigner.py文件，然后分别在配置文件settings.py和mySigner.py中编写以下代码，即可自定义Cookie加密（解密）机制：

```
# MyDjango的mySigner.py
from django.core.signing import TimestampSigner
class myTimestampSigner(TimestampSigner):
    def sign(self, value):
        print(value)
        return value + 'Test'

    def unsign(self, value, max_age=None):
        print(value)
        return value[0:-4]

# MyDjango的settings.py
# 默认的Cookie加密（解密）引擎
# SIGNING_BACKEND = 'django.core.signing.TimestampSigner'
# 自定义Cookie加密（解密）引擎
SIGNING_BACKEND = 'MyDjango.mySigner.myTimestampSigner'
```

从上述代码可以看出，配置文件settings.py中设置了配置属性SIGNING_BACKEND，属性值指向MyDjango的mySigner.py所定义的myTimestampSigner类，而myTimestampSigner类继承自TimestampSigner类并重写了sign和unsign方法。

当Django执行Cookie加密（解密）处理时，它首先在settings.py中查找是否设有配置属性SIGNING_BACKEND，若已设有配置属性，则根据该配置属性的属性值来完成Cookie加密（解密）处理；否则由源码文件signing.py的TimestampSigner类来完成Cookie加密（解密）处理。

运行MyDjango项目，在浏览器上打开开发者工具并访问127.0.0.1:8000/create，在开发者工具中查看127.0.0.1请求的Cookie信息，可以发现Cookie的加密处理是由自定义的myTimestampSigner类执行的，如图4-30所示。

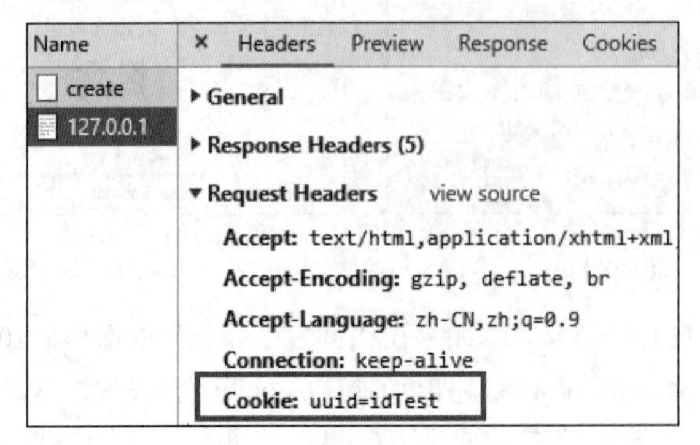

图 4-30　Cookie 信息

4.2.4　请求头实现反爬虫

我们知道，视图的参数request是由类WSGIRequest根据用户请求而生成的实例化对象。类WSGIRequest继承并重写了类HttpRequest，而类HttpRequest设置了META属性。因此，当用户在浏览器中访问Django时，通过WSGI协议实现了两者之间的通信，浏览器的请求头信息来自类WSGIRequest的属性environ，而属性environ来自类WSGIHandler。总的来说，属性environ经过类WSGIHandler传递给类WSGIRequest，如图4-31所示。

```
site-packages 〉 django 〉 core 〉 handlers 〉 wsgi.py 〉
wsgi.py ×
131  class WSGIHandler(base.BaseHandler):
132      request_class = WSGIRequest          WSGIRequest类
133      def __init__(self, *args, **kwargs):
134          super().__init__(*args, **kwargs)
135          self.load_middleware()
136      def __call__(self, environ, start_response):
137          set_script_prefix(get_script_name(environ))
138          signals.request_started.send(sender=self.__class_
139          request = self.request_class(environ)
140          response = self.get_response(request)   类实例化
```

图 4-31　请求头信息

上述提及的WSGI协议是一种描述服务器如何与浏览器通信的规范。Django的运行原理是在此规范上建立的，其运行原理如图4-32所示。

大致了解Django的运行原理后，我们知道HTTP的请求头信息来自属性environ，请求头信息是动态变化的，它可以自定义属性，因此常被用于制定反爬虫机制。请注意，请求头信息只能由浏览器进行设置，服务器只能读取请求头信息，通过请求头实现的反爬虫机制一般需要借助前端的AJAX实现。

以MyDjango为例，首先在index文件夹中创建static文件夹，并在该文件夹中放置jquery.js脚本文件。接下来，在模板文件index.html中使用jQuery通过AJAX发送HTTP请求。最后，在index的urls.py、views.py和模板文件index.html中编写以下代码：

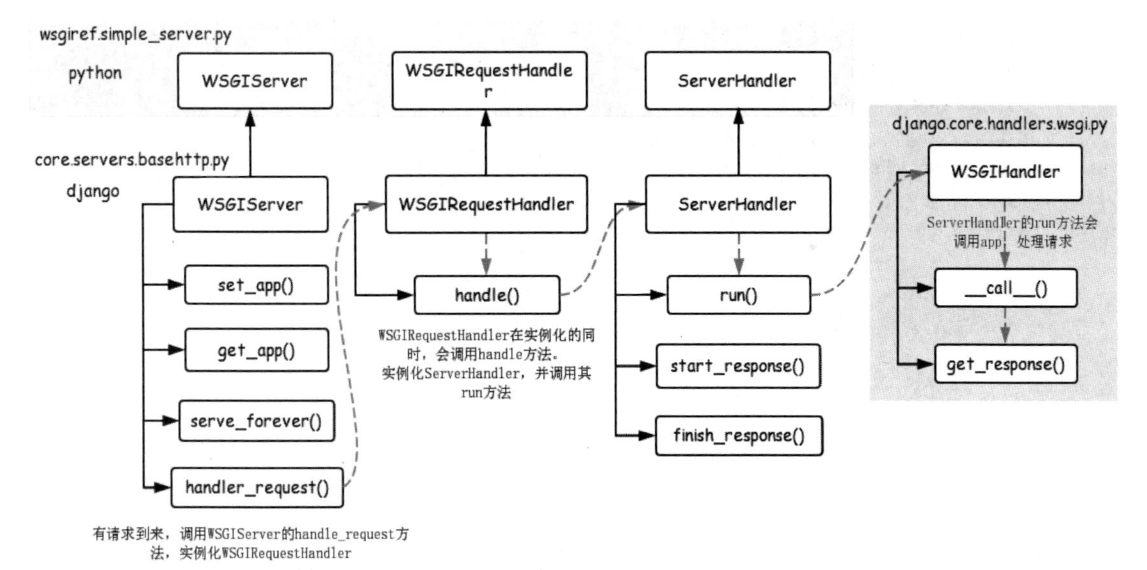

图 4-32　Django 的运行原理

```
# index的urls.py
from django.urls import path
from . import views
urlpatterns = [
    # 定义路由
    path('', views.index, name='index'),
    path('getHeader', views.getHeader, name='getHeader')
]

# index的views.py
from django.http import JsonResponse
from django.shortcuts import render
def index(request):
    return render(request, 'index.html')

# API接口判断请求头
def getHeader(request):
    header = request.META.get('HTTP_SIGN', '')
    if header:
        value = {'header': header}
    else:
        value = {'header': 'null'}
    return JsonResponse(value)

# templates的index.html
<!DOCTYPE html>
<html>
{% load static %}
<script src="{% static 'jquery.js' %}"></script>
<script>
$(function(){
  $("#bt01").click(function(){
```

```
    var value = $.ajax({
       type: "GET",
       url:"/getHeader",
       dataType:'json',
       async: false,
       headers: {
        "sign":"123",
       }
       }).responseJSON;
       # 触发AJAX，获取视图函数getHeader的数据
       value = '<h2>'+value["header"]+'</h2>';
       $("#myDiv").html(value);
    });
  });
  </script>
  <body>
  <h3>Hello Headers</h3>
  <div id="myDiv"><h2>AJAX获取请求头</h2></div>
  <button id="bt01" type="button">改变内容</button>
  </body>
  </html>
```

视图函数getHeader判断请求头中是否存在自定义属性sign。如果存在，则将该属性值返回到网页中，否则返回null。Django获取请求头有固定的格式要求。必须为“HTTP_XXX”，其中XXX代表请求头的某个属性，并且必须为大写字母。

在上述例子中，请求头属性sign的值被设置为123。通常情况下，自定义请求头需要有一套完整的加密（解密）机制。前端的AJAX负责数据的加密，而服务器后台则负责数据的解密，以此来提高爬虫开发者的破解难度。

运行MyDjango项目后，在浏览器中打开开发者工具，然后访问127.0.0.1:8000并单击“改变内容”按钮。在开发者工具的Network选项卡中，我们可以看到AJAX的请求信息，如图4-33所示。

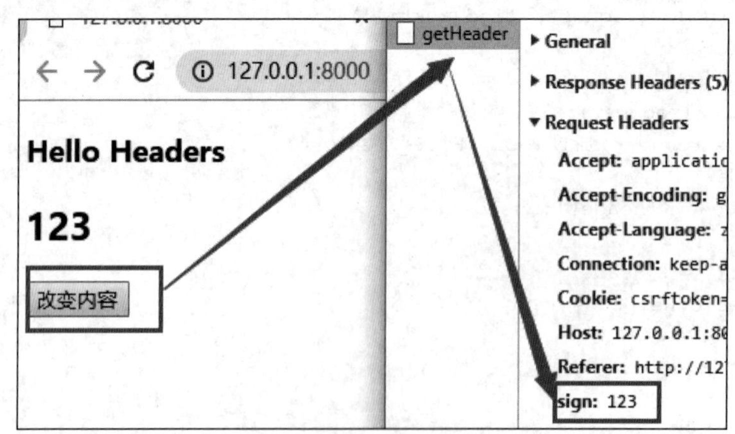

图 4-33　AJAX 的请求信息

从图4-33中可以看到，AJAX的请求信息是向视图函数getHeader发送GET请求，该视图函数从请求信息中获取请求头属性sign，并通过判断其属性值是否正确来返回相应的JSON数据。

4.3 本章小结

本章介绍了适合小型项目和初学者的FBV视图，读者应重点了解和掌握以下内容：

（1）了解视图函数的原理及各个参数的含义。

（2）了解异常响应的含义，如何使用函数render来实现异常响应。

（3）了解如何从请求方式中获取请求信息，即只需从类WSGIRequest中读取相关的类属性即可，请掌握常用的相关属性。

（4）了解文件上传功能的实现方式。

（5）了解Cookie的反爬虫机制。

（6）掌握Django获取请求头的固定的格式要求。通常情况下，自定义请求头需要有一套完整的加密（解密）机制。前端的AJAX负责数据的加密，而服务器后台则负责数据的解密，从而提高爬虫开发者的破解难度。

FBV的优点是简单直观、易于理解和快速编写。它适合小型项目和初学者，因为它不需要对类的概念有深入的理解。然而，随着项目的增长，FBV可能会变得难以管理和扩展，此时，使用CBV这种灵活和可重用的视图更合适。

第 5 章

更现代的CBV视图

Web开发是一项枯燥且单调的工作，在视图功能编写方面尤为显著。为了减少这种痛苦，Django引入了视图类这一功能，该功能封装了视图开发常用的代码，无须编写大量代码即可快速完成数据视图的开发。这种以类的形式实现响应与请求处理的方式称为CBV（Class Base Views）。

视图类是通过定义和声明类的形式实现的，根据用途可以将其分为3种：数据显示视图、数据操作视图和日期筛选视图。本章将详细讲述这三种视图。

5.1　数据显示视图

数据显示视图是将后台的数据展示在网页上，数据主要来自模型。Django为我们提供了4个视图类用于实现数据的展示，分别是RedirectView、TemplateView、ListView和DetailView，具体说明如下：

- RedirectView用于实现HTTP的重定向，默认情况下只定义了GET请求的处理方法。
- TemplateView是视图类的基础视图，可将数据传递给HTML模板，默认情况下只定义了GET请求的处理方法。
- ListView是在TemplateView的基础上将数据以列表显示，通常用于将某个数据表的数据以列表表示。
- DetailView是在TemplateView的基础上将数据详细显示，通常用于获取数据表的单条数据。

5.1.1　重定向视图RedirectView

在3.3.3节已简单演示了视图类RedirectView的使用方法，本小节将深入讲解视图类RedirectView。

视图类RedirectView用于实现HTTP的重定向功能，即网页跳转功能。在Django的源码里可以看到视图类RedirectView的定义过程，如图5-1所示。

从图5-1得知，视图类RedirectView继承自父类View，其中父类View是所有视图类的底层功能类。视图类RedirectView定义了4个属性和8个类方法，分别说明如下：

- permanent：根据属性值的真假来选择重定向方式。若值为True，则HTTP状态码为301，否则HTTP状态码为302。

```
site-packages 〉 django 〉 views 〉 generic 〉 base.py 〉
base.py ×
153      class RedirectView(View):
154          """Provide a redirect on any GET req
155          permanent = False
```

图 5-1　视图类 RedirectView

- url：代表重定向的路由地址。
- pattern_name：代表重定向的路由命名。如果已设置参数url，则无须设置该参数，否则提示异常信息。
- query_string：是否将当前路由地址的请求参数传递到重定向的路由地址。
- get_redirect_url()：根据属性pattern_name所指向的路由命名来生成相应的路由地址。
- get()：触发HTTP的GET请求所执行的响应处理。
- 剩余的类方法head()、post()、options()、delete()、put()和patch()是HTTP的不同请求方式，它们都由get()方法完成响应处理。

在3.3.3节中，我们直接在urls.py文件中使用了视图类RedirectView。由于类具有继承的特性，因此还可以对视图类RedirectView进行功能扩展，以便满足复杂的开发需求。以MyDjango为例，在index的urls.py、views.py和模板文件index.html中编写以下代码：

```
# index的urls.py
from django.urls import path
from .views import *
urlpatterns = [
    # 定义路由
    path('', index, name='index'),
    path('turnTo', turnTo.as_view(), name='turnTo')
]
# index的views.py
from django.shortcuts import render
from django.views.generic.base import RedirectView

def index(request):
    return render(request, 'index.html')

class turnTo(RedirectView):
    # 设置属性
    permanent = False
    url = None
    pattern_name = 'index:index'
    query_string = True

    # 重写get_redirect_url
    def get_redirect_url(self, *args, **kwargs):
        print('This is get_redirect_url')
        return super().get_redirect_url(*args, **kwargs)

    # 重写get
    def get(self, request, *args, **kwargs):
```

```
        print(request.META.get('HTTP_USER_AGENT'))
        return super().get(request, *args, **kwargs)

# templates的index.html
<!DOCTYPE html>
<html>
<body>
<h3>Hello RedirectView</h3>
<a href="{% url 'index:turnTo' %}?k=1">ToTurn</a>
</body>
</html>
```

在index的views.py中定义了视图类turnTo，它继承自父类RedirectView，对父类的属性进行了重设，并重写了父类的get_redirect_url()和get()类方法。通过这种方式，可以对视图类RedirectView进行功能扩展，从而满足开发需求。

定义路由时，若使用视图类turnTo处理HTTP请求，则需要对视图类turnTo调用as_view()方法，这是对视图类turnTo进行实例化处理。as_view()方法的具体定义过程可以在django\views\generic\base.py中找到（即类View的定义处）。

运行MyDjango项目，在浏览器中访问127.0.0.1:8000，当单击ToTurn链接后，浏览器的地址栏将会变为127.0.0.1:8000/?k=1，在PyCharm的控制台中可以看到视图类turnTo的输出内容，如图5-2所示。

```
[04/Jun/2020 16:42:40] "GET / HTTP/1.1" 200 106
[04/Jun/2020 16:42:42] "GET /turnTo?k=1 HTTP/1.1" 302 0
[04/Jun/2020 16:42:42] "GET /?k=1 HTTP/1.1" 200 106
Mozilla/5.0 (Windows NT 10.0; Win64; x64) AppleWebKit/537.36
This is get_redirect_url
```

图 5-2　视图类 turnTo 的输出内容

上述例子中，我们仅重写了GET请求的响应处理。如果在开发过程中需要对其他的HTTP请求进行处理，那么只需要在视图类turnto中重新定义相应的类方法即可。例如，在视图类turnTo中定义类方法post()，该方法用于定义POST请求的响应过程。

5.1.2 基础视图TemplateView

视图类TemplateView是所有视图类里最基础的应用视图类，开发者可以直接调用它。它继承了多个父类：TemplateResponseMixin、ContextMixin和View。在PyCharm中查看视图类TemplateView的源码，结果如图5-3所示。

```
ages 〉 django 〉 views 〉 generic 〉 base.py 〉

class TemplateView(TemplateResponseMixin, ContextMixin, View
    """
    Render a template. Pass keyword arguments from the URLco
    """
    def get(self, request, *args, **kwargs):
        context = self.get_context_data(**kwargs)
        return self.render_to_response(context)
```

图 5-3　视图类 TemplateView 的源码

从视图类TemplateView的源码可以看到，它只定义了类方法get()，该方法分别调用函数方法get_context_data()和render_to_response()，从而完成HTTP请求的响应过程。类方法get()所调用的函数方法主要来自父类TemplateResponseMixin和ContextMixin。为了准确地描述函数方法的调用过程，我们以流程图的形式加以说明，如图5-4所示。

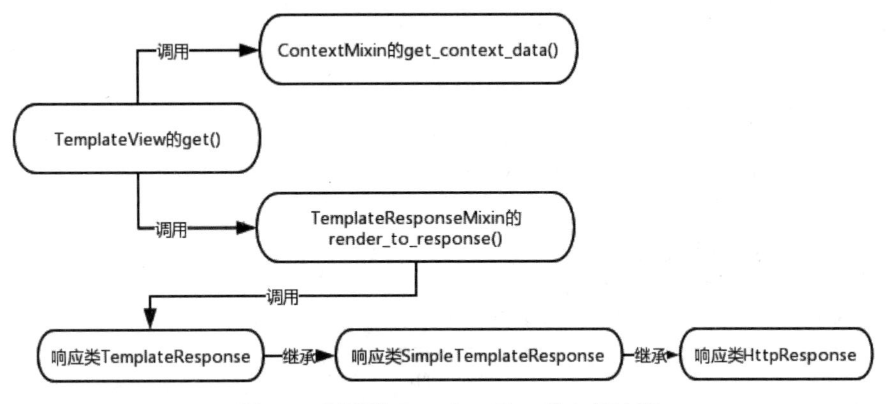

图 5-4 视图类 TemplateView 的定义过程

视图类TemplateView的get()所调用的函数说明如下：

- 视图类ContextMixin的get_context_data()方法用于获取模板上下文内容，模板上下文将视图里的数据传递到模板文件，再由模板引擎将数据转换成HTML网页数据。
- 视图类TemplateResponseMixin的render_to_response()用于实现响应处理，由响应类TemplateResponse完成。

我们可以在视图类TemplateView的源码文件中找到视图类TemplateResponseMixin的定义过程，该类设置了4个属性和两个类方法，这些属性和类方法说明如下：

- template_name：设置模板文件的文件名。
- template_engine：设置解析模板文件的模板引擎。
- response_class：设置HTTP请求的响应类，默认值为响应类TemplateResponse。
- content_type：设置响应内容的数据格式，一般情况下使用默认值即可。
- render_to_response()：实现响应处理，由响应类TemplateResponse完成。
- get_template_names()：获取属性template_name的值。

经过上述分析，我们已对视图类TemplateView有了一定的了解。下面通过一个简单的例子来讲述如何使用视图类TemplateView实现视图功能，完成HTTP的请求与响应处理。以MyDjango为例，在index的urls.py、views.py和模板文件index.html中编写以下代码：

```
# index的urls.py
from django.urls import path
from .views import *
urlpatterns = [
    # 定义路由
    path('', index.as_view(), name='index'),
]
```

```
# index的views.py
from django.views.generic.base import TemplateView
class index(TemplateView):
    template_name = 'index.html'
    template_engine = None
    content_type = None
    extra_context = {'title': 'This is GET'}

    # 重新定义模板上下文的获取方式
    def get_context_data(self, **kwargs):
        context = super().get_context_data(**kwargs)
        context['value'] = 'I am MyDjango'
        return context

    # 定义HTTP的POST请求处理方法
    # 参数request代表HTTP请求信息
    # 若路由设有变量，则可从参数kwargs里获取
    def post(self, request, *args, **kwargs):
        self.extra_context = {'title': 'This is POST'}
        context = self.get_context_data(**kwargs)
        return self.render_to_response(context)

# templates的index.html
<!DOCTYPE html>
<html>
<body>
<h3>Hello,{{ title }}</h3>
<div>{{ value }}</div>
<br>
<form action="" method="post">
  {% csrf_token %}
  <input type="submit" value="Submit">
</form>
</body>
</html>
```

上述代码是将网站首页的视图函数index改为视图类index，自定义视图类index继承视图类TemplateView，并重设了4个属性，重写了两个类方法，具体说明如下：

- template_name：将模板文件index.html作为网页文件。
- template_engine：设置解析模板文件的模板引擎，默认值为None，即默认使用配置文件settings.py的TEMPLATES所设置的模板引擎BACKEND。
- content_type：设置响应内容的数据格式，默认值为None，表示数据格式为text/html。
- extra_context：为模板文件的上下文（模板变量）设置变量值，可将数据转换成网页数据展示在浏览器上。
- get_context_data()：继承并重写视图类TemplateView的类方法，在变量context里新增数据value。
- post()：自定义POST请求的处理方法，当触发POST请求时，将会重设属性extra_context的值，并调用get_context_data()将属性extra_context重新写入，从而实现动态改变模板上下文的数据内容。

在模板文件index.html里看到模板上下文（模板变量）{{ title }}和{{ value }}，它们的数据来源于get_context_data()的返回值。当访问127.0.0.1:8000时，上下文title的值为“This is GET”；当单击Submit按钮时，上下文title的值改为“This is POST”，如图5-5所示。

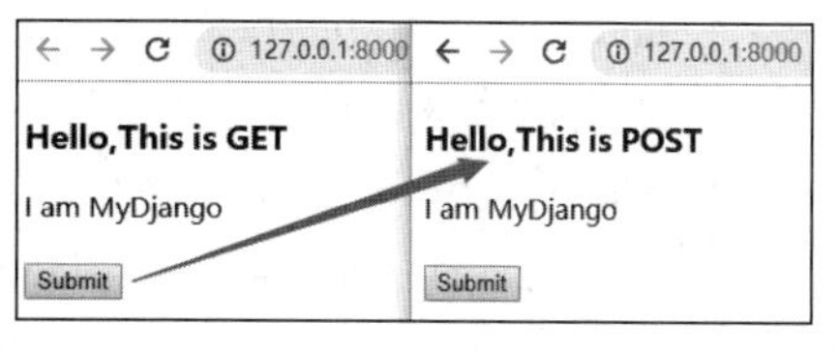

图 5-5　运行结果

5.1.3　列表视图ListView

我们知道视图是连接路由和模板的中心枢纽。除此之外，视图还可以连接模型。简单来说，Django通过一定的规则来映射数据库，从而方便Django与数据库之间实现数据交互，这个交互过程是在视图里实现的。

由于视图可以与数据库实现数据交互，因此Django定义了视图类ListView。该视图类将数据表的数据以列表的形式显示，常用于数据的查询和展示。在PyCharm中打开视图类ListView的源码文件，分析视图类ListView的定义过程，如图5-6所示。

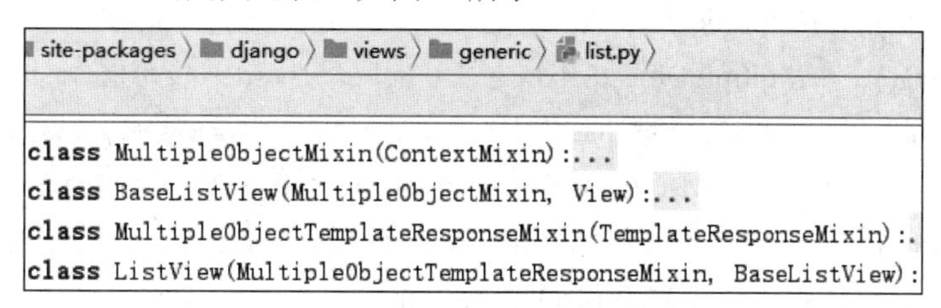

图 5-6　视图类 ListView 的源码文件

由视图类ListView的继承方式可知，它继承两个不同的父类，这些父类也继承其他的视图类。为了梳理类与类之间的继承关系，我们以流程图的形式表示，如图5-7所示。

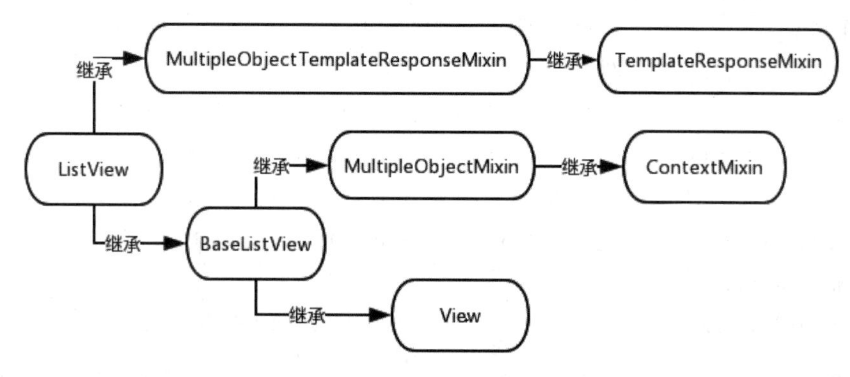

图 5-7　视图类 ListView 的继承过程

根据上述的继承关系可知，视图类ListView的底层类由TemplateResponseMixin、ContextMixin和View组成，在这些底层类的基础上加入了模型的操作方法，从而得出视图类ListView。

分析视图类ListView的定义过程得知，视图类ListView具有视图类TemplateView的所有属性和方法，因为两者的底层类是相同的。此外，视图类ListView新增了以下属性和方法。

- allow_empty：由MultipleObjectMixin定义，用于决定在模型查询数据不存在的情况下是否显示页面，若值为False并且数据不存在，则引发404异常，默认值为True。

- queryset：由MultipleObjectMixin定义，代表模型的查询对象，这是对模型对象进行查询操作所生成的查询对象。
- model：由MultipleObjectMixin定义，代表模型，模型以类表示，一个模型代表一张数据表。
- paginate_by：由MultipleObjectMixin定义，属性值为整数，代表每一页所显示的数据量。
- paginate_orphans：由MultipleObjectMixin定义，属性值为整数，默认值为0，代表最后一页可以包含的“溢出”的数据量，防止最后一页的数据量过少。
- context_object_name：由MultipleObjectMixin定义，设置模板上下文，即为模板变量命名。
- paginator_class：由MultipleObjectMixin定义，设置分页的功能类，默认情况下使用内置分页功能django.core.paginator.Paginator。
- page_kwarg：由MultipleObjectMixin定义，属性值为字符串，默认值为page，用于设置分页参数的名称。
- ordering：由MultipleObjectMixin定义，属性值为字符串或字符串列表，主要对属性queryset的查询结果进行排序。
- get_queryset()：由MultipleObjectMixin定义，获取属性queryset的值。
- get_ordering()：由MultipleObjectMixin定义，获取属性ordering的值。
- paginate_queryset()：由MultipleObjectMixin定义，根据属性queryset的数据来进行分页处理。
- get_paginate_by()：由MultipleObjectMixin定义，获取每一页所显示的数据量。
- get_paginator()：由MultipleObjectMixin定义，返回当前页数所对应的数据信息。
- get_paginate_orphans()：由MultipleObjectMixin定义，获取最后一页可以包含的“溢出”的数据量。
- get_allow_empty()：由MultipleObjectMixin定义，获取属性allow_empty的值。
- get_context_object_name()：由MultipleObjectMixin定义，设置模板上下文（模板变量）的名称，若context_object_name未设置，则上下文名称将以模型名称的小写+'_list'表示，比如模型PersonInfo，其模板上下文的名称为personinfo_list。
- get_context_data()：由MultipleObjectMixin定义，获取模板上下文（模板变量）的数据内容。
- template_name_suffix：由MultipleObjectTemplateResponseMixin定义，用于设置模板后缀名，如不设置，则默认值为_detail。
- get_template_names()：由MultipleObjectTemplateResponseMixin定义，获取属性template_name的值。
- get()：由BaseListView定义，用于定义HTTP的GET请求的处理方法。

虽然视图类ListView定义了多个属性和方法，但实际开发中经常使用的属性和方法并不多。由于视图类ListView需要使用模型对象，因此在MyDjango项目中定义PersonInfo模型，在index的models.py中编写以下代码：

```
# index的models.py
from django.db import models
class PersonInfo(models.Model):
    id = models.AutoField(primary_key=True)
    name = models.CharField(max_length=20)
    age = models.IntegerField()
```

上述代码只是搭建了PersonInfo类和数据表personinfo的映射关系，但在数据库中并没有生成相应的数据表。因此，下一步需要通过两者的映射关系在数据库中生成相应的数据表。以SQLite3为例，在PyCharm的Terminal中依次输入数据迁移指令。

```
# 根据models.py生成相关的.py文件，该文件用于创建数据表
D:\MyDjango>python manage.py makemigrations
Migrations for 'index':
  index\migrations\0001_initial.py
    - Create model personinfo
# 创建数据表
D:\MyDjango>python manage.py migrate
```

当指令执行完成后，使用Navicat Premium软件打开MyDjango的db.sqlite3文件，在此数据库中可以看到新创建的数据表，如图5-8所示。

从图5-8中可以看到，当指令执行完成后，Django会默认创建多张数据表。其中，数据表index_personinfo对应index的models.py中所定义的PersonInfo类，其余的数据表都是Django内置的功能所生成的，主要用于Admin站点、用户认证和Session等功能。在数据表index_personinfo中添加如图5-9所示的数据。

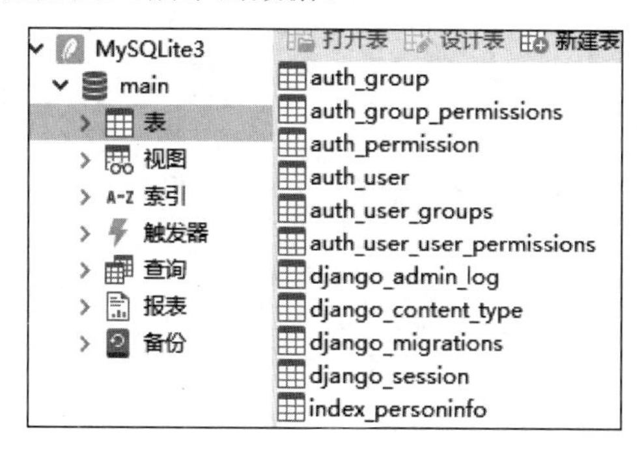

图 5-8　数据表信息

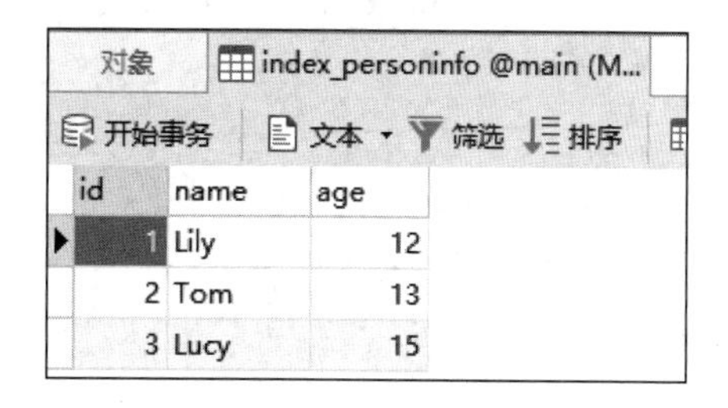

图 5-9　添加数据

完成上述操作后，在MyDjango项目中使用视图类ListView。在index的views.py中定义视图类index，并重新编写模板文件index.html的代码，如下所示：

```
# index的views.py
from django.views.generic import ListView
from .models import PersonInfo
class index(ListView):
    # 设置模板文件
    template_name = 'index.html'
    # 设置模型外的数据
    extra_context = {'title': '人员信息表'}
    # 查询模型PersonInfo
    queryset = PersonInfo.objects.all()
    # 每页展示一条数据
    paginate_by = 1
    # 若不设置，则模板上下文默认为personinfo_list
    # context_object_name = 'personinfo'

# templates的index.html
```

```
<!DOCTYPE html>
<html>
<head>
    <title>{{ title }}</title>
<body>
<h3>{{ title }}</h3>
<table border="1">
  {% for i in personinfo_list %}
      <tr>
         <th>{{ i.name }}</th>
         <th>{{ i.age }}</th>
      </tr>
  {% endfor %}
</table>
<br>
{% if is_paginated %}
<div class="pagination">
 <span class="page-links">
  {% if page_obj.has_previous %}
   <a href="/?page={{ page_obj.previous_page_number }}">上一页</a>
  {% endif %}
  {% if page_obj.has_next %}
   <a href="/?page={{ page_obj.next_page_number }}">下一页</a>
  {% endif %}
  <br>
  <br>
  <span class="page-current">
   第{{ page_obj.number }}页,
   共{{ page_obj.paginator.num_pages }}页。
  </span>
 </span>
</div>
{% endif %}
</body>
</html>
```

视图类index继承自父类ListView，并且仅设置4个属性就能完成模型数据的展示。视图类ListView虽然定义了多个属性和方法，但是大部分的属性和方法已有默认值和处理过程，这些就能满足日常开发需求。上述的视图类index仅支持HTTP的GET请求处理，因为父类ListView只定义了get()方法。如果想让视图类index也能够处理POST请求，那么只需在该类下自定义post()方法即可。

模板文件index.html按照功能可分为数据展示和分页功能两部分。数据展示编写在HTML的table标签和title标签中，模板上下文title（{{ title }}）是由视图类index的属性extra_context传递的，模板上下文personinfo_list来自视图类index的属性queryset所查询的数据。分页功能编写在div标签中，分页功能相关内容将会在后续章节详细讲述。

运行MyDjango项目，在浏览器上可以看到网页中出现了翻页功能，通过单击翻页链接可以查看数据表personinfo的数据信息，如图5-10所示。

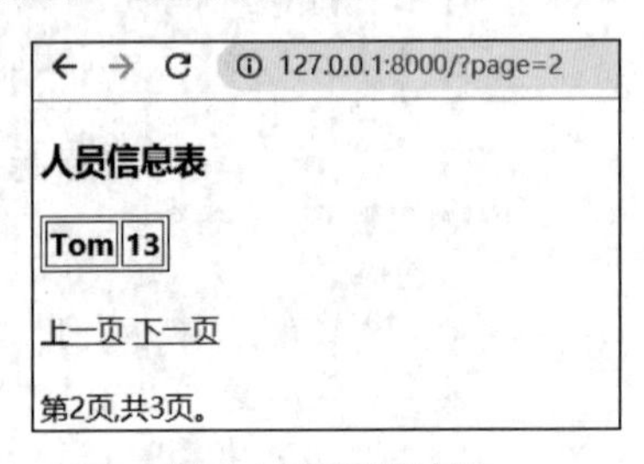

图 5-10　运行结果

5.1.4　详细视图DetailView

视图类DetailView将数据库中的某一条数据详细显示在网页上，它与视图类ListView存在明显的差异。在PyCharm中打开视图类DetailView的源码文件，分析视图类DetailView的定义过程，如图5-11所示。

```
ages 〉 django 〉 views 〉 generic 〉 detail.py 〉
import ...
class SingleObjectMixin(ContextMixin):...
class BaseDetailView(SingleObjectMixin, View):...
class SingleObjectTemplateResponseMixin(TemplateResponseMixin):...
class DetailView(SingleObjectTemplateResponseMixin, BaseDetailView)
```

图 5-11　视图类 DetailView 的源码文件

从视图类DetailView的继承方式可知，它继承两个不同的父类，这些父类也继承其他的视图类。为了梳理类与类之间的继承关系，我们以流程图的形式表示，如图5-12所示。

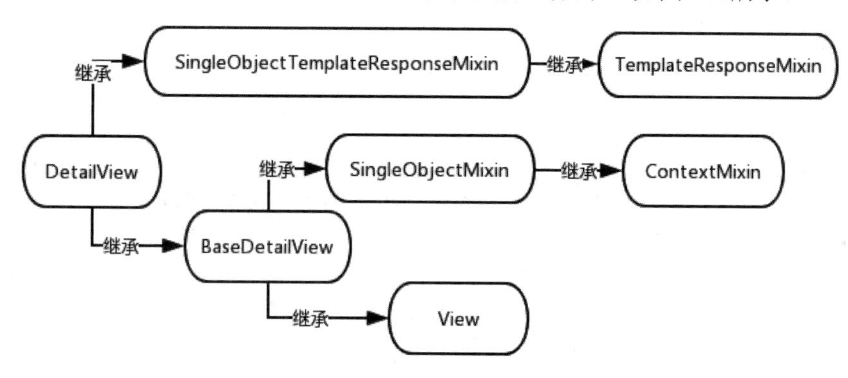

图 5-12　视图类 DetailView 的继承过程

根据上述的继承关系可知，视图类DetailView的底层类由TemplateResponseMixin、ContextMixin和View组成，它的设计模式与视图类ListView有一定的相似之处。分析视图类DetailView的定义过程可知，它不仅具有视图类TemplateView的所有属性和方法，还新增了以下属性和方法。

- template_name_field：由SingleObjectTemplateResponseMixin定义，用于确定模板的名称。
- template_name_suffix：由SingleObjectTemplateResponseMixin定义，用于设置模板后缀名，如不设置，则默认值是_detail。
- get()：由BaseDetailView定义，用于定义HTTP的GET请求的处理方法。
- model：由SingleObjectMixin定义，代表模型，模型以类表示，一个模型代表一张数据表。
- queryset：由SingleObjectMixin定义，这是对模型对象进行查询操作所生成的查询对象。
- context_object_name：由SingleObjectMixin定义，设置模板上下文，即为模板变量命名。
- slug_field：由SingleObjectMixin定义，设置模型的某个字段为查询对象，默认值为slug。
- slug_url_kwarg：由SingleObjectMixin定义，代表路由地址的某个变量，可以作为某个模型字段的查询范围，默认值为slug。

- pk_url_kwarg：由SingleObjectMixin定义，代表路由地址的某个变量，可以作为模型主键的查询范围，默认值为pk。
- query_pk_and_slug：由SingleObjectMixin定义，若值为True，则使用属性pk_url_kwarg和slug_url_kwarg同时对模型进行查询，默认值为False。
- get_object()：由SingleObjectMixin定义，对模型进行单条数据查询操作。
- get_queryset()：由SingleObjectMixin定义，获取属性queryset的值。
- get_slug_field()：由SingleObjectMixin定义，根据属性slug_field查找与之对应的数据表字段。
- get_context_object_name()：由SingleObjectMixin定义，设置模板上下文（模板变量）的名称，若context_object_name未设置，则上下文名称将以模型名称的小写表示，比如模型PersonInfo，其模板上下文的名称为personinfo。
- get_context_data()：由SingleObjectMixin定义，获取模板上下文（模板变量）的数据内容。

从字面上理解新增的属性和方法有一定的难度，我们不妨以项目实例的形式来加以说明。以MyDjango为例，沿用5.1.3节的模型PersonInfo（index的models.py），然后在index的urls.py、views.py和模板文件index.html中编写以下代码：

```
# index的urls.py
from django.urls import path
from .views import *
urlpatterns = [
    # 定义路由
    path('<pk>/<age>.html', index.as_view(), name='index'),
]

# index的views.py
from django.views.generic import DetailView
from .models import PersonInfo
class index(DetailView):
    # 设置模板文件
    template_name = 'index.html'
    # 设置模型外的数据
    extra_context = {'title': '人员信息表'}
    # 设置模型的查询字段
    slug_field = 'age'
    # 设置路由的变量名，与属性slug_field一起实现模型的查询操作
    slug_url_kwarg = 'age'
    pk_url_kwarg = 'pk'
    # 设置查询模型PersonInfo
    model = PersonInfo
    # 属性queryset可以做简单的查询操作
    # queryset = PersonInfo.objects.all()
    # 若不设置，则模板上下文默认为personinfo
    # context_object_name = 'personinfo'
    # 是否将pk和slug作为查询条件
    # query_pk_and_slug = False

# templates的index.html
<!DOCTYPE html>
```

```
<html>
<head>
   <title>{{ title }}</title>
<body>
   <h3>{{ title }}</h3>
   <table border="1">
     <tr>
       <th>{{ personinfo.name }}</th>
       <th>{{ personinfo.age }}</th>
     </tr>
   </table>
   <br>
</body>
</html>
```

路由index设有两个路由变量pk和age，这两个变量为模型PersonInfo的字段id和age提供查询范围。

视图类index的属性model以模型PersonInfo作为查询对象；属性pk_url_kwarg和slug_url_kwarg用于获取指定的路由变量。例如，属性pk_url_kwarg，其值为pk，等同于路由变量pk的变量名，视图类index会根据该值来获取路由变量pk的值，并且该属性以模型的主键作为查询条件。假如路由变量pk的值为10，则视图类index先通过属性pk_url_kwarg获取路由变量pk的值，再从模型中查询主键id等于10的数据。

再举例说明，若属性slug_url_kwarg的值为age，则它指向路由变量age，视图类index会根据属性slug_url_kwarg的值来获取路由变量age的值，再通过属性slug_field来确定查询的字段。假设属性slug_field的值为age，则路由变量age的值为15，视图类index将模型字段age等于15的数据查询出来。假设属性slug_field的值改为name，属性slug_url_kwarg的值改为name，路由变量name的值为Tom，那么视图类index将模型字段name等于Tom的数据查询出来。

如果没有设置属性context_object_name，查询出来的结果就以模型名称的小写表示，主要用于模板上下文。比如模型PersonInfo，查询出来的结果将命名为personinfo，并且传到模板文件index.html中作为模板上下文。

属性query_pk_and_slug用于设置查询字段的优先级，属性pk_url_kwarg用于查询模型的主键，属性slug_url_kwarg用于查询模型其他字段。如果query_pk_and_slug为False，那么优先查询模型的主键；若为True，则将主键和slug_field所设置的字段一并查询。

综上，视图类DetailView的属性pk_url_kwarg和slug_url_kwarg用于确定模型的查询条件；属性slug_field用于确定模型的查询字段；属性query_pk_and_slug用于确定模型主键和其他字段的组合查询。

5.2　数据操作视图

数据操作视图是对模型进行操作，如增、删、改，从而实现Django与数据库的数据交互。数据操作视图有4个视图类，分别是FormView、CreateView、UpdateView和DeleteView，说明如下：

- FormView使用内置的表单功能，通过表单实现数据验证、响应输出等功能，用于显示表单数据。
- CreateView实现模型的数据新增功能，通过内置的表单功能实现数据新增。
- UpdateView实现模型的数据修改功能，通过内置的表单功能实现数据修改。
- DeleteView实现模型的数据删除功能，通过内置的表单功能实现数据删除。

5.2.1　表单视图FormView

视图类FormView是表单在视图里的一种使用方式，表单是搜集用户数据信息的各种表单元素的集合，作用是实现网页上的数据交互——用户在网站上输入数据信息，然后提交到网站服务器端进行处理，如数据录入和用户登录、注册等。

在PyCharm里打开视图类FormView的源码文件，分析视图类FormView的定义过程，如图5-13所示。

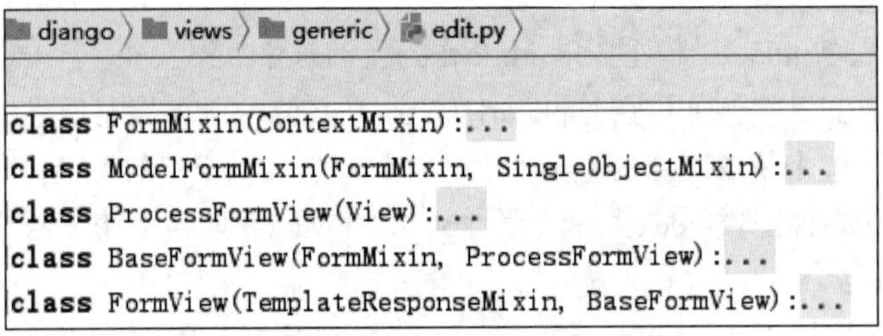

```
django 〉 views 〉 generic 〉 edit.py 〉

class FormMixin(ContextMixin):...
class ModelFormMixin(FormMixin, SingleObjectMixin):...
class ProcessFormView(View):...
class BaseFormView(FormMixin, ProcessFormView):...
class FormView(TemplateResponseMixin, BaseFormView):...
```

图 5-13　视图类 FormView 的源码文件

从视图类FormView的继承方式可以看到，它也是继承了两个不同的父类，而父类继承了其他的视图类。为了梳理类与类之间的继承关系，我们以流程图的形式表示，如图5-14所示。

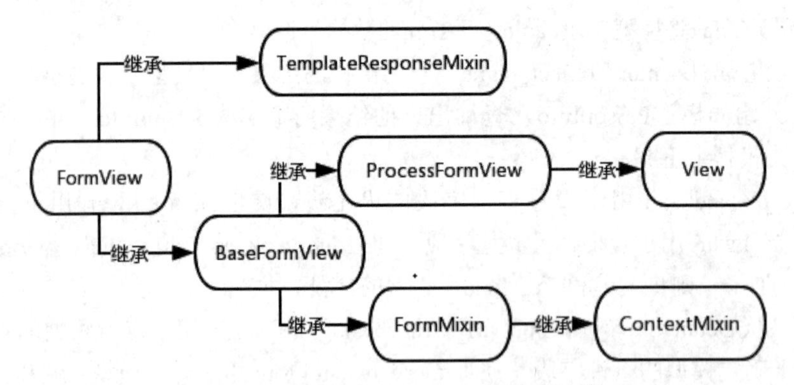

图 5-14　视图类 FormView 的继承过程

根据上述的继承关系可知，视图类FormView的底层类是由TemplateResponseMixin、ContextMixin和View组成的，设计模式与其他视图类十分相似。分析视图类FormView的定义过程得知，它不仅具有视图类TemplateView的所有属性和方法，还新增了以下属性和方法。

- initial：由FormMixin定义，设置表单初始化的数据。
- form_class：由FormMixin定义，设置表单类。
- success_url：由FormMixin定义，设置重定向的路由地址。

- prefix：由FormMixin定义，设置表单前缀（即表单在模板的上下文），可在模板里生成表格数据。
- get_initial()：由FormMixin定义，获取表单初始化的数据。
- get_prefix()：由FormMixin定义，获取表单的前缀。
- get_form_class()：由FormMixin定义，获取表单类。
- get_form()：由FormMixin定义，调用get_form_kwargs()完成表单类的实例化。
- get_form_kwargs()：由FormMixin定义，执行表单类实例化的过程。
- get_success_url()：由FormMixin定义，获取重定向的路由地址。
- form_valid()：由FormMixin定义，若表单有效，将会重定向到指定的路由地址。
- form_invalid()：由FormMixin定义，若表单无效，将会返回空白表单。
- get_context_data()：由FormMixin定义，获取模板上下文（模板变量）的数据内容。
- get()：由ProcessFormView定义，定义HTTP的GET请求的处理方法。
- post()：由ProcessFormView定义，定义HTTP的POST请求的处理方法。

下面以项目实例的形式来说明新增的属性和方法。在MyDjango项目中，沿用5.1.3节所定义的模型PersonInfo（index的models.py），并在index文件夹里创建form.py文件，最后在index的form.py、urls.py、views.py和模板文件index.html中编写以下代码：

```
# index的form.py
from django import forms
from .models import PersonInfo
class PersonInfoForm(forms.ModelForm):
    class Meta:
        model = PersonInfo
        fields = '__all__'

# index的urls.py
from django.urls import path
from .views import *
urlpatterns = [
    # 定义路由
    path('', index.as_view(), name='index'),
    path('result', result, name='result')
]

# index的views.py
from django.views.generic.edit import FormView
from .form import PersonInfoForm
from django.http import HttpResponse
def result(request):
    return HttpResponse('Success')

class index(FormView):
    initial = {'name': 'Betty', 'age': 20}
    template_name = 'index.html'
    success_url = '/result'
    form_class = PersonInfoForm
```

```
    extra_context = {'title': '人员信息表'}

# templates的index.html
<!DOCTYPE html>
<html>
<head>
  <title>{{ title }}</title>
<body>
  <h3>{{ title }}</h3>
  <form method="post">
    {% csrf_token %}
    {{ form.as_p }}
    <input type="submit" value="确定">
  </form>
</body>
</html>
```

上述代码是视图类FormView的简单应用，它涉及模型和表单的使用，说明如下：

- index的form.py文件中定义了表单类PersonInfoForm，它是根据模型PersonInfo定义的模型表单，表单的字段来自模型的字段。有关表单的知识点将会在第8章详细讲述。
- 路由index的请求处理由视图类FormView完成，而路由result为视图类index的属性success_url提供路由地址。
- 视图类index仅设置了5个属性，属性extra_context的值对应模板上下文title；属性form_class所设置的表单在实例化之后可在模板里使用上下文form.as_p生成表格，模板上下文form的命名是固定的，它来自类FormMixin的get_context_data()。
- 在网页上单击“确定”按钮，视图类index就会触发父类FormView所定义的post()方法，然后调用表单内置的is_valid()方法对表单数据进行验证。如果验证有效，就调用form_valid()执行重定向处理，重定向的路由地址由属性success_url提供；如果验证无效，就调用form_invalid()，在当前页面返回空白的表单。

运行MyDjango项目，在浏览器上访问127.0.0.1:8000，发现表单上设有数据，这是由视图类index的属性initial设置的。单击“确定”按钮，浏览器就会自动跳转到路由result，说明表单验证成功，如图5-15所示。

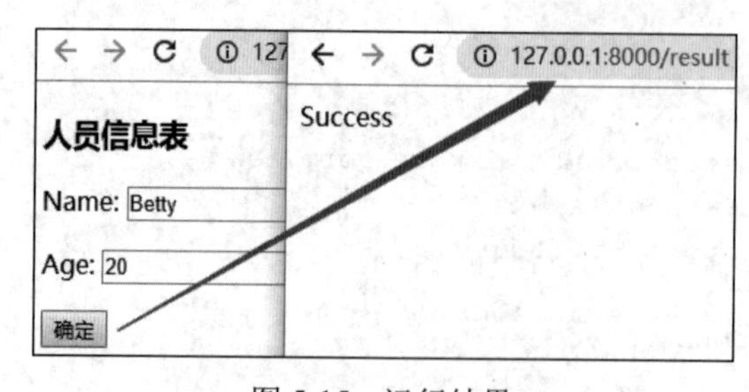

图5-15 运行结果

5.2.2 新增视图CreateView

CreateView是用于对模型新增数据的视图类，它是在表单视图类FormView的基础上进行封装的。简单来说，就是在视图类FormView的基础上加入了数据新增的功能。视图类CreateView与FormView是在同一个源码文件中定义的，在源码文件中分析视图类CreateView的定义过程，以流程图的形式表述类的继承关系，如图5-16所示。

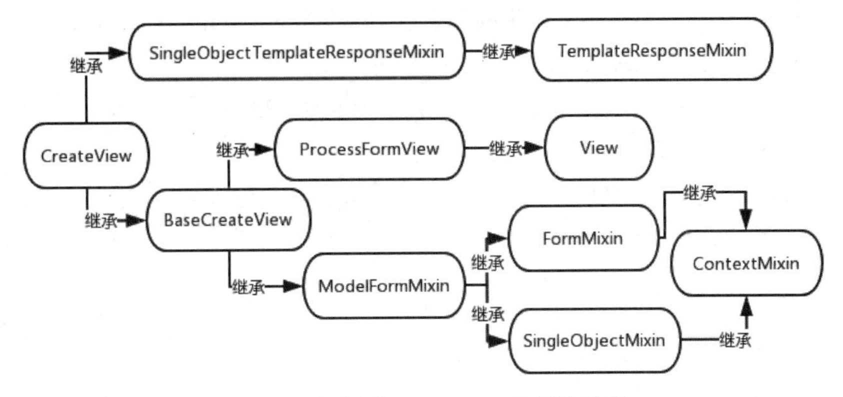

图 5-16　视图类 CreateView 的继承过程

从上述的继承关系可知，视图类CreateView的底层类由TemplateResponseMixin、ContextMixin和View组成，整个设计共继承8个类。分析视图类CreateView的定义过程可知，它不仅具有视图类TemplateView、SingleObjectMixin和FormView的所有属性和方法，还新增或重写了以下属性和方法。

- fields：由ModelFormMixin定义，设置模型字段，以列表表示，每个字段代表一个列表元素，可生成表单的数据列表，为用户提供数据输入。
- get_form_class()：由ModelFormMixin定义，重写FormMixin的方法，根据属性fields和form_class的组合情况进行判断，从而选择表单的生成方式。
- get_form_kwargs()：由ModelFormMixin定义，重写FormMixin的方法。
- get_success_url()：由ModelFormMixin定义，重写FormMixin的方法，判断属性success_url是否为空，若为空，则通过模型的内置方法get_absolute_url()获取重定向的路由地址。
- form_valid()：由ModelFormMixin定义，重写FormMixin的表单验证方法，新增将表单数据保存到数据库的功能。
- template_name_suffix：由CreateView定义，设置模板的后缀名，用于设置默认的模板文件。

视图类CreateView虽然具备TemplateView、SingleObjectMixin和FormView的所有属性和方法，但在重写某些方法后，其运行过程已发生变化。其中，最大的变化在于get_form_class()方法，它通过判断属性form_class（来自FormMixin类）、fields（来自ModelFormMixin类）和model（来自SingleObjectMixin类）来实现数据新增操作。其判断方法如下：

- 若fields和form_class都不等于None，则抛出异常，提示不允许同时设置fields和form_class。
- 若form_class不等于None且fields等于None，则返回form_class。
- 若form_class等于None，则通过属性model、object和get_queryset()获取模型对象。同时判断属性fields是否为None，若为None，则抛出异常；若不为None，则根据属性fields生成表单对象，由表单内置的modelform_factory()方法实现。

综上所述，视图类CreateView有两种表单生成方式。第一种是设置属性form_class，通过属性form_class指定表单对象，这种方式需要开发者自定义表单对象，假如自定义的表单和模型的字段不相符，则在运行过程中很容易出现异常情况。第二种是设置属性model和fields，由模型对象和模型字段来生成相应的表单对象，要求生成的表单字段与模型的字段相符，以减少异常情况，这种方式无须开发者自定义表单对象。

沿用5.2.1节的MyDjango项目，index的form.py、urls.py和模板文件index.html中的代码无须修改，只需修改index的views.py，代码如下：

```
# index的views.py
from django.views.generic.edit import CreateView
from .form import PersonInfoForm
from .models import PersonInfo
from django.http import HttpResponse
def result(request):
    return HttpResponse('Success')

class index(CreateView):
    initial = {'name': 'Betty', 'age': 20}
    template_name = 'index.html'
    success_url = '/result'
    # 表单生成方式一
    # form_class = PersonInfoForm
    # 表单生成方式二
    model = PersonInfo
    # fields设置模型字段，从而生成表单字段
    fields = ['name', 'age']
    extra_context = {'title': '人员信息表'}
```

视图类index只需设置某些类属性即可完成模型数据的新增功能，整个数据新增过程都由视图类CreateView完成。视图类index还列举了两种表单生成方式，默认使用属性model和fields生成表单。将属性form_class的注释清除，并对属性model和fields进行注释，即可使用第一种表单生成方式。

运行MyDjango项目，在浏览器上访问127.0.0.1:8000，发现表单上设有数据，这是由视图类index的属性initial设置的。单击“确定”按钮，浏览器就会自动跳转到路由result，说明表单验证成功。在Navicat Premium里打开MyDjango项目的db.sqlite3数据库文件，查看数据表index_personinfo的数据新增情况，结果如图5-17所示。

id	name	age
1	Lily	12
2	Tom	13
3	Lucy	15
4	Betty	20

图 5-17 数据表 index_personinfo

5.2.3 修改视图UpdateView

视图类UpdateView是在视图类FormView和视图类DetailView的基础上实现的，它首先使用视图类DetailView的功能（其核心类是SingleObjectMixin），通过路由变量查询数据表中的某条数据并将其显示在网页上。接着，在视图类FormView的基础上，通过表单方式实现了数据的修改功能。

视图类UpdateView与FormView是在同一个源码文件里定义的。在源码文件中分析视图类UpdateView的定义过程，可以用流程图来表示类的继承关系，如图5-18所示。

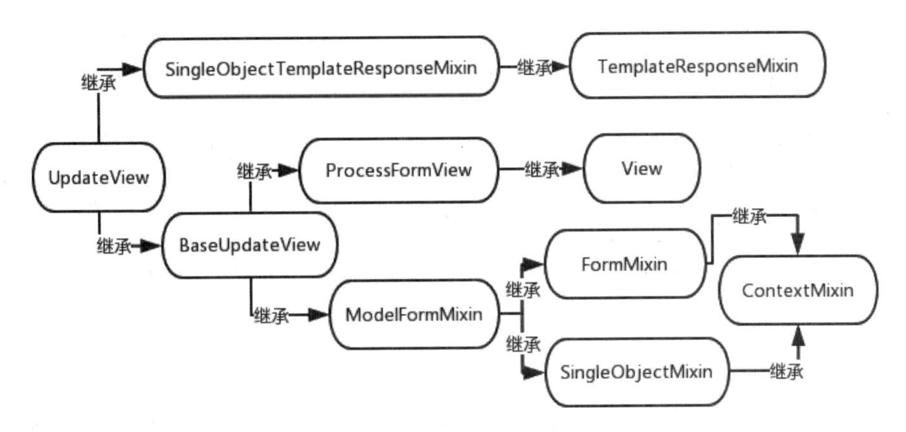

图 5-18　视图类 UpdateView 的继承关系

从上述的继承关系可知，视图类UpdateView的继承关系与CreateView十分相似，只不过两者的运行过程有所不同，从而导致功能上有所差异。视图类UpdateView的属性和方法主要来自视图类DetailView、ModelFormMixin和FormMixin，这些属性和方法分别在5.1.4节、5.2.1节和5.2.2节介绍过了。

下面以MyDjango为例，数据库文件db.sqlite3沿用5.2.2节的数据，在index的urls.py、views.py和模板文件index.html中编写以下代码：

```
# index的urls.py
from django.urls import path
from .views import *
urlpatterns = [
    # 定义路由
    path('<age>.html', index.as_view(), name='index'),
    path('result', result, name='result')
]

# index的views.py
from django.views.generic.edit import UpdateView
from .models import PersonInfo
from django.http import HttpResponse
def result(request):
    return HttpResponse('Success')

class index(UpdateView):
    template_name = 'index.html'
    success_url = '/result'
    model = PersonInfo
    # fields设置模型字段，从而生成表单字段
    fields = ['name', 'age']
    slug_url_kwarg = 'age'
    slug_field = 'age'
    context_object_name = 'personinfo'
    extra_context = {'title': '人员信息表'}

# templates的index.html
<!DOCTYPE html>
<html>
```

```
<head>
    <title>{{ title }}</title>
<body>
    <h3>{{ title }}-{{ personinfo.name }}</h3>
    <form method="post">
      {% csrf_token %}
      {{ form.as_p }}
      <input type="submit" value="确定">
    </form>
</body>
</html>
```

视图类index一共设置了8个属性，这些属性主要来自类TemplateResponseMixin、SingleObjectMixin、FormMixin和ModelFormMixin，它是实现视图类UpdateView的核心功能类。

路由index的变量age对应视图类index的属性slug_url_kwarg，用于对模型字段age进行数据筛选。筛选结果将会生成表单form和personinfo对象，表单form由类FormMixin的get_context_data()生成，personinfo对象则由类SingleObjectMixin的get_context_data()生成，两者的数据都来自模型PersonInfo。

运行MyDjango项目，在浏览器上访问127.0.0.1:8000/13.html，其中路由地址中的13代表数据表index_personinfo的字段age等于13的数据，如图5-17所示。在网页上将表单name改为Tim，并单击“确定”按钮，在数据表index_personinfo中查看字段age等于13的数据变化情况，结果如图5-19所示。

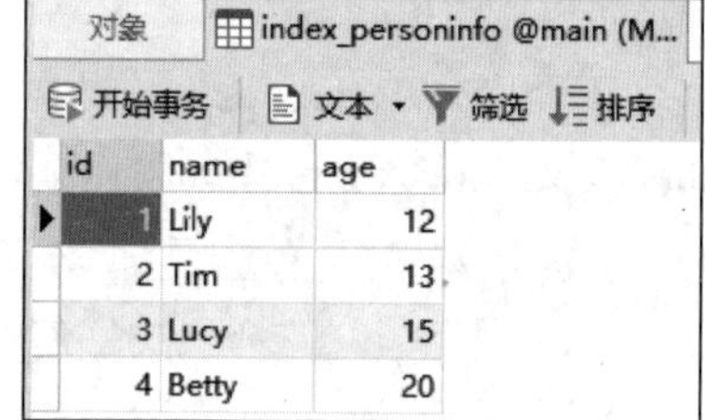

id	name	age
1	Lily	12
2	Tim	13
3	Lucy	15
4	Betty	20

图 5-19　数据表 index_personinfo

5.2.4　删除视图DeleteView

视图类DeleteView与视图类UpdateView在使用方式上有相似之处，但它们的父类继承关系有所不同。在源码文件里分析视图类DeleteView的定义过程，以流程图的形式表示类的继承关系，如图5-20所示。

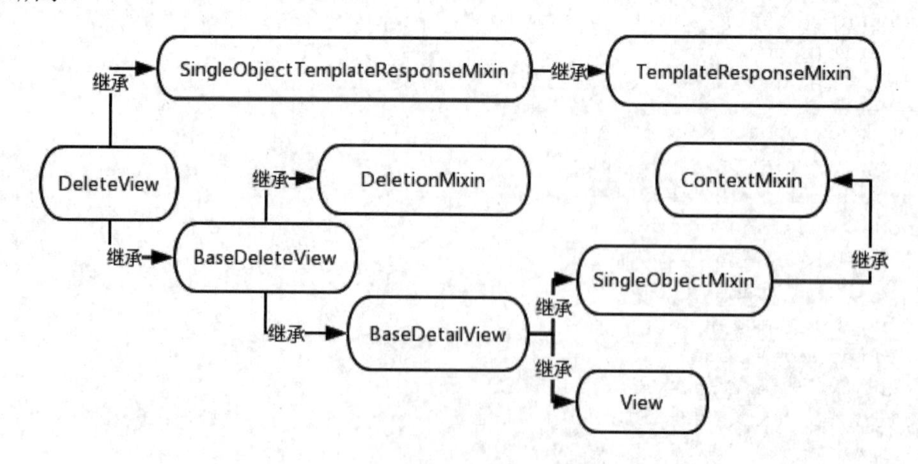

图 5-20　视图类 DeleteView 的继承关系

视图类DeleteView只能删除单条数据，路由变量为模型主键提供查询范围，因为模型主键具有唯一性，所以通过主键查询能精准到某条数据。查询出来的数据通过POST请求实现数据删除，删除过程由类DeletionMixin的delete()方法完成。

视图类DeleteView的属性与方法主要来自类SingleObjectMixin、DeletionMixin和TemplateResponseMixin，每个属性与方法的作用不再重复讲述。

下面以MyDjango为例，数据库文件db.sqlite3沿用5.2.3节的数据，在index的urls.py、views.py和模板文件index.html中编写以下代码：

```
# index的urls.py
from django.urls import path
from .views import *
urlpatterns = [
    # 定义路由
    path('<pk>.html', index.as_view(), name='index'),
    path('result', result, name='result')
]

# index的views.py
from django.views.generic.edit import DeleteView
from .models import PersonInfo
from django.http import HttpResponse

def result(request):
    return HttpResponse('Success')

class index(DeleteView):
    template_name = 'index.html'
    success_url = '/result'
    model = PersonInfo
    context_object_name = 'personinfo'
    extra_context = {'title': '人员信息表'}

# templates的index.html
<!DOCTYPE html>
<html>
<head>
    <title>{{ title }}</title>
<body>
    <h3>{{ title }}-{{ personinfo.name }}</h3>
    <form method="post">
        {% csrf_token %}
        <div>删除{{ personinfo.name }}? </div>
        <input type="submit" value="确定">
    </form>
</body>
</html>
```

路由index中设置的变量pk，对应视图类index的属性pk_url_kwarg，该属性的默认值为pk，默认值的设定可以在类SingleObjectMixin中找到。视图类index会根据路由变量pk的值在数据表index_personinfo里找到相应的数据信息，查找过程由类BaseDetailView完成。模板上下文不再生成表单对象form，只有personinfo对象，该对象由类SingleObjectMixin的get_context_data()生成。

运行MyDjango项目，在浏览器上访问127.0.0.1:8000/1.html，路由地址中的1代表数据表index_personinfo的主键id等于1的数据，如图5-17所示。在网页上单击“确定”按钮即可删除该数据，在数据表index_personinfo中查看主键id等于1的数据是否存在，结果如图5-21所示。

对象 | index_personinfo @main (M...
开始事务 文本 筛选 排序

id	name	age
2	Tim	13
3	Lucy	15
4	Betty	20

图 5-21　数据表 index_personinfo

5.3　日期筛选视图

日期筛选视图根据模型里的某个日期字段进行数据筛选，然后将符合结果的数据以一定的形式显示在网页上。简单来说，日期筛选视图就是在列表视图ListView或详细视图DetailView的基础上增加日期筛选所实现的视图类。它一共定义了7个日期视图类，说明如下：

- ArchiveIndexView将数据表中的所有的数据以某个日期字段的降序方式进行显示。该类的继承关系如图5-22所示。

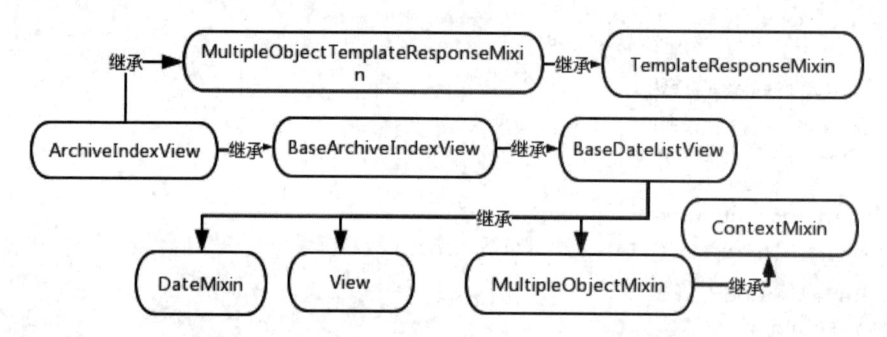

图 5-22　视图类 ArchiveIndexView 的继承关系

- YearArchiveView是在数据表中筛选某个日期字段某年的所有的数据，默认以升序的方式进行显示，年份的筛选范围由路由变量提供。该类的继承关系如图5-23所示。

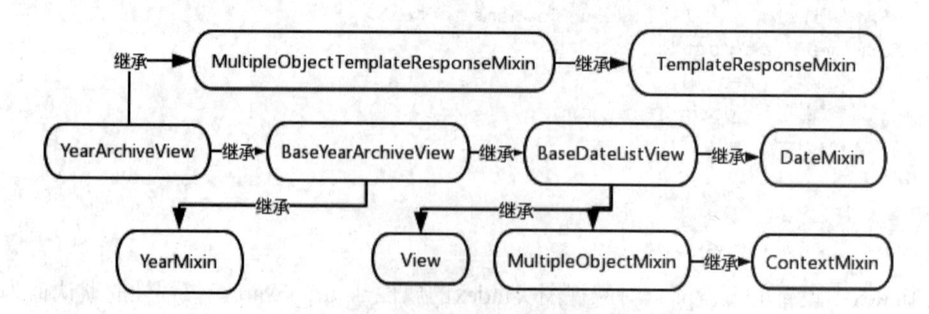

图 5-23　视图类 YearArchiveView 的继承关系

- MonthArchiveView是在数据表中筛选某个日期字段某年某月的所有的数据，默认以升序的方式进行显示，年份和月份的筛选范围都由路由变量提供。该类的继承关系如图5-24所示。

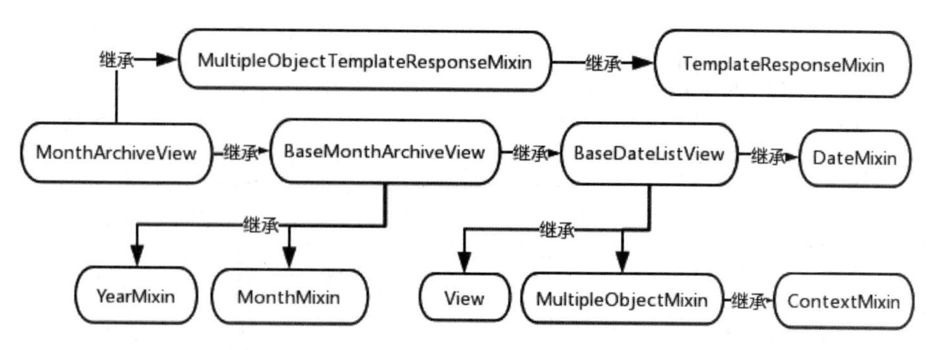

图 5-24　视图类 MonthArchiveView 的继承过程

- WeekArchiveView是在数据表中筛选某个日期字段某年某周的所有的数据，总周数是将一年的总天数除以7所得，数据默认以升序的方式进行显示，年份和周数的筛选范围都由路由变量提供。该类的继承关系如图5-25所示。

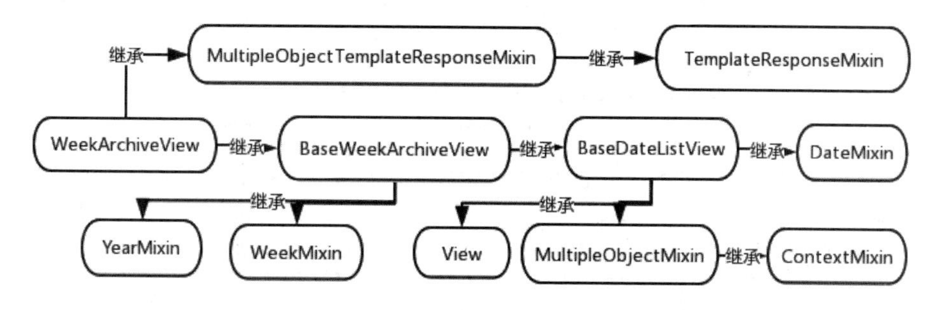

图 5-25　视图类 WeekArchiveView 的继承关系

- DayArchiveView是对数据表中的某个日期字段精准筛选到某年某月某天，将符合条件的数据以升序的方式进行显示，年份、月份和天数都由路由变量提供。该类的继承关系如图5-26所示。

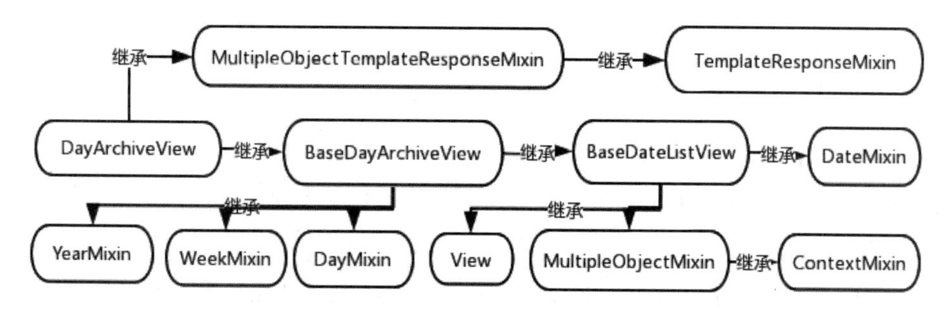

图 5-26　视图类 DayArchiveView 的继承关系

- TodayArchiveView是在视图类DayArchiveView的基础上进行封装处理的，它将数据表中的某个日期字段的筛选条件设为当天时间，符合条件的数据以升序的方式进行显示。该类的继承关系如图5-27所示。
- DateDetailView是查询某年某月某日某条数据的详细信息，它在视图类DetailView的基础上增加了日期筛选功能，筛选条件主要有年份、月份、天数和某个模型字段。其中，某个模型字段必须具有唯一性，这样才能确保查询的数据具有唯一性。该类的继承关系如图5-28所示。

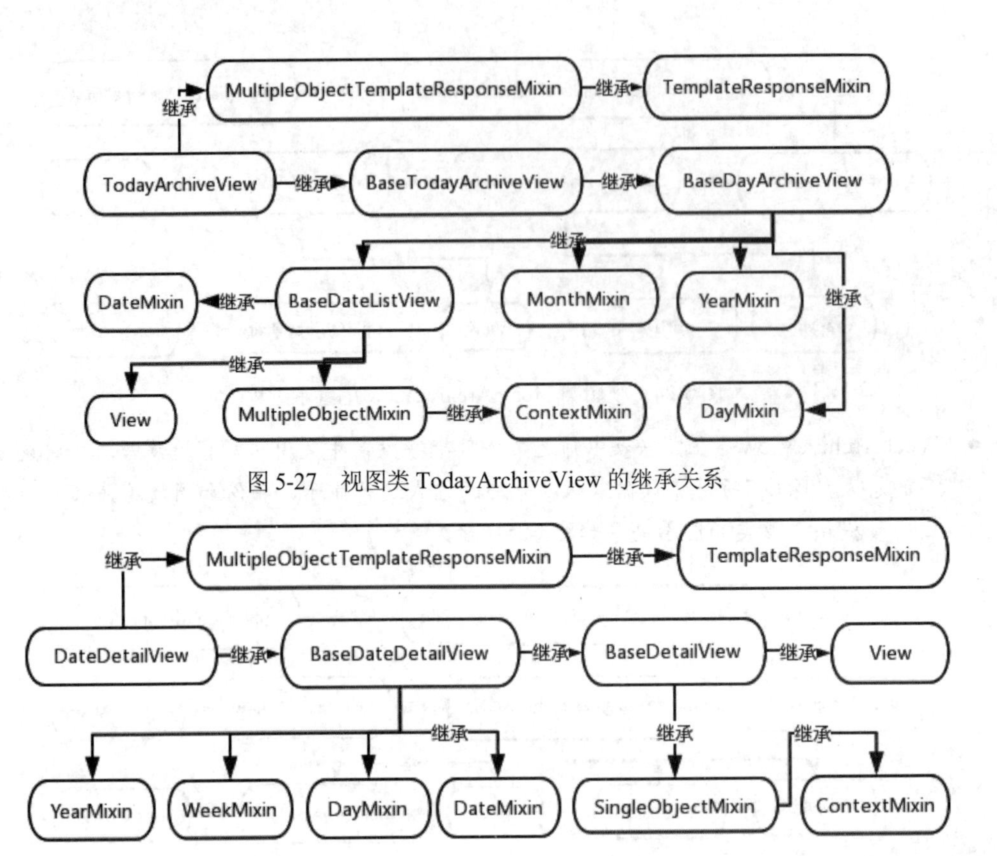

图 5-27　视图类 TodayArchiveView 的继承关系

图 5-28　视图类 DateDetailView 的继承关系

从日期筛选视图类的继承关系得知，它们的继承关系都有一定的相似之处，说明它们的属性和方法在使用上不会存在太大的差异。因此，本节选择最有代表性的视图类MonthArchiveView和WeekArchiveView进行讲述，在日常开发中，这两个日期视图类通常用于开发报表功能（月报表和周报表）。

5.3.1　月份视图MonthArchiveView

视图类MonthArchiveView的继承过程在图5-24中已经描述了，类MultipleObjectMixin的属性和方法在5.1.3节已经详细讲述过，本小节不再重复列举。以下是视图类MonthArchiveView新增的属性和方法的说明：

- template_name_suffix：由MonthArchiveView定义，设置模板后缀名，用于设置默认模板文件。
- date_list_period：由BaseDateListView定义，经BaseMonthArchiveView重写，用于设置日期列表的最小单位，默认值为day。
- get_dated_items()：由BaseDateListView定义，经BaseMonthArchiveView重写，用于根据年份和月份在数据表查询符合条件的数据。
- year_format：由YearMixin定义，用于设置年份的数据格式，即路由变量的数据格式，默认值为%Y，代表数字年份，如2019。

- year：由YearMixin定义，用于设置默认查询的年份。如果没有设置属性值，就从路由变量year里获取，默认值为None。
- get_year_format()：由YearMixin定义，用于获取属性year_format的属性值。
- get_year()：由YearMixin定义，用于获取属性year的属性值。
- get_next_year()：由YearMixin定义，用于获取下一年的年份。
- get_previous_year()：由YearMixin定义，用于获取上一年的年份。
- _get_next_year()：由YearMixin定义的受保护方法，用于获取下一年的年份。
- _get_current_year：由YearMixin定义的受保护方法，用于获取当前的年份。
- month_format：由MonthMixin定义，用于设置月份的数据格式，即路由变量的数据格式，默认值为%b，用月份英文的前3个字母表示，如Sep。
- month：由MonthMixin定义，用于设置查询的月份，默认值为None。
- get_month_format()：由MonthMixin定义，用于获取属性month_format的值。
- get_month()：由MonthMixin定义，用于获取属性month的值。
- get_next_month()：由MonthMixin定义，用于获取下个月的月份。
- get_previous_month()：由MonthMixin定义，用于获取上个月的月份。
- _get_next_month()：由MonthMixin定义的受保护方法，用于获取下个月的月份。
- _get_current_month()：由MonthMixin定义的受保护方法，用于获取当前的月份。
- allow_empty：由BaseDateListView定义，数据类型为布尔型，用于设置在模型中查询数据不存在的情况下是否显示页面，若值为False并且数据不存在，则引发404异常，默认值为False。
- get()：由BaseDateListView定义，用于定义HTTP请求的GET请求处理。
- get_ordering()：由BaseDateListView定义，用于确定排序方式，默认以日期字段排序，若设置了类MultipleObjectMixin的属性ordering，则以属性ordering进行排序。
- get_dated_queryset()：由BaseDateListView定义，用于根据属性allow_future和allow_empty设置日期条件。
- get_date_list_period()：由BaseDateListView定义，用于获取date_list_period的属性值。
- get_date_list()：由BaseDateListView定义，用于根据日期条件在数据表里查找相符的数据列表。
- date_field：由DateMixin定义，用于设置模型的日期字段，通过该字段对数据表进行查询筛选，默认值为None。
- allow_future：由DateMixin定义，用于设置是否显示未来日期的数据，如产品有效期，默认值为None。
- get_date_field()：由DateMixin定义，用于获取属性date_field的值。
- get_allow_future()：由DateMixin定义，用于获取属性allow_future的值。
- uses_datetime_field()：由DateMixin定义，用于判断字段是否为DateTimeField格式，并根据判断结果返回True或False。
- _make_date_lookup_arg()：由DateMixin定义的受保护方法，用于根据uses_datetime_field()判断是否对结果执行日期格式转换。

- _make_single_date_lookup()：由DateMixin定义的受保护方法，用于根据uses_datetime_field()判断是否对结果设置日期的查询条件。

以上从源码角度分析了视图类MonthArchiveView的属性和方法，下面从项目开发的角度来讲述如何使用视图类MonthArchiveView实现数据筛选功能。以MyDjango为例，首先将index的models.py重新定义，在模型PersonInfo里增设日期字段hireDate，代码如下：

```
# index的models.py
from django.db import models
class PersonInfo(models.Model):
    id = models.AutoField(primary_key=True)
    name = models.CharField(max_length=20)
    age = models.IntegerField()
    hireDate = models.DateField()
```

模型PersonInfo定义完成后，将index的migrations文件夹中的0001_initial.py删除，同时使用Navicat Premium打开数据库文件db.sqlite3，将数据库中的所有数据表删除，接着在PyCharm的Terminal选项卡里依次输入数据迁移指令。

```
# 根据models.py生成相关的.py文件，该文件用于创建数据表
D:\MyDjango>python manage.py makemigrations
Migrations for 'index':
  index\migrations\0001_initial.py
    - Create model personinfo
# 创建数据表
D:\MyDjango>python manage.py migrate
```

当指令执行完成后，再次使用Navicat Premium打开db.sqlite3文件，在数据库中可以看到新创建的数据表，在数据表index_personinfo中添加数据内容，如图5-29所示。

对象 | index_personinfo @main (M...
开始事务 | 文本 · | 筛选 | 排序

id	name	age	hireDate
1	Lily	20	2019-10-10
2	Tom	22	2018-09-10
3	Tim	25	2018-07-10
4	Lucy	21	2018-09-20
5	Evan	23	2018-09-21
6	Betty	29	2018-09-22
7	Lulu	24	2018-09-18
8	Coco	20	2018-09-19

图 5-29　数据表 index_personinfo 的数据信息

完成项目环境搭建后，接下来使用视图类MonthArchiveView实现数据筛选功能。在index的urls.py、views.py和模板文件index.html中编写以下代码：

```
# index的urls.py
from django.urls import path
from .views import *
urlpatterns = [
```

```
    # 定义路由
    path('<int:year>/<int:month>.html',index.as_view(),name='index'),
    # path('<int:year>/<str:month>.html',index.as_view(),name='index'),
]

# index的views.py
from django.views.generic.dates import MonthArchiveView
from .models import PersonInfo
class index(MonthArchiveView):
    allow_empty = True
    allow_future = True
    context_object_name = 'mylist'
    template_name = 'index.html'
    model = PersonInfo
    date_field = 'hireDate'
    queryset = PersonInfo.objects.all()
    year_format = '%Y'
    # month_format默认值为%b，支持英文日期，如Oct
    month_format = '%m'
    paginate_by = 50

# templates的index.html
<!DOCTYPE html>
<html>
<head>
    <title>{{ title }}</title>
<body>
<ul>
    {% for v in mylist %}
      <li>{{ v.hireDate}}: {{ v.name }}</li>
    {% endfor %}
</ul>
<p>
    {% if previous_month %}
        Previous Month: {{ previous_month }}
    {% endif %}
    <br>
    {% if next_month %}
        Next Month: {{ next_month }}
    {% endif %}
</p>
</body>
</html>
```

路由index在路由地址里设置变量year和month，而且变量的数据类型都是整型。路由变量month可以设为字符型，不同的数据类型会影响视图类MonthArchiveView的属性month_format的值。

视图类index继承父类MonthArchiveView，它共设置了10个属性，每个属性已经详细讲述过了，在此不再重复说明。视图类index对模型PersonInfo进行数据查找，查找方式是以字段hireDate的日期内容进行数据筛选，筛选条件来自路由变量year和month。由于变量month的数据类型是整型，因此将属性month_format的默认值%b改为%m，否则Django会提示404异常，如图5-30所示。

图 5-30 异常信息

模板文件index.html使用了模板上下文mylist、previous_month和next_month。此外，视图类MonthArchiveView还设有其他模板上下文，具体说明如下：

- mylist：这是由模型PersonInfo查询所得的数据对象，它的命名是由视图类index的属性context_object_name设置的，如果没设置该属性，模板上下文就默认为object_list或者page_obj。
- previous_month：根据路由变量year和month的日期计算出上一个月的日期。
- next_month：根据路由变量year和month的日期计算出下一个月的日期。
- date_list：从查询所得的数据里获取日期字段的日期内容。
- paginator：由类MultipleObjectMixin生成，这是Django内置的分页功能对象。

运行MyDjango项目，在浏览器上访问127.0.0.1:8000/2018/9.html，Django对数据表index_personinfo的字段hireDate进行筛选，筛选条件为2018年09月，符合条件的所有数据显示在网页上，如图5-31所示。

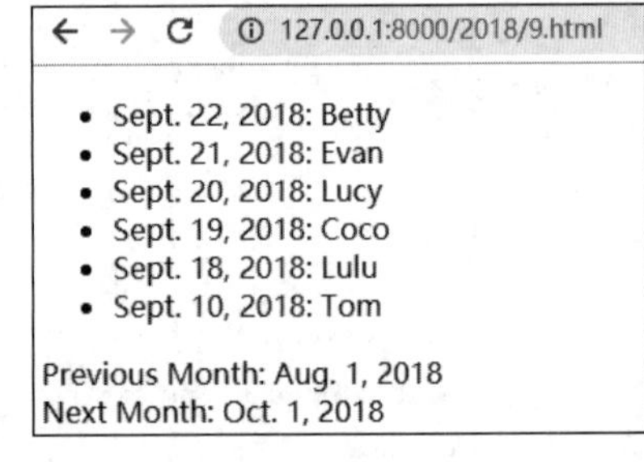

图 5-31 运行结果

从图5-31中可以看到，网页上日期是以月、日、年的格式显示的，并且月份以英文表示。如果想让日期格式与数据库的日期格式相同，那么可以使用模板语法的过滤器date来转换日期格式。

从路由index的变量month可知，该变量的数据类型可设为字符型。如果该变量改为字符型，那么视图类index无须设置属性month_format。假设将路由变量month改为字符型并注释视图类index的属性month_format，重新运行MyDjango项目，在浏览器上访问127.0.0.1:8000/2018/sep.html，网页显示的内容如图5-31所示。

若想验证属性allow_empty的作用，则可单独设置allow_empty的值，第一次设为True，第二次设为False，并且每次都访问127.0.0.1:8000/2017/10.html，然后对比两次访问结果。属性allow_future的验证方式与allow_empty的相同，但其访问的路由地址为127.0.0.1:8000/2019/10.html。

综上所述，MonthArchiveView是在列表视图ListView的基础上设置日期筛选功能的视图类，日期筛选对象来自模型里的某个日期字段，筛选条件是由路由变量year和month提供的。其中，路由变量month的数据类型可为整型或字符型，针对不同的数据类型，需要为month_format设置相应的属性值。

5.3.2　周期视图WeekArchiveView

在一年中，无论是平年还是闰年，一共有52周，而且每年同一个周数的日期是各不相同的。如果要对数据表的数据生成周报表，就需要根据当前年份的周数来计算相应的日期范围。为此，Django提供了视图类WeekArchiveView，只需提供年份和周数即可在数据表里筛选相应的数据信息。

视图类WeekArchiveView的继承过程在图5-25中已描述过了，整个设计共继承10个类。除了类WeekMixin之外，其他类的属性和方法已详细介绍过了，这里不再重复讲述，下面只列举类WeekMixin定义的属性和方法，说明如下：

- week_format：由WeekMixin定义，默认值为%U，用于设置周数的计算方式，可选值为%W或%U。如果值为%W，周数就从星期一开始计算，如果值为%U，周数就从星期天开始计算。
- week：由WeekMixin定义，用于设置默认周数，如果没有设置属性值，就从路由变量week里获取。
- get_week_format()：由WeekMixin定义，用于获取属性week_format的值。
- get_week()：由WeekMixin定义，用于获取属性week的值。
- get_next_week()：由WeekMixin定义，调用_get_next_week()来获取下一周的开始日期。
- get_previous_week()：由WeekMixin定义，用于获取上一周的开始日期。
- _get_next_week()：由WeekMixin定义的受保护方法，用于返回下一周的开始日期。
- _get_current_week()：由WeekMixin定义的受保护方法，用于返回属性week所设周数的开始日期。
- _get_weekday()：由WeekMixin定义的受保护方法，用于获取属性week所设周数的工作日。

通过分析视图类WeekArchiveView的源码，我们对视图类WeekArchiveView有了大致的了解。下面通过实例来讲述如何使用视图类WeekArchiveView，它的使用方式与视图类MonthArchiveView非常相似。沿用5.3.1节的MyDjango项目，在index的urls.py、views.py和模板文件index.html中编写以下代码：

```
# index的urls.py
from django.urls import path
from .views import *
urlpatterns = [
    # 定义路由
    path('<int:year>/<int:week>.html',index.as_view(),name='index'),
]

# index的views.py
from django.views.generic.dates import WeekArchiveView
from .models import PersonInfo
class index(WeekArchiveView):
    allow_empty = True
    allow_future = True
```

```
    context_object_name = 'mylist'
    template_name = 'index.html'
    model = PersonInfo
    date_field = 'hireDate'
    queryset = PersonInfo.objects.all()
    year_format = '%Y'
    week_format = '%W'
    paginate_by = 50

# templates的index.html
<!DOCTYPE html>
<html>
<head>
    <title>{{ title }}</title>
<body>
<ul>
    {% for v in object_list %}
       <li>{{ v.hireDate }}: {{ v.name }}</li>
    {% endfor %}
</ul>
<p>
    {% if previous_week %}
        Previous Week: {{ previous_week }}
    {% endif %}
    <br>
    {% if next_week %}
        Next Week: {{ next_week }}
    {% endif %}
</p>
</body>
</html>
```

路由index中定义了路由变量year和week，它们只能支持整型的数据格式，并且变量名是固定的，否则视图类WeekArchiveView无法从路由变量里获取年份和周数。

视图类index继承父类WeekArchiveView，它共设置了10个属性，每个属性的设置与5.3.1节的视图类index大致相同，只是将属性month_format改为week_format。

模板文件index.html的模板上下文也与视图类MonthArchiveView提供的模板上下文相似，只不过上一周和下一周的上下文改为previous_week和next_week。

综上所述，视图类WeekArchiveView和MonthArchiveView在使用上存在相似之处，也就是说，只要熟练掌握某个日期视图类的使用方法，其他日期视图类的使用也能轻松掌握。

数据表index_personinfo的大部分数据集中在2018年9月，这个日期的周数为38。运行MyDjango项目，在浏览器上访问127.0.0.1:8000/2018/38.html，Django将日期从2018-09-18至2018-09-22的数据显示在网页上，如图5-32所示。

127.0.0.1:8000/2018/38.html

- Sept. 22, 2018: Betty
- Sept. 21, 2018: Evan
- Sept. 20, 2018: Lucy
- Sept. 19, 2018: Coco
- Sept. 18, 2018: Lulu

Previous Week: Sept. 10, 2018
Next Week: Sept. 24, 2018

图 5-32　运行结果

5.4　本章小结

CBV是一种更现代的面向对象的方法，它使用类来封装请求处理逻辑。CBV提供了更多的内置功能，如简化的URL路由、自动处理表单，更容易实现复杂的视图逻辑。读者应重点了解和掌握以下内容：

（1）了解数据显示视图如何将后台的数据展示在网页上，了解4个视图类，即RedirectView、TemplateView、ListView和DetailView。

（2）掌握数据操作视图如何对模型进行操作，如增、删、改，从而实现Django与数据库的数据交互。了解数据操作视图的4个视图类，即FormView、CreateView、UpdateView和DeleteView。

（3）了解日期筛选视图的功能如何将符合结果的数据以一定的形式显示在网页上。了解7个日期视图类。

第 6 章

深入理解模板

Django作为Web框架，需要一种便利的方法来动态地生成HTML网页，因此引入了模板这个概念。模板包含所需HTML的部分代码以及一些特殊语法，这些特殊语法用于描述如何将视图传递的数据动态地插入HTML网页。

Django可以配置一个或多个模板引擎（甚至是0个，如在前后端分离的情况下，Django只提供API接口，无须使用模板引擎）。Django支持两种模板引擎：Django模板语言（Django Template Language，DTL）和Jinja2。Django模板语言是Django内置的功能之一，而Jinja2是当前Python中流行的模板语言。本章将分别介绍Django模板语言和Jinja2的使用方法。

6.1 Django 模板引擎

Django内置的模板引擎包含模板上下文（亦可称为模板变量）、标签和过滤器，说明如下：

- 模板上下文以变量的形式写入模板文件中，变量值由视图函数或视图类传递所得。
- 标签对模板上下文进行控制输出，比如模板上下文的判断和循环控制等。模板继承隶属于标签，它将每个模板文件重复的代码抽取出来并写在一个共用的模板文件中，其他模板文件通过继承共用模板文件来实现完整的网页输出。
- 过滤器是对模板上下文进行操作处理，比如模板上下文的内容截取、替换或格式转换等。

6.1.1 模板上下文

模板上下文是模板的基本组成单位，上下文的数据由视图函数或视图类传递。它以{{ variable }}表示，variable是上下文的名称，它支持Python所有的数据类型，如字典、列表、元组、字符串、整型或实例化对象等。上下文的数据格式不同，在模板里的使用方式也有所差异，示例如下：

```
# 假如variable1 = '字符串或整型'
<div>{{ variable1 }}</div>
# 输出“<div>字符串或整型</div>”

# 假如variable2={'name': '字典或实例化对象'}
<div>{{ variable2.name }}</div>
```

```
# 输出“<div>字典或实例化对象</div>”

# 假如variable3 = ['元组或列表']
<div>{{ variable3.0 }}</div>
# 输出“<div>元组或列表</div>”
```

从上述代码中可以发现，如果上下文的数据带有属性，就可以在上下文的末端使用“.”来获取某个属性的值。比如上下文为字典或实例化对象，在上下文末端使用“.”并写入属性名称，即可在网页上显示该属性的值；若上下文为元组或列表，则在上下文末端使用“.”并设置索引下标，来获取元组或列表的某个元素值。

如果视图没有为模板上下文传递数据或者模板上下文的某个属性、索引下标不存在，Django就会将它设为空值。例如获取variable2的属性age，由于variable2中并不存在属性age，因此网页上将会显示“<div></div>”。

在PyCharm的Debug调试模式里分析Django模板引擎的运行过程。打开函数render所在的源码文件，变量content是模板文件的解析结果，它由函数render_to_string完成解析过程，如图6-1所示。

```
def render(request, template_name, context=None, conte
    """
    Return a HttpResponse whose content is filled with
    django.template.loader.render_to_string() with the
    """
    content = loader.render_to_string(template_name, co
    return HttpResponse(content, content_type, status)
```

图 6-1　函数 render 的源码信息

想要分析Django模板引擎的解析过程，还需要从函数render_to_string入手。通过PyCharm打开函数render_to_string的源码信息，发现它调用了函数get_template或select_template，我们沿着函数调用的方向去探究整个解析过程，梳理函数之间的调用关系，最终得出模板解析过程，如图6-2所示。

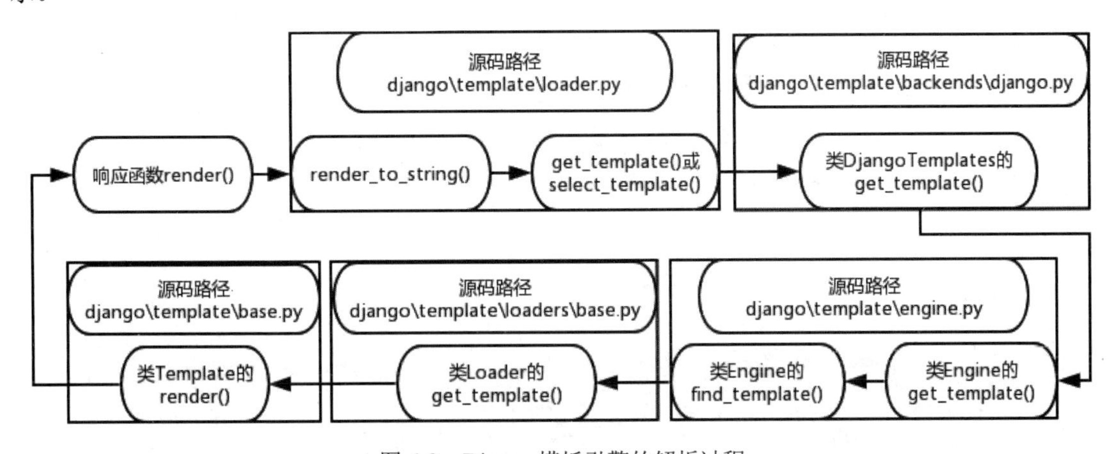

图 6-2　Django 模板引擎的解析过程

整个解析过程中调用了多个函数和类方法，每个函数和类方法在源码里都有功能注释，这里不再详细讲述，读者可自行在源码里查阅。

6.1.2 自定义标签

标签用于对模板上下文进行控制输出，它以{% tag %}表示，其中tag是标签的名称。Django内置了许多模板标签，比如{% if %}（判断标签）、{% for %}（循环标签）或{% url %}（路由标签）等。

内置的模板标签可以在Django源码（\django\template\defaulttags.py）中找到定义过程，每个内置标签都有功能注释和使用方法，本书只列举常用的内置标签，如表6-1所示。

表6-1 常用的内置标签

标 签	说 明
{% for %}	遍历输出上下文的内容
{% if %}	对上下文进行条件判断
{% csrf_token %}	生成csrf_token的标签，用于防护跨站请求伪造攻击
{% url %}	引用路由配置的地址，生成相应的路由地址
{% with %}	将上下文重新命名
{% load %}	加载导入Django的标签库
{% static %}	读取静态资源的文件内容
{% extends xxx %}	模板继承，xxx为模板文件名，使当前模板继承xxx模板
{% block xxx %}	重写父类模板的代码

在上述常用标签中，每个标签的使用方法各不相同。下面通过简单的例子来进一步了解标签的使用方法，代码如下：

```
# for标签，支持嵌套，myList可为列表、元组或某个对象
# item可自定义命名，代表当前循环的数据对象
# {% endfor %}是循环区域终止符，代表区域内的代码由标签for输出
{% for item in myList %}
{{ item }}
{% endfor %}

# if标签，支持嵌套
# 判断条件符与上下文之间使用空格隔开，否则程序将抛出异常
# {% endif %}与{% endfor %}的作用是相同的
{% if name == "Lily" %}
{{ name }}
{% elif name == "Lucy" %}
{{ name }}
{% else %}
{{ name }}
{% endif %}

# url标签
# 生成不带变量的URL地址
<a href="{% url 'index' %}">首页</a>
# 生成带变量的URL地址
<a href="{% url 'page' 1 %}">第1页</a>

# with标签，与Python的with语法的功能相同
# total=number无须空格隔开，否则抛出异常
```

```
{% with total=number %}
{{ total }}
{% endwith %}
# load标签，导入静态文件标签库staticfiles
# staticfiles来自settings.py的INSTALLED_APPS
{% load static %}
# static标签，来自静态文件标签库staticfiles
{% static "css/index.css" %}
```

在for标签中，模板还提供了一些特殊的变量，用于获取for标签的循环信息，这些变量的说明如表6-2所示。

表 6-2　for 标签模板变量说明

变　　量	说　　明
forloop.counter	获取当前循环的索引，从1开始计算
forloop.counter0	获取当前循环的索引，从0开始计算
forloop.revcounter	索引从最大数开始递减，直到索引到1位置
forloop.revcounter0	索引从最大数开始递减，直到索引到0位置
forloop.first	遍历的元素为第一项时为真
forloop.last	遍历的元素为最后一项时为真
forloop.parentloop	在嵌套的for循环中，获取上层for循环的forloop

上述变量来自forloop对象，该对象是在模板引擎解析for标签时生成的。下面通过简单的例子来进一步了解forloop的使用，示例如下：

```
{% for name in name_list %}
{% if forloop.counter == 1 %}
<span>这是第一次循环</span>
{% elif forloop.last %}
<span>这是最后一次循环</span>
{% else %}
<span>本次循环次数为：{{forloop.counter }}</span>
{% endif %}
{% endfor %}
```

除了使用内置的模板标签之外，我们还可以自定义模板标签。以MyDjango项目为例，首先在项目的根目录下创建新的文件夹，文件夹名称可自行命名，本示例命名为mydefined；然后在该文件夹下创建初始化文件__init__.py和templatetags文件夹，其中templatetags文件夹的命名是固定不变的；最后在templatetags文件夹里创建初始化文件__init__.py和自定义标签文件mytags.py。项目的目录结构如图6-3所示。

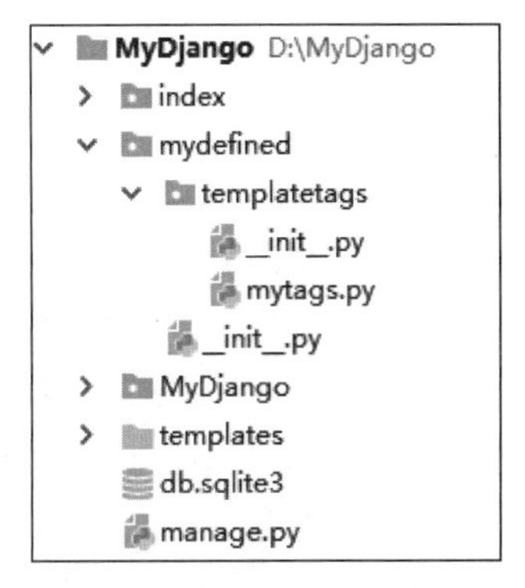

图 6-3　目录结构

由于在项目的根目录下创建了mydefined文件夹，因此要在配置文件settings.py的属性INSTALLED_APPS里添加mydefined，否则Django在运行时无法加载mydefined文件夹的内容。配置信息如下：

```
INSTALLED_APPS = [
    'django.contrib.admin',
    'django.contrib.auth',
    'django.contrib.contenttypes',
    'django.contrib.sessions',
    'django.contrib.messages',
    'django.contrib.staticfiles',
    'index',
    # 添加自定义模板标签的文件夹
    'mydefined'
]
```

接着在项目的mytags.py文件里自定义标签，我们将定义一个名为reversal的标签，它将标签里的数据进行反转处理，定义过程如下：

```
from django import template
# 创建模板对象
register = template.Library()
# 定义模板节点类
class ReversalNode(template.Node):
    def __init__(self, value):
        self.value = str(value)
    # 数据反转处理
    def render(self, context):
        return self.value[::-1]

# 声明并定义标签
@register.tag(name='reversal')
# parse是解析器对象，token是被解析的对象
def do_reversal(parse, token):
    try:
        # tag_name代表标签名，即reversal
        # value是由标签传递的数据
        tag_name, value = token.split_contents()
    except:
        raise template.TemplateSyntaxError('syntax')
    # 调用自定义的模板节点类
    return ReversalNode(value)
```

在mytags.py文件里分别定义了类ReversalNode和函数do_reversal，两者实现的功能说明如下：

- 函数do_reversal经过装饰器register.tag(name='reversal')处理，这是为了让函数执行模板标签注册，标签名称由装饰器参数name进行命名，如果没有设置参数name，就以函数名作为标签名称。函数名没有具体要求，一般以“do_标签名称”或“标签名称”作为命名规范。
- 函数参数parse是解析器对象，当Django运行时，它将所有标签和过滤器进行加载并生成到parse对象中，在解析模板文件里面的标签时，Django就会从parse对象中查找对应的标签信息。
- 函数参数token是模板文件使用标签时所传递的数据对象，主要包括标签名和数据内容。

- 函数do_reversal对参数token使用split_contents()方法（Django的内置方法）进行取值处理，从中获取数据value，并将value传递给自定义模板节点类ReversalNode。
- 类ReversalNode对value执行字符串反转处理，并生成模板节点对象，用于模板引擎解析HTML语言。

为了验证自定义标签reversal的功能，我们在index的url.py、views.py和模板文件index.html中编写以下代码：

```
# index的url.py
from django.urls import path
from .views import *
urlpatterns = [
    # 定义路由
    path('', index, name='index'),
]

# index的views.py
from django.shortcuts import render
def index(request):
    return render(request, 'index.html', locals())

# templates的index.html
{#导入自定义标签文件mytags#}
{% load mytags %}
<!DOCTYPE html>
<html>
<body>
{% reversal 'Django' %}
</body>
</html>
```

在模板文件index.html中使用自定义标签时，必须使用{% load mytags %}导入自定义标签文件，以告知模板引擎从哪里查找自定义标签，否则Django无法识别自定义标签，并提示TemplateSyntaxError异常。运行MyDjango项目，在浏览器上访问127.0.0.1:8000，网页上会将“Django”反转显示，如图6-4所示。

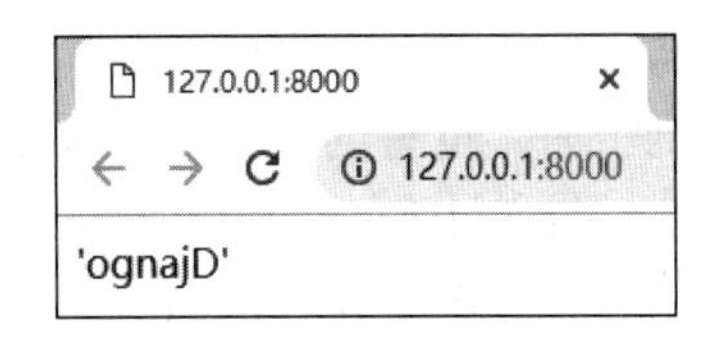

图 6-4　运行结果

综上，自定义标签reversal的定义方式与内置标签的定义方式是相同的，两者最大的区别在于：

- 自定义标签需要在项目里搭建目录环境。
- 自定义标签在使用时需要在模板文件里导入自定义标签文件。

6.1.3　模板继承

模板继承是通过模板标签来实现的，其作用是将多个模板文件的共同代码集中在一个新的模板文件中，然后各个模板可以直接调用新的模板文件来生成HTML网页。这样可以减少模板之间的重复代码，示例如下：

```
<!DOCTYPE html>
<html>
```

```
<head>
<meta charset="UTF-8">
<title>{{ title }}</title>
</head>
<body>
   <a href="{% url 'index:index' %}">首页</a>
   <h1>Hello Django</h1>
</body>
</html>
```

上述代码是一个完整的模板文件。一个完整的模板通常有<head>和<body>两部分，而每个模板的<head>和<body>的内容都会有所不同。因此，除了这两部分的内容之外，可以将其他内容写在共用模板文件中。

以MyDjango为例，首先在templates文件夹中创建base.html文件，该文件作为共用模板，代码如下：

```
<!DOCTYPE html>
<html>
<head>
<meta charset="UTF-8">
{% block title %}
   <title>首页</title>
{% endblock %}
</head>
<body>
{% block body %}{% endblock %}
</body>
</html>
```

在base.html的代码中可以看到，<title>写在了模板标签{% block title %}{% endblock %}里面，而<body>里的内容改为{% block body %}{% endblock %}。block标签为其他模板文件调用提供了内容重写的接口，而body则对这个接口进行了命名。在一个模板中可以添加多个block标签，只要每个block标签的命名不相同即可。

接着在模板index.html中调用共用模板base.html，代码如下：

```
{% extends "base.html" %}
{% block body %}
<a href="{% url 'index:index' %}">首页</a>
<h1>Hello Django</h1>
{% endblock %}
```

在模板index.html中调用共用模板base.html是由模板继承实现的，调用步骤如下：

- 在模板index.html中使用{% extends "base.html" %}来继承模板base.html的所有代码。
- 通过使用标签{% block title %}或{% block body %}来重写模板base.html的网页内容。
- 如果没有使用标签block重写共用模板的内容，网页内容就由共用模板提供。比如模板index.html没有使用标签{% block title %}重新定义<title>，那么网页标题内容应由模板base.html设置的<title>提供。

- 必须使用{% endblock %}来结束block标签。

从模板index.html中可以看到，模板继承原理与Python的类继承原理是一致的，通过继承方式使其具有父类的功能和属性，同时也可以通过重写来实现复杂多变的开发需求。

为了验证模板继承是否正确，运行MyDjango并访问127.0.0.1:8000，查看网页标题（标题由模板base.html的<title>提供）和网页信息（重写模板base.html的{% block body %}），结果如图6-5所示。

图 6-5　运行结果

6.1.4　自定义过滤器

过滤器主要是对上下文的内容进行操作处理，如替换、反序和转义等。通过过滤器处理上下文，不仅可以将其数据格式或内容转换为我们想要的显示效果，而且还减少了视图的代码量。过滤器的使用方法如下：

```
{{ variable | filter }}
```

若上下文设有过滤器，则模板引擎在解析上下文时，首先由过滤器filter处理上下文variable，然后将处理后的结果进行解析并显示在网页上。variable代表模板上下文，管道符号“|”代表对当前上下文使用过滤器，filter代表某个过滤器。单个上下文可以支持同时使用多个过滤器，例如：

```
{{ variable | filter | lower}}
```

在使用的过程中，有些过滤器还可以传入参数，但仅支持传入一个参数。带参数的过滤器与参数之间使用冒号隔开，并且两者之间不能留有空格，例如：

```
{{ variable | date:"D d M Y"}}
```

Django的内置过滤器可以在源码（\django\template\defaultfilters.py）中找到具体的定义过程，内置过滤器的说明如表6-3所示。

表 6-3　内置过滤器

内置过滤器	使用形式	说　明
add	{{value | add:"2"}}	将value的值增加2
addslashes	{{value | addslashes}}	在value的引号前增加反斜线
capfirst	{{value | capfirst}}	value的第一个字符转换成大写形式
center	{{value | center}}	以居中对齐方式显示value
cut	{{value | cut:arg}}	从value中删除所有arg的值。如果value是"String with spaces"，arg是""，那么输出的是"Stringwithspaces"
date	{{value | date:"D d M Y"}}	将日期格式数据按照给定的格式输出
default	{{value | default:"nothing"}}	如果value的值是False，那么输出值为过滤器设定的默认值

（续表）

<table>
<tr><th>内置过滤器</th><th>使用形式</th><th>说　明</th></tr>
<tr><td>default_if_none</td><td>{{value | default_if_none:"null"}}</td><td>如果value的值是None，那么输出值为过滤器设定的默认值</td></tr>
<tr><td>dictsort</td><td>{{value | dictsort:"name"}}</td><td>如果value的值是一个列表，里面的元素是字典，那么返回值按照每个字典的关键字排序</td></tr>
<tr><td>dictsortreversed</td><td>{{value | dictsortreversed:"name"}}</td><td>如果value的值是一个列表，里面的元素是字典，那么返回值按照每个字典的关键字反序排列</td></tr>
<tr><td>divisibleby</td><td>{{value | divisibleby:arg}}</td><td>如果value能够被arg整除，那么返回值将是True</td></tr>
<tr><td>escape</td><td>{{value | escape}}</td><td>控制HTML转义，替换value中的某些HTML特殊字符</td></tr>
<tr><td>Escapejs
escapeseq</td><td>{{value | escapejs}}</td><td>替换value中的某些字符，以适应JavaScript和JSON格式</td></tr>
<tr><td>filesizeformat</td><td>{{value | filesizeformat}}</td><td>格式化value，使它成为易读的文件大小，例如13KB、4.1MB等</td></tr>
<tr><td>first</td><td>{{value | first}}</td><td>返回列表中的第一项，例如，如果value是列表['a','b','c']，那么输出将是'a'</td></tr>
<tr><td>floatformat</td><td>{{value | floatformat}}或{{value | floatformat:arg}}</td><td>对数据进行四舍五入处理，参数arg是保留的小数位数，可以是正数或负数，如{{ value|floatformat:"2" }}是保留两位小数。若无参数arg，则默认保留1位小数，如{{ value|floatformat}}</td></tr>
<tr><td>force_escape</td><td>{{value | force_escape }}</td><td>对字符串进行HTML转义处理</td></tr>
<tr><td>get_digit</td><td>{{value | get_digit:"arg"}}</td><td>如果value是123456789，arg是2，那么输出的是8</td></tr>
<tr><td>iriencode</td><td>{{value | iriencode}}</td><td>如果value中有非ASCII字符，就将它转换成URL中适合的编码</td></tr>
<tr><td>join</td><td>{{value | join:"arg"}}</td><td>使用指定的字符串连接一个list（列表），作用如同Python的str.join(list)</td></tr>
<tr><td>json_script</td><td>{{ value | json_script:"hello" }}</td><td>将Python对象输出为JSON格式</td></tr>
<tr><td>last</td><td>{{value | last}}</td><td>返回列表中的最后一项</td></tr>
<tr><td>length</td><td>{{value | length}}</td><td>返回value的长度</td></tr>
<tr><td>length_is</td><td>{{value | length_is:"arg"}}</td><td>如果value的长度等于arg，例如value是['a','b','c']，arg是3，那么返回True</td></tr>
<tr><td>linebreaks</td><td>{{value | linebreaks}}</td><td>value中的"\n"将被
替代，并且将整个value使用<p>包围起来，从而适合HTML的格式</td></tr>
<tr><td>linebreaksbr</td><td>{{value | linebreaksbr}}</td><td>value中的"\n"将被
替代</td></tr>
<tr><td>linenumbers</td><td>{{value | linenumbers}}</td><td>为显示的文本添加行数</td></tr>
<tr><td>ljust</td><td>{{value | ljust}}</td><td>以左对齐方式显示value的值</td></tr>
<tr><td>lower</td><td>{{value | lower}}</td><td>将一个字符串转换成小写形式</td></tr>
</table>

（续表）

<table>
<tr><th>内置过滤器</th><th>使用形式</th><th>说　明</th></tr>
<tr><td>make_list</td><td>{{value | make_list}}</td><td>将value的值转换成列表。例如，如果value的值是Joel，那么输出[u'J',u'o',u'e',u'l']；如果value是123，那么输出[1,2,3]</td></tr>
<tr><td>phone2numeric</td><td>{{value | rjust}}</td><td>以右对齐方式显示value的值</td></tr>
<tr><td>pluralize</td><td>{{value | pluralize}}或
{{value | pluralize:"es"}}或
{{value | pluralize:"y,ies"}}</td><td>将value的值返回英文复数形式</td></tr>
<tr><td>random</td><td>{{value | random}}</td><td>从给定的列表中返回一个任意的列表项</td></tr>
<tr><td>rjust</td><td>{{value | rjust}}</td><td>以右对齐方式显示value</td></tr>
<tr><td>safe</td><td>{{value | safe}}</td><td>开启HTML转义，数据中含有的HTML标签自动转换成相应的网页效果</td></tr>
<tr><td>safeseq</td><td>{{value | safeseq}}</td><td>与上述safe基本相同，但有一点不同：safe针对字符串，而safeseq针对多个字符串组成的序列（sequence）</td></tr>
<tr><td>slice</td><td>{{some_list | slice:":2"}}</td><td>与Python语法中的切片（slice）相同，":2"表示截取前两个字符，此过滤器可用于中文或英文</td></tr>
<tr><td>slugify</td><td>{{value | slugify}}</td><td>将value转换成小写形式，并将空格变成横线。例如，若value的值是Joel is a slug，那么输出将是joel-is-a-slug</td></tr>
<tr><td>stringformat</td><td>{{ value | stringformat:"E" }}</td><td>字符串格式化处理，如果 value 的值是 10，则输出为 1.000000E+01</td></tr>
<tr><td>striptags</td><td>{{value | striptags}}</td><td>删除value的值中的所有HTML标签</td></tr>
<tr><td>time</td><td>{{value | time:"H:i"}}或{{value | time}}</td><td>格式化时间输出，如果time后面没有格式化参数，那么输出按照默认设置进行</td></tr>
<tr><td>timesince</td><td>{{value | timesince:arg}}</td><td>返回参数arg到value的天数和小时数。例如，如果arg是一个日期实例，表示2006-06-01午夜，而value表示2006-06-01早上8点，那么输出结果将是“8 hours”</td></tr>
<tr><td>timeuntil</td><td>{{value | timeuntil}}</td><td>返回value距离当前日期的天数和小时数</td></tr>
<tr><td>title</td><td>{{value | title}}</td><td>使单词以大写字母开头，其余字符以小写字母开头，例如my FIRST post，输出为My First Post</td></tr>
<tr><td>truncatechars</td><td>{{value | truncatechars:7}}</td><td>将value按字符数进行截取，参数7表示保留前7个字符。例如value是Joel is a slug，那么输出将是Joel is...</td></tr>
<tr><td>truncatechars_html</td><td>{{value | truncatechars_html:2}}</td><td>类似truncatechars，并且能识别HTML标签</td></tr>
<tr><td>truncatewords</td><td>{{value | truncatewords:2}}</td><td>将value进行单词截取处理，参数2表示截取前两个单词。例如value是Joel is a slug，那么输出将是Joel is...</td></tr>
</table>

（续表）

内置过滤器	使用形式	说　　明
truncatewords_html	{{value | truncatewords_html:2}}	类似truncatewords，并且能识别HTML标签
unordered_list	{{value | truncatewords:2}}	将value进行单词截取处理，参数2表示截取前两个单词，此过滤器只可用于英文截取。例如value是Joel is a slug，那么输出将是Joel is…
upper	{{value | upper}}	把一个字符串转换为大写形式
urlencode	{{value | urlencode}}	将字符串进行URLEncode处理
urlize	{{value | urlize}}	将字符串的URL转换成可点击形式。例如value是A www.A.com，输出A <a href= " http://www.A.com " rel="nofollow"> www.A.com</a>
urlizetrunc	{{ value | urlizetrunc:15 }}	类似urlize，并且能截取字符串
wordcount	{{value | wordcount}}	返回字符串中单词的数目
wordwrap	{{value | wordwrap:5}}	按照指定长度分割字符串
yesno	{{ value | yesno:"A, B, C" }}	将True、False和None映射到字符串，value如果等于True，则输出A；如果等于False，则输出B；如果等于None，则输出C

使用过滤器的过程中，上下文、管道符号“|”和过滤器之间没有规定要使用空格隔开，但为了符合编码的规范，建议使用空格隔开。倘若过滤器需要设置参数，过滤器、冒号和参数之间不能有空格，否则会提示异常信息，如图6-6所示。

TemplateSyntaxError at /
add requires 2 arguments, 1 provided
Request Method: GET

图6-6　异常信息

在实际开发中，如果内置过滤器的功能不太适合开发需求，我们可以自定义过滤器来解决问题。以6.1.2节的MyDjango项目为例，在mydefined的templatetags里创建myfilter.py文件，并在该文件里编写以下代码：

```
# templatetags的myfilter.py
from django import template
# 创建模板对象
register = template.Library()
# 声明并定义过滤器
@register.filter(name='replace')
def do_replace(value, agrs):
    oldValue = agrs.split(':')[0]
    newValue = agrs.split(':')[1]
    return value.replace(oldValue, newValue)
```

过滤器与标签的自定义过程有相似之处，但过滤器的定义过程比标签更简单，只需定义相关函数即可。上述定义的过滤器实现了模板上下文的字符替换，定义过程说明如下：

- 函数do_replace由装饰器register.filter(name='replace')处理，对函数执行过滤器注册操作。
- 装饰器参数name用于为过滤器命名，如果没有设置参数name，就以函数名作为过滤器名。函数名没有具体要求，一般以“do_过滤器名称”或“过滤器名称”作为命名规范。

- 参数value代表使用当前过滤器的模板上下文，参数agrs代表过滤器的参数。函数将参数agrs以冒号进行分隔，用于对参数value（模板上下文）进行字符串替换操作。函数必须将处理结果返回，否则在使用过程中会出现异常信息。

为了验证自定义过滤器replace的功能，将index的views.py和模板文件index.html的代码进行修改：

```
# index的views.py
from django.shortcuts import render
def index(request):
    value = 'Hello Python'
    return render(request, 'index.html', locals())

# templates的index.html
{#导入自定义过滤器文件myfilter#}
{% load myfilter %}
<!DOCTYPE html>
<html>
<body>
<div>替换前：{{ value }}</div>
<br>
<div>替换后：
{{ value | replace:'Python:Django' }}
</div>
</body>
</html>
```

模板文件index.html使用自定义过滤器时，需要使用{% load myfilter %}导入过滤器文件，这样模板引擎才能找到自定义过滤器，否则会提示TemplateSyntaxError异常。过滤器replace将模板上下文value进行字符串替换，将value里面的Python替换成Django，运行结果如图6-7所示。

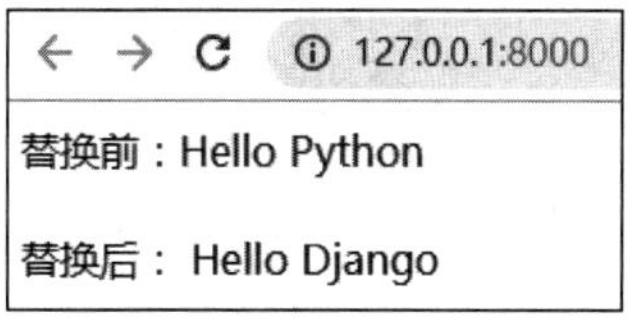

图 6-7　运行结果

6.2　Jinja2 模板引擎

Jinja2是一个在Python里被广泛应用的模板引擎，它的设计思想来源于Django的模板引擎，并扩展了其语法和增加了一系列强大的功能。Jinja2具备以下特性：

- 沙箱执行模式，模板的每个部分都在引擎的监督之下执行，模板将会被明确地标记在白名单或黑名单内，这样也可以执行那些不被信任的模板。
- 强大的自动HTML转义系统，可以有效地阻止跨站脚本攻击。
- 模板继承机制，此机制可以使得所有模板具有一致的布局，从而方便开发人员对模板进行修改和管理。
- 高效的执行效率，Jinja2引擎在第一次加载模板时就把源码转换成Python字节码，从而加快模板执行时间。

- 调试系统融合了标准的Python的TrackBack功能，使得模板编译和运行期间的错误能及时被发现和调试。
- 语法配置，可以重新配置Jinja2，使得它更好地适应LaTeX或JavaScript的输出。
- 官方文档手册，此手册指导设计人员更好地使用Jinja2引擎的各种方法。

其中最显著的是增加了沙箱执行功能和可选的自动转义功能，这对大多数应用的安全性来说至关重要。

Django支持Jinja2模板引擎的使用，由于Jinja2的设计思想来源于Django的模板引擎，因此Jinja2的使用方法与Django的模板语法有相似之处。

6.2.1　安装与配置

Jinja2支持pip指令安装。我们按快捷键Windows+R打开“运行”对话框，然后在对话框中输入“CMD”并按回车键，进入命令提示符窗口（也称为终端）。在命令提示符窗口下输入以下安装指令：

```
pip install Jinja2
```

输入上述指令后按回车键，就会自动下载Jinja2最新版本并安装，我们只需等待安装完成即可。

除了使用pip指令进行安装之外，还可以从网上下载Jinja2的压缩包自行安装。首先在浏览器上输入下载网址（www.lfd.uci.edu/~gohlke/pythonlibs/#sendkeys），找到Jinja2的下载链接进行下载，如图6-8所示。

https://www.lfd.uci.edu/~gohlke/p
Jinja2-2.10-py2.py3-none-any.whl
jinja2_time-0.2.0-py2.py3-none-any.whl

图 6-8　Jinja2 安装包

然后将下载的文件存放到D盘，并打开命令提示符窗口，输入以下安装指令：

```
pip install D:\Jinja2-2.10-py2.py3-none-any.whl
```

输入指令后按回车键，等待安装完成。完成Jinja2的安装后，需要校验安装是否成功，再次进入命令提示符窗口，输入“python”并按回车键，此时进入Python交互解释器，在交互解释器下输入校验代码：

```
>>> import jinja2
>>> jinja2.__version__
'2.10'
```

返回Jinja的版本号，说明安装成功。

Jinja2安装成功后，在Django里配置Jinja2模板。由于Django的内置功能是使用Django的模板引擎实现的，如果将整个项目都改为使用Jinja2模板引擎，就会导致内置功能无法正常使用。在这种情况下，既要保证内置功能能够正常使用，又要使用Jinja2模板引擎，就只能将两个模板引擎共存在同一个项目里。

以MyDjango为例，在MyDjango文件夹里创建jinja2.py文件，文件名没有固定的命名要求，读者可以自行命名，该文件的作用是将Jinja2模板引擎加载到MyDjango项目，项目的目录结构如图6-9所示。

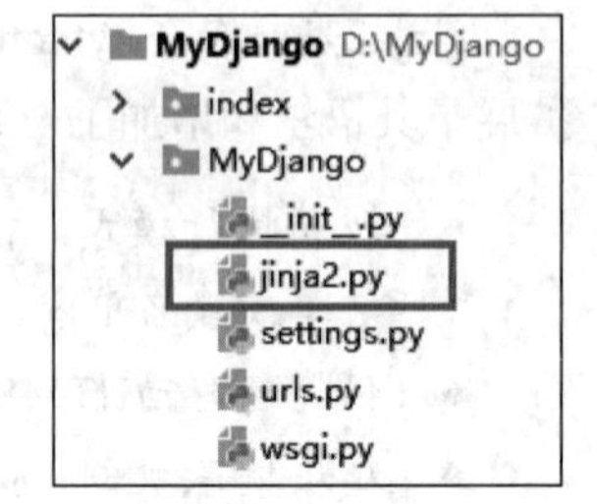

图 6-9　目录结构

在PyCharm里打开jinja2.py文件，在文件里定义函数environment，并在函数里使用Jinja2的类Environment进行实例化，实例化对象env用于对接Django的运行环境。文件代码如下：

```
# MyDjango的jinja2.py
from django.contrib.staticfiles.storage import staticfiles_storage
from django.urls import reverse
from jinja2 import Environment
# 将jinja2模板设置到项目环境
def environment(**options):
    env = Environment(**options)
    env.globals.update({
        'static': staticfiles_storage.url,
        'url': reverse,
    })
    return env
```

下一步将jinja2.py文件定义的函数environment写到配置文件settings.py中，否则jinja2.py文件所定义的函数无法作用在MyDjango项目里。在配置属性TEMPLATES中新增Jinja2模板引擎，代码如下：

```
TEMPLATES = [
# 使用Jinja2模板引擎
{
    'BACKEND': 'django.template.backends.jinja2.Jinja2',
    'DIRS': [
        BASE_DIR /  'templates',
    ],
    'APP_DIRS': True,
    'OPTIONS': {
        'environment': 'MyDjango.jinja2.environment'
    },
},
# 使用Django的模板引擎
{
    'BACKEND': 'django.template.backends.django.DjangoTemplates',
    'DIRS': [],
    'APP_DIRS': True,
    'OPTIONS': {'context_processors': [
        'django.template.context_processors.debug',
        'django.template.context_processors.request',
        'django.contrib.auth.context_processors.auth',
        'django.contrib.messages.context_processors.messages',
    ], },
},
]
```

配置属性TEMPLATES是以列表形式表示的，列表里定义了两个元素，每个元素以字典形式表示，说明如下：

- 第一个列表元素设置Jinja2模板引擎，属性OPTIONS中的environment是MyDjango文件夹中的jinja2.py文件所定义的函数environment，并且属性DIRS指向项目里的模板文件夹templates，这说明模板文件夹templates中的所有模板文件皆由Jinja2模板引擎执行解析处理。

- 第二个列表元素设置Django的模板引擎，属性OPTIONS中的context_processors代表Django的内置功能，如Admin后台系统、信息提示和认证系统等，也就是说Django的内置功能所使用的模板还是由Django的模板引擎执行解析处理的。

完成项目环境配置后，下面通过简单的示例来验证MyDjango项目是否能同时使用内置模板引擎和Jinja2模板引擎。在MyDjango的urls.py，index的urls.py、views.py和模板文件index.html中编写以下代码：

```
# MyDjango的urls.py
from django.urls import path, include
from django.contrib import admin
urlpatterns = [
    path('admin/', admin.site.urls),
    # 指向index的路由文件urls.py
    path('',include(('index.urls','index'),namespace='index')),
]

# index的urls.py
from django.urls import path
from .views import *
urlpatterns = [
    # 定义路由
    path('', index, name='index'),
]

# index的views.py
from django.shortcuts import render
def index(request):
    value = {'name': 'This is Jinja2'}
    return render(request, 'index.html', locals())

# templates的index.html
<!DOCTYPE html>
<html>
<head>
    <title>Jinja2</title>
</head>
<body>
<div>
    {{ value['name'] }}
</div>
</body>
</html>
```

模板文件index.html的上下文value是字典对象，而value['name']用于获取字典的属性name，这种获取方式是Jinja2特有的模板语法，Django的内置模板引擎是不支持的。

运行MyDjango项目，分别访问127.0.0.1:8000和127.0.0.1:8000/admin，发现两者都能成功访问，如图6-10所示。其中，网站首页是由Jinja2模板引擎解析的，而Admin后台系统是由Django内置模板引擎解析的。

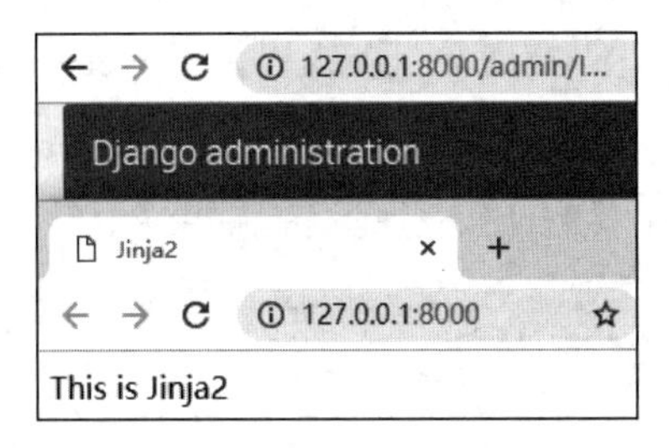

图 6-10　运行结果

6.2.2　模板语法

尽管Jinja2的设计思想来源于Django的模板引擎，但在功能和使用细节上，Jinja2比Django的模板引擎更为完善，而且Jinja2的模板语法在使用上与Django的模板引擎存在一定的差异。

由于Jinja2有模板设计人员帮助手册（官方文档：https://jinja.palletsprojects.com/en/2.10.x/），并且官方文档对模板语法的使用说明也较为详细，因此这里只讲述Jinja2与Django模板引擎的使用差异。

以6.2.1节的MyDjango项目为例，首先在模板文件夹templates里创建新的模板文件base.html，该文件用于模板继承；然后在根目录下创建文件夹static，并在该文件夹里放置favicon.ico图片，新建的文件夹static必须在settings.py中配置STATICFILES_DIRS，否则Django无法识别文件夹static中的静态资源；最后在模板文件base.html和index.html中编写以下代码：

```
# templates的base.html
<!DOCTYPE html>
<html>
<head>
{% block title %}{% endblock %}
</head>
<body>
{% block body %}{% endblock %}
</body>
</html>

# templates的index.html
{#模板继承#}
{% extends "base.html" %}
{% block title %}
    {#static标签#}
    {#Django的用法：{% static 'favicon.ico' %}#}
    <link rel="icon" href="{{ static('favicon.ico')}}">
    <title>Jinja2</title>
{% endblock %}
{% block body %}
    {#使用上下文#}
    {#Django的用法：{{ value.name }}#}
    {#Jinja2除了支持Django的用法，还支持以下用法#}
    <div>{{ value['name'] }}</div>
    {#使用过滤器#}
    <div>
```

```
        {{ value['name'] | replace('Jinja2','Django')}}
    </div>
    {#for循环#}
    {#Django的用法：{% for k,v in value.items %}#}
    {% for k,v in value.items() %}
        <div>key is {{ k }}</div>
        <div>value is {{ v }}</div>
    {% endfor %}
    {#if判断#}
    {% if value %}
        <div>This is if</div>
    {% else %}
        <div>This is else</div>
    {% endif %}
    {#url标签#}
    {#Django的用法：{% url 'index:index' %}#}
    <a href="{{ url('index:index') }}">首页</a>
{% endblock %}
```

从上述代码中得知，Jinja2与Django模板引擎的最大差异在于static函数、url函数和过滤器的使用方式，而在模板继承这一功能上，两者的使用方式是相同的；对于Jinja2来说，它没有模板标签这一概念。

在for循环中，Jinja2提供了一些特殊变量来获取循环信息，这些变量说明如表6-4所示。

表 6-4　Jinja2 的 for 函数模板变量说明

变　量	说　明
loop.index	循环的当前迭代（索引从1开始）
loop.index0	循环的当前迭代（索引从0开始）
loop.revindex	循环结束时的迭代次数（索引从1开始）
loop.revindex0	循环结束时的迭代次数（索引从0开始）
loop.first	如果是第一次迭代，就为True
loop.last	如果是最后一次迭代，就为True
loop.length	序列中的项目数，即循环总次数
loop.cycle	辅助函数，用于在序列列表之间进行循环
loop.depth	当前递归循环的深度，从1级开始
loop.depth0	当前递归循环的深度，从0级开始
loop.previtem	上一次迭代中的对象
loop.nextitem	下一次迭代中的对象
loop.changed(value)	若上次迭代的值与当前迭代的值不同，则返回True

Jinja2的过滤器与Django内置过滤器在使用方法上有相似之处，也是由管道符号“|”连接模板上下文和过滤器，但是两者的过滤器名称是不同的，而且过滤器的参数设置方式也不同。我们以表格的形式列举Jinja2的常用过滤器，如表6-5所示。

表 6-5　Jinja2 的常用过滤器

过　滤　器	使用方式	说　　明
abs	{{ value | abs }}	设置数值的绝对值
default	{{ value | default('new') }}	设置默认值
escape	{{ value | escape }}	转义字符，转成HTML的语法
first	{{ value | first }}	获取上下文的第一个元素
last	{{ value | last }}	获取上下文的最后一个元素
length	{{ value | length }}	获取上下文的长度
join	{{ value | join('-') }}	功能与Python的join语法一致
safe	{{ value | safe }}	将上下文转义处理
int	{{ value | int }}	将上下文转换为int类型
float	{{ value | float }}	将上下文转换为float类型
lower	{{ value | lower }}	将字符串转换为小写
upper	{{ value | upper }}	将字符串转换为大写
replace	{{ value | replace('a','b') }}	字符串的替换
truncate	{{ value | truncate(9,true) }}	字符串的截断
striptags	{{ value | striptags }}	删除字符串中所有的HTML标签
trim	{{ value | trim }}	截取字符串前面和后面的空白字符
string	{{ value | string }}	将上下文转换成字符串
wordcount	{{ value | wordcount }}	计算长字符串中的单词个数

6.2.3　自定义过滤器

Jinja2支持开发者自定义过滤器，而且过滤器的自定义过程比Django内置模板更为便捷，只需将函数注册到Jinja2模板对象即可。我们以6.2.1节的MyDjango为例，在MyDjango文件夹的jinja2.py里定义函数myReplace，并将函数注册到Jinja2的环境函数environment中，这样就能完成过滤器的自定义过程。jinja2.py的代码如下：

```
# MyDjango的jinja2.py
from django.contrib.staticfiles.storage import staticfiles_storage
from django.urls import reverse
from jinja2 import Environment

def myReplace(value, old='Jinja2', new='Django'):
    return str(value).replace(old, new)

# 将jinja2模板引擎设置到项目环境
def environment(**options):
    env = Environment(**options)
    env.globals.update({
        'static': staticfiles_storage.url,
        'url': reverse,
    })
    # 注册自定义过滤器myReplace
    env.filters['myReplace'] = myReplace
    return env
```

函数myReplace一共设置了3个参数，每个参数说明如下：

- 参数value是过滤器的必选参数，参数名可自行命名，代表模板上下文。
- 参数old是过滤器的可选参数，参数名可自行命名，代表过滤器的第一个参数。
- 参数new是过滤器的可选参数，参数名可自行命名，代表过滤器的第二个参数。

函数environment将Jinja2模块引擎对接到Django的运行环境，它由实例化对象env实现对接过程。在创建实例化对象env时，只需在对象env中调用filters方法即可将自定义过滤器注册到Jinja2模块引擎。

为了验证自定义过滤器myReplace的功能，我们在模板文件index.html中使用过滤器myReplace，代码如下：

```
# templates的index.html
<!DOCTYPE html>
<html>
<body>
<div>
    {{value.name | myReplace}}
</div>
<div>
    {{value.name | myReplace('This','That')}}
</div>
</body>
</html>
```

如果过滤器myReplace没有设置参数old和new，就默认将字符串“Jinja2”替换成“Django”；如果设置了参数old和new，就以设置的参数作为替换条件。运行MyDjango项目，在浏览器上访问127.0.0.1:8000，运行结果如图6-11所示。

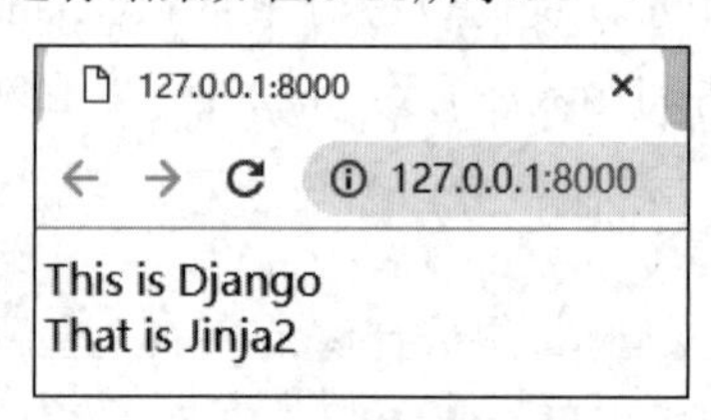

图 6-11　运行结果

6.3 本章小结

本章介绍了Django的内置模板引擎和Jinja2模板引擎，读者应当重点了解和掌握以下内容：

（1）Django内置模板引擎包含的内容及其含义，即模板上下文（亦可称为模板变量）、标签、模板继承和过滤器的具体意义。

（2）模板引擎Jinja2的功能特性及其使用，了解其沙箱执行功能和可选的自动转义功能。

第 7 章

模型与数据库

Django 对各种数据库提供了很好的支持，包括PostgreSQL、MySQL、SQLite和Oracle，而且为这些数据库提供了统一的API方法，这些API统称为ORM框架。通过使用Django内置的ORM框架可以实现数据库的连接和读写操作。

本章以SQLite数据库为例，分别讲述Django的模型定义与数据迁移、数据表关系、数据表操作以及多数据库的连接与使用。

7.1 模型定义与数据迁移

本节讲述Django的模型定义、开发个人的ORM框架、数据迁移和数据导入与导出，说明如下：

- 模型定义讲述模型字段和模型属性的设置，不同类型的模型字段对应不同的数据表字段。模型属性可用于Django其他功能模块，如设置模型所属的App。
- 开发个人的ORM框架是从源码的角度深入剖析Django的ORM框架底层原理，并参考此原理实现个人的ORM框架的开发。
- 数据迁移是根据模型在数据库里创建相应的数据表，这一过程由Django内置操作指令makemigrations和migrate实现。此外，还讲述数据迁移常见的错误，以及其他数据迁移指令。
- 数据导入与导出是对数据表的数据执行导入与导出操作，确保开发阶段、测试阶段和项目上线的数据互不影响。

7.1.1 定义模型

ORM框架是一种程序技术，用于实现面向对象编程语言中不同类型系统的数据之间的转换。从效果上说，它创建了一个可在编程语言中使用的“虚拟对象数据库”，通过对虚拟对象数据库的操作来实现对目标数据库的操作，虚拟对象数据库与目标数据库是相互对应的。在Django中，虚拟对象数据库也称为模型，通过模型实现对目标数据库的读写操作，实现方法如下：

（1）配置目标数据库，在settings.py中设置配置属性，配置步骤可参考2.4节。

（2）构建虚拟对象数据库，在App的models.py文件中以类的形式定义模型。

（3）通过模型在目标数据库中创建相应的数据表。

（4）在其他模块（如视图函数）中使用模型来实现对目标数据库的读写操作。

在项目的配置文件settings.py中设置数据库配置信息。以MyDjango项目为例，其配置信息如下：

```
DATABASES = {
    'default': {
        'ENGINE': 'django.db.backends.sqlite3',
        'NAME': BASE_DIR /  'db.sqlite3',
    }
}
```

我们使用Navicat Premium数据库管理工具查看当前SQLite3数据库，数据库文件是MyDjango根目录下的db.sqlite3文件，如图7-1所示。

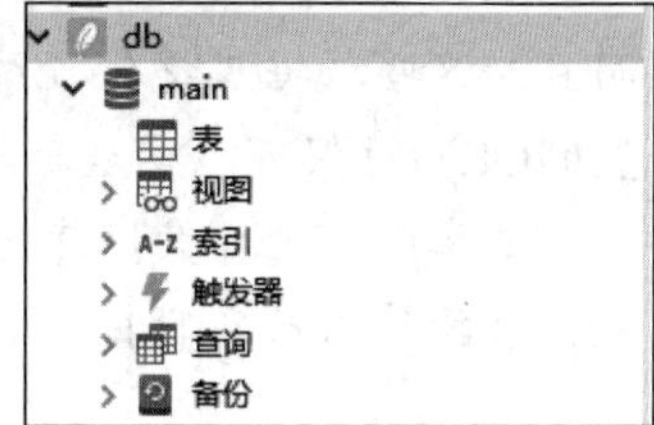

图 7-1 数据库信息

从图7-1中可以看到，SQLite3数据库当前没有数据表，而数据表可以通过模型创建。Django对模型和目标数据库之间有自身的映射规则，如果我们自己在数据库中创建数据表，就可能不符合Django的建表规则，从而导致模型和目标数据库无法建立有效的通信联系。大概了解项目的环境后，在项目index的models.py文件中定义模型，代码如下：

```
# index的models.py
class PersonInfo(models.Model):
    id = models.AutoField(primary_key=True)
    name = models.CharField(max_length=20)
    age = models.IntegerField()
    hireDate = models.DateField()

    def __str__(self):
        return self.name
    class Meta:
        verbose_name = '人员信息'
```

模型PersonInfo定义了4个不同类型的字段，分别是自增长类型、字符串类型、整型和日期类型。在实际开发中，我们需要定义不同的字段类型来满足各种开发需求，因此Django划分了多种字段类型，在源码目录django\db\models\fields的__init__.py和files.py文件中可以找到各种模型字段，它们的说明如下：

- AutoField：自增长类型，数据表的字段类型为整数，长度为11位。
- BigAutoField：自增长类型，取值范围为1~9223372036854775807。
- BigIntegerField：整数类型，取值范围为-9223372036854775808~9223372036854775807。
- BinaryField：二进制数据类型。
- BooleanField：布尔类型。
- CharField：字符串类型。
- CommaSeparatedIntegerField：用逗号分割的整数类型。
- DateField：日期类型。

- DateTimeField：日期时间类型。
- DecimalField：十进制小数类型。
- DurationField：用于存储时间段。
- EmailField：字符串类型，存储邮箱格式的字符串。
- FileField：字符串类型，存储文件路径的字符串。
- FilePathField：字符串类型，从特定的文件目录选择某个文件。
- FloatField：浮点数类型，数据表的字段类型变成Double类型。
- GeneratedField：字符串类型，根据数据表字段创建新的字段，例如计算字段A的平方。
- GenericIPAddressField：字符串类型，存储IPv4和IPv6地址的字符串。
- ImageField：字符串类型，存储图片路径的字符串。
- IntegerField：整数类型，取值范围为-2147483648~2147483647。
- IPAddressField：字符串类型，存储IPv4地址的字符串。
- JSONField：字符串类型，存储JSON字符串。
- NullBooleanField：允许为空的布尔类型。
- PositiveBigIntegerField：正整数类型，取值范围为0~9223372036854775807。
- PositiveIntegerField：正整数类型，取值范围为0~2147483647。
- PositiveSmallIntegerField：正整数类型，取值范围为0~32767。
- SlugField：字符串类型，包含字母、数字、下画线和连字符的字符串。
- SmallAutoField：与AutoField类似，取值范围为1~32767。
- SmallIntegerField：整数类型，取值范围为-32768~+32767。
- TextField：长文本类型。
- TimeField：时间类型，显示时分秒HH:MM[:ss[.uuuuuu]]。
- URLField：字符串类型，存储路由格式的字符串。
- UUIDField：字符串类型，存储通用唯一标识符。

每个模型字段都允许设置参数，这些参数来自父类Field。我们在源码里查看Field的定义过程（django\db\models\fields__init__.py），并对模型字段的参数进行分析。

- null：默认为False，若为True，则字段允许为空值，数据库表现为NULL。
- blank：默认为False，若为True，则字段允许为空值，数据库将存储空字符串。
- choices：默认为None，用于设置字段的可选值。
- db_column：默认为None，用于设置数据表的列名称，若不设置，则将字段名作为数据表的列名。
- db_comment：默认为None，用于设置数据表字段的注释。
- db_default：默认为NOT_PROVIDED对象，用于设置数据表字段默认值。
- db_index：默认为False，若为True，则以此字段来创建数据库索引。
- db_tablespace：默认为None，如果字段已创建索引，那么数据库的表空间名称将作为该字段的索引名。注意：部分数据库不支持表空间。
- default：默认为NOT_PROVIDED对象，用于设置模型字段的默认值。

- editable：默认为True，允许字段可编辑，用于设置Admin的新增数据的字段。
- error_messages：默认为None，用于设置错误提示。
- help_text：默认为空字符串，用于设置表单的提示信息。
- primary_key：默认为False，若为True，则将字段设置成主键。
- unique：默认为False，若为True，则设置字段的唯一属性。
- unique_for_date：默认为None，用于设置日期字段的唯一性。
- unique_for_month：默认为None，用于设置日期字段月份的唯一性。
- unique_for_year：默认为None，用于设置日期字段年份的唯一性。
- verbose_name：默认为None，在Admin站点管理设置字段的显示名称。
- validators：默认为空列表，用于设置字段内容的验证函数。
- max_length：默认为None，用于设置字段的最大长度。
- serialize：默认为True，允许字段序列化，可将数据转换为JSON格式。
- auto_created：默认为False，若为True，则自动创建字段，用于一对一的关系模型。

上述参数适用于所有模型字段，但不同类型的字段会有一些特殊参数，每个字段的特殊参数可以在字段的初始化方法__init__中找到。例如，字段DateField和TimeField具有特殊参数auto_now_add和auto_now，字段FileField和ImageField具有特殊参数upload_to。

在定义模型时，通常情况都会重写函数__str__，用于设置模型的返回值。默认情况下，返回值为模型名+主键。函数__str__可用于外键查询，比如模型A设有外键字段F，外键字段F关联模型B，当查询模型A时，外键字段F会将模型B的函数__str__的返回值作为字段内容。

需要注意的是，函数__str__只允许返回字符串类型的字段，如果字段是整型或日期类型，就必须调用Python的str()函数将其转换成字符串类型。

模型除了定义模型字段和重写函数__str__之外，还有Meta选项，这三者是定义模型的基本要素。Meta选项里设有19个属性，每个属性的说明如下：

- abstract：若设为True，则该模型为抽象模型，不会在数据库里创建数据表。
- app_label：属性值为字符串，用于将模型设置为指定的项目应用。例如，将index的models.py定义的模型A指定到其他应用中。
- db_table：属性值为字符串，用于设置模型所对应的数据表名称。
- db_teblespace：属性值为字符串，用于设置模型所使用数据库的表空间。
- get_latest_by：属性值为字符串或列表，用于设置模型数据的排序方式。
- managed：默认值为True，支持使用Django命令执行数据迁移；若为False，则不支持数据迁移功能。
- order_with_respect_to：属性值为字符串，用于多对多的模型关系，指向某个关联模型的名称，并且模型名称必须为英文小写。比如模型A和模型B，模型A的一条数据对应模型B的多条数据，两个模型关联后，当查询模型A的某条数据时，可调用get_b_order()和set_b_order()来获取模型B的关联数据。这两个方法名称中的“b”为模型名称小写。此外，get_next_in_order()和get_previous_in_order()可用于获取当前数据的下一条和上一条的数据对象。
- ordering：属性值为列表，用于将模型数据按照某个字段进行排序。

- permissions：属性值为元组，用于设置模型的访问权限，默认设置添加、删除和修改的权限。
- proxy：若设为True，则为模型创建代理模型，即克隆一个与模型A相同的模型B。
- required_db_features：属性值为列表，用于声明模型依赖的数据库功能。比如['gis_enabled']，表示模型依赖GIS功能。
- required_db_vendor：属性值为列表，用于声明模型支持的数据库，默认支持SQLite、PostgreSQL、MySQL和Oracle。
- select_on_save：数据新增修改算法，通常无须设置此属性，默认值为False。
- indexes：属性值为列表，用于定义数据表的索引列表。
- unique_together：属性值为元组，多个字段的联合唯一，等于数据库的联合约束。
- verbose_name：属性值为字符串，用于设置模型直观可读的名称并以复数形式表示。
- verbose_name_plural：与verbose_name相同，以单数形式表示。
- label：只读属性，属性值为app_label.object_name，如index的模型PersonInfo，值为index.PersonInfo。
- label_lower：与label相同，但其值以小写字母表示，如index.personinfo。

综上，模型字段、函数__str__和Meta选项是模型定义的基本要素，模型字段的类型、函数__str__和Meta选项的属性设置依开发需求而定。在定义模型时，还可以在模型里定义相关函数，例如get_absolute_url()，当视图类没有设置属性success_url时，视图类的重定向路由地址将由模型定义的get_absolute_url()提供。

除此之外，Django支持开发者自定义模型字段。从源码文件得知，所有模型字段继承Field类，只要将自定义模型字段继承Field类并重写父类某些属性或方法即可完成自定义过程。具体的自定义过程不再详细讲述，读者可以参考内置模型字段的定义过程。

7.1.2 开发个人的ORM框架

我们知道模型是以类的形式定义的，并且继承父类Model，但在使用模型操作数据库时，开发者直接使用即可，无须将模型实例化。为了深入探究Django的模型机制，在PyCharm里打开父类Model的源码文件，发现Model类在定义过程中设置了metaclass=ModelBase，如图7-2所示。

在Model类的源码文件里找到ModelBase的定义过程，发现ModelBase类继承Python的type类，如图7-3所示。

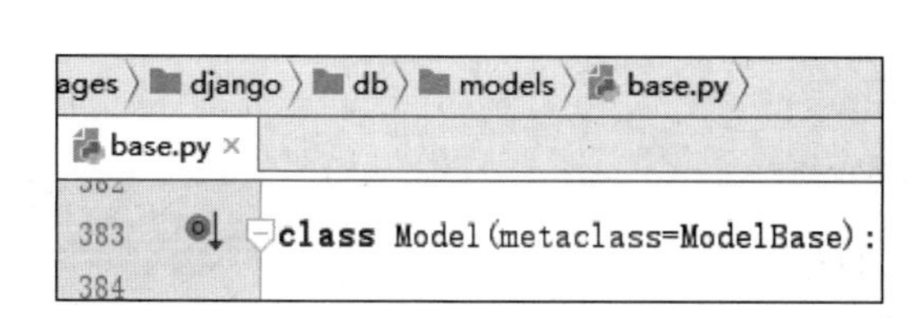

图 7-2　Model 的定义过程

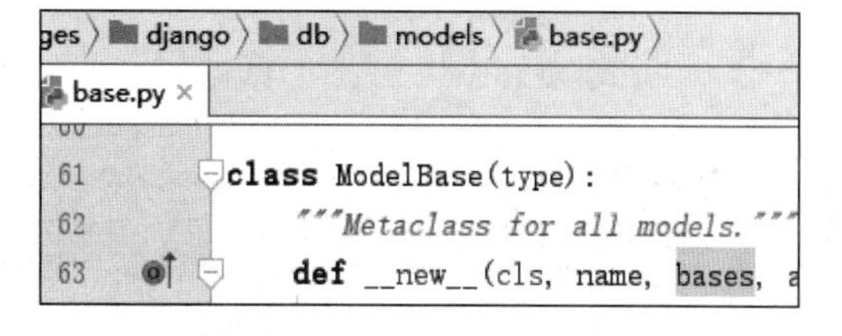

图 7-3　ModelBase 的定义过程

通过分析Model类和ModelBase类的源码，可以发现这两者的定义过程与我们定义类的方式有所不同。ModelBase类继承自父类type，type是Python用来创建所有类的内置元类。元类是创建类的类，而ModelBase类继承自type类，它通过自定义属性和方法来创建模型对象的元类。

Model类设置metaclass=ModelBase，表示将Model类的创建过程交由元类ModelBase执行。而项目中定义模型继承Model类，这说明我们定义的模型也是由元类ModelBase创建的。也许读者难以理解Python元类，下面将通过一个简单的例子来加以说明，代码如下：

```
class CreateClass(type):
    def __new__(cls, name, bases, attr):
        attrs = []
        # 将类的属性进行清洗
        for k, v in attr.items():
            if not v.startswith('__'):
                attrs.append((k, v))
        # 将属性生成字典格式
        new_attrs = dict((k, v) for k, v in attrs)
        return super().__new__(cls, name,bases,new_attrs)

class PersonInfo(metaclass=CreateClass):
    name = 'Django'

print(PersonInfo.name)
```

运行上述代码，程序执行过程如下：

（1）执行类PersonInfo，目的是生成类对象并加载到计算机的内存里（类对象与实例化对象是两个不同的概念）。

（2）默认情况下，类对象的创建由Python内置的type完成，但由于类PersonInfo设置了元类CreateClass，因此创建过程由元类CreateClass完成，它重写type的方法__new__，这是将类PersonInfo的属性进行清洗处理，去除属性值带有双下画线的属性。

（3）程序执行print函数，输出类PersonInfo的属性name。

综上所述，Django的ORM框架是通过继承并重写元类type来实现的。根据这一原理，我们可自主开发个人的ORM框架，分别定义模型字段、元类、模型基本类，代码如下：

```
# 模型字段的基本类
class Field(object):
    def __init__(self, name, column_type):
        self.name = name
        self.column_type = column_type
    def __str__(self):
        return '<%s:%s>' % (self.__class__.__name__, self.name)

# 模型字段的字符串类型
class StringField(Field):
    def __init__(self, name):
        super().__init__(name, 'varchar(100)')

# 模型字段的整数类型
class IntegerField(Field):
    def __init__(self, name):
```

```
        super().__init__(name, 'bigint')
# 定义元类ModelMetaclass，控制Model对象的创建
class ModelMetaclass(type):
    def __new__(cls, name, bases, attrs):
        mappings = dict()
        for k, v in attrs.items():
            # 把类属性和列的映射关系保存到mappings字典
            if isinstance(v, Field):
                print('Found mapping: %s==>%s' % (k, v))
                mappings[k] = v
        for k in mappings.keys():
            # 将类属性移除，使定义的类字段不污染User类属性
            attrs.pop(k)
        # 创建类时添加一个__table__类属性
        attrs['__table__'] = name.lower()
        # 保存属性和列的映射关系，创建类时添加一个__mappings__类属性
        attrs['__mappings__'] = mappings
        return super().__new__(cls, name, bases, attrs)
# 定义Model类
class Model(metaclass=ModelMetaclass):
    def __init__(self, *args, **kwargs):
        self.kwargs = kwargs
        super().__init__()

    def save(self):
        fields, params = [], []
        for k, v in self.__mappings__.items():
            fields.append(v.name)
            params.append(str(self.kwargs[k]))
        sql = 'insert into %s (%s) values (%s)'
        sql = sql%(self.__table__,','.join(fields),','.join(params))
        print('SQL: %s' % sql)
```

上述代码是我们自定义的ORM框架，设计逻辑参考了Django的ORM框架。为了验证自定义的ORM框架的功能，我们通过定义模型User并使其继承父类Model，再由模型User调用父类Model的save方法，来观察save方法的输出结果，实现代码如下：

```
# 定义模型User
class User(Model):
    # 定义类的属性到列的映射
    id = IntegerField('id')
    name = StringField('username')
    email = StringField('email')
    password = StringField('password')
# 创建实例对象
u = User(id=123,name='Dj',email='Dj@dd.gg',password='111')
# 调用save()方法
u.save()
```

在PyCharm中运行上述代码并查看程序的输出结果，当调用save()方法时，程序会将实例化

对象u的数据生成相应的SQL语句，只要在ORM框架里实现数据库连接并执行SQL语句，即可实现数据库的数据操作，运行结果如图7-4所示。

```
Found mapping: id==><IntegerField:id>
Found mapping: name==><StringField:username>
Found mapping: email==><StringField:email>
Found mapping: password==><StringField:password>
SQL: insert into user (id,username,email,password) values (123,Dj,Dj@dd.gg,111)
```

图 7-4 运行结果

7.1.3 数据迁移

数据迁移是将项目里定义的模型生成相应的数据表，在5.1.3节已简单介绍过模型的数据迁移操作，本节将会深入讲述数据迁移操作，包括数据表的创建和更新。

首次在项目里定义模型时，项目所配置的数据库里并没有创建任何数据表，想要通过模型创建数据表，可以使用Django的操作指令完成创建过程。以7.1.1节的MyDjango项目为例，在PyCharm的Terminal窗口下输入Django的操作指令：

```
D:\MyDjango>python manage.py makemigrations
Migrations for 'index':
  index\migrations\0001_initial.py
    - Create model PersonInfo
```

在makemigrations指令执行成功后，在项目应用index的migrations文件夹里创建0001_initial.py文件。如果项目里有多个App，并且每个App的models.py文件里定义了模型对象，当首次执行makemigrations指令时，Django就在每个App的migrations文件夹里创建0001_initial.py文件。打开0001_initial.py文件，文件内容如图7-5所示。

```
from django.db import migrations, models
class Migration(migrations.Migration):
    initial = True
    dependencies = []
    operations = [
        migrations.CreateModel(
            name='PersonInfo',
            fields=[
                ('id', models.AutoField(primary_key=True,
                ('name', models.CharField(max_length=20)),
                ('age', models.IntegerField()),
                ('hireDate', models.DateField()),
```

图 7-5 0001_initial.py 文件内容

0001_initial.py文件将models.py定义的模型生成数据表的脚本代码，该文件的脚本代码可被migrate指令执行，migrate指令会根据脚本代码的内容在数据库里创建相应的数据表，只要在PyCharm的Terminal窗口下输入migrate指令即可完成数据表的创建，代码如下：

```
D:\MyDjango>python manage.py migrate
Operations to perform:
  Apply all migrations:admin,auth,contenttypes,index,sessions
```

```
Running migrations:
  Applying contenttypes.0001_initial... OK
```

指令运行完成后，打开数据库就能看到新建的数据表，其中数据表index_personinfo由项目应用index定义的模型PersonInfo创建，而其他数据表是Django内置的功能所使用的数据表，分别是会话、用户认证管理和Admin后台系统等。

在开发过程中，开发者因为开发需求而经常调整数据表的结构，比如新增功能、优化现有功能等。假如要在上述例子里新增模型Vocation及其数据表，为了不影响现有的数据表，应该如何通过新增的模型创建相应的数据表呢？

针对上述问题，我们只需再次执行makemigrations和migrate指令即可。例如，在index的models.py里定义模型Vocation，代码如下：

```
class Vocation(models.Model):
    id = models.AutoField(primary_key=True)
    job = models.CharField(max_length=20)
    title = models.CharField(max_length=20)
    name=models.ForeignKey(PersonInfo,on_delete=models.Case)

    def __str__(self):
        return str(self.id)
    class Meta:
        verbose_name = '职业信息'
```

在PyCharm的Terminal窗口下输入并运行makemigrations指令，Django会在index的migrations文件夹里创建0002_vocation.py文件；再输入并运行migrate指令，即可完成数据表index_vocation的创建。

makemigrations和migrate指令还支持模型的修改，从而修改相应的数据表结构。例如，在模型Vocation里新增字段payment，代码如下：

```
class Vocation(models.Model):
    id = models.AutoField(primary_key=True)
    job = models.CharField(max_length=20)
    title = models.CharField(max_length=20)
    payment = models.IntegerField(null=True, blank=True)
    name=models.ForeignKey(PersonInfo,on_delete=models.Case)

    def __str__(self):
        return str(self.id)
    class Meta:
        verbose_name = '职业信息'
```

新增模型字段必须将属性null和blank设为True或者为模型字段设置默认值（设置属性default），否则执行makemigrations指令会提示字段修复信息，如图7-6所示。

当makemigrations指令执行完成后，会在index的migrations文件夹创建相应的.py文件，只要再次执行migrate指令即可完成数据表结构的修改。

每次执行migrate指令，Django都能精准运行migrations文件夹中尚未被执行的.py文件，它不会对同一个.py文件重复执行，因为每次执行时，Django会将该文件的执行记录保存在数据表django_migrations中。数据表的数据信息如图7-7所示。

```
D:\MyDjango>python manage.py makemigrations
You are trying to add a non-nullable field 'payn
Please select a fix:
 1) Provide a one-off default now (will be set c
 2) Quit, and let me add a default in models.py
Select an option:
```

图 7-6　字段修复信息

对象　django_migrations @main (...

开始事务　文本 ▾　筛选　排序　导

id	app	name
1	contenttypes	0001_initial
2	auth	0001_initial
3	admin	0001_initial
4	admin	0002_logentry_remove_au

图 7-7　数据表 django_migrations

如果要重复执行migrations文件夹中的某个.py文件，只需在数据表里删除相应的文件执行记录即可。一般情况下不建议采用这种操作，因为这样很容易出现异常，例如在数据表已存在的情况下，再次执行相应的.py文件，会提示table "xxx" already exists异常。

migrate指令还可以单独执行某个.py文件。首次在项目中使用migrate指令时，Django会默认创建内置功能的数据表，如果只想执行index的migrations文件夹中的某个.py文件，那么可以在migrate指令里指定文件名，代码如下：

```
D:\MyDjango>python manage.py migrate index 0001_initial
Operations to perform:
  Target specific migration: 0001_initial, from index
Running migrations:
  Applying index.0001_initial... OK
```

在migrate指令末端设置项目应用名称index和migrations文件夹的0001_initial文件名，三者（migrate指令、项目应用名称index和0001_initial文件名）之间使用空格隔开即可，指令执行完成后，数据库中只有数据表django_migrations和index_personinfo。

我们知道，migrate指令会根据migrations文件夹中的.py文件创建数据表，但在数据库里，数据表的创建和修改离不开SQL语句的支持，因此Django提供了sqlmigrate指令，该指令能将.py文件转换成相应的SQL语句。以index的0001_initial.py文件为例，在PyCharm的Terminal窗口输入sqlmigrate指令，指令末端必须设置项目应用名称和migrations文件夹中的某个.py文件名，三者之间使用空格隔开即可，指令输出结果如图7-8所示。

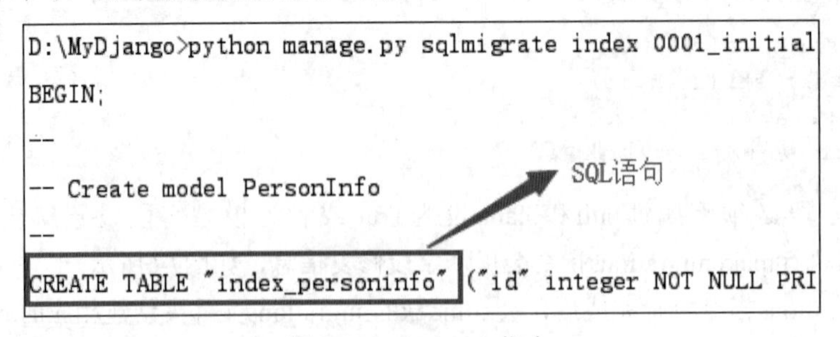

图 7-8　sqlmigrate 指令

除此之外，Django还提供了很多数据迁移指令，如squashmigrations、inspectdb、showmigrations、sqlflush、sqlsequencereset和remove_stale_contenttypes，这些指令在1.6.1节里已说明过了，此处不再重复讲述。

当我们执行数据迁移操作时，Django会对整个项目的代码进行检测，它首先执行check指令，只要项目里某个功能文件存在异常，Django就会终止数据迁移操作。也就是说，在执行数据迁移之前，可以使用check指令检测整个项目，项目检测成功后再执行数据迁移操作，如图7-9所示。

```
D:\MyDjango>python manage.py check
System check identified no issues (0 silenced).
```

图 7-9　check 指令

7.1.4　数据导入与导出

在实际开发过程中，我们经常对数据库的数据进行导入和导出操作，比如网站重构、数据分析和网站分布式部署等。一般情况下，我们使用数据库可视化工具来实现数据的导入和导出。以Navicat Premium为例，打开某张数据表，单击“导入”或“导出”按钮，按照提示进行操作即可完成，如图7-10所示。

图 7-10　数据的导入与导出

使用数据库可视化工具导入某张表的数据时，如果当前数据表设有外键字段，就必须将外键字段关联的数据表的数据导入，再执行当前数据表的数据导入操作，否则数据无法导入成功。因为外键字段指向它所关联的数据表，如果关联的数据表没有数据，外键字段就无法与关联的数据表生成数据关系，从而使得当前数据表的数据导入失败。

除了使用数据库可视化工具实现数据的导入与导出之外，Django还为我们提供了操作指令（loaddata和dumpdata）来实现数据的导入与导出操作。以7.1.3节的MyDjango项目为例，在数据表index_vocation和index_personinfo中分别添加数据，如图7-11所示。

index_vocation @main (MySQLite3) - 表

id	job	title	payment	name_id
1	软件工程师	Python开发	0	2
2	文员	前台文员	0	1

index_personinfo @main (MyS

id	name	age	hireDate
1	Lily	20	2018-09-18
2	Tim	18	2018-10-18

图 7-11　数据表 index_vocation 和 index_personinfo

在PyCharm的Terminal窗口输入dumpdata指令，将整个项目的数据从数据库里导出并保存到data.json文件，指令如下：

```
D:\MyDjango>python manage.py dumpdata>data.json
```

dumpdata指令末端使用了符号“>”和文件名data.json，这是将项目的所有数据都存放在data.json文件中，并且data.json的文件路径在项目的根目录（与项目的manage.py文件在同一个路径）。如果只想导出某个项目应用的所有数据或者项目应用里某个模型的数据，那么可在dumpdata指令末端设置项目名称或项目名称的某个模型名称，代码如下：

```
# 导出项目应用index的所有数据
python manage.py dumpdata index >data.json
# 导出项目应用index的模型PersonInfo的数据
python manage.py dumpdata index.Personinfo>person.json
```

一般情况下，使用dumpdata指令导出的数据文件都存放在项目的根目录，因为在输入指令时，PyCharm的Terminal窗口的命令行所在路径为项目的根目录。若想更换存放路径，则可改变命令行的当前路径，比如将数据文件存放在D盘，指令如下：

```
# 将命令行路径切换到D盘
D:\MyDjango>cd ..
# 命令行在D盘路径下使用MyDjango的manage文件执行dumpdata指令
D:\>python MyDjango/manage.py dumpdata>data.json
```

若想将导出的数据文件重新导入数据库里，则可使用loaddata指令完成。该指令的使用方式相对单一，只需在指令末端设置需要导入的文件名即可：

```
D:\MyDjango>python manage.py loaddata data.json
Installed 44 object(s) from 1 fixture(s)
```

loaddata指令根据数据文件的model属性来确定当前数据所属的数据表，并将数据插入数据表，从而完成数据的导入。

一般情况下，数据的导出和导入最好以整个项目或整个项目应用的数据为单位，因为数据表之间可能存在外键关联，如果只导入某张数据表的数据，就必须考虑该数据表是否设有外键，并且外键所关联的数据表是否已有数据。

7.2 数据表关系

一个模型对应数据库的一张数据表，但是每张数据表之间是可以存在外键关联的。表与表之间有3种关系：一对一、一对多和多对多。

1. 一对一关系

一对一关系存在于两张数据表中，第一张表的某一行数据只与第二张表的某一行数据相关，同时第二张表的某一行数据也只与第一张表的某一行数据相关，这种表关系被称为一对一关系。以表7-1和表7-2为例进行说明。

表 7-1　一对一关系的第一张表

ID	姓　名	国　籍	参加节目
1001	王大锤	中国	万万没想到
1002	全智贤	韩国	蓝色大海的传说
1003	刀锋女王	未知	计划生育

表 7-2　一对一关系的第二张表

ID	出生日期	逝世日期
1001	1988	NULL
1002	1981	NULL
1003	未知	3XXX

表7-1和表7-2的字段ID是一一对应的，并且不会在同一张表中有重复ID。使用这种外键关联，通常是因为一张数据表中设有太多字段，所以将常用的字段抽取出来并组成一张新的数据表。在模型中可以通过OneToOneField来构建数据表的一对一关系，代码如下：

```
# 一对一关系
from django.db import models
class Performer(models.Model):
    id = models.IntegerField(primary_key=True)
    name = models.CharField(max_length=20)
    nationality = models.CharField(max_length=20)
    masterpiece = models.CharField(max_length=50)

class Performer_info(models.Model):
    id = models.IntegerField(primary_key=True)
    performer=models.OneToOneField(Performer,on_delete=models.CASCADE)
    birth = models.CharField(max_length=20)
    elapse = models.CharField(max_length=20)
```

对上述模型执行数据迁移，在数据库中分别创建数据表Performer和Performer_info，打开Navicat Premium查看两张数据表的表关系，结果如图7-12所示。

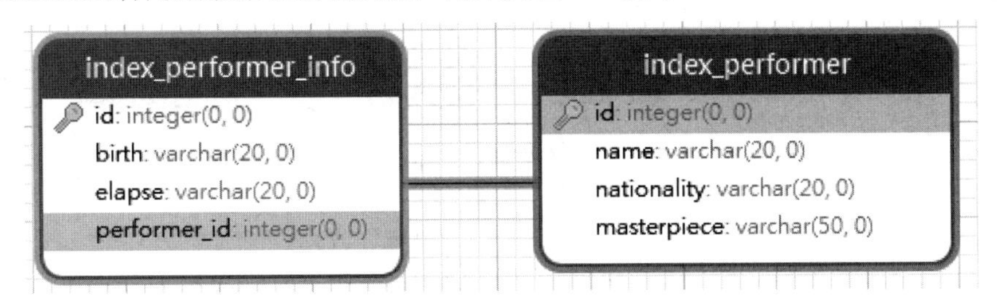

图 7-12　数据表关系

2. 一对多关系

一对多关系存在于两张或两张以上的数据表中，第一张表的某一行数据可以与第二张表的一到多行数据进行关联，但是，第二张表的每一行数据只能与第一张表的某一行进行关联。以表7-3和表7-4为例进行说明。

表 7-3　一对多关系的第一张表

ID	姓　名	国　籍
1001	王大锤	中国
1002	全智贤	韩国
1003	刀锋女王	未知

表 7-4 一对多关系的第二张表

ID	节　目
1001	万万没想到
1001	报告老板
1003	星际2
1003	英雄联盟

在表7-3中，字段ID的数据可以重复，并且可以在表7-4中找到对应的数据，表7-3的字段ID是唯一的，但是表7-4的字段ID允许重复，字段ID相同的数据对应表7-3中的某一行数据，这种表关系在日常开发中最为常见。在模型中可以通过ForeignKey来构建数据表的一对多关系，代码如下：

```
# 一对多关系
from django.db import models
class Performer(models.Model):
    id = models.IntegerField(primary_key=True)
    name = models.CharField(max_length=20)
    nationality = models.CharField(max_length=20)

class Program(models.Model):
    id = models.IntegerField(primary_key=True)
    performer=models.ForeignKey(Performer,on_delete=models.CASCADE)
    name = models.CharField(max_length=20)
```

对上述模型执行数据迁移，在数据库中分别创建数据表Performer和Program，然后打开Navicat Premium查看两张数据表的表关系，结果如图7-13所示。

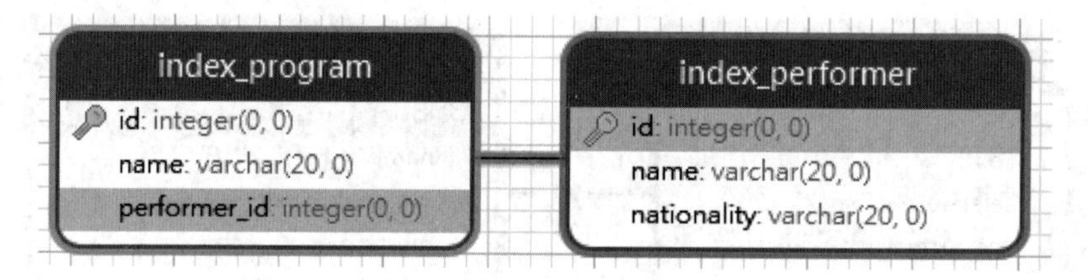

图 7-13 数据表关系

3. 多对多关系

多对多关系存在于两张或两张以上的数据表中，第一张表的某一行数据可以与第二张表的一到多行数据进行关联，同时第二张表中的某一行数据也可以与第一张表的一到多行数据进行关联。以表7-5和表7-6为例进行说明。

表 7-5 多对多关系的第一张表

ID	姓　名	国　籍
1001	王大锤	中国
1002	全智贤	韩国
1003	刀锋女王	未知

表 7-6　多对多关系的第二张表

ID	节　目
10001	万万没想到
10002	报告老板
10003	星际2
10004	英雄联盟

表7-5和表7-6的数据关系如表7-7所示。

表 7-7　两张表的数据关系

ID	节目ID	演员ID
1	10001	1001
2	10001	1002
3	10002	1001

从3张数据表中可以发现，一个演员可以参加多个节目，而一个节目也可以由多个演员共同演出；每张表的字段ID都是唯一的。从表7-7中可以发现，节目ID和演员ID出现了重复的数据，分别对应表7-5和表7-6的字段ID，多对多关系需要使用新的数据表来管理两张表的数据关系。在模型中可以通过ManyToManyField来构建数据表的多对多关系，代码如下：

```
# 多对多关系
from django.db import models
class Performer(models.Model):
    id = models.IntegerField(primary_key=True)
    name = models.CharField(max_length=20)
    nationality = models.CharField(max_length=20)

class Program(models.Model):
    id = models.IntegerField(primary_key=True)
    name = models.CharField(max_length=20)
    performer = models.ManyToManyField(Performer)
```

数据表之间创建多对多关系时，只需在项目里定义两个模型对象即可，在执行数据迁移时，Django自动生成3张数据表来建立多对多关系，如图7-14所示。

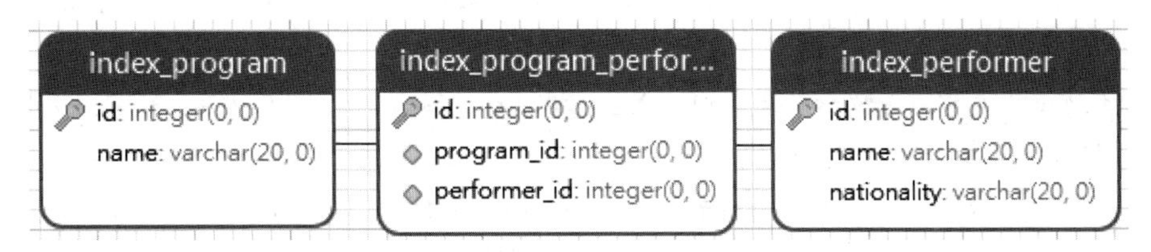

图 7-14　数据表关系

综上所述，模型之间的关联是由OneToOneField、ForeignKey和ManyToManyField外键字段实现的。每个字段都有特殊的参数，参数说明如下：

- to：必选参数，关联的模型名称。

- on_delete：必选参数，设置数据的删除模式，删除模式包括CASCADE、PROTECT、SET_NULL、SET_DEFAULT、SET和DO_NOTHING。
- limit_choices_to：设置外键的下拉框选项，用于模型表单和Admin后台系统。
- related_name：用于模型之间的关联查询，如反向查询。
- related_query_name：设置模型的查询名称，用于filter或get查询。若设置参数related_name，则以该参数为默认值；若没有设置，则以模型名称的小写为默认值。
- to_field：设置外键与其他模型字段的关联性，默认关联主键，若要关联其他字段，则该字段必须具有唯一性。
- db_constraint：在数据库里是否创建外键约束，默认值为True。
- swappable：设置关联模型的替换功能，默认值为True。例如，模型A关联模型B，让模型C继承并替换模型B，使得模型A与模型C之间关联。
- symmetrical：仅限于ManyToManyField，设置多对多字段之间的对称模式。
- through：仅限于ManyToManyField，设置自定义模型C，用于管理和创建模型A和模型B的多对多关系。
- through_fields：仅限于ManyToManyField，设置模型C的字段，确认模型C的哪些字段可用于管理模型A和模型B的多对多关系。
- db_table：仅限于ManyToManyField，为管理和存储多对多关系的数据表设置表名称。

7.3 数据表操作

本节讲述如何使用ORM框架实现数据新增、修改、删除、查询、执行SQL语句和实现数据库事务等操作，具体说明如下：

- 数据新增：由模型实例化对象调用内置方法实现数据新增，比如单数据新增调用create，查询与新增调用get_or_create，修改与新增调用update_or_create，批量新增调用bulk_create。
- 数据修改必须执行一次数据查询，再对查询结果进行修改操作，常用方法有模型实例化、update方法和批量更新bulk_update。
- 数据删除必须执行一次数据查询，再对查询结果进行删除操作，若删除的数据设有外键字段，则删除结果由外键的删除模式决定。
- 数据查询分为单表查询和多表查询，Django提供多种不同查询的API方法，以满足开发需求。
- 执行SQL语句有3种实现方法：extra、raw和execute。其中，extra和raw只能实现数据查询，具有一定的局限性；而execute无须经过ORM框架处理，能够执行所有SQL语句，但很容易受到SQL注入攻击。
- 数据库事务是指作为单个逻辑执行的一系列操作，这些操作具有原子性，即这些操作要么完全执行，要么完全不执行，常用于银行转账和火车票抢购等。

7.3.1　数据新增

Django对数据库的数据进行增、删、改操作是借助内置ORM框架所提供的API方法实现的，简单来说，ORM框架的数据操作API是在QuerySet类里面定义的，然后由开发者自定义的模型对象调用QuerySet类，从而实现数据操作。

以7.1.4节的MyDjango为例，分别在数据表index_personinfo和index_vocation中添加数据，如图7-15所示。

id	name	age	hireDate
1	Lucy	20	2018-09-18
2	Tim	18	2018-09-18
3	Tom	22	2018-08-18
4	Mary	24	2018-07-10
5	Tony	25	2018-01-18

id	job	title	payment	name_id
1	软件工程师	Python开发	10000	2
2	文员	前台文员	5000	1
3	网站设计	前端开发	8000	4
4	需求分析师	系统需求设计	9000	3
5	项目经理	项目负责人	12000	5

图 7-15　数据表 index_personinfo 和 index_vocation

为了更好地演示数据库的增、删、改操作，在MyDjango项目使用Shell模式（启动命令行和执行脚本）进行讲述，该模式方便开发人员开发和调试程序。在PyCharm 的 Terminal 下，输入“python manage.py shell”指令即可开启Shell模式，如图7-16所示。

```
D:\MyDjango>python manage.py shell
Python 3.7.0 (v3.7.0:1bf9cc5093, Jun
Type "help", "copyright", "credits"
(InteractiveConsole)
>>>
```

图 7-16　启动 Shell 模式

在Shell模式下，若想向数据表index_vocation中插入数据，则可输入以下代码实现：

```
>>> from index.models import *
>>> v = Vocation()
>>> v.job = '测试工程师'
>>> v.title = '系统测试'
>>> v. payment = 0
>>> v. name_id = 3
>>> v.save()
# 数据新增后，获取新增数据的主键id
>>> v.id
```

上述代码是先对模型Vocation进行实例化，再对实例化对象的属性进行赋值，从而实现数据表index_vocation的数据插入，具体说明如下：

（1）从项目应用index的models.py文件中导入模型Vocation。

（2）对模型Vocation进行声明并实例化，生成对象v。

（3）对实例化对象v的属性进行逐一赋值，其中对象v的属性来自模型Vocation所定义的字段。完成属性赋值后，再由对象v调用save方法进行数据保存。

需要注意的是，模型Vocation的外键命名为name，但在数据表index_vocation中变为name_id，因此在对象v设置外键字段name的时候，外键字段应以数据表的字段名为准。

上述代码运行结束后，在数据表index_vocation里查看数据的插入情况，结果如图7-17所示。

id	job	title	payment	name_id
1	软件工程师	Python开发	10000	2
2	文员	前台文员	5000	1
3	网站设计	前端开发	8000	4
4	需求分析师	系统需求设计	9000	3
5	项目经理	项目负责人	12000	5
6	测试工程师	系统测试	0	3

图7-17　数据入库

除了上述方法之外，数据插入还有以下3种常见方法，代码如下：

```
# 方法一
# 调用create方法实现数据插入
>>> v=Vocation.objects.create(job='测试工程师',title='系统测试',
payment=0,name_id=3)
# 数据新增后，获取新增数据的主键id
>>> v.id
# 方法二
# 同样调用create方法，但数据以字典格式表示
>>> d=dict(job='测试工程师',title='系统测试',payment=0,name_id=3)
>>> v=Vocation.objects.create(**d)
# 数据新增后，获取新增数据的主键id
>>> v.id
# 方法三
# 在实例化时直接设置属性值
>>> v=Vocation(job='测试工程师',title='系统测试',payment=0,name_id=3)
>>> v.save()
# 数据新增后，获取新增数据的主键id
>>> v.id
```

执行数据插入时，为了保证数据的有效性，我们需要对数据进行去重判断，确保数据不会重复插入。以往的方案都是对数据表进行查询操作，如果查询的数据不存在，就执行数据插入操作。为了简化这一过程，Django提供了get_or_create方法，使用说明如下：

```
>>> d=dict(job='测试工程师',title='系统测试',payment=10,name_id=3)
>>> v=Vocation.objects.get_or_create(**d)
# 数据新增后，获取新增数据的主键id
>>> v[0].id
```

get_or_create根据每个模型字段的值对数据表的数据进行判断，判断方式如下：

- 只要有一个模型字段的值与数据表的数据不相同（除主键之外），就会执行数据插入操作。
- 如果每个模型字段的值与数据表的某行数据完全相同，就不执行数据插入，而是返回这行数据的数据对象，比如对上述的字典d重复执行get_or_create，第一次会执行数据插入操作（执行结果显示为True，代表数据插入成功），第二次则返回数据表已有的数据信息（执行结果显示为False，代表数据表中已存在数据，不再执行数据插入操作），如图7-18所示。

```
>>> d=dict(job='测试工程师',title='系统测试',payment=10,name_id=3)
>>> Vocation.objects.get_or_create(**d)
(<Vocation: 7>, True)
>>> Vocation.objects.get_or_create(**d)
(<Vocation: 7>, False)
```

图 7-18　执行结果

除了get_or_create之外，Django还定义了update_or_create方法，用于判断当前数据在数据表里是否存在，若存在，则进行更新操作，否则在数据表里新增数据，使用说明如下：

```
# 第一次是新增数据
>>> d=dict(job='软件工程师',title='Java开发',name_id=2,payment=8000)
>>> v=Vocation.objects.update_or_create(**d)
>>> v
(<Vocation: 8>, True)
# 第二次是修改数据
>>> v=Vocation.objects.update_or_create(**d,defaults={'title': 'Java'})
>>> v[0].title
```

update_or_create根据字典d的内容查找数据表中的数据，如果能找到相匹配的数据，就执行数据修改操作，修改内容以字典格式传递给参数defaults；如果在数据表中找不到匹配的数据，就将字典d的数据插入数据表里。

如果要对某个模型执行数据批量插入操作，那么可以使用bulk_create方法实现，只需将数据对象以列表或元组的形式传入bulk_create方法即可：

```
>>> v1=Vocation(job='财务',title='会计',payment=0,name_id=1)
>>> v2=Vocation(job='财务',title='出纳',payment=0,name_id=1)
>>> ojb_list = [v1, v2]
>>> Vocation.objects.bulk_create(ojb_list)
```

在调用bulk_create之前，首先对模型Vocation进行实例化，并设置每个字段的值，然后将所有实例化对象放置在列表或元组里，以参数的形式传递给bulk_create，从而实现数据的批量插入操作。

7.3.2　数据修改

数据修改的步骤与数据插入的步骤大致相同，唯一的区别在于修改的数据对象来自数据表，因此需要执行一次数据查询，查询结果以对象的形式表示，并将对象的属性进行赋值处理，代码如下：

```
>>> v = Vocation.objects.get(id=1)
>>> v.payment = 20000
>>> v.save()
```

上述代码获取数据表index_vocation中主键id等于1的数据对象v，然后修改数据对象v的payment属性，从而完成数据修改操作。打开数据表index_vocation查看数据修改情况，结果如图7-19所示。

id	job	title	payment	name_id
1	软件工程师	Python开发	20000	2
2	文员	前台文员	5000	1
3	网站设计	前端开发	8000	4
4	需求分析师	系统需求设计	9000	3

图 7-19　运行结果

除此之外，还可以调用update方法实现数据修改，如下所示：

```
# 批量更新一条或多条数据，查询方法使用filter
# filter以列表格式返回，查询结果可能是一条或多条数据
>>> Vocation.objects.filter(job='测试工程师').update(job='测试员')
# 更新数据以字典格式表示
>>> d= dict(job='测试员')
>>> Vocation.objects.filter(job='测试工程师').update(**d)
# 不使用查询方法，默认对全表的数据进行更新
>>> Vocation.objects.update(payment=6666)
# 使用内置F方法实现数据的自增或自减
# F方法还可以在annotate或filter方法里使用
>>> from django.db.models import F
>>> v=Vocation.objects.filter(job='测试工程师')
# 将payment字段原有的数据自增加1
>>> v.update(payment=F('payment')+1)
```

Django 2.2或以上版本新增了数据批量更新方法bulk_update，它的使用与批量新增方法bulk_create相似，使用说明如下：

```
# 新增两行数据
>>> v1=Vocation.objects.create(job='财务',title='会计',name_id=1)
>>> v2=Vocation.objects.create(job='财务',title='出纳',name_id=1)
# 修改字段payment和title的数据
>>> v1.payment=1000
>>> v2.title='行政'
# 批量修改字段payment和title的数据
>>> Vocation.objects.bulk_update([v1,v2],fields=['payment','title'])
```

7.3.3　数据删除

数据删除有3种方式：删除数据表的全部数据、删除一条数据和删除多条数据。实现方式如下：

```
# 删除数据表中的全部数据
>>> Vocation.objects.all().delete()
# 删除一条id为1的数据
>>> Vocation.objects.get(id=1).delete()
# 删除多条数据
>>> Vocation.objects.filter(job='测试员').delete()
```

在删除数据的过程中，如果删除的数据设有外键字段，就会同时删除外键关联的数据。比如删除数据表index_personinfo里主键等于3的数据（简称为数据A），在数据表index_vocation里，有些数据（简称为数据B）关联了数据A，那么在删除数据A时，也会同时删除数据B，代码如下：

```
>>> PersonInfo.objects.get(id=3).delete()
# 删除结果，共删除4条数据
# 其中Vocation删除了3条数据，PersonInfo删除了1条数据
>>> (4, {'index.Vocation': 3, 'index.PersonInfo': 1})
```

从7.2节得知，外键字段的参数on_delete用于设置数据删除模式，比如在上述例子中，模型

Vocation将外键字段name设为CASCADE模式，不同的删除模式会影响数据删除结果，说明如下：

- CASCADE模式：参数on_delete的默认值，如果删除的数据设有外键字段，并且关联其他数据表的数据，则会同时删除关联表的数据。
- PROTECT模式：如果删除的数据设有外键字段并且关联其他数据表的数据，就提示数据删除失败。
- SET_NULL模式：执行数据删除操作，并把其他数据表的外键字段设为Null。外键字段必须将属性Null设为True，否则提示异常。
- SET_DEFAULT模式：执行数据删除操作，并把其他数据表的外键字段设为默认值。
- SET模式：执行数据删除操作，并把其他数据表的外键字段关联其他数据。
- DO_NOTHING模式：不做任何处理，删除结果由数据库的删除模式决定。

7.3.4 数据查询

修改数据，往往只修改某行数据的内容，因此在修改数据之前还要对模型进行查询操作，确定数据表某行的数据对象，最后才执行数据修改操作。我们知道数据库设有多种数据查询方式，如单表查询、多表查询、子查询和联合查询等，而Django的ORM框架对不同的查询方式定义了相应的API方法。

以数据表index_personinfo和index_vocation为例，在MyDjango项目的Shell模式下，使用ORM框架提供的API方法实现数据查询，代码如下：

```
>>> from index.models import *
# 全表查询
# SQL：Select * from index_vocation，数据以列表返回
>>> v = Vocation.objects.all()
# 查询第一条数据，序列从0开始
>>>v[0].job

# 查询前3条数据
# SQL：Select * from index_vocation LIMIT 3
# SQL语句的LIMIT方法，在Django中使用列表截取即可
>>> v = Vocation.objects.all()[:3]
>>> v
<QuerySet [<Vocation: 1>, <Vocation: 2>, <Vocation: 3>]>

# 查询某个字段
# SQL：Select job from index_vocation
# values方法，数据以列表返回，列表元素以字典表示
>>> v = Vocation.objects.values('job')
>>> v[1]['job']

# values_list方法，数据以列表返回，列表元素以元组表示
>>> v = Vocation.objects.values_list('job')[:3]
>>> v
<QuerySet [('软件工程师',), ('文员',), ('网站设计',)]>
```

```
# 使用get方法查询数据
# SQL: Select*from index_vocation where id=2
>>> v = Vocation.objects.get(id=2)
>>>v.job

# 使用filter方法查询数据，注意区分get和filter的差异
>>> v = Vocation.objects.filter(id=2)
>>>v[0].job

# SQL的and查询主要在filter中添加多个查询条件
>>> v = Vocation.objects.filter(job='网站设计', id=3)
>>> v
<QuerySet [<Vocation: 3>]>
# filter的查询条件可设为字典格式
>>> d=dict(job='网站设计', id=3)
>>> v = Vocation.objects.filter(**d)

# SQL的or查询，需要引入Q，编写格式：Q(field=value)|Q(field=value)
# 多个Q之间使用“|”隔开即可
# SQL: Select * from index_vocation where job='网站设计' or id=9
>>> from django.db.models import Q
>>> v = Vocation.objects.filter(Q(job='网站设计')|Q(id=4))
>>> v
<QuerySet [<Vocation: 3>, <Vocation: 4>]>

# SQL的不等于查询，在Q查询前面使用“~”即可
# SQL语句: SELECT * FROM index_vocation WHERE NOT (job='网站设计')
>>> v = Vocation.objects.filter(~Q(job='网站设计'))
>>> v
<QuerySet [<Vocation: 1>,<Vocation: 2>,<Vocation: 4>,<Vocation: 5>]>
# 还可以使用exclude实现不等于查询
>>> v = Vocation.objects.exclude(job='网站设计')
>>> v
<QuerySet [<Vocation: 1>,<Vocation: 2>,<Vocation: 4>,<Vocation: 5>]>

# 使用count方法统计查询数据的数据量
>>> v = Vocation.objects.filter(job='网站设计').count()

# 去重查询，distinct方法无须设置参数，去重方式根据values设置的字段执行
# SQL: Select DISTINCT job from index_vocation where job = '网站设计'
>>> v = Vocation.objects.values('job').filter(job='网站设计').distinct()
>>> v
<QuerySet [{'job': '网站设计'}]>

# 根据字段id降序排列，降序只要在order_by中的字段前面加"-"即可
# order_by可设置多字段排列，如Vocation.objects.order_by('-id', 'job')
>>> v = Vocation.objects.order_by('-id')
>>> v

# 聚合查询，实现对数据的值求和、求平均值等。由annotate和aggregate方法实现
# annotate类似于SQL里面的GROUP BY方法
# 如果不设置values，默认对主键进行GROUP BY分组
# SQL: Select job,SUM(id) AS 'id__sum' from index_vocation GROUP BY job
>>> from django.db.models import Sum, Count
>>> v = Vocation.objects.values('job').annotate(Sum('id'))
```

```
>>> print(v.query)

# aggregate是计算某个字段的值并只返回计算结果
# SQL: Select COUNT(id) AS 'id_count' from index_vocation
>>> from django.db.models import Count
>>> v = Vocation.objects.aggregate(id_count=Count('id'))
>>> v
{'id_count': 5}

# union、intersection和difference语法
# 每次查询结果的字段必须相同
# 第一次查询结果v1
>>> v1 = Vocation.objects.filter(payment__gt=9000)
>>> v1
<QuerySet [<Vocation: 1>, <Vocation: 5>]>
# 第二次查询结果v2
>>> v2 = Vocation.objects.filter(payment__gt=5000)
>>> v2
<QuerySet [<Vocation: 1>,<Vocation: 3>,<Vocation: 4>,<Vocation: 5>]>
# 使用SQL的UNION来组合两个或多个查询结果的并集
# 获取两次查询结果的并集
>>> v1.union(v2)
<QuerySet [<Vocation: 1>,<Vocation: 3>,<Vocation: 5>]>
# 使用SQL的INTERSECT来获取两个或多个查询结果的交集
# 获取两次查询结果的交集
>>> v1.intersection(v2)
<QuerySet [<Vocation: 1>, <Vocation: 5>]>
# 使用SQL的EXCEPT来获取两个或多个查询结果的差集
# 以v2为目标数据，去除v1和v2的共同数据
>>> v2.difference(v1)
<QuerySet [<Vocation: 3>, <Vocation: 4>]>
```

上述例子讲述了开发中常用的数据查询方法，但有时需要设置不同的查询条件来满足多方面的查询要求。上述的查询条件filter和get使用等值的方法来匹配结果。若想使用大于、不等于或模糊查询的匹配方法，则可通过在查询条件filter和get里使用表7-8所示的匹配符实现。

表 7-8　匹配符的使用及说明

匹 配 符	使　　用	说　　明
__exact	filter(job__exact='开发')	精确等于，如SQL的like '开发'
__iexact	filter(job__iexact='开发')	精确等于并忽略大小写
__contains	filter(job__contains='开发')	模糊匹配，如SQL的like '%荣耀%'
__icontains	filter(job__icontains='开发')	模糊匹配并忽略大小写
__gt	filter(id__gt=5)	大于
__gte	filter(id__gte=5)	大于或等于
__lt	filter(id__lt=5)	小于
__lte	filter(id__lte=5)	小于或等于
__in	filter(id__in=[1,2,3])	判断是否在列表内
__startswith	filter(job__startswith='开发')	以……开头

（续表）

匹 配 符	使 用	说 明
__istartswith	filter(job__istartswith='开发')	以……开头并忽略大小写
__endswith	filter(job__endswith='开发')	以……结尾
__iendswith	filter(job__iendswith='开发')	以……结尾并忽略大小写
__range	filter(job__range='开发')	在……范围内
__year	filter(date__year=2018)	日期字段的年份
__month	filter(date__month=12)	日期字段的月份
__day	filter(date__day=30)	日期字段的天数
__isnull	filter(job__isnull=True/False)	判断是否为空

在表7-8中可以看到，只要在查询的字段末端设置相应的匹配符，就能实现不同的数据查询方式。例如在数据表index_vocation中查询字段payment大于8000的数据，在Shell模式下使用匹配符__gt执行数据查询，代码如下：

```
>>> from index.models import *
>>> v = Vocation.objects.filter(payment__gt=8000)
>>> v
<QuerySet [<Vocation: 1>,<Vocation: 4>,<Vocation: 5>]>
```

综上所述，查询数据可以使用查询条件get或filter实现，但是两者的执行过程存在一定的差异，说明如下：

- 查询条件get：查询字段必须是主键或者唯一约束的字段，并且查询的数据必须存在，如果查询的字段有重复值或者查询的数据不存在，程序就会抛出异常信息。
- 查询条件filter：查询字段没有限制，只要该字段是数据表的某一字段即可。查询结果以列表形式返回，如果查询结果为空（查询的数据在数据表中找不到），就返回空列表。

7.3.5 多表查询

在日常的开发中，常常需要对多张数据表同时进行数据查询。多表查询需要在数据表之间建立表关系才能够实现。一对多或一对一的表关系是通过外键实现关联的，而多表查询分为正向查询和反向查询。

以模型PersonInfo和Vocation为例，模型Vocation定义的外键字段name关联到模型PersonInfo。如果查询对象的主体是模型Vocation，通过外键字段name去查询模型PersonInfo的关联数据，那么该查询为正向查询；如果查询对象的主体是模型PersonInfo，要查询它与模型Vocation的关联数据，那么该查询为反向查询。无论是正向查询还是反向查询，两者的实现方法大致相同，代码如下：

```
# 正向查询
# 查询模型Vocation中的某行数据对象v
>>> v = Vocation.objects.filter(id=1).first()
# v.name代表外键name
# 通过外键name去查询模型PersonInfo所对应的数据
>>> v.name.hireDate
```

```
# 反向查询
# 查询模型PersonInfo中的某行数据对象p
>>> p = PersonInfo.objects.filter(id=2).first()
# 方法一
# vocation_set的返回值为queryset对象，即查询结果
# vocation_set的vocation为模型Vocation的名称的小写
# 模型Vocation的外键字段name不能设置参数related_name
# 若设置参数related_name，则无法使用vocation_set
>>> v = p.vocation_set.first()
>>> v.job
# 方法二
# 由模型Vocation的外键字段name的参数related_name实现
# 外键字段name必须设置参数related_name才有效，否则无法查询
# 将外键字段name的参数related_name设为personinfo
>>> v = p.personinfo.first()
>>> v.job
```

正向查询和反向查询还能在查询条件（filter或get）里使用，这种方式用于查询条件的字段不在查询对象里的情况。比如查询对象为模型Vocation，查询条件是模型PersonInfo的某个字段，对于这种查询可以采用以下方法实现：

```
# 正向查询
# name__name，前面的name是模型Vocation的字段name
# 后面的name是模型PersonInfo的字段name，两者使用双下画线连接
>>> v = Vocation.objects.filter(name__name='Tim').first()
# v.name代表外键name
>>> v.name.hireDate

# 反向查询
# 通过外键name的参数related_name实现反向条件查询
# personinfo代表外键name的参数related_name
# job代表模型Vocation的字段job
p = PersonInfo.objects.filter(personinfo__job='网站设计').first()
# 通过参数related_name反向获取模型Vocation的数据
>>> v = p.personinfo.first()
>>> v.job
```

无论是正向查询还是反向查询，它们在数据库里需要执行两次SQL查询，第一次是查询某张数据表的数据，再通过外键关联获取另一张数据表的数据信息。为了减少查询次数，提高查询效率，我们可以使用select_related或prefetch_related方法，该方法只需执行一次SQL查询就能实现多表查询。

select_related主要针对一对一和一对多关系进行优化，它使用SQL的JOIN语句进行优化，通过减少SQL查询的次数来提高性能，使用方法如下：

```
# select_related方法，参数为字符串格式
# 以模型PersonInfo为查询对象
# select_related使用LEFT OUTER JOIN方式查询两张数据表
# 查询模型PersonInfo的字段name和模型Vocation的字段payment
# select_related参数为personinfo，代表外键字段name的参数related_name
# 若要得到其他数据表的关联数据，则可用双下画线连接字段名
```

```
# 双下画线连接的字段名必须是外键字段名或外键字段参数related_name
>>> p=PersonInfo.objects.select_related('personinfo').
values('name','personinfo__payment')
# 查看SQL查询语句
>>> print(p.query)

# 以模型Vocation为查询对象
# select_related使用INNER JOIN方式查询两张数据表
# select_related的参数为name，代表外键字段name
>>> v=Vocation.objects.select_related('name').values('name','name__age')
# 查看SQL查询语句
>>> print(v.query)

# 获取两个模型的数据，以模型Vocation的payment大于8000为查询条件
>>> v=Vocation.objects.select_related('name').
filter(payment__gt=8000)
# 查看SQL查询语句
>>> print(v.query)
# 获取查询结果集的首个元素的字段age的数据
# 通过外键字段name定位模型PersonInfo的字段age
>>> v[0].name.age
```

除此之外，select_related还可以支持3个或3个以上数据表的同时查询，用下面的例子进行说明。

```
# index的models.py
from django.db import models
# 省份信息表
class Province(models.Model):
    name = models.CharField(max_length=10)
    def __str__(self):
        return str(self.name)

# 城市信息表
class City(models.Model):
    name = models.CharField(max_length=5)
    province = models.ForeignKey(Province, on_delete=models.CASCADE)
    def __str__(self):
        return str(self.name)

# 人物信息表
class Person(models.Model):
    name = models.CharField(max_length=10)
    living = models.ForeignKey(City, on_delete=models.CASCADE)
    def __str__(self):
        return str(self.name)
```

在上述代码中，模型Person通过外键living关联模型City，模型City通过外键province关联模型Province，从而使3个模型形成一种递进关系。我们对上述新定义的模型执行数据迁移，并在数据表里插入数据，结果如图7-20所示。

id	name
1	广东省
2	浙江省
3	海南省

id	name	province_id
1	广州	1
2	苏州	2
3	杭州	2
4	海口	3
5	深圳	1

id	name	living_id
1	Lily	1
2	Tom	2
3	Lucy	3
4	Tim	4
5	Mary	5

图 7-20　数据表信息

例如，查询Tom现在所居住的省份，首先通过模型Person和模型City查出Tom所居住的城市，然后通过模型City和模型Province查询当前城市所属的省份。因此，select_related的实现方法如下：

```
>>> p=Person.objects.select_related('living__province').get(name='Tom')
>>> p.living.province
<Province: 浙江省>
```

例子中的参数值为living__province，参数值说明如下：

- living是模型Person的外键字段，该字段指向模型City。
- province是模型City的外键字段，该字段指向模型Province。

两个外键字段之间使用双下画线连接，在查询过程中，模型Person的外键字段living指向模型City，再从模型City的外键字段province指向模型Province，从而实现3个或3个以上的多表查询。

select_related和prefetch_related的设计目的很相似，都是为了减少SQL查询的次数，但是实现的方式不一样。select_related是由SQL的JOIN语句实现的，对于一对多或多对一的关系，使用select_related 可以提高查询效率。但是对于多对多关系，使用select_related会增加数据查询时间和内存占用，因为JOIN语句会生成一个中间表，中间表的数据量会很大。而prefetch_related是分别查询每张数据表，然后由Python语法来处理它们之间的关系。因此，对于多对多关系的查询，prefetch_related更有优势。

我们在index的models.py里定义模型Performer和Program，分别代表人员信息和节目信息，然后对模型执行数据迁移，生成相应的数据表。模型定义如下：

```
# index的models.py
from django.db import models
class Performer(models.Model):
    id = models.IntegerField(primary_key=True)
    name = models.CharField(max_length=20)
    nationality = models.CharField(max_length=20)
    def __str__(self):
        return str(self.name)

class Program(models.Model):
    id = models.IntegerField(primary_key=True)
    name = models.CharField(max_length=20)
    performer = models.ManyToManyField(Performer)
    def __str__(self):
        return str(self.name)
```

数据迁移成功后，在数据表index_performer和index_program中分别添加人员信息和节目信息，然后在数据表index_program_performer中设置多对多关系，如图7-21所示。

id	name	nationality
1	Lily	USA
2	Lilei	CHINA
3	Tom	US
4	Hanmei	CHINA

id	name
1	喜洋洋
2	小猪佩奇
3	白雪公主
4	小王子

id	program_id	performer_id
1	1	1
2	1	2
3	1	3
4	1	4

图7-21 数据表信息

例如，查询“喜洋洋”节目有多少个人员参与演出，首先从节目表index_program里找出“喜洋洋”的数据信息，然后通过外键字段performer获取参与演出的人员信息，实现过程如下：

```
# 查询模型Program的某行数据
>>> p=Program.objects.prefetch_related('performer').
filter(name='喜洋洋').first()
# 根据外键字段performer获取当前数据的多对多或一对多关系
>>> p.performer.all()
```

从上述例子中可以看到，prefetch_related的使用与select_related有一定的相似之处。如果是查询一对多关系的数据信息，那么两者皆可实现，但select_related的查询效率更佳。除此之外，Django的ORM框架还提供很多API方法，可以满足开发中各种复杂的需求，由于篇幅有限，就不再一一介绍了，有兴趣的读者可在官网上查阅。

7.3.6 执行SQL语句

Django在查询数据时，大多数查询都能使用ORM提供的API方法实现，但一些复杂的查询可能难以使用ORM的API方法实现。因此，Django引入了SQL语句的执行方法，有以下3种：

- extra：结果集修改器，一种提供额外查询参数的机制。
- raw：执行原始SQL并返回模型实例对象。
- execute：直接执行自定义SQL。

1. extra

extra适用于ORM难以实现的查询条件，它将查询条件使用原生SQL语法实现。此方法需要依靠模型对象，在某程度上可以有效地防止SQL注入。在PyCharm中打开extra源码，如图7-22所示，它一共定义了6个参数，每个参数的说明如下：

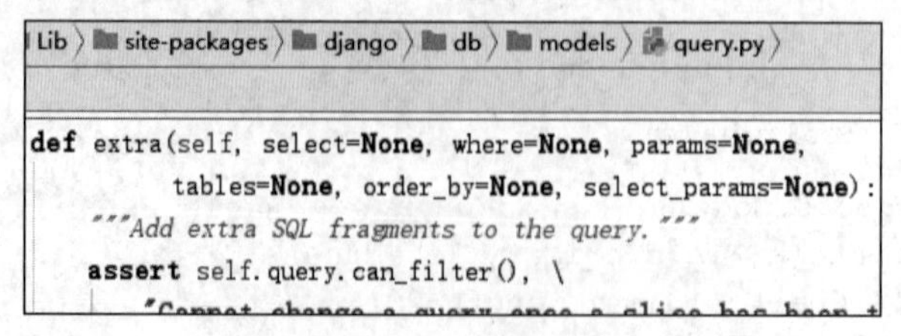

图7-22 extra源码

- select：添加新的查询字段，即新增并定义模型之外的字段。
- where：设置查询条件。

- params：如果where设置了字符串格式化%s，那么该参数为where提供数值。
- tables：连接其他数据表，实现多表查询。
- order_by：设置数据的排序方式。
- select_params：如果select设置字符串格式化%s，那么该参数为select提供数值。

上述参数都是可选参数，我们可根据实际情况选择所需的参数。以模型Vocation为例，使用extra实现数据查询，代码如下：

```
# 查询字段job等于“网站设计”的数据
# params为where的%s提供数值
>>> Vocation.objects.extra(where=["job=%s"],params=['网站设计'])
<QuerySet [<Vocation: 3>]>
# 新增查询字段seat，select_params为select的%s提供数值
>>> v=Vocation.objects.extra(select={"seat":"%s"},
select_params=['seatInfo'])
>>> print(v.query)
# 连接数据表index_personinfo
>>> v=Vocation.objects.extra(tables=['index_personinfo'])
>>> print(v.query)
```

2. raw

raw和extra所实现的功能是相同的，它只能实现数据查询操作，并且也要依靠模型对象，但从使用角度来说，raw更为直观易懂。在PyCharm中打开raw源码，如图7-23所示，它一共定义了4个参数，每个参数的说明如下：

- raw_query：SQL语句。
- params：如果raw_query设置字符串格式化%s，那么该参数为raw_query提供数值。
- translations：为查询的字段设置别名。
- using：数据库对象，即Django所连接的数据库。

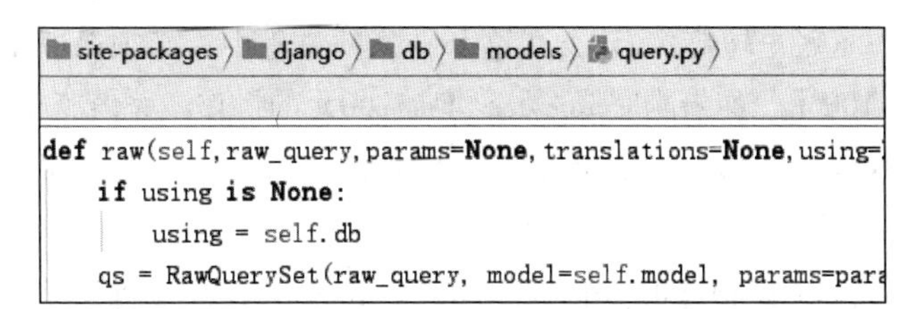

图 7-23　raw 源码

上述参数只有raw_query是必选参数，其他参数可根据需求自行选择。我们以模型Vocation为例，使用raw实现数据查询，代码如下：

```
>>> v = Vocation.objects.raw('select * from index_vocation')
>>> v[0]
<Vocation: 1>
```

3. execute

execute执行SQL语句无须经过Django的ORM框架。我们知道Django要连接数据库需要借助第

三方模块实现连接过程，如MySQL的mysqlclient模块和SQLite的sqlite3模块等，这些模块连接数据库之后，可通过游标的方式来执行SQL语句，execute就是使用这种方式执行SQL语句，使用方法如下：

```
>>> from django.db import connection
>>> cursor=connection.cursor()
# 执行SQL语句
>>> cursor.execute('select * from index_vocation')
# 读取第一行数据
>>> cursor.fetchone()
# 读取所有数据
>>> cursor.fetchall()
```

execute能够执行所有的SQL语句，但很容易受到SQL注入攻击，因此一般情况下不建议使用这种方式实现数据操作。但是，它能补全ORM框架所缺失的功能，如执行数据库的存储过程。

7.3.7 数据库事务

事务应该具有4个属性：原子性（Atomicity）、一致性（Consistency）、隔离性（Isolation）、持久性（Durability）。这4个属性通常称为ACID特性，说明如下：

- 原子性：一个事务是一个不可分割的工作单位，事务中包括的操作要么都做，要么都不做。
- 一致性：事务必须使数据库从某个一致性状态变到另一个一致性状态，一致性与原子性是密切相关的。
- 隔离性：一个事务的执行不能被其他事务干扰，即一个事务内部的操作及使用的数据对其他事务是隔离的，各个事务之间不能互相干扰。
- 持久性：持久性也称永久性（Permanence），指一个事务一旦提交，它对数据库中数据的改变应该是永久性的，其他操作或故障不应该对它有任何影响。

事务在日常开发中经常使用，比如银行转账、火车票抢购等。以银行转账为例，假定A账户目前有100元，B账户向A账户转账100元。在这个转账的过程中，必须保证A账户的资金增加100元，B账户的资金减少100元。如果刚完成A账户增加100元的操作，系统就发生瘫痪而无法执行B账户减少100元的操作，这时A账户就会凭空多出100元。为了解决这种问题，这个转账过程需由事务完成，说明如下：

- 原子性和一致性：B账户减少100元后，A账户增加100元。如果交易途中发生故障，那么B账户不应减少100元，A账户也不应增加100元。
- 隔离性：如果B账户执行两次转账，应有先后次序，两次交易不可在原来同一个余额上重复执行，以确保交易后A和B账户的余额正确。
- 持久性：交易记录应在交易完成后永久记录。

Django的事务定义在transaction.py文件中，在PyCharm里打开该文件，结果如图7-24所示。

从transaction.py文件中可以发现，该文件共定义了两个类和16个函数方法，而在开发中常用的函数方法如下：

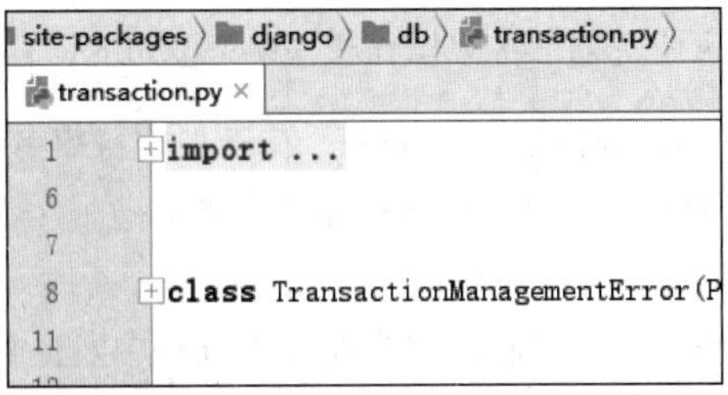

图 7-24　transaction.py 文件

- atomic()：在视图函数或视图类里使用事务。
- savepoint()：开启事务。
- savepoint_rollback()：回滚事务。
- savepoint_commit()：提交事务。

以MyDjango项目为例，将模型Vocation作为事务的操作对象，分别在index的urls.py和views.py中定义路由信息和视图函数，代码如下：

```
# index的urls.py
urlpatterns = [
    # 定义路由
    path('', index, name='index'),
]

# index的views.py
from django.shortcuts import render
from .models import *
from django.db import transaction
from django.db.models import F

@transaction.atomic
def index(request):
    # 开启事务保护
    sid = transaction.savepoint()
    try:
        id = request.GET.get('id', '')
        if id:
            v = Vocation.objects.filter(id=id)
            v.update(payment=F('payment') + 1)
            print('Done')
            # 提交事务
            # 如果不设置，当程序执行完成后，会自动提交事务
            # transaction.savepoint_commit(sid)
        else:
            # 全表的payment字段自减1
            Vocation.objects.update(payment=F('payment')-1)
            # 事务回滚，将全表payment字段自减1的操作撤回
            transaction.savepoint_rollback(sid)
    except Exception as e:
        # 事务回滚
        transaction.savepoint_rollback(sid)
    return render(request, 'index.html', locals())
```

上述代码的视图函数index是通过事务来操作模型Vocation的，函数的执行过程说明如下：

（1）视图函数使用装饰器@transaction.atomic，使函数支持事务操作。

（2）在开始事务操作之前，必须使用savepoint方法来创建一个事务对象，以便于Django的识别和管理。

（3）事务操作中引入try…except机制，如果在执行过程中发生异常，就执行事务回滚，使事务里所有的数据操作无效，以确保数据的一致性。

（4）在try模块里，首先获取请求参数id，如果存在请求参数id，就根据请求参数id的值去查询模型Vocation中的数据，并对字段payment执行自增1操作；如果请求参数id不存在，就将模型Vocation的所有数据执行自减1操作和事务回滚。

如果没有事务机制，那么当请求参数id不存在时，模型Vocation中的所有数据完成自减1操作后，在数据表中能立即看到操作结果；而引入事务机制后，由于在自减1操作后设置了事务回滚，因此程序执行完成后，数据表的数据不会发生改变。

除了在视图函数中使用装饰器@transaction.atomic之外，还可以在视图函数中使用with模块实现事务操作，代码如下：

```
from django.db import transaction
def index(request):
    pass
    # with模块里的代码可支持事务操作
    with transaction.atomic():
        pass
```

运行MyDjango项目，分别访问127.0.0.1:8000和127.0.0.1:8000/?id=1，每次访问后都查看一下数据表index_vocation的数据变化情况，这样有助于深入了解事务机制的运行过程。

7.4 多数据库的连接与使用

当网站的数据量越来越庞大时，使用单个数据库处理数据很容易使数据库系统瘫痪，从而导致整个网站瘫痪。为了减轻数据库系统的压力，Django支持同时连接和使用多个数据库。

7.4.1 多数据库的连接

我们通过简单的示例来讲述Django如何实现多数据库的连接与使用。以MyDjango项目为例，在项目里创建项目应用index和user，并在配置文件settings.py的INSTALLED_APPS中添加index和user，目录结构如图7-25所示。

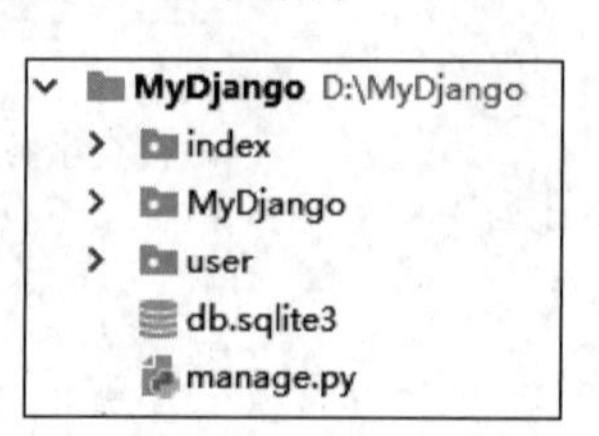

图 7-25　目录结构

从2.4.3节得知，Django要连接多个数据库，在配置属性DATABASES中添加数据库信息即可，并且每个数据库的信息以字典的键值对表示。本示例将连接3个数据库，分别是项目内置的db.sqlite3、MySQL的indexdb和userdb，配置信息如下：

```
# settings.py的DATABASES
# 其中default为Django默认使用的数据库
DATABASES = {
    'default': {
        'ENGINE': 'django.db.backends.sqlite3',
        'NAME': BASE_DIR /  'db.sqlite3',
    },
    'db1': {
        'ENGINE': 'django.db.backends.mysql',
        'NAME': 'indexdb',
        'USER': 'root',
        'PASSWORD': '1234',
        "HOST": "localhost",
        'PORT': '3306',
    },
    'db2': {
        'ENGINE': 'django.db.backends.mysql',
        'NAME': 'userdb',
        'USER': 'root',
        'PASSWORD': '1234',
        "HOST": "localhost",
        'PORT': '3306',
    },
}
```

由于项目连接了MySQL的indexdb和userdb数据库，因此还需要在本地的MySQL数据库系统里创建相应的数据库，数据库的创建过程不再详细讲述。除了设置DATABASES属性之外，还需要设置配置属性DATABASE_ROUTERS和DATABASE_APPS_MAPPING，配置信息如下：

```
# 新增dbRouter.py文件编写类DbAppsRouter
DATABASE_ROUTERS=['MyDjango.dbRouter.DbAppsRouter']
DATABASE_APPS_MAPPING = {
    # 设置每个App的模型使用的数据库
    # {'app_name':'database_name',}
    'admin': 'default',
    'index': 'db1',
    'user': 'db2',
}
```

DATABASE_ROUTERS指向MyDjango文件夹中的dbRouter.py文件内定义的DbAppsRouter类，该类定义数据库读写、数据表关系和数据迁移等方法；DATABASE_APPS_MAPPING用于设置数据库与项目应用的映射关系，如项目应用index对应数据库db1（MySQL的indexdb），代表index的models.py所定义的模型都在数据库db1里创建数据表。

由于DATABASE_ROUTERS指向MyDjango文件夹的dbRouter.py文件，因此在MyDjango文件夹里创建dbRouter.py文件，文件名并不固定，读者可自行命名。我们在该文件里定义DbAppsRouter类，类名也可以自行命名，代码如下：

```
# MyDjango的dbRouter.py
from django.conf import settings
```

```
DATABASE_MAPPING = settings.DATABASE_APPS_MAPPING
class DbAppsRouter(object):
    def db_for_read(self, model, **hints):
        if model._meta.app_label in DATABASE_MAPPING:
            return DATABASE_MAPPING[model._meta.app_label]
        return None

    def db_for_write(self, model, **hints):
        if model._meta.app_label in DATABASE_MAPPING:
            return DATABASE_MAPPING[model._meta.app_label]
        return None

    def allow_relation(self, obj1, obj2, **hints):
        db_obj1 = DATABASE_MAPPING.get(obj1._meta.app_label)
        db_obj2 = DATABASE_MAPPING.get(obj2._meta.app_label)
        if db_obj1 and db_obj2:
            if db_obj1 == db_obj2:
                return True
            else:
                return False
        return None

    # 用于创建数据表
    def allow_migrate(self,db,app_label,model_name=None,**hints):
        if db in DATABASE_MAPPING.values():
            return DATABASE_MAPPING.get(app_label) == db
        elif app_label in DATABASE_MAPPING:
            return False
        return None
```

变量DATABASE_MAPPING从配置文件里获取配置属性DATABASE_APPS_MAPPING的值；类DbAppsRouter根据变量DATABASE_MAPPING（数据库与项目应用的映射关系）来设置数据库的读取（类方法db_for_read）、写入（类方法db_for_write）、数据表关系（类方法allow_relation）和数据迁移（类方法allow_migrate）。

综上所述，单个Django项目连接多数据库的操作如下：

（1）在配置文件settings.py里设置配置属性DATABASES，属性值以字典形式表示，字典的每个键值对（Key-Value Pair）代表连接某个数据库。

（2）设置配置属性DATABASE_APPS_MAPPING，它以字典形式表示，每个键值对设置每个项目应用所使用的数据库，即数据库与项目应用的映射关系。

（3）设置配置属性DATABASE_ROUTERS，它以列表形式表示，列表元素指向某个自定义类，该类根据数据库与项目应用的映射关系来设置数据库的读取、写入、数据表关系和数据迁移。

（4）在MyDjango文件夹里创建dbRouter.py文件和定义DbAppsRouter类，该类是配置属性DATABASE_ROUTERS指向的自定义类。

7.4.2 多数据库的使用

Django实现多数据库连接后，接下来讲述如何在开发过程中使用多数据库实现数据的读写操作。以7.4.1节的MyDjango为例，在项目应用index和user的models.py里分别定义模型City和PersonInfo，代码如下：

```
# index的models.py
from django.db import models
class City(models.Model):
    name = models.CharField(max_length=50)
    def __str__(self):
        return self.name
    class Meta:
        # 设置模型所属的App，在数据库db1里生成数据表
        # 若不设置app_label，则默认为当前文件所在的App
        app_label = "index"
        # 自定义数据表名称
        db_table = 'city'
        # 定义数据表在Admin后台的显示名称
        verbose_name = '城市信息表'

# user的models.py
from django.db import models
class PersonInfo(models.Model):
    name = models.CharField(max_length=50)
    age = models.CharField(max_length=100)
    live = models.CharField(max_length=100)
    def __str__(self):
        return self.name
    class Meta:
        # 设置模型所属的App，在数据库db2里生成数据表
        # 若不设置app_label，则默认当前文件所在的App
        app_label = "user"
        # 自定义数据表名称
        db_table = 'personinfo'
        # 定义数据表在Admin后台的显示名称
        verbose_name = '个人信息表'
```

两个模型之间存在一对多关系，模型PersonInfo的字段live代表个人的居住城市，但是字段live不能使用ForeignKey关联模型City，因为模型PersonInfo在数据库db2里创建数据表，模型City在数据库db1里创建数据表，两者隶属于不同的数据库，所以无法建立数据表关系。如果在模型PersonInfo中设置外键ForeignKey关联模型City，在执行数据迁移时，Django会提示“Cannot add foreign key constraint”异常，如图7-26所示。

```
ges\MySQLdb\connections.py", line 217, in query
, query)
(1215, 'Cannot add foreign key constraint')
```

图7-26　数据迁移异常

模型City和PersonInfo的Meta属性中设置了app_label，表示将模型归属到某个项目应用。由于配置文件settings.py设置了DATABASE_APPS_MAPPING属性，为每个项目应用的模型指定了

所属的数据库，因此能确定模型City和PersonInfo在哪个数据库里创建数据表。

下一步为模型City和PersonInfo执行数据迁移，在PyCharm的Terminal下输入并执行迁移指令makemigrations和migrate。makemigrations指令会在项目应用的migrations文件夹里创建0001_initial.py文件，但执行migrate指令时，Django不会在数据库db1和db2里创建模型City和PersonInfo的数据表，只在db.sqlite3数据库里创建Django内置功能的数据表。若要为模型City和PersonInfo创建相应的数据表，则需要在migrate指令中设置参数，具体如下：

```
# 在数据库default（db.sqlite3）中创建内置功能的数据表
python manage.py migrate
# 在数据库db1（MySQL的indexdb）中创建数据表
python manage.py migrate --database=db1
# 在数据库db2（MySQL的userdb）中创建数据表
python manage.py migrate --database=db2
```

完成数据迁移后，分别访问数据库db.sqlite3、indexdb和userdb，查看是否生成了相应的数据表，结果如图7-27所示。

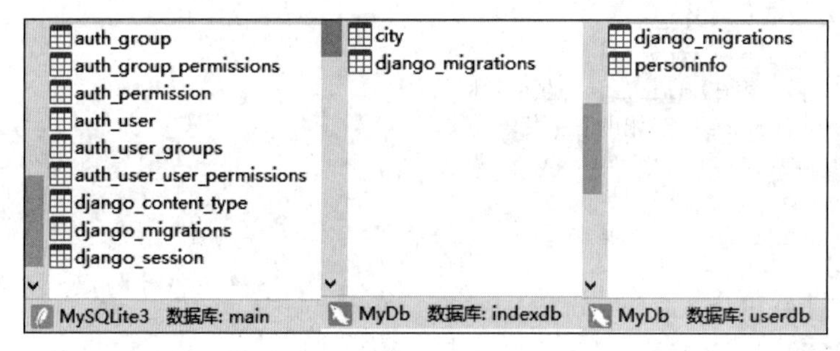

图 7-27 数据表信息

无论Django连接的是单个数据库还是多个数据库，数据的读写方式都是相同的，但多表查询必须保证两张数据表建立在同一个数据库，否则只能执行多次单表查询。以模型City和PersonInfo为例，模型PersonInfo的字段live代表个人的居住城市，它与模型City可以构建外键关系，但两者隶属于不同的数据库。若要查询居住在广州的人员信息，则只能分别对两个模型进行单独查询，在Django的Shell模式下实现查询过程，代码如下：

```
>>> from user.models import PersonInfo
>>> from index.models import City
# 创建数据
>>> City.objects.create(name='广州')
<City: 广州>
>>> d=dict(name='Lucy',age=20,live='1')
>>> PersonInfo.objects.create(**d)
<PersonInfo: Lucy>
# 查询居住在广州的人员信息
# 在模型City中查询“广州”的数据对象c
>>> c=City.objects.filter(name='广州').first()
# 从数据对象c中获取主键id，作为模型PersonInfo的查询条件
>>> p=PersonInfo.objects.filter(live=str(c.id))
>>> p
<QuerySet [<PersonInfo: Lucy>]>
```

综上，单个Django项目连接并使用多数据库时需要注意以下几点：

- 在模型之间建立外键关联时，必须保证它们所对应的数据表建立在同一个数据库中。
- 定义模型时，可在Meta属性中设置app_label，这是将模型归属到某个项目应用，从而确定模型在哪个数据库里创建数据表。
- 执行数据迁移时，migrate指令必须设置参数，否则只为默认的数据库创建数据表。
- 无论连接的是单个数据库还是多个数据库，数据的读写方式都是相同的。

7.5　动态创建模型与数据表

正常情况下，系统的数据表都已被固化，也就是说，数据库的数据表在Django中已定义了具体的模型对象，并且系统在运行中不再修改数据表的表结构。但是，对于一些特殊应用场景，我们需要动态创建数据表才能满足开发需求。

例如，现有一张存储商品信息的数据表，并且商品销量需要每天更新。如果将商品每天销量存储在商品信息表中，那么全年累计下来，数据表就会产生365个字段，这样不符合数据表的设计思想。

为了满足这种特殊的开发需求，商品每天销量应使用新的数据表存储，商品每天销量表的数据与商品信息表的数据相同，但商品每天销量表必须设有新字段来记录当天销售量，并且表名应该用当天的日期来表示。

Django没有为我们提供动态创建模型和数据表的方法，因此需要在ORM的基础上进行自定义。以MyDjango项目为例，在项目应用index的models.py中定义函数createModel()、createDb()和createNewTab()，函数定义如下：

```
# index的models.py
from django.db import models

def createModel(name, fields, app_label, options=None):
    """
    动态定义模型对象
    :param name: 模型的命名
    :param fields: 模型字段
    :param app_label: 模型所属的项目应用
    :param options: 模型Meta类的属性设置
    :return: 返回模型对象
    """
    class Meta:
        pass

    setattr(Meta, 'app_label', app_label)

    # 设置模型Meta类的属性
    if options is not None:
        for key, value in options.items():
            setattr(Meta, key, value)

    # 添加模型属性和模型字段
    attrs = {'__module__':f'{app_label}.models','Meta':Meta}
```

```
        attrs.update(fields)
        # 使用type动态创建类
        return type(name, (models.Model,), attrs)

    def createDb(model):
        """
        使用ORM的数据迁移创建数据表
        :param model: 模型对象
        """
        from django.db import connection
        from django.db.backends.base.schema
            import BaseDatabaseSchemaEditor
        # 创建数据表必须使用try…except，因为当数据表已存在的时候会提示异常
        try:
            with BaseDatabaseSchemaEditor(connection) as editor:
                editor.create_model(model=model)
        except: pass

    def createNewTab(model_name):
        """
        定义模型对象和创建相应数据表
        :param model_name: 模型名称（数据表名称）
        :return: 返回模型对象，便于视图执行增删改查操作
        """
        fields = {
            'id': models.AutoField(primary_key=True),
            'product': models.CharField(max_length=20),
            'sales': models.IntegerField(),
            '__str__': lambda self: str(self.id), }
        options = {
            'verbose_name': model_name,
            'db_table': model_name,
        }
        m = createModel(name=model_name, fields=fields,
                        app_label='index', options=options)
        createDb(m)
        return m
```

在上述代码中，动态创建模型和数据表是由函数createModel()、createDb()和createNewTab()实现的，各个函数实现的功能说明如下：

（1）createModel()是工厂函数，它负责对模型类进行加工并执行实例化，参数 name 代表模型名称；参数 fields 以字典格式表示，每个键值对代表一个模型字段；参数 app_label 代表模型定义在哪个项目应用中；参数 options 设置模型 Meta 类的属性。

（2）createDb()根据模型对象在数据库中创建数据表，它调用 ORM 的 BaseDatabaseSchemaEditor 的实例方法 create_model()来创建数据表，参数 model 代表已实例化的模型对象。

（3）createNewTab()用于设置模型字段 fields 和模型 Meta 类，它首先调用工厂函数 createModel()生成模型的实例化对象 m，然后调用 createDb()并传入实例化对象 m，在数据库中生成相应的数据表，最后将模型的实例化对象 m 作为函数返回值。

接下来在MyDjango的urls.py、项目应用index的urls.py和views.py中定义路由index和视图函数indexView()，定义过程如下：

```
# MyDjango的urls.py
from django.urls import path, include
urlpatterns = [
    path('',include(('index.urls','index'),namespace='index')),
]

# index的urls.py
from django.urls import path
from .views import *
urlpatterns = [
    # 定义路由
    path('', indexView, name='index'),
]

# index的views.py
from django.http import HttpResponse
from .models import createNewTab
import time

def indexView(request):
    today = time.localtime(time.time())
    model_name = f"sales{time.strftime('%Y-%m-%d',today)}"
    model_name = createNewTab(model_name)
    model_name.objects.create(
        product="Django",
        sales=666,
    )
    return HttpResponse('Done')
```

视图函数indexView()调用models.py的createNewTab()函数创建模型的实例化对象和数据表，参数model_name代表模型名称和数据表名称；函数createNewTab()的返回值是模型的实例化对象，通过操作模型实例化对象就能完成数据表的数据读写操作。

运行MyDjango，在浏览器上访问http://127.0.0.1:8000/，然后使用数据库可视化工具Navicat Premium打开MyDjango的db.sqlite3数据库文件，查看数据表的创建情况，结果如图7-28所示。

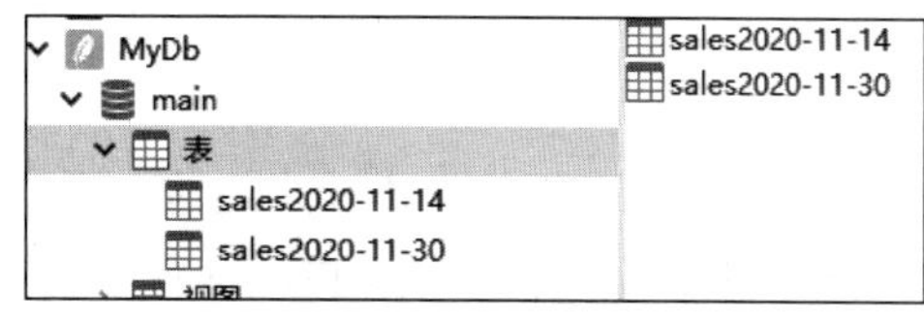

图 7-28　db.sqlite3 数据库文件

7.6　MySQL 分表功能

当数据表的数据量越来越大时，数据读写速度会变得越来越慢，从而增加了网站的响应时间，不利于用户体验。为了提高网站性能，可以考虑对数据量较大的数据表进行分表处理。MySQL 数据库内置了分表功能，分表可以使用数据表引擎 MyISAM 来实现。

MySQL设有多种引擎类型，常用的引擎类型有InnoDB、MyISAM、Memory和ARCHIVE，每种引擎的说明如下：

（1）Innodb：默认的数据库存储引擎；支持事务、行锁和外键约束；内置缓冲管理和缓冲索引，加快查询速度；使用共享表空间存储，所有表和索引存放在同一个表空间中。

（2）MyISAM：一张 MyISAM 表有 3 个文件——索引文件、表结构文件和数据文件；不支持事务和外键约束，数据表的锁有读锁和写锁，读锁和写锁是互斥的，并且读写操作是串行的。在同一时刻，两个进程对 MyISAM 表执行读取和写入操作，优先执行写入操作，因此 MyISAM 表不太适合大量写入操作，它使查询操作难以获得读锁，有可能造成永久阻塞。

（3）Memory：将数据存放在内存，以提高数据的访问速度；但是，一旦服务器出现故障，数据都会丢失；支持的锁粒度为表级锁。

（4）ARCHIVE：是数据表归档，仅支持基本的插入和查询功能；它拥有很好的压缩机制，使用 zlib 压缩，常被用来当作数据仓库使用。

在Django中，ORM框架连接MySQL并创建数据表默认使用的是InnoDB引擎，如果要使用数据表引擎MyISAM实现分表功能，就必须自定义创建数据表。以MyDjango为例，在配置文件settings.py中设置MySQL的连接方式，代码如下：

```
# MyDjango的settings.py
DATABASES = {
    'default': {
        'ENGINE': 'django.db.backends.mysql',
        'NAME': 'mydjango',
        'USER': 'root',
        'PASSWORD': '123456',
        'HOST': '127.0.0.1',
        'POST': 3306,
        # 将所有数据表设为MyISAM引擎
        # 'OPTIONS': {
        #     'init_command':'SET default_storage_engine=MyISAM',
        # },
    }
}
```

MyDjango连接本地MySQL之前，需要在本地MySQL中创建数据库mydjango，确保Django启动的时候能正常连接。代码中还注释了配置属性OPTIONS的init_command，这是将Django的所有数据表改为MyISAM引擎。在实际开发中，如果数据表引擎没有特殊要求，建议使用InnoDB引擎，因为它更适合于日常的业务需求。

接着在项目应用index的models.py中定义数据表allperson、person0、person1和person2，这些数据表都使用MyISAM引擎，详细的定义过程如下：

```
# index的models.py
from django.db import models
from django.db import connection
from django.db.backends.base.schema
    import BaseDatabaseSchemaEditor
```

```
def create_table(sql):
    # 创建数据表必须使用try…except，因为数据表已存在的时候会提示异常
    try:
        with BaseDatabaseSchemaEditor(connection) as editor:
            editor.execute(sql=sql)
    except:
        pass
# 创建分表
tb_list = []
for i in range(3):
    create_table(f'''
        create table  if not exists person{i}(
        id int primary key auto_increment ,
        name varchar(20),
        sex tinyint not null default '0'
        )ENGINE=MyISAM DEFAULT CHARSET=utf8
        AUTO_INCREMENT=1 ;
    ''')
    tb_list.append(f'person{i}')
# 创建总表
# tb_str将所有分表联合到总表
tb_str = ','.join(tb_list)
create_table(f'''
    create table  if not exists allperson(
    id int primary key auto_increment ,
    name varchar(20),
    sex tinyint not null default '0'
    )ENGINE=MERGE UNION=({tb_str}) INSERT_METHOD=LAST
    CHARSET=utf8 AUTO_INCREMENT=1 ;
''')
class PersonInfo(models.Model):
    id = models.AutoField(primary_key=True)
    name = models.CharField(max_length=20)
    sex = models.IntegerField()

    def __str__(self):
        return self.name

    class Meta:
        verbose_name = '人员信息'
        # 参数managed代表不会在数据迁移中创建数据表
        managed = False
        # 模型映射数据库中特定的数据表
        db_table = 'allperson'
```

在上述代码中，我们使用ORM框架的BaseDatabaseSchemaEditor的实例方法execute()执行SQL语句，SQL语句是创建数据表allperson、person0、person1和person2。在SQL语句中，只需设置ENGINE=MyISAM就能修改数据表引擎。

数据表创建成功后，我们还要为数据表allperson定义模型PersonInfo，通过操作模型

PersonInfo就能实现数据表allperson的数据读写操作；由于数据表allperson是由SQL语句创建的，因此模型的Meta类必须设置参数managed和db_table。

在MyDjango中执行数据迁移，在迁移过程中，Django自动执行index的models.py的代码，在数据库中创建相应的数据表，结果如图7-29所示。

打开数据表person0、person1和person2，分别为每张数据表添加数据内容，并且打开数据表allperson就能看到数据表person0、person1和person2中的数据内容，如图7-30所示。

图7-29　数据表信息

图7-30　数据表allperson、person0、person1和person2

最后，讲述如何在Django中使用MyISAM分表功能，分别在MyDjango的urls.py和index的urls.py中定义路由index，在index的views.py中定义视图函数indexView()，编写templates的模板文件index.html，代码如下：

```
# MyDjango的urls.py
from django.urls import path, include
urlpatterns = [
    # 指向index的路由文件urls.py
    path('',include(('index.urls','index'),namespace='index')),
]

# index的urls.py
from django.urls import path
from .views import *
urlpatterns = [
    # 定义路由
    path('', indexView, name='index'),
]

# index的views.py
from django.shortcuts import render
from .models import *
def indexView(request):
    personInfo = PersonInfo.objects.all()
    return render(request, 'index.html', locals())

# templates的index.html
<!DOCTYPE html>
```

```
<html>
<body>
{% for p in personInfo %}
<div>name is {{ p.name }}, sex is {{ p.sex }}</div>
{% endfor %}
</body>
</html>
```

视图函数indexView()查询模型PersonInfo的全部数据，模型PersonInfo映射数据表allperson，即查询数据表allperson中的全部数据，数据表allperson的数据来自分表person0、person1和person2；将查询结果传递给模板文件index.html，由模板语法将查询结果展示在网页上。运行MyDjango，在浏览器上访问http://127.0.0.1:8000/，结果如图7-31所示。

```
← → C  ⓘ 127.0.0.1:8000

name is Tom, sex is 18
name is Lily, sex is 20
name is Mary, sex is 21
```

图 7-31　运行结果

如果系统在设计之初就决定使用MyISAM分表功能，并且各个分表都需要写入数据，那么建议分表的主键id不要设为数字类型，因为总表会将所有分表的数据进行汇总，假如每个分表的主键id都是从1开始计算并逐行递增的，那么总表的字段id会出现重复值，从而导致无法分辨数据是来自哪个分表。

MyISAM分表功能是由一张总表和多张分表实现的，总表是多张分表的数据汇总，便于查询数据，但是对总表进行数据新增，它只会在最后的分表中插入数据。例如分表person0、person1和person2，MySQL只会在person2中插入数据。

如果要实现数据新增操作，可以在index的models.py中定义各个分表的模型对象，每次执行数据新增的时候，分别查询各个分表的数据量，将数据写入数据量最小的分表中；还可以使用随机函数random()将新增数据随机写入某张分表中。总的来说，数据新增需要制定合理的新增策略，使各个分表的数据量保持在合理的数值范围内。

7.7　本 章 小 结

本章介绍了Django的模型和操作数据库的方法，读者应该重点了解和掌握以下内容：

（1）了解模型字段和模型属性的设置。

（2）了解如何实现实现个人ORM框架的开发。

（3）了解数据迁移、数据表的创建方式、数据迁移常见的错误以及数据迁移指令。

（4）了解数据表的数据导入与导出、数据表之间的关系以及数据表的操作，如数据的增、删、改、查等。

（5）了解SQL语句的3种实现方法，即extra、raw和execute方式。

（6）了解什么是数据库事务及其工作原理。

（7）掌握单个Django项目连接多数据库的方法及其注意事项。

（8）了解动态模型与动态数据表的创建方式。

（9）了解MySQL数据库的分表功能。

第 8 章
表单与模型

表单是收集用户数据信息的各种表单元素的集合，其作用是实现网页上的数据交互，比如用户在网站输入数据信息，然后提交到网站服务器端进行处理（如数据录入和用户登录注册等）。

网页表单是Web开发的一项基本功能，Django的表单功能由Form类实现，主要分为两种：django.forms.Form和django.forms.ModelForm。前者是一个基础的表单功能，后者是在前者的基础上结合模型所生成的数据表单。

8.1 初识表单

传统的表单生成方式是在模板文件中编写HTML代码，在HTML语言中，表单由<form>标签实现。表单生成方式如下：

```
<!DOCTYPE html>
<html>
<body>
# 表单
<form action="" method="post">
First name:<br>
<input type="text" name="fname" value="Mickey">
<br>
Last name:<br>
<input type="text" name="lname" value="Mouse">
<br><br>
<input type="submit" value="Submit">
</form>
# 表单
</body>
</html>
```

一个完整的表单主要由4部分组成：提交地址、请求方式、元素控件和提交按钮。分别说明如下：

- 提交地址（form标签的action属性）用于设置用户提交的表单数据应由哪个路由接收和处理。当用户向服务器提交数据时，若属性action为空，则提交的数据应由当前路由来接收和处理，否则网页会跳转到属性action所指向的路由地址。
- 请求方式用于设置表单的提交方式，通常是GET请求或POST请求，由form标签的属性method决定。
- 元素控件是供用户输入数据信息的输入框，由HTML的<input>控件实现，控件属性type用于设置输入框的类型，常用的输入框类型有文本框、下拉框和复选框等。
- 提交按钮供用户提交数据到服务器，该按钮也是由HTML的<input>控件实现的。但该按钮具有一定的特殊性，因此不归纳到元素控件的范围内。

在模板文件中，通过HTML语言编写表单是一种较为简单的实现方式，但是，如果表单元素较多或一个网页里要使用多个表单，就会在无形之中增加模板的代码量，这会对日后的维护和更新造成极大的不便。为了简化表单的实现过程和提高表单的灵活性，Django提供了完善的表单功能。

在5.2.1节已简单演示过表单的定义过程，并且将表单交由视图类FormView使用，从而在浏览器上生成网页表单。本节为了深入介绍表单的定义过程和使用方式，以MyDjango为例，在index文件夹中创建form.py文件，然后在index的models.py中定义模型PersonInfo和Vocation。模型定义的代码如下：

```
# index的urls.py
from django.db import models
class PersonInfo(models.Model):
    id = models.AutoField(primary_key=True)
    name = models.CharField(max_length=20)
    age = models.IntegerField()

    def __str__(self):
        return self.name
    class Meta:
        verbose_name = '人员信息'

class Vocation(models.Model):
    id = models.AutoField(primary_key=True)
    job = models.CharField(max_length=20)
    title = models.CharField(max_length=20)
    payment = models.IntegerField(null=True, blank=True)
    person=models.ForeignKey(PersonInfo,on_delete=models.CASCADE)

    def __str__(self):
        return str(self.id)
    class Meta:
        verbose_name = '职业信息'
```

分别对模型PersonInfo和Vocation执行数据迁移，在项目的db.sqlite3文件里生成相应的数据表，然后在数据表index_vocation和index_personinfo里分别新建数据信息，结果如图8-1所示。

项目数据创建成功后，我们在form.py中定义表单类VocationForm，然后在index的urls.py、views.py和模板文件index.html中使用表单类VocationForm，在浏览器上生成网页表单，实现代码如下：

id	job	title	payment	person_id
1	软件开发	Python开发	10000	2
2	软件测试	自动化测试	8000	3
3	需求分析	需求分析	6000	1
4	项目管理	项目经理	12000	4

id	name	age
1	Lucy	20
2	LiLei	23
3	Tom	25
4	Tim	26

图 8-1　数据表 index_vocation 和 index_personinfo

```
# index的form.py
from django import forms
from .models import *
class VocationForm(forms.Form):
    job = forms.CharField(max_length=20, label='职位')
    title = forms.CharField(max_length=20, label='职称')
    payment = forms.IntegerField(label='薪资')
    # 设置下拉框的值
    # 查询模型PersonInfo的数据
    value = PersonInfo.objects.values('name')
    # 将数据以列表形式表示，列表元素为元组格式
    choices=[(i+1, v['name']) for i, v in enumerate(value)]
    # 表单字段设为ChoiceField类型，以生成下拉框
    person=forms.ChoiceField(choices=choices,label='姓名')

# index的urls.py
from django.urls import path
from .views import *
urlpatterns = [
    # 定义路由
    path('', index, name='index'),
]

# index的views.py
from django.shortcuts import render
from .form import *
def index(request):
    v = VocationForm()
    return render(request, 'index.html', locals())

# templates的index.html
<!DOCTYPE html>
<html lang="en">
<head>
  <meta charset="UTF-8">
  <title>Title</title>
</head>
<body>
{% if v.errors %}
  <p>
   数据出错啦，错误信息：{{ v.errors }}
  </p>
{% else %}
  <form action="" method="post">
   {% csrf_token %}
    <table>
```

```
        {{ v.as_table }}
    </table>
    <input type="submit" value="提交">
</form>
{% endif %}
</body>
</html>
```

上述代码演示了Form表单的使用过程，整个过程包括表单类VocationForm的定义（index的form.py）、实例化表单类（index的views.py）和使用表单对象（模板文件index.html），说明如下：

（1）在form.py中定义表单VocationForm，表单以类的形式表示。在表单中定义不同类型的类属性，这些属性在表单中称为表单字段，每个表单字段代表HTML的一个表单控件，这是表单的基本组成单位。

（2）在views.py中导入form.py定义的表单类VocationForm，视图函数index对VocationForm进行实例化并生成表单对象v，再将表单对象v传递给模板文件index.html。

（3）表单对象v在模板文件index.html中使用errors判断表单对象是否存在异常信息，若存在，则将异常信息输出，否则使用as_table将表单对象v以HTML的<table>标签形式生成网页表单。

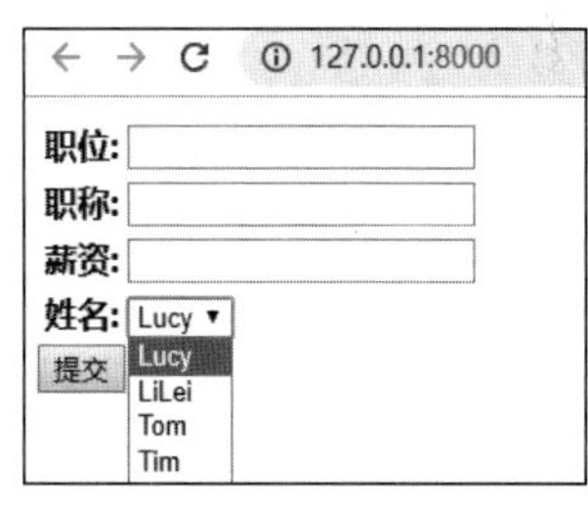

图 8-2　网页表单

运行MyDjango项目，在浏览器上访问127.0.0.1:8000即可看到网页表单，如图8-2所示。

综上，Django的表单功能是通过定义表单类，然后对类进行实例化，生成HTML表单元素控件来实现的。这样可以在模板文件中减少HTML的硬编码。每个HTML的表单元素控件由表单字段来决定，以表单字段job为例：

```
# 表单类VocationForm的表单字段job
job = forms.CharField(max_length=20, label='职位')
# 表单字段job所生成的HTML元素控件
<tr><th><label for="id_job">职位:</label></th><td>
<input type="text" name="job" maxlength="20" required id="id_job">
</td></tr>
```

通过对比表单字段和HTML元素控件，可以发现：

- 字段job的参数label将转换成HTML的标签<label>。
- 字段job的forms.CharField类型转换成HTML的<inputtype="text">控件。标签<input>是一个输入框控件；参数type设置输入框的数据类型，如type="text"代表当前输入框为文本类型。
- 字段job的命名将转换成<input>控件的参数name；表单字段的参数max_length将转换成<input>控件的参数maxlength。

8.2　源码分析 Form

从8.1节中可以发现，表单类的定义过程与模型有相似之处，只不过两者所继承的类有所不同，也就是说，Django内置的表单功能也使用自定义元类来实现定义过程。在PyCharm里打开表单类Form的源码文件，其定义过程如图8-3所示。

```
kages 〉 django 〉 forms 〉 forms.py 〉

__all__ = ('BaseForm', 'Form')
class DeclarativeFieldsMetaclass(MediaDefiningClass):...
@html_safe
class BaseForm:...
class Form(BaseForm, metaclass=DeclarativeFieldsMetaclass)
```

图 8-3　表单类 Form 的源码文件

表单类Form继承BaseForm和元类DeclarativeFieldsMetaclass，而元类DeclarativeFieldsMetaclass又继承元类MediaDefiningClass，因此表单类Form的继承关系如图8-4所示。

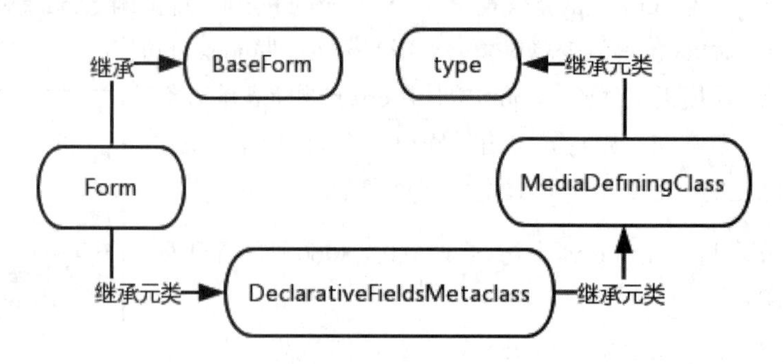

图 8-4　表单类 Form 的继承关系

元类中没有定义太多的属性和方法，因此表单类Form的大部分属性和方法都是由父类BaseForm定义的，8.1节的模板文件index.html所使用的errors和as_table方法也来自父类BaseForm。父类BaseForm中常用的属性和方法的说明如下：

- data：默认值为None，以字典形式表示，字典的键为表单字段，代表将数据绑定到对应的表单字段。
- auto_id：默认值为id_%s，以字符串格式化表示。以表单字段job为例，若要设置HTML元素控件的id属性，则元素控件id属性为id_job，%s代表表单字段名称。
- prefix：默认值为None，以字符串表示，用于设置表单的控件属性name和id的属性值。如果一个网页里使用多个相同的表单，那么设置该属性可以区分每个表单。
- initial：默认值为None，以字典形式表示，用于在表单的实例化过程中设置初始化值。
- label_suffix：若参数值为None，则默认为冒号。以表单字段job为例，其HTML控件含有label标签（<label for="id_job">职位:</label>），其中label标签里的冒号由参数label_suffix设置。
- field_order：默认值为None，表示以表单字段定义的先后顺序进行排列。若要自定义排序，则将每个表单字段按先后顺序放置在列表里，并把列表作为该参数的值。
- use_required_attribute：默认值为None（或为True），用于为表单字段所对应的HTML控件设置required属性，该控件为必填项，数据不能为空。若设为False，则HTML控件为可填项。

- errors()：验证表单的数据是否存在异常，若存在异常，则获取异常信息。异常信息可设为字典或JSON格式。
- is_valid()：验证表单数据是否存在异常，若存在，则返回False，否则返回True。
- as_table()：将表单字段以HTML的<table>标签形式生成网页表单。
- as_ul()：将表单字段以HTML的<ul>标签形式生成网页表单。
- as_p()：将表单字段以HTML的<p>标签形式生成网页表单。
- has_changed()：对比用于提交的表单数据和表单初始化数据是否发生变化。

了解表单类Form的定义过程后，接下来讲述表单的字段类型。表单字段与模型字段有相似之处，不同类型的表单字段对应不同的HTML控件。在PyCharm中打开表单字段的源码文件，结果如图8-5所示。 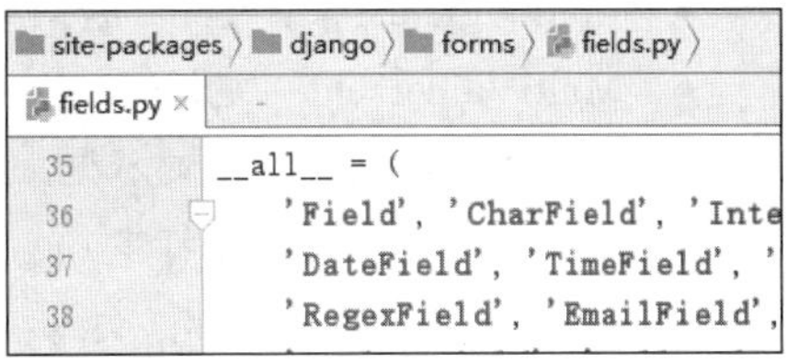

```
site-packages 〉 django 〉 forms 〉 fields.py 〉
fields.py ×
35  __all__ = (
36      'Field', 'CharField', 'Inte
37      'DateField', 'TimeField', '
38      'RegexField', 'EmailField',
```

图 8-5　表单字段

从源码文件fields.py中可以找到26个不同类型的表单字段，每个字段的说明如下：

- CharField：文本框，参数max_length和min_length分别用于设置文本最大长度和最小长度。
- IntegerField：数值框，参数max_value用于设置最大值，min_value用于设置最小值。
- FloatField：数值框，继承IntegerField，验证数据是否为浮点数。
- DecimalField：数值框，继承IntegerField，验证数值是否设有小数点。参数max_digits用于设置最大位数，参数decimal_places用于设置小数点最大位数。
- DateField：文本框，继承BaseTemporalField，具有验证日期格式的功能，参数input_formats用于设置日期格式。
- TimeField：文本框，继承BaseTemporalField，验证数据是否为datetime.time或特定时间格式的字符串。
- DateTimeField：文本框，继承BaseTemporalField，验证数据是否为datetime.datetime、datetime.date或特定日期时间格式的字符串。
- DurationField：文本框，验证数据是否为一个有效的时间段。
- RegexField：文本框，继承CharField，验证数据是否与某个正则表达式匹配，参数regex用于设置正则表达式。
- EmailField：文本框，继承CharField，验证数据是否为合法的邮箱地址。
- FileField：文件上传框，参数max_length用于设置上传文件名的最大长度，参数allow_empty_file用于设置是否允许文件内容为空。
- ImageField：文件上传控件，继承FileField，验证文件是否为Pillow库可识别的图像格式。
- FilePathField：文件选择控件，在特定的目录选择文件中，参数path是必选参数，参数值为目录的绝对路径；参数recursive、match、allow_files和allow_foldcrs为可选参数。
- URLField：文本框，继承CharField，验证数据是否为有效的路由地址。
- BooleanField：复选框，设有选项True和False，如果字段带有required=True，复选框就默认为True。
- NullBooleanField：复选框，继承BooleanField，设有3个选项，分别为None、True和False。

- ChoiceField：下拉框，参数choices以元组形式表示，用于设置下拉框的选项列表。
- TypedChoiceField：下拉框，继承ChoiceField，参数coerce代表强制转换数据类型；参数empty_value表示空值，默认为空字符串。
- MultipleChoiceField：下拉框，继承ChoiceField，验证数据是否在下拉框的选项列表中。
- TypedMultipleChoiceField：下拉框，继承MultipleChoiceField，验证数据是否在下拉框的选项列表中，并且可强制转换数据类型。参数coerce代表强制转换数据类型；参数empty_value表示空值，默认为空字符串。
- ComboField：文本框，为表单字段设置字段列表。
- MultiValueField：文本框，将多个表单字段合并成一个新的字段。
- SplitDateTimeField：文本框，继承MultiValueField，验证数据是否为datetime.datetime或特定日期时间格式的字符串。
- GenericIPAddressField：文本框，继承CharField，验证数据是否为有效的IP地址。
- SlugField：文本框，继承CharField，验证数据是否只包括字母、数字、下画线及连字符。
- UUIDField：文本框，继承CharField，验证数据是否为UUID格式。

表单字段除了可以转换为HTML控件之外，还具有一定的数据格式规范，比如EmailField字段，它设有邮箱地址验证功能。虽然不同类型的表单字段设有一些特殊参数，但每个表单字段都继承自父类Field，因此它们具有以下共同参数。

- required：输入的数据是否为空，默认值为True。
- widget：设置HTML控件的样式。
- label：用于生成label标签的网页内容。
- initial：设置表单字段的初始值。
- help_text：设置帮助提示信息。
- error_messages：设置错误信息，以字典形式表示，比如{'required': '不能为空', 'invalid': '格式错误'}。
- show_hidden_initial：参数值为True/False，表示是否在当前控件后面再加一个隐藏的且具有默认值的控件（可用于检验两次输入的值是否一致）。
- validators：自定义数据验证规则。以列表格式表示，列表元素为函数名。
- localize：参数值为True/False，设置本地化，不同时区自动显示当地时间。
- disabled：参数值为True/False，设置HTML控件是否可以编辑。
- label_suffix：设置label的后缀内容。

综上，表单的定义过程、表单的字段类型和表单字段的参数类型是表单的核心功能。以8.1节的MyDjango项目为例，优化form.py定义的VocationForm，代码如下：

```
from django import forms
from .models import *
from django.core.exceptions import ValidationError
# 自定义数据验证函数
def payment_validate(value):
    if value > 30000:
```

```
        raise ValidationError('请输入合理的薪资')

class VocationForm(forms.Form):
    job = forms.CharField(max_length=20, label='职位')
    # 设置字段参数widget、error_messages
    title = forms.CharField(max_length=20, label='职称',
        widget=forms.widgets.TextInput(attrs={'class':'c1'}),
        error_messages={'required': '职称不能为空'},)
    # 设置字段参数validators
    payment = forms.IntegerField(label='薪资',
                              validators=[payment_validate])
    # 设置下拉框的值
    # 查询模型PersonInfo的数据
    value = PersonInfo.objects.values('name')
    # 将数据以列表格式表示，列表元素为元组格式
    choices = [(i+1, v['name']) for i, v in enumerate(value)]
    # 表单字段设为ChoiceField类型，以生成下拉框
    person = forms.ChoiceField(choices=choices, label='姓名')
    # 自定义表单字段title的数据清洗
    def clean_title(self):
        # 获取字段title的值
        data = self.cleaned_data['title']
        return '初级' + data
```

优化的代码分别使用了字段参数widget、error_messages、validators，以及自定义了表单字段title的数据清洗函数clean_title()，说明如下：

- 参数widget是一个forms.widgets对象，其作用是设置表单字段的CSS样式，参数的对象类型必须与表单字段类型相符合。例如表单字段为CharField，参数widget的类型应为forms.widgets.TextInput，两者的含义与作用是一致的，都是文本输入框。若表单字段改为ChoiceField，而参数widget的类型不变，前者是下拉选择框，后者是文本输入框，则在网页上会优先显示为文本输入框。
- 参数error_messages用于设置数据验证失败后的错误信息，参数值以字典的形式表示，字典的键为表单字段的参数名称，字典的值为错误信息。
- 参数validators是自定义的数据验证函数，当用户提交表单数据后，首先在视图里执行自定义的验证函数，当数据验证失败后，会抛出自定义的异常信息。因此，如果字段中设置了参数validators，就无须设置参数error_messages，因为数据验证已由参数validators优先处理。
- 自定义表单字段title的数据清洗函数clean_title()只适用于表单字段title的数据清洗，函数名的格式必须为“clean_表单字段名称()”，而且函数必须有返回值。如果在函数中设置主动抛出异常ValidationError，那么该函数可视为带有数据验证功能的数据清洗函数。

参数widget是一个forms.widgets对象（forms.widgets对象也称为小部件），而且forms.widgets的类型必须与表单的字段类型相互对应，不同的表单字段对应不同的forms.widgets类型，对应规则分为4大类：文本框类型、下拉框（复选框）类型、文件上传类型和复合框类型，如表8-1所示。

表 8-1　表单字段与小部件的对应规则

文本框类型	
TextInput	对应CharField字段，文本框内容设置为文本格式
NumberInput	对应IntegerField字段，文本框内容只允许输入数值
EmailInput	对应EmailField字段，验证输入值是否为邮箱地址格式
URLInput	对应URLField字段，验证输入值是否为路由地址格式
PasswordInput	对应CharField字段，输入值以“*”显示
HiddenInput	对应CharField字段，隐藏文本框，不显示在网页上
DateInput	对应DateField字段，验证输入值是否为日期格式
DateTimeInput	对应DateTimeField字段，验证输入值是否为日期时间格式
TimeInput	对应TimeField字段，验证输入值是否为时间格式
Textarea	对应CharField字段，将文本框设为Textarea格式
下拉框（复选框）类型	
CheckboxInput	对应BooleanField字段，设置复选框，选项为True和False
Select	对应ChoiceField字段，设置下拉框
NullBooleanSelect	对应NullBooleanField，设置复选框，选项为None、True和False
SelectMultiple	对应ChoiceField字段，与Select类似，允许选择多个值
RadioSelect	对应ChoiceField字段，将数据列表设置为单选按钮
CheckboxSelectMultiple	对应ChoiceField字段，与SelectMultiple类似，设置为复选框，允许用户选择多个选项
文件上传类型	
FileInput	对应FileField或ImageField字段
ClearableFileInput	对应FileField或ImageField字段，但多了复选框，允许清除上传的文件和图像
复合框类型	
MultipleHiddenInput	隐藏一个或多个HTML的控件
SplitDateTimeWidget	组合使用DateInput和TimeInput
SplitHiddenDateTimeWidget	与SplitDateTimeWidget类似，但将控件隐藏，不显示在网页上
SelectDateWidget	组合使用3个Select，分别生成年、月、日的下拉框

当我们为表单字段的参数widget设置对象类型时，可以根据实际情况进行选择。假设表单字段为SlugField类型，该字段继承CharField，因此可以选择文本框类型的任意一个对象类型作为参数widget的值，如Textarea或URLInput等。

为了进一步验证优化后的表单是否正确运行，我们对views.py的视图函数index进行代码优化，代码如下：

```
# index的views.py
from django.shortcuts import render
from django.http import HttpResponse
from .form import *
def index(request):
    # GET请求
```

```
    if request.method == 'GET':
        v = VocationForm()
        return render(request,'index.html',locals())
    # POST请求
    else:
        v = VocationForm(request.POST)
        if v.is_valid():
            # 获取网页控件name的数据
            # 方法一
            title = v['title']
            # 方法二
            # cleaned_data对控件name的数据进行清洗
            ctitle = v.cleaned_data['title']
            print(ctitle)
            return HttpResponse('提交成功')
        else:
            # 获取错误信息，并以JSON格式输出
            error_msg = v.errors.as_json()
            print(error_msg)
            return render(request,'index.html',locals())
```

视图函数index通过判断用户的请求方式（不同的请求方式执行不同的处理方案），分别对GET和POST请求做了不同的响应处理，说明如下：

- 用户在浏览器中访问127.0.0.1:8000，等同于向Django发送一个GET请求，函数index将表单VocationForm实例化并传递给模板，由模板引擎生成空白的网页表单显示在浏览器上。
- 当用户在网页表单上输入数据后，单击“提交”按钮，等同于向Django发送一个POST请求，函数index将请求参数传递给表单类VocationForm，生成表单对象v，然后调用is_valid()对表单对象v进行数据验证。
- 如果验证成功，就可以使用v['title']或v.cleaned_data['title']来获取某个HTML控件的数据。由于表单字段title设有自定义的数据清洗函数，因此使用v.is_valid()验证表单数据时，Django自动执行数据清洗函数clean_title()。
- 如果验证失败，就使用errors.as_json()方法获取验证失败的错误信息，然后将验证失败的信息通过模板返回给用户。

在模板文件index.html里，我们使用errors和as_table方法生成网页表单，除此之外，还可以在模板文件里使用以下方法生成其他HTML标签的网页表单：

```
# 将表单生成HTML的ul标签
{{ v.as_ul }}
# 将表单生成HTML的p标签
{{ v.as_p }}
# 生成单个HTML元素控件
{{ v.title }}
# 获取表单字段的lable属性值
{{ v.title.label }}
```

运行MyDjango项目，在浏览器上访问127.0.0.1:8000，并在表单里输入数据信息，当薪资的数值大于30000时，提交表单就会触发自定义数据验证函数payment_validate，网页上显示错误信息，如图8-6所示。

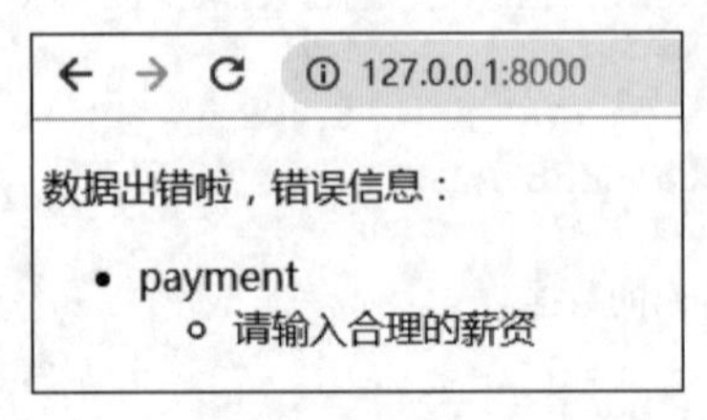

图 8-6　错误信息

8.3　源码分析 ModelForm

我们知道Django的表单分为两种：django.forms.Form和django.forms.ModelForm。前者是一个基础的表单功能，后者是在前者的基础上结合模型所生成的模型表单。模型表单将模型字段转换成表单字段，由表单字段生成HTML控件，从而生成网页表单。

本节讲述如何使用表单类ModelForm实现表单数据与模型数据之间的交互开发。表单类ModelForm继承自父类BaseModelForm，其元类为ModelFormMetaclass。在PyCharm中打开类ModelForm的源码文件，其定义过程如图8-7所示。

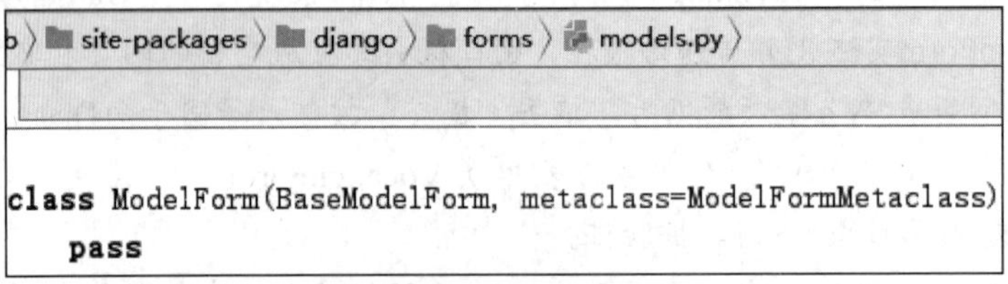

site-packages 〉 django 〉 forms 〉 models.py 〉

```
class ModelForm(BaseModelForm, metaclass=ModelFormMetaclass)
    pass
```

图 8-7　表单类 ModelForm 的定义过程

在源码文件里分析并梳理表单类ModelForm的继承过程，将结果以流程图的形式表示，如图8-8所示。

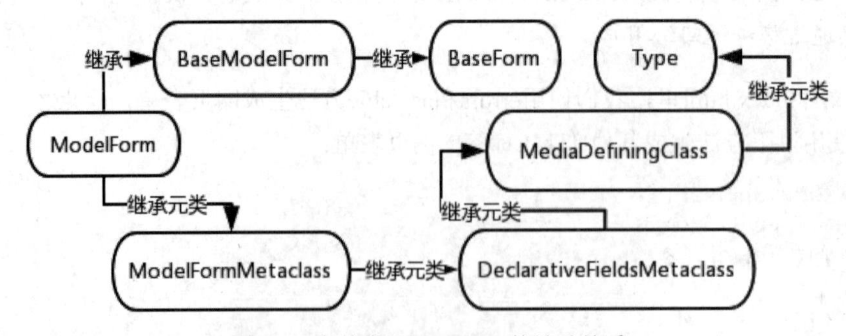

图 8-8　表单类 ModelForm 的继承关系

从表单类ModelForm的继承关系得知，元类没有定义太多的属性和方法，大部分的属性和方法都是由父类BaseModelForm和BaseForm定义的。表单类BaseForm的属性方法在8.2节里已讲述过了，因此这里只列举BaseModelForm的核心属性和方法。

- instance：将模型查询的数据传入模型表单，作为模型表单的初始化数据。
- clean()：重写父类BaseForm的clean()方法，并将属性_validate_unique设为True。
- validate_unique()：验证表单数据是否存在异常。
- _save_m2m()：将带有多对多关系的模型表单保存到数据库里。
- save()：将模型表单的数据保存到数据库里。如果参数commit为True，就直接保存在数据库；否则生成数据库实例对象。

表单类ModelForm与Form相比，前者只增加了数据保存方法，但是ModelForm与模型之间没有直接的数据交互。模型表单与模型之间的数据交互是由函数modelform_factory实现的，该函数将自定义的模型表单与模型进行绑定，从而实现两者之间的数据交互。函数modelform_factory与ModelForm定义在同一个源码文件中，它定义了9个属性，每个属性的作用说明如下：

- model：必选属性，用于绑定Model对象。
- fields：可选属性，用于设置将模型内的哪些字段转换成表单字段，默认值为None，代表所有的模型字段；也可以将属性值设为'__all__'，同样表示所有的模型字段。若只需部分模型字段，则将模型字段写入一个列表或元组里，再把该列表或元组作为属性值。
- exclude：可选属性，与fields相反，表示禁止将模型字段转换成表单字段。属性值以列表或元组表示。若设置了该属性，则属性fields无须设置。
- labels：可选属性，用于设置表单字段的参数label，属性值以字典表示，字典的键为模型字段。
- widgets：可选属性，用于设置表单字段的参数widget，属性值以字典表示，字典的键为模型字段。
- localized_fields：可选参数，用于将模型字段设为本地化的表单字段，常用于日期类型的模型字段。
- field_classes：可选属性，用于将模型字段重新定义。默认情况下，模型字段与表单字段遵从Django内置的转换规则。
- help_texts：可选属性，用于设置表单字段的参数help_text。
- error_messages：可选属性，用于设置表单字段的参数error_messages。

为了进一步介绍模型表单ModelForm，我们以8.2节的MyDjango为例，在项目应用index的form.py中重新定义表单类VocationForm，代码如下：

```
from django import forms
from .models import *
class VocationForm(forms.ModelForm):
    # 添加模型外的表单字段
    LEVEL = (('L1', '初级'),
             ('L2', '中级'),
             ('L3', '高级'),)
    level = forms.ChoiceField(choices=LEVEL,label='级别')
    # 模型与表单设置
    class Meta:
        # 绑定模型
```

```
        model = Vocation
        # fields属性用于设置转换字段
          # '__all__'将全部模型字段转换为表单字段
        # fields = '__all__'
        # fields = ['job', 'title', 'payment', 'person']
        # exclude用于禁止将模型字段转换为表单字段
        exclude = []
        # labels设置HTML元素控件的label标签
        labels = {
            'job': '职位',
            'title': '职称',
            'payment': '薪资',
            'person': '姓名'
        }
        # 定义widgets，设置表单字段的CSS样式
        widgets = {
            'job':forms.widgets.TextInput(attrs={'class':'c1'}),
        }
        # 重新定义字段类型
        # 一般情况下模型字段会自动转换成表单字段
        field_classes = {
            'job': forms.CharField
        }
        # 帮助提示信息
        help_texts = {
            'job': '请输入职位名称'
        }
        # 自定义错误信息
        error_messages = {
            # __all__设置全部错误信息
            '__all__': {'required': '请输入内容',
                        'invalid': '请检查输入内容'},
            # 设置某个字段的错误信息
            'title': {'required': '请输入职称',
                      'invalid': '请检查职称是否正确'}
        }
    # 自定义表单字段payment的数据清洗
    def clean_payment(self):
        # 获取字段payment的值
        data = self.cleaned_data['payment'] + 1
        return data
```

在上述代码中，模型表单VocationForm可以分为3大部分：添加模型外的表单字段、模型与表单的关联设置和自定义表单字段payment的数据清洗函数，说明如下：

- 添加模型外的表单字段是在模型已有的字段下添加额外的表单字段。
- 模型与表单的关联设置是将模型字段转换成表单字段，在模型表单的Meta属性里设置函数modelform_factory的属性。

- 自定义表单字段payment的数据清洗函数只适用于表单字段payment的数据清洗，也可以将该函数视为表单字段的验证函数，只需在函数里设置ValidationError异常抛出即可。

这里我们只重写表单类VocationForm，项目里的其他代码不做任何修改。运行MyDjango项目，在浏览器上访问127.0.0.1:8000，运行结果如图8-9所示。

图 8-9　运行结果

综上所述，模型字段转换为表单字段要遵从Django内置的转换规则，两者的转换规则如表8-2所示。

表 8-2　模型字段与表单字段的转换规则

模型字段类型	表单字段类型
AutoField	不能转换为表单字段
BigAutoField	不能转换为表单字段
BigIntegerField	IntegerField
BinaryField	CharField
BooleanField	BooleanField或者NullBooleanField
CharField	CharField
DateField	DateField
DateTimeField	DateTimeField
DecimalField	DecimalField
EmailField	EmailField
FileField	FileField
FilePathField	FilePathField
ForeignKey	ModelChoiceField
ImageField	ImageField
IntegerField	IntegerField
IPAddressField	IPAddressField
GenericIPAddressField	GenericIPAddressField
ManyToManyField	ModelMultipleChoiceField
NullBooleanField	NullBooleanField
PositiveIntegerField	IntegerField
PositiveSmallIntegerField	IntegerField
SlugField	SlugField
SmallIntegerField	IntegerField
TextField	CharField
TimeField	TimeField
URLField	URLField

8.4 在视图里使用Form

表单类型分为Form和ModelForm，不同类型的表单有不同的使用方法，本节将深入讲述如何在视图里使用表单Form和模型实现数据交互。

在8.2节的MyDjango项目里，项目应用index的views.py中已简单演示了表单类Form的使用过程。我们对视图函数index进行重写，将表单Form和模型Vocation结合使用，实现表单与模型之间的数据交互。视图函数index的代码如下：

```
# index的views.py
from django.shortcuts import render
from django.http import HttpResponse
from .form import *
from .models import *
def index(request):
    # GET请求
    if request.method == 'GET':
        id = request.GET.get('id', '')
        if id:
            d = Vocation.objects.filter(id=id).values()
            d = list(d)[0]
            d['person'] = d['person_id']
            i=dict(initial=d,label_suffix='*',prefix='vv')
            # 将参数i传入表单VocationForm执行实例化
            v = VocationForm(**i)
        else:
            v = VocationForm(prefix='vv')
        return render(request, 'index.html', locals())
    # POST请求
    else:
        # 由于在GET请求中设置了参数prefix
        # 因此实例化时必须设置参数prefix，否则无法获取POST的数据
        v=VocationForm(data=request.POST, prefix='vv')
        if v.is_valid():
            # 获取网页控件name的数据
            # 方法一
            title = v['title']
            # 方法二
            # cleaned_data将控件name的数据进行清洗
            ctitle = v.cleaned_data['title']
            print(ctitle)
            # 将数据更新到模型Vocation
            id = request.GET.get('id', '')
            d = v.cleaned_data
            d['person_id'] = int(d['person'])
            Vocation.objects.filter(id=id).update(**d)
            return HttpResponse('提交成功')
```

```
        else:
            # 获取错误信息，并以JSON格式输出
            error_msg = v.errors.as_json()
            print(error_msg)
            return render(request, 'index.html', locals())
```

视图函数index根据请求方式的不同有3种处理方法：不带请求参数的GET请求、带请求参数的GET请求和POST请求，详细说明如下：

（1）当访问127.0.0.1:8000时，Django接收一个不带请求参数的GET请求，函数index将表单类VocationForm进行实例化。如果在一个网页里使用同一个表单类生成多个不同的网页表单，就可以设置参数prefix，自定义每个表单的控件属性name和id的值，从而使Django能识别每个网页表单。最后将表单实例化对象传递给模板文件index.html，并在浏览器上生成空白的网页表单，如图8-10所示。

（2）当访问127.0.0.1:8000/?id=1时，浏览器向Django发送带参数id的GET请求，视图函数index获取请求参数id的值，并在模型Vocation中查找主键id等于1的数据，然后将数据作为表单VocationForm的初始化数据，在网页上显示相应的数据信息，如图8-11所示。

图8-10　不带请求参数的GET请求

图8-11　带请求参数的GET请求

查询模型Vocation的数据时，模型的外键字段为person_id，而表单类VocationForm的字段为person。因此，要在模型Vocation的查询结果上增加键为person的键值对，否则查询结果无法作为表单类VocationForm的初始化数据。

（3）在图8-11上修改表单数据并单击“提交”按钮，这时就会触发POST请求，将表单的数据一并发送到Django，视图函数index将请求参数（网页表单的数据）以data形式传递给表单类VocationForm。由于在GET请求的表单VocationForm中设置了参数prefix，因此在处理POST请求时，实例化VocationForm必须设置参数prefix，否则无法获取POST的请求数据。也就是说，使用同一个表单并且需要多次实例化表单时，除了参数initial和data的数据不同之外，其他参数设置必须相同，否则无法接收上一个表单对象所传递的数据信息。

表单VocationForm接收POST的请求参数后，使用is_valid()方法执行表单验证功能。如果验证通过，就将表单数据更新到模型Vocation。由于模型字段person_id和表单字段person都代表数据表的外键字段，但两者的命名不同，因此需要将表单字段person转换成模型字段person_id，之后才执行数据修改操作。如果表单验证失败，就将验证的错误信息显示在模板文件index.html中。

综上所述，表单类Form和模型实现数据交互需要注意以下事项：

- *表单字段最好与模型字段相同，否则两者在进行数据交互时，必须将两者的字段进行转换。*

- 使用同一个表单并且需要多次实例化表单时，除了参数initial和data的数据不同之外，其他参数设置必须相同，否则无法接收上一个表单对象所传递的数据信息。
- 参数initial是表单实例化的初始化数据，这些数据由模型传递给表单，再由表单显示在网页上；参数data是在表单实例化之后，传递用户输入的数据给实例化对象，它只适用于处理表单接收的HTTP请求中的数据。
- 参数prefix用于设置表单的控件属性name和id的值，若在一个网页里使用同一个表单类生成多个不同的网页表单，则可使用参数prefix来区分每个网页表单，以便在接收或设置某个表单数据时不与其他的表单数据混淆。

8.5 在视图里使用ModelForm

从8.4节的例子中可以看出，表单类Form和模型实现数据交互最主要的问题在于表单字段和模型字段的匹配性。如果将表单类Form改为ModelForm，就无须考虑字段匹配性的问题。以8.4节的MyDjango项目为例，在项目应用index的form.py中定义模型表单VocationForm，代码如下：

```
# index的form.py
from django import forms
from .models import *
class VocationForm(forms.ModelForm):
    class Meta:
        model = Vocation
        fields = '__all__'
        labels = {
            'job': '职位',
            'title': '职称',
            'payment': '薪资',
            'person': '姓名'
        }
        error_messages = {
            '__all__': {'required': '请输入内容',
                        'invalid': '请检查输入内容'},
        }
    # 自定义表单字段payment的数据清洗
    def clean_payment(self):
        data = self.cleaned_data['payment'] + 10
        return data
```

由于模型表单ModelForm比表单Form增加了数据保存方法save()，因此视图函数index对模型Vocation进行数据修改和新增操作，代码如下：

```
# index的views.py
from django.shortcuts import render
from django.http import HttpResponse
from .form import *
from .models import *
def index(request):
```

```
    # GET请求
    if request.method == 'GET':
        id = request.GET.get('id', '')
        if id:
            i = Vocation.objects.filter(id=id).first()
            # 将参数i传入表单VocationForm执行实例化
            v = VocationForm(instance=i, prefix='vv')
        else:
            v = VocationForm(prefix='vv')
        return render(request, 'index.html', locals())
    # POST请求
    else:
        # 由于在GET请求中设置了参数prefix
        # 因此在实例化时需要设置参数prefix，否则无法获取POST的数据
        v = VocationForm(data=request.POST, prefix='vv')
        # is_valid()会使字段payment自增加10
        if v.is_valid():
            # 根据请求参数id查询模型数据是否存在
            id = request.GET.get('id')
            result = Vocation.objects.filter(id=id)
            # 若数据不存在，则新增数据
            if not result:
                # 数据保存方法一
                # 直接将数据保存到数据库
                # v.save()
                # 数据保存方法二
                # 将save的参数以commit=False进行赋值
                # 生成数据库对象v1，修改v1的属性值并保存
                v1 = v.save(commit=False)
                v1.title = '初级' + v1.title
                v1.save()
                # 数据保存方法三
                # save_m2m()保存ManyToMany的数据模型
                # v.save_m2m()
                return HttpResponse('新增成功')
            # 若数据存在，则修改数据
            else:
                d = v.cleaned_data
                d['title'] = '中级' + d['title']
                result.update(**d)
                return HttpResponse('修改成功')
        else:
            # 获取错误信息，并以JSON格式输出
            error_msg = v.errors.as_json()
            print(error_msg)
            return render(request, 'index.html', locals())
```

上述代码与8.4节的视图函数index所实现的功能大致相同，但从中可以发现，模型表单ModelForm与表单Form的使用过程存在差异，具体的分析说明如下：

（1）当访问127.0.0.1:8000/?id=1时，视图函数index获取请求参数id的值（id=1），并在模型Vocation中查询主键id等于1的数据，然后将查询对象作为表单VocationForm的参数instance并执行表单实例化，最后将表单实例化对象传递给模板文件，在网页上生成网页表单，如图8-12所示。

（2）如果模型的查询对象为空，就代表请求参数id的值在模型Vocation里找不到相应的数据。如果表单的参数instance为None，网页上就会生成一个空白的网页表单，如图8-13所示。

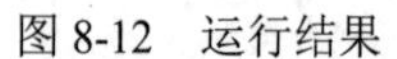
图 8-12　运行结果

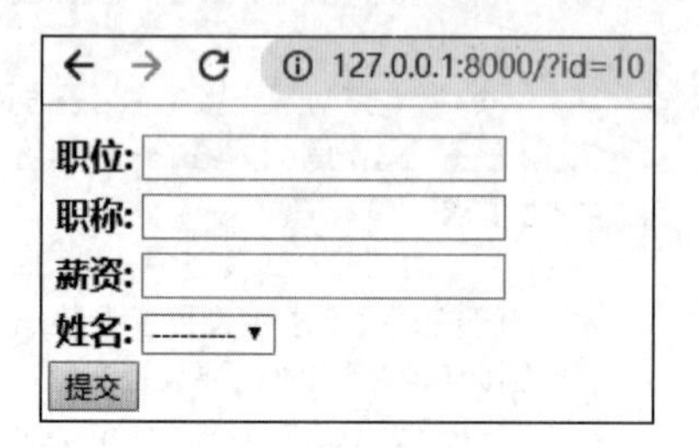

图 8-13　运行结果

（3）在表单上填写数据并单击“提交”按钮后，Django将接收一个POST请求，视图函数使用模型表单VocationForm接收POST的请求参数，生成表单对象v；然后调用is_valid()方法验证表单数据。

如果表单验证失败，就将验证信息传递给模板文件index.html并显示在网页上。如果表单验证成功，就从POST请求的路由地址里获取请求参数id，并将参数id的值作为模型Vocation的查询条件。若查询结果不为空，则执行数据修改；若查询结果为空，则由表单对象调用save()方法实现模型的数据新增。

视图函数index中列举了模型表单ModelForm保存数据的3种方法，实质上实现数据保存只有save()和save_m2m()两种方法。

使用save()保存数据时，参数commit的值会影响数据的保存方式。如果参数commit为True，就直接将表单数据保存到数据库；如果参数commit为False，就会生成一个数据库对象，然后对该对象进行增、删、改、查等数据操作，再将修改后的数据保存到数据库。

值得注意的是，save()只适合将数据保存在非多对多关系的数据表中，而save_m2m()只适合将数据保存在多对多关系的数据表中。

8.6　同一网页多个表单

一个网页中可能存在多个不同的表单，每个表单可能有一个或多个提交按钮。如果一个网页中有多个不同表单，每个表单仅有一个提交按钮，当单击某个表单的某个提交按钮时，程序如何在多个表单中获取某个表单的数据呢？Django又是如何将多个表单逐一区分的呢？

如果网页表单是由Django生成的，并且同一个表单类实例化了多个表单对象，那么在实例化过程中可以设置参数prefix，该参数用于对每个表单对象进行命名，Django通过表单对象的命名进行区分和管理。

以8.4节的MyDjango为例，由项目应用index的form.py定义的表单类VocationForm创建多个表单对象。我们打开MyDjango的urls.py，index的urls.py、views.py和templates的index.html，分别定义路由index、视图函数indexView()和模板文件index.html，代码如下：

```
# MyDjango的urls.py
from django.urls import path, include
urlpatterns = [
    # 指向index的路由文件urls.py
    path('',include(('index.urls','index'),namespace='index')),
]

# index的urls.py
from django.urls import path
from .views import *
urlpatterns = [
    # 定义路由
    path('', indexView, name='index'),
]

# index的views.py
from django.shortcuts import render
from django.http import HttpResponse
from .form import *
def indexView(request):
    # GET请求
    if request.method == 'GET':
        v = VocationForm(prefix='vv')
        w = VocationForm(prefix='ww')
        return render(request, 'index.html', locals())
    # POST请求
    else:
        # 由于在GET请求中设置了参数prefix
        # 实例化时必须设置参数prefix，否则无法获取POST的数据
        v = VocationForm(data=request.POST, prefix='vv')
        w = VocationForm(data=request.POST, prefix='ww')
        if v.is_valid():
            print(v.data)
            return HttpResponse('表单1提交成功')
        elif w.is_valid():
            print(w.data)
            return HttpResponse('表单2提交成功')
        else:
            # 获取错误信息，并以JSON格式输出
            error_msg = v.errors.as_json()
            print(error_msg)
            return render(request, 'index.html', locals())

# templates的index.html
<!DOCTYPE html>
<html lang="en">
<head>
    <meta charset="UTF-8">
    <title>Title</title>
```

```
    </head>
    <body>
        {% if v.errors %}
            <p>
                数据出错啦，错误信息：{{ v.errors }}
            </p>
        {% else %}
            <form action="" method="post">
            {% csrf_token %}
                <table>
                    {{ v.as_table }}
                </table>
                <input type="submit" value="提交">
            </form>

            <form action="" method="post">
            {% csrf_token %}
                <table>
                    {{ w.as_table }}
                </table>
                <input type="submit" value="提交">
            </form>
        {% endif %}
    </body>
    </html>
```

运行上述代码，在浏览器上访问http://127.0.0.1:8000/，可以看到网页上生成两个不同的表单，如图8-14所示。

图 8-14　网页表单

在上述代码中，视图函数indexView()分别对GET请求和POST请求进行了不同处理，详细说明如下：

（1）当用户在浏览器上访问路由 index（即访问 http://127.0.0.1:8000/）时，视图函数 indexView()将收到一个 GET 请求，它先使用表单类 VocationForm 实例化生成两个表单对象 v 和 w，并分别在表单对象 v 和 w 中设置参数 prefix 等于 vv 和 ww；再把表单对象 v 和 w 传递给模板文件 index.html；最后，由模板语法解析表单对象 v 和 w，生成相应的网页表单。

（2）当用户在网页表单上输入数据并单击“提交”按钮时，浏览器向 Django 发送 POST 请求，视图函数 indexView()收到 POST 请求后，首先使用表单类 VocationForm 实例化生成两个表单对象 v 和 w，分别在表单对象 v 和 w 中设置参数 prefix 等于 vv 和 ww，并将 POST 请求的请求参数加载到表单对象 v 和 w 中；然后由表单对象 v 和 w 调用 is_valid()方法验证表单数据，只要表单对象 v 或表单对象 w 验证成功，就能确定用户使用了哪一个表单。

综上所述，如需在一个网页中生成多个表单，Django的实现过程如下：

（1）使用同一表单类生成多个表单对象，在实例化表单对象之前，设置参数 prefix 即可生成不同的表单对象，Django 通过参数 prefix 区分和管理多个表单对象。

（2）在验证表单数据时，Django通过参数prefix确定当前请求参数是来自哪一个表单对象。

8.7　一个表单多个按钮

在一个网页表单中可能存在多个功能不同的按钮。比如用户登录页面的验证码获取按钮、登录按钮、注册按钮等，它们可以在同一个表单中设置，并且每个按钮触发的功能各不相同。

如果表单的所有功能都由 Django 来实现（排除 AJAX 异步请求这类实现方式），那么多个按钮所触发的功能应在同一个视图函数中实现，视图函数可以根据当前请求进行判断，以分辨出当前请求是由哪个按钮触发的。

以8.6节的实例为例，表单还是由表单类VocationForm实例化生成，只需要修改路由index的视图函数indexView()和模板文件index.html，代码如下：

```
# index的views.py
from django.shortcuts import render
from django.http import HttpResponse
from .form import *
def indexView(request):
    # GET请求
    if request.method == 'GET':
        v = VocationForm(prefix='vv')
        return render(request, 'index.html', locals())
    # POST请求
    else:
        # 由于在GET中请求设置了参数prefix
        # 因此实例化时必须设置参数prefix，否则无法获取POST的数据
        v = VocationForm(data=request.POST, prefix='vv')
        # 判断当前请求来自哪一个按钮
        if 'add' in request.POST:
            return HttpResponse('提交成功')
        else:
            return HttpResponse('修改成功')

# templates的index.html
<!DOCTYPE html>
<html lang="en">
<head>
    <meta charset="UTF-8">
    <title>Title</title>
</head>
<body>
    {% if v.errors %}
        <p>
            数据出错啦，错误信息：{{ v.errors }}
        </p>
    {% else %}
        <form action="" method="post">
        {% csrf_token %}
            <table>
```

```
                {{ v.as_table }}
            </table>
            <input type="submit" name="add" value="提交">
            <input type="submit" name="update" value="修改">
        </form>
    {% endif %}
</body>
</html>
```

在上述代码中，视图函数indexView()分别对GET请求和POST请求进行了不同的处理，详细说明如下：

（1）用户在浏览器上访问路由index时，视图函数indexView()将收到GET请求，它先使用表单类VocationForm实例化生成表单对象v，并将对象v传递给模板文件index.html；然后由模板语法解析表单对象v生成网页表单。

（2）用户在网页表单上输入数据并单击某个按钮后，浏览器向Django发送POST请求，视图函数indexView()接收到POST请求后，先使用表单类VocationForm实例化生成表单对象v，再将请求参数传入对象v中，并判断当前请求是由哪一个按钮触发的。代码“if 'add' in request.POST”中的add是模板文件index.html定义的“提交”按钮的name属性，如果add在当前请求里面，就说明当前请求是由“提交”按钮触发的，否则是由“修改”按钮触发的。

综上所述，如需在表单里设置多个功能不同的按钮，其实现过程如下：

（1）模板文件必须对每个按钮设置name属性，并且每个按钮的name的属性值是唯一的。

（2）同一表单中，HTML的<form>标签的action属性只能设置一次，也就是说，一个表单只能设置一个路由，表单中多个按钮的业务逻辑只能由同一个视图函数处理。

（3）视图函数对当前请求信息与每个按钮的name属性进行判断，如果符合判断条件，则说明当前请求是由该按钮触发的，比如“if 'add' in request.POST”等于True时，当前请求由name="add"的按钮触发。

8.8 表单的批量处理

正常情况下，表单的每个字段只会在网页上出现一次，如果要录入多条数据，就要重复多次提交表单。比如我们向财务系统录入多条报销数据，每一次报销操作都是在相同的表单字段中填写不同的数据内容，每一条报销数据都要单击“提交”按钮才能将数据保存到系统中。

为了减少“提交”按钮的单击次数，可以将多条数据在一个表单中填写，只要表单能生成多个相同的表单字段。当单击“提交”按钮后，系统对表单数据执行批量操作，在数据库中保存多条数据。

若要使用 Django 实现数据的批量处理，可以在表单类实例化的时候重新定义表单的工厂函数，在表单的实例化对象生成网页表单时，Django 自动为每个表单字段创建多个网页元素。

以MyDjango项目为例，在项目应用index中创建form.py文件，分别在models.py和form.py中定义模型PersonInfo和表单类PersonInfoForm，代码如下：

```
# index的models.py
from django.db import models

class PersonInfo(models.Model):
    id = models.AutoField(primary_key=True)
    name = models.CharField(max_length=20)
    age = models.IntegerField()

    def __str__(self):
        return self.name
    class Meta:
        verbose_name = '人员信息'

# index的form.py
from django import forms
from .models import *
class PersonInfoForm(forms.ModelForm):
    class Meta:
        model = PersonInfo
        fields = '__all__'
        labels = {
            'name': '姓名',
            'age': '年龄',
        }
```

定义模型和表单类之后，执行数据迁移，根据模型的定义过程在数据库中创建相应的数据表，数据库采用SQLite3。在PyCharm的Terminal窗口输入数据迁移指令，如下所示：

```
# 创建数据表的脚本代码
D:\MyDjango>python manage.py makemigrations
# 执行数据表的脚本代码，创建数据表
D:\MyDjango>python manage.py migrate
```

最后，在MyDjango的urls.py，项目应用index的urls.py、views.py和templates的index.html中分别编写路由index、视图indexView和模板文件index.html，代码如下：

```
# MyDjango的urls.py
from django.urls import path, include
urlpatterns = [
    # 指向index的路由文件urls.py
    path('',include(('index.urls','index'),namespace='index')),
]

# index的urls.py
from django.urls import path
from .views import *
urlpatterns = [
    # 定义路由
    path('', indexView, name='index'),
]

# index的views.py
from django.shortcuts import render
from django.http import HttpResponse
```

```
from .form import *
from .models import *
def indexView(request):
    # 参数extra用于设置表单数量
    # 参数max_num用于限制表单的最大数量
    pfs = forms.formset_factory(PersonInfoForm, extra=2, max_num=5)

    # modelformset_factory是在formset_factory基础上加入模型操作功能
    # 它是将模型当前数据以表单形式展示，可用于删除、排序等操作
    # pfs = forms.modelformset_factory(model=PersonInfo,
    # form=PersonInfoForm, extra=0, max_num=5)

    # GET请求
    if request.method == 'GET':
        p = pfs()
        return render(request, 'index.html', locals())
    # POST请求
    else:
        p = pfs(request.POST)
        if p.is_valid():
            for i in p:
                i.save()
            return HttpResponse('新增成功')
        else:
            # 获取错误信息，并以JSON格式输出
            error_msg = p.errors.as_json()
            print(error_msg)
            return render(request, 'index.html', locals())

# templates的index.html
<!DOCTYPE html>
<html lang="en">
<head>
    <meta charset="UTF-8">
    <title>Title</title>
</head>
<body>
    {% if p.errors %}
        <p>
            数据出错啦，错误信息：{{ v.errors }}
        </p>
    {% else %}
        <form action="" method="post">
        {% csrf_token %}
            <table>
                {{ p.as_table }}
            </table>
            <input type="submit" value="提交">
        </form>
    {% endif %}
</body>
</html>
```

从视图函数indexView()中可以看到，表单类PersonInfoForm通过内置的表单工厂函数formset_factory()来生成实例化对象。分析工厂函数formset_factory()可知，它一共设置了9个参数，每个参数的说明如下：

- 参数form用于设置表单类，表单类可以为Form或ModelForm类型。
- 参数formset用于在表单初始化的时候设置初始数据。
- 参数extra的默认值为1，用于设置表单字段的数量。
- 参数can_order的默认值为False，用于对表单数据进行排序操作。
- 参数can_delete的默认值为False，用于删除表单数据。
- 参数max_num的默认值为None，用于限制表单字段的最大数量，最多生成1000个表单字段。
- 参数validate_max用于验证并检查表单的所有数据量。减去已删除的数据量后，剩余的数据量必须小于或等于参数max_num的值。
- 参数min_num用于限制表单字段的最小数量。
- 参数validate_min用于验证并检查表单的所有数据量。减去已删除的数据量后，剩余的数据量必须大于或等于参数min_num的值。

工厂函数formset_factory()支持表单类Form或ModelForm的实例化，但表单类ModelForm是在模型基础上定义的，所以Django还定义了工厂函数modelformset_factory()，它一共设置了19个参数，每个参数的说明如下：

- 参数model代表已定义的模型。
- 参数form是需要实例化的表单类，表单类必须为ModelForm类型。
- 参数formfield_callback用于设置回调函数，函数参数是模型字段，返回值是表单字段，可以对模型字段进行加工处理，然后生成表单字段。
- 参数formset在表单初始化的时候设置初始数据。
- 参数extra的默认值为1，它用于设置表单字段的数量。
- 参数can_order的默认值为False，用于对表单数据进行排序操作。
- 参数can_delete的默认值为False，用于删除表单数据。
- 参数max_num的默认值为None，它用于限制表单字段的最大数量，最多生成1000个表单字段。
- 参数fields用于选择某些表单字段能生成表单的网页元素。
- 参数exclude用于选择某些表单字段不能生成表单的网页元素。
- 参数widgets用于为模型字段设置窗口小部件（即网页元素的属性、样式等设置）。
- 参数validate_max用于验证并检查表单的所有数据量。减去已删除的数据量后，剩余的数据量必须小于或等于参数max_num的值。
- 参数localized_fields用于设置字段的本地化名称，即中英文切换时，字段名称的中英文翻译。
- 参数labels用于设置字段在网页表单上显示的名称。
- 参数help_texts用于为每个字段设置提示信息。
- 参数error_messages用于为每个字段设置错误信息。

- 参数min_num用于限制表单字段的最小数量。
- 参数validate_min用于验证并检查表单的所有数据量。减去已删除的数据量后，剩余的数据量必须大于或等于参数min_num的值。
- 参数field_classes是表单字段和模型字段的映射关系。

由于表单类PersonInfoForm是ModelForm类型，因此它能使用工厂函数formset_factory()或modelformset_factory()创建表单对象。上述例子使用了工厂函数formset_factory()对表单类PersonInfoForm执行实例化过程。

运行MyDjango，在浏览器上访问http://127.0.0.1:8000/，Django分别为表单字段name和age创建了两个网页元素，如图8-15所示。

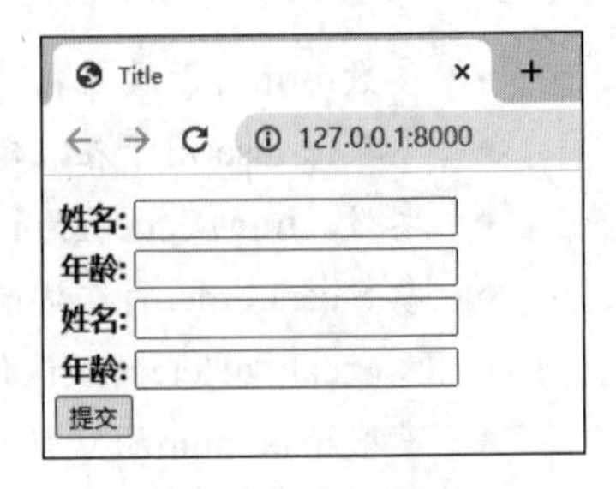

图 8-15 运行结果

当我们在网页表单上输入数据并单击“提交”按钮后，浏览器向Django发送POST请求，视图函数indexView()使用表单对象pfs接收表单数据，再由表单对象pfs调用save()方法就能将数据批量保存到数据库中。

综上所述，Django 若要实现表单数据的批量处理，可以使用内置工厂函数 formset_factory()或modelformset_factory()改变表单类的实例化过程，再由表单对象生成网页表单。当浏览器将网页表单提交到 Django 时，必须由同一个表单对象接收表单数据，才能将数据保存在数据库中。

8.9 多文件批量上传

如果网页表单是由 Django 的表单类创建的，并且表单设有文件上传功能，那么可以在表单类中设置表单字段为 forms.FileField 类型；或者在模型中设置模型字段为 models.FileField，通过模型映射到表单类 ModelForm，从而生成具有文件上传功能的控件。

每次执行文件上传，Django 只能上传一个文件。如果要实现多个文件批量上传，需要设置表单字段 FileField 的参数 widget，使网页表单支持多个文件上传。

例如人员信息，每个人会有多张证件信息，因此定义模型PersonInfo 和 CertificateInfo，分别代表人员基本信息和证件信息。以MyDjango 为例，首先在 MyDjango 目录下创建 media 文件夹，并在media 文件夹中创建 images 文件夹，目录结构如图 8-16 所示。

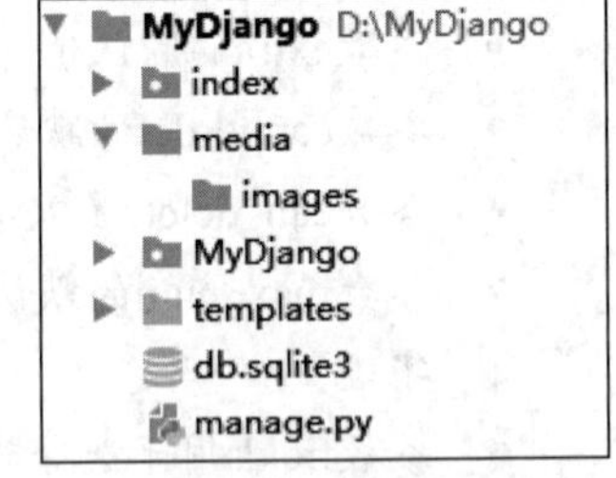

图 8-16 目录结构

接着在项目应用index的models.py中定义模型PersonInfo、CertificateInfo，以及重写Django内置文件系统类FileSystemStorage，实现代码如下：

```
# index的models.py
from django.db import models
import os
from django.core.files.storage import FileSystemStorage
from django.conf import settings
```

```
class PersonInfo(models.Model):
    id = models.AutoField(primary_key=True)
    name = models.CharField(max_length=20)
    age = models.IntegerField()

    def __str__(self):
        return self.name

    class Meta:
        verbose_name = '人员信息'

# 重写Django内置文件系统类FileSystemStorage
# 如果上传文件名已存在media文件夹中，则删除原文件
class mystorage(FileSystemStorage):
    def get_available_name(self, name, max_length=None):
        if self.exists(name):
            os.remove(os.path.join(settings.MEDIA_ROOT, name))
        return name

class CertificateInfo(models.Model):
    id = models.AutoField(primary_key=True)
    certificate = models.FileField(blank=True,
            upload_to='images/', storage=mystorage())
    person = models.ForeignKey(PersonInfo, blank=True,
            null=True, on_delete=models.CASCADE)

    def __str__(self):
        return self.person

    class Meta:
        verbose_name = '证件信息'
```

在默认情况下，Django内置的文件系统类FileSystemStorage不会覆盖具有相同名称的文件，如果上传的文件与系统已有的文件名称重复，则Django会自动为上传的文件重新命名。

在上述代码中，重写了内置文件系统类FileSystemStorage的get_available_name()函数，该函数用于判断当前上传文件与系统已有的文件是否命名重复，若重复，则删除系统的原文件，使上传的文件能保存在系统中。

模型PersonInfo和CertificateInfo之间通过外键person进行关联，实现数据的一对多关系，使得一个人员能上传多张证件信息。模型定义后需要执行数据迁移，在数据库中创建相应的数据表。

下一步，在项目应用index的form.py中定义表单类PersonInfoForm，它将模型PersonInfo的字段映射为表单字段，并添加表单字段certificate，该字段用于生成具有文件上传功能的控件。表单类的定义过程如下：

```
# index的form.py
from django import forms
from .models import *

# 重新定义部件MultipleFileInput
class MultipleFileInput(forms.ClearableFileInput):
```

```
    # 设置允许多文件上传
    allow_multiple_selected = True

# 重新定义表单字段FileField
class MultipleFileField(forms.FileField):
    def __init__(self, *args, **kwargs):
        kwargs.setdefault("widget", MultipleFileInput())
        super().__init__(*args, **kwargs)

    def clean(self, data, initial=None):
        single_file_clean = super().clean
        if isinstance(data, (list, tuple)):
            result = [single_file_clean(d, initial) for d in data]
        else:
            result = single_file_clean(data, initial)
        return result

# 定义表单对象
class PersonInfoForm(forms.ModelForm):
    certificate=MultipleFileField(label='证件',allow_empty_file=True)
    class Meta:
        model = PersonInfo
        fields = '__all__'
        labels = {
            'name': '名字',
            'age': '年龄',
        }
```

然后，在MyDjango的urls.py和项目应用index的urls.py中定义路由信息，分别定义路由index和路由media。路由index生成网页表单的地址链接；路由media将MyDjango的media文件夹路径写入Django中，作为媒体资源文件的保存路径。切勿忘记在配置文件settings.py中配置media文件夹的路径信息。详细代码如下：

```
# MyDjango的urls.py
from django.urls import path, include, re_path
from django.views.static import serve
from django.conf import settings
urlpatterns = [
    # 指向index的路由文件urls.py
    path('',include(('index.urls','index'),namespace='index')),
    re_path('media/(?P<path>.*)', serve,
     {'document_root': settings.MEDIA_ROOT}, name='media'),
]

# index的urls.py
from django.urls import path
from .views import *
urlpatterns = [
    # 定义路由index
    path('', indexView, name='index'),
]
```

最后，在项目应用index的views.py和模板文件index.html中分别编写视图函数indexView()和表单的模板语法，详细代码如下：

```
# index的views.py
from django.shortcuts import render
from django.http import HttpResponse
from .form import PersonInfoForm
from .models import PersonInfo, CertificateInfo
from django.conf import settings
import os

def indexView(request):
    # GET请求
    if request.method == 'GET':
        id = request.GET.get('id', '')
        if id:
            i = PersonInfo.objects.filter(id=id).first()
            p = PersonInfoForm(instance=i)
        else:
            p = PersonInfoForm()
        return render(request, 'index.html', locals())
    # POST请求
    else:
        p=PersonInfoForm(data=request.POST,files=request.FILES)
        if p.is_valid():
            name = p.cleaned_data['name']
            result = PersonInfo.objects.filter(name=name)
            # 若数据不存在，则新增数据
            if not result:
                p = p.save()
                id = p.id
                # 遍历上传的文件，依次添加证件信息
                # 如果网页有多个文件上传控件
                # 可以通过getlist方法获取指定的文件上传控件
                for f in request.FILES.getlist('certificate'):
                    # 修改文件名
                    # 如果不同用户上传具有相同文件名的文件
                    # 可以防止media文件夹覆盖文件
                    f.name = f'{id}.'.join(f.name.split('.'))
                    d = dict(person_id=id, certificate=f)
                    CertificateInfo.objects.create(**d)
                return HttpResponse('新增成功')
            # 若数据存在，则修改数据
            else:
                age = p.cleaned_data['age']
                d = dict(name=name, age=age)
                result.update(**d)
                # 删除旧的证件
                id = result.first().id
                # 删除media文件夹中的文件，然后删除数据表中的数据
                for c in CertificateInfo.objects.filter(person_id=id):
```

```
                # c.certificate是文件对象，通过name属性获取文件名
                # 删除media文件夹中的文件
                fn = c.certificate.name
                os.remove(os.path.join(settings.MEDIA_ROOT, fn))
                # 删除数据表中的数据
                c.delete()
            # 添加新的证件
            for f in request.FILES.getlist('certificate'):
                # 修改文件名
                # 如果不同用户上传具有相同文件名的文件
                # 可以防止media文件夹覆盖文件
                f.name = f'{id}.'.join(f.name.split('.'))
                d = dict(person_id=id, certificate=f)
                CertificateInfo.objects.create(**d)
            return HttpResponse('修改成功')
    else:
        # 获取错误信息，并以JSON格式输出
        error_msg = p.errors.as_json()
        print(error_msg)
        return render(request, 'index.html', locals())

# templates的index.html
<!DOCTYPE html>
<html lang="en">
<head>
    <meta charset="UTF-8">
    <title>Title</title>
</head>
<body>
    {% if v.errors %}
        <p>
            数据出错啦，错误信息：{{ v.errors }}
        </p>
    {% else %}
        <form action="" method="post" enctype="multipart/form-data">
        {% csrf_token %}
            <ul>
                <li>姓名：{{ p.name }}</li>
                <li>年龄：{{ p.age }}</li>
                <li>证件：{{ p.certificate }}</li>
            </ul>
            <input type="submit" value="提交">
        </form>
    {% endif %}
</body>
</html>
```

视图函数indexView()根据GET和POST请求编写了不同的处理过程，整个函数的业务逻辑说明如下：

（1）当用户以GET请求访问路由index时，相当于在浏览器上访问路由index，视图函数indexView()判断当前请求是否有请求参数id。如果存在请求参数id，则在模型PersonInfo中查询对应的用户数据，并将数据初始化到表单类PersonInfoForm，网页上就会显示当前用户的信息；如果不存在请求参数id，则浏览器会显示空白的网页表单。

（2）当用户在网页表单上填写数据并单击“提交”按钮后，浏览器向Django发送POST请求，由视图函数indexView()进行处理。表单数据由表单类PersonInfoForm接收，根据表单字段name查询模型PersonInfo，如果数据不存在，则将数据保存在模型PersonInfo所对应的数据表中，然后从request.FILES.getlist('certificate')中获取用户上传的所有文件并执行遍历操作，每次遍历是把每个文件信息保存到模型CertificateInfo中，模型字段certificate负责记录文件路径和保存文件。

（3）视图函数indexView()在处理POST请求时，如果表单数据已存在数据表中，则程序会修改模型PersonInfo的数据，然后从模型CertificateInfo中删除当前用户的数据，最后从request.FILES.getlist('certificate')中获取用户上传的所有文件，并写入模型CertificateInfo和保存文件。

在编写模板文件index.html的表单时，必须将表单的属性enctype设为multipart/form-data，该属性值表示设置文件上传功能。而对于多文件的批量上传，则由表单字段certificate的属性widget进行设置（即attrs={'multiple': True}）。

运行MyDjango，在浏览器上访问路由index，可以看到网页表单生成3个表单字段，单击“选择文件”按钮，允许选择多个文件上传，如图8-17所示。

图 8-17　上传文件

综上所述，使用Django实现多文件批量上传的过程如下：

（1）定义模型，模型的某个字段为 FileField 类型，用于记录文件上传的信息，如有需要，还可以重写内置文件系统类 FileSystemStorage。

（2）根据模型定义表单类，文件上传功能是通过自定义表单字段 MultipleFileField 实现的，它继承自表单字段 FileField，并且表单部件使用自定义部件 MultipleFileInput，它继承自 ClearableFileInput，将属性 allow_multiple_selected 改为 True 即可实现多文件上传功能。

（3）在视图函数中，使用已定义的表单类创建表单对象，当接收到 POST 请求后，网页表单的数据由表单类接收，表单类中必须设置参数 data 和 files，参数 data 是除文件上传之外的表单字段，参数 files 代表用户上传的所有文件。

（4）在模板文件中编写网页表单，必须将表单的 enctype 属性设为 multipart/form-data，否则文件无法实现上传功能。

（5）一个网页表单可以创建多个文件上传控件，视图函数中的 request.FILES 用于获取所有文件上传控件的文件信息。如果要获取某一个文件上传控件的文件信息，可以调用 getlist()方法。例如，网页中有两个文件上传控件，分别为 certificate 和 portrait，如果只获取属性 name=certificate 的所有文件信息，实现代码为 request.FILES.getlist('certificate')。

8.10 本章小结

本章详细介绍了Django的表单与模型的概念及使用，读者应该重点了解和掌握以下内容：

（1）了解完整表单的4个组成部分及其含义，即提交地址、请求方式、元素控件和提交按钮。

（2）掌握表单类Form和模型实现数据交互需要注意的事项。

（3）了解模型表单ModelForm实现数据保存的save()和save_m2m()方法以及两种方法的适合场景。

（4）了解表单的使用方式、表单的批量处理方法以及多文件批量上传的实现方法。

第 9 章

Admin后台系统

Admin后台系统，也称为网站后台管理系统，主要用于对网站的信息进行管理，包括文字、图片、影音和其他日常使用的文件的发布、更新、删除等操作。同时，它也包括功能信息的统计和管理，如用户信息、订单信息和访客信息等。简单来说，Admin后台系统是一个用于对网站数据库和文件进行快速操作和管理的系统，使网页内容能够及时得到更新和调整。

9.1 走进 Admin

一个网站上线之后，网站管理员可以通过网站后台系统对网站进行管理和维护。Django内置了Admin后台系统，创建Django项目时，默认启用了Admin后台系统。可以在项目的配置文件settings.py中的INSTALLED_APPS中找到Admin后台系统的配置信息，如图9-1所示。

如果网站不需要Admin后台系统，可以将配置信息删除，从而减少程序对系统资源的占用。此外，在MyDjango的urls.py中也可以找到Admin后台系统的路由信息。只要运行MyDjango项目并在浏览器上输入127.0.0.1:8000/admin，即可访问Admin后台系统，如图9-2所示。

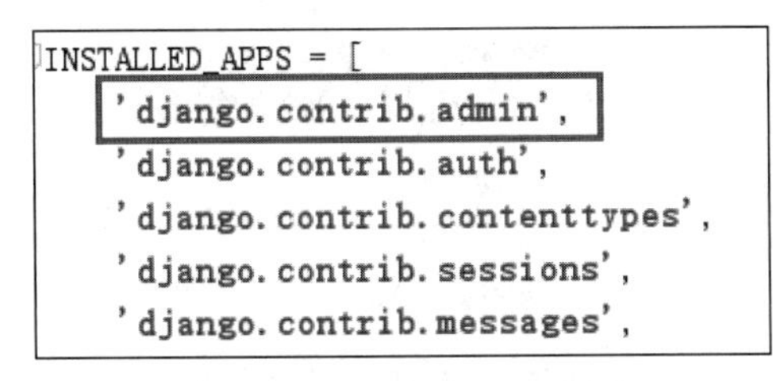

图 9-1 Admin 配置信息

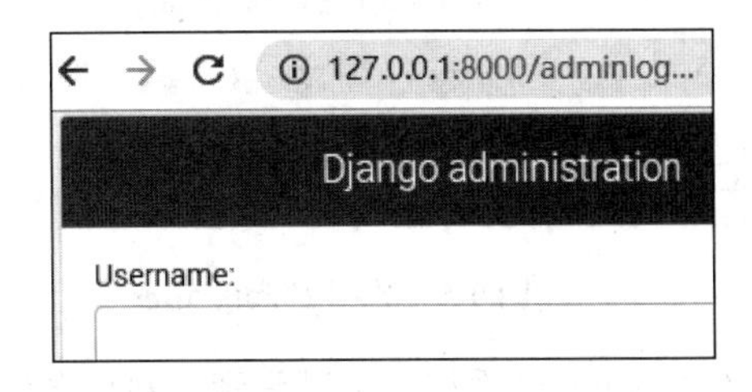

图 9-2 Admin 登录页面

在访问Admin后台系统时，需要用户的账号和密码才能登录后台管理页面。创建用户的账号和密码之前，必须确保项目已执行数据迁移，在数据库中已创建相应的数据表。以MyDjango项目为例，项目的数据表如图9-3所示。

如果Admin后台系统以英文的形式显示，那么我们还需要在项目的settings.py中设置中间件MIDDLEWARE，将后台内容以中文形式显示，如图9-4所示。添加的中间件是有先后顺序的，具体可回顾2.5节。

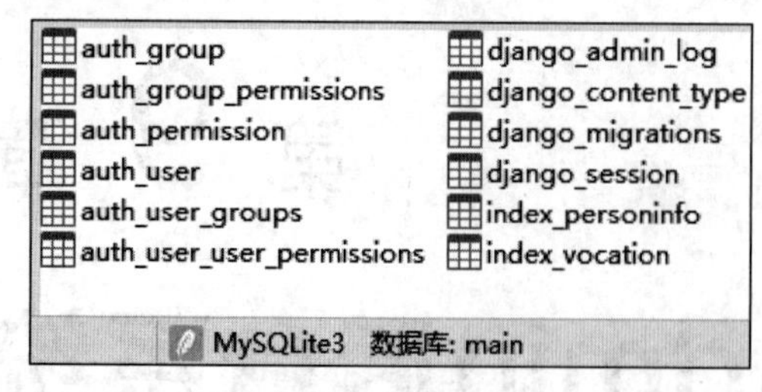

图 9-3　数据表信息

```
MIDDLEWARE = [
    'django.middleware.security.SecurityMiddleware',
    'django.contrib.sessions.middleware.SessionMiddle
    # 使用中文
    'django.middleware.locale.LocaleMiddleware',
    'django.middleware.common.CommonMiddleware',
    'django.middleware.csrf.CsrfViewMiddleware',
```

图 9-4　设置中文显示

完成上述设置后，下一步就是创建超级管理员的账号和密码，创建由Django的内置指令createsuperuser完成。在PyCharm的Terminal模式下输入创建指令，代码如下：

```
D:\MyDjango>python manage.py createsuperuser
Username (leave blank to use '000'): admin
Email address:
Password:
Password (again):
The password is too similar to the username.
This password is too short.
It must contain at least 8 characters.
This password is too common.
Bypass password validation and create user anyway? [y/N]:y
Superuser created successfully.
```

在创建用户时，用户名和邮箱地址可以为空，如果用户名为空，就默认使用计算机的用户名。设置用户密码时，输入的密码不会显示在屏幕上。如果密码过短，Django就会提示密码过短并提示是否继续创建，若输入“Y”，则强制创建用户；若输入“N”，则重新输入密码。完成用户创建后，打开数据表auth_user，可以看到新增了一条用户信息，如图9-5所示。

在浏览器上再次访问Admin的路由地址，在登录页面上使用刚刚创建的账号和密码登录，即可进入Admin后台系统，如图9-6所示。

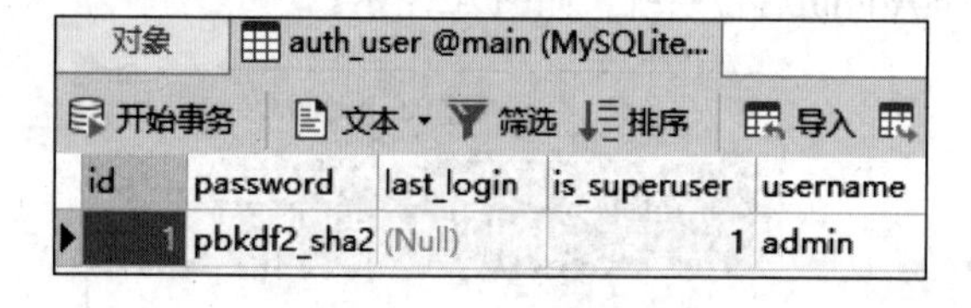

id	password	last_login	is_superuser	username
1	pbkdf2_sha2	(Null)	1	admin

图 9-5　数据表 auth_user

图 9-6　Admin 后台系统

在Admin后台系统中可以看到，网页布局分为站点管理、认证和授权、用户和组，分别说明如下：

（1）站点管理是整个Admin后台的主体页面，整个项目的App所定义的模型都会在此页面显示。

（2）认证和授权是Django内置的用户认证系统，包括用户信息、权限管理和用户组设置等功能。

（3）用户和组是认证和授权所定义的模型，分别对应数据表auth_user和auth_user_groups。

在MyDjango项目中，项目应用index定义了模型PersonInfo和Vocation，分别对应数据表index_personinfo和index_vocation。若想将index定义的模型展示在Admin后台系统中，则需要在index的admin.py中编写相关代码，以模型PersonInfo为例，代码如下：

```
# index的admin.py
from django.contrib import admin
from .models import *

# 方法一
# 将模型直接注册到Admin后台
# admin.site.register(PersonInfo)

# 方法二
# 自定义PersonInfoAdmin类并继承ModelAdmin
# 注册方法一，使用装饰器将PersonInfoAdmin和Product绑定
@admin.register(PersonInfo)
class PersonInfoAdmin(admin.ModelAdmin):
    # 设置显示的字段
    list_display = ['id', 'name', 'age']
# 注册方法二
# admin.site.register(PersonInfo, PersonInfoAdmin)
```

上述代码使用两种方法将数据表index_personinfo注册到Admin后台系统：方法一是基本的注册方式；方法二是通过类的继承方式实现注册。日常开发普遍采用第二种方法，实现过程如下：

（1）自定义PersonInfoAdmin类，使其继承ModelAdmin。ModelAdmin用于设置模型如何展现在Admin后台系统里。

（2）将PersonInfoAdmin类注册到Admin后台系统有两种方法，两者都是将模型PersonInfo和PersonInfoAdmin类绑定并注册到Admin后台系统。

刷新Admin后台系统页面，在站点管理出现“INDEX”，就代表项目应用index；INDEX下的“人员信息s”代表模型PersonInfo，它对应数据表index_personinfo，如图9-7所示。

图 9-7　Admin 后台系统

单击“人员信息s”，浏览器将访问模型PersonInfo的数据列表页，模型PersonInfo的所有数据以分页的形式显示，每页显示100行数据；数据列表页还设置了新增数据、修改数据和删除数据的功能，如图9-8所示。

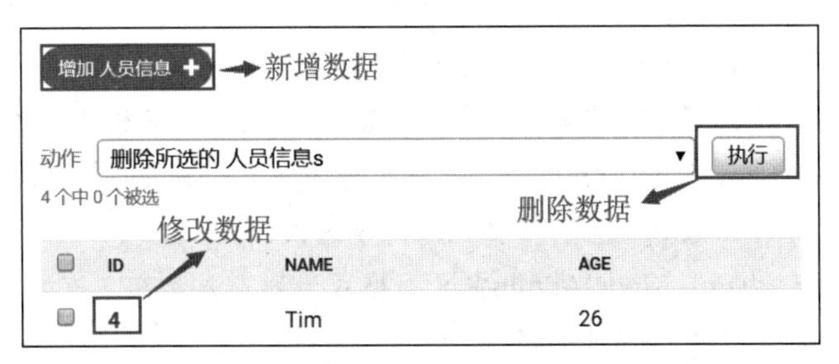

图 9-8　数据列表页

在模型PersonInfo的数据列表页里，每行数据的ID字段都设有路由地址，单击某行数据的ID字段，浏览器就会进入当前数据的修改页面，用户在此页面修改数据并保存即可，如图9-9所示。

若想在模型PersonInfo里新增数据，则可在模型PersonInfo的数据列表页单击“增加人员信息”按钮，浏览器就会进入数据新增页面，用户在此页面添加数据并保存即可，如图9-10所示。

首页 › Index › 人员信息s › Tim

修改 人员信息

Name: Tim

Age: 26

图 9-9 数据修改页面

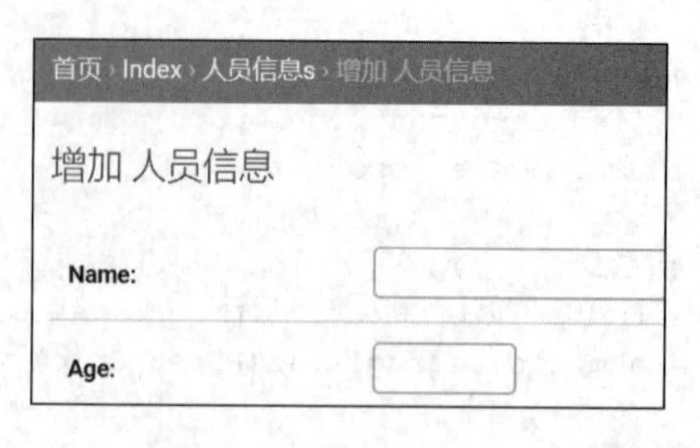

图 9-10 数据新增页面

9.2 源码分析 ModelAdmin

简单了解Admin后台系统的网页布局后，接下来深入了解ModelAdmin的定义过程。在PyCharm中打开ModelAdmin的源码文件，如图9-11所示。

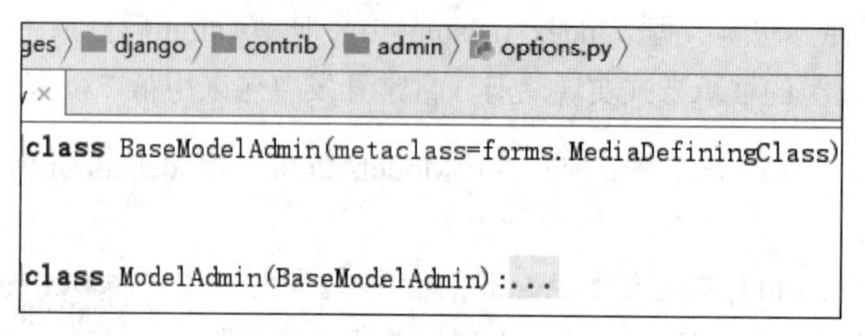

图 9-11 ModelAdmin 的源码文件

从图9-11中可以看到，ModelAdmin继承BaseModelAdmin，而父类BaseModelAdmin的元类为MediaDefiningClass，因此Admin系统的属性和方法来自ModelAdmin和BaseModelAdmin。由于定义的属性和方法较多，因此这里只介绍日常开发中常用的属性和方法。

- fields：由BaseModelAdmin定义，格式为列表或元组，在新增或修改模型数据时，设置可编辑的字段。
- exclude：由BaseModelAdmin定义，格式为列表或元组，在新增或修改模型数据时，隐藏字段，使字段不可编辑，同一个字段不能与fields共同使用，否则提示异常。
- fieldsets：由BaseModelAdmin定义，格式为两元的列表或元组（列表或元组的嵌套使用），用于改变新增或修改页面的布局，不能与fields和exclude共同使用，否则提示异常。
- radio_fields：由BaseModelAdmin定义，格式为字典，如果新增或修改的字段数据以下拉框的形式展示，那么该属性可将下拉框改为单选按钮。
- readonly_fields：由BaseModelAdmin定义，格式为列表或元组，在数据新增或修改的页面设置只读的字段，使字段不可编辑。
- ordering：由BaseModelAdmin定义，格式为列表或元组，用于设置排序方式，比如以字段id排序，['id']为升序，['-id']为降序。
- sortable_by：由BaseModelAdmin定义，格式为列表或元组，用于设置数据列表页的字段是否可排序显示。例如数据列表页中显示模型字段id、name和age，如果单击字段name，数据就以字段name进行升序（降序）排列。该属性可以设置某些字段是否具有排序功能。

- show_facets：用于设置过滤器的数据量，参数值分别为admin.ShowFacets.ALWAYS、admin.ShowFacets.ALLOW、admin.ShowFacets.NEVER。
- formfield_for_choice_field()：由BaseModelAdmin定义，如果模型字段设置了choices属性，那么重写此方法可以更改或过滤模型字段的choices属性的值。
- formfield_for_foreignkey()：由BaseModelAdmin定义，如果模型字段为外键字段（一对一关系或一对多关系），那么重写此方法可以更改或过滤模型字段的可选值（下拉框的数据）。
- formfield_for_manytomany()：由BaseModelAdmin定义，如果模型字段为外键字段（多对多关系），那么重写此方法可以更改或过滤模型字段的可选值。
- get_queryset()：由BaseModelAdmin定义，重写此方法可自定义数据的查询方式。
- get_readonly_fields()：由BaseModelAdmin定义，重写此方法可自定义模型字段的只读属性，比如根据不同的用户角色来设置模型字段的只读属性。
- list_display：由ModelAdmin定义，格式为列表或元组，在数据列表页设置显示在页面的模型字段。
- list_display_links：由ModelAdmin定义，格式为列表或元组，为模型字段设置路由地址，由该路由地址进入数据修改页。
- list_filter：由ModelAdmin定义，格式为列表或元组，在数据列表页的右侧添加过滤器，用于筛选和查找数据。
- list_per_page：由ModelAdmin定义，格式为整数类型，默认值为100，在数据列表页设置每一页显示的数据量。
- list_max_show_all：由ModelAdmin定义，格式为整数类型，默认值为200，在数据列表页设置每一页显示的最大上限的数据量。
- list_editable：由ModelAdmin定义，格式为列表或元组，在数据列表页设置字段的编辑状态，可以在数据列表页直接修改某行数据的字段内容并保存。该属性不能与list_display_links共存，否则提示异常信息。
- scarch_fields：由ModelAdmin定义，格式为列表或元组，在数据列表页的搜索框中设置搜索字段，根据搜索字段可快速查找相应的数据。
- date_hierarchy：由ModelAdmin定义，格式为字符串类型，在数据列表页设置日期选择器，只能设置日期类型的模型字段。
- save_as：由ModelAdmin定义，格式为布尔型，默认为False，若改为True，则在数据修改页添加“另存为”功能按钮。
- actions：由ModelAdmin定义，格式为列表或元组，列表或元组的元素为自定义函数，函数在“动作”栏生成操作列表。
- actions_on_top和actions_on_bottom：由ModelAdmin定义，格式为布尔类型，用于设置“动作”栏的位置。
- save_model()：由ModelAdmin定义，重写此方法可自定义数据的保存方式。
- delete_model()：由ModelAdmin定义，重写此方法可自定义数据的删除方式。

为了更好地说明ModelAdmin的属性功能，以MyDjango项目为例，在index的admin.py文件中定义VocationAdmin。在定义VocationAdmin之前，我们需要将模型Vocation进行重新定义，代码如下：

```
# index的models.py
from django.db import models
class Vocation(models.Model):
    JOB = (
        ('软件开发', '软件开发'),
        ('软件测试', '软件测试'),
        ('需求分析', '需求分析'),
        ('项目管理', '项目管理'),
    )
    id = models.AutoField(primary_key=True)
    job = models.CharField(max_length=20, choices=JOB)
    title = models.CharField(max_length=20)
    payment = models.IntegerField(null=True, blank=True)
    person=models.ForeignKey(PersonInfo, on_delete=models.CASCADE)
    recordTime=models.DateField(auto_now=True,null=True,blank=True)

    def __str__(self):
        return str(self.id)
    class Meta:
        verbose_name = '职业信息'
```

模型Vocation重新定义后，在PyCharm的Terminal窗口下执行数据迁移，并在数据表index_vocation中添加数据，结果如图9-12所示。

id	job	title	payment	recordTime	person_id
1	软件开发	Python开发	10000	2019-01-02	2
2	软件测试	自动化测试	8000	2019-03-20	3
3	需求分析	需求分析	6000	2019-02-02	1
4	项目管理	项目经理	12000	2019-04-04	4

图 9-12　数据表 index_vocation

完成模型Vocation的定义与数据迁移后，在admin.py文件中定义VocationAdmin，使模型Vocation的数据显示在Admin后台系统中。VocationAdmin的定义如下：

```
# index的admin.py
@admin.register(Vocation)
class VocationAdmin(admin.ModelAdmin):
    # 在数据新增或修改的页面设置可编辑的字段
    # fields = ['job','title','payment','person']
    # 在数据新增或修改的页面设置不可编辑的字段
    # exclude = []
    # 改变新增或修改页面的布局
    fieldsets = (
        ('职业信息', {
            'fields': ('job', 'title', 'payment')
        }),
        ('人员信息', {
            # 设置隐藏与显示
            'classes': ('collapse',),
            'fields': ('person',),
```

```
    }),
)
# 将下拉框改为单选按钮
# admin.HORIZONTAL是水平排列
# admin.VERTICAL是垂直排列
radio_fields = {'person': admin.HORIZONTAL}
# 在数据新增或修改的页面设置可读的字段，不可编辑
# readonly_fields = ['job',]
# 设置排序方式，['id']为升序，降序为['-id']
ordering = ['id']
# 设置数据列表页的每列数据是否可排序显示
sortable_by = ['job', 'title']
# 在数据列表页设置显示的模型字段
list_display = ['id', 'job', 'title', 'payment', 'person']
# 为数据列表页的字段id和job设置路由地址，通过该路由地址可进入数据修改页
# list_display_links = ['id', 'job']
# 设置过滤器，若有外键，则应使用双下画线连接两个模型的字段
list_filter = ['job', 'title', 'person__name']
# 在数据列表页设置每一页显示的数据量
list_per_page = 100
# 在数据列表页设置每一页显示的最大上限的数据量
list_max_show_all = 200
# 为数据列表页的字段id和job设置编辑状态
list_editable = ['job', 'title']
# 设置可搜索的字段
search_fields = ['job', 'title']
# 在数据列表页设置日期选择器
date_hierarchy = 'recordTime'
# 在数据修改页添加“另存为”功能
save_as = True
# 设置“动作”栏的位置
actions_on_top = False
actions_on_bottom = True
```

VocationAdmin演示了如何使用ModelAdmin的常用属性。运行MyDjango项目，在浏览器上访问模型Vocation的数据列表页，页面的样式和布局变化如图9-13所示。

在模型Vocation的数据列表页的右上方找到并单击“增加职业信息”链接，浏览器将访问模型Vocation的数据新增页，该页面的样式和布局的变化情况如图9-14所示。

在模型Vocation的数据列表页里单击某行数据的ID字段，通过该ID字段的链接进入模型Vocation的数据修改页，该页面的样式和布局的变化情况与数据新增页有相同之处，如图9-15所示。

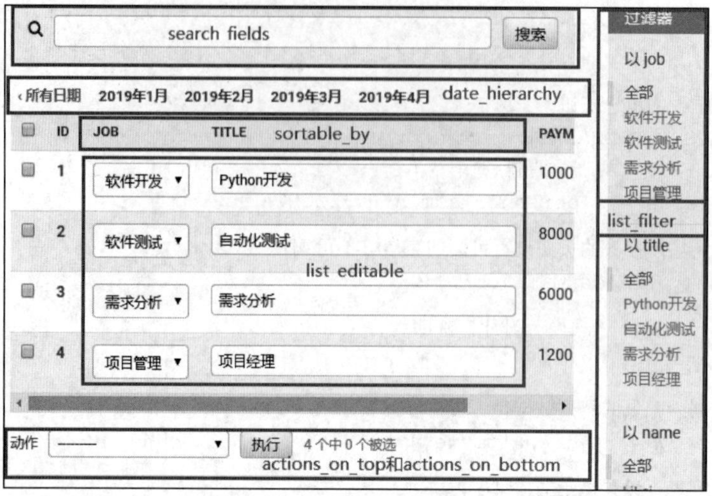

图 9-13　模型 Vocation 的数据列表页

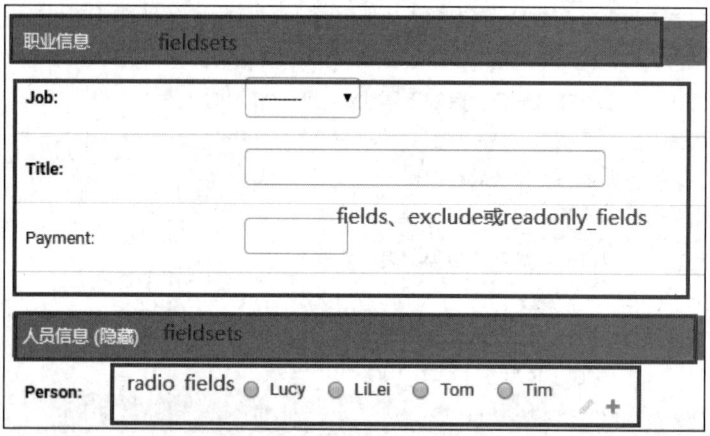

图 9-14　模型 Vocation 的数据新增页

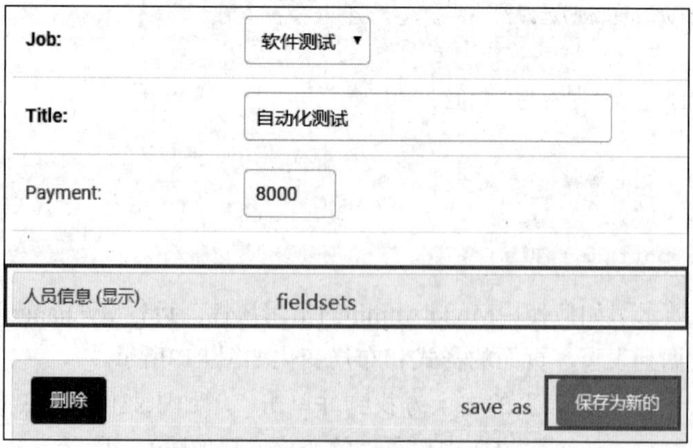

图 9-15　模型 Vocation 的数据修改页

对比模型PersonInfo与模型Vocation的Admin后台页面可以发现，ModelAdmin的属性主要设置Admin后台页面的样式和布局，使模型数据以特定的形式展示在Admin后台系统。而在9.4节，我们将会讲述如何重写ModelAdmin的方法，实现Admin后台系统的二次开发。

9.3　Admin 首页设置

我们已将模型PersonInfo和模型Vocation成功展现在Admin后台系统，其中Admin首页的INDEX代表项目应用的名称。对一个不会网站开发的用户来说，可能无法理解INDEX的含义，而且使用英文会影响整个网页的美观。

若想将Admin首页的INDEX改为中文，可在项目应用的初始化文件__init__.py中进行设置。以MyDjango项目的index为例，在index的__init__.py中编写以下代码：

```
# index的__init__.py
from django.apps import AppConfig
import os
# 修改App在Admin后台显示的名称
# default_app_config的值来自apps.py的类名
default_app_config = 'index.IndexConfig'

# 获取当前App的命名
def get_current_app_name(_file):
    return os.path.split(os.path.dirname(_file))[-1]

# 重写类IndexConfig
class IndexConfig(AppConfig):
    name = get_current_app_name(__file__)
    verbose_name = '网站首页'
```

在上述代码中，变量default_app_config指向自定义的IndexConfig类，该类的属性verbose_name用于设置当前项目应用在Admin后台的名称，如图9-16所示。

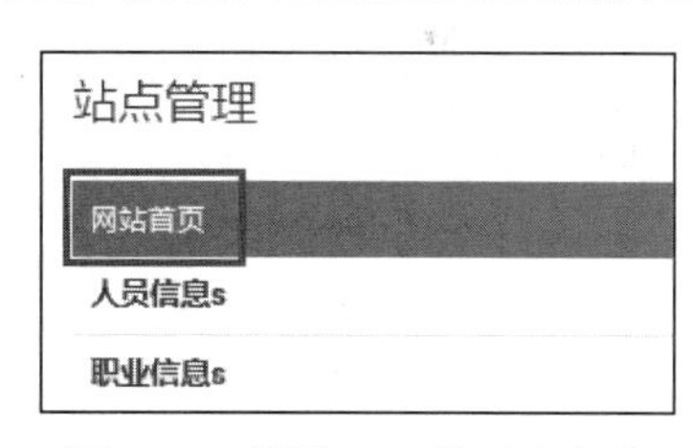

图 9-16　设置 App 的后台名称

从图9-16中可以看到，模型PersonInfo和模型Vocation在Admin后台分别显示为“人员信息s”和“职业信息s”，这是由模型属性Meta的verbose_name设置的。若想将字母s去掉，则可在模型的Meta属性中设置verbose_name_plural，以模型PersonInfo为例，代码如下：

```
# index的models.py
from django.db import models
class PersonInfo(models.Model):
    id = models.AutoField(primary_key=True)
    name = models.CharField(max_length=20)
    age = models.IntegerField()

    def __str__(self):
        return self.name
    class Meta:
        verbose_name = '人员信息'
        verbose_name_plural = '人员信息'
```

如果在模型的Meta属性中设置了verbose_name和verbose_name_plural，Django就优先显示verbose_name_plural的值。重新运行MyDjango，运行结果如图9-17所示。

除了在Admin首页设置项目应用和模型的名称之外，还可以设置Admin首页的网页标题，实现方法是在项目应用的admin.py中设置Admin的site_title和site_header属性。即使项目有多个项目应用，也只需在某个项目应用的admin.py中设置一次。以index的admin.py为例，设置如下：

```
# index的admin.py
from django.contrib import admin
# 修改title和header
admin.site.site_title = 'MyDjango后台管理'
admin.site.site_header = 'MyDjango'
```

运行MyDjango并访问Admin首页，观察网页的标题变化情况，如图9-18所示。

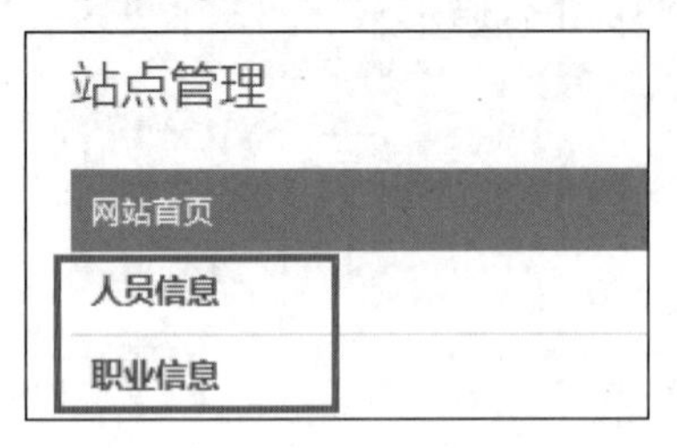

图 9-17　设置模型的后台名称

图 9-18　Admin 的网页标题

综上所述，Admin后台系统的首页设置包括项目应用的显示名称、模型的显示名称和网页标题，三者的设置方式说明如下：

- 项目应用的显示名称：在项目应用的__init__.py中设置变量default_app_config，该变量指向自定义的IndexConfig类，由IndexConfig类的verbose_name属性设置项目应用的显示名称。
- 模型的显示名称：在模型属性Meta中设置verbose_name和verbose_name_plural，两者的区别在于verbose_name是以复数的形式表示的。若在模型中同时设置这两个属性，则优先显示verbose_name_plural的值。
- 网页标题：在项目应用的admin.py中设置Admin的site_title和site_header属性，即使项目有多个项目应用，也只需在某个项目应用的admin.py中设置一次。

9.4　Admin 的二次开发

我们已经掌握了ModelAdmin的属性设置和Admin的首页设置，但是每个网站的功能和需求并不相同，这就导致Admin后台的功能有所差异。因此，本节将重写ModelAdmin的方法，实现Admin的二次开发，从而满足多方面的开发需求。

为了更好地演示Admin的二次开发所实现的功能，以9.3节的MyDjango为例，在Admin后台系统里创建非超级管理员账号。在Admin首页的“认证和授权”下单击新增用户的链接，设置用户名为root，密码为mydjango123，如图9-19所示。注意，密码的长度和内容有一定的规范要求，如果不符合要求，就无法创建用户账号。

创建用户账号后，浏览器将访问用户修改页面，我们需勾选当前用户的“职员状态”复选框，否则新建的用户无法登录Admin后台系统，如图9-20所示。

用户名: root

必填。150个字符或者更少。包含字母，数字和

密码: ··········

你的密码不能与你的其他个人信息太相似。

你的密码必须包含至少 8 个字符。

你的密码不能是大家都爱用的常见密码。

你的密码不能全部为数字。

图 9-19　创建用户账号

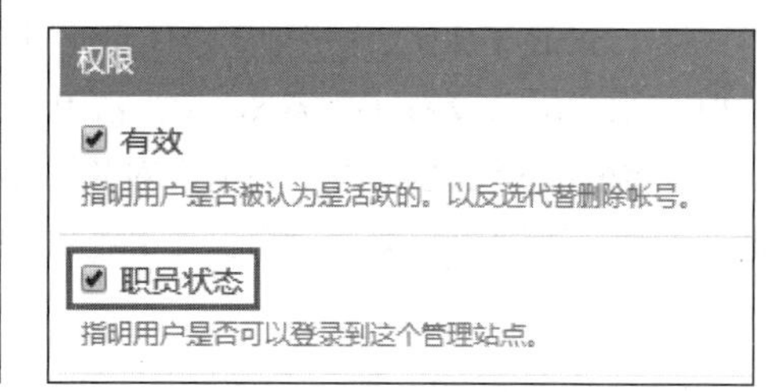

图 9-20　设置职员状态

除了设置职员状态之外，还需要为当前用户设置相应的访问权限。我们将Admin的所有功能的权限都给予root用户，如图9-21所示，最后单击“保存”按钮，完成用户设置。

图 9-21　设置用户权限

9.4.1　函数get_readonly_fields()

已知get_readonly_fields()是由BaseModelAdmin定义的，它用于获取readonly_fields的属性值，从而将模型字段设为只读属性。通过重写此函数可以自定义模型字段的只读属性，比如根据不同的用户角色来设置模型字段的只读属性。

以MyDjango项目为例，在VocationAdmin里重写get_readonly_fields()函数，根据当前访问的用户角色设置模型字段的只读属性，代码如下：

```
# index的admin.py
from django.contrib import admin
from .models import *
@admin.register(Vocation)
class VocationAdmin(admin.ModelAdmin):
    # 在数据列表页设置显示的模型字段
    list_display = ['id', 'job', 'title', 'payment']

    # 重写get_readonly_fields函数
    # 设置超级管理员和普通用户的权限
    def get_readonly_fields(self, request, obj=None):
        if request.user.is_superuser:
            self.readonly_fields = []
        else:
            self.readonly_fields = ['payment']
        return self.readonly_fields
```

函数get_readonly_fields首先判断当前发送请求的用户是否为超级管理员，如果符合判断条件，就将属性readonly_fields设为空列表，使当前用户具有全部字段的编辑权限；如果不符合判断条件，就将模型字段payment设为只读状态，使当前用户无法编辑模型字段payment（只有只读权限）。

参数request是当前用户的请求对象；参数obj是模型对象，默认值为None，代表当前网页为数据新增页，否则为数据修改页。函数必须设置返回值，并且返回值为属性readonly_fields，否则提示异常信息。

运行MyDjango，使用不同的用户角色登录Admin后台系统，在模型Vocation的数据新增页或数据修改页可以看到，不同的用户角色对模型字段payment的操作权限有所不同。例如，分别切换用户admin和root进行登录，用户root对模型字段payment具有编辑权限而用户admin没有。

9.4.2 设置字段样式

在Admin后台系统预览模型Vocation的数据信息时，数据列表页所显示的模型字段是由属性list_display设置的，每个字段的数据都来自数据表，并且数据以固定的字体格式显示在网页上。若要对某些字段的数据进行特殊处理，如设置数据的字体颜色，则以模型Vocation的外键字段person为例，实现代码如下：

```
# index的models.py
from django.db import models
from django.utils.html import format_html
class Vocation(models.Model):
    JOB = (
        ('软件开发', '软件开发'),
        ('软件测试', '软件测试'),
        ('需求分析', '需求分析'),
        ('项目管理', '项目管理'),
    )
    id = models.AutoField(primary_key=True)
    job = models.CharField(max_length=20, choices=JOB)
    title = models.CharField(max_length=20)
    payment = models.IntegerField(null=True, blank=True)
    person = models.ForeignKey(PersonInfo, on_delete=models.CASCADE)
    recordTime = models.DateField(auto_now=True,null=True,blank=True)

    def __str__(self):
        return str(self.id)
    class Meta:
        verbose_name = '职业信息'
        verbose_name_plural = '职业信息'

    # 自定义函数，设置字体颜色
    def colored_name(self):
        if 'Lucy' in self.person.name:
            color_code = 'red'
        else:
            color_code = 'blue'
        return format_html(
            '<span style="color: {};">{}</span>',
```

```
            color_code,
            self.person.name,
        )
    # 设置Admin的字段名称
    colored_name.short_description = '带颜色的姓名'
```

在模型Vocation的定义过程中，我们自定义函数colored_name，该函数实现的功能说明如下：

（1）由于模型的外键字段person指向模型PersonInfo，因此self.person.name可以获取模型PersonInfo的字段name。

（2）通过判断模型字段name的值来设置变量color_code，如果字段name的值为Lucy，那么变量color_code等于red，否则为blue。

（3）将变量color_code和模型字段name的值以HTML表示，这是设置模型字段name的数据颜色，函数返回值使用Django内置的format_html方法执行HTML转义处理。

（4）为函数colored_name设置short_description属性，使该函数以字段的形式显示在模型Vocation的数据列表页。

模型Vocation的自定义函数colored_name是模型的虚拟字段，它在数据表里没有对应的表字段，数据由外键字段name提供。若将自定义函数colored_name显示在Admin后台系统，则可以在VocationAdmin的list_display属性中添加函数colored_name，代码如下：

```
# 在属性list_display中添加自定义字段colored_name
# colored_name来自于模型Vocation
list_display.append('colored_name')
```

运行MyDjango，在浏览器上访问模型Vocation的数据列表页，发现该页面新增“带颜色的姓名”字段，如图9-22所示。

☐	ID	JOB	TITLE	PAYMENT	带颜色的姓名
☐	4	项目管理	项目经理	12000	Tim
☐	3	需求分析	需求分析	6000	Lucy
☐	2	软件测试	自动化测试	8000	Tom
☐	1	软件开发	Python开发	10000	LiLei

图 9-22　新增“带颜色的姓名”字段

9.4.3　函数get_queryset()

函数get_queryset()用于查询模型的数据信息，然后在Admin的数据列表页展示。默认情况下，该函数执行全表数据查询。若要改变数据的查询方式，则可重新定义该函数，比如根据不同的用户角色执行不同的数据查询。以VocationAdmin为例，实现代码如下：

```
# index的admin.py
# 根据当前用户名设置数据访问权限
def get_queryset(self, request):
    qs = super().get_queryset(request)
```

```
    if request.user.is_superuser:
        return qs
    else:
        return qs.filter(id__lt=2)
```

自定义函数get_queryset的代码说明如下：

（1）通过super方法获取父类ModelAdmin的函数get_queryset所生成的模型查询对象，该对象用于查询模型Vocation的全部数据。

（2）判断当前用户角色，如果为超级管理员，函数就返回模型Vocation的全部数据，否则返回模型字段id小于2的数据。

运行MyDjango，使用普通用户（9.4节创建的root用户）登录Admin后台，打开模型Vocation的数据列表页，页面上只显示id等于1的数据信息，如图9-23所示。

图 9-23　模型 Vocation 的数据列表页

9.4.4　函数formfield_for_foreignkey()

在新增或修改数据时，如果某个模型字段为外键字段，该字段就显示为下拉框控件，并且下拉框的数据来自该字段所指向的另一个模型。以模型Vocation的数据新增页为例，该模型的外键字段person呈现方式如图9-24所示。

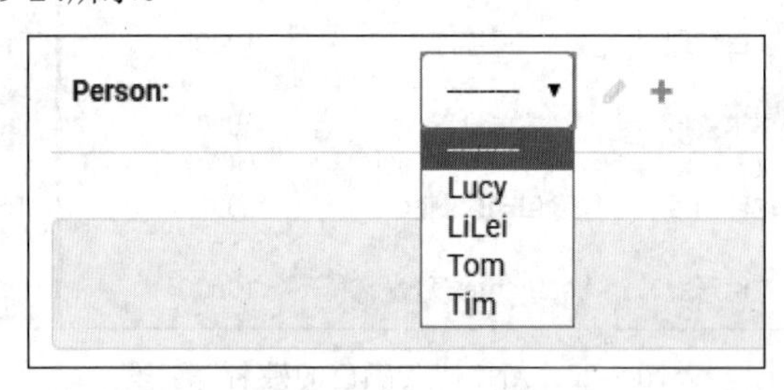

图 9-24　模型 Vocation 的外键字段 person

如果想要对下拉框的数据实现过滤筛选，那么可以对函数formfield_for_foreignkey()进行重写，如根据用户角色实现数据的过滤筛选。以VocationAdmin为例，实现代码如下：

```
# index的admin.py
# 新增或修改数据时，设置外键可选值
def formfield_for_foreignkey(self,db_field,request,**kwargs):
    # 判断是否为外键字段
    if db_field.name == 'person':
        # 判断是否为超级管理员
        if not request.user.is_superuser:
```

```
            # 过滤下拉框的数据
            v = Vocation.objects.filter(id__lt=2)
            kwargs['queryset']=PersonInfo.objects.filter(id__in=v)
        return super().formfield_for_foreignkey(db_field,request,**kwargs)
```

上述代码根据不同的用户角色过滤筛选下拉框的数据内容，实现过程如下：

（1）参数db_field是模型Vocation的字段对象，因为一个模型可以定义多个外键字段，所以需要对特定的外键字段进行判断处理。

（2）判断当前用户是否为超级管理员，参数request是当前用户的请求对象。如果当前用户为普通用户，就在模型Vocation中查询字段id小于2的数据v，再将数据v作为模型PersonInfo的查询条件，将模型PersonInfo的查询结果传递给参数queryset，该参数用于设置下拉框的数据。因为外键字段person的数据主要来自模型PersonInfo，所以参数queryset的值应以模型PersonInfo的查询结果为准。

（3）将形参kwargs传递给父类的函数formfield_for_foreignkey()，由父类的函数从形参kwargs里获取参数queryset的值，从而实现数据的过滤筛选。

运行MyDjango，使用普通用户（9.4节创建的root用户）登录Admin后台，打开模型Vocation的数据新增页或数据修改页，外键字段person的数据如图9-25所示。

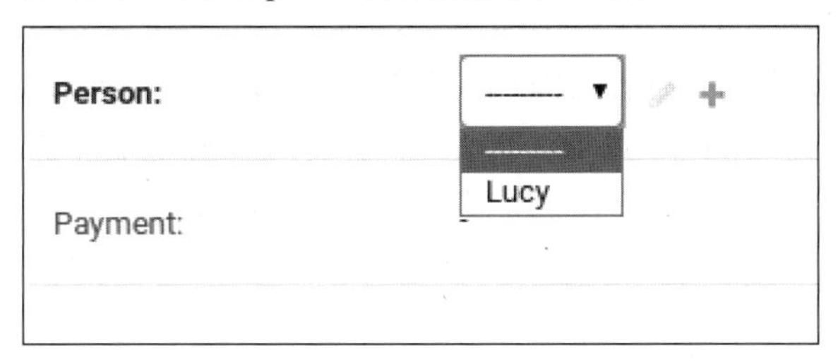

图 9-25　外键字段 person 的数据列表

函数formfield_for_foreignkey()只适用于一对一或一对多的数据关系，如果是多对多的数据关系，就可重写函数formfield_for_manytomany()。两者的重写过程非常相似，这里不再重复讲述。

9.4.5　函数formfield_for_choice_field()

如果模型字段设置了参数choices，并且字段类型为CharField，比如模型Vocation的job字段，那么在Admin后台系统为模型Vocation新增或修改某行数据时，模型字段job就以下拉框的形式表示，它根据模型字段的参数choices生成下拉框的数据列表。

若想改变非外键字段的下拉框数据，则可以重写函数formfield_for_choice_field()。以模型Vocation的字段job为例，在Admin后台系统为字段job过滤下拉框数据，实现代码如下：

```
# index的admin.py
# db_field.choices获取模型字段的属性choices的值
def formfield_for_choice_field(self,db_field,request,**kwargs):
    if db_field.name == 'job':
        # 减少字段job可选的选项
        kwargs['choices'] = (('软件开发', '软件开发'),
                             ('软件测试', '软件测试'),)
```

```
        return super().formfield_for_choice_field(db_field,request,**kwargs)
```

formfield_for_choice_field()函数设有3个参数，每个参数说明如下：

- 参数db_field代表当前模型的字段对象，由于一个模型可定义多个字段，因此需要对特定的字段进行判断处理。
- 参数request是当前用户的请求对象，可以从该参数获取当前用户的所有信息。
- 形参**kwargs为空字典，它可以设置参数widget和choices。widget是表单字段的小部件(表单字段的参数widget)，能够设置字段的CSS样式；choices是模型字段的参数choices，可以设置字段的下拉框数据。

自定义函数formfield_for_choice_field()判断当前模型字段是否为job，若判断结果为True，则重新设置形参**kwargs的参数choices，并且参数choices有固定的数据格式，最后调用super方法使子类的函数formfield_for_choice_field()继承并执行父类的函数，这样能为模型字段job过滤下拉框数据。

运行MyDjango，在Admin后台系统打开模型Vocation的数据新增页或数据修改页，单击打开字段job的下拉框，结果如图9-26所示。

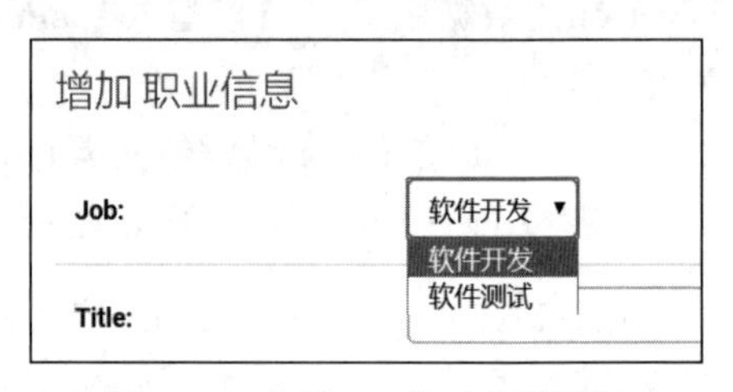

图9-26 字段job的下拉框数据

formfield_for_choice_field()只能过滤已存在的下拉框数据，如果要给字段的下拉框新增数据，则需要自定义内置函数formfield_for_dbfield()。在admin.py中重写了formfield_for_dbfield()和formfield_for_choice_field()，Django会优先执行函数formfield_for_dbfield()，然后执行函数formfield_for_choice_field()。因此，字段的下拉框数据最终以formfield_for_choice_field()为准。

9.4.6 函数save_model()

函数save_model()是在新增或修改数据时，单击"保存"按钮所触发的，该函数主要负责对输入的数据进行入库或修改处理。若想在此函数中加入一些特殊功能，则可重写函数save_model()。例如，可以对数据的修改实现日志记录。以VocationAdmin为例，函数save_model()的实现代码如下：

```
# index的admin.py
def save_model(self, request, obj, form, change):
    if change:
        # 获取当前用户名
        user = request.user.username
        # 使用模型获取数据，pk代表具有主键属性的字段
        job = self.model.objects.get(pk=obj.pk).job
        # 使用表单获取数据
        person = form.cleaned_data['person'].name
        # 写入日志文件
        f = open('d://log.txt', 'a')
        f.write(person+'职位：'+job+'，被'+user+'修改'+'\r\n')
        f.close()
    else:
```

```
        pass
    # 使用super在继承父类已有功能的情况下新增自定义功能
    super().save_model(request, obj, form, change)
```

save_model()函数设有4个参数，每个参数说明如下：

- 参数request代表当前用户的请求对象。
- 参数obj是模型的数据对象，比如修改模型Vocation的某行数据（称为数据A），参数ojb代表数据A的数据对象，如果为模型Vocation新增数据，则参数ojb就为None。
- 参数form代表模型表单，它是由Django自动创建的。比如在模型Vocation里新增或修改数据，Django自动为模型Vocation创建表单VocationForm。
- 参数change判断当前请求是来自数据修改页还是来自数据新增页，如果来自数据修改页，就代表用户执行数据修改操作，参数change的值为True，否则为False。

如果当前操作是修改数据，就从函数参数request、obj和form里获取当前数据的修改内容，然后将修改内容写入D盘的log.txt文件，最后调用super方法使子类函数save_model()继承并执行父类的函数save_model()，实现数据的入库或修改处理。若不调用super方法，则当执行数据保存操作时，程序只执行日志记录功能，并不执行数据入库或修改处理。

运行MyDjango，使用超级管理员登录Admin后台并打开模型Vocation的数据修改页，单击“保存”按钮实现数据修改，在D盘下打开并查看日志文件log.txt，结果如图9-27所示。

如果执行数据删除操作，Django就调用函数delete_model()，该函数设有参数request和obj，参数的数据类型与函数save_model()的参数类型相同。若要重新定义函数delete_model()，则定义过程可参考函数save_model()，在此就不再重复讲述。

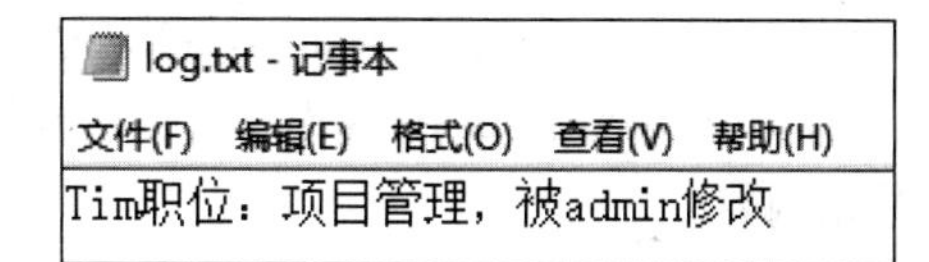

图9-27　日志文件log.txt

9.4.7　数据批量操作

模型Vocation的数据列表页设有“动作”栏，单击“动作”栏右侧的下拉框可以看到数据删除操作。只要选中某行数据前面的复选框，在“动作”栏右侧的下拉框中选择“删除所选的职业信息”并单击“执行”按钮，即可实现数据删除，如图9-28所示。

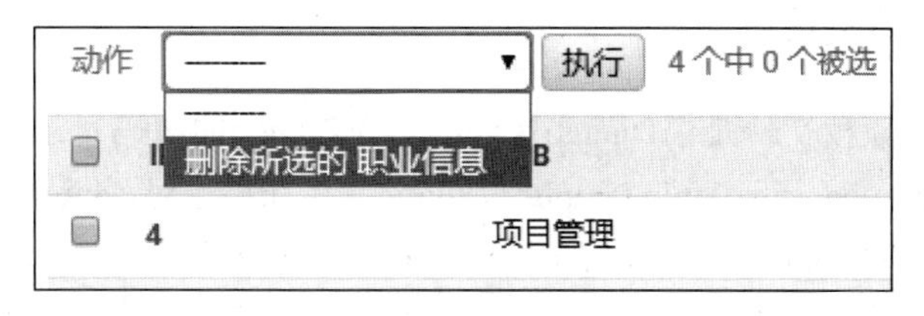

图9-28　删除数据

从上述的数据删除方式来看，这种操作属于数据批量处理，因为每次可以删除一行或多行数据。若想对数据执行批量操作，则可在“动作”栏里自定义函数，实现数据批量操作。比如实现数据的批量导出功能，以模型Vocation为例，在VocationAdmin中定义数据批量导出函数，代码如下：

```
# index的admin.py
# 数据批量操作
```

```
    def get_datas(self, request, queryset):
        temp = []
        for d in queryset:
            t=[d.job,d.title,str(d.payment),d.person.name]
            temp.append(t)
        f = open('d://data.txt', 'a')
        for t in temp:
            f.write(','.join(t) + '\r\n')
        f.close()
        # 设置提示信息
        self.message_user(request, '数据导出成功！')

    # 设置函数的显示名称
    get_datas.short_description = '导出所选数据'
    # 添加到“动作”栏
    actions = ['get_datas']
```

数据批量操作函数get_datas可自行命名，参数request代表当前用户的请求对象，参数queryset代表已被勾选的数据对象。函数实现的功能说明如下：

（1）遍历参数queryset，从已被勾选的数据对象里获取模型字段的数据内容，每行数据以列表t表示，并且将列表t写入列表temp。

（2）在D盘下创建data.txt文件，并遍历列表temp，将每次遍历的数据写入data.txt文件，最后调用内置方法message_user提示数据导出成功。

（3）为函数get_datas设置short_description属性，该属性用于设置“动作”栏右侧下拉框中的数据内容。

（4）将函数get_datas绑定到ModelAdmin的内置属性actions，在“动作”栏生成数据批量处理功能。

运行MyDjango，在模型Vocation的数据列表页全选当前数据，打开“动作”栏右侧的下拉框，选择“导出所选数据”，并单击“执行”按钮执行数据导出操作，如图9-29所示。

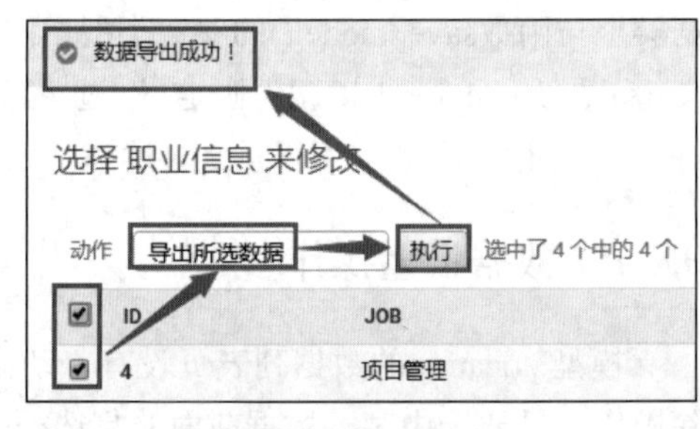

图 9-29　数据批量导出

9.4.8　自定义Admin模板

Admin后台系统的模板文件是由Django提供的，在Django的源码目录下可以找到Admin模板文件所在的路径（django\contrib\admin\templates\admin）。如果想对Admin模板文件进行自定义更改，那么可以直接修改Django内置的Admin模板文件，但不提倡这种方法，因为如果一台计算机上同时开发了多个Django项目，这样更改就会影响其他项目的使用。

除了上述方法之外，还可以利用模板继承的方法实现自定义模板开发。我们对MyDjango的目录架构进行调整，在模板文件夹templates下依次创建文件夹admin和index，如图9-30所示。文件夹的作用说明如下：

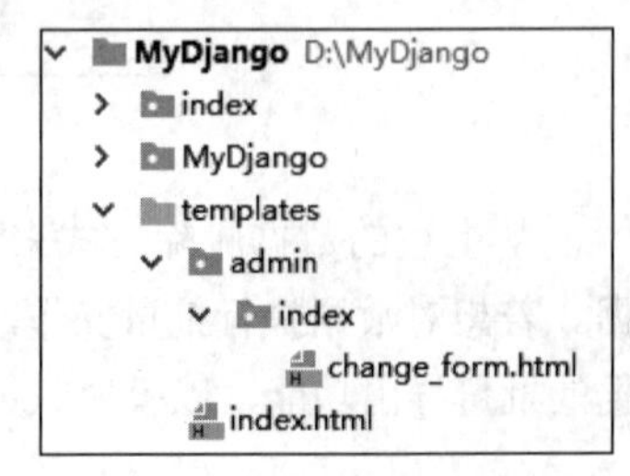

图 9-30　MyDjango 的目录架构

- 文件夹admin代表该文件夹里的模板文件用于Admin后台系统，而且文件夹必须命名为admin。
- 文件夹index代表项目应用index，文件夹的命名必须与项目应用的命名一致。文件夹中存放着模板文件change_form.html，所有在项目应用index中定义的模型都会使用该模板文件生成网页信息。
- 如果将模板文件change_form.html放在admin文件夹下，那么整个Admin后台系统都会使用该模板文件生成网页信息。

MyDjango的模板文件change_form.html来自Django内置模板文件，我们根据内置模板文件的代码进行重写，MyDjango的change_form.html的代码如下：

```
{% extends "admin/change_form.html" %}
{% load i18n admin_urls static admin_modify %}
{% block object-tools-items %}
{# 判断当前用户角色 #}
{% if request.user.is_superuser %}
  <li>
    {% url opts|admin_urlname:'history' original.pk|
        admin_urlquote as history_url %}
    <a href="{%add_preserved_filters history_url%}"
        class="historylink">{%trans "History"%}</a>
  </li>
{# 判断结束符 #}
{% endif %}
{% if has_absolute_url %}
  <li>
    <a href="{{ absolute_url }}" class="viewsitelink">
    {% trans "View on site" %}</a>
  </li>
{% endif %}
{% endblock %}
```

自定义模板文件change_form.html的代码说明如下：

（1）自定义模板文件change_form.html继承内置模板文件change_form.html，并且自定义模板文件名必须与内置模板文件名一致。

（2）由于内置模板文件admin/change_form.html导入了标签{% load i18n admin_urlsstatic admin_modify %}，因此自定义模板文件change_form.html也要导入该模板标签，否则提示异常信息。

（3）使用block标签实现内置模板文件的代码重写。查看内置模板文件的代码可以发现，模板代码以{% block xxx %}形式分块处理，将网页上不同的功能以块的形式划分。因此，在自定义模板中使用block标签对某个功能进行自定义开发。

运行MyDjango，当访问Admin后台系统时，Django优先查找admin文件夹的模板文件，如果找不到相应的模板文件，再从Django的内置Admin模板文件中查找。我们使用超级管理员和普通用户分别访问职业信息的数据修改页，不同的用户角色所返回的页面会有所差异，如图9-31所示。

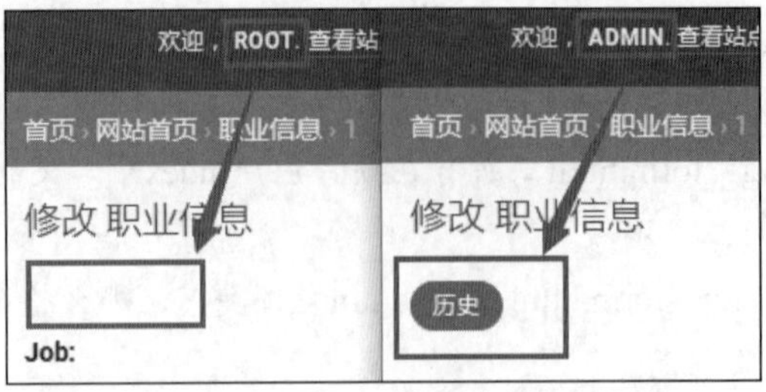

欢迎，ROOT. 查看站 欢迎，ADMIN. 查看站点
首页 › 网站首页 › 职业信息 › 1 首页 › 网站首页 › 职业信息 › 1
修改 职业信息 修改 职业信息
历史
Job:

图 9-31 自定义模板文件

9.4.9 自定义Admin后台系统

Admin后台系统为每个网页设置了具体的路由地址，每个路由的响应内容是调用内置模板文件生成的。若想改变整个Admin后台系统的网页布局和功能，则可重新定义Admin后台系统。比如常见的第三方插件Xadmin和Django Suit，它们都是在Admin后台系统的基础上进行重新定义的。

重新定义Admin后台系统需要对源码结构有一定的了解，我们可以从路由信息进行分析。以MyDjango项目为例，在MyDjango的urls.py文件中查看Admin后台系统的路由信息，如图9-32所示。

长按键盘上的Ctrl键，在PyCharm里单击图9-32中的site即可打开源码文件sites.py，如图9-33所示。将该文件的代码注释进行翻译可知，Admin后台系统是由类AdminSite实例化创建而成的，换句话说，只要重新定义类AdminSite，即可实现Admin后台系统的自定义开发。

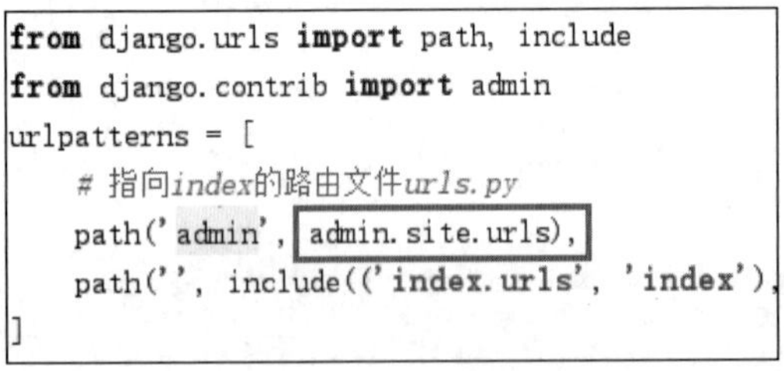

```
from django.urls import path, include
from django.contrib import admin
urlpatterns = [
    # 指向index的路由文件urls.py
    path('admin', admin.site.urls),
    path('', include(('index.urls', 'index'),
]
```

图 9-32 Admin 后台系统的路由信息

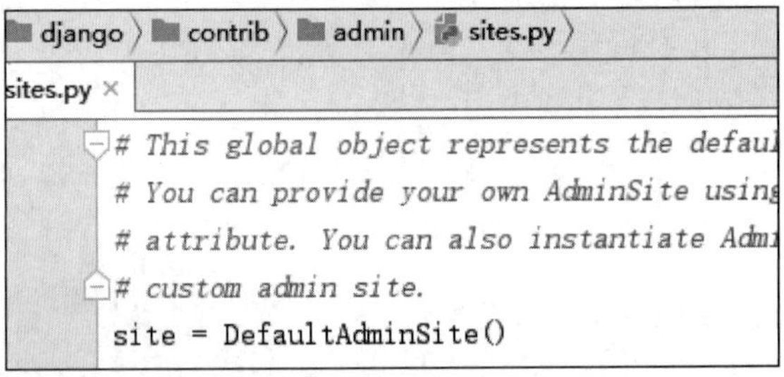

```
django 〉 contrib 〉 admin 〉 sites.py 〉
sites.py ×
# This global object represents the defaul
# You can provide your own AdminSite using
# attribute. You can also instantiate Admi
# custom admin site.
site = DefaultAdminSite()
```

图 9-33 源码文件 sites.py

Admin后台系统还有一个系统注册过程，该过程将Admin后台系统绑定到Django，当运行Django时，Admin后台系统会随之运行。Admin的系统注册过程在源码文件apps.py中定义，如图9-34所示。

综上所述，如果要实现Admin后台系统的自定义开发，就需要重新定义类AdminSite和改变Admin的系统注册过程。下面通过简单的实例来讲述如何自定义开发Admin后台系统，我们将会更换Admin后台系统的登录页面。

以MyDjango项目为例，首先在项目的根目录创建static文件夹并存放登录页面所需的JavaScript脚本文件和CSS样式文件；然后在模板文件夹templates中放置登录页面login.html；最后在MyDjango文件夹创建myadmin.py和myapps.py文件。该项目的目录结构如图9-35所示。

下一步在MyDjango的myadmin.py中定义类MyAdminSite，它继承自父类AdminSite并重写方法admin_view()和get_urls()，从而更改Admin后台系统的用户登录地址，实现代码如下：

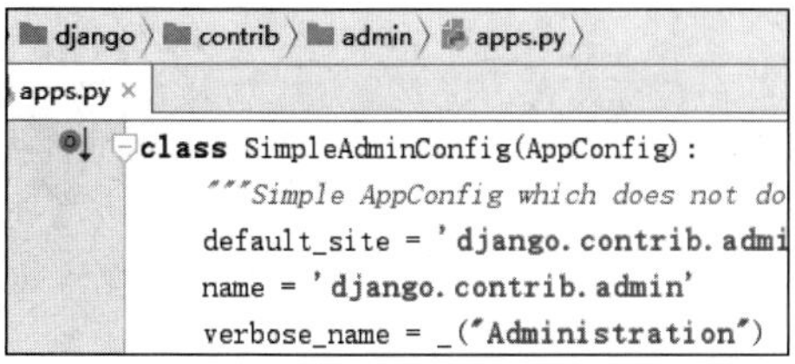

```
django 〉 contrib 〉 admin 〉 apps.py 〉
apps.py ×
class SimpleAdminConfig(AppConfig):
    """Simple AppConfig which does not do
    default_site = 'django.contrib.admi
    name = 'django.contrib.admin'
    verbose_name = _("Administration")
```

图 9-34　源码文件 apps.py

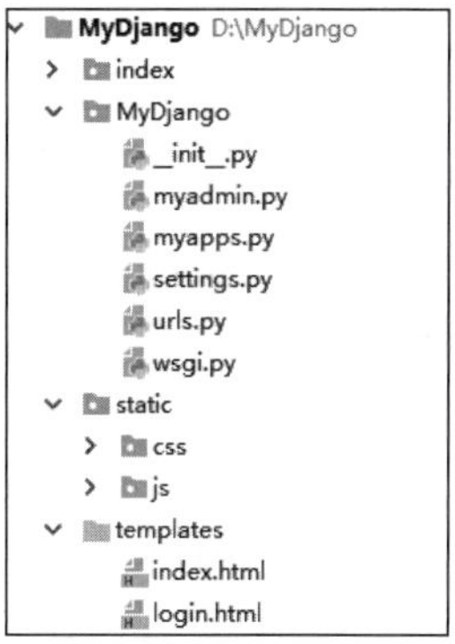

```
MyDjango D:\MyDjango
  index
  MyDjango
    __init__.py
    myadmin.py
    myapps.py
    settings.py
    urls.py
    wsgi.py
  static
    css
    js
  templates
    index.html
    login.html
```

图 9-35　目录结构

```
# MyDjango的myadmin.py
from django.contrib import admin
from functools import update_wrapper
from django.views.generic import RedirectView
from django.urls import reverse
from django.views.decorators.cache import never_cache
from django.views.decorators.csrf import csrf_protect
from django.http import HttpResponseRedirect
from django.contrib.auth.views import redirect_to_login
from django.urls import include, path, re_path
from django.contrib.contenttypes import views as contenttype_views
class MyAdminSite(admin.AdminSite):
    def admin_view(self, view, cacheable=False):
        def inner(request, *args, **kwargs):
            if not self.has_permission(request):
                if request.path==reverse('admin:logout',
                                         current_app=self.name):
                    index_path = reverse('admin:index',
                                         current_app=self.name)
                    return HttpResponseRedirect(index_path)
                # 修改注销后重新登录的路由地址
                return redirect_to_login(
                    request.get_full_path(),
                    '/login.html'
                )
            return view(request, *args, **kwargs)
        if not cacheable:
            inner = never_cache(inner)
        if not getattr(view, 'csrf_exempt', False):
            inner = csrf_protect(inner)
        return update_wrapper(inner, view)

    def get_urls(self):
        def wrap(view, cacheable=False):
            def wrapper(*args, **kwargs):
                return self.admin_view(view,cacheable)(*args,**kwargs)
            wrapper.admin_site = self
            return update_wrapper(wrapper, view)
```

```
        urlpatterns = [
            path('', wrap(self.index), name='index'),
            # 修改登录页面的路由地址
            path('login/', RedirectView.as_view(url='/login.html')),
            path('logout/', wrap(self.logout), name='logout'),
            path('password_change/',wrap(self.password_change,
                                    cacheable=True),
                                    name='password_change'),
            path(
                'password_change/done/',
                wrap(self.password_change_done,cacheable=True),
                name='password_change_done',
            ),
            path('jsi18n/', wrap(self.i18n_javascript,
                        cacheable=True), name='jsi18n'),
            path(
                'r/<int:content_type_id>/<path:object_id>/',
                wrap(contenttype_views.shortcut),
                name='view_on_site',
            ),
        ]
        valid_app_labels = []
        for model, model_admin in self._registry.items():
            urlpatterns += [
                path('%s/%s/' % (model._meta.app_label,
                                model._meta.model_name),
                                include(model_admin.urls)),
            ]
            if model._meta.app_label not in valid_app_labels:
                valid_app_labels.append(model._meta.app_label)
        if valid_app_labels:
            regex=r'^(?P<app_label>'+'|'.join(valid_app_labels)+')/$'
            urlpatterns += [
                re_path(regex,wrap(self.app_index),name='app_list'),
            ]
        return urlpatterns
```

上述代码将父类AdminSite的方法admin_view()和get_urls()进行了局部修改，修改的代码已标有注释说明，其他代码无须修改。从修改的代码中可以看到，Admin后台系统的用户登录页面的路由地址设为/login.html，因此还要定义路由地址/login.html。分别在MyDjango的urls.py、index的urls.py和views.py中定义路由login及其视图函数loginView，代码如下：

```
# MyDjango的urls.py
from django.urls import path, include
from django.contrib import admin
urlpatterns = [
    # 指向index的路由文件urls.py
    path('admin/', admin.site.urls),
    path('',include(('index.urls','index'),namespace='index')),
]
```

```
# index的urls.py
from django.urls import path
from .views import *
urlpatterns = [
    # 定义路由
    path('login.html', loginView, name='login'),
]

index的views.py
from django.shortcuts import render, redirect
from django.contrib.auth import login, authenticate
from django.contrib.auth.models import User
from django.urls import reverse
def loginView(request):
    if request.method == 'POST':
        u = request.POST.get('username', '')
        p = request.POST.get('password', '')
        if User.objects.filter(username=u):
            user = authenticate(username=u, password=p)
            if user:
                if user.is_active:
                    login(request, user)
                return redirect(reverse('index:login'))
            else:
                tips = '账号密码错误，请重新输入'
        else:
            tips = '用户不存在，请注册'
    else:
        if request.user.username:
            return redirect(reverse('admin:index'))
    return render(request, 'login.html', locals())
```

视图函数loginView用于实现用户登录功能，它利用Django内置的Auth认证系统来执行登录流程。用户登录页面由模板文件夹templates中的login.html生成。模板文件login.html的代码如下：

```
# templates的login.html
<!DOCTYPE html>
<html>
<head>
  {% load static %}
  <title>MyDjango后台登录</title>
  <link rel="stylesheet" href="{% static "css/reset.css" %}">
  <link rel="stylesheet" href="{% static "css/user.css" %}">
  <script src="{% static "js/jquery.min.js" %}"></script>
  <script src="{% static "js/user.js" %}"></script>
</head>
<body>
<div class="page">
<div class="loginwarrp">
<div class="logo">用户登录</div>
<div class="login_form">
```

```
<form id="Login" name="Login" method="post" action="">
  {% csrf_token %}
  <li class="login-item">
    <span>用户名：</span>
    <input type="text" name="username" class="login_input">
    <span id="count-msg" class="error"></span>
  </li>
  <li class="login-item">
    <span>密  码：</span>
    <input type="password" name="password" class="login_input">
    <span id="password-msg" class="error"></span>
  </li>
  <li class="login-sub">
    <input type="submit" name="Submit" value="登录" />
  </li>
</form>
</div>
</div>
</div>
<script type="text/javascript">
    window.onload = function() {
        var config = {
            vx : 4,
            vy : 4,
            height : 2,
            width : 2,
            count : 100,
            color : "121, 162, 185",
            stroke : "100, 200, 180",
            dist : 6000,
            e_dist : 20000,
            max_conn : 10
        };
        CanvasParticle(config);
    }
</script>
<script src="{% static "js/canvas-particle.js" %}"></script>
</body>
</html>
```

完成类MyAdminSite和路由login的定义后，通过注册类MyAdminSite的实例来创建Admin后台系统。在MyDjango文件夹的myapps.py中定义系统注册类MyAdminConfig，代码如下：

```
# MyDjango的myapps.py
from django.contrib.admin.apps import AdminConfig
# 继承父类AdminConfig
# 重新设置属性default_site的值，使它指向MyAdminSite类
class MyAdminConfig(AdminConfig):
    default_site = 'MyDjango.myadmin.MyAdminSite'
```

系统注册类MyAdminConfig继承自父类AdminConfig并设置父类属性default_site，使它指向

MyAdminSite，从而由MyAdminSite实例化创建Admin后台系统。最后在配置文件settings.py中配置系统注册类MyAdminConfig，此外还需配置静态资源文件夹static，代码如下：

```
# 配置文件settings.py
# 配置系统注册类MyAdminConfig
INSTALLED_APPS = [
    # 注释原有的admin
    # 'django.contrib.admin',
    # 指向myapps的MyAdminConfig
    'MyDjango.myapps.MyAdminConfig',
    'django.contrib.auth',
    'django.contrib.contenttypes',
    'django.contrib.sessions',
    'django.contrib.messages',
    'django.contrib.staticfiles',
    'index'
]
# 配置静态资源文件夹static
STATIC_URL = '/static/'
STATICFILES_DIRS = [BASE_DIR /  'static']
```

完成上述开发后，运行MyDjango，在浏览器上清除Cookie信息，确保Admin后台系统处于未登录状态，这样访问127.0.0.1:8000/admin就能自动跳转到我们定义的用户登录页面，如图9-36所示。

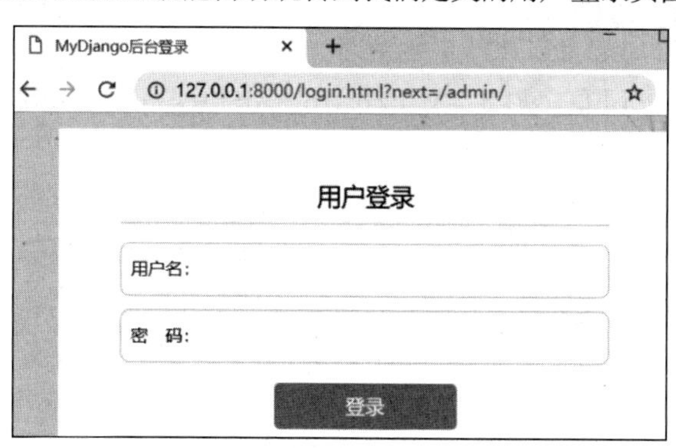

图 9-36　用户登录页面

9.5 本章小结

本章详细介绍了Django的Admin 后台系统及其二次开发方法，读者应该重点了解和掌握以下内容：

（1）了解Admin系统的属性和方法来自ModelAdmin和BaseModelAdmin。其定义的属性和方法比较多，建议读者重点掌握日常开发中常用的属性和方法。

（2）掌握Admin后台系统的首页设置，包括项目应用的显示名称、模型的显示名称和网页标题，了解三者的设置方式。

第 10 章 Auth认证系统

除了Admin后台系统之外，Django还内置了Auth认证系统。整个Auth认证系统可分为3大部分：用户信息、用户权限和用户组，在数据库中分别对应数据表auth_user、auth_permission和auth_group。

10.1 内置 User 实现用户管理

用户管理是网站必备的功能之一，Django内置的Auth认证系统不仅功能完善，而且具有灵活的扩展性，可以满足多方面的开发需求。创建项目时，Django已默认使用了内置的Auth认证系统，在settings.py的INSTALLED_APPS、MIDDLEWARE和AUTH_PASSWORD_VALIDATORS中都能看到相关的配置信息。

本节将使用内置的Auth认证系统实现用户注册、登录、修改密码和注销功能。在D盘下创建新的MyDjango项目，添加项目应用user，并新建templates和static文件夹。在templates中放置模板文件user.html，在static中放置模板文件user.html所需的JS和CSS文件。项目的目录结构如图10-1所示。

图 10-1 目录结构

打开MyDjango项目的配置文件settings.py，将项目应用user、模板文件夹templates和静态资源文件夹static添加到Django的运行环境，配置信息如下：

```
# 配置文件settings.py
INSTALLED_APPS = [
    'django.contrib.admin',
    'django.contrib.auth',
    'django.contrib.contenttypes',
    'django.contrib.sessions',
    'django.contrib.messages',
    'django.contrib.staticfiles',
    'user'
]

TEMPLATES = [
```

```
    {
        'BACKEND':'django.template.backends.django.DjangoTemplates',
        'DIRS': [BASE_DIR / templates'],
        'APP_DIRS': True,
        'OPTIONS': {
            'context_processors': [
                'django.template.context_processors.debug',
                'django.template.context_processors.request',
                'django.contrib.auth.context_processors.auth',
                'django.contrib.messages.context_processors.messages',
            ],
        },
    },
]
STATIC_URL = '/static/'
STATICFILES_DIRS = [BASE_DIR / 'static']
```

完成MyDjango的基本配置后，在PyCharm的Terminal下执行数据迁移指令，项目内置的数据表创建在MyDjango的db.sqlite3数据库文件中。打开并查看db.sqlite3数据库文件的数据表信息，结果如图10-2所示。

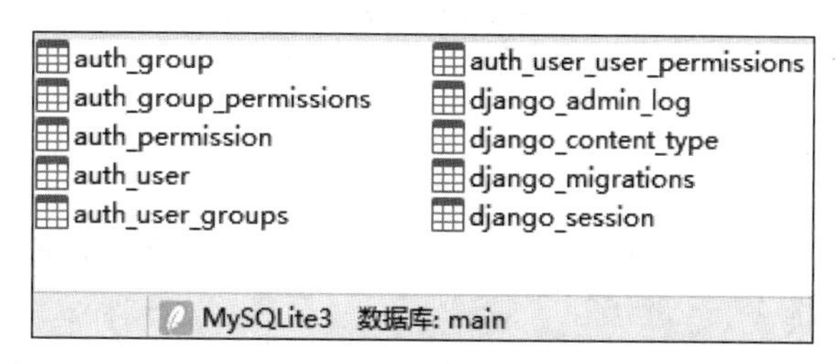

图 10-2　数据表信息

项目环境搭建成功后，在项目应用user中创建urls.py文件，并分别在MyDjango文件夹的urls.py和user文件夹中的urls.py中定义用户注册、登录、修改密码和注销的路由信息，代码如下：

```
# MyDjango的urls.py
from django.urls import path, include
urlpatterns = [
    path('',include(('user.urls','user'),namespace='user')),
]

# user的urls.py
from django.urls import path
from .views import *
urlpatterns = [
    path('login.html', loginView, name='login'),
    path('register.html', registerView, name='register'),
    path('setps.html', setpsView, name='setps'),
    path('logout.html', logoutView, name='logout'),
]
```

项目应用user定义了4条路由信息，分别代表用户注册、登录、修改密码和注销，而4条路由所对应的网页信息都由模板文件user.html生成。因此，在模板文件user.html中编写以下代码：

```
# templates的user.html
<!DOCTYPE html>
<html>
<head>
  {% load static %}
  <title>{{ title }}</title>
  <link rel="stylesheet" href="{% static "css/reset.css" %}" />
  <link rel="stylesheet" href="{% static "css/user.css" %}" />
  <script src="{% static "js/jquery.min.js" %}"></script>
  <script src="{% static "js/user.js" %}"></script>
</head>
<body>
<div class="page">
<div class="loginwarrp">
<div class="logo">{{ pageTitle }}</div>
<div class="login_form">
<form id="Login" name="Login" method="post" action="">
  {% csrf_token %}
  <li class="login-item">
    <span>用户名：</span>
    <input type="text" name="username" class="login_input">
    <span id="count-msg" class="error"></span>
  </li>
  <li class="login-item">
    <span>密　码：</span>
    <input type="password" name="password" class="login_input">
    <span id="password-msg" class="error"></span>
  </li>
  {% if password2 %}
  <li class="login-item">
    <span>新密码：</span>
    <input type="password" name="password2" class="login_input">
    <span id="password-msg" class="error"></span>
  </li>
  {% endif %}
  <div>{{ tips }}</div>
  <li class="login-sub">
    <input type="submit" name="Submit" value="确定">
  </li>
</form>
</div>
</div>
</div>
<script type="text/javascript">
    window.onload = function() {
        var config = {
            vx : 4,
            vy : 4,
            height : 2,
            width : 2,
            count : 100,
```

```
                color : "121, 162, 185",
                stroke : "100, 200, 180",
                dist : 6000,
                e_dist : 20000,
                max_conn : 10
            };
            CanvasParticle(config);
        }
    </script>
    <script src="{% static "js/canvas-particle.js" %}"></script>
    </body>
    </html>
```

完成项目的功能配置、路由设置和模板代码编写后，在user的views.py文件中定义视图函数。首先定义视图函数registerView，实现用户注册功能，代码如下：

```
# user的views.py
from django.shortcuts import render
from django.http import HttpResponse
from django.contrib.auth.models import User
from django.contrib.auth import login,logout,authenticate
# 用户注册
def registerView(request):
    # 设置模板上下文
    title = '注册'
    pageTitle = '用户注册'
    if request.method == 'POST':
        u = request.POST.get('username', '')
        p = request.POST.get('password', '')
        if User.objects.filter(username=u):
            tips = '用户已存在'
        else:
            d=dict(username=u,password=p,is_staff=1,is_superuser=1)
            user = User.objects.create_user(**d)
            user.save()
            tips = '注册成功，请登录'
    return render(request, 'user.html', locals())
```

视图函数registerView对用户请求进行判断分析，如果当前请求为GET请求，就调用模板文件user.html生成用户注册页面；如果当前请求为POST请求，就由内置的Auth认证系统执行用户注册过程，具体说明如下：

（1）当用户在注册页面输入账号和密码，并单击“确定”按钮后，程序将表单数据提交到函数registerView中进行处理。

（2）函数registerView首先获取表单的数据内容，再根据获取的数据来判断Django内置模型User是否存在相关的用户信息。

（3）如果用户存在，就直接返回注册页面并提示用户已存在。

（4）如果用户不存在，程序就使用内置函数crcatc_user对模型User进行用户创建，函数create_user是模型User特有的函数，该函数创建并保存一个is_active= True的User对象。其中，函数参数username不能为空，否则会抛出ValueError异常；而模型User的其他字段可作为函数create_user的可选参数。Django的内置模型User一共定义了11个字段，这些字段可以在数据表auth_user中查看，各个字段的说明如表10-1所示。如果没有设置参数password，模型User就调用set_unusable_password()为当前用户创建一个随机密码。

表 10-1 User 模型各个字段的说明

字　段	说　明
id	int类型，代表数据表主键
password	varchar类型，代表用户密码，在默认情况下使用pbkdf2_sha256方式来存储和管理用户的密码
last_login	datetime类型，最近一次登录的时间
is_superuser	tinyint类型，表示该用户是否拥有所有的权限，即是否为超级管理员
username	varchar类型，代表用户账号
first_name	varchar类型，代表用户的名字
last_name	varchar类型，代表用户的姓氏
email	varchar类型，代表用户的邮件
is_staff	用来判断用户是否可以登录进入Admin后台系统
is_active	tinyint类型，用来判断该用户的状态是否被激活
date_joined	datetime类型，账号的创建时间

运行MyDjango项目，在浏览器上访问127.0.0.1:8000/register.html，在用户注册表单中填写账号和密码，单击“确定”按钮即可完成用户注册。打开数据表auth_user就能看到新建的用户信息，如图10-3所示。

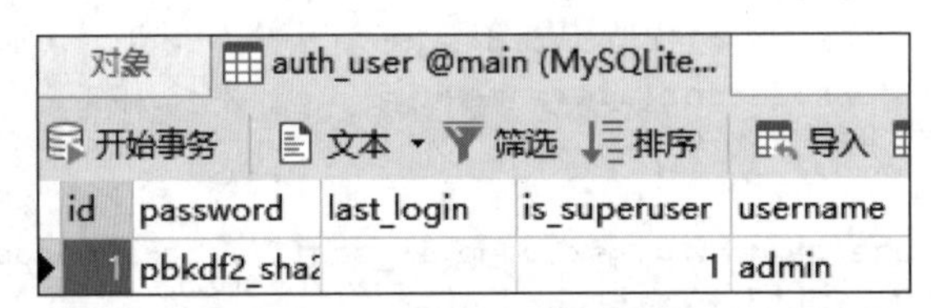

图 10-3 数据表 auth_user

接着实现用户登录过程，同时也能验证视图函数registerView实现的用户注册功能是否正常。我们在user的views.py中定义视图函数loginView，代码如下：

```
# user的views.py
from django.shortcuts import render
from django.http import HttpResponse
from django.contrib.auth.models import User
from django.contrib.auth import login,logout,authenticate
# 用户登录
def loginView(request):
    # 设置模板上下文
    title = '登录'
    pageTitle = '用户登录'
    if request.method == 'POST':
        u = request.POST.get('username', '')
        p = request.POST.get('password', '')
```

```
        if User.objects.filter(username=u):
            user=authenticate(username=u, password=p)
            if user:
                if user.is_active:
                    login(request, user)
                return HttpResponse('登录成功')
            else:
                tips = '账号密码错误，请重新输入'
        else:
            tips = '用户不存在，请注册'
    return render(request, 'user.html', locals())
```

视图函数loginView与registerView的实现过程有相似之处，它也是对用户请求进行判断分析，如果当前请求为GET请求，就调用模板文件user.html生成用户登录页面；如果当前请求为POST请求，就由内置的Auth认证系统执行用户登录过程，具体说明如下：

（1）函数loginView接收到POST请求并获取表单的数据后，根据表单数据判断用户是否存在。如果用户存在，就对用户账号和密码进行验证处理，由内置函数authenticate完成验证过程，若验证成功，则返回模型Uesr的用户对象user，否则返回None。

（2）根据用户对象user的is_active字段来判断当前用户状态是否被激活，如果字段is_active的值为1，就说明当前用户处于已激活状态，可执行用户登录。

（3）执行用户登录，由内置函数login完成登录过程。函数login接收两个参数，第一个是request对象，来自视图函数的参数request；第二个是user对象，来自函数authenticate返回的对象user。

运行MyDjango项目，在浏览器上访问127.0.0.1:8000/login.html，在用户登录表单中填写新建的admin用户信息，单击“确定”按钮即可完成用户登录。我们可以通过在数据表auth_user中查看admin用户的登录时间来验证登录是否成功，如图10-4所示。

图 10-4　数据表 auth_user

下面实现修改密码功能。密码修改页面根据已有的用户信息进行密码修改。我们在user的views.py文件中定义视图函数setpsView，函数代码如下：

```
# user的views.py
from django.shortcuts import render
from django.http import HttpResponse
from django.contrib.auth.models import User
from django.contrib.auth import login,logout,authenticate
# 修改密码
def setpsView(request):
    # 设置模板上下文
    title = '修改密码'
    pageTitle = '修改密码'
    password2 = True
```

```
    if request.method == 'POST':
        u = request.POST.get('username', '')
        p = request.POST.get('password', '')
        p2 = request.POST.get('password2', '')
        if User.objects.filter(username=u):
            user = authenticate(username=u,password=p)
            # 判断用户的账号和密码是否正确
            if user:
                user.set_password(p2)
                user.save()
                tips = '密码修改成功'
            else:
                tips = '原始密码不正确'
        else:
            tips = '用户不存在'
    return render(request, 'user.html', locals())
```

密码修改页面相比注册和登录页面多出了一个文本输入框，该文本输入框由模板上下文password2控制显示。当password2为True时，文本输入框将显示到页面上，如图10-5所示。

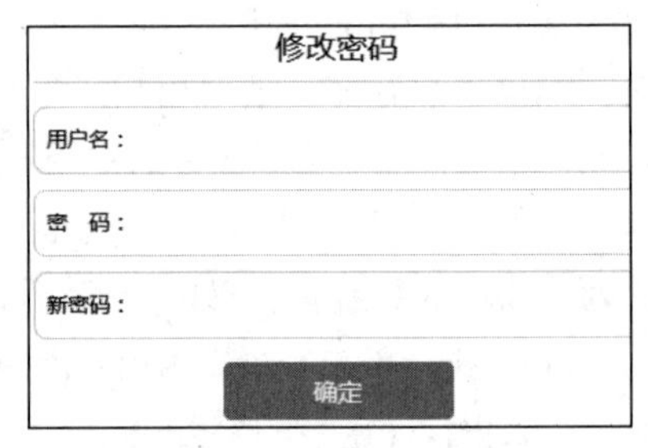

图10-5　密码修改页面

视图函数setpsView的处理逻辑与用户注册、登录大致相同，函数处理逻辑说明如下：

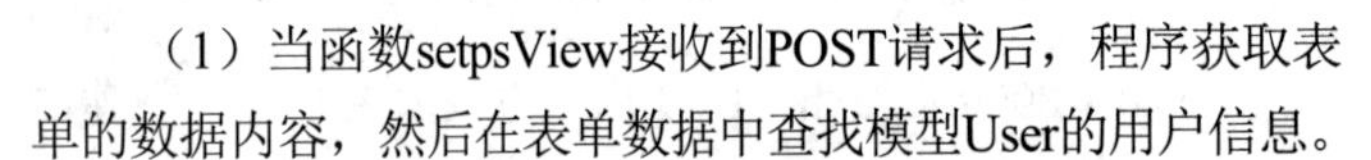

（1）当函数setpsView接收到POST请求后，程序获取表单的数据内容，然后在表单数据中查找模型User的用户信息。

（2）如果用户存在，就由内置函数authenticate验证用户的账号和密码是否正确。若验证成功，则返回对象user，再由对象user使用内置函数set_password修改当前用户的密码，最后保存修改后的对象user，从而实现密码的修改。

（3）如果用户不存在，就直接返回密码修改页面并提示用户不存在。

密码修改主要由内置函数set_password实现，而函数set_password是在内置函数make_password的基础上封装而来的。Django默认使用pbkdf2_sha256方式存储和管理用户密码，而内置函数make_password用于实现用户密码的加密处理，并且该函数可以脱离Auth认证系统单独使用，比如对某些特殊数据进行加密处理等。在user的views.py中定义视图函数setpsView2，它使用函数make_password实现密码的修改，代码如下：

```
# user的views.py
from django.shortcuts import render
from django.http import HttpResponse
from django.contrib.auth.models import User
from django.contrib.auth import login,logout,authenticate
# 修改密码
# 使用make_password实现密码修改
from django.contrib.auth.hashers import make_password
def setpsView2(request):
    # 设置模板上下文
```

```
    title = '修改密码'
    pageTitle = '修改密码'
    password2 = True
    if request.method == 'POST':
        u = request.POST.get('username', '')
        p = request.POST.get('password', '')
        p2 = request.POST.get('password2', '')
        # 判断用户是否存在
        if User.objects.filter(username=u):
            user = authenticate(username=u,password=p)

            # 判断用户的账号和密码是否正确
            if user:
                # 对密码进行加密处理并保存到数据库
                dj_ps=make_password(p2,None,'pbkdf2_sha256')
                user.password = dj_ps
                user.save()
            else:
                print('原始密码不正确')
    return render(request, 'user.html', locals())
```

视图函数setpsView2与setpsView的处理逻辑相同，只不过两者修改密码的方法有所不同。除了内置函数make_password之外，还有内置函数check_password，该函数是对加密前的密码与加密后的密码进行匹配验证，判断两者是否为同一个密码。在PyCharm的Terminal中开启Django的Shell模式，函数make_password和check_password的使用方法如下：

```
D:\MyDjango>python manage.py shell
>>> from django.contrib.auth.hashers import make_password
>>> from django.contrib.auth.hashers import check_password
>>> ps = "123456"
>>> dj_ps = make_password(ps, None, 'pbkdf2_sha256')
>>> ps_bool = check_password(ps, dj_ps)
>>> ps_bool
True
```

最后，实现注销功能。用户注销是Auth认证系统较为简单的功能，只需调用内置函数logout即可实现。函数logout的参数request代表当前用户的请求对象，它来自视图函数的参数request。因此，视图函数logoutView的代码如下：

```
# 用户注销，退出登录
def logoutView(request):
    logout(request)
    return HttpResponse('注销成功')
```

综上，整个MyDjango项目定义了4条路由信息，分别实现用户注册、登录、修改密码和注销功能；由Auth认证系统的内置模型User实现用户信息管理，开发者只需调用内置函数即可实现功能开发。

10.2 发送邮件实现密码找回

在10.1节中，密码修改是在用户知道密码的情况下实现的。然而，在日常应用中，还存在一种密码修改情景，即用户忘记密码的情况，这时需要进行密码找回操作。密码找回首先需要对用户账号进行验证，确认该账号确实属于当前用户。只有验证成功后，才能为用户重置密码。用户验证方式主要有手机验证和邮件验证两种。本节，使用Django内置的邮件功能来发送验证码，实现密码找回功能。

在实现邮件发送功能之前，需要对邮箱进行相关配置。以QQ邮箱为例，在QQ邮箱的设置中找到账户设置，然后在账户设置中找到POP3/IMAP/SMTP/Exchange/CardDAV/CalDAV服务，接着开启POP3/SMTP服务，如图10-6所示。

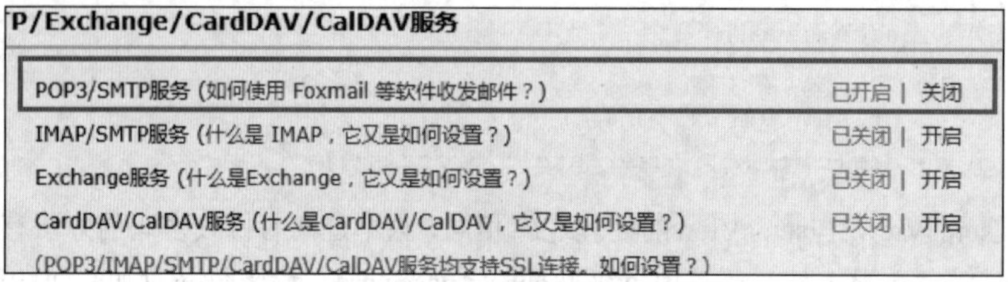

图 10-6　开启 POP3/SMTP 服务

开启服务成功后，QQ邮箱会返回一个客户端授权密码，用于登录第三方邮件客户端。请务必妥善保存该授权密码，该授权密码在开发过程中需要使用。如果QQ开启了登录保护，则需要关闭登录保护，否则Django无法使用POP3/SMTP服务发送邮件验证码。

接着在Django里使用POP3/SMTP服务发送邮件验证码。以10.1节的MyDjango为例，在配置文件settings.py中设置邮件配置信息，配置信息如下：

```
# 邮件配置信息
EMAIL_USE_SSL = True
# 邮件服务器，如果是163，就改成smtp.163.com
EMAIL_HOST = 'smtp.qq.com'
# 邮件服务器端口
EMAIL_PORT = 465
# 发送邮件的账号
EMAIL_HOST_USER = 'xxxx@qq.com'
# SMTP服务密码
EMAIL_HOST_PASSWORD = 'xxxx'
DEFAULT_FROM_EMAIL = EMAIL_HOST_USER
```

邮件配置一共设置6个属性，这些属性用于配置邮件发送方的服务器信息，配置属性的值由邮件服务器决定。每个配置属性的作用说明如下：

- EMAIL_USE_SSL：Django与邮件服务器的连接方式是否设为SSL模式。
- EMAIL_HOST：设置服务器类型，QQ邮箱的服务器有SMTP服务器和POP3服务器两种。
- EMAIL_PORT：设置服务器端口号，若使用SMTP服务器，则端口号应为465或587。

- EMAIL_HOST_USER：发送邮件的账号，该账号必须开启POP3/SMTP服务。
- EMAIL_HOST_PASSWORD：客户端授权密码，即开启POP3/SMTP服务后获得的授权码。
- DEFAULT_FROM_EMAIL：设置默认发送邮件的账号。

完成邮件相关配置后，在MyDjango项目的urls.py和user应用的urls.py中定义路由信息，分别设置Admin后台系统的路由和密码找回的路由，代码如下：

```
# MyDjango的urls.py
from django.urls import path, include
from django.contrib import admin
urlpatterns = [
    path('admin/', admin.site.urls),
    path('',include(('user.urls','user'),namespace='user')),
]

# user的urls.py
from django.urls import path
from .views import *
urlpatterns = [
    path('', findpsView, name='findps'),
]
```

设置Admin后台系统的路由可以验证用户密码修改后是否能正常登录Admin后台系统。

接着修改模板文件user.html的用户表单，代码如下：

```
# templates的user.html
<!DOCTYPE html>
<html>
<head>
  {% load static %}
  <title>找回密码</title>
  <link rel="stylesheet" href="{% static "css/reset.css" %}"/>
  <link rel="stylesheet" href="{% static "css/user.css" %}"/>
  <script src="{% static "js/jquery.min.js" %}"></script>
  <script src="{% static "js/user.js" %}"></script>
</head>
<body>
<div class="page">
<div class="loginwarrp">
<div class="logo">找回密码</div>
<div class="login_form">
<form id="Login" name="Login" method="post" action="">
{% csrf_token %}
<li class="login-item">
  <span>用户名：</span>
  <input type="text" name="username" class="login_input">
  <span id="count-msg" class="error"></span>
</li>
  {% if password %}
    <li class="login-item">
    <span>密  码：</span>
```

```
    <input type="password" name="password" class="login_input">
    <span id="password-msg" class="error"></span>
    </li>
  {% endif %}
  {% if VCodeInfo %}
    <li class="login-item">
      <span>验证码：</span>
      <input type="text" name="VCode" class="login_input">
      <span id="password-msg" class="error"></span>
    </li>
  {% endif %}
  <div>{{ tips }}</div>
  <li class="login-sub">
    <input type="submit" name="Submit" value="{{ button }}">
  </li>
</form>
</div>
</div>
</div>
<script type="text/javascript">
     window.onload = function() {
         var config = {
             vx : 4,
             vy : 4,
             height : 2,
             width : 2,
             count : 100,
             color : "121, 162, 185",
             stroke : "100, 200, 180",
             dist : 6000,
             e_dist : 20000,
             max_conn : 10
         };
         CanvasParticle(config);
     }
</script>
<script src="{% static "js/canvas-particle.js" %}"></script>
</body>
</html>
```

模板文件user.html设置了4个模板上下文，分别为password、VCodeInfo、tips和button，每个上下文的说明如下：

- password控制密码文本框是否显示在网页上，数据类型为布尔型。
- VCodeInfo控制验证码文本框是否显示在网页上，数据类型为布尔型。
- tips是根据用户操作和账号验证设置的信息提示，信息内容分别为“验证码已发送”“用户XXX不存在”“密码已重置”和“验证码错误，请重新获取”。
- button可以改变表单提交按钮的文本内容，内容分别为“获取验证码”和“重置密码”。

最后，在user的views.py中定义视图函数findpsView，该函数实现3个功能：发送邮件验证码、验证邮件验证码和修改密码，具体代码如下：

```
# user的views.py
import random
from django.shortcuts import render
from django.contrib.auth.models import User
from django.contrib.auth.hashers import make_password
# 找回密码
def findpsView(request):
    button = '获取验证码'
    VCodeInfo = False
    password = False
    if request.method == 'POST':
        u = request.POST.get('username')
        VCode = request.POST.get('VCode', '')
        p = request.POST.get('password')
        user = User.objects.filter(username=u)
        # 用户不存在
        if not user:
            tips = '用户' + u + '不存在'
        else:
            # 判断验证码是否已发送
            if not request.session.get('VCode', ''):
                # 发送验证码并将验证码写入session
                button = '重置密码'
                tips = '验证码已发送'
                password = True
                VCodeInfo = True
                VCode = str(random.randint(1000, 9999))
                request.session['VCode'] = VCode
                user[0].email_user('找回密码', VCode)
            # 判断输入的验证码是否正确
            elif VCode == request.session.get('VCode'):
                # 对密码进行加密处理并保存到数据库
                dj_ps=make_password(p,None,'pbkdf2_sha256')
                user[0].password = dj_ps
                user[0].save()
                del request.session['VCode']
                tips = '密码已重置'
            # 输入的验证码错误
            else:
                tips = '验证码错误，请重新获取'
                VCodeInfo = False
                password = False
                del request.session['VCode']
    return render(request, 'user.html', locals())
```

由于视图函数findpsView实现了3个不同的功能，因此下面从功能使用的角度分析视图函数findpsView。运行MyDjango，在浏览器上访问127.0.0.1:8000，视图函数findpsView触发GET请求，调用模板文件user.html生成网页表单，在网页表单上输入用户账号admin并单击“获取验证码”按钮，如图10-7所示。

当输入用户名并单击“获取验证码”按钮时，浏览器向Django发送POST请求，视图函数findpsView首先根据用户输入的用户名在模型User里进行数据查找，然后判断用户名是否存在，若不存在，则会生成提示信息，如图10-8所示。

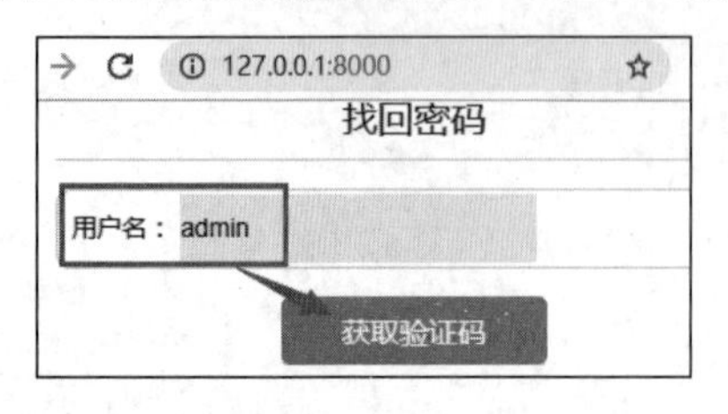

图 10-7　获取验证码

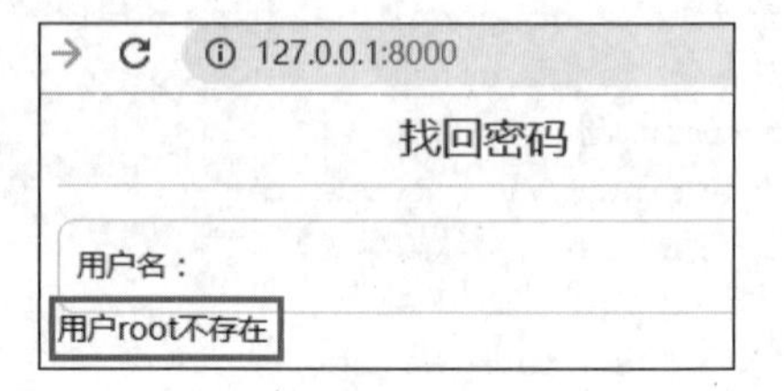

图 10-8　用户不存在

如果用户存在，就继续判断session的VCode是否存在。若不存在，则视图函数findpsView通过发送邮件的方式将验证码发送到用户邮箱，实现过程如下：

（1）设置模板上下文button、tips、password和VCodeInfo的值，在网页上生成提示信息、密码输入框和验证码输入框。

（2）验证码是使用random模块随机生成的长度为4位的整数，然后将验证码写入session的Vcode中，其作用是与用户输入的验证码进行匹配。

（3）邮件发送是由内置函数email_user实现的，该方法是模型User特有的方法之一，只适用于模型User。

（4）用户邮箱信息来自模型User的字段email，如果当前用户的邮箱信息为空，Django就无法发送邮件。邮件发送如图10-9所示。

图 10-9　邮件发送

用户接收到验证码之后，可以在网页上输入用户名、重置密码和验证码，然后单击“重置密码”按钮，这时将会触发POST请求。函数findpsView获取用户输入的验证码并与session的VCode进行对比，如果两者不符合，就说明用户输入的验证码与邮件中的验证码无法匹配，系统提示验证码错误，如图10-10所示。

若用户输入的验证码与session的Vcode相符，则程序将执行密码修改。首先获取用户输入的密码，然后使用函数make_password对密码进行加密处理并保存在模型User中，最后删除session中的VCode，否则VCode一直存在，在下次获取验证码时，程序就不会执行邮件发送功能。运行结果如图10-11所示。

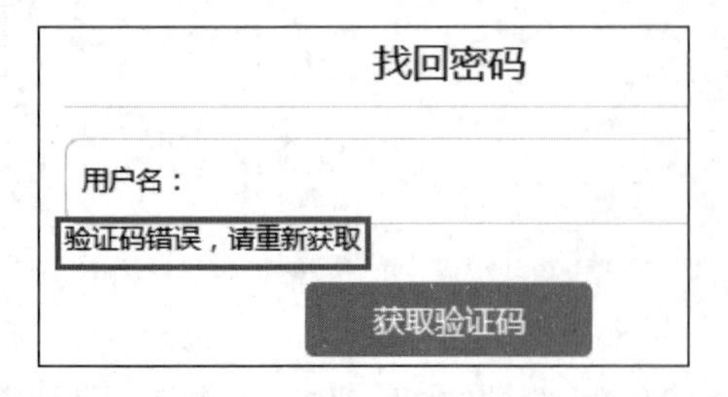

图 10-10　验证码错误

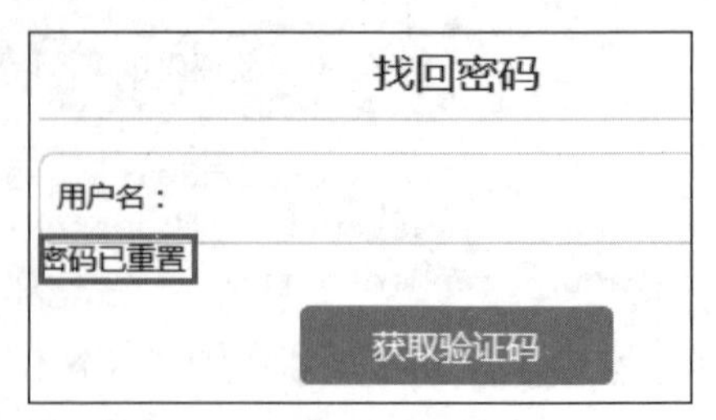

图 10-11　运行结果

上述例子是使用内置函数email_user发送邮件验证码，除此之外，Django还提供了多种邮件发送方法，我们在Django的Shell模式下进行讲解，代码如下：

```
D:\MyDjango>python manage.py shell
# 使用send_mail实现邮件发送
>>> from django.core.mail import send_mail
>>> from django.conf import settings
# 获取settings.py的配置信息
>>> from_email = settings.DEFAULT_FROM_EMAIL
>>> sending = ['554301449@qq.com']
# 发送邮件，接收邮件以列表表示，说明可设置多个接收对象
>>> send_mail('Django','Django',from_email,sending)

# 使用send_mass_mail实现多封邮件同时发送
>>> from django.core.mail import send_mass_mail
>>> message1 = ('Django','Django',from_email,sending)
>>> message2 = ('Django','Django',from_email,sending)
>>> send_mass_mail((message1, message2), fail_silently=False)

# 使用EmailMultiAlternatives实现邮件发送
>>> from django.core.mail import EmailMultiAlternatives
>>> content = '<p>这是一封<h3>重要的</h3>邮件。</p>'
>>> msg=EmailMultiAlternatives('MyDjango',content,from_email,sending)
# 将正文设置为HTML格式
>>> msg.content_subtype = 'html'
# attach_alternative对正文内容进行补充和添加
>>> msg.attach_alternative('<h3>Django</h3>','text/html')
# 添加附件（可选）
>>> msg.attach_file('D://attachfile.csv')
# 发送
>>> msg.send()
```

上述代码分别讲述了send_mail、send_mass_mail和EmailMultiAlternatives的使用方法，三者之间的对比说明如下：

- 每次使用send_mail发送邮件都会建立一个新的连接，如果发送多封邮件，就需要建立多个连接。
- send_mass_mail是建立单个连接发送多封邮件，所以一次性发送多封邮件时，send_mass_mail要优于send_mail。
- EmailMultiAlternatives比前两者更为个性化，可以将邮件正文内容设为HTML格式，也可以在邮件上添加附件，满足多方面的开发需求。

10.3 模型 User 的扩展与使用

在开发过程中，模型User的字段可能无法完全满足复杂的开发需求。现在大多数网站都要求用户提供手机号码、QQ号码和微信账号等一系列个人信息。为了满足各种需求，Django提供了以下4种模型扩展方法。

- 代理模型：这是一种模型继承，这种模型在数据库中无须创建新数据表。一般用于改变现有模型的行为方式，如增加新方法函数等，并且不影响数据表的结构。如果不需要在数据表中存储额外的信息，只是增加模型User的操作方法或更改模型的查询方式，那么可以使用代理模型扩展模型User。
- Profile扩展模型User：当存储的信息与模型User相关，而且不改变模型User的内置方法时，可定义新的模型MyUser，并设置某个字段为OneToOneField，这样能与模型User形成一对一关系，该方法称为用户配置（User Profile）。
- AbstractBaseUser扩展模型User：当模型User的内置方法不符合开发需求时，可使用该方法对模型User重新进行自定义设计，该方法对模型User和数据表结构会产生较大影响。
- AbstractUser扩展模型User：如果模型User的内置方法符合开发需求，在不改变这些函数方法的情况下添加模型User的额外字段，可以通过AbstractUser方式替换原有的模型User。

上述4种方法各有优缺点，一般情况下，建议使用AbstractUser扩展模型User，因为该方式对原有模型User影响较小而且无须额外创建数据表。在讲述如何扩展模型User之前，首先深入了解模型User的定义过程。在PyCharm中打开模型User的源码文件，如图10-12所示。

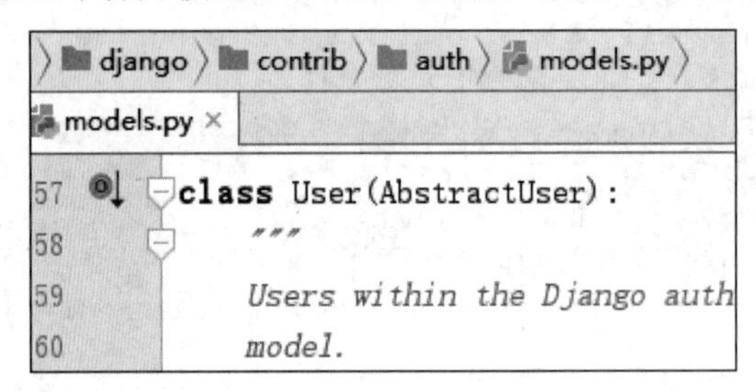

图 10-12　模型 User 的源码文件

模型User继承自父类AbstractUser，而AbstractUser继承自父类AbstractBaseUser和PermissionsMixin，因此模型User的继承关系如图10-13所示。

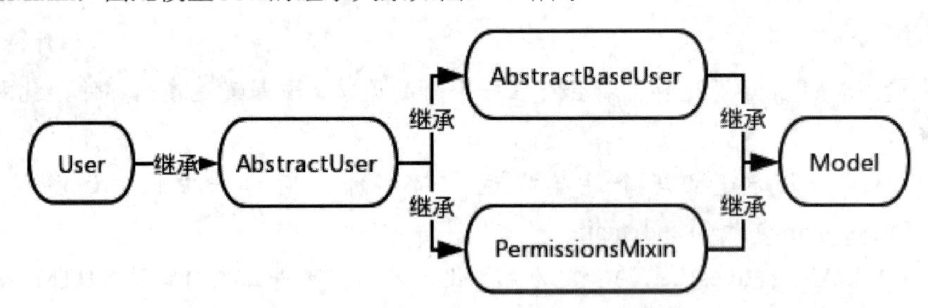

图 10-13　模型 User 的继承关系

由图10-13可知，模型User的字段和方法是由父类AbstractUser、AbstractBaseUser和PermissionsMixin定义的，模型User的字段已在10.1节的表10-1中列举说明，这里只说明模型User的内置方法：

- get_full_name()：由AbstractUser定义，用于获取用户的全名，即字段first_name与last_name的组合值。
- get_short_name()：由AbstractUser定义，用于获取模型字段first_name的值。

- email_user()：由AbstractUser定义，用于发送邮件。参数subject设置邮件标题；参数message设置邮件内容；参数from_email设置发送邮件的账号，即配置文件settings.py的DEFAULT_FROM_EMAIL。
- save()：由AbstractBaseUser定义，用于定义模型的数据保存方式。
- get_username()：由AbstractBaseUser定义，用于获取当前用户的账号信息，即模型字段username。
- set_password()：由AbstractBaseUser定义，用于更改当前用户的密码，即更改模型字段password。
- check_password()：由AbstractBaseUser定义，用于验证加密前的密码与加密后的密码是否相同。
- get_session_auth_hash()：由AbstractBaseUser定义，用于获取模型字段password的HMAC，在更改密码时可使当前用户的登录状态失效。
- set_unusable_password()：由AbstractBaseUser定义，用于标记用户尚未设置密码。
- has_usable_password()：由AbstractBaseUser定义，用于检测用户是否尚未设置密码。
- get_group_permissions()：由PermissionsMixin定义，用于获取当前用户所在用户组的权限。
- get_all_permissions()：由PermissionsMixin定义，用于获取当前用户所拥有的权限。
- has_perm()：由PermissionsMixin定义，用于判断当前用户是否具有某个权限，参数perm代表权限的名称，以字符串表示。
- has_perms()：由PermissionsMixin定义，用于判断当前用户是否具有多个权限，参数perm_list代表多个权限的集合，以列表表示。
- has_module_perms()：由PermissionsMixin定义，用于判断当前用户是否具有某个项目应用的所有权限，参数app_label代表项目应用的名称。

下面讲述如何使用AbstractUser扩展模型User。以MyDjango项目为例，打开项目的数据库文件db.sqlite3，清除数据库中的所有数据表，在user的models.py中定义模型MyUser，代码如下：

```
# user的models.py
from django.db import models
from django.contrib.auth.models import AbstractUser
class MyUser(AbstractUser):
    qq = models.CharField('QQ号码', max_length=16)
    weChat = models.CharField('微信账号', max_length=100)
    mobile = models.CharField('手机号码', max_length=11)
    # 设置返回值
    def __str__(self):
        return self.username
```

模型MyUser继承自AbstractUser类，AbstractUser类是模型User的父类，因此模型MyUser也具有模型User的全部字段。在执行数据迁移之前，必须在项目的settings.py中配置相关信息，配置信息如下：

```
# settings.py
AUTH_USER_MODEL = 'user.MyUser'
```

配置信息是将内置模型User替换成自定义的模型MyUser，若没有设置配置信息，则在创建数据表时，Django会分别创建数据表auth_user和user_myuser，这样模型MyUser就无法取代内置模型User。在PyCharm的Terminal下执行数据迁移，代码如下：

```
D:\MyDjango>python manage.py makemigrations
Migrations for 'user':
  user\migrations\0001_initial.py
    - Create model MyUser
D:\MyDjango>python manage.py migrate
```

完成数据迁移后，打开数据库查看数据表信息，可以发现内置模型User的数据表auth_user改为数据表user_myuser，并且数据表user_myuser的字段除了具有内置模型User的字段之外，还额外增加了自定义的字段，如图10-14所示。

使用AbstractUser扩展模型User的实质是重新自定义模型User，并将内置模型User替换成自定义的模型MyUser，替换过程可分为两个步骤。

（1）定义新的模型MyUser，该模型必须继承AbstractUser类，在模型MyUser里定义的字段为扩展字段。

（2）在项目的配置文件settings.py中配置AUTH_USER_MODEL信息，在数据迁移时，将内置模型User替换成自定义的模型MyUser。

完成模型MyUser的自定义及数据迁移后，接着探讨模型MyUser与内置模型User在开发过程中是否存在使用上的差异。首先使用Django内置命令“python manage.py createsuperuser”创建超级管理员并登录Admin后台系统，如图10-15所示。

图10-14　数据表user_myuser

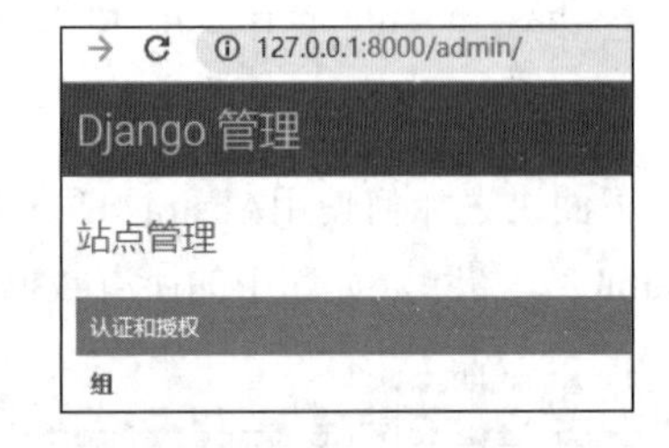

图10-15　Admin后台系统

从图10-15中可以发现，认证与授权没有显示用户信息表，这是因为模型MyUser是在user的models.py中定义的。若要将模型MyUser展示在后台系统，则可以在user的admin.py和初始化文件__init__.py中定义相关的数据对象，代码如下：

```
# user的models.py
from django.contrib import admin
from .models import MyUser
from django.contrib.auth.admin import UserAdmin
from django.utils.translation import gettext_lazy as _
@admin.register(MyUser)
class MyUserAdmin(UserAdmin):
    list_display=['username','email','mobile','qq','weChat']
    # 修改用户时，添加mobile、qq、weChat的录入
    # 将源码的UserAdmin.fieldsets转换成列表格式
```

```
    fieldsets = list(UserAdmin.fieldsets)
    # 重写UserAdmin的fieldsets，添加mobile、qq、weChat的录入
    fieldsets[1] = (_('Personal info'),
                    {'fields': ('first_name', 'last_name',
                     'email', 'mobile', 'qq', 'weChat')})

# user的__init__.py
# 设置App（user）的中文名
from django.apps import AppConfig
import os
# 修改App在Admin后台显示的名称
# default_app_config的值来自apps.py的类名
default_app_config = 'user.IndexConfig'

# 获取当前App的命名
def get_current_app_name(_file):
    return os.path.split(os.path.dirname(_file))[-1]

# 重写类IndexConfig
class IndexConfig(AppConfig):
    name = get_current_app_name(__file__)
    verbose_name = '用户管理'
```

重启MyDjango项目并再次进入Admin后台系统，可以在页面上看到模型MyUser所生成的“用户”，如图10-16所示。

从用户数据列表页进入用户数据修改页或用户数据新增页时，我们可以看到用户数据修改页或用户数据新增页出现了用户的手机号码、QQ号码和微信账号的文本输入框，如图10-17所示，这是由MyUserAdmin重写属性fieldsets实现的。

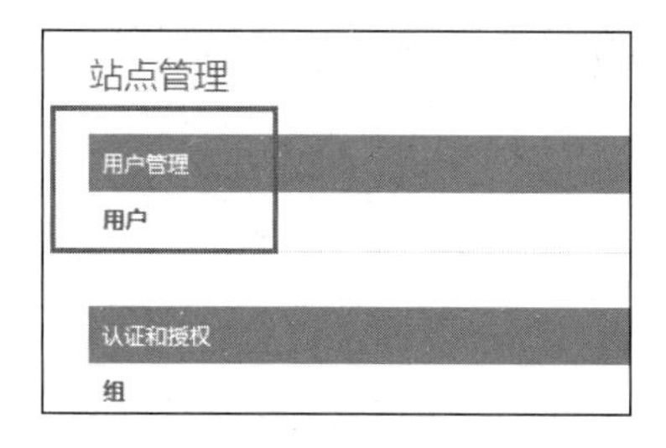

图 10-16　模型 MyUser 的用户链接

图 10-17　修改用户数据

admin.py中定义的MyUserAdmin继承自UserAdmin，UserAdmin是内置模型User的Admin数据对象，换句话说，MyUserAdmin通过继承UserAdmin并重写父类的某些属性和方法使自定义模型MyUser展示在Admin后台系统。UserAdmin的定义过程可以在Django源码文件django\contrib\auth\admin.py中查看。

除了UserAdmin之外，MyUserAdmin还可以继承内置模型User定义的表单类。内置表单类可以在源码文件django\contrib\auth\forms.py中查看。从源码中可以发现，forms.py定义了多个内置表单类，其说明如下：

- UserCreationForm：表单字段为username、password1和password2，用于创建新的用户信息。
- UserChangeForm：表单字段为password和模型User所有字段，用于修改已有的用户信息。

- AuthenticationForm：表单字段为username和password，用户登录时所触发的认证功能。
- PasswordResetForm：表单字段为email，用于通过发送邮件的方式实现密码找回。
- SetPasswordForm：表单字段为password1和password2，用于修改或新增用户密码。
- PasswordChangeForm：表单字段为old_password、new_password1和new_password2，继承自SetPasswordForm，如果是修改密码，就需要对旧密码进行验证。
- AdminPasswordChangeForm：表单字段为password1和password2，用于在Admin后台修改用户密码。

由上述的内置表单类可知，虽然这些表单类都是在内置模型User的基础上实现的，但它们不一定适用于自定义模型MyUser。但我们可以自定义模型MyUser的表单类，并继承上述的内置表单类，从而使自定义的表单类适用于模型MyUser。以自定义表单类MyUserCreationForm为例，使用它来实现用户注册功能。在user中创建form.py文件，并在文件下编写以下代码：

```
# user的form.py
from django.contrib.auth.forms import UserCreationForm
from .models import MyUser
class MyUserCreationForm(UserCreationForm):
    class Meta(UserCreationForm.Meta):
        model = MyUser
        # 在注册页面添加邮箱、手机号码、微信账号和QQ号码
        fields = UserCreationForm.Meta.fields
        fields += ('email', 'mobile', 'weChat', 'qq')
```

自定义表单类MyUserCreationForm继承表单类UserCreationForm，并重写了Meta的属性model和fields，分别设置了表单类绑定的模型和字段。

最后，在MyDjango的urls.py，user的urls.py，views.py和模板文件user.html中实现用户注册功能，代码如下：

```
# MyDjango的urls.py
from django.urls import path, include
from django.contrib import admin
urlpatterns = [
    path('admin/', admin.site.urls),
    path('', include(('user.urls','user'),namespace='user')),
]

# user的urls.py
from django.urls import path
from .views import *
urlpatterns = [
    path('', registerView, name='register'),
]

# user的views.py
from django.shortcuts import render
from .form import MyUserCreationForm
# 使用表单实现用户注册
def registerView(request):
    if request.method == 'POST':
```

```
        user = MyUserCreationForm(request.POST)
        if user.is_valid():
            user.save()
            tips = '注册成功'
        else:
            tips = '注册失败'
    user = MyUserCreationForm()
    return render(request, 'user.html', locals())

# templates的user.html
<!DOCTYPE html>
<html lang="zh-cn">
<head>
    <meta charset="utf-8">
    <title>用户注册</title>
    <link rel="stylesheet"
     href="https://unpkg.com/mobi.css/dist/mobi.min.css">
</head>
<body>
<div class="flex-center">
<div class="container">
<div class="flex-center">
<div class="unit-1-2 unit-1-on-mobile">
     <h1>用户注册</h1>
     {% if tips %}
         <div>{{ tips }}</div>
     {% endif %}
     <form class="form" action="" method="post">
         {% csrf_token %}
         <div>用户名:{{ user.username }}</div>
         <div>邮  箱:{{ user.email }}</div>
         <div>手机号:{{ user.mobile }}</div>
         <div>QQ 号:{{ user.qq }}</div>
         <div>微信号:{{ user.weChat }}</div>
         <div>密  码:{{ user.password1 }}</div>
         <div>密码确认:{{ user.password2 }}</div>
         <button type="submit"
         class="btn btn-primary btn-block">注 册</button>
     </form>
</div>
</div>
</div>
</div>
</body>
</html>
```

视图函数registerView使用自定义表单类MyUserCreationForm实现用户注册功能，实现过程如下：

（1）在浏览器上访问127.0.0.1:8000时，视图函数将表单类MyUserCreationForm实例化并传递给模板文件user.html，在浏览器上生成用户注册页面。

（2）输入用户信息并单击“注册”按钮后，视图函数registerView将接收到POST请求，然后将表单数据交给表单类MyUserCreationForm处理并生成user对象。

（3）验证user对象的数据信息，如果验证成功，就将数据保存到数据表user_myuser中，并在网页上提示“注册成功”；若验证失败，则在网页上提示“注册失败”并清空表单数据。

（4）在注册用户时，表单类MyUserCreationForm对密码的安全强度有严格的要求，如9.4节的图9-19所示。建议读者设置安全强度较高的密码，若密码过于简单，可能无法完成注册。

10.4 权限的设置与使用

用户权限是指对不同用户设置不同的功能使用权限，而每个功能主要以模型来划分。以10.3节的MyDjango项目为例，在Admin后台系统的用户数据修改页或用户数据新增页可以查看并设置用户权限，如图10-18所示。

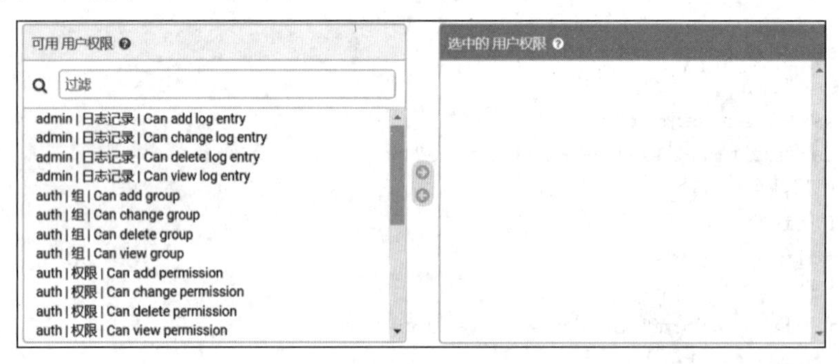

图 10-18 用户权限

在图10-18的左侧列表框中列出了整个项目的用户权限，每个权限以“项目应用|模型|模型使用权限”的格式表示，以“user|用户|Can add user”为例，说明如下：

- user是项目应用user的名称。
- 用户是项目应用user定义的模型MyUser。
- Can add user是模型MyUser新增数据的权限。

当执行数据迁移时，每个模型默认拥有增（add）、改（change）、删（delete）和查（view）权限。数据迁移成功后，可以在数据库中查看数据表auth_permission的数据信息，每行数据代表项目中某个模型的某个权限，如图10-19所示。

对象　auth_permission @main (M...

开始事务　文本·　筛选　排序　导入　导出

id	content_type_id	codename	name
1	1	add_logentry	Can add log entry
2	1	change_logentry	Can change log entry
3	1	delete_logentry	Can delete log entry
4	1	view_logentry	Can view log entry
5	2	add_permission	Can add permission

图 10-19 数据表 auth_permission

要设置用户权限，首先需要了解用户、用户权限和用户组三者之间的关系，以MyDjango的数据表为例，如图10-20所示。

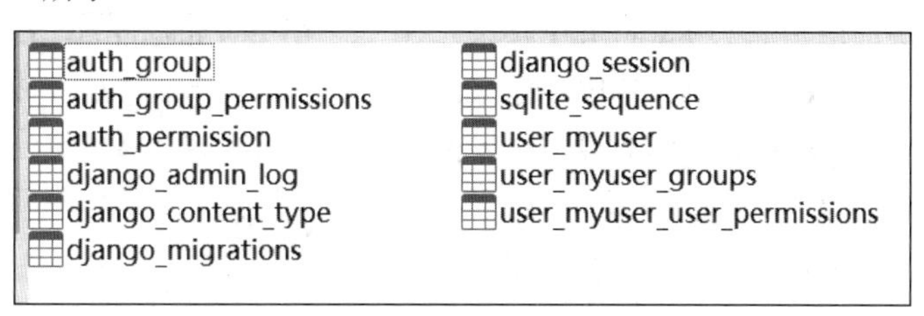

图 10-20　MyDjango 的数据表信息

从整个项目的数据表中可以看到，用户、用户权限和用户组分别对应数据表user_myuser、auth_permission和auth_group。无论是设置用户权限、设置用户所属用户组还是设置用户组的权限，它们的本质都是对每两张数据表之间的数据建立多对多的数据关系，说明如下：

- 数据表user_myuser_user_permissions：管理数据表user_myuser和auth_permission之间的多对多关系，设置用户所拥有的权限。
- 数据表user_myuser_groups：管理数据表user_myuser和auth_group之间的多对多关系，设置用户所在的用户组。
- 数据表auth_group_permissions：管理数据表auth_group和auth_permission之间的多对多关系，设置用户组所拥有的权限。

在设置用户权限时，如果用户的角色是超级管理员，该用户就无须设置权限，因为超级管理员已默认具备整个系统的所有权限，设置用户权限只适用于非超级管理员的用户。我们在Admin后台系统创建普通用户root，然后在PyCharm的Terminal下开启Django的Shell模式，实现用户权限设置，代码如下：

```
D:\MyDjango>python manage.py shell
# 导入模型MyUser
>>> from user.models import MyUser
# 查询用户信息
>>> user = MyUser.objects.filter(username='root')[0]
# 判断当前用户是否具有用户新增的权限
# user.add_myuser为固定写法
# user为项目应用的名称
# add_myuser来自数据表auth_permission的字段codename
>>> user.has_perm('user.add_myuser')
False
# 导入模型Permission
>>> from django.contrib.auth.models import Permission
# 在权限管理表获取权限add_myuser的数据对象permission
>>> p = Permission.objects.filter(codename='add_myuser')[0]
# 对当前用户对象user设置权限add_myuser
# user_permissions是多对多的模型字段
# 该字段由内置模型User的父类PermissionsMixin定义
>>> user.user_permissions.add(p)
# 再次判断当前用户是否具有用户新增的权限
>>> user = MyUser.objects.filter(username='root')[0]
```

```
>>> user.has_perm('user.add_myuser')
True
```

上述代码首先查询用户名为root的用户是否具备用户新增的权限，然后对该用户设置用户新增的权限，设置方式是由多对多的模型字段user_permissions调用add方法实现的。打开数据表user_myuser_user_permissions，可以看到新增了一行数据，如图10-21所示。

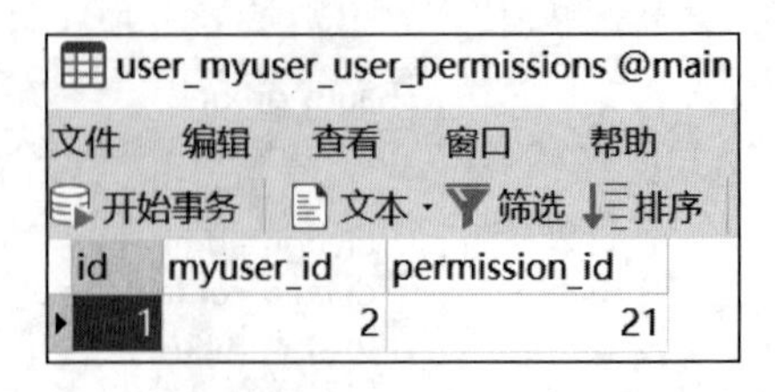

图 10-21 数据表 user_myuser_user_permissions

从图10-21中可以看到，表字段myuser_id和permission_id分别是数据表user_myuser和auth_permission的主键，每一行数据代表某个用户具有某个模型的某个操作权限。

除了添加权限之外，还可以对用户的权限进行删除和查询，代码如下：

```
# 导入模型MyUser
>>> from user.models import MyUser
# 导入模型Permission
>>> from django.contrib.auth.models import Permission
# 查询用户信息
>>> user = MyUser.objects.filter(username='root')[0]
# 查询用户新增的权限
>>> p = Permission.objects.filter(codename='add_myuser')[0]
# 删除某条权限
>>> user.user_permissions.remove(p)
# 判断是否已删除权限，若为False，则说明删除成功
# 函数has_perm用于判断用户是否拥有权限
>>> user.has_perm('user.add_myuser')
False
# 清空当前用户的全部权限
>>> user.user_permissions.clear()
# 获取当前用户所拥有的权限信息
# 将上述删除的权限添加到数据表再查询
>>> user.user_permissions.add(p)
# 查询数据表user_myuser_user_permissions的数据
# 查询方式是使用ORM框架的API方法
>>> user.user_permissions.values()
```

10.5 自定义用户权限

一般情况下，每个模型默认拥有增、改、删和查权限。但在实际开发中，可能要对某个模型设置特殊权限，比如QQ音乐只允许会员播放高质音乐。为了满足这种开发需求，在定义模型时，可以在模型的属性Meta中设置自定义权限。以10.3节的MyDjango项目为例，对user的模型MyUser重新定义，代码如下：

```
# user的models.py
from django.db import models
```

```
from django.contrib.auth.models import AbstractUser
class MyUser(AbstractUser):
    qq = models.CharField('QQ号码', max_length=16)
    weChat = models.CharField('微信账号', max_length=100)
    mobile = models.CharField('手机号码', max_length=11)

    # 设置返回值
    def __str__(self):
        return self.username

    class Meta(AbstractUser.Meta):
        # 自定义权限
        permissions = (
            ('vip_myuser', 'Can vip user'),
        )
```

模型MyUser的Meta继承父类AbstractUser的Meta，并且新增permissions属性，这样就能创建用户权限。模型MyUser的Meta必须继承父类AbstractUser的Meta，因为AbstractUser的Meta定义了属性verbose_name、verbose_name_plural和abstract。

新增属性permissions以元组或列表的格式表示，元组或列表的每个元素代表一个权限。一个权限中含有两个元素，如上述的('vip_myuser', 'Can vip user')，vip_myuser和Can vip user分别是数据表auth_permission的codename和name字段。

下面在数据库中清除MyDjango原有的数据表，并在PyCharm的Terminal中重新执行数据迁移，代码如下：

```
D:\MyDjango>python manage.py makemigrations
Migrations for 'user':
  user\migrations\0001_initial.py
    - Create model MyUser
D:\MyDjango>python manage.py migrate
```

数据迁移执行完成后，在数据库中打开数据表auth_permission，可以找到自定义权限vip_myuser，如图10-22所示。

21	6	add_myuser	Can add my user
22	6	change_myuser	Can change my user
23	6	delete_myuser	Can delete my user
24	6	view_myuser	Can view my user
25	6	vip_myuser	Can vip user

图 10-22　数据表 auth_permission

10.6　设置网页的访问权限

通过前面的学习，相信读者对Django的内置权限功能有了一定的了解。本节将以10.5节的MyDjango项目为例，讲述如何在网页中设置用户的访问权限。首先确保项目应用user已定义模型MyUser，并且数据表auth_permission已记录权限vip_myuser的数据信息。

我们在MyDjango的项目应用user里实现用户注册、登录和注销功能，并增加用户中心，用于检验用户是否具有vip_myuser权限。

在编写代码之前，首先需要对MyDjango的目录结构进行调整，在templates文件夹中放置模板文件info.html，在static文件夹中放置模板文件的静态资源，并且user的form.py文件已定义MyUserCreationForm表单类（定义过程可回顾10.3节），用于实现用户注册和登录功能。

接着实现用户注册、登录、注销功能和增加用户中心页，分别在MyDjango的urls.py和user的urls.py中定义路由信息，代码如下：

```
# MyDjango的urls.py
from django.urls import path, include
from django.contrib import admin
urlpatterns = [
    path('admin/', admin.site.urls),
    path('',include(('user.urls','user'),namespace='user')),
]

# user的urls.py
from django.urls import path
from .views import *
urlpatterns = [
    # 用户注册
    path('', registerView, name='register'),
    # 用户登录
    path('login.html', loginView, name='login'),
    # 用户注销
    path('logout.html', logoutView, name='logout'),
    # 用户中心
    path('info.html', infoView, name='info')
]
```

项目应用user的urls.py中定义了4条路由信息，它们实现了一个简单的操作流程，流程顺序为用户注册→用户登录→用户中心→用户注销。

然后在user的views.py中定义相关的视图函数，代码如下：

```
# user的views.py
from django.shortcuts import render, redirect
from django.shortcuts import reverse
from .models import MyUser
from .form import MyUserCreationForm
from django.contrib.auth.models import Permission
from django.contrib.auth import login, authenticate, logout
from django.contrib.auth.decorators import login_required
from django.contrib.auth.decorators import permission_required

# 使用表单实现用户注册
def registerView(request):
    userLogin = False
    if request.method == 'POST':
        user = MyUserCreationForm(request.POST)
```

```
        if user.is_valid():
            user.save()
            tips = '注册成功'
            # 添加权限
            # 由表单对象user的instance获取对应的模型对象
            u = user.instance
            p=Permission.objects.filter(codename='vip_myuser')[0]
            u.user_permissions.add(p)
            return redirect(reverse('user:login'))
        else:
            tips = '注册失败'
    user = MyUserCreationForm()
    return render(request, 'user.html', locals())

# 用户登录
def loginView(request):
    tips = '请登录'
    userLogin = True
    if request.method == 'POST':
        u = request.POST.get('username', '')
        p = request.POST.get('password1', '')
        if MyUser.objects.filter(username=u):
            user = authenticate(username=u,password=p)
            if user:
                if user.is_active:
                    # 登录当前用户
                    login(request, user)
                return redirect(reverse('user:info'))
            else:
                tips = '账号密码错误，请重新输入'
        else:
            tips = '用户不存在，请注册'
    user = MyUserCreationForm()
    return render(request, 'user.html', locals())
# 退出登录
def logoutView(request):
    logout(request)
    return redirect(reverse('user:login'))
# 用户中心
# 使用login_required判断用户是否已登录
# 使用permission_required判断当前用户是否具备某个权限
@login_required(login_url='/login.html')
@permission_required(perm='user.vip_myuser',login_url='/login.html')
def infoView(request):
    return render(request, 'info.html', locals())
```

上述代码分别定义了视图函数registerView、loginView、logoutView和infoView，函数之间通过网页跳转方式构建关联，从而实现一个简单的操作流程，流程说明如下：

（1）当用户访问127.0.0.1:8000时，浏览器将呈现用户注册页面，输入新的用户信息并单击"确定"按钮，视图函数registerView将收到POST请求，将表单数据交由表单类MyUserCreationForm来实现用户注册。

（2）如果用户注册失败，就提示错误信息并返回用户注册页面；如果注册成功，就由表单类MyUserCreationForm来创建用户，并保存在模型MyUser的数据表中。默认情况下，新用户不具备任何权限，因此视图函数registerView为新用户赋予自定义权限vip_myuser并跳转到用户登录页面。

（3）在用户登录页面输入新用户的账号和密码并单击"确定"按钮，视图函数loginView将收到POST请求，从请求参数获取用户信息并进行验证。如果验证失败，就提示错误信息并返回用户登录页面；如果验证成功，就执行用户登录并跳转到用户中心页面。

（4）用户中心页面设有装饰器permission_required，用于检测用户是否具有vip_myuser权限。如果用户权限检测失败，就跳转到用户登录页面；如果检测成功，就说明当前用户具有vip_myuser权限，能正常访问用户中心页面。

视图函数infoView使用了装饰器login_required和permission_required，分别对当前用户的登录状态和用户权限进行校验，两者的说明如下：

（1）login_required用于设置用户登录访问权限。如果当前用户在尚未登录的状态下访问用户中心页面，程序就会自动跳转到指定的路由地址，只有用户完成登录后才能正常访问用户中心页面。login_required的参数有function、redirect_field_name和login_url，各参数说明如下：

- 参数function：默认值为None，这是定义装饰器的执行函数。
- 参数redirect_field_name：默认值是next，当登录成功之后，程序会自动跳回之前浏览的网页。
- 参数login_url：用于设置用户登录的路由地址。默认值是settings.py的配置属性LOGIN_URL，而配置属性LOGIN_URL需要开发者自行在settings.py中配置。

（2）permission_required用于验证当前用户是否拥有相应的权限。若用户不具备权限，则程序将跳转到指定的路由地址或者抛出异常。permission_required的参数有perm、login_url和raise_exception，各参数说明如下：

- 参数perm：必选参数，用于判断当前用户是否具备某个权限。参数值为固定格式，如user.vip_myuser，user为项目应用名称，vip_myuser是数据表auth_permission的字段codename的值。
- 参数login_url：用于设置验证失败所跳转的路由地址，默认值为None。若不设置该参数，则验证失败后会抛出404异常。
- 参数raise_exception：用于设置抛出异常，默认值为False。

装饰器permission_required的作用与内置函数has_perm相同，视图函数infoView也可以使用函数has_perm实现装饰器permission_required的功能，代码如下：

```
# 使用函数has_perm实现装饰器permission_required的功能
from django.shortcuts import render, redirect
@login_required(login_url='/login.html')
def infoView(request):
```

```
    user = request.user
    if user.has_perm('user.vip_myuser'):
       return render(request, 'info.html', locals())
    else:
       return redirect(reverse('user:login'))
```

最后，在模板文件user.html和info.html中编写网页代码，模板文件user.html用于生成用户注册和登录页面；模板文件info.html用于生成用户中心页面，两者的代码如下：

```
# templates的user.html
<!DOCTYPE html>
<html lang="zh-cn">
<head>
    <meta charset="utf-8">
    <title>用户管理</title>
    <link rel="stylesheet"
     href="https://unpkg.com/mobi.css/dist/mobi.min.css">
</head>
<body>
<div class="flex-center">
<div class="container">
<div class="flex-center">
<div class="unit-1-2 unit-1-on-mobile">
    {% if userLogin %}
        <h1>用户登录</h1>
    {% else %}
        <h1>用户注册</h1>
    {% endif %}
    {% if tips %}
        <div>{{ tips }}</div>
    {% endif %}
    <form class="form" action="" method="post">
        {% csrf_token %}
        <div>用户名:{{ user.username }}</div>
        <div>密  码:{{ user.password1 }}</div>
        {% if not userLogin %}
        <div>密码确认:{{ user.password2 }}</div>
        <div>邮  箱:{{ user.email }}</div>
        <div>手机号:{{ user.mobile }}</div>
        <div>QQ 号:{{ user.qq }}</div>
        <div>微信号:{{ user.weChat }}</div>
        {% endif %}
        <button type="submit"
        class="btn btn-primary btn-block">确 认</button>
    </form>
</div>
</div>
</div>
</div>
</body>
```

```
</html>

# templates的info.html
<!doctype html>
<html>
<head>
{% load static %}
<title>用户信息</title>
<link rel="stylesheet" href="{% static "css/common.css" %}">
<link rel="stylesheet" href="{% static "css/home.css" %}">
</head>
<body class="member">
<div class="mod_profile js_user_data">
<div class="section_inner">
    {#模板上下文user是User或AnoymousUser对象#}
    {#user由模型MyUser实例化#}
    {% if user.is_authenticated %}
    <div class="profile__cover_link">
        <img src="{% static "image/user.jpg" %}"
        class="profile__cover">
    </div>
    <h1 class="profile__tit">
        <span class="profile__name">
        {{ user.username }}</span>
    </h1>
    {#模板上下文perms是模型Permission实例化对象#}
    {% if perms.user.vip_myuser %}
        <div class="profile__name">VIP会员</div>
    {% endif %}
        <a href="{% url 'user:logout' %}"
        style="color:white;">退出登录</a>
    {% endif %}
</div>
</div>
</body>
</html>
```

在模板文件user.html中设置了模板上下userLogin、tips和user，每个上下文的作用说明如下：

- userLogin用于判断当前页面的功能类型，从而显示相应的网页内容，若userLogin的值为False，则当前页面为用户注册页面，否则为用户登录页面。
- tips是显示的提示信息，比如用户注册失败或用户不存在等异常信息。
- user是表单类MyUserCreationForm的实例化对象，由user生成网页表单，从而实现用户注册和登录功能。

在模板文件info.html中使用了模板上下文user和perms，但视图函数infoView没有定义变量user和perms。模板上下文user和perms是在Django解析模板文件的过程中生成的，它们与配置文件settings.py的TEMPLATES设置有关。我们查看settings.py的TEMPLATES配置信息，代码如下：

```
TEMPLATES = [
    {
     'BACKEND':'django.template.backends.django.DjangoTemplates',
     'DIRS': [BASE_DIR / 'templates',],
     'APP_DIRS': True,
     'OPTIONS': {
         'context_processors': [
         'django.template.context_processors.debug',
         'django.template.context_processors.request',
         'django.contrib.auth.context_processors.auth',
         'django.contrib.messages.context_processors.messages',
         ],
     },
    },
]
```

因为TEMPLATES定义了处理器集合context_processors，所以在解析模板文件之前，Django依次运行处理器集合的程序。当运行到处理器auth时，程序会生成变量user和perms，并将变量传入模板上下文TemplateContext中。因此，在模板中可以直接使用模板上下文user和perms。

运行MyDjango项目，在浏览器上访问127.0.0.1:8000进入用户注册页面，创建新用户root，密码为mydjango123，然后在用户登录页面使用新用户root完成登录过程，进入用户中心页面，如图10-23所示。

如果在Admin后台系统创建普通用户user1，并且不为该用户赋予任何权限，那么在用户登录页面使用user1完成登录过程，Django就会重新跳转到用户登录页面，并在登录页面的路由地址设置请求参数next，如图10-24所示。这说明当前用户不具备自定义权限vip_myuser，从而导致无法访问用户中心页面。

图 10-23　用户中心页面

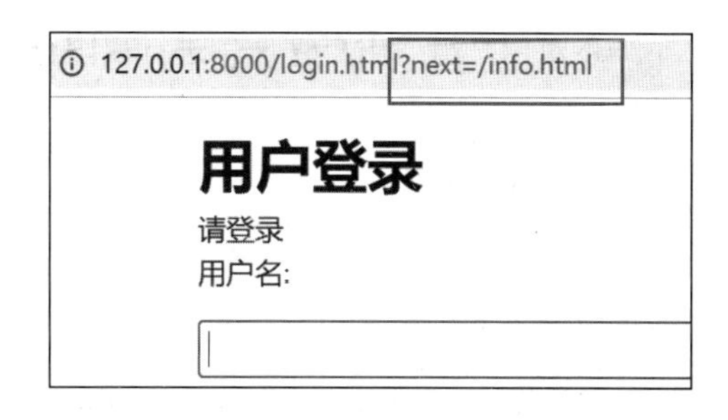

图 10-24　用户登录页面

10.7　用户组的设置与使用

用户组用于对用户进行分组管理，在权限控制中批量分配用户权限，无需逐个分配每个用户的权限，从而减少了维护的工作量。将用户加入某个用户组后，该用户就拥有该用户组所具备的权限。例如用户组teachers拥有权限can_add_lesson，那么所有属于teachers用户组的用户都具备can_add_lesson权限。

我们知道用户、权限和用户组三者之间是多对多的数据关系，而用户组可以理解为用户和权限之间的中转站。设置用户组分为两个步骤：设置用户组的权限和设置用户组的用户。

设置用户组的权限主要是对数据表auth_group和auth_permission构建多对多的数据关系，数据关系保存在数据表auth_group_permissions中。以10.6节的MyDjango项目为例，其数据库结构如图10-25所示。

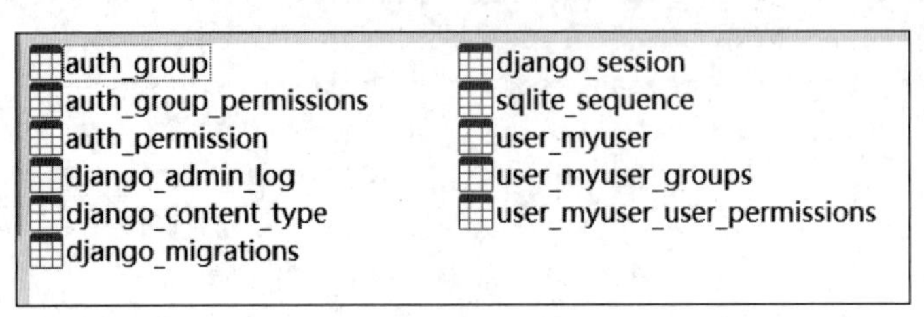

图 10-25　MyDjango 的数据表

在数据表auth_group中新建一行数据，表字段name为“用户管理”，当前数据在项目中代表一个用户组。此外，还可以在Admin后台系统创建用户组，新建的用户组无须添加任何权限，如图10-26所示。

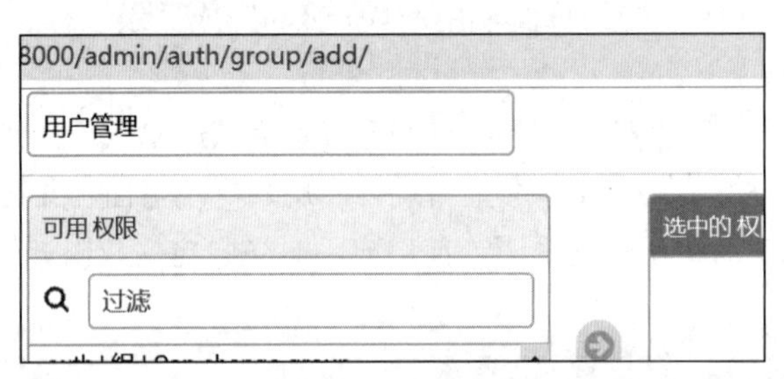

图 10-26　在 Admin 后台系统创建用户组

下一步对用户组“用户管理”进行权限分配，在PyCharm的Terminal中使用Django的Shell模式实现用户组的权限配置，代码如下：

```
# 用户组的权限配置
# 导入内置模型Group和Permission
>>> from django.contrib.auth.models import Group
>>> from django.contrib.auth.models import Permission
# 获取某个权限对象p
>>> p = Permission.objects.get(codename='vip_myuser')
# 获取某个用户组对象group
>>> group = Group.objects.get(id=1)
# 将权限对象p添加到用户组group中
>>> group.permissions.add(p)
```

上述代码将自定义权限vip_myuser添加到用户组“用户管理”，功能实现过程如下：

（1）从数据表auth_permission中查询自定义权限vip_myuser的对象p，对象p是数据表字段codename等于vip_myuser的数据信息。

（2）从数据表auth_group中查询用户组“用户管理”的对象group，对象group是数据表主键等于1的数据信息。

（3）由对象group使用permissions.add方法将权限对象p和用户组对象group绑定，在数据表auth_group_permission中构建多对多的数据关系，数据表的数据信息如图10-27所示。

除了添加用户组的权限之外，还可以删除用户组已有的权限，代码如下：

```
# 删除当前用户组group的vip_myuser权限
>>> group.permissions.remove(p)
# 删除当前用户组group的全部权限
>>> group.permissions.clear()
```

最后，实现用户组的用户分配，这个过程是对数据表auth_group和user_myuser构建多对多的数据关系，数据关系保存在数据表user_myuser_groups中。在Django的Shell模式下实现用户组的用户分配，代码如下：

```
# 将用户分配到用户组
# 导入模型Group和MyUser
>>> from user.models import MyUser
>>> from django.contrib.auth.models import Group
# 获取用户对象user，代表用户名为user1的数据信息
>>> user = MyUser.objects.get(username='user1')
# 获取用户组对象group，代表用户组“用户管理”的数据信息
>>> group = Group.objects.get(id=1)
# 将用户添加到用户组
>>> user.groups.add(group)
```

上述代码将用户user1添加到用户组“用户管理”，实现过程与用户组的权限设置有相似之处，只是两者使用的模型和方法有所不同。查看数据表user_myuser_groups，数据信息如图10-28所示。

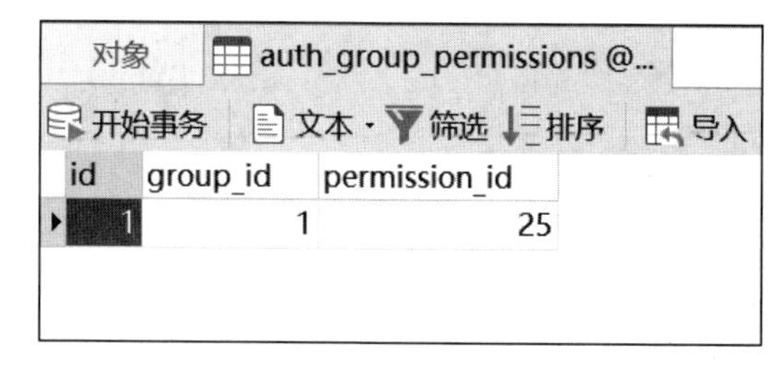

id	group_id	permission_id
1	1	25

图 10-27　数据表 auth_group_permissions

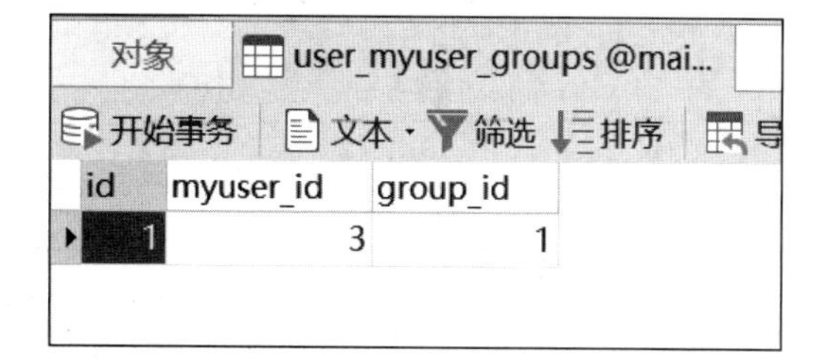

id	myuser_id	group_id
1	3	1

图 10-28　数据表 user_myuser_groups

除了添加用户组的用户之外，还可以删除用户组已有的用户，代码如下：

```
# 删除用户组某一用户
>>> user.groups.remove(group)
# 清空用户组全部用户
>>> user.groups.clear()
```

10.8 本章小结

本章介绍了Django的Auth认证系统，读者应重点了解和掌握以下内容：

（1）了解内置模型User的各个字段的含义、常用的内置函数，以及User模型的扩展方法及其使用。

（2）掌握各数据表在设置用户权限中的使用。用户、用户权限和用户组分别对应数据表user_myuser、auth_permission和auth_group。无论是设置用户权限、设置用户所属用户组还是设置用户组的权限，它们的本质都是对每两张数据表之间的数据建立多对多的数据关系。

第 11 章 优化网站性能的Web程序

Django为开发者提供了常用的Web应用程序，如会话控制、缓存机制、CSRF防护、消息框架、分页功能、国际化和本地化、单元测试和自定义中间件。内置的Web应用程序大大优化了网站性能，完善了安全防护机制，同时也提高了开发者的开发效率。本章介绍这些应用程序在Web开发中的应用。

11.1 会话控制

Django内置的会话控制简称为Session，可以为用户提供基础的数据存储。数据主要存储在服务器上，并且网站的任意站点都能使用会话数据。当用户第一次访问网站时，网站的服务器将自动创建一个Session对象，该Session对象相当于该用户在网站上的一个身份凭证，而且Session能存储该用户的数据信息。当用户在网站的页面之间跳转时，存储在Session中的数据不会丢失，只有当Session过期或被清理时，服务器才将Session中存储的数据清空并终止该Session。

11.1.1 会话的配置与操作

在4.2.3节已经讲述过Session和Cookie的关系，下面简单回顾两者的关系，说明如下：

- Session存储在服务器端，Cookie存储在客户端，所以Session的安全性比Cookie高。
- 当获取某用户的Session数据时，首先从用户传递的Cookie里获取sessionid，然后根据sessionid在网站服务器找到相应的Session。
- Session存放在服务器的内存中，Session的数据不断增加会造成服务器的负担不断加重，因此存放在Session中的数据不能过于庞大。

在创建Django项目时，Django已默认启用Session功能，每个用户的Session通过Django的中间件MIDDLEWARE来接收和进行调度处理。可以在配置文件settings.py中找到相关信息，如图11-1所示。

当访问网站时，所有的HTTP请求都经过中间件处理，而中间件SessionMiddleware会判断当前请求的用户身份是否存在，并根据判断结果执行相应的程序处理。中间件SessionMiddleware相当于HTTP请求接收器，它根据请求信息做出相应的调度，而程序的执行则由settings.py的配置属性INSTALLED_APPS的django.contrib.sessions完成，其配置信息如图11-2所示。

```
MIDDLEWARE = [
    'django.middleware.security.SecurityMiddleware',
    'django.contrib.sessions.middleware.SessionMiddleware',
    'django.middleware.locale.LocaleMiddleware',
    'django.middleware.common.CommonMiddleware',
    'django.middleware.csrf.CsrfViewMiddleware',
    'django.contrib.auth.middleware.AuthenticationMiddleware
```

图 11-1　Session 功能配置

django.contrib.sessions实现了Session的创建和操作处理，如创建或存储用户的Session对象、管理Session的生命周期等。它默认使用数据库存储Session信息，执行数据迁移时，在数据库中可以看到数据表django_session，如图11-3所示。

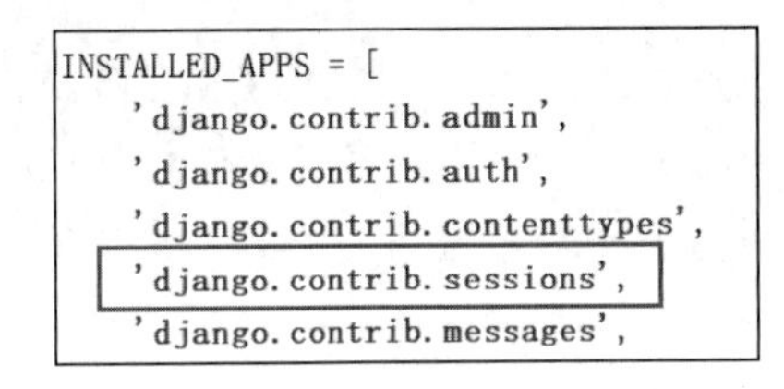

```
INSTALLED_APPS = [
    'django.contrib.admin',
    'django.contrib.auth',
    'django.contrib.contenttypes',
    'django.contrib.sessions',
    'django.contrib.messages',
```

图 11-2　Session 的处理程序

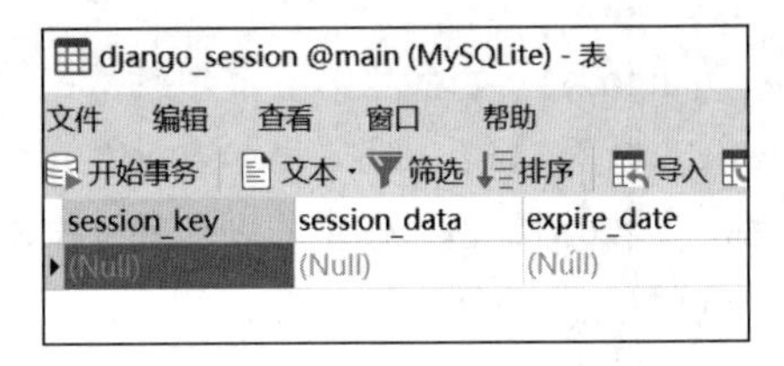

图 11-3　数据表 django_session

本节以10.6节的MyDjango项目为例来讲述Session运行机制。首先清除浏览器的历史记录，确保用户以游客身份访问MyDjango，即在未登录状态下访问Django。在浏览器中打开开发者工具并访问127.0.0.1:8000，从开发者工具的Network标签的All选项里找到127.0.0.1:8000的请求信息，若当前Cookie没有生成sessionid，则说明一般情况下，Django不会为游客身份创建Session，如图11-4所示。

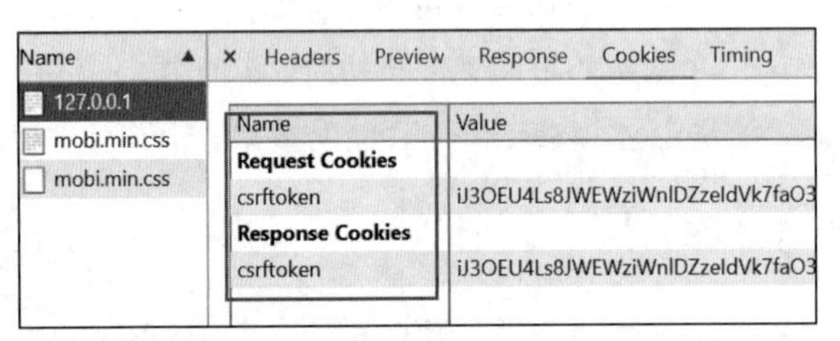

图 11-4　Cookie 信息

访问用户登录页面（127.0.0.1:8000/login.html）并完成用户登录，打开用户中心页面的请求信息，可以看到Cookie生成带有sessionid的数据，并且数据表django_session记录了当前sessionid的信息，如图11-5所示。

图 11-5　Cookie 的 sessionid 信息

在登录状态下再次访问网站，浏览器将Cookie信息发送到MyDjango，Django从Cookie中获取sessionid，并与数据表django_session的session_key进行匹配验证，从而确定当前访问的用户信息，保证每个用户的数据信息不会发生紊乱。

Session的数据存储默认使用数据库保存，如果想变更Session的保存方式，那么可以在settings.py中添加配置信息SESSION_ENGINE，该配置可以指定Session的保存方式。Django提供了5种Session的保存方式，分别如下：

```
# 数据库保存方式
# Django默认的保存方式，使用该方法无须在settings.py中设置
SESSION_ENGINE = 'django.contrib.sessions.backends.db'

# 以文件形式保存
SESSION_ENGINE = 'django.contrib.sessions.backends.file'
# 使用文本保存可设置文件保存路径
# /MyDjango代表将文本保存在项目MyDjango的根目录
SESSION_FILE_PATH = '/MyDjango'

# 以缓存形式保存
SESSION_ENGINE = 'django.contrib.sessions.backends.cache'
# 设置缓存名，默认是内存缓存方式，此处的设置与缓存机制的设置相关
SESSION_CACHE_ALIAS = 'default'

# 以数据库+缓存形式保存
SESSION_ENGINE = 'django.contrib.sessions.backends.cached_db'

# 以Cookie形式保存
SESSION_ENGINE = 'django.contrib.sessions.backends.signed_cookies'
```

SESSION_ENGINE用于配置服务器Session的保存方式，而浏览器的Cookie用于记录数据表django_session的session_key。Session还可以设置相关的配置信息，如生命周期、传输方式和保存路径等，只需在settings.py中添加配置属性即可，说明如下：

- SESSION_COOKIE_NAME = "sessionid": 浏览器的Cookie以键值对（Key-Value Pair）的形式保存数据表django_session的session_key，该配置是设置session_key的键，默认值为sessionid。
- SESSION_COOKIE_PATH = "/": 设置浏览器的Cookie生效路径，默认值为“/”，即127.0.0.1:8000。
- SESSION_COOKIE_DOMAIN = None: 设置浏览器的Cookie生效域名。
- SESSION_COOKIE_SECURE = False: 设置传输方式，若为False，则使用HTTP，否则使用HTTPS。
- SESSION_COOKIE_HTTPONLY = True: 表示只能使用HTTP协议传输。
- SESSION_COOKIE_AGE = 1209600: 设置Cookie的有效期，默认时间为两周。
- SESSION_EXPIRE_AT_BROWSER_CLOSE = False: 设置是否关闭浏览器使得Cookie过期，默认值为False，表示关闭。
- SESSION_SAVE_EVERY_REQUEST = False: 设置是否每次发送后保存Cookie，默认值为False，表示不保存。

了解Session的运行原理和相关配置后，最后讲解Session的读写操作。Session的数据类型可理解为Python的字典类型，它主要用于在视图函数中执行读写操作。此外，会话数据是从用户请求对象中获取的，即它来自视图函数的参数request。Session的读写如下：

```
# request为视图函数的参数request
# 获取存储在Session的数据k1，若k1不存在，则会报错
request.session['k1']

# 获取存储在Session的数据k1，若k1不存在，则为空值
# get和setdefault实现的功能是一致的
request.session.get('k1', '')
request.session.setdefault('k1', '')

# 设置Session的数据，键为k1，值为123
request.session['k1'] = 123

# 删除Session中的数据k1
del request.session['k1']
# 删除整个Session
request.session.clear()

# 获取Session的键
request.session.keys()
# 获取Session的值
request.session.values()

# 获取Session的session_key
# 即数据表django_session的字段session_key
request.session.session_key
```

11.1.2 使用会话实现商品抢购

本节将通过实例来讲述如何使用Session实现商品抢购功能。以MyDjango项目为例，创建项目应用index，在index中创建路由文件urls.py，然后在MyDjango的根目录创建静态资源文件夹static和模板文件夹templates，分别放置静态资源和模板文件index.html与order.html。项目的目录结构如图11-6所示。

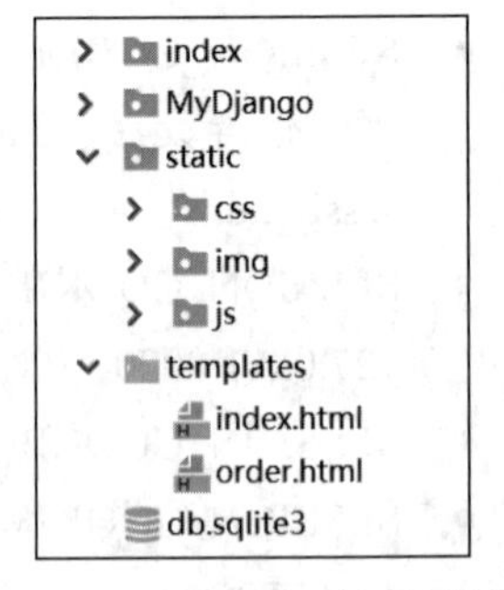

图 11-6 MyDjango 的目录结构

在index的models.py中定义模型Product，该模型设有6个字段，用于记录商品信息，在商城首页生成商品列表。模型Product的定义过程如下：

```
# index的models.py
from django.db import models
class Product(models.Model):
    id = models.AutoField('序号', primary_key=True)
    name = models.CharField('名称', max_length=50)
    slogan = models.CharField('简介', max_length=50)
    sell = models.CharField('宣传', max_length=50)
```

```
    price = models.IntegerField('价格')
    photo = models.CharField('相片', max_length=50)

    # 设置返回值
    def __str__(self):
        return self.name
```

对已定义的模型Product执行数据迁移，在MyDjango的数据库文件db.sqlite3中创建数据表，并在数据表index_product中添加商品信息，如图11-7所示。

index_product @main (MySQLite) - 表

文件　编辑　查看　窗口　帮助

开始事务　文本 · 筛选　排序　导入　导出

id	name	slogan	sell	price	photo
1	HUAWEI P9 Plus	一上手，就爱不释手	火爆开售	3988	img/1.png
2	荣耀畅玩5C	16纳米8核芯	10:08震撼开售	899	img/2.png
3	荣耀7	智灵键，创新语音控制	原价1999直降200	1799	img/3.png
4	荣耀畅玩5X	腾讯视频VIP特权免费领	每天10:08/20:00准点开售	799	img/4.png

图 11-7　数据表 index_product

完成MyDjango的环境搭建后，下一步开发商品抢购功能。首先，定义Admin后台系统、商城首页和订单页面的路由信息。Admin后台系统主要为用户提供登录页面；商城首页和订单页面实现商品抢购功能。MyDjango的urls.py和index的urls.py的路由定义如下：

```
# MyDjango的urls.py
from django.urls import path, include
from django.contrib import admin
urlpatterns = [
    path('admin/', admin.site.urls),
    path('',include(('index.urls','index'),namespace='index')),
]

# index的urls.py
from django.urls import path
from . import views
urlpatterns = [
    # 网站首页
    path('', views.index, name='index'),
    # 订单页面
    path('order.html', views.orderView, name='order')
]
```

在index的views.py中分别定义视图函数index和orderView。视图函数index实现商品列表的展示和抢购功能；视图函数orderView将用户抢购的商品进行结算处理并生成订单信息。视图函数index和orderView的代码如下：

```
# index的views.py
from django.shortcuts import render, redirect
from .models import Product
from django.contrib.auth.decorators import login_required
```

```
@login_required(login_url='/admin/login')
def index(request):
    # 获取GET请求参数
    id = request.GET.get('id', '')
    if id:
        # 获取存储在Session中的idList
        # 若Session中不存在idList，则返回一个空列表
        idList = request.session.get('idList', [])
        # 判断当前请求参数是否已存储在Session中
        if not id in idList:
            # 将商品的主键id存储在idList
            idList.append(id)
        # 更新Session的idList
        request.session['idList'] = idList
        return redirect('/')
    # 查询所有商品信息
    products = Product.objects.all()
    return render(request, 'index.html', locals())

# 订单确认
def orderView(request):
    # 获取存储在Session中的idList
    # 若Session中不存在idList，则返回一个空列表
    idList = request.session.get('idList', [])
    # 获取GET请求参数，如果没有请求参数，就返回空值
    del_id = request.GET.get('id', '')
    # 判断是否为空，若非空，则删除Session里的商品信息
    if del_id in idList:
        # 删除Session里某个商品的主键
        idList.remove(del_id)
        # 用删除后的数据覆盖原来的Session
        request.session['idList'] = idList
    # 根据idList查询商品的所有信息
    products = Product.objects.filter(id__in=idList)
    return render(request, 'order.html', locals())
```

从视图函数index和orderView的功能实现过程中可以发现，两者对Session的处理有相似的地方：首先从Session中获取idList的数据内容，然后对idList的数据进行读写处理，最后将处理后的idList重新写入Session。

当视图函数完成用户请求的处理后，由模板文件生成相应的网页返回给用户，我们分别针对模板文件index.html和order.html编写网页代码。index.html的模板上下文products是将所有商品信息以列表形式展示；order.html的模板上下文products是将已抢购的商品以列表形式展示。模板文件index.html和order.html的代码如下：

```
# templates的index.html
<!DOCTYPE html>
<html>
<head>
<title>商城首页</title>
```

```
{% load static %}
<link rel="stylesheet" href="{% static "css/hw_index.css" %}">
</head>
<body>
<div id="top_main">
    <div class="lf" id="my_hw">
        当前用户：{{ user.username }}
    </div>
    <div class="lf" id="settle_up">
        <a href="{% url 'index:order' %}">订单信息</a>
    </div>
</div>
<section id="main">
<div class="layout">
<div class="fl u-4-3 lf">
<ul>
{% for p in products %}
<li class="channel-pro-item">
    <div class="p-img">
        <img src="{% static p.photo %}">
    </div>
    <div class="p-name lf">
        <a href="#">{{ p.name }}</a>
    </div>
    <div class="p-shining">
        <div class="p-slogan">{{ p.slogan }}</div>
        <div class="p-promotions">{{ p.sell }}</div>
    </div>
    <div class="p-price">
        <em>¥</em><span>{{ p.price }}</span>
    </div>
    <div class="p-button lf">
    <a href="{% url 'index:index' %}?id={{ p.id }}">立即抢购</a>
    </div>
</li>
{% if forloop.counter == 2 %}
    <div class="hr-2"></div>
{% endif %}
{% endfor %}
</ul>
</div>
</div>
</section>
</body>
</html>

# templates的order.html
<!DOCTYPE html>
<html lang="en">
<head>
```

```
<title>订单信息</title>
{% load static %}
<link rel="stylesheet" href="{% static 'css/reset.css' %}">
<link rel="stylesheet" href="{% static 'css/carts.css' %}">
<script src="{% static 'js/jquery.min.js' %}"></script>
<script src="{% static 'js/carts.js' %}"></script>
</head>
<body>
<section class="cartMain">
<div class="cartMain_hd">
<ul class="order_lists cartTop">
    <li class="list_chk">
    <input type="checkbox" id="all" class="whole_check">
    <label for="all"></label>全选</li>
    <li class="list_con">商品信息</li>
    <li class="list_price">单价</li>
    <li class="list_amount">数量</li>
    <li class="list_sum">金额</li>
    <li class="list_op">操作</li>
    <li class="list_op">
        <a href="{% url 'index:index' %}">返回首页</a>
    </li>
</ul>
</div>
<div class="cartBox">
<div class="shop_info">
<div class="all_check">
    <!--店铺全选-->
    <input type="checkbox" id="shop_b" class="shopChoice">
    <label for="shop_b" class="shop"></label>
</div>
<div class="shop_name">
    店铺：<a href="javascript:;">MyDjango</a>
</div>
...（略去部分代码）
                <a href="javascript:;">结算</a>
    </div>
</div>
</div>
</section>
</body>
</html>
```

至此，我们已完成商品抢购功能的开发。为了验证功能是否正常运行，在PyCharm中使用Django内置指令创建超级管理员。因为视图函数index设置了装饰器login_required，所以只有已登录的用户才能访问商城首页，这样才能确保视图函数index能够读写Session。

运行MyDjango并访问127.0.0.1:8000，若当前用户尚未登录，则跳转到Admin后台系统的登录页面，完成用户登录后就自动跳转到商城首页，并在商城首页显示当前用户名，如图11-8所示。

在商城首页单击某个商品的“立即抢购”按钮就会自动刷新商城首页，页面刷新过程向

Django发送了两次GET请求，第一次请求带有请求参数id，视图函数index将请求参数id写入当前用户的Session并重定向到商城首页，如图11-9所示。

图 11-8　商城首页

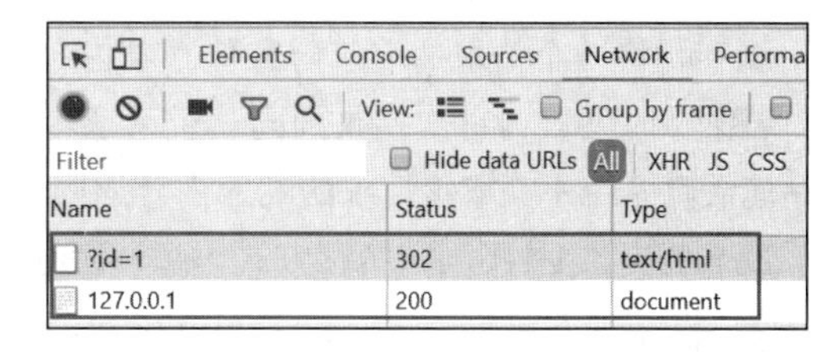

图 11-9　抢购商品

在商城首页可以单击多个商品的“立即抢购”按钮，同一商品的“立即抢购”按钮可以重复单击，但用户的Session不会重复记录同一商品的主键id。单击“订单信息”按钮就能进入订单页面，如图11-10所示。

图 11-10　订单页面

订单页面根据用户的Session所存储的数据生成商品列表，单击某商品的“移除商品”按钮就会自动刷新订单页面。订单页面的刷新机制与商城首页的刷新机制相同，只不过订单页面的刷新机制是删除当前用户Session的商品主键id。订单页面只实现商品的展示和移除功能，其他功能皆由前端的JavaScript实现，如商品勾选、数量与金额的计算等。

综上所述，整个MyDjango项目主要实现商城首页和订单页面，两个页面之间的数据传递由Session实现，详细说明如下：

- 商城首页实现Session的读取和写入。首先获取Session的idList，如果当前请求存在请求参数id，就判断Session的idList中是否存在请求参数id的值，若不存在，则将请求参数id的值写入Session的idList。
- 订单页面实现Session的读取和删除。首先获取Session的idList，如果当前请求存在请求参数id，就判断Session的idList中是否存在请求参数id的值，若存在，则在Session的idList中删除请求参数id的值。

11.2　缓存机制

现在的网站以动态网站为主，当网站访问量过大时，网站的响应速度必然大大降低，就有可能出现卡死的情况。为了解决网站访问量过大的问题，可以在网站上使用缓存机制。

11.2.1 缓存的类型与配置

缓存是将一个请求的响应内容保存到内存、数据库、文件或者高速缓存系统（Memcached）中，若某个时间段内再次接收到同一个请求，则不再执行该请求的响应过程，而是直接从内存或者高速缓存系统中获取该请求的响应内容返回给用户。

Django提供5种不同的缓存方式，每种缓存方式说明如下：

- Memcached：一个高性能的分布式内存对象缓存系统，主要用于动态网站，以减轻数据库负载。它通过在内存中缓存数据和对象来减少读取数据库的次数，从而提高网站的响应速度。要使用Memcached，需要安装Memcached系统服务器，Django通过python-memcached或pylibmc模块调用Memcached系统服务器，实现缓存读写操作。Memcached适合超大型网站使用。
- 数据库缓存：缓存信息存储在网站数据库的缓存表中，缓存表可以在项目的配置文件中配置。数据库缓存适合大中型网站使用。
- 文件系统缓存：缓存信息以文本文件格式保存，适合中小型网站使用。
- 本地内存缓存：Django默认的缓存保存方式，将缓存存放在计算机的内存中，只适用于项目开发测试。
- 虚拟缓存：Django内置的虚拟缓存，实际上只提供缓存接口，不能存储缓存数据，只适用于项目开发测试。

每种缓存方式都有一定的适用范围，因此缓存方式的选择需要结合网站的实际情况而定。若要在项目中使用缓存机制，则首先需要在配置文件settings.py中设置缓存的相关配置。每种缓存方式的配置如下：

```
# Memcached配置
# BACKEND用于配置缓存引擎，LOCATION是Memcached服务器的IP地址
# django.core.cache.backends.memcached.MemcachedCache
# 使用python-memcached模块连接Memcached
# django.core.cache.backends.memcached.PyLibMCCache
# 使用pylibmc模块连接Memcached
CACHES = {
    'default': {
        'BACKEND':'django.core.cache.backends.memcached.MemcachedCache',
        # 'BACKEND':'django.core.cache.backends.memcached.PyLibMCCache,
        'LOCATION': [
            '172.19.26.240:11211',
            '172.19.26.242:11211',
        ]
    }
}
# 数据库缓存配置
# BACKEND用于配置缓存引擎，LOCATION是数据表的命名
CACHES = {
    'default': {
        'BACKEND': 'django.core.cache.backends.db.DatabaseCache',
```

```
        'LOCATION': 'my_cache_table',
    }
}

# 文件系统缓存配置
# BACKEND用于配置缓存引擎，LOCATION是文件保存的绝对路径
CACHES = {
    'default': {
        'BACKEND':'django.core.cache.backends.filebased.FileBasedCache',
        'LOCATION': 'D:/django_cache',
    }
}

# 本地内存缓存配置
# BACKEND用于配置缓存引擎，LOCATION对存储器命名，用于识别单个存储器
CACHES = {
    'default': {
        'BACKEND':'django.core.cache.backends.locmem.LocMemCache',
        'LOCATION': 'unique-snowflake',
    }
}

# 虚拟缓存配置
# BACKEND用于配置缓存引擎
CACHES = {
    'default': {
        'BACKEND':'django.core.cache.backends.dummy.DummyCache',
    }
}
```

上述缓存配置仅仅是基本配置，也就是说缓存配置的参数BACKEND和LOCATION是必选参数，其余的配置参数可自行选择。我们以数据库缓存配置为例，完整的缓存配置如下：

```
CACHES = {
    # 默认缓存数据表
    'default': {
        'BACKEND':'django.core.cache.backends.db.DatabaseCache',
        'LOCATION': 'my_cache_table',
        # TIMEOUT设置缓存的生命周期，以秒为单位，若为None，则永不过期
        'TIMEOUT': 60,
        'OPTIONS': {
            # MAX_ENTRIES代表最大缓存记录的数量
            'MAX_ENTRIES': 1000,
            # 当缓存达到最大数量之后，设置删除缓存的数量
            'CULL_FREQUENCY': 3,
        }
    },
    # 设置多个缓存数据表
    'MyDjango':{
        'BACKEND': 'django.core.cache.backends.db.DatabaseCache',
        'LOCATION': 'MyDjango_cache_table',
    }
}
```

Django允许同时配置和使用多种不同类型的缓存方式，配置方法与多数据库的配置方法相似。上述配置是在同一个数据库中使用不同的数据表存储缓存信息，使用数据库缓存需要根据缓存配置来创建缓存数据表。

缓存数据表的创建依赖于settings.py的数据库配置DATABASES，如果DATABASES配置了多个数据库，缓存数据表就默认在DATABASES的default配置的数据库中生成。在PyCharm的Terminal中输入python manage.py createcachetable指令创建缓存数据表，然后在数据库中查看缓存数据表，结果如图11-11所示。

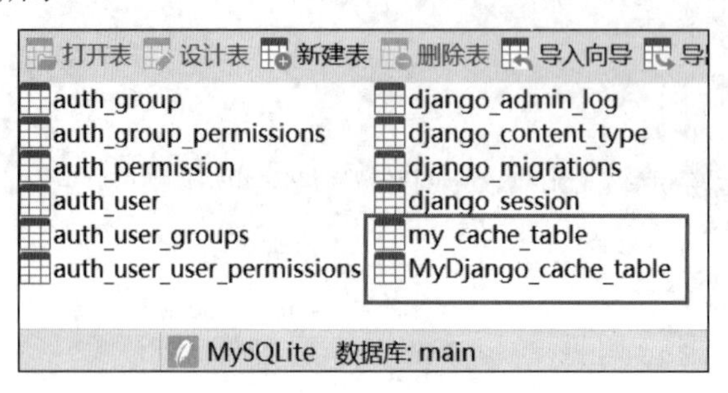

图11-11　缓存数据表

11.2.2　缓存的使用

完成数据库缓存配置以及缓存数据表的创建后，下一步就是在项目功能中使用缓存机制。缓存的使用方式有4种，主要根据不同的使用对象进行划分，具体说明如下：

- 全站缓存：将缓存作用于整个网站的全部页面。一般情况下不采用这种方式，如果网站规模较大，缓存数据相应增多，就会对数据库或Memcached造成极大的压力。
- 视图缓存：当用户发送请求时，若该请求的视图函数已生成缓存数据，则以缓存数据作为响应内容，这样可省去视图函数处理请求的时间和资源。
- 路由缓存：其作用与视图缓存相同，但两者是有区别的，例如两个路由指向同一个视图函数，在分别访问这两个路由地址时，路由缓存会先判断路由地址是否已生成缓存，再决定是否执行视图函数。
- 模板缓存：对模板某部分的数据设置缓存，常用于模板内容变动较少的情况，如HTML的<head>标签。设置缓存能省去模板引擎解析生成HTML页面的时间。

1. 全站缓存

全站缓存作用于整个网站。用户向网站发送的请求首先会经过Django的中间件进行处理。因此，要使用全站缓存，应在Django的中间件中进行配置，配置信息如下：

```
# MyDjango的settings.py
MIDDLEWARE = [
    # 配置全站缓存
    'django.middleware.cache.UpdateCacheMiddleware',
    'django.middleware.security.SecurityMiddleware',
    'django.contrib.sessions.middleware.SessionMiddleware',
    # 添加中间件LocaleMiddleware
    'django.middleware.locale.LocaleMiddleware',
```

```
    'django.middleware.common.CommonMiddleware',
    'django.middleware.csrf.CsrfViewMiddleware',
    'django.contrib.auth.middleware.AuthenticationMiddleware',
    'django.contrib.messages.middleware.MessageMiddleware',
    'django.middleware.clickjacking.XFrameOptionsMiddleware',
    # 配置全站缓存
    'django.middleware.cache.FetchFromCacheMiddleware',
]
# 设置缓存的生命周期
CACHE_MIDDLEWARE_SECONDS = 15
# 设置将缓存数据保存在数据表my_cache_table中
# 属性值default来自缓存配置CACHES的default
CACHE_MIDDLEWARE_ALIAS = 'default'
# 设置缓存表字段cache_key的值
# 用于同一个Django项目多个站点之间的共享缓存
CACHE_MIDDLEWARE_KEY_PREFIX = 'MyDjango'
```

全站缓存是使用Django内置中间件cache实现的，上述配置的说明如下：

- 在配置属性MIDDLEWARE的首位元素和末位元素时，分别添加cache中间件UpdateCacheMiddleware和FetchFromCacheMiddleware。
- CACHE_MIDDLEWARE_SECONDS设置缓存的生命周期。若在视图、路由和模板中使用缓存并设置生命周期属性TIMEOUT，则优先选择CACHE_MIDDLEWARE_SECONDS。
- CACHE_MIDDLEWARE_ALIAS设置缓存的保存路径，默认为default。如果缓存配置CACHES中设置了多种缓存方式，但没有设置缓存的保存路径，就默认保存在缓存配置CACHES的default的配置信息中。
- CACHE_MIDDLEWARE_KEY_PREFIX指定某个Django站点的名称。在一些大型网站中会采用分布式站点实现负载均衡，这是将同一个Django项目部署在多个服务器上，当网站访问量过大的时候，可以将访问量分散到各个服务器，从而提高网站的整体性能。如果多个服务器使用共享缓存，那么该属性就是为了区分各个服务器的缓存数据，这样每个服务器只能使用自己的缓存数据。

以11.2.1节的MyDjango项目为例，将上述配置信息写入配置文件settings.py中，然后启动MyDjango，在浏览器上访问任意页面都会在缓存数据表my_cache_table上生成相应的缓存信息，如图11-12所示。

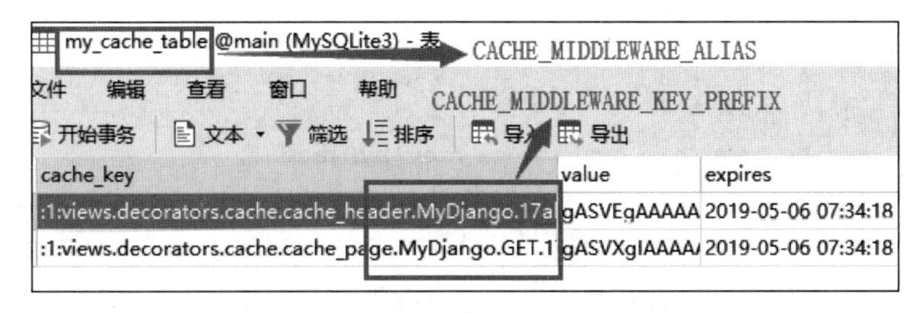

图 11-12　缓存数据表 my_cache_table

2. 视图缓存

视图缓存是在视图函数或视图类的执行过程中生成缓存数据，视图使用装饰器来生成并保存缓存数据。装饰器cache_page设有参数timeout、cache和key_prefix，参数timeout是必选参数，其余是可选参数，参数的作用与全局缓存的配置属性的作用相同，代码说明如下：

```
# index的views.py
from django.shortcuts import render
# 导入cache_page
from django.views.decorators.cache import cache_page
# 参数cache与配置属性CACHE_MIDDLEWARE_ALIAS相同
# 参数key_prefix与配置属性CACHE_MIDDLEWARE_KEY_PREFIX相同
# 参数timeout与配置属性CACHE_MIDDLEWARE_SECONDS相同
# CACHE_MIDDLEWARE_SECONDS的优先级高于参数timeout
@cache_page(timeout=10,cache='MyDjango',key_prefix='MyView')
def index(request):
    return render(request, 'index.html')
```

上述配置是将视图缓存存放在缓存数据表MyDjango_cache_table中，并且缓存数据的字段cache_key含有关键词MyView。运行MyDjango，在浏览器上访问127.0.0.1:8000，打开数据库查看缓存数据表MyDjango_cache_table的视图缓存信息，结果如图11-13所示。

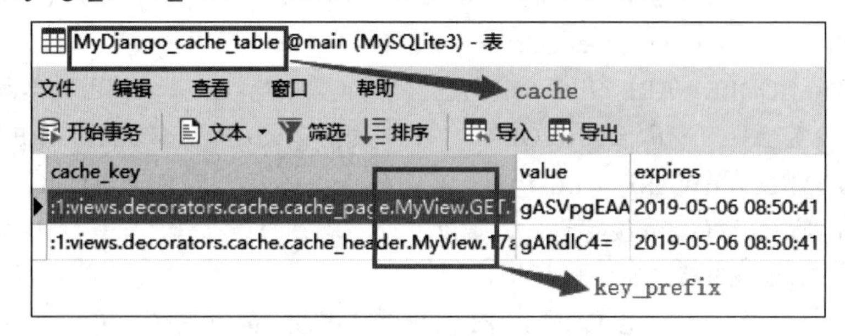

图 11-13 缓存数据表 MyDjango_cache_table

3. 路由缓存

路由缓存是在路由文件urls.py中生成和保存的，路由缓存也是使用缓存函数cache_page实现的。我们在index的urls.py中设置路由index的缓存数据，代码如下：

```
# index的urls.py
from django.urls import path
from . import views
from django.views.decorators.cache import cache_page

urlpatterns = [
    # 在网站首页设置路由缓存
    path('', cache_page(timeout=10, cache='MyDjango',
         key_prefix='MyURL')(views.index), name='index'),
]
```

在浏览器上访问网站首页，打开数据库查看缓存数据表MyDjango_cache_table的路由缓存数据，结果如图11-14所示。

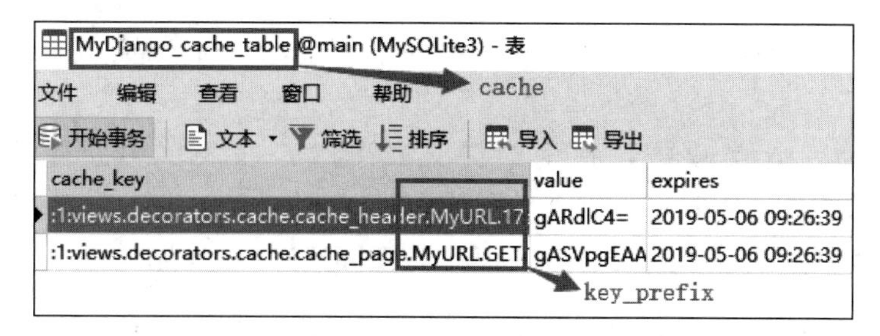

图 11-14　缓存数据表 MyDjango_cache_table

4. 模板缓存

模板缓存是通过Django的缓存标签实现的，缓存标签可以设置缓存的生命周期、缓存的关键词和缓存数据表（函数cache_page的参数timeout、key_prefix和cache），三者的设置顺序和代码格式是固定不变的，以模板文件index.html为例实现模板缓存，代码如下：

```
# templates的index.html
<html>
<body>
    <div>
    {# 设置模板缓存 #}
    {% load cache %}
    {# 10代表生命周期 #}
    {# MyTemp代表缓存数据的cache_key字段 #}
    {# using="MyDjango"代表缓存数据表 #}
    {% cache 10 MyTemp using="MyDjango" %}
        <div>Hello Django</div>
    {# 缓存结束 #}
    {% endcache %}
    </div>
</body>
</html>
```

重启MyDjango，在浏览器上再次访问网站首页，然后打开数据库查看缓存数据表MyDjango_cache_table的模板缓存数据，结果如图11-15所示。

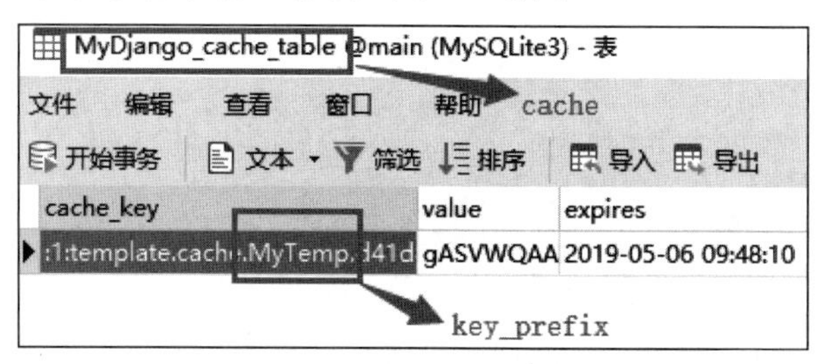

图 11-15　缓存数据表 MyDjango_cache_table

11.3　CSRF 防护

CSRF（Cross-Site Request Forgery，跨站请求伪造）也称为One Click Attack或者Session

Riding，通常缩写为CSRF或者XSRF，这是一种对网站的恶意利用，通过窃取网站的用户信息来制造恶意请求。

Django为了防止这类攻击，在用户提交表单时，在表单中会自动加入隐藏控件csrfmiddlewaretoken，这个隐藏控件的值会与网站后台保存的csrfmiddlewaretoken进行匹配，只有匹配成功，网站才会处理表单数据。这种防护机制称为CSRF防护，原理如下：

（1）在用户访问网站时，Django在网页表单中生成一个隐藏控件csrfmiddlewaretoken，控件属性value的值是由Django随机生成的。

（2）当用户提交表单时，Django校验表单的csrfmiddlewaretoken是否与自己保存的csrfmiddlewaretoken一致，以此来判断当前请求是否合法。

（3）如果用户被CSRF攻击并从其他地方发送攻击请求，但由于其他地方不可能知道隐藏控件csrfmiddlewaretoken的值，因此导致网站后台校验csrfmiddlewaretoken失败，使得攻击被成功防御。

要在Django中使用CSRF防护功能，首先需要在配置文件settings.py中设置CSRF防护功能。它是由settings.py的CSRF中间件CsrfViewMiddleware实现的，在创建项目时已默认开启，如图11-16所示。

```
MIDDLEWARE = [
    'django.middleware.security.SecurityMiddlewar
    'django.contrib.sessions.middleware.SessionMi
    'django.middleware.common.CommonMiddleware',
    'django.middleware.csrf.CsrfViewMiddleware',
    'django.contrib.auth.middleware.Authenticatio
```

图 11-16 设置 CSRF 防护功能

CSRF防护只适用于POST请求，并不防护GET请求，因为GET请求是以只读形式访问网站资源的，一般情况下并不破坏和篡改网站数据。以MyDjango为例，在模板文件index.html的表单<form>标签中加入内置标签csrf_token，即可实现CSRF防护，代码如下：

```
# templates的index.html
<html>
<body>
<form action="" method="post">
    {% csrf_token %}
    <div>用户名:</div>
    <input type="text" name='username'>
    <div>密 码:</div>
    <input type="password" name='password'>
    <div><button type="submit">确定</button></div>
</form>
</body>
</html>
```

启动运行MyDjango，在浏览器中访问网站首页（127.0.0.1:8000），然后打开浏览器的开发者工具，可以发现表单设有隐藏控件csrfmiddlewaretoken，隐藏控件是由模板语法{% csrf_token %}

生成的。用户每次提交表单或刷新网页，隐藏控件csrfmiddlewaretoken的属性value都会随之变化，如图11-17所示。

```
<head></head>
▼<body>
  ▼<form action method="post">
      <input type="hidden" name="csrfmiddlewaretoken" value=
      "2r0Xpd646lW5tRUTB4VPJ5SjmJowKPv1KR7FrrUhLeoteX6FfYRp8
      <div>用户名:</div>
      <input type="text" name="username">
      <div>密 码:</div>
      <input type="password" name="password">
    ▶<div>…</div>
    </form>
```

图 11-17　隐藏控件 csrfmiddlewaretoken

如果想要取消表单的CSRF防护，那么可以在模板文件上删除{% csrf_token %}，并在对应的视图函数中添加装饰器@csrf_exempt，代码如下：

```
# index的views.py
from django.shortcuts import render
from django.views.decorators.csrf import csrf_exempt
# 取消CSRF防护
@csrf_exempt
def index(request):
    return render(request, 'index.html')
```

如果只在模板文件上删除{% csrf_token %}，并没有在对应的视图函数中设置过滤器@csrf_exempt，那么用户提交表单时，程序会因CSRF验证失败而抛出403异常的页面，如图11-18所示。

禁止访问 (403)

CSRF验证失败. 请求被中断.

Help

Reason given for failure:
    CSRF token missing or incorrect.

图 11-18　CSRF 验证失败

如果想取消整个网站的CSRF防护，那么可以在settings.py的MIDDLEWARE中注释CSRF中间件CsrfViewMiddleware。在整个网站没有CSRF防护的情况下，如果想对某些请求设置CSRF防护，那么可以在模板文件上添加模板语法{% csrf_token %}，然后在对应的视图函数中添加装饰器@csrf_protect，代码如下：

```
# index的views.py
from django.shortcuts import render
from django.views.decorators.csrf import csrf_protect
# 添加CSRF防护
@csrf_protect
def index(request):
    return render(request, 'index.html')
```

如果网页表单通过前端的AJAX向Django提交表单数据，并且Django启用了CSRF防护功能，那么在AJAX发送POST请求时，必须设置请求参数csrfmiddlewaretoken，否则Django会将当前请求视为恶意请求。AJAX发送POST请求的功能代码如下：

```
<script>
    function submitForm(){
        var csrf = $('input[name="csrfmiddlewaretoken"]').val();
```

```
            var user = $('#username').val();
            var password = $('#password').val();
            $.ajax({
                url: '/index.html',
                type: 'POST',
            data: {'user': user,
                'password': password,
                'csrfmiddlewaretoken': csrf},
                success:function(arg){
                console.log(arg);
                }
            })
        }
    </script>
```

11.4 消息框架

在网页应用中，当用户完成某个操作时，网站通常会有相应的消息提示。Django内置的消息框架可以供开发者直接调用，它允许开发者设置功能引擎、消息类型和消息内容。

11.4.1 源码分析消息框架

消息框架由中间件SessionMiddleware、MessageMiddleware和INSTALLED_APPS的django.contrib.messages与django.contrib.sessions共同实现。在创建Django项目时，消息框架已默认开启，如图11-19所示。

消息框架必须依赖中间件SessionMiddleware，因为它的功能引擎默认使用FallbackStorage，而FallbackStorage是在Session的基础上实现的，这也说明中间件SessionMiddleware必须设置在MessageMiddleware的前面。

根据中间件MessageMiddleware的文件路径找到消息框架的源码文件，为了更好地展示源码文件的目录结构，我们在PyCharm里打开消息框架的源码文件，结果如图11-20所示。

```
    'django.contrib.sessions',
    'django.contrib.messages',
    'django.contrib.staticfiles',
    'index'
]
MIDDLEWARE = [
    'django.middleware.security.SecurityMiddleware',
    'django.contrib.sessions.middleware.SessionMiddleware',
    'django.middleware.common.CommonMiddleware',
    'django.middleware.csrf.CsrfViewMiddleware',
    'django.contrib.auth.middleware.AuthenticationMiddleware',
    'django.contrib.messages.middleware.MessageMiddleware'
```

图 11-19　消息框架的配置信息

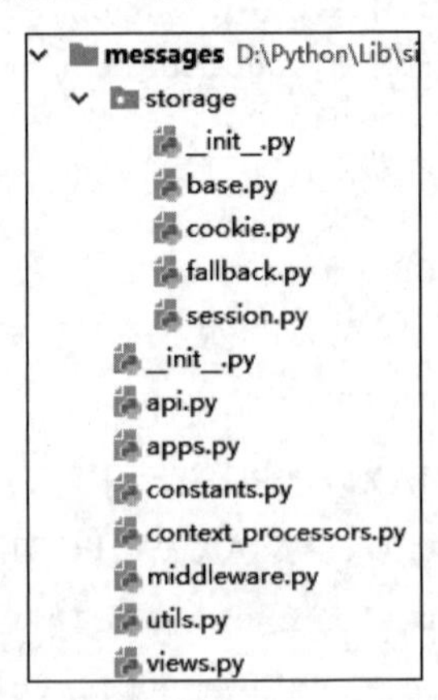

图 11-20　消息框架的目录结构

源码文件夹storage中共有5个.py文件，其中cookie.py、session.py和fallback.py分别定义消息框架的功能引擎CookieStorage、SessionStorage和FallbackStorage，每个功能引擎说明如下：

- CookieStorage是将消息提示的数据存储在浏览器的Cookie中，并且数据经过加密处理，如果存储的数据超过2048字节，就将之前存储在Cookie的消息销毁。
- SessionStorage是将消息提示的数据存储在服务器的Session中，因此它依赖于INSTALLED_APPS的sessions和中间件SessionMiddleware。
- FallbackStorage是将CookieStorage和SessionStorage结合使用，这是Django默认使用的功能引擎，它根据数据大小选择合适的存储方式，优先选择CookieStorage存储。

接下来分析源码文件constants.py，它一共定义了5种消息类型，每种类型设置了不同的级别，每种消息类型的说明如表11-1所示。

表 11-1　Django 内置的 5 种消息类型

类　型	级 别 值	说　明
DEBUG	10	开发过程的调试信息，但运行时无法生成信息
INFO	20	提示信息，如用户信息
SUCCESS	25	提示当前操作执行成功
WARNING	30	警告当前操作存在风险
ERROR	40	提示当前操作错误

最后分析源码文件api.py，该文件定义了消息框架的使用方法，一共定义了9个函数，每个函数的说明如下：

- add_message()：为用户添加消息提示。参数request代表当前用户的请求对象；参数level是消息类型或级别；参数message为消息内容；参数extra_tags是自定义消息提示的标记，可在模板里生成上下文；参数fail_silently在禁用中间件MessageMiddleware的情况下还能添加消息提示，一般情况下使用默认值即可。
- get_messages()：获取用户的消息提示。参数request代表当前用户的请求对象。
- get_level()：获取用户所有消息提示最低级别的值。参数request代表当前用户的请求对象。
- set_level()：对不同类型的消息提示进行筛选处理，参数request代表当前用户的请求对象；参数level是消息类型或级别，从用户的消息提示中筛选并保留比参数level级别高的消息提示。
- debug()：添加消息类型为debug的消息提示。
- info()：添加消息类型为info的消息提示。
- success()：添加消息类型为success的消息提示。
- warning()：添加消息类型为warning的消息提示。
- error()：添加消息类型为error的消息提示。

11.4.2　消息框架的使用

在开发过程中，我们在视图里使用消息框架为用户添加消息提示，然后将消息提示传递给模板，再由模板引擎解析上下文，最后生成相应的HTML网页。也就是说，消息框架主要在视图和模板里使用，而且消息框架在视图函数和视图类中有着不一样的使用方式。

以MyDjango为例，在配置文件settings.py中设置消息框架的功能引擎，3种功能引擎的设置方式如下：

```
# MyDjango的settings.py
# 设置消息框架的功能引擎
# MESSAGE_STORAGE='django.contrib.messages.storage.cookie.CookieStorage'
# MESSAGE_STORAGE='django.contrib.messages.storage.session.SessionStorage'
# FallbackStorage是默认使用的，无须设置
MESSAGE_STORAGE='django.contrib.messages.storage.fallback.FallbackStorage'
```

在MyDjango的urls.py和项目应用index的urls.py中定义路由index、success和iClass。路由index和iClass分别指向视图函数index和视图类iClass，路由success用于设置视图类iClass的属性success_url。MyDjango的路由信息如下：

```
# MyDjango的urls.py
from django.urls import path, include
urlpatterns = [
    path('', include(('index.urls', 'index'), namespace='index')),
]
# index的urls.py
from django.urls import path
from .views import *
urlpatterns = [
    path('', index, name='index'),
    path('success', success, name='success'),
    path('iClass', iClass.as_view(), name='iClass'),
]
```

在index的views.py中定义视图函数index、success和视图类iClass，三者的代码如下：

```
# index的views.py
from django.shortcuts import render
from .models import PersonInfo
from django.contrib import messages
from django.template import RequestContext
from django.contrib.messages.views import SuccessMessageMixin
from django.views.generic.edit import CreateView
# 视图函数使用消息框架
def index(request):
    # 筛选并保留比messages.WARNING级别高的消息提示
    # set_level必须在添加信息提示之前使用，否则无法筛选
    # messages.set_level(request, messages.WARNING)
    # 消息添加方法一
    messages.debug(request, 'debug类型')
    messages.info(request, 'info类型' , 'MyInfo')
    messages.success(request, 'success类型')
    messages.warning(request, 'warning类型')
    messages.error(request, 'error类型')
    # 消息添加方法二
```

```
    messages.add_message(request, messages.INFO, 'info类型2')
    # 自定义消息类型
    # request代表参数request
    # 66代表参数level
    # 自定义类型代表参数message
    # MyDefine代表参数extra_tags
    messages.add_message(request, 66, '自定义类型', 'MyDefine')
    # 获取所有消息提示的最低级别
    current_level = messages.get_level(request)
    print(current_level)
    # 获取当前用户的消息提示对象
    mg = messages.get_messages(request)
    print(mg)
    return render(request,'index.html',locals())

# 视图类使用消息框架
def success(request):
    return render(request,'index.html',locals())

class iClass(SuccessMessageMixin, CreateView):
    model = PersonInfo
    fields = ['name', 'age']
    template_name = 'indexClass.html'
    success_url = '/success'
    success_message = 'created successfully'
```

上述代码是在视图函数index中演示了9个函数的使用方法，这些函数是Django整个消息框架的主要功能。

视图类iClass继承自父类SuccessMessageMixin和CreateView，父类的继承顺序是固定不变的，否则无法生成消息提示。SuccessMessageMixin由消息框架定义，CreateView是数据新增视图类。视图类iClass的类属性success_message来自SuccessMessageMixin，其他的类属性均来自CreateView。

消息框架定义的SuccessMessageMixin只能用于数据操作视图，也就是说只能与视图类FormView、CreateView、UpdateView和DeleteView结合使用。

由于视图函数index使用模板文件index.html，视图类iClass使用模型PersonInfo和模板文件iClass.html，因此在index的models.py中定义模型PersonInfo，然后在模板文件夹templates中创建index.html和iClass.html，最后分别在index的models.py、模板文件index.html和iClass.html中编写以下代码：

```
# index的models.py
from django.db import models
class PersonInfo(models.Model):
    id = models.AutoField(primary_key=True)
    name = models.CharField(max_length=20)
    age = models.IntegerField()

# templates的index.html
<!DOCTYPE html>
<html lang="en">
```

```
<head>
    <meta charset="UTF-8">
    <title>消息提示</title>
</head>
<body>
{% if messages %}
    <ul>
    {% for m in messages %}
        <li>消息内容：{{ m.message }}</li>
        <div>消息类型：{{ m.level }}</div>
        <div>消息级别：{{ m.level_tag }}</div>
        <div>参数extra_tags的值：{{ m.extra_tags }}</div>
        <div>extra_tags和level_tag组合值：{{ m.tags }}</div>
    {% endfor %}
    </ul>
{% else %}
    <script>alert('暂无消息');</script>
{% endif %}
</body>
</html>

# templates的iClass.html
<!DOCTYPE html>
<html>
<head>
    <title>数据新增</title>
<body>
    <h3>数据新增</h3>
    <form method="post">
        {% csrf_token %}
        {{ form.as_p }}
        <input type="submit" value="确定">
    </form>
</body>
</html>
```

模板文件index.html将消息提示对象messages进行遍历访问，每次遍历都会获取某条消息提示，并将当前消息提示的所有属性进行列举说明。通过这些属性，可以控制消息提示的输出和CSS样式设置等。

在运行MyDjango之前，记得执行数据迁移，让模型PersonInfo在数据库中生成数据表，否则视图类iClass无法正常使用模型PersonInfo。最后运行MyDjango，在浏览器上访问127.0.0.1:8000，可以看到每条消息提示的属性内容，如图11-21所示。

在浏览器上访问127.0.0.1:8000/iClass，并在网页表单中输入数据，然后单击“确定”按钮，即可在数据表index_personinfo中新增数据。在新增数据的过程中，视图类iClass创建消息提示对象messages，并将对象messages传递给视图函数success，再由视图函数success传递给模板文件index.html，最终生成相应的消息提示，如图11-22所示。

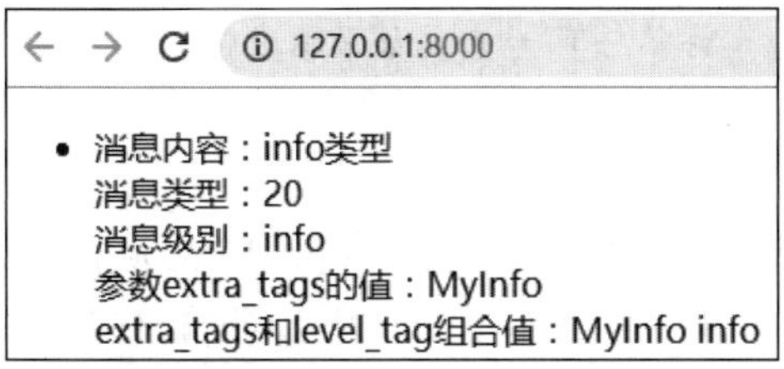

127.0.0.1:8000
• 消息内容：info类型
消息类型：20
消息级别：info
参数extra_tags的值：MyInfo
extra_tags和level_tag组合值：MyInfo info

图 11-21　消息提示

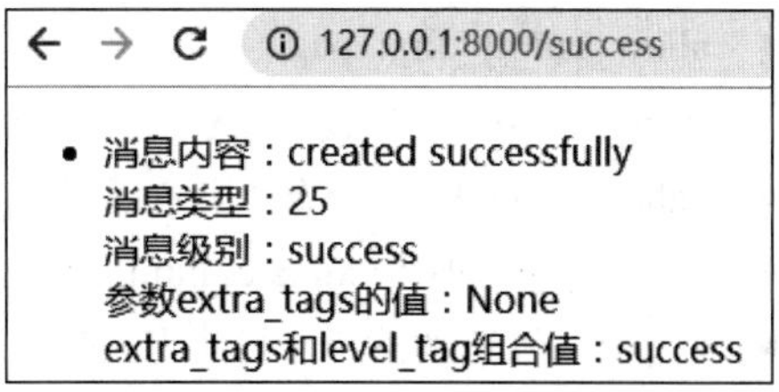

127.0.0.1:8000/success
• 消息内容：created successfully
消息类型：25
消息级别：success
参数extra_tags的值：None
extra_tags和level_tag组合值：success

图 11-22　消息提示

11.5　分 页 功 能

在网页上浏览数据时，通常会在数据列表的下方看到翻页功能，每一页的数据各不相同。比如在淘宝上搜索某商品的关键字，淘宝会根据用户提供的关键字返回符合条件的商品信息，并且对这些商品信息进行分页处理，用户可以在商品信息的下方单击相应的页数按钮进行查看。

11.5.1　源码分析分页功能

Django已为开发者提供了内置的分页功能，开发者无须自己实现，只需调用Django内置的分页功能函数即可。要实现数据的分页功能，需要考虑多方面的因素，说明如下：

- 当前用户访问的页数是否存在上（下）一页。
- 访问的页数是否超出页数上限。
- 数据如何按页截取，如何设置每页的数据量。

对于上述考虑因素，Django内置的分页功能已提供了解决方法，而且代码的实现方式相对固定，便于开发者理解和使用。分页功能由Paginator类实现，我们在PyCharm中查看该类的定义过程，结果如图11-23所示。

django
core
paginator.py
paginator.py
28 class Paginator:
29
30 def __init__(self, object_list,

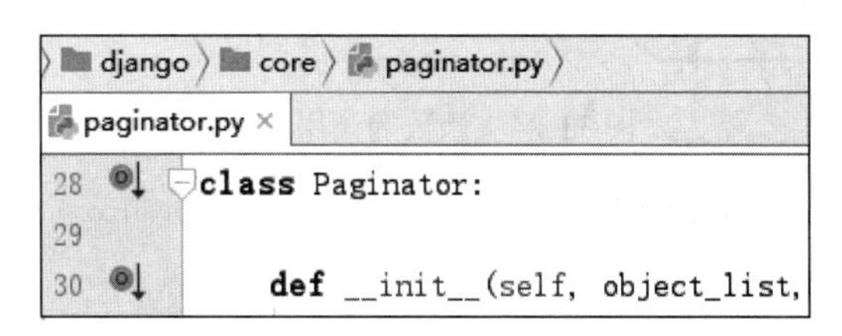

图 11-23　源码文件 paginator.py

Paginator类一共定义了4个初始化参数和8个类方法，每个初始化参数和类方法的说明如下：

- object_list：必选参数，代表需要进行分页处理的数据，参数值可以为列表、元组或ORM查询的数据对象等。
- per_page：必选参数，用于设置每一页的数据量，参数值必须为整型。
- orphans：可选参数，如果最后一页的数据量小于或等于参数orphans的值，就将最后一页的数据合并到前一页的数据。比如有23行数据，若参数per_page=10、orphans=5，则数据分页后的总页数为2，第一页显示10行数据，第二页显示13行数据。

- allow_empty_first_page：可选参数，表示是否允许第一页为空。如果参数值为False并且参数object_list为空列表，就会引发EmptyPage错误。
- validate_number()：验证当前页数是否大于或等于1。
- get_page()：调用validate_number()验证当前页数是否有效，函数返回值调用page()。
- page()：根据当前页数对参数object_list进行切片处理，获取页数所对应的数据信息，函数返回值调用_get_page()。
- _get_page()：调用Page类，并将当前页数和页数所对应的数据信息传递给Page类，创建当前页数的数据对象。
- count()：获取参数object_list的数据长度。
- num_pages()：获取分页后的总页数。
- page_range()：将分页后的总页数生成可循环对象。
- _check_object_list_is_ordered()：如果参数object_list是ORM查询的数据对象，并且该数据对象的数据是无序排列的，就提示警告信息。

从Paginator类定义的get_page()、page()和_get_page()得知，三者之间存在调用关系，将它们的调用关系以流程图的形式表示，如图11-24所示。

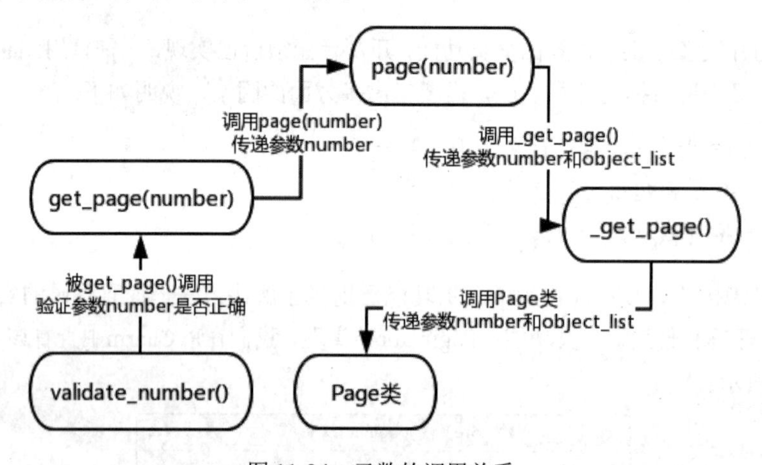

图 11-24　函数的调用关系

从图11-24得知，将Paginator类实例化之后，由实例化对象调用get_page()即可得到Page类的实例化对象。在源码文件paginator.py中可以找到Page类的定义过程，它一共定义了3个初始化参数和7个类方法，每个初始化参数和类方法的说明如下：

- object_list：必选参数，代表已切片处理的数据对象。
- number：必选参数，代表用户传递的页数。
- paginator：必选参数，代表Paginator类的实例化对象。
- has_next()：判断当前页数是否存在下一页。
- has_previous()：判断当前页数是否存在上一页。
- has_other_pages()：判断当前页数是否存在上一页或者下一页。
- next_page_number()：如果当前页数存在下一页，就输出下一页的页数，否则抛出EmptyPage异常。

- previous_page_number()：如果当前页数存在上一页，就输出上一页的页数，否则抛出EmptyPage异常。
- start_index()：输出当前页数的第一行数据在整个数据列表的位置，数据位置从1开始计算。
- end_index()：输出当前页数的最后一行数据在整个数据列表的位置，数据位置从1开始计算。

上述是从源码的角度剖析分页功能的参数和方法，下面在PyCharm的Terminal中开启Django的Shell模式，简单地讲述如何使用分页功能，代码如下：

```
D:\MyDjango>python manage.py shell
# 导入分页功能模块
>>> from django.core.paginator import Paginator
# 生成数据列表
>>> objects = [chr(x) for x in range(97,107)]
>>> objects
['a', 'b', 'c', 'd', 'e', 'f', 'g', 'h', 'i', 'j']
# 数据列表每3个元素分为一页
>>> p = Paginator(objects, 3)
# 输出全部数据，即整个数据列表
>>> p.object_list
['a', 'b', 'c', 'd', 'e', 'f', 'g', 'h', 'i', 'j']
# 获取数据列表的长度
>>> p.count
10
# 分页后的总页数
>>> p.num_pages
4
# 将页数转换成range循环对象
>>> p.page_range
range(1, 5)
# 获取第二页的数据信息
>>> page2 = p.get_page(2)
# 判断第二页是否存在上一页
>>> page2.has_previous()
True
# 如果当前页存在上一页，就输出上一页的页数
# 否则抛出EmptyPage异常
>>> page2.previous_page_number()
1
# 判断第二页是否存在下一页
>>> page2.has_next()
True
# 如果当前页存在下一页，就输出下一页的页数
# 否则抛出EmptyPage异常
>>> page2.next_page_number()
3
# 判断当前页是否存在上一页或者下一页
>>> page2.has_other_pages()
True
# 输出第二页所对应的数据内容
>>> page2.object_list
```

```
['d', 'e', 'f']
# 输出第二页的第一行数据在整个数据列表的位置
# 数据位置从1开始计算
>>> page2.start_index()
4
# 输出第二页的最后一行数据在整个数据列表的位置
# 数据位置从1开始计算
>>> page2.end_index()
```

11.5.2 分页功能的使用

我们对Django的分页功能已经深入地分析过了，并初步掌握了使用方式，本节将以项目的形式来讲述如何在开发过程中使用分页功能。以MyDjango为例，首先在index的models.py中定义模型PersonInfo，模型的定义过程如下：

```
# index的models.py
from django.db import models
class PersonInfo(models.Model):
    id = models.AutoField(primary_key=True)
    name = models.CharField(max_length=20)
    age = models.IntegerField()
```

然后对模型PersonInfo执行数据迁移，在数据库中创建相应的数据表。完成数据迁移后，使用数据库可视化工具（Navicat Premium）连接MyDjango的db.sqlite3文件，查看数据表index_personinfo，并在数据表中添加数据信息，如图11-25所示。

id	name	age
1	MyDjango	10
2	Python	12
3	Django	9
4	Flask	8
5	Jinja2	7
6	Scrapy	6
7	Pywinaotu	5

图 11-25　数据表 index_personinfo

完成项目的数据搭建后，我们将进入数据页面进行开发。在MyDjango的urls.py和index的urls.py中定义数据页面的路由信息，代码如下：

```
# MyDjango的urls.py
from django.urls import path, include
urlpatterns = [
    path('',include(('index.urls','index'),namespace='index')),
]

# index的urls.py
from django.urls import path
from .views import *
urlpatterns = [
    path('<page>/', index, name='index'),
]
```

在index的views.py中定义视图函数index，查询模型PersonInfo的所有数据，并对数据执行分页处理，实现的代码如下：

```
# index的views.py
from django.shortcuts import render
from django.core.paginator import Paginator
from django.core.paginator import EmptyPage
from django.core.paginator import PageNotAnInteger
from .models import PersonInfo
def index(request, page):
    # 获取模型PersonInfo的全部数据
    person = PersonInfo.objects.all().order_by('-age')
    # 设置每一页的数据量为2
    p = Paginator(person, 2, 1)
    try:
        pages = p.get_page(page)
    except PageNotAnInteger:
        # 如果参数page的数据类型不是整型，就返回第一页数据
        pages = p.get_page(1)
    except EmptyPage:
        # 若用户访问的页数大于实际页数，则返回最后一页的数据
        pages = p.get_page(p.num_pages)
    return render(request, 'index.html', locals())
```

视图函数index设有参数page，参数page来自路由变量page；变量person用于查询模型PersonInfo的数据对象；在数据查询过程中使用order_by对数据进行排序，否则在执行分页处理时将会提示警告信息，如图11-26所示。

```
)uit the server with CTRL-BREAK.
):\MyDjango\index\views.py:12: UnorderedObjectListWarning
 p = Paginator(person, 2, 1)
```

图 11-26　提示警告信息

参数page和变量person都为分页功能提供数据信息，使用分页功能实现数据分页是在视图函数index的try…except代码里实现的，实现过程如下：

（1）实例化Paginator类，参数object_list为变量person，参数per_page设为2，参数orphans设为1，这是对变量person的数据进行分页处理，每页的数据量为2，若最后一页的数据量小于或等于1，则将最后一页的数据合并到前一页的数据中。

（2）由对象p调用函数get_page，并传入参数page；函数get_page将参数page传入Page类执行实例化，生成实例化对象pages。

（3）参数page传入Page类执行实例化的过程中可能出现3种情况：

- 第一种是参数page的值在总页数的范围内，根据参数page的值获取对应页数的数据信息。
- 第二种是参数page的数据类型不是整型，这时将触发PageNotAnInteger异常，异常处理是返回第一页的数据信息。

- 第三种是参数page的值超出总页数的范围，这时触发EmptyPage异常，异常处理是返回最后一页的数据信息。

最后在模板文件index.html中实现数据列表和分页功能的展示，这两个功能是由视图函数index的变量pages实现的，详细代码如下：

```
# templates的index.html
<!DOCTYPE html>
<html lang="zh-hans">
<head>
{% load static %}
<title>分页功能</title>
<link rel="stylesheet" href="{% static "css/base.css" %}"/>
<link rel="stylesheet" href="{% static "css/lists.css" %}">
</head>
<body class="app-route model-hkrouteinfo change-list">
<div id="container">
<div id="content" class="flex">
<h1>分页功能</h1>
<div id="content-main">
<div class="module filtered" id="changelist">
<form id="changelist-form" method="post">
<div class="results">
<table id="result_list">
<thead>
<tr>
    <th class="action-checkbox-column">
        <div class="text">
            <span><input type="checkbox"/></span>
        </div>
    </th>
    <th><div class="text">姓名</div></th>
    <th><div class="text">年龄</div></th>
</tr>
</thead>
<tbody>
{% for p in pages %}
    <tr>
        <td class="action-checkbox">
        <input type="checkbox" class="action-select">
        </td>
        <td>{{ p.name }}</td>
        <td>{{ p.age }}</td>
    </tr>
{% endfor %}
</tbody>
</table>
</div>
<p class="paginator">
{# 上一页的路由地址 #}
{% if pages.has_previous %}
```

```
        <a href="{% url 'index:index'
        pages.previous_page_number %}">上一页</a>
    {% endif %}
    {# 列出所有的路由地址 #}
    {% for n in pages.paginator.page_range %}
        {% if n == pages.number %}
            <span class="this-page">{{ pages.number }}</span>
        {% else %}
            <a href="{% url 'index:index' n %}">{{ n }}</a>
        {% endif %}
    {% endfor %}
    {# 下一页的路由地址 #}
    {% if pages.has_next %}
        <a href="{% url 'index:index'
        pages.next_page_number %}">下一页</a>
    {% endif %}
    </p>
    </form>
    </div>
    </div>
    </div>
    </div>
    </body>
    </html>
```

至此，整个MyDjango项目的分页功能已开发完成。运行MyDjango，在浏览器上访问127.0.0.1:8000/1即可看到第一页的数据信息，单击下方的翻页按钮可以切换至相应的页数并显示对应的数据信息，运行结果如图11-27所示。

图 11-27　运行结果

11.6　国际化和本地化

国际化和本地化是指使用不同语言的用户在访问同一个网页时能够看到符合其自身语言的网页内容。国际化是指在Django的路由、视图、模板、模型和表单里使用内置函数配置翻译功能；本地化是根据国际化的配置内容进行翻译处理。简单来说，国际化和本地化是让整个网站的每个网页具有多种语言的切换方式。

11.6.1 环境搭建与配置

Django的国际化和本地化是默认开启的，如果不需要使用此功能，那么在配置文件settings.py中设置USE_I18N = False即可，Django在运行时将执行某些优化，不再加载国际化和本地化机制。

国际化和本地化需要依赖GNU Gettext工具，不同的操作系统，GNU Gettext的安装方式有所不同。以Windows系统为例，在浏览器上访问mlocati.github.io/articles/gettext-iconv-windows.html，根据计算机的位数下载相应的.exe安装包即可，如图11-28所示。

version	libiconv version	Operating system	Flavor	Download
0.19.8.1	1.15	32 bit	shared[1]	
0.19.8.1	1.15	32 bit	static[2]	
0.19.8.1	1.15	64 bit	shared[1]	
0.19.8.1	1.15	64 bit	static[2]	

图 11-28　GNU Gettext 安装包

GNU Gettext安装成功后，接着配置Django的国际化和本地化功能。以MyDjango项目为例，首先在根目录下创建文件夹language，然后在配置文件settings.py的MIDDLEWARE中添加中间件LocaleMiddleware，新增配置属性LOCALE_PATHS和LANGUAGES，代码如下：

```
# MyDjango的settings.py
MIDDLEWARE = [
    ...
    'django.contrib.sessions.middleware.SessionMiddleware',
    'django.middleware.locale.LocaleMiddleware',
    'django.middleware.common.CommonMiddleware',
    ...
]
LOCALE_PATHS = (
    BASE_DIR / 'language',
)
LANGUAGES = (
    ('en', ('English')),
    ('zh', ('中文简体')),
)
```

在上述配置中，中间件LocaleMiddleware和新增配置属性LOCALE_PATHS、LANGUAGES的说明如下：

- 中间件LocaleMiddleware使用国际化和本地化功能。
- 新增配置属性LOCALE_PATHS指向MyDjango的language文件夹，该文件夹用于存储语言文件，实现路由、视图、模板、模型和表单的数据翻译。
- 新增配置属性LANGUAGES用于定义Django支持翻译的语言，每种语言的定义格式以元组表示，如('en', ('English'))，其中en和English可自行命名，一般默认采用各国语言的缩写。

11.6.2　设置国际化

完成MyDjango的环境搭建与配置后，我们将在路由、视图和模板里使用国际化设置。首先在MyDjango的urls.py中设置路由的国际化，同一个路由可以根据配置属性LANGUAGES的值来创建不同语言的路由信息，设置方式如下：

```
# MyDjango的urls.py
from django.urls import path, include
from django.conf.urls.i18n import i18n_patterns
urlpatterns = i18n_patterns(
    path('',include(('index.urls','index'),namespace='index')),
)

# index的urls.py
from django.urls import path
from .views import *
urlpatterns = [
    path('', index, name='index'),
]
```

路由的国际化设置必须在MyDjango的urls.py里实现，路由的定义方式不变，只需在路由urlpatterns中使用函数i18n_patterns即可。

接着在index的views.py中设置视图函数index的国际化，代码如下：

```
# index的views.py
from django.shortcuts import render
from django.utils.translation import gettext
from django.utils.translation import gettext_lazy
def index(request):
    if request.LANGUAGE_CODE == 'zh':
        language = gettext('Chinese')
        # language = gettext_lazy('Chinese')
    else:
        language = gettext('English')
        # language = gettext_lazy('English')
    print(language)
    return render(request, 'index.html', locals())
```

视图函数index根据当前请求的语言类型来设置变量language的值，说明如下：

（1）请求对象request的属性LANGUAGE_CODE由中间件LocaleMiddleware生成，通过判断该属性的值可以得知当前用户选择的语言类型。

（2）变量language调用内置函数gettext或gettext_lazy设置变量值。若当前用户选择中文模式，则变量值为Chinese；否则为英文模式，变量值为English。

最后在模板文件index.html中实现数据展示，数据展示分为中文和英文模式，当选择某个语言模式后，浏览器跳转到相应的路由地址并将数据转换成相应的语言模式，代码如下：

```
# templates的index.html
<!DOCTYPE html>
<html>
<head>
{% load i18n %}
<title>{% trans "Choice language" %}</title>
</head>
<body>
<div>
{#列举配置属性LANGUAGES，显示网站支持的语言#}
{% get_available_languages as languages %}
{% trans "Choice language" %}
{% for lang_code, lang_name in languages %}
    {% language lang_code %}
        <a href="{% url 'index:index'%}">
            {{ lang_name }}
        </a>
    {% endlanguage %}
{% endfor %}
</div>
<br>
<div>
{% blocktrans %}
    The language is {{ language }}
{% endblocktrans %}
</div>
</body>
</html>
```

在模板文件index.html中导入Django内置文件i18n.py，该文件用于定义国际化的模板标签。上述代码使用了内置标签trans、get_available_languages、language和blocktrans，每个标签的说明如下：

- trans：使标签里的数据支持语言转换，标签里的数据可以为模板上下文或字符串，但两者不能组合使用。比如{% trans "Hello" value %}，"Hello"为字符串，value为模板上下文，两者混合使用时系统将提示TemplateSyntaxError异常。
- get_available_languages：获取配置属性LANGUAGES的值。
- language：在模板里生成语言选择的功能。
- blocktrans：与标签trans的功能相同，但支持模板上下文和字符串的组合使用。

除了上述的国际化函数与标签之外，Django还定义了许多国际化函数与标签，本书不再详细讲述，读者可在官方文档中自行查阅。

11.6.3 设置本地化

完成路由、视图和模板的国际化设置后，下一步执行本地化操作。我们以管理员身份运行命令提示符窗口，将命令提示符窗口的路径切换到MyDjango，然后执行makemessages指令创建语言文件，如图11-29所示。该指令设有两个参数：第一个参数为-l（字母L的小写），这是固定参数；第二个参数为zh，来自配置属性LANGUAGES。

makemessages指令必须以管理员身份运行，如果在PyCharm的Terminal中执行该指令，Django将提示CommandError异常信息，如图11-30所示。

```
D:\MyDjango>python manage.py makemessages -l zh
processing locale zh
```

图 11-29　执行 makemessages 指令创建语言文件

```
D:\MyDjango>python manage.py makemessages -l zh
CommandError: Can't find msguniq. Make sure you
```

图 11-30　CommandError 异常信息

makemessages指令执行完成后，打开language文件夹可以看到新建的文件django.po，该文件为路由、视图、模板、模型或表单的国际化设置提供翻译内容。打开django.po文件，为视图函数index和模板文件index.html的国际化设置编写翻译内容，如图11-31所示。

从图11-31中可以看到，只要在视图、模板、模型或表单里使用了国际化函数，就可以在django.po文件中看到相关信息。在django.po文件中，一个完整的信息包含3行数据，以msgid "Chinese"为例，说明如下：

- #: .\index\views.py:7代表国际化设置的位置信息。
- msgid "Chinese"代表国际化设置的名称，用于标记和区分每个国际化设置，比如视图函数index设置的gettext('Chinese')。
- msgstr代表国际化设置的翻译内容，默认值为空，需要翻译人员逐条填写。

最后以管理员身份运行命令提示符窗口，在命令提示符窗口中输入并执行compilemessages指令，将django.po文件编译成语言文件django.mo，如图11-32所示。

```
#: .\index\views.py:7
msgid "Chinese"
msgstr "简体中文"
#: .\index\views.py:10
msgid "English"
msgstr "English"
#: .\templates\index.html:5 .\templates\index.html:11
msgid "Choice language"
msgstr "请选择语言："
```

图 11-31　编写翻译内容

```
D:\MyDjango>python manage.py compilemessages
processing file django.po in D:\MyDjango\language
```

图 11-32　执行 compilemessages 编译语言文件

至此，我们已完成Django的国际化和本地化的功能开发。运行MyDjango，在浏览器上访问127.0.0.1:8000就会自动跳转到127.0.0.1:8000/zh/，默认返回中文类型的网页信息，如图11-33所示，因为Django根据用户的语言偏好来显示符合其自身语言的网页内容。

单击English链接，浏览器的网页地址将切换为127.0.0.1:8000/en/，网页内容将以英文模式展现，如图11-34所示。

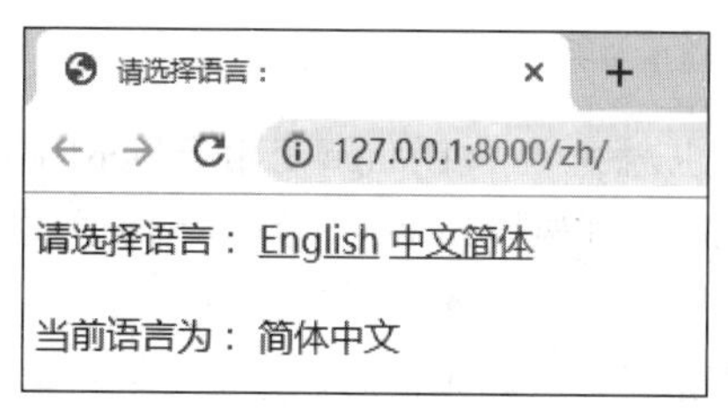

图 11-33　中文模式

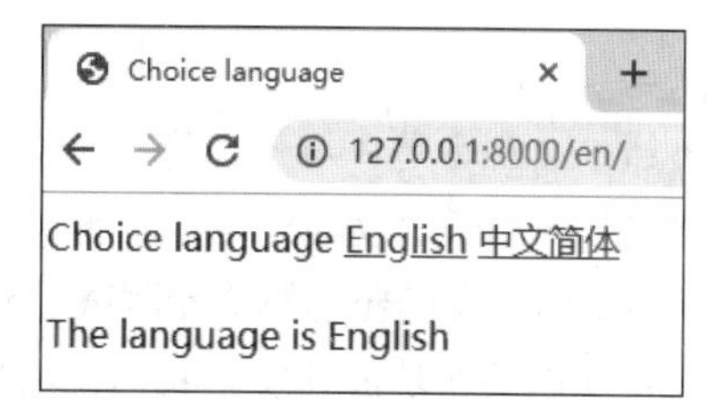

图 11-34　英文模式

11.7 单元测试

当我们完成网站的功能开发后，通常需要运行Django项目，在浏览器上测试网页功能是否正常。但这种测试方式比较麻烦，因为每次更改或新增网站功能，都可能会影响已有功能的正常使用，这样就又要重新测试网站功能。Django设有单元测试功能，可以对开发的每一个功能进行单元测试，只需运行操作命令就可以测试网站功能是否正常。

单元测试还可以驱动功能开发，比如我们知道需要实现的功能，但并不知道代码如何编写，这时就可以利用测试驱动开发（Test Driven Development）。首先完成单元测试的代码编写，然后编写网站的功能代码，直到功能代码不再报错，这样就完成网站功能的开发了。

11.7.1 定义测试类

Django的单元测试在项目应用的tests.py文件里定义，每个单元测试以类的形式表示，每个类方法代表一个测试用例。以MyDjango为例，打开项目应用index的tests.py可以发现，该文件导入Django的TestCase类，用于实现单元测试的定义。打开并查看TestCase类的源码文件，结果如图11-35所示。

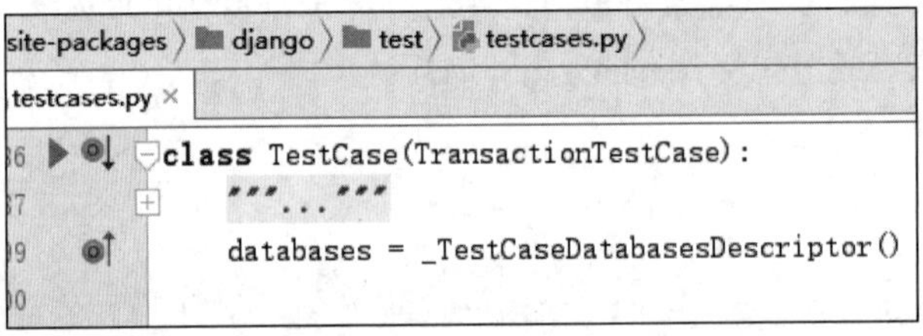

```
site-packages 〉 django 〉 test 〉 testcases.py 〉
testcases.py ×
class TestCase(TransactionTestCase):
    """..."""
    databases = _TestCaseDatabasesDescriptor()
```

图 11-35 TestCase 类的源码文件

从源码角度分析TestCase类可以得知，它继承自父类TransactionTestCase，而父类又通过递进方式继承自SimpleTestCase和unittest.TestCase，继承关系如图11-36所示。

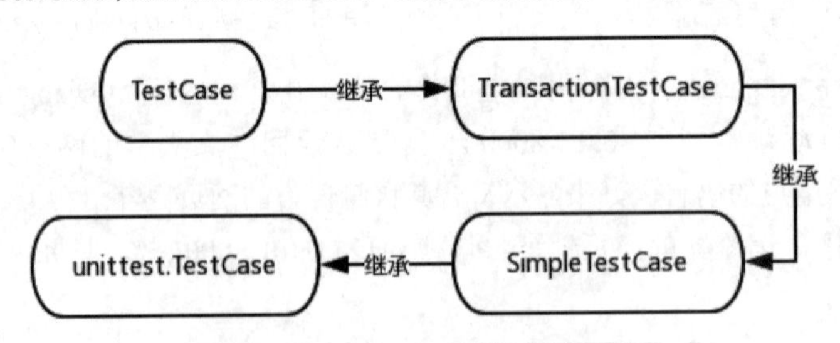

图 11-36 TestCase 类的继承关系

unittest.TestCase是Python内置的单元测试框架，也就是说，Django使用Python的标准库unittest实现单元测试的功能开发。大部分读者可能对unittest框架较为陌生，因此下面通过简单的例子来讲述如何开发Django的单元测试功能。

首先实现网站的功能开发。我们在项目应用index中定义两条路由信息，分别实现网站首页和API接口。在MyDjango的urls.py和index的urls.py中定义路由信息，代码如下：

```
# MyDjango的urls.py
from django.urls import path, include
urlpatterns = [
    path('',include(('index.urls','index'),namespace='index')),
]

# index的urls.py
from django.urls import path
from .views import *
urlpatterns = [
    path('', index, name='index'),
    path('api/', indexApi, name='indexApi'),
]
```

路由index和indexApi对应视图函数index和indexApi，因此在index的views.py中分别定义视图函数index和indexApi，代码如下：

```
# index的views.py
from django.http import JsonResponse
from django.shortcuts import render
from .models import PersonInfo
def index(request):
    title = '首页'
    id = request.GET.get('id', 1)
    person = PersonInfo.objects.get(id=int(id))
    return render(request, 'index.html', locals())

def indexApi(request):
    id = request.GET.get('id', 1)
    person = PersonInfo.objects.get(id=int(id))
    rusult = {
        'name': person.name,
        'age': person.age
    }
    return JsonResponse(rusult)
```

视图函数index和indexApi使用模型PersonInfo查询数据，并且视图函数index调用了模板文件index.html，因此在index的models.py中定义模型PersonInfo，在模板文件index.html中编写网页的HTML代码，代码如下：

```
# index的models.py
from django.db import models
class PersonInfo(models.Model):
    id = models.AutoField(primary_key=True)
    name = models.CharField(max_length=20)
    age = models.IntegerField()

# templates的index.html
<!DOCTYPE html>
<html lang="zh-hans">
<head>
    <title>{{ title }}</title>
</head>
```

```
<body>
    <div>姓名：{{ person.name }}</div>
    <div>年龄：{{ person.age }}</div>
</body>
</html>
```

由于在index的models.py中定义了模型PersonInfo，因此Django还需要执行数据迁移，在MyDjango的数据库文件db.sqlite3中创建数据表，并且数据表index_personinfo无须添加任何数据。

至此，完成了MyDjango的功能开发，下一步根据已有的功能编写单元测试。我们定义的单元测试主要用于测试视图的业务逻辑和模型的读写操作，根据MyDjango的视图函数、模型PersonInfo和内置模型User，分别定义测试类PersonInfoTest和UserTest，代码如下：

```
# index的tests.py
from django.test import TestCase
from .models import PersonInfo
from django.contrib.auth.models import User
from django.test import Client
class PersonInfoTest(TestCase):
    # 添加数据
    def setUp(self):
        PersonInfo.objects.create(name='Lucy', age=10)
        PersonInfo.objects.create(name='May', age=12)

    # 编写测试用例
    def test_personInfo_age(self):
        # 编写用例
        name1 = PersonInfo.objects.get(name='Lucy')
        name2 = PersonInfo.objects.get(name='May')
        # 判断测试用例的执行结果
        self.assertEqual(name1.age, 10)
        self.assertEqual(name2.age, 12)

    # 编写测试用例
    def test_api(self):
        # 编写用例
        c = Client()
        response = c.get('/api/')
        # 判断测试用例的执行结果
        self.assertIsInstance(response.json(), dict)

    # 编写测试用例
    def test_html(self):
        # 编写用例
        c = Client()
        response = c.get('/?id=2')
        name = response.context['person'].name
        # 判断测试用例的执行结果
        self.assertEqual(name, 'May')
        self.assertTemplateUsed(response, 'index.html')
```

```
class UserTest(TestCase):
    # 添加数据
    @classmethod
    def setUpTestData(cls):
        User.objects.create_user(username='test',
                                 password='test', email='1@1.com')

    # 编写测试用例
    def test_user(self):
        # 编写用例
        r = User.objects.get(username='test')
        # 判断测试用例的执行结果
        self.assertEquals(r.email, '123@456.com')
        self.assertTrue(r.password)

    # 编写测试用例
    def test_login(self):
        # 编写用例
        c = Client()
        r = c.login(username='test', password='test')
        # 判断测试用例的执行结果
        self.assertTrue(r)
```

测试类PersonInfoTest主要测试模型PersonInfo的数据读写和视图函数index、indexApi的业务逻辑，它一共定义了4个类方法，每个类方法说明如下：

（1）setUp()：重写父类TestCase的方法，该方法在运行测试类时，为测试类提供数据信息。因为单元测试在运行过程中会创建一个虚拟的数据库，所以模型的数据操作都在虚拟数据库中完成。通过重写setUp()可以为虚拟数据库添加数据，为测试用例提供数据支持。

（2）test_personInfo_age()：自定义测试用例，函数名必须以test开头，否则单元测试无法识别该方法是否为测试用例。该方法用于查询模型PersonInfo的数据信息，然后将查询结果与我们预测的结果进行对比。比如sclf.assertEqual(name1.age, 10)，其中的“self.assertEqual”是父类TestCase内置的方法，它将查询结果与预测结果进行对比；“name1.age”是模型PersonInfo的查询结果；“10”是我们预测的结果。

（3）test_api()：自定义测试用例，主要实现视图函数indexApi的测试。首先使用Client实例化生成HTTP请求对象，再由HTTP请求对象向路由indexApi发送GET请求，并使用内置方法assertIsInstance判断响应内容是否为字典格式。

（4）test_html()：自定义测试用例，主要实现视图函数index的测试。首先由HTTP请求对象向路由index发送GET请求，从响应内容中获取模板上下文person的属性name，使用内置方法assertEqual判断name的值是否为May，使用内置方法assertTemplateUsed判断响应内容是否由模板文件index.html生成。

测试类UserTest主要测试内置模型User的功能逻辑，它一共定义了3个类方法，每个类方法的说明如下：

（1）setUpTestData()：重写父类TestCase的方法，该方法与测试类PersonInfoTest的setUp()的功能一致。

（2）test_user()：自定义测试用例，在模型User中查询test的用户信息，使用内置方法assertEquals和assertTrue分别验证用户的邮箱和密码是否与预测结果一致。

（3）test_login()：自定义测试用例，首先使用Client实例化生成HTTP请求对象，再调用内置方法login实现用户登录，最后由assertTrue验证用户登录是否成功。

由测试类PersonInfoTest和UserTest的定义过程可知，我们通过重写内置方法setUp()或setUpTestData()来为测试用例提供数据支持。测试用例将业务逻辑执行实体化操作，即通过输入具体的数据得出运行结果，然后将运行结果与预测结果进行对比，从而验证网站功能是否符合开发需求。

运行结果与预测结果的对比是由测试类TestCase定义的方法实现的，分析TestCase的继承关系可知，TestCase及其父类SimpleTestCase定义了多种对比方法，分别说明如下：

- assertRedirects()：由SimpleTestCase定义，用于判断当前网页内容是否由重定向方式生成。比如路由index重定向路由user，因此路由user的网页内容是由路由index重定向生成的。参数response为网页内容，即路由user的网页内容；参数expected_url是重定向路由地址，即路由index。
- assertURLEqual()：由SimpleTestCase定义，用于判断两条路由地址是否相同，参数url1和url2代表两条不同的路由地址。
- assertContains()：由SimpleTestCase定义，用于判断网页内容是否存在某些数据信息，若存在，则返回True，否则返回False。参数response为网页内容；参数text为数据信息；参数count代表数据信息出现的次数，默认值为None，代表数据至少出现一次。
- assertNotContains()：由SimpleTestCase定义，与assertContains()的判断结果相反，若不存在，则返回True，否则返回False，该函数不存在参数count。
- assertFormError()：由SimpleTestCase定义，用于判断网页表单是否存在异常信息。参数response为网页内容；参数form为表单对象；参数field为表单字段；参数errors为表单的错误信息。
- assertFormError()：由SimpleTestCase定义，用于判断多个网页表单（表单集）是否存在异常信息。参数response为网页内容；参数formset代表多个表单的集合对象；参数form_index代表表单集合的索引；参数field为表单字段；参数errors为表单的错误信息。
- assertTemplateUsed()：由SimpleTestCase定义，用于判断当前网页是否使用某个模板文件生成。参数response为网页内容；参数template_name为模板文件的名称。
- assertTemplateNotUsed()：由SimpleTestCase定义，与assertTemplateUsed()的判断结果相反。
- assertHTMLEqual()：由SimpleTestCase定义，用于判断两个网页内容是否相同。参数html1和html1代表两个不同的网页内容。
- assertHTMLNotEqual()：由SimpleTestCase定义，与assertHTMLEqual()的判断结果相反。
- assertInHTML()：由SimpleTestCase定义，用于判断网页内容中是否存在某个HTML元素。参数needle代表HTML控件元素；参数haystack代表网页内容；参数count代表参数needle出现的次数，默认值为None，表示至少出现一次。

- assertJSONEqual()：由SimpleTestCase定义，用于判断两份JSON格式的数据是否相同。参数raw和expected_data代表两份不同的JSON数据。
- assertJSONNotEqual()：由SimpleTestCase定义，与assertJSONNotEqual()的判断结果相反。
- assertXMLEqual()：由SimpleTestCase定义，用于判断两份XML格式的数据是否相同。参数xml1和xml2代表两份不同的的XML数据。
- assertXMLNotEqual()：由SimpleTestCase定义，与assertXMLEqual()的判断结果相反。
- assertFalse()：由unittest.TestCase定义，用于判断对象的真假性是否为False。参数expr为数据对象。
- assertTrue()：由unittest.TestCase定义，用于判断对象的真假性是否为True。参数expr为数据对象。
- assertEqual()：由unittest.TestCase定义，用于判断两个对象是否相同。参数first和second为两个不同的对象，对象类型可为元组、列表、字典等。
- assertNotEqual()：由unittest.TestCase定义，与assertEqual()的判断结果相反。
- assertAlmostEqual()：由unittest.TestCase定义，用于判断两个浮点类型的数值在特定的差异范围内是否相等。参数first和second为两个不同的浮点数；参数places为小数点位数；参数delta为两个数值之间的差异值。
- assertNotAlmostEqual()：由unittest.TestCase定义，与assertAlmostEqual()的判断结果相反。
- assertSequenceEqual()：由unittest.TestCase定义，用于判断两个列表或元组是否相等。参数seq1和seq2为两个不同的列表或元组。
- assertListEqual()：由unittest.TestCase定义，用于判断两个列表是否相等。参数list1和list2为两个不同的的列表。
- assertTupleEqual()：由unittest.TestCase定义，用于判断两个元组是否相等。参数tuple1和tuple2为两个不同的元组。
- assertSetEqual()：由unittest.TestCase定义，用于判断两个集合是否相等。参数set1和set1为两个不同的集合。
- assertIn()：由unittest.TestCase定义，用于判断某个数据是否在某个对象里（Python的IN语法）。参数member为某个数据；参数container为某个对象。
- assertNotIn()：由unittest.TestCase定义，与assertIn()的判断结果相反。
- assertIs()：由unittest.TestCase定义，用于判断两个数据是否来自同一个对象（Python的IS语法）。参数expr1和expr2为两个不同的数据。
- assertIsNot()：由unittest.TestCase定义，与assertIs()的判断结果相反。
- assertDictEqual()：由unittest.TestCase定义，用于判断两个字典的数据是否相同。参数d1和d2代表两个不同的字典对象。
- assertDictContainsSubset()：由unittest.TestCase定义，用于判断某个字典是否为另一个字典的子集。参数dictionary代表某个字典；参数subset代表某个字典的子集。
- assertCountEqual()：由unittest.TestCase定义，用于判断两个序列的元素出现的次数是否相同。参数first和second为两个不同的序列。

- assertMultiLineEqual()：由unittest.TestCase定义，用于判断两个多行字符串是否相同。参数first和second为两个不同的多行字符串。
- assertLess()：由unittest.TestCase定义，参数a和b代表两个不同的对象，判断a是否小于b，如果a≥b，就会引发failureException异常。
- assertLessEqual()：由unittest.TestCase定义，与assertLess()类似，判断a是否小于或等于b。
- assertGreater()：由unittest.TestCase定义，参数a和b代表两个不同的对象，判断a是否大于b，如果a≤b，就会引发failureException异常。
- assertGreaterEqual()：由unittest.TestCase定义，与assertGreater()类似，判断a是否大于或等于b。
- assertIsNone()：由unittest.TestCase定义，用于判断某个对象是否为None。
- assertIsNotNone()：由unittest.TestCase定义，与assertIsNone()的判断结果相反。
- assertIsInstance()：由unittest.TestCase定义，用于判断某个对象是否为某个对象类型。参数obj代表某个对象；参数cls代表某个对象类型。
- assertNotIsInstance()：由unittest.TestCase定义，与assertIsInstance()的判断结果相反。

上述例子只简单测试了视图的业务逻辑和模型的数据操作，Django的单元测试还提供了很多测试方法，本书不再详细讲述，有兴趣的读者可以自行查阅官方文档。

11.7.2 运行测试用例

我们在11.7.1节里已完成模型PersonInfo、模型User，以及视图函数index和indexApi的单元测试开发，下一步执行测试类PersonInfoTest和UserTest的测试用例，检验网站功能是否符合开发需求。

Django的测试类是由内置test指令执行的，test指令设有多种方式，比如执行整个项目的测试类、某个项目应用的所有测试类、某个项目应用的某个测试类。在PyCharm的Terminal中输入test指令，执行整个项目的测试类，测试结果如下：

```
D:\MyDjango>python manage.py test
Creating test database for alias 'default'...
System check identified no issues (0 silenced).
...F
======================================================
FAIL: test_user (index.tests.UserTest)
------------------------------------------------------
Traceback (most recent call last):
  File "D:\MyDjango\index\tests.py", line 52, in test_user
self.assertEquals(r.email, '123@456.com')
AssertionError: '1@1.com' != '123@456.com'
- 1@1.com
+ 123@456.com
------------------------------------------------------
Ran 5 tests in 0.464s
FAILED (failures=1)
Destroying test database for alias 'default'...
```

由test指令的运行结果可知，整个运行过程分为4个步骤，每个步骤的说明如下：

（1）“Creating test database for alias 'default'”用于创建虚拟数据库，为测试用例提供数据支持。

（2）执行测试类的测试用例，如果某个测试类的测试用例执行失败，Django就会对失败原因进行跟踪说明。例如上述代码中的“AssertionError: '1@1.com' != '123@456.com'”，表示测试类UserTest的测试用例test_user的运行结果与预测结果不相符。

（3）测试用例执行完成后，Django将对执行情况进行汇总。例如“Ran 5 tests in 0.464s”，代表5个测试用例运行消耗0.464秒；“FAILED (failures=1)”，代表测试用例运行失败1次。

（4）执行“Destroying test database for alias 'default'”，销毁虚拟数据库，释放计算机的内存资源。

如果想要执行某个测试类或者某个测试类的测试用例，那么可以在PyCharm的Terminal中输入带参数的test指令，具体如下：

```
# 执行项目应用index的所有测试类
python manage.py test index
# 执行项目应用index的tests.py定义的测试类
# 由于测试类没有硬性规定在tests.py中定义
# 因此Django允许在其他.py文件中定义测试类
python manage.py test index.tests
# 执行项目应用index的测试类PersonInfoTest
python manage.py test index.tests.PersonInfoTest
# 执行项目应用index的测试类PersonInfoTest的测试用例test_api
python manage.py test index.tests.PersonInfoTest.test_api
# 使用正则表达式查找整个项目带有tests开头的.py文件
# 运行整个项目带有tests开头的.py文件所定义的测试类
python manage.py test --pattern="tests*.py"
```

11.8　自定义中间件

我们在2.5节已讲述过中间件的概念和运行原理。中间件是一个处理请求和响应的钩子框架，它是一个轻量的、低级别的插件系统，用于在全局范围内改变Django的输入和输出。

开发中间件不仅能满足复杂的开发需求，还能减少视图函数或视图类的代码量，比如编写Cookie内容实现反爬虫机制、微信公众号开发商城等。因此，本节将深入介绍中间件的定义过程，并通过开发中间件来实现Cookie的反爬虫机制。

11.8.1　中间件的定义过程

中间件在settings.py的配置属性MIDDLEWARE中进行设置。在创建项目时，Django已默认配置了7个中间件，每个中间件的说明如下：

- SecurityMiddleware：内置的安全机制，用于保护用户与网站的通信安全。

- SessionMiddleware：会话功能。
- CommonMiddleware：处理请求信息，规范化请求内容。
- CsrfViewMiddleware：开启CSRF防护功能。
- AuthenticationMiddleware：开启内置的用户认证系统。
- MessageMiddleware：开启内置的信息提示功能。
- XFrameOptionsMiddleware：防止恶意程序点击劫持。

为了深入讲解中间件的定义过程，我们在PyCharm里打开并查看某个中间件的源码文件，分析中间件的定义过程，以中间件SessionMiddleware为例，其源码文件如图11-37所示。

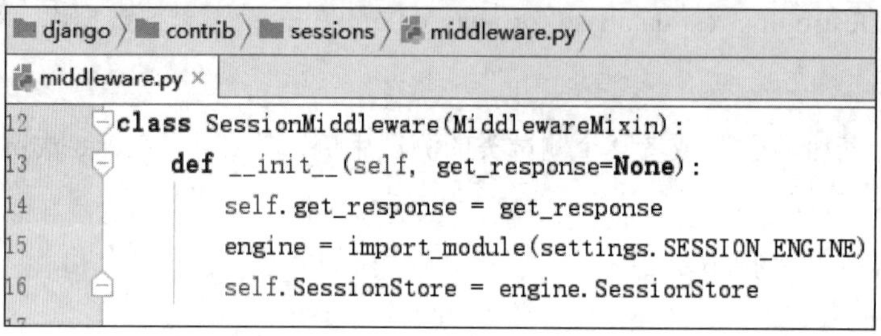

```
django 〉 contrib 〉 sessions 〉 middleware.py 〉
middleware.py ×
12  class SessionMiddleware(MiddlewareMixin):
13      def __init__(self, get_response=None):
14          self.get_response = get_response
15          engine = import_module(settings.SESSION_ENGINE)
16          self.SessionStore = engine.SessionStore
```

图 11-37　SessionMiddleware 的源码文件

中间件SessionMiddleware继承自父类MiddlewareMixin，父类MiddlewareMixin只定义了函数__init__和__call__，而中间件SessionMiddleware除了重写父类的__init__之外，还定义了钩子函数process_request和process_response。

一个完整的中间件设有5个钩子函数，Django将用户请求到网站响应的过程进行阶段划分，每个阶段对应执行某个钩子函数，每个钩子函数的运行说明如下：

- __init__()：初始化函数，运行Django时将自动执行该函数。
- process_request()：完成请求对象的创建，但用户访问的网址尚未与网站的路由地址匹配。
- process_view()：完成用户访问的网址与路由地址的匹配，但尚未执行视图函数。
- process_exception()：在执行视图函数期间发生异常，比如代码异常、主动抛出404异常等。
- process_response()：完成视图函数的执行，但尚未将响应内容返回浏览器。

每个钩子函数都有固定的执行顺序，下面将通过简单的例子来说明钩子函数的执行过程。以MyDjango项目为例，在MyDjango文件夹中创建myMiddleware.py文件，该文件用于定义中间件。在定义中间件之前，首先实现网站功能，分别在MyDjango的urls.py、index的urls.py、index的views.py和templates的index.html中编写以下代码：

```
# MyDjango的urls.py
from django.urls import path, include
urlpatterns = [
    path('',include(('index.urls','index'),namespace='index')),
]

# index的urls.py
from django.urls import path
```

```
from .views import *
urlpatterns = [
    path('', index, name='index'),
]

# index的views.py
from django.shortcuts import render
from django.shortcuts import Http404
def index(request):
    if request.GET.get('id', ''):
        raise Http404
    return render(request, 'index.html', locals())

# templates的index.html
<!DOCTYPE html>
<html lang="zh-hans">
<head>
    <title>首页</title>
</head>
<body>
    <div>Hello Django</div>
</body>
</html>
```

视图函数index设置了主动抛出404异常，这是为了验证钩子函数process_exception。

下一步在MyDjango的myMiddleware.py中定义中间件MyMiddleware，代码如下：

```
# MyDjango的myMiddleware.py
from django.utils.deprecation import MiddlewareMixin
class MyMiddleware(MiddlewareMixin):
    def __init__(self, get_response=None):
        """运行Django时将自动执行"""
        self.get_response = get_response
        print('This is __init__')

    def process_request(self, request):
        """生成请求对象之后，路由匹配之前"""
        print('This is process_request')

    def process_view(self,request,func,args,kwargs):
        """路由匹配之后，视图函数调用之前"""
        print('This is process_view')

    def process_exception(self, request, exception):
        """视图函数发生异常时"""
        print('This is process_exception')

    def process_response(self, request, response):
        """视图函数执行之后，响应内容返回浏览器之前"""
        print('This is process_response')
        return response
```

运行MyDjango，项目将自动运行中间件MyMiddleware的初始化函数__init__，初始化函数必须设置参数get_response，还需要将参数get_response设为类属性self.get_response，否则在访问网站时将提示AttributeError异常，如图11-38所示。

```
    response = get_response(request)
  File "D:\Python\lib\site-packages\django\utils\deprecation.py", lin
    response = response or self.get_response(request)
AttributeError: 'MyMiddleware' object has no attribute 'get_response'
```

图 11-38 AttributeError 异常

当用户在浏览器上访问某个网址时，Django会为当前用户创建请求对象，请求对象创建成功后，程序将执行钩子函数process_request，通过重写该函数可以获取并判断用户的请求是否合法。函数参数request代表用户的请求对象，它与视图函数的参数request相同。

钩子函数process_request执行完成后，Django将用户访问的网址与路由信息进行匹配，在调用视图函数或视图类之前，程序将执行钩子函数process_view。函数参数request代表用户的请求对象；参数func代表视图函数或视图类的名称；参数args和kwargs是路由信息传递给视图函数或视图类的变量对象。

钩子函数process_view执行完成后，Django将执行视图函数或视图类。如果在执行视图函数或视图类的过程中出现异常报错，程序就会执行钩子函数process_exception。函数参数request代表用户的请求对象；参数exception代表异常信息。

视图函数或视图类执行完成后，Django将执行钩子函数process_response，该函数可以对视图函数或视图类的响应内容进行处理。当钩子函数process_response执行完成后，程序才把响应内容返回给浏览器生成网页信息。

最后，我们在MyDjango的settings.py中添加自定义中间件MyMiddleware，配置信息如下：

```
MIDDLEWARE = [
    'django.middleware.security.SecurityMiddleware',
    'django.contrib.sessions.middleware.SessionMiddleware',
    'django.middleware.common.CommonMiddleware',
    'django.middleware.csrf.CsrfViewMiddleware',
    'django.contrib.auth.middleware.AuthenticationMiddleware',
    'django.contrib.messages.middleware.MessageMiddleware',
    'django.middleware.clickjacking.XFrameOptionsMiddleware',
    'MyDjango.myMiddleware.MyMiddleware'
]
```

在PyCharm中运行MyDjango，在浏览器上访问127.0.0.1:8000/?id=1，由于路由地址设有请求参数id，因此视图函数将主动抛出404异常，Django将触发process_exception函数，在PyCharm的Debug界面可以看到钩子函数的输出信息，如图11-39所示。

```
Starting development server at http://127.0.0.1:8000/
Quit the server with CTRL-BREAK.
This is __init__
This is process_request
This is process_view
This is process_exception
This is process_response
```

图 11-39 钩子函数的输出信息

11.8.2　中间件实现Cookie反爬虫

我们在4.2.3节实现了简单的反爬虫机制，它是在视图函数的基础上加以实现的，本节将在中间件里实现Cookie反爬虫机制。以11.8.1节的MyDjango为例，首先在index的urls.py中定义路由index和myCookie，代码如下：

```
# index的urls.py
from django.urls import path
from .views import *
urlpatterns = [
    path('', index, name='index'),
    path('myCookie', myCookie, name='myCookie')
]
```

路由index为用户创建Cookie；路由myCookie必须验证完用户的Cookie后才能访问，否则抛出404异常。

然后在index的views.py中定义视图函数index和myCookie，代码如下：

```
# index的views.py
from django.shortcuts import render
from django.http import HttpResponse
from django.shortcuts import Http404
def index(request):
    if request.GET.get('id', ''):
        raise Http404
    return render(request, 'index.html')

def myCookie(request):
    return HttpResponse('Done')
```

由于定义了路由myCookie，因此还需要在模板文件index.html中添加路由myCookie的路由地址，以便于我们从路由index的网页跳转并访问路由myCookie。模板文件index.html的代码如下：

```
# templates的index.html
<!DOCTYPE html>
<html lang="zh-hans">
<head>
    <title>首页</title>
</head>
<body>
    <div>Hello Django</div>
    <a href="{% url 'index:myCookie' %}">
        查看Cookie
    </a>
</body>
</html>
```

完成MyDjango的网页功能开发后，下一步在MyDjango的myMiddleware.py文件中自定义中间件MyMiddleware，由中间件MyMiddleware实现Cookie反爬虫机制，实现代码如下：

```
# MyDjango的myMiddleware.py
from django.utils.deprecation import MiddlewareMixin
from django.utils.timezone import now
from django.shortcuts import Http404
class MyMiddleware(MiddlewareMixin):
    def process_view(self, request, func, args, kwargs):
        if func.__name__ != 'index':
            salt = request.COOKIES.get('value', '')
            try:
                request.get_signed_cookie('MySign',salt=salt)
            except Exception as e:
                print(e)
                raise Http404('当前Cookie无效哦！')

    def process_response(self, request, response):
        salt = str(now())
        response.set_signed_cookie(
            'MySign',
            'sign',
            salt=salt,
            max_age=10
        )
        response.set_cookie('value', salt)
        return response
```

中间件MyMiddleware重写了钩子函数process_view和process_response，两个钩子函数实现的功能说明如下：

- process_view用于判断参数func的__name__属性是否为index，如果属性__name__的值不等于index，就说明当前请求不是由视图函数index处理的，从当前请求获取Cookie并进行解密处理。若解密成功，则说明当前请求是合法的请求，否则判为非法请求并提示404异常。
- process_response是在响应内容里添加Cookie信息，这为下一次请求提供了Cookie信息，确保每次请求的Cookie信息都是动态变化的，并将Cookie的生命周期设为10秒。

为了验证Cookie的变化过程，我们运行MyDjango，在浏览器中打开开发者工具并访问127.0.0.1:8000，然后在开发者工具的Network标签的All选项里找到127.0.0.1:8000的Cookie信息。首次访问路由index时，有了响应内容才会生成Cookie信息，如图11-40所示。

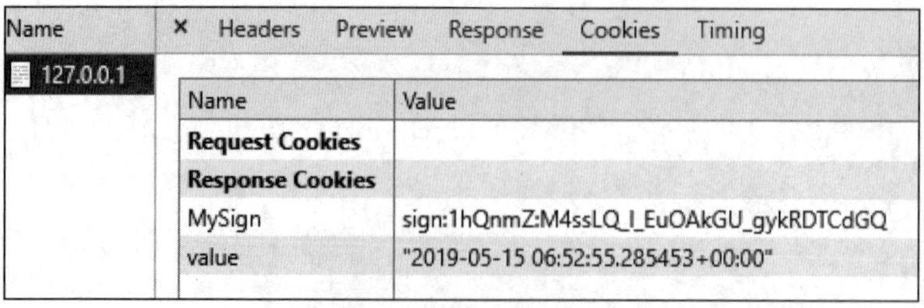

Name	Value
Request Cookies	
Response Cookies	
MySign	sign:1hQnmZ:M4ssLQ_I_EuOAkGU_gykRDTCdGQ
value	"2019-05-15 06:52:55.285453+00:00"

图 11-40　Cookie 信息

在网页上单击“查看Cookie”链接将访问路由myCookie，浏览器将路由index生成的Cookie作为路由myCookie的请求信息，并且路由myCookie的响应内容更新了Cookie信息，如图11-41所示。

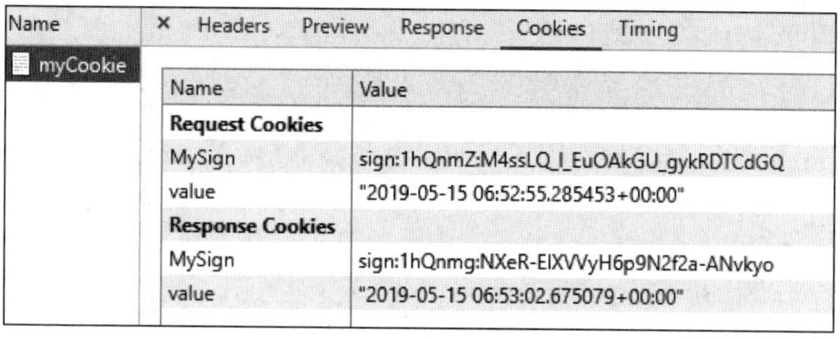
Name
myCookie
× Headers Preview Response Cookies Timing
Name
Value
Request Cookies
MySign
sign:1hQnmZ:M4ssLQ_l_EuOAkGU_gykRDTCdGQ
value
"2019-05-15 06:52:55.285453+00:00"
Response Cookies
MySign
sign:1hQnmg:NXeR-EIXVVyH6p9N2f2a-ANvkyo
value
"2019-05-15 06:53:02.675079+00:00"

图 11-41　Cookie 信息

如果在Cookie失效或没有Cookie的情况下访问路由myCookie，那么钩子函数process_view将无法获取当前请求的Cookie信息，导致Cookie解密失败，从而提示404异常。

11.9　异步编程

异步编程是使用协程、线程、进程或者消息队列等方式实现的。Django支持多线程、内置异步和消息队列实现方式，每一种实现方式的说明如下：

（1）多线程是在当前运行的 Django 服务中开启新的线程。

（2）内置异步是 Django 3 新增的内置功能，主要使用 Python 的内置模块 asyncio 和关键字 Async/Await 实现，异步功能主要在视图中实现，因此简称为异步视图。

（3）消息队列是使用 Celery 框架和消息队列中间件搭建的，它在 Django 的基础上独立运行，但必须在 Django 运行后才能启用，主要解决了应用耦合、异步消息、流量削峰等问题，实现了高性能、高可用、可伸缩和一致性的系统架构。

11.9.1　使用多线程

Django 的多线程编程主要应用在视图函数中。用户在浏览器中访问某个路由，其实质是向 Django 发送 HTTP 请求，Django 收到 HTTP 请求后，路由对应的视图函数执行业务处理。如果某些业务需要耗费时间去处理，可交给多线程执行，从而加快网站的响应速度，提升用户体验。

为了更好地区分单线程和多线程的差异，我们对同一个业务功能分别执行单线程和多线程处理。以MyDjango为例，在项目应用index的models.py中定义模型PersonInfo，并对模型执行数据迁移，在SQLite3数据库中创建相应的数据表，模型的定义过程如下：

```
# index的models.py
from django.db import models

class PersonInfo(models.Model):
    id = models.AutoField(primary_key=True)
    name = models.CharField(max_length=20)
    age = models.IntegerField()
```

模型的数据迁移执行完成后，在MyDjango文件夹的urls.py中定义路由的命名空间index，并指向项目应用index的urls.py；在index的urls.py中定义路由index和threadIndex，代码如下：

```
# MyDjango的urls.py
from django.urls import path, include

urlpatterns = [
    path('',include(('index.urls','index'),namespace='index')),
]

# index的urls.py
from django.urls import path
from .views import *

urlpatterns = [
    path('', indexView, name='index'),
    path('thread/', threadIndexView, name='threadIndex'),
]
```

路由index和threadIndex分别指向视图函数indexView()和threadIndexView()，两个视图函数都用于查询模型PersonInfo的数据，并把查询结果传递给模板文件index.html，再由模板文件生成网页。视图函数indexView()和threadIndexView()分别使用单线程和多线程查询模型PersonInfo的数据，实现代码如下：

```
from django.shortcuts import render
from .models import PersonInfo
from concurrent.futures import ThreadPoolExecutor
import datetime, time

def indexView(request):
    startTime = datetime.datetime.now()
    print(startTime)
    title = '单线程'
    results = []
    for i in range(2):
        person=PersonInfo.objects.filter(id=int(i+1)).first()
        time.sleep(3)
        results.append(person)
    endTime = datetime.datetime.now()
    print(endTime)
    print('单线程查询所花费时间', endTime-startTime)
    return render(request, 'index.html', locals())

# 定义多线程任务
def get_info(id):
    person=PersonInfo.objects.filter(id=int(id)).first()
    time.sleep(3)
    return person

def threadIndexView(request):
    # 计算运行时间
    startTime = datetime.datetime.now()
    print(startTime)
    title = '多线程'
    Thread = ThreadPoolExecutor(max_workers=2)
    results = []
    fs = []
```

```
    # 执行多线程
    for i in range(2):
        t = Thread.submit(get_info, i + 1)
        fs.append(t)
    # 获取多线程的执行结果
    for t in fs:
        results.append(t.result())
    # 计算运行时间
    endTime = datetime.datetime.now()
    print(endTime)
    print('多线程查询所花费时间', endTime-startTime)
    return render(request, 'index.html', locals())
```

在上述代码中，视图函数的业务处理是查询模型PersonInfo中id=1和id=2的数据，每次查询的间隔时间为3秒，然后将所有查询结果写入列表results，再由模板文件解析列表results的数据。

视图函数 indexView()将模型 PersonInfo 的两次数据查询单线程执行，每次查询间隔为 3 秒，所以整个视图函数的处理时间约为 6 秒；视图函数 threadIndexView()将模型 PersonInfo 的两次数据查询分别交给两条线程执行，假设两条线程并发执行，数据查询后的等待时间同时发生，因此整个视图函数的处理时间约为 3 秒。

最后在模板文件index.html中编写模板语法，对视图函数传递的列表results进行解析，生成相应的网页信息。模板文件index.html的代码如下：

```
# templates的index.html
<!DOCTYPE html>
<html lang="zh-hans">
<head>
    <title>{{ title }}</title>
</head>
<body>
    {% for r in results %}
    <div>姓名：{{ r.name }}</div>
    <div>年龄：{{ r.age }}</div>
    {% endfor %}
</body>
</html>
```

为了测试功能是否正常运行，我们在模型PersonInfo对应的数据表中新增数据，如图11-42所示。

使用PyCharm运行MyDjango，在浏览器中分别访问路由index和threadIndex，两者返回相同的网页内容。查看PyCharm的Run窗口，对比路由index和threadIndex从请求到响应的时间，结果如图11-43所示。

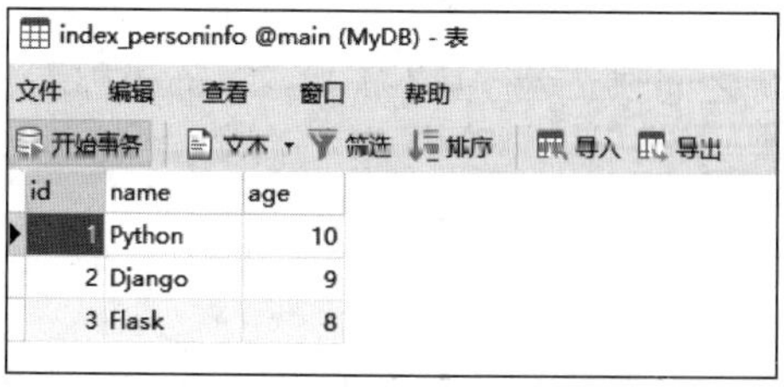

index_personinfo @main (MyDB) - 表
文件　编辑　查看　窗口　帮助
开始事务　文本　筛选　排序　导入　导出

id	name	age
1	Python	10
2	Django	9
3	Flask	8

图 11-42　新增数据

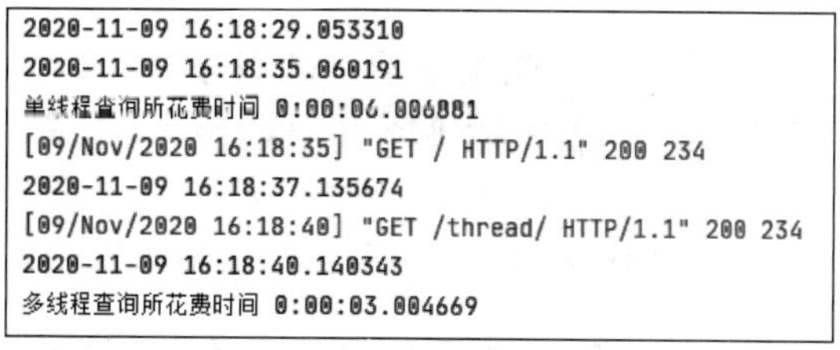

```
2020-11-09 16:18:29.053310
2020-11-09 16:18:35.060191
单线程查询所花费时间 0:00:06.006881
[09/Nov/2020 16:18:35] "GET / HTTP/1.1" 200 234
2020-11-09 16:18:37.135674
[09/Nov/2020 16:18:40] "GET /thread/ HTTP/1.1" 200 234
2020-11-09 16:18:40.140343
多线程查询所花费时间 0:00:03.004669
```

图 11-43　对比查询所花费的时间

11.9.2　启用ASGI服务

内置异步是 Django 3 新增的功能，它是在原有 Django 服务的基础上再创建一个 Django 服务，两者独立运行，互不干扰。

新的 Django 服务实质是开启一个 ASGI（Asynchronous Server Gateway Interface）服务，ASGI 是异步网关协议接口，一个介于网络协议服务和 Python 应用之间的标准接口，能够处理多种通用的协议类型，包括 HTTP、HTTP 2 和 WebSocket。

使用“python manage.py runserver”命令运行 Django 服务，它默认是在 WSGI（Web Server Gateway Interface）模式下运行。WSGI 是基于 HTTP 协议的模式，不支持 WebSocket 协议，而 ASGI 的诞生解决了 WSGI 不支持当前 Web 开发中一些新的协议标准（如 WebSocket 协议）的问题。

在 Django 3.0 及以上版本，Django 会在项目同名的文件夹中新建 asgi.py 文件。以 MyDjango 项目为例，其目录结构如图 11-44 所示，MyDjango 文件夹中有 asgi.py 和 wsgi.py 文件，使用 python manage.py runserver 开启 Django 服务器的时候，Django 自动执行 wsgi.py 的代码。

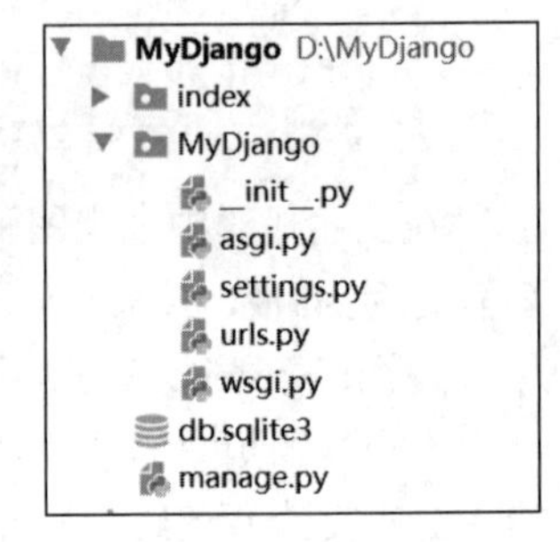

图 11-44　目录结构

如果要运行 Django 的 ASGI 服务，就需要依赖第三方模块。ASGI 服务可由 Daphne、Hypercorn 或 Uvicorn 启动。Daphne、Hypercorn 或 Uvicorn 作为 ASGI 的服务器，为 ASGI 服务提供高性能的运行环境。Daphne、Hypercorn 或 Uvicorn 均可使用 pip 指令安装。

下面以 Daphne 为例，讲述如何开启 ASGI 服务。首先在 PyCharm 中打开 MyDjango 项目，然后在 Terminal 窗口下输入“pip install daphne”安装 Daphne。

当 Daphne 安装成功后，在 Terminal 窗口输入 Daphne 指令开启 Django 的 ASGI 服务，Terminal 窗口的当前路径必须是项目的路径地址，如图 11-45 所示。

```
D:\MyDjango>daphne -b 127.0.0.1 -p 8001 MyDjango.asgi:application
2020-11-15 16:49:16,792 INFO     Starting server at tcp:port=8001:interfa
2020-11-15 16:49:16,801 INFO     HTTP/2 support enabled
2020-11-15 16:49:16,801 INFO     Configuring endpoint tcp:port=8001:inter
2020-11-15 16:49:16,802 INFO     Listening on TCP address 127.0.0.1:8001
```

图 11-45　开启 Django 的 ASGI 服务

在“daphne -b 127.0.0.1 -p 8001 MyDjango.asgi:application”的指令中，每个参数说明如下：

（1）-b 127.0.0.1是设置ASGI服务的IP地址。

（2）-p 8001是设置ASGI服务的端口。

（3）MyDjango.asgi:application是MyDjango文件夹的asgi.py定义的application对象。

总的来说，ASGI服务是WSGI服务的扩展，两个服务之间独立运行互不干扰，Django中定义的所有路由都可以在WSGI服务和ASGI服务中访问。

11.9.3　异步视图

从Django 3.0版本开始，Django允许使用Python的内置模块asyncio和关键字Async/Await实现异步功能。

以MyDjango项目为例，项目使用SQLite3数据库存储数据，并设有项目应用index，在index的models.py中定义模型TaskInfo，模型TaskInfo用于在异步执行过程中实现数据库操作，模型TaskInfo的定义如下：

```
# index的models.py
from django.db import models

class TaskInfo(models.Model):
    id = models.AutoField(primary_key=True)
    task = models.CharField(max_length=50)
```

完成模型定义后，使用Django内置指令执行数据迁移，在SQLite3数据库中创建数据表，然后在MyDjango文件夹的urls.py中定义路由命名空间index，指向项目应用index的urls.py，并在项目应用index的urls.py中分别定义路由syn和asyn，代码如下：

```
# MyDjango的urls.py
from django.contrib import admin
from django.urls import path, include

urlpatterns = [
    path('admin/', admin.site.urls),
    path('',include(('index.urls','index'),namespace='index')),
]

# index的urls.py
from django.urls import path
from .views import synView, asynView

urlpatterns = [
    path('syn', synView, name='syn'),
    path('asyn', asynView, name='asyn'),
]
```

路由syn和asyn分别对应视图函数synView()和asynView()，视图函数synView()用于执行同步任务，视图函数asynView()用于执行异步任务。在本项目中，视图函数synView()和asynView()要实现相同的业务逻辑，以便对比两者在运行上的差异。

接下来在项目应用index中创建文件tasks.py，在文件中定义函数asyns()和syns()，代码如下：

```
# index的tasks.py
import time
import asyncio
from asgiref.sync import sync_to_async
from .models import TaskInfo

# 异步任务
async def asyns():
    start = time.time()
    for num in range(1, 6):
        await asyncio.sleep(1)
        print('异步任务:', num)
    await sync_to_async(TaskInfo.objects.create,
                        thread_sensitive=True)(task='异步任务')
    print('异步任务Done, time used:', time.time()-start)
```

```
# 同步任务
def syns():
    start = time.time()
    for num in range(1, 6):
        time.sleep(1)
        print('同步任务:', num)
    TaskInfo.objects.create(task='同步任务')
    print('同步任务Done, time used:', time.time()-start)
```

函数asyns()和syns()实现了相同功能，两者都循环遍历5次，每次遍历会延时1秒，循环遍历结束就对模型TaskInfo进行数据写入操作，整个执行过程会自动计算所消耗时间，从而对比两者的执行效率。

在tasks.py中定义的asyns()和syns()分别由视图函数asynView()和synView()调用，所以视图函数asynView()和synView()的定义过程如下：

```
# index的views.py
import asyncio
from django.http import HttpResponse
from .tasks import syns, asyns

# 同步视图 - 调用同步任务
def synView(request):
    syns()
    return HttpResponse("Hello, This is syns!")

# 异步视图 - 调用异步任务
async def asynView(request):
    loop = asyncio.get_event_loop()
    loop.create_task(asyns())
    return HttpResponse("Hello, This is asyns!")
```

在PyCharm的Run窗口启动Django的WSGI服务，在Terminal窗口启动Django的ASGI服务，当服务启动成功后，在浏览器上分别访问127.0.0.1:8000/syn和127.0.0.1:8001/asyn，从PyCharm的Run窗口和Terminal窗口中查看请求信息，结果如图11-46所示。

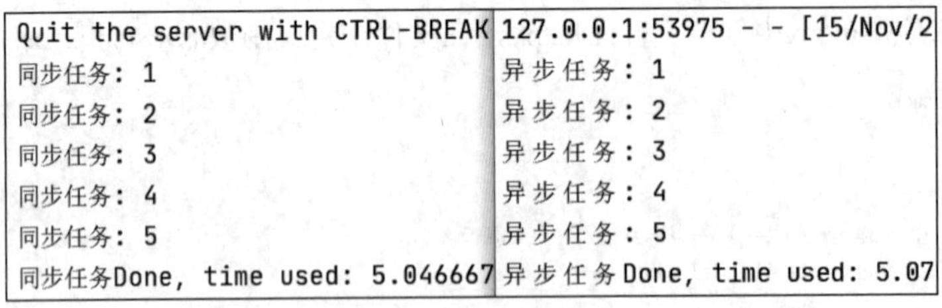

Quit the server with CTRL-BREAK	127.0.0.1:53975 - - [15/Nov/2
同步任务: 1	异步任务: 1
同步任务: 2	异步任务: 2
同步任务: 3	异步任务: 3
同步任务: 4	异步任务: 4
同步任务: 5	异步任务: 5
同步任务Done, time used: 5.046667	异步任务Done, time used: 5.07

图 11-46　请求信息

路由syn和asyn从请求到响应所消耗时间几乎相同，但从用户体验角度进行分析，两者的差异如下：

（1）路由 syn 从请求到响应过程需要花费 5 秒时间，用户需要等待 5 秒才能看到网页内容，因为延时功能与当前请求同步执行，两者是在同一个线程中依次执行，所以需要花费 5 秒才能完成整个请求到响应的过程。

（2）路由 asyn 从请求到响应无须等待就能看到网页内容，它将延时功能交由异步处理，当前请求与延时功能在不同的线程中执行，使得当前请求减少了不必要的堵塞，提高了系统的响应速度。

11.9.4　异步与同步的转换

在11.9.3节中，视图函数synView()调用的是syns()，视图函数asynView()调用的是asyns()，如果将两个视图函数调用的函数进行互换，即让视图函数synView()调用asyns()，Django就会提示RuntimeError异常，如图11-47所示。

```
    response = get_response(request)
  File "E:\Python\lib\site-packages\django\core\h
    response = wrapped_callback(request, *callbac
  File "D:\MyDjango\index\views.py", line 19, in
    loop = asyncio.get_event_loop()
  File "E:\Python\lib\asyncio\events.py", line 63
    raise RuntimeError('There is no current event
RuntimeError: There is no current event loop in t
```

图 11-47　RuntimeError 异常

在Django中，同步视图只能调用同步任务，异步视图只能调用异步任务，如果同步视图调用异步任务或异步视图调用同步任务，程序就会提示RuntimeError异常。在某些特殊情况下，我们需要在同步视图中调用已定义的异步任务，或者同步任务和异步任务实现了同一个功能，为了减少代码冗余，将同步任务和异步任务定义在同一个函数中。

为了使同步视图和异步视图能够调用同一个函数，可以使用 asgiref 模块将函数转换为同步任务或异步任务，再由同步视图或异步视图进行调用。如果读者细心观察，就能够发现 tasks.py 的 asyns()在对模型 TaskInfo 执行数据新增的时候，已调用了 asgiref 模块的 sync_to_async()将 ORM 的数据操作转换为异步实现。

下面演示如何使用asgiref模块的async_to_sync()或sync_to_async()转换同步任务或异步任务。比如同步视图synView()调用异步任务asyns()，异步视图asynView()调用同步任务syns()，实现代码如下：

```
# index的views.py
import asyncio
from django.http import HttpResponse
from .tasks import syns, asyns
from asgiref.sync import async_to_sync, sync_to_async
# 同步视图 - 调用异步任务
def synView(request):
    # 异步任务转换为同步任务
    w = async_to_sync(asyns)
    # 调用函数
    w()
    return HttpResponse("Hello, This is syns!")
# 异步视图 - 调用同步任务
async def asynView(request):
    # 同步任务转换为异步任务
```

```
    a = sync_to_async(syns)
    # 调用函数
    loop = asyncio.get_event_loop()
    loop.create_task(a())
    return HttpResponse("Hello, This is asyns!")
```

最后在PyCharm的Run窗口启动Django的WSGI服务，在Terminal窗口启动Django的ASGI服务，当服务启动成功后，在浏览器上分别访问127.0.0.1:8000/syn和127.0.0.1:8001/asyn，从PyCharm的Run窗口和Terminal窗口中查看请求信息，结果如图11-48所示。

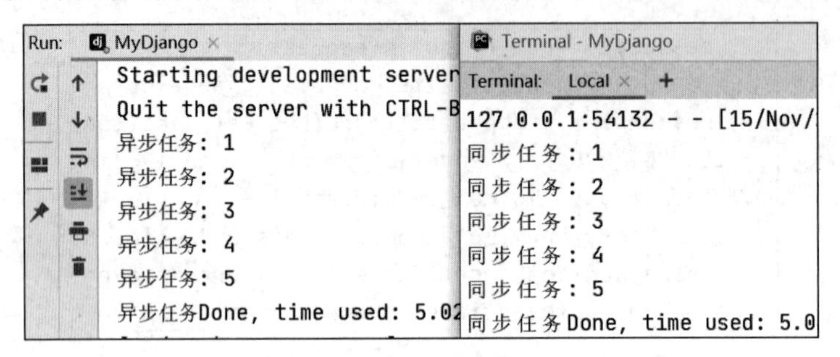

图11-48 请求信息

虽然asgiref模块的async_to_sync()或sync_to_async()可以将异步任务和同步任务进行转换，但访问路由syn和asyn的时候，它们都要等待5秒才能看到网页内容。也就是说，asgiref模块在将同步任务转换为异步任务时，并没有为同步任务添加异步特性，只是满足了异步视图的调用。

异步视图和同步视图的区别在于是否使用Python的内置模块asyncio和关键字Async/Await定义视图，它们与ASGI服务和WSGI服务没有太大关联，异步视图和同步视图都能在ASGI服务和WSGI服务中进行访问。

11.10 信号机制

信号机制是在执行Django的某些操作时触发的，例如在保存模型数据之前将触发内置信号pre_save、保存模型数据之后将触发内置信号post_save等。另外，为了满足实际的业务场景需求，Django允许开发者自定义信号。

11.10.1 内置信号

在Linux编程中也存在信号的概念，它主要用于进程之间的通信，通知进程发生的异步事件。而Django的信号用于在执行操作时达到解耦的目的。当某些操作发生时，系统会根据信号的回调函数执行相应的操作，这种模式称为观察者模式，或者发布-订阅（Publish/Subscribe）模式，Django的信号主要包含以下3个要素：

（1）发送者（sender）：信号的发出方。

（2）信号（signal）：发送的信号本身。

（3）接收者（receiver）：信号的接收者。

信号机制与中间件的功能原理较为相似，中间件主要作用在HTTP请求到响应的过程中，信号机制作用在框架的各个功能模块中。Django内置了许多信号机制，详细说明如下：

- pre_init：在模型执行初始化函数__init__()之前触发。
- post_init：在模型执行初始化函数__init__()之后触发。
- pre_save：在保存模型数据之前触发。
- post_save：在保存模型数据之后触发。
- pre_delete：在删除模型数据之前触发。
- post_delete：在删除模型数据之后触发。
- m2m_changed：在操作多对多关系表时触发。
- class_prepared：程序运行时，检测每个模型时触发。
- pre_migrate：在执行migrate命令之前触发。
- post_migrate：在执行migrate命令之后触发。
- request_started：在HTTP请求之前触发。
- request_finished：在HTTP请求之后触发。
- got_request_exception：在HTTP请求发生异常之后触发。
- setting_changed：在使用单元测试修改配置文件时触发。
- template_rendered：在使用单元测试渲染模板时触发。
- connection_created：在创建数据库连接时触发。

信号机制在许多开发场景中非常实用，常见的应用场景如下：

（1）当用户登录成功后，给该用户发送通知消息；在论坛或博客更新话题动态时，可以使用信号机制实现信息推送；当发布的动态有其他用户评论时，也可以使用信号机制来进行通知。

（2）如果网站设有缓存功能，当数据库的数据发生变化的时候，缓存数据也要随之变化。为了使数据保持一致，可由信号机制更新缓存数据。比如数据库的数据发生变化，即模型执行增、改、删操作，使用内置信号 post_save 更新缓存数据即可。

（3）订单状态对库存的影响。用户创建订单并完成支付时，商品的库存数量应减去订单中的购买数量；如果用户取消订单，那么商品的库存数量应加上订单中的购买数量。订单的创建和取消操作应在订单信息表中完成，当订单信息表的数据发生变化时，商品库存表的数据也要随之变化。通过使用内置信号 post_save 监听订单信息表，当数据发生变化时，Django 就会自动修改商品库存表中的数据。

若要使用Django的内置信号机制，只需将内置信号绑定到某个函数（即设置回调函数），并将它导入视图文件即可。

以MyDjango为例，首先在MyDjango文件夹中创建sg.py文件，该文件是为需要使用的内置信号设置回调函数，本示例使用内置信号request_started，其回调函数的设置方式如下：

```
# MyDjango的sg.py
from django.core.signals import request_started
# 编写方法1
# 设置内置信号request_started的回调函数signal_request
def signal_request(sender, **kwargs):
```

```
    print("request is coming")
    print(sender)
    print(kwargs)
# 将内置信号request_started与回调函数signal_request绑定
request_started.connect(signal_request)

# 编写方法2
from django.dispatch import receiver
# 使用内置函数receiver作为回调函数的装饰器
# 将内置信号request_started与回调函数signal_request_2绑定
@receiver(request_started)
# 设置内置信号request_started的回调函数signal_request
def signal_request_2(sender, **kwargs):
    print("request is coming too")
    print(sender)
    print(kwargs)
```

在上述代码中，使用了两种方法设置内置信号request_started的回调函数，详细说明如下：

- 第一种方法是由内置信号调用connect()方法，在connect()方法里面传入回调函数的函数名。
- 第二种方法是在回调函数中使用内置装饰器receiver，装饰器的参数为信号名称。

回调函数设有参数sender和kwargs，在Django源码中可以找到参数的详细说明，如图11-49所示。

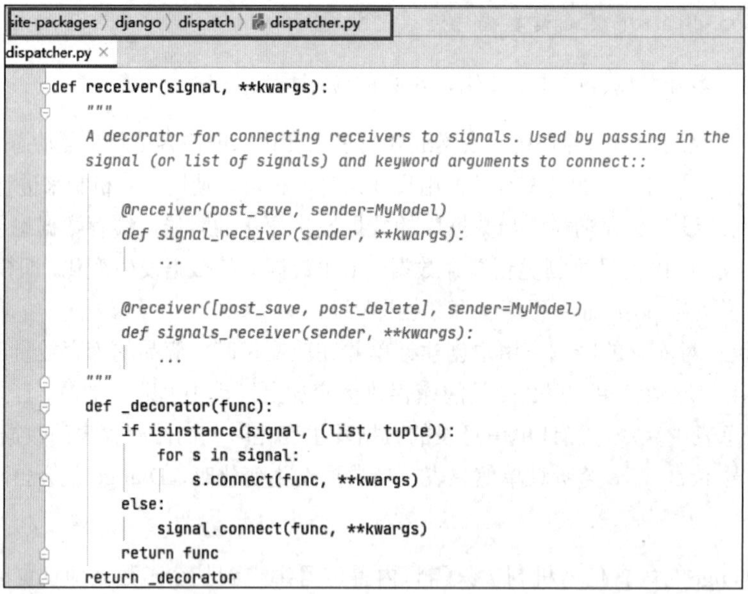

```
site-packages 〉 django 〉 dispatch 〉 dispatcher.py
dispatcher.py ×
def receiver(signal, **kwargs):
    """
    A decorator for connecting receivers to signals. Used by passing in the
    signal (or list of signals) and keyword arguments to connect::

        @receiver(post_save, sender=MyModel)
        def signal_receiver(sender, **kwargs):
            ...

        @receiver([post_save, post_delete], sender=MyModel)
        def signals_receiver(sender, **kwargs):
            ...
    """
    def _decorator(func):
        if isinstance(signal, (list, tuple)):
            for s in signal:
                s.connect(func, **kwargs)
        else:
            signal.connect(func, **kwargs)
        return func
    return _decorator
```

图 11-49 Django 源码

每个参数说明如下：

- 参数sender代表当前信号是由哪个对象触发的。
- 参数kwargs代表当前触发对象的属性与方法。

然后在MyDjango中定义路由index以及视图函数index()，用于检验信号机制的触发效果。在MyDjango的urls.py和index的urls.py、views.py中编写以下代码：

```
# MyDjango的urls.py
from django.urls import path, include
urlpatterns = [
    # 指向index的路由文件urls.py
    path('',include(('index.urls','index'),namespace='index')),
]

# index的urls.py
from django.urls import path
from .views import *

urlpatterns = [
    # 定义路由
    path('', index, name='index'),
]

# index的views.py
from django.http import HttpResponse
# 在视图中必须导入sg文件，否则信号机制不会生效
from MyDjango.sg import *

def index(request):
    print('This is view')
    return HttpResponse('请求成功')
```

由于Django的内置信号已为我们设定了触发机制，因此在执行某些程序的时候，信号机制就会自动触发，Django会自动调用并执行信号机制的回调函数。

在上述例子中，内置信号 request_started 设置了回调函数 signal_request()和 signal_request_2()，在 Django 接收 HTTP 请求之前，它将触发内置信号 request_started，执行回调函数 signal_request()和 signal_request_2()，只有回调函数执行完成后，HTTP 请求才会交给视图进行下一步处理。

运行 MyDjango，打开浏览器并访问 http://127.0.0.1:8000/，在 PyCharm 的 Run 窗口中查看当前请求信息，结果如图 11-50 所示。

```
request is coming
<class 'django.core.handlers.wsgi.WSGIHandler'>
{'signal': <django.dispatch.dispatcher.Signal object
request is coming too
<class 'django.core.handlers.wsgi.WSGIHandler'>
{'signal': <django.dispatch.dispatcher.Signal object
This is view
```

图 11-50　请求信息

11.10.2　自定义信号

当Django内置的信号机制无法满足开发需求的时候，我们可以通过自定义信号实现。在自定义信号之前，首先了解一下信号类的定义过程，在Python安装目录下打开Django源码文件Lib\site-packages\django\dispatch\dispatcher.py，如图11-51所示。

信号类Signal的初始化函数__init__()设置了参数providing_args和use_caching，每个参数的说明如下：

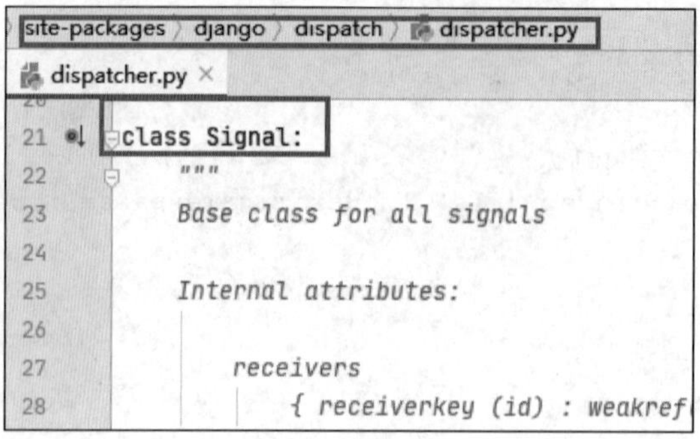

```
site-packages 〉 django 〉 dispatch 〉 dispatcher.py
dispatcher.py ×
21    class Signal:
22        """
23        Base class for all signals
24
25        Internal attributes:
26
27            receivers
28                { receiverkey (id) : weakref
```

图 11-51　源码文件 dispatcher.py

- 参数providing_args用于设置信号的回调函数的参数**kwargs。
- 参数use_caching用于设置是否使用缓存，默认值为False。

信号类Signal还定义了8个方法，每个方法在源码上已有英文注释，本书只列举常用方法connect()、disconnect()和send()，它们的详细说明如下：

- connect()将信号与回调函数进行绑定。
- disconnect()将信号与回调函数进行解绑。
- send()是触发信号，使信号执行回调函数。

在大致了解信号类Signal的定义过程后，我们尝试自定义信号。自定义信号是对信号类Signal执行实例化操作，通过实例化对象设置回调函数，从而完成自定义过程。

以MyDjango为例，为了更好地演示自定义信号的应用，在项目应用index的models.py中定义模型PersonInfo，定义过程如下：

```
# index的models.py
from django.db import models
class PersonInfo(models.Model):
    id = models.AutoField(primary_key=True)
    name = models.CharField(max_length=20)
    age = models.IntegerField()

    def __str__(self):
        return self.name
    class Meta:
        verbose_name = '人员信息'
```

模型PersonInfo定义成功后执行数据迁移，在SQLite3数据库中生成对应的数据表，然后在MyDjango文件夹中的sg.py文件中自定义信号my_signals和回调函数mySignal()，代码如下：

```
# MyDjango的sg.py
from index.models import PersonInfo
from django.dispatch import Signal

my_signals = Signal()
# 注册信号的回调函数
def mySignal(sender, **kwargs):
    print('sender is ', sender)
```

```
    print('kwargs is ', kwargs)
    print(PersonInfo.objects.all())
# 将自定义的信号my_signals与回调函数mySignal进行绑定
my_signals.connect(mySignal)
# 如果一个信号有多个回调函数，可以通过connect()和disconnect()进行切换
# my_signals.disconnect(mySignal)
```

在上述代码中，我们将信号类Signal实例化生成my_signals对象，再由my_signals对象调用方法connect()来绑定回调函数mySignal()，回调函数mySignal()分别输出参数sender、kwargs和模型PersonInfo的全部数据。

接下来在MyDjango的urls.py和index的urls.py、views.py中定义路由index和视图函数index()，代码如下：

```
# MyDjango的urls.py
from django.urls import path, include
urlpatterns = [
    # 指向index的路由文件urls.py
    path('', include(('index.urls', 'index'), namespace='index')),
]

# index的urls.py
from django.urls import path
from .views import *
urlpatterns = [
    # 定义路由
    path('', index, name='index'),
]

# index的views.py
from django.http import HttpResponse
from MyDjango.sg import my_signals
def index(request):
    # 使用自定义信号
    print('已连接信号')
    my_signals.send(sender='MySignals', name='xyh', age=18)
    return HttpResponse('请求成功')
```

在视图函数index()中导入sg.py的实例化对象my_signals，并由实例化对象my_signals调用send()方法来触发信号，使自定义信号执行回调函数mySignal()。

send()方法传入3个参数，分别为sender、name和age，参数sender作为回调函数的参数sender，参数name和age作为回调函数的参数**kwargs。

在PyChram中运行MyDjango，打开浏览器并访问http://127.0.0.1:8000/，查看PyChram的Run窗口，找到回调函数mySignal()的参数内容，结果如图11-52所示。

```
已连接信号
sender is  MySignals
kwargs is  {'signal': <django.dispatch.dispatcher.Signal object at
<QuerySet []>
Not Found: /favicon.ico
```

图 11-52　mySignal()的参数内容

11.10.3 订单的创建与取消

信号机制在实际开发中有广泛的应用场景，本节以订单的创建与取消为例，介绍如何使用信号机制实现订单状态与商品库存的动态变化。

业务场景描述如下：用户在商城中购买商品，在购买过程中系统会根据商品购买信息生成订单，如果用户成功创建订单，则说明当前交易正式生效，商品库存应根据订单的购买数量进行删减；如果用户取消订单，则发生了退货行为，商品重新进入商品库存中，商品库存应根据订单的退货数量进行增加。总的来说，只要创建或取消订单，商品的库存数量就应执行相应操作。

以MyDjango项目为例，在项目应用index的models.py中定义ProductInfo和OrderInfo，定义过程如下：

```
# index的models.py
from django.db import models

class ProductInfo(models.Model):
    id = models.AutoField(primary_key=True)
    name = models.CharField(max_length=20)
    number = models.IntegerField()

    def __str__(self):
        return self.name
    class Meta:
        verbose_name = '产品信息'
        verbose_name_plural = '产品信息'

STATE = (
    (0, '取消'),
    (1, '创建'),
)

class OrderInfo(models.Model):
    id = models.AutoField(primary_key=True)
    buyer = models.CharField(max_length=20)
    product_id = models.IntegerField()
    state = models.IntegerField(choices=STATE, default=1)

    def __str__(self):
        return self.buyer
    class Meta:
        verbose_name = '订单信息'
        verbose_name_plural = '订单信息'
```

模型OrderInfo的字段product_id设为整数类型，它与模型ProductInfo的主键ID相关联，模型字段product_id不设为ForeignKey类型是为了减少模型OrderInfo和ProductInfo的耦合；模型字段state代表订单的当前状态；参数choices设置字段的可选值，使字段值只能为0或1。

在定义模型OrderInfo和ProductInfo后执行数据迁移，在MyDjango的SQLite3数据库中生成相应的数据表，只要订单状态发生改变，商品库存也要相应变化，即模型OrderInfo的数据发生变化，模型ProductInfo也要随之变化，使用内置信号post_save即可满足开发需求。我们在sg.py中定义内置信号post_save的回调函数signal_orders()，定义过程如下：

```
# MyDjango的sg.py
from django.db.models.signals import post_save
from index.models import OrderInfo, ProductInfo

# 设置内置信号post_save的回调函数signal_post_save
def signal_orders(sender, **kwargs):
    print("pre_save is coming")
    # 输出sender的数据
    print(sender)
    # 输出kwargs的所有数据
    print(kwargs)
    # instance代表当前修改或新增的模型对象
    instance = kwargs.get('instance')
    # created判断当前操作是否在模型中新增数据，若新增数据则为True
    created = kwargs.get('created')
    # using代表当前使用的数据库
    # 如果连接了多个数据库，则显示当前修改或新增的数据表所在的数据库的名称
    using = kwargs.get('using')
    # update_fields控制需要更新的字段，默认为None
    update_fields = kwargs.get('update_fields')

    # 若订单状态等于0，说明订单已经取消，商品数量就加1
    if instance.state == 0:
        p = ProductInfo.objects.get(id=instance.product_id)
        p.number += 1
        p.save()
    # 若订单状态等于1，说明订单是新增，商品数量就减1
    elif instance.state == 1:
        p = ProductInfo.objects.get(id=instance.product_id)
        p.number -= 1
        p.save()
# 将内置信号post_save与回调函数signal_post_save进行绑定
post_save.connect(signal_orders, sender=OrderInfo)
```

回调函数signal_orders()从参数instance的state中获取当前订单状态并进行判断，如果订单状态等于0，说明订单已经取消，商品数量就加1；如果订单状态等于1，说明订单是新增，商品数量就减1。参数instance从函数参数kwargs中获取，参数sender和kwargs的说明如下：

（1）参数 sender 是模型 OrderInfo 的实例化对象，由 post_save.connect(signal_orders, sender=OrderInfo)的 sender=OrderInfo 设置。

（2）参数 kwargs 代表当前信号的模型对象，包括参数 instance、created、using 和 update_fields，各个参数在代码注释中已有说明，此处不再重复讲述。

接下来在MyDjango的urls.py和index的urls.py、views.py中定义路由create、cancel以及视图函数creatView()、cancelView()，代码如下：

```
# MyDjango的urls.py
from django.urls import path, include
urlpatterns = [
    # 指向index的路由文件urls.py
    path('',include(('index.urls','index'),namespace='index')),
```

```
]

# index的urls.py
from django.urls import path
from .views import *
urlpatterns = [
    # 定义路由
    path('create/', creatView, name='create'),
    path('cancel/', cancelView, name='cancel'),
]

# index的views.py
from django.http import HttpResponse
from MyDjango.sg import *

# 创建订单，触发post_save信号
def creatView(request):
    product_id = request.GET.get('product_id', '')
    buyer = request.GET.get('buyer', '')
    if product_id and buyer:
        o = OrderInfo(product_id=product_id, buyer=buyer)
        o.save()
        return HttpResponse('订单创建成功')
    return HttpResponse('参数无效')

# 如果调用update()修改数据，不会触发post_save信号
# 取消订单，触发post_save信号
def cancelView(request):
    id = request.GET.get('id', '')
    if id:
        o = OrderInfo.objects.get(id=int(id))
        # 判断订单状态
        if o.state == 1:
            o.state = 0
            o.save()
            return HttpResponse('订单取消成功')
        return HttpResponse('订单不符合取消条件')
    return HttpResponse('参数无效')
```

视图函数creatView()和cancelView()在操作模型OrderInfo时，不能调用ORM定义的create()和update()方法操作模型数据，否则无法触发内置信号post_save。

为了更好地验证内置信号post_save的触发过程，我们使用Navicat Premium 12工具连接MyDjango的SQLite3数据库文件，在数据表index_productinfo中输入商品信息，如图11-53所示。

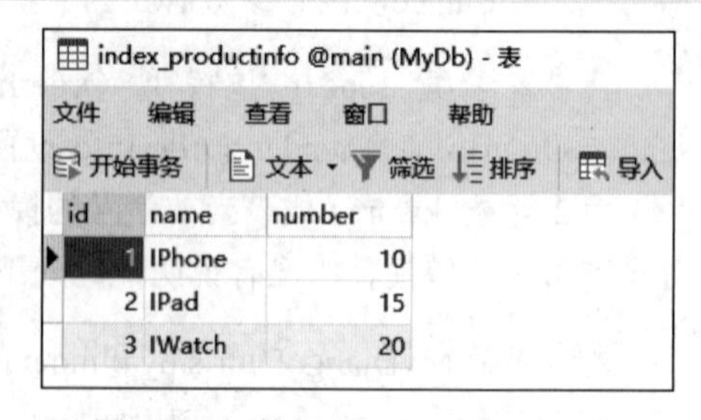

图 11-53 数据表 index_productinfo

运行 MyDjango，在浏览器上访问 http://127.0.0.1:8000/create/?buyer=Tom&product_id=1，程序根据请求参数创建订单信息，并触发内置信号 post_save 的回调函数 signal_orders()，分别查看数据表 index_productinfo 和 index_orderinfo，结果如图 11-54 所示。

在浏览器上访问http://127.0.0.1:8000/cancel/?id=1，请求参数id是数据表index_orderinfo的主键ID，

代表当前请求是取消id=1的订单，请求成功后再查看数据表index_productinfo和index_orderinfo，结果如图11-55所示。

图 11-54　数据表 index_productinfo 和 index_orderinfo

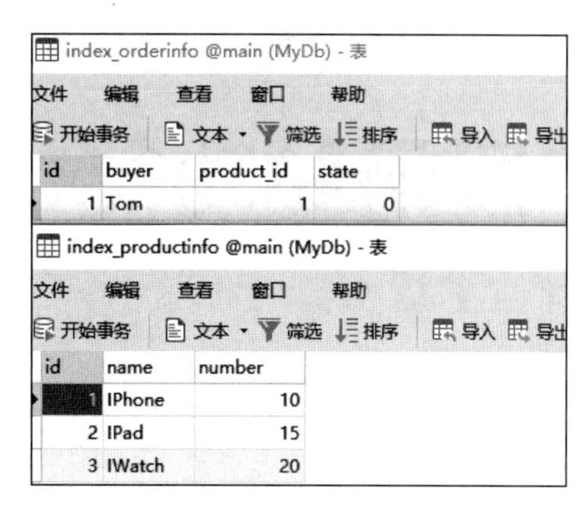

图 11-55　数据表 index_productinfo 和 index_orderinfo

11.11　本 章 小 结

本章介绍了在Web开发中经常用到的一些功能的实现，对于一个功能完善的网站，这些功能也很重要。读者应重点了解和掌握以下内容：

（1）掌握5种不同的缓存方式的含义及其使用场景。

（2）了解什么是CSRF防护机制及其实现原理。

（3）了解实现消息框架的几个中间件SessionMiddleware、MessageMiddleware和INSTALLED_APPS的django.contrib.messages与django.contrib.sessions的实现。

（4）了解消息框架源码文件api.py中定义的函数的使用方法。

（5）掌握Django分页功能的实现类Paginator和Page。

（6）掌握如何在网站中实现国际化和本地化。

（7）了解单元测试在网站开发中的应用。

（8）了解中间件的5个钩子函数的含义。

（9）了解Django内置的异步功能。

（10）了解Django的信号机制。信号机制是在执行Django的某些操作时触发的，例如在保存模型数据之前将触发内置信号pre_save、保存模型数据之后将触发内置信号post_save等。另外，为了满足实际的业务场景需求，Django允许开发者自定义信号。

第 12 章

扩展网站功能的第三方应用

因为Django具有很强的可扩展性，所以可以利用第三方应用来扩展其功能。通过本章的学习，读者可以在网站开发过程中快速实现API接口开发、验证码生成与使用、站内搜索引擎、第三方网站实现用户注册、异步任务和定时任务、即时通信等功能。本章我们介绍如何在自己的网站中实现这些功能。

12.1 Django Rest Framework 框架

API接口简称API，它与网站路由的实现原理相同。当用户使用GET或者POST方式访问API时，API将JSON或字符串格式的数据内容返回给用户。而网站的路由返回的是HTML网页信息，这与API返回的数据格式有所不同。

12.1.1 DRF的安装与配置

在开发网站的API时，可以通过视图函数中使用响应类JsonResponse来实现。该类将字典格式的数据作为响应内容返回。在使用响应类JsonResponse开发API时，需要根据用户请求信息构建字典格式的数据内容。数据构建的过程可能涉及模型的数据查询、数据分页处理等业务逻辑。然而，这种方式开发API很容易造成代码冗余，不利于功能的变更和维护。

为了简化API的开发过程，我们可以使用Django Rest Framework框架来实现。使用框架开发不仅能减少代码冗余，还可以规范代码的编写格式，这对企业级开发来说非常必要。毕竟，每个开发人员的编程风格都有所不同，规范化开发可以方便其他开发人员查看和修改代码。

在使用Django Rest Framework框架之前，首先需要安装Django Rest Framework框架。建议使用pip完成安装，安装指令如下：

```
pip install djangorestframework
```

框架安装成功后，下面通过简单的例子来讲述如何在Django中配置Django Rest Framework的功能。以MyDjango项目为例，在项目应用index中创建serializers.py文件，该文件用于定义Django Rest Framework的序列化类。然后，在MyDjango的settings.py中进行功能配置，功能配置如下：

```
# MyDjango的settings.py
INSTALLED_APPS = [
```

```
    'django.contrib.admin',
    'django.contrib.auth',
    'django.contrib.contenttypes',
    'django.contrib.sessions',
    'django.contrib.messages',
    'django.contrib.staticfiles',
    'index',
    # 添加Django Rest Framework框架
    'rest_framework'
]
# Django Rest Framework框架设置信息
# 分页设置
REST_FRAMEWORK = {'DEFAULT_PAGINATION_CLASS':
     'rest_framework.pagination.PageNumberPagination',
    # 每页显示多少条数据
    'PAGE_SIZE': 2
}
```

上述配置信息用于实现Django Rest Framework的功能配置，配置说明如下：

（1）在INSTALLED_APPS中添加API框架的功能配置，这样能使Django在运行过程中自动加载Django Rest Framework的功能。

（2）配置属性REST_FRAMEWORK以字典的形式表示，用于设置Django Rest Framework的分页功能。

完成settings.py的配置后，下一步定义项目的数据模型。在index的models.py中分别定义模型PersonInfo和Vocation，代码如下：

```
# index的models.py
from django.db import models
class PersonInfo(models.Model):
    id = models.AutoField(primary_key=True)
    name = models.CharField(max_length=20)
    age = models.IntegerField()
    hireDate = models.DateField()
    def __str__(self):
        return self.name
    class Meta:
        verbose_name = '人员信息'

class Vocation(models.Model):
    id = models.AutoField(primary_key=True)
    job = models.CharField(max_length=20)
    title = models.CharField(max_length=20)
    payment = models.IntegerField(null=True, blank=True)
    name = models.ForeignKey(PersonInfo,on_delete=models.Case)
    def __str__(self):
        return str(self.id)
    class Meta:
        verbose_name = '职业信息'
```

对定义好的模型执行数据迁移，在项目的db.sqlite3数据库文件中生成数据表，并在数据表index_personinfo和index_vocation中添加数据内容，如图12-1所示。

index_personinfo @main (MySQL

文件 编辑 查看 窗口 帮

开始事务 文本 筛选

id	name	age	hireDate
1	Lily	20	2018-09-18
2	Tim	18	2018-10-18
3	Tom	19	2018-10-01
4	Lucy	22	2018-05-01

index_vocation @main (MySQLite3) - 表

文件 编辑 查看 窗口 帮助

开始事务 文本 筛选 排序 导入

id	job	title	payment	name_id
1	软件工程师	Python开发	10000	2
2	测试工程师	软件测试	8000	4
3	行政管理	人事行政	5000	1
4	前端工程师	Vue开发	9000	3

图 12-1 数据表 index_personinfo 和 index_vocation

12.1.2 序列化类Serializer

项目环境搭建完成后，我们将使用Django Rest Framework快速开发API。首先在项目应用index的serializers.py中定义序列化类MySerializer，代码如下：

```
# index的serializers.py
from rest_framework import serializers
from .models import PersonInfo, Vocation
# 定义MySerializer类
# 设置模型Vocation的字段name的下拉内容
nameList = PersonInfo.objects.values('name').all()
NAME_CHOICES = [item['name'] for item in nameList]
class MySerializer(serializers.Serializer):
    id = serializers.IntegerField(read_only=True)
    job = serializers.CharField(max_length=100)
    title = serializers.CharField(max_length=100)
    payment = serializers.CharField(max_length=100)
    # name=serializers.ChoiceField(choices=NAME_CHOICES,default=1)
    # 模型Vocation的字段name是外键字段，它指向模型PersonInfo
    # 因此，外键字段可以使用PrimaryKeyRelatedField
    name = serializers.PrimaryKeyRelatedField(queryset=nameList)

    # 重写create函数，将API数据保存到数据表index_vocation中
    def create(self, validated_data):
        return Vocation.objects.create(**validated_data)

    # 重写update函数，将API数据更新到数据表index_vocation中
    def update(self, instance, validated_data):
        return instance.update(**validated_data)
```

自定义序列化类MySerializer继承自父类Serializer，父类Serializer是由Django Rest Framework定义的，它的定义过程与表单类Form十分相似。在PyCharm中打开父类Serializer的源码文件，就可以分析序列化类Serializer的定义过程，如图12-2所示。

由图12-2可知，Serializer继承自父类BaseSerializer，并使用了装饰器add_metaclass来设置元类SerializerMetaclass。下面我们以流程图的形式来说明Serializer的继承关系，如图12-3所示。

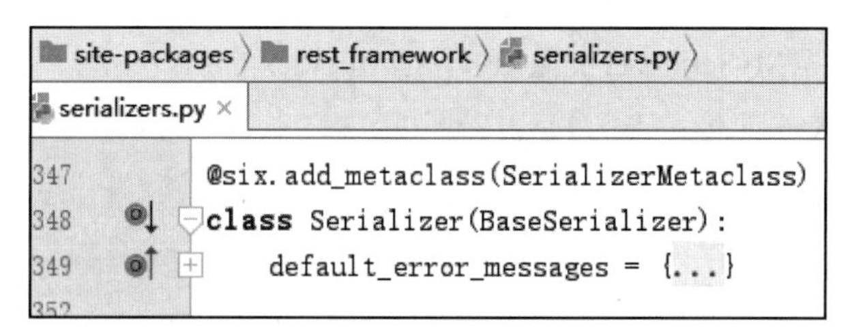

图 12-2　Serializer 的定义过程

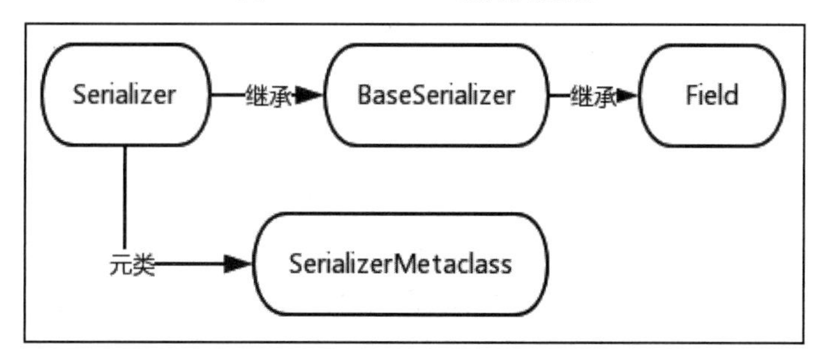

图 12-3　Serializer 的继承关系

自定义序列化类MySerializer的字段对应模型Vocation的字段。序列化字段的数据类型定义可以在Django Rest Framework的源码文件fields.py中找到，它们都继承自父类Field。序列化字段的数据类型与表单字段的数据类型相似，此处不再详细讲述。

在定义序列化字段时，每个序列化字段都允许设置参数信息，通过分析父类Field的初始化参数，我们可以了解这些参数适用于所有序列化字段的参数设置。这些参数的说明如下：

- read_only：设置序列化字段的只读属性。
- write_only：设置序列化字段的编辑属性。
- required：设置序列化字段的数据是否可以为空，默认值为True。
- default：设置序列化字段的默认值。
- initial：设置序列化字段的初始值。
- source：为序列化字段指定一个模型字段来源，如(email='user.email')。
- label：用于生成label标签的网页内容。
- help_text：设置序列化字段的帮助提示信息。
- style：以字典格式表示，控制模板引擎如何渲染序列化字段。
- error_messages：设置序列化字段的错误信息，以字典格式表示，包含null、blank、invalid、invalid_choice、unique等键值。
- validators：与表单类的validators相同，这是自定义数据验证规则，以列表格式表示，列表元素为数据验证的函数名。
- allow_null：设置序列化字段是否为None，若为True，则序列化字段的值允许为None。

自定义序列化类MySerializer还定义了关系字段name，重写了父类BaseSerializer的create和update函数。可以在源码文件relations.py中找到关系字段的定义过程，每个关系字段都有注释说明，本节不再重复讲述。

接下来使用序列化类MySerializer实现API开发，在index的urls.py中分别定义路由myDef和路由myClass，路由信息的代码如下：

```
# index的urls.py
from django.urls import path
from .views import *
urlpatterns = [
    # 视图函数
    path('', vocationDef, name='myDef'),
    # 视图类
    path('myClass/',vocationClass.as_view(),name='myClass'),
]
```

路由myDef对应视图函数vocationDef，它以视图函数的方式使用MySerializer实现模型Vocation的API接口；路由myClass对应视图类vocationClass，它以视图类的方式使用MySerializer实现模型Vocation的API接口。因此，视图函数vocationDef和视图类vocationClass的定义过程如下：

```
# index的views.py
from .models import PersonInfo, Vocation
from .serializers import MySerializer
from rest_framework.views import APIView
from rest_framework.response import Response
from rest_framework import status
from rest_framework.pagination import PageNumberPagination
from rest_framework.decorators import api_view
@api_view(['GET', 'POST'])
def vocationDef(request):
    if request.method == 'GET':
        q = Vocation.objects.all()
        # 分页查询，需要在settings.py中设置REST_FRAMEWORK属性
        pg = PageNumberPagination()
        p=pg.paginate_queryset(queryset=q, request=request)
        # 将分页后的数据传递给MySerializer，生成JSON数据对象
        serializer = MySerializer(instance=p, many=True)
        # 返回对象Response由Django Rest Framework实现
        return Response(serializer.data)
    elif request.method == 'POST':
        # 获取请求数据
        data = request.data
        id = data['name']
        data['name']=PersonInfo.objects.filter(id=id).first()
        instance = Vocation.objects.filter(id=data.get('id', 0))
        if instance:
            # 修改数据
            MySerializer().update(instance, data)
        else:
            # 创建数据
            MySerializer().create(data)
        return Response('Done', status=status.HTTP_201_CREATED)

class vocationClass(APIView):
```

```
    # GET请求
    def get(self, request):
        q = Vocation.objects.all()
        # 分页查询，需要在settings.py中设置REST_FRAMEWORK属性
        pg = PageNumberPagination()
        p=pg.paginate_queryset(queryset=q,request=request,view=self)
        # 将分页后的数据传递给MySerializer，生成JSON数据对象
        serializer = MySerializer(instance=p, many=True)
        # 返回对象Response由Django Rest Framework实现
        return Response(serializer.data)

    # POST请求
    def post(self, request):
        data = request.data
        id = data['name']
        data['name'] = PersonInfo.objects.filter(id=id).first()
        instance = Vocation.objects.filter(id=data.get('id', 0))
        if instance:
            # 修改数据
            MySerializer().update(instance, data)
        else:
            # 创建数据
            MySerializer().create(data)
        return Response('Done', status=status.HTTP_201_CREATED)
```

视图函数vocationDef和视图类vocationClass实现的功能是一致的。若使用视图函数开发API接口，则必须对视图函数使用装饰器api_view；若使用视图类，则必须继承父类APIView，这是Django Rest Framework明确规定的。上述的视图函数vocationDef和视图类vocationClass对GET请求和POST请求进行不同的处理。

当用户在浏览器上访问路由myDef或路由myClass时，视图函数vocationDef或视图类vocationClass将接收GET请求，该请求的处理过程说明如下：

（1）视图函数vocationDef或视图类vocationClass查询模型Vocation的所有数据，并将数据进行分页处理。

（2）分页功能由Django Rest Framework的PageNumberPagination实现，它是在Django内置分页功能的基础上进行封装的。分页属性设置在settings.py的REST_FRAMEWORK中。

（3）分页后的数据传递给序列化类MySerializer，转换成JSON数据，最后由Django Rest Framework框架的Response完成用户响应。

运行MyDjango，分别访问路由myDef和路由myClass，发现两者返回的网页内容是一致的。如果在路由地址中设置请求参数page，就可以获取某分页的数据信息，如图12-4所示。

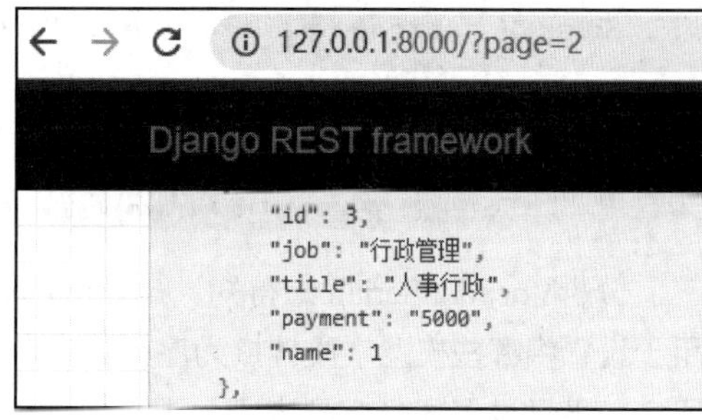

图 12-4　运行结果

用户向路由myDef或路由myClass发送POST请求时，视图函数vocationDef或视图类vocationClass的处理过程说明如下：

（1）视图函数vocationDef或视图类vocationClass获取请求参数，将请求参数id作为模型字段id的查询条件，在模型Vocation中进行数据查询。

（2）如果存在查询对象，就说明模型Vocation中存在相应的数据信息，当前的POST请求将被视为修改模型Vocation的已有数据。

（3）如果不存在查询对象，就把当前请求的数据信息添加在模型Vocation中。

在图12-4的网页正下方找到Content文本框，以模型Vocation的字段编写单个JSON数据，然后单击“POST”按钮即可实现数据的新增或修改，如图12-5所示。

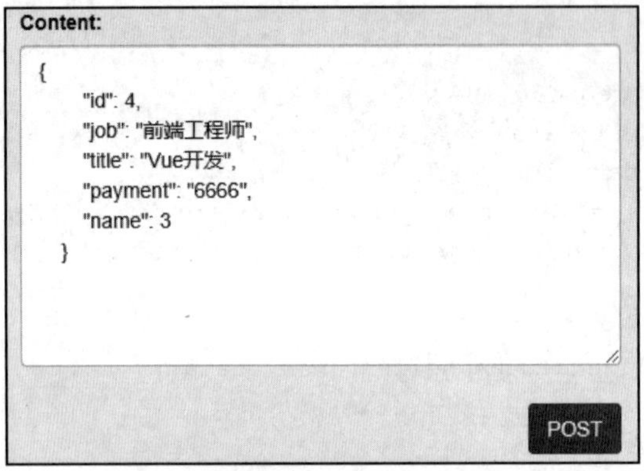

Content:

```
{
    "id": 4,
    "job": "前端工程师",
    "title": "Vue开发",
    "payment": "6666",
    "name": 3
}
```

POST

图 12-5　新增或修改数据

12.1.3　模型序列化类ModelSerializer

序列化类Serializer可以与模型结合使用，从而实现模型数据的读写操作。但序列化类Serializer定义的字段必须与模型字段相互契合，否则在使用过程中很容易提示异常信息。为了简化序列化类Serializer的定义过程，Django Rest Framework定义了模型序列化类ModelSerializer，它与模型表单ModelForm的定义和使用十分相似。

以12.1.2节的MyDjango为例，将自定义的MySerializer改为VocationSerializer，序列化类VocationSerializer继承父类ModelSerializer，它能与模型Vocation完美结合，无须开发者定义序列化字段。在index的serializers.py中定义VocationSerializer，代码如下：

```
# index的serializers.py
from rest_framework import serializers
from .models import Vocation
# 定义VocationSerializer类
class VocationSerializer(serializers.ModelSerializer):
    class Meta:
        model = Vocation
        fields = '__all__'
        # fields=('id','job','title','payment','name')
```

分析VocationSerializer得知，属性model将模型Vocation与ModelSerializer进行绑定；属性fields用于设置将哪些模型字段转换为序列化字段，属性值__all__代表将模型的所有字段转换为序列化字段，如果只设置部分模型字段，那么属性fields的值就可以使用元组或列表表示，元组或列表的每个元素代表一个模型字段。

下一步重新定义视图函数vocationDef和视图类vocationClass，使用模型序列化类VocationSerializer实现模型Vocation的API接口。视图函数vocationDef和视图类vocationClass的代码如下：

```
# index的views.py
from .models import PersonInfo, Vocation
from .serializers import VocationSerializer
from rest_framework.views import APIView
from rest_framework.response import Response
from rest_framework import status
from rest_framework.pagination import PageNumberPagination
from rest_framework.decorators import api_view
@api_view(['GET', 'POST'])
def vocationDef(request):
    if request.method == 'GET':
        q = Vocation.objects.all().order_by('id')
        # 分页查询，需要在settings.py中设置REST_FRAMEWORK属性
        pg = PageNumberPagination()
        p = pg.paginate_queryset(queryset=q, request=request)
        # 将分页后的数据传递给MySerializer，生成JSON数据对象
        serializer = VocationSerializer(instance=p, many=True)
        # 返回对象Response由Django Rest Framework实现
        return Response(serializer.data)
    elif request.method == 'POST':
        # 获取请求数据
        id = request.data.get('id', 0)
        # 判断请求参数id在模型Vocation中是否存在
        # 若存在，则修改数据；否则新增数据
        operation = Vocation.objects.filter(id=id).first()
        # 数据验证
        serializer = VocationSerializer(data=request.data)
        if serializer.is_valid():
            if operation:
                data = request.data
                id = data['name']
                data['name']=PersonInfo.objects.filter(id=id).first()
                serializer.update(operation, data)
            else:
                # 保存到数据库
                serializer.save()
            # 返回对象Response由Django Rest Framework实现
            return Response(serializer.data)
        return Response(serializer.errors, status=404)

class vocationClass(APIView):
    # GET请求
    def get(self, request):
        q = Vocation.objects.all().order_by('id')
        # 分页查询，需要在settings.py中设置REST_FRAMEWORK属性
        pg = PageNumberPagination()
        p=pg.paginate_queryset(queryset=q,request=request,view=self)
```

```
        serializer = VocationSerializer(instance=p, many=True)
        # 返回对象Response由Django Rest Framework实现
        return Response(serializer.data)

    # POST请求
    def post(self, request):
        # 获取请求数据
        id = request.data.get('id', 0)
        operation = Vocation.objects.filter(id=id).first()
        # 数据验证
        serializer = VocationSerializer(data=request.data)
        if serializer.is_valid():
            if operation:
                data = request.data
                id = data['name']
                data['name']=PersonInfo.objects.filter(id=id).first()
                serializer.update(operation, data)
            else:
                # 保存到数据库
                serializer.save()
            # 返回对象Response由Django Rest Framework实现
            return Response(serializer.data)
        return Response(serializer.errors, status=404)
```

视图函数vocationDef和视图类vocationClass的业务逻辑与12.1.2节中的业务逻辑是相同的；对于POST请求的处理过程，本节与12.1.2节实现的一致，但使用的函数方法有所不同。

12.1.4 序列化的嵌套使用

在开发过程中，我们需要对多个JSON数据进行嵌套使用，比如将模型PersonInfo和Vocation的数据组合起来，存放在同一个JSON数据中，两个模型的数据通过外键字段name进行关联。

模型之间必须存在数据关系才能实现数据嵌套，数据关系可以是一对一、一对多或多对多的，不同的数据关系对数据嵌套的读写操作会有细微的差异。以12.1.3节的MyDjango为例，在index的serializers.py中定义PersonInfoSerializer类和VocationSerializer类，分别对应模型PersonInfo和Vocation，模型序列化类的定义如下：

```
# index的serializers.py
from rest_framework import serializers
from .models import Vocation, PersonInfo
# 定义PersonInfoSerializer类
class PersonInfoSerializer(serializers.ModelSerializer):
    class Meta:
        model = PersonInfo
        fields = '__all__'

# 定义VocationSerializer类
class VocationSerializer(serializers.ModelSerializer):
    name = PersonInfoSerializer()
    class Meta:
        model = Vocation
```

```
        fields = ('id', 'job', 'title', 'payment', 'name')

    def create(self, validated_data):
        # 从validated_data中获取模型PersonInfo的数据
        name = validated_data.get('name', '')
        id = name.get('id', 0)
        p = PersonInfo.objects.filter(id=id).first()
        # 根据id判断模型PersonInfo中是否存在数据对象
        # 若存在数据对象，则只对Vocation新增数据
        # 若不存在，则先对模型PersonInfo新增数据
        # 再对模型Vocation新增数据
        if not p:
            p = PersonInfo.objects.create(**name)
        data = validated_data
        data['name'] = p
        v = Vocation.objects.create(**data)
        return v

    def update(self, instance, validated_data):
        # 从validated_data中获取模型PersonInfo的数据
        name = validated_data.get('name', '')
        id = name.get('id', 0)
        p = PersonInfo.objects.filter(id=id).first()
        # 判断外键name是否存在模型PersonInfo
        if p:
            # 若存在，则先更新模型PersonInfo的数据
            PersonInfo.objects.filter(id=id).update(**name)
            # 再更新模型Vocation的数据
            data = validated_data
            data['name'] = p
            id = validated_data.get('id', '')
            v = Vocation.objects.filter(id=id).update(**data)
            return v
```

从上述代码中可以看到，序列化类VocationSerializer对PersonInfoSerializer进行实例化并赋值给变量name，而属性fields的name代表模型Vocation的外键字段name，同时也是变量name。换句话说，序列化字段name代表模型Vocation的外键字段name，而变量name作为序列化字段namc的数据内容。

变量name的名称必须与模型外键字段名称或者序列化字段名称一致，否则模型外键字段或者序列化字段无法匹配变量name，从而提示异常信息。

序列化类VocationSerializer还重写了数据的新增函数create和修改函数update，因为不同数据关系的数据读写方式各不相同，并且不同的开发需求也可能导致数据读写方式有所不同。新增函数create和修改函数update的业务逻辑较为相似，业务逻辑说明如下：

（1）从用户的请求参数（函数参数validated_data）中获取模型PersonInfo的主键id，根据主键id查询模型PersonInfo中是否已存在数据对象。

（2）如果模型PersonInfo中存在数据对象，那么update函数首先修改模型PersonInfo的数据，然后修改模型Vocation的数据。

（3）如果模型PersonInfo中不存在数据对象，那么create函数首先在模型PersonInfo中新增数据，然后在模型Vocation中新增数据。确保模型Vocation的外键字段name不为空，使两个模型之间构成一对多的数据关系。

下一步对视图函数vocationDef和视图类vocationClass的代码进行调整，代码的业务逻辑与12.1.3节的相同，代码调整如下：

```
# index的views.py
from .models import Vocation
from .serializers import VocationSerializer
from rest_framework.views import APIView
from rest_framework.response import Response
from rest_framework.pagination import PageNumberPagination
from rest_framework.decorators import api_view
@api_view(['GET', 'POST'])
def vocationDef(request):
    if request.method == 'GET':
        q = Vocation.objects.all().order_by('id')
        # 分页查询，需要在settings.py中设置REST_FRAMEWORK属性
        pg = PageNumberPagination()
        p = pg.paginate_queryset(queryset=q, request=request)
        # 将分页后的数据传递给MySerializer，生成JSON数据对象
        serializer = VocationSerializer(instance=p, many=True)
        # 返回对象Response由Django Rest Framework实现
        return Response(serializer.data)
    elif request.method == 'POST':
        # 获取请求数据
        id = request.data.get('id', 0)
        # 判断请求参数id在模型Vocation中是否存在
        # 若存在，则修改数据；否则新增数据
        operation = Vocation.objects.filter(id=id).first()
        # 数据验证
        serializer = VocationSerializer(data=request.data)
        if serializer.is_valid():
            if operation:
                serializer.update(operation, request.data)
            else:
                # 保存到数据库中
                serializer.save()
            # 返回对象Response由Django Rest Framework实现
            return Response(serializer.data)
        return Response(serializer.errors, status=404)

class vocationClass(APIView):
    # GET请求
    def get(self, request):
        q = Vocation.objects.all().order_by('id')
        # 分页查询，需要在settings.py中设置REST_FRAMEWORK属性
        pg = PageNumberPagination()
        p=pg.paginate_queryset(queryset=q,request=request,view=self)
        serializer = VocationSerializer(instance=p, many=True)
```

```
        # 返回对象Response由Django Rest Framework实现
        return Response(serializer.data)

    # POST请求
    def post(self, request):
        # 获取请求数据
        id = request.data.get('id', 0)
        operation = Vocation.objects.filter(id=id).first()
        # 数据验证
        serializer = VocationSerializer(data=request.data)
        if serializer.is_valid():
            if operation:
                serializer.update(operation, request.data)
            else:
                # 保存到数据库
                serializer.save()
            # 返回对象Response由Django Rest Framework实现
            return Response(serializer.data)
        return Response(serializer.errors, status=404)
```

运行MyDjango，在浏览器上访问127.0.0.1:8000，模型Vocation的每行数据都嵌套了模型PersonInfo的某行数据，两个模型的数据嵌套主要由模型Vocation的外键字段name来实现关联，如图12-6所示。

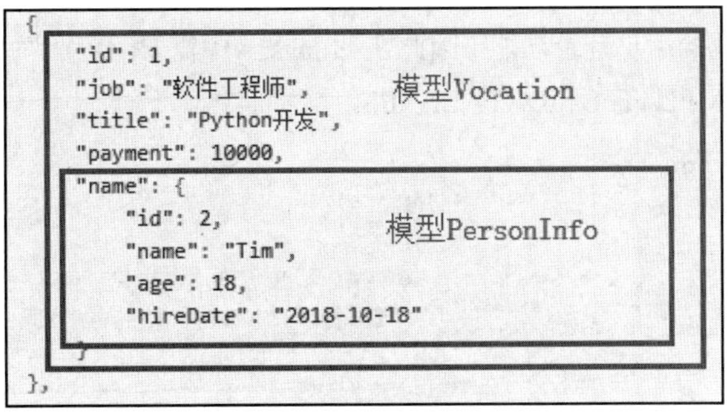

```
{
    "id": 1,
    "job": "软件工程师",            模型Vocation
    "title": "Python开发",
    "payment": 10000,
    "name": {
        "id": 2,                    模型PersonInfo
        "name": "Tim",
        "age": 18,
        "hireDate": "2018-10-18"
    }
},
```

图 12-6　数据嵌套

12.2　验证码生成与使用

现在很多网站都采用验证码功能，这是反爬虫常用的策略之一。目前常用的验证码类型有以下7种。

- 字符验证码：在图片上随机生成数字、英文字母或汉字，一般有4位或者6位验证码字符。
- 图片验证码：采用字符验证码的技术，但不再使用随机的字符，而是让用户识别图片，比如12306的验证码。
- GIF动画验证码：由多幅图片组合而成的动态验证码，使得识别器不容易辨识哪一幅图片是真正的验证码图片。

- 极验验证码：2012年推出的新型验证码，采用行为式验证技术，通过拖曳滑块完成拼图的形式实现验证，是目前比较有创意的验证码，在安全性上具有新的突破。
- 手机验证码：通过短信的形式发送到用户手机上的验证码，一般为6位的数字。
- 语音验证码：属于手机端验证的一种方式。
- 视频验证码：视频验证码是验证码中的新秀，它将由随机数字、字母和中文组合而成的验证码动态嵌入MP4、FLV等格式的视频中，增大了破解难度。

12.2.1 Django Simple Captcha的安装与配置

如果想在Django中实现验证码功能，可以使用PIL模块生成图片验证码，但不建议使用这种方式。除此之外，还可以通过第三方应用Django Simple Captcha实现。验证码的生成过程由该应用自动执行，开发者只需考虑如何将它应用到Django项目中即可。Django Simple Captcha可通过pip安装，安装指令如下：

```
pip install django-simple-captcha
```

安装成功后，下一步讲述如何在Django中使用Django Simple Captcha生成网站验证码。以MyDjango项目为例，首先创建项目应用user，并在项目应用user中创建forms.py文件；然后在templates文件夹中放置user.html文件，该项目的目录结构如图12-7所示。

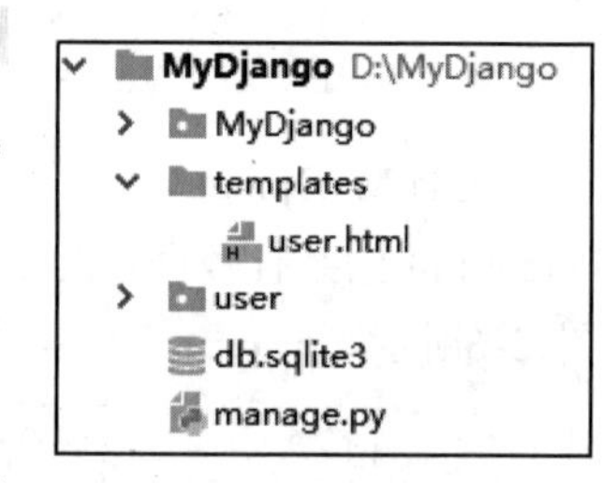

图 12-7 目录结构

本节将实现带验证码的用户登录功能，因此在settings.py中需要配置INSTALLED_APPS、TEMPLATES和DATABASES，配置信息如下：

```
# MyDjango的settings.py
INSTALLED_APPS = [
    'django.contrib.admin',
    'django.contrib.auth',
    'django.contrib.contenttypes',
    'django.contrib.sessions',
    'django.contrib.messages',
    'django.contrib.staticfiles',
    'user',
    # 添加验证码功能
    'captcha'
]

TEMPLATES = [
{
'BACKEND':'django.template.backends.django.DjangoTemplates',
'DIRS': [BASE_DIR / 'templates',],
'APP_DIRS': True,
'OPTIONS': {
'context_processors': [
    'django.template.context_processors.debug',
    'django.template.context_processors.request',
    'django.contrib.auth.context_processors.auth',
    'django.contrib.messages.context_processors.messages',
],
```

```
        },
    },
]

DATABASES = {
    'default': {
        'ENGINE': 'django.db.backends.sqlite3',
        'NAME': BASE_DIR / 'db.sqlite3',
    }
}
```

配置属性INSTALLED_APPS添加了captcha，这是将Django Simple Captcha的功能引入MyDjango项目。Django Simple Captcha设有多种验证码的生成方式，如设置验证码的内容、图片噪点和图片大小等，这些功能设置可以在Django Simple Captcha的源码文件（site-packages\captcha\conf\settings.py）中查看。本节只说明验证码的常用功能设置，在MyDjango的settings.py中添加以下属性：

```
# MyDjango的settings.py
# Django Simple Captcha的基本配置
# 设置验证码的显示顺序
# 一个验证码识别包含文本输入框、隐藏域和验证码图片
# CAPTCHA_OUTPUT_FORMAT用于设置三者的显示顺序
CAPTCHA_OUTPUT_FORMAT='%(text_field)s %(hidden_field)s %(image)s'
# 设置图片噪点
CAPTCHA_NOISE_FUNCTIONS = ( # 设置样式
                           'captcha.helpers.noise_null',
                           # 设置干扰线
                           'captcha.helpers.noise_arcs',
                           # 设置干扰点
                           'captcha.helpers.noise_dots',
                           )
# 图片大小
CAPTCHA_IMAGE_SIZE = (100, 25)
# 设置图片背景颜色
CAPTCHA_BACKGROUND_COLOR = '#ffffff'
# 图片中的文字为随机英文字母
# CAPTCHA_CHALLENGE_FUNCT='captcha.helpers.random_char_challenge'
# 图片中的文字为英文单词
# CAPTCHA_CHALLENGE_FUNCT='captcha.helpers.word_challenge'
# 图片中的文字为数字表达式
CAPTCHA_CHALLENGE_FUNCT='captcha.helpers.math_challenge'
# 设置字符个数
CAPTCHA_LENGTH = 4
# 设置超时(minutes)
CAPTCHA_TIMEOUT = 1
```

上述配置主要设置验证码的显示顺序、图片噪点、图片大小、背景颜色和验证码内容，具体的配置以及配置说明可以查看源码及注释。完成上述配置后，下一步执行数据迁移，因为验证码需要依赖数据表才能实现。

通过“python manage.py migrate”指令完成数据迁移，然后查看项目所生成的数据表，发现新增了数据表captcha_captchastore，如图12-8所示。

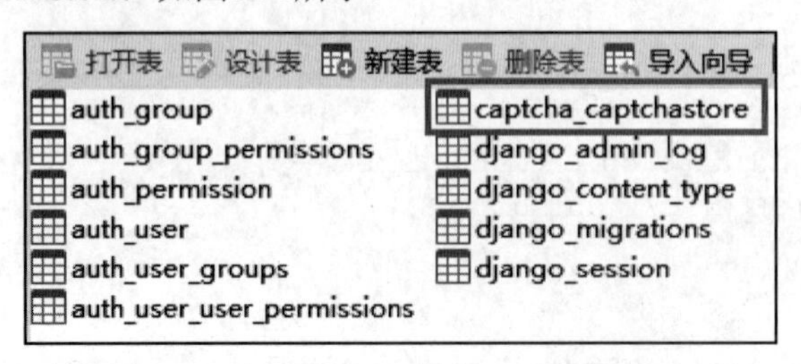

图 12-8 数据表 captcha_captchastore

12.2.2 使用验证码实现用户登录

完成Django Simple Captcha与MyDjango的功能搭建后，接下来在用户登录页面实现验证码功能。我们将用户登录页面划分为多个不同的功能，详细说明如下：

- 用户登录页面：由表单生成，表单类在项目应用user的forms.py中定义。
- 登录验证：触发POST请求，用户信息以及验证功能由Django内置的Auth认证系统实现。
- 验证码动态刷新：由AJAX向Captcha功能应用发送GET请求，完成动态刷新。
- 验证码动态验证：由AJAX向Django发送GET请求，完成验证码验证。

根据上述功能分析，整个用户登录过程由MyDjango的urls.py和项目应用user的forms.py、urls.py、views.py、user.html共同实现。首先在项目应用user的forms.py中定义用户登录表单类，代码如下：

```
# user的forms.py
# 定义用户登录表单类
from django import forms
from captcha.fields import CaptchaField
class CaptchaTestForm(forms.Form):
    username = forms.CharField(label='用户名')
    password=forms.CharField(label='密码',widget=forms.PasswordInput)
    captcha = CaptchaField()
```

从表单类CaptchaTestForm中可以看到，字段captcha是由Django Simple Captcha定义的CaptchaField对象，该对象在生成HTML网页信息时，将自动生成文本输入框、隐藏控件和验证码图片。

下一步在MyDjango的urls.py和项目应用user的urls.py中定义用户登录页面的路由信息，代码如下：

```
# MyDjango的urls.py
from django.contrib import admin
from django.urls import path,include
urlpatterns = [
    path('',include(('user.urls', 'user'),namespace='user')),
    # 导入Django Simple Captcha的路由，生成图片地址
    path('captcha/', include('captcha.urls'))
]
```

```
# user的urls.py
from django.urls import path
from .views import *
urlpatterns = [
    # 用户登录界面
    path('', loginView, name='login'),
    # 验证码验证API接口
    path('ajax_val', ajax_val, name='ajax_val')
]
```

MyDjango项目的urls.py中分别引入了Django Simple Captcha的urls.py和项目应用user的urls.py。前者是为验证码图片提供路由地址以及为AJAX动态刷新验证码提供API接口；后者设置用户登录页面的路由地址以及为AJAX动态验证验证码提供API接口。项目应用user的路由login和ajax_val分别指向视图函数loginView和ajax_val，因此在user的views.py中分别定义视图函数loginView和ajax_val，代码如下：

```
# user的views.py
from django.shortcuts import render
from django.contrib.auth.models import User
from django.contrib.auth import login, authenticate
from .forms import CaptchaTestForm
# 用户登录
def loginView(request):
    if request.method == 'POST':
        form = CaptchaTestForm(request.POST)
        # 验证表单数据
        if form.is_valid():
            u = form.cleaned_data['username']
            p = form.cleaned_data['password']
            if User.objects.filter(username=u):
                user = authenticate(username=u, password=p)
                if user:
                    if user.is_active:
                        login(request, user)
                        tips = '登录成功'
                else:
                    tips = '账号密码错误，请重新输入'
            else:
                tips = '用户不存在，请注册'
    else:
        form = CaptchaTestForm()
    return render(request, 'user.html', locals())

# ajax接口，实现动态验证验证码
from django.http import JsonResponse
from captcha.models import CaptchaStore
def ajax_val(request):
    if request.is_ajax():
        # 用户输入的验证码结果
        r = request.GET['response']
        # 隐藏域的value值
```

```
        h = request.GET['hashkey']
        cs=CaptchaStore.objects.filter(response=r,hashkey=h)
        # 若存在cs，则验证成功，否则验证失败
        if cs:
            json_data = {'status':1}
        else:
            json_data = {'status':0}
        return JsonResponse(json_data)
    else:
        json_data = {'status':0}
        return JsonResponse(json_data)
```

视图函数loginView根据不同的请求方式执行不同的处理，如果用户发送GET请求，视图函数loginView就使用表单类CaptchaTestForm生成带验证码的用户登录页面；如果用户发送POST请求，视图函数loginView就将请求参数传递给表单类CaptchaTestForm，通过表单的实例化对象调用Auth认证系统，完成用户登录过程。

视图函数ajax_val判断用户是否通过AJAX方式发送HTTP请求，判断方法是由请求对象request调用函数is_ajax。如果当前请求由AJAX发送，视图函数ajax_val就获取请求参数response和hashkey，并将请求参数与Django Simple Captcha的模型CaptchaStore进行匹配，若匹配成功，则说明用户输入的验证码是正确的，否则是错误的。

最后在模板文件user.html中编写用户登录页面的HTML代码和AJAX的请求过程，AJAX的请求过程实现验证码的动态刷新和动态验证。模板文件user.html的代码如下：

```
# templates的user.html
<!DOCTYPE html>
<html lang="en">
<head>
<meta charset="UTF-8" />
<title>Django</title>
<script src="http://apps.bdimg.com/libs/jquery/
    2.1.1/jquery.min.js"></script>
<link rel="stylesheet"
    href="https://unpkg.com/mobi.css/dist/mobi.min.css">
</head>
<body>
<div class="flex-center">
<div class="container">
<div class="flex-center">
<div class="unit-1-2 unit-1-on-mobile">
    <h1>MyDjango Verification</h1>
        {% if tips %}
    <div>{{ tips }}</div>
        {% endif %}
    <form class="form" action="" method="post">
        {% csrf_token %}
        <div>用户名:{{ form.username }}</div>
        <div>密 码:{{ form.password }}</div>
        <div>验证码:{{ form.captcha }}</div>
        <button type="submit" class="btn
```

```
            btn-primary btn-block">确定</button>
        </form>
    </div>
    </div>
    </div>
    </div>
    <script>
    $(function(){
    {# ajax 刷新验证码 #}
    $('.captcha').click(function(){
    console.log('click');
        $.getJSON("/captcha/refresh/",
    function(result){
        $('.captcha').attr('src', result['image_url']);
        $('#id_captcha_0').val(result['key'])
    });});
    {# ajax动态验证验证码 #}
    $('#id_captcha_1').blur(function(){
    // #id_captcha_1为输入框的id
    // 该输入框失去焦点就会触发函数
    json_data={
        // 获取输入框和隐藏字段id_captcha_0的数值
        'response':$('#id_captcha_1').val(),
        'hashkey':$('#id_captcha_0').val()
    }
    $.getJSON('/ajax_val', json_data, function(data){
        $('#captcha_status').remove()
        // 若status返回1，则验证码正确
        // 若status返回0，则验证码错误
        if(data['status']){
            $('#id_captcha_1').after('<span
            id="captcha_status">*验证码正确</span>')
        }else{
            $('#id_captcha_1').after('<span
            id="captcha_status">*验证码错误</span>')
        }
    });
    });
    })
    </script>
    </body>
    </html>
```

至此，我们已完成网站验证码功能的开发。运行MyDjango，在浏览器上访问127.0.0.1:8000即可看到带验证码的用户登录页面。单击图片验证码将触发AJAX请求，Django动态刷新验证码图片，并在数据表captcha_captchastore中创建验证码信息，如图12-9所示。

在PyCharm中使用createsuperuser指令创建超级管理员账号（账号和密码皆为admin），并在用户登录页面完成用户登录。在验证码文本框中输入验证码，然后单击页面某空白处，将触发AJAX请求，Django将动态验证验证码是否正确，如图12-10所示。

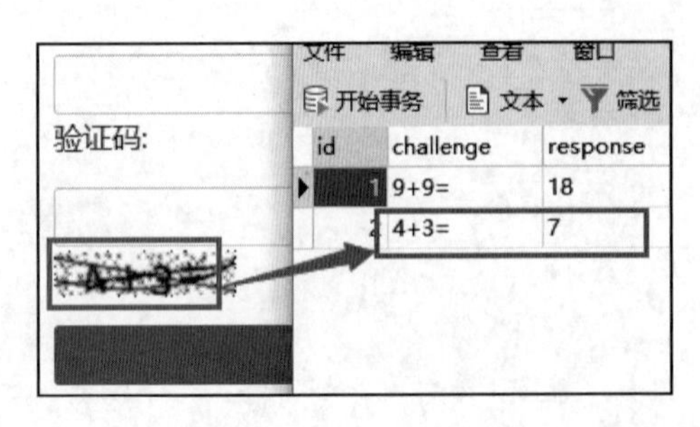

图 12-9　动态刷新验证码

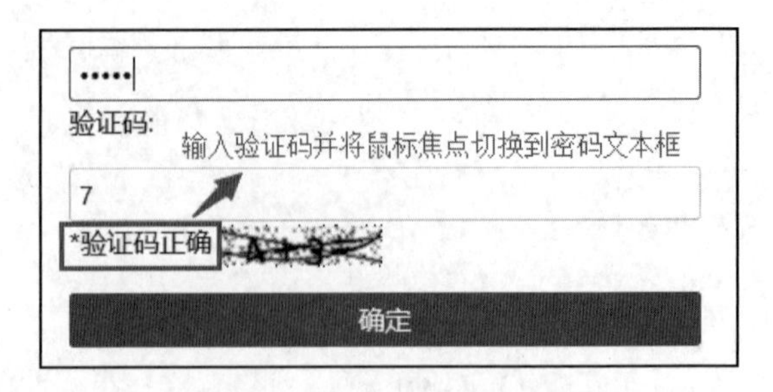

图 12-10　动态验证验证码

12.3　站内搜索引擎

站内搜索是网站常用的功能之一，其作用是方便用户快速查找站内数据。对于一些初学者来说，可以使用SQL模糊查询来实现站内搜索。然而，从某个角度来说，这种实现方式只适用于个人小型网站。对于企业级开发来说，站内搜索往往是由专门的搜索引擎来实现。

Django Haystack是一个为Django提供搜索功能的第三方应用，它支持Solr、Elasticsearch、Whoosh和Xapian等多种搜索引擎，配合著名的中文自然语言处理库jieba（分词库），可以实现中文内容的全文搜索系统。

12.3.1　Django Haystack的安装与配置

本节将介绍如何在Whoosh搜索引擎和jieba分词库的基础上，使用Django Haystack实现网站的搜索引擎功能。因此，在安装Django Haystack之前，需要自行安装Whoosh搜索引擎和jieba分词库。以下是具体的pip安装指令：

```
pip install django-haystack
pip install whoosh
pip install jieba
```

完成上述模块的安装后，接着在MyDjango中搭建项目环境。在项目应用index中添加文件search_indexes.py和whoosh_cn_backend.py，然后在项目的根目录创建文件夹：static和templates。static文件夹用于存放CSS样式文件，templates文件夹用于存放模板文件search.html和搜索引擎文件product_text.txt。请注意，product_text.txt需要存放在特定的文件夹中。整个MyDjango项目的目录结构如图12-11所示。

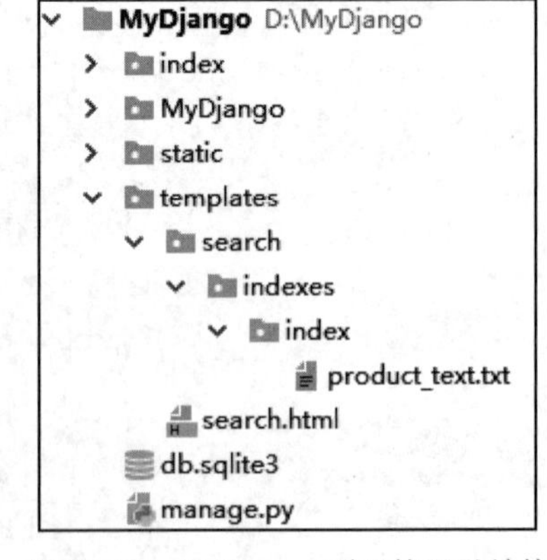

图 12-11　MyDjango项目的目录结构

在MyDjango的项目环境中创建了多个文件和文件夹，每个文件与文件夹负责实现不同的功能，详细说明如下：

（1）search_indexes.py：定义模型的索引类，使模型的数据能被搜索引擎搜索。

（2）whoosh_cn_backend.py：自定义的Whoosh搜索引擎文件。由于Whoosh不支持中文搜索，因此重新定义Whoosh搜索引擎文件，将jieba分词器添加到搜索引擎中，使得它具有中文搜索功能。

（3）static：存放模板文件search.html的网页样式common.css和search.css。

（4）search.html：搜索页面的模板文件，用于生成网站的搜索页面。

（5）product_text.txt：搜索引擎的索引模板文件，模板文件命名以及路径有固定格式，如“/templates/search/indexes/项目应用的名称/模型名称（小写）_text.txt”。

完成MyDjango的环境搭建后，下一步在settings.py中配置站内搜索引擎Django Haystack。在INSTALLED_APPS中引入Django Haystack以及设置该应用的功能配置，具体的配置信息如下：

```
# MyDjango的settings.py
INSTALLED_APPS = [
    'django.contrib.admin',
    'django.contrib.auth',
    'django.contrib.contenttypes',
    'django.contrib.sessions',
    'django.contrib.messages',
    'django.contrib.staticfiles',
    'index',
    # 配置haystack
    'haystack',
]
# 配置haystack
HAYSTACK_CONNECTIONS = {
    'default': {
        # 设置搜索引擎，文件是index的whoosh_cn_backend.py
        'ENGINE': 'index.whoosh_cn_backend.WhooshEngine',
        'PATH':str(BASE_DIR / 'whoosh_index'),
        'INCLUDE_SPELLING': True,
    },
}
# 设置每页显示的数据量
HAYSTACK_SEARCH_RESULTS_PER_PAGE = 4
# 当数据库改变时，会自动更新索引，非常方便
HAYSTACK_SIGNAL_PROCESSOR='haystack.signals.RealtimeSignalProcessor'
```

除了Django Haystack的功能配置之外，还需要配置项目的静态资源文件夹static、模板文件夹templates和数据库连接方式，具体的配置过程不再详细讲述。

观察上述配置可以发现，配置属性HAYSTACK_CONNECTIONS的ENGINE指向项目应用index的whoosh_cn_backend.py文件的WhooshEngine类，该类的属性backend和query分别指向WhooshSearchBackend和WhooshSearchQuery，这是Whoosh搜索引擎的定义过程。在Python的安装目录中可以找到Whoosh源码文件whoosh_backend.py，如图12-12所示。

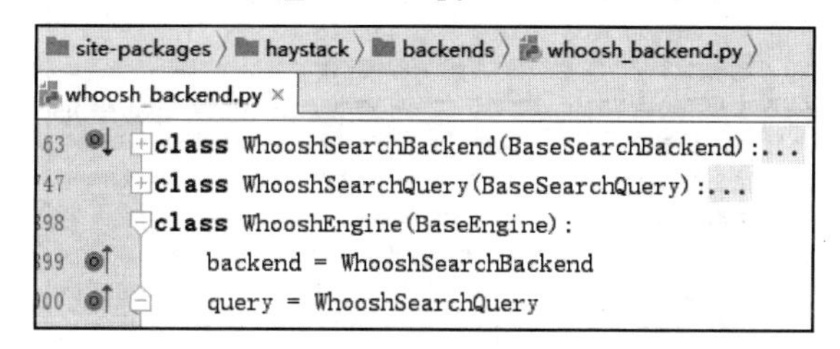

图 12-12　源码文件 whoosh_backend.py

接着，我们在项目应用index的whoosh_cn_backend.py中重新定义WhooshEngine，类属性backend指向自定义的MyWhooshSearchBackend，然后重写MyWhooshSearchBackend的类方法build_schema，在类方法build_schema的功能上加入jieba分词库，以支持中文搜索。定义过程如下：

```
# index的whoosh_cn_backend.py
from haystack.backends.whoosh_backend import *
from jieba.analyse import ChineseAnalyzer
class MyWhooshSearchBackend(WhooshSearchBackend):
    def build_schema(self, fields):
        *********
            else:
                schema_fields[field_class.index_fieldname]=
                         TEXT(stored=True,analyzer=ChineseAnalyzer(),
                         field_boost=field_class.boost,sortable=True)
         *********
        return (content_field_name, Schema(**schema_fields))

# 重新定义搜索引擎
class WhooshEngine(BaseEngine):
    # 将搜索引擎指向自定义的MyWhooshSearchBackend
    backend = MyWhooshSearchBackend
    query = WhooshSearchQuery
```

接下来在index的models.py中定义模型Product，模型设有4个字段，主要用于记录产品的基本信息，如产品名称、重量和描述等。模型Product的定义过程如下：

```
# index的models.py
from django.db import models
# 创建产品信息表
class Product(models.Model):
    id = models.AutoField('序号', primary_key=True)
    name = models.CharField('名称',max_length=50)
    weight = models.CharField('重量',max_length=20)
    describe = models.CharField('描述',max_length=500)
    # 设置返回值
    def __str__(self):
        return self.name
```

然后在PyCharm的Terminal中为MyDjango项目执行数据迁移，使用Navicat Premium打开MyDjango的db.sqlite3数据库文件，在数据表index_product中添加产品信息，如图12-13所示。

id	name	weight	describe
1	荣耀V10	172g	华为荣耀V10是荣耀旗下一款智能手机，2017年11月
2	HUAWEI nova	169g	华为nova 2s，是华为手机旗下的一款智能手机。搭
3	荣耀Waterplay	465g	荣耀Waterplay是荣耀首款防水平板，注重创新和研
4	荣耀畅玩平板	460g	畅玩平板Note采用了较为洁净的白色面板，平板顶部
5	PORSCHE DESI	64g	Porsche Design集团(Porsche Lizenz- und Handel
6	华为运动手环	21g	华为手环B2，即TalkBand B2，是华为公司于2015年
7	荣耀移动电源10	210g	2016年6月16日，荣耀发布首款9V2A双向快充移动电
8	荣耀体脂秤	1850g	荣耀于2017年6月12日在上海东方体育中心正式发布
9	华为荣耀V90华	120g	荣耀V9采用的是 5.7英寸的 2K 分辨率屏幕，屏占比
10	我的iPhoneX	172g	iPhone X属于高端版机型，采用全新设计，搭载色彩

图 12-13　数据表 index_product

12.3.2　使用搜索引擎实现产品搜索

完成settings.py、whoosh_cn_backend.py和模型Product的配置和定义后，我们可以在MyDjango中实现站内搜索引擎的功能开发。

首先创建搜索引擎的索引，索引的作用是使搜索引擎能快速找到符合条件的数据。索引就像是书本的目录，方便读者快速查找内容。在这里也是同样的道理，当数据量非常大时，要从这些数据中找出所有满足搜索条件的数据是不太可能的，而且会给服务器带来极大的负担。因此，我们需要为指定的数据添加一个索引。

索引是在search_indexes.py中定义的，然后由指令执行创建过程。以模型Product为例，在search_indexes.py中定义该模型的索引类，代码如下：

```
# index的search_indexes.py
from haystack import indexes
from .models import Product
# 类名必须为模型名+Index
# 比如模型Product，索引类为ProductIndex
class ProductIndex(indexes.SearchIndex,indexes.Indexable):
    text=indexes.CharField(document=True,use_template=True)
    # 设置模型
    def get_model(self):
        return Product
    # 设置查询范围
    def index_queryset(self, using=None):
        return self.get_model().objects.all()
```

在定义模型的索引类ProductIndex时，需要遵循以下的要求和定义：

（1）定义索引类的文件名必须为search_indexes.py，不得修改文件名，否则程序无法创建索引。

（2）模型的索引类的类名格式必须为“模型名+Index”，每个模型对应一个索引类，如模型Product的索引类为ProductIndex。

（3）在字段text中设置document=True，代表搜索引擎将使用此字段的内容作为索引。

（4）use_template=True表示使用索引模板文件，可以理解为在索引中设置模型的查询字段。例如，设置Product的describe字段，这样可以通过describe字段的内容来检索Product的数据。

（5）类函数get_model用于将该索引类与模型Product进行绑定。类函数index_queryset用于设置索引的查询范围。

由上述分析得知，use_template=True代表搜索引擎使用索引模板文件进行搜索，索引模板文件的路径是固定不变的，路径格式为“/templates/search/indexes/项目应用名称/模型名称（小写）_text.txt”，如MyDjango的templates/search/indexes/index/product_text.txt。我们在索引模板文件product_text.txt中设置模型Product的字段name和describe为索引的检索字段，因此在索引模板文件product_text.txt中编写以下代码：

```
# templates/search/indexes/index/product_text.txt
{{ object.name }}
{{ object.describe }}
```

上述设置是为模型Product的字段name和describe建立索引，当搜索引擎进行搜索时，Django根据搜索条件对这两个字段进行全文检索匹配，然后将匹配结果排序并返回。

现在只是定义了搜索引擎的索引类和索引模板文件，下一步根据索引类和索引模板文件创建搜索引擎的索引文件。在PyCharm的Terminal中运行“python manage.py rebuild_index”指令即可完成索引文件的创建，在MyDjango的根目录下将自动创建whoosh_index文件夹，该文件夹中含有索引文件，如图12-14所示。

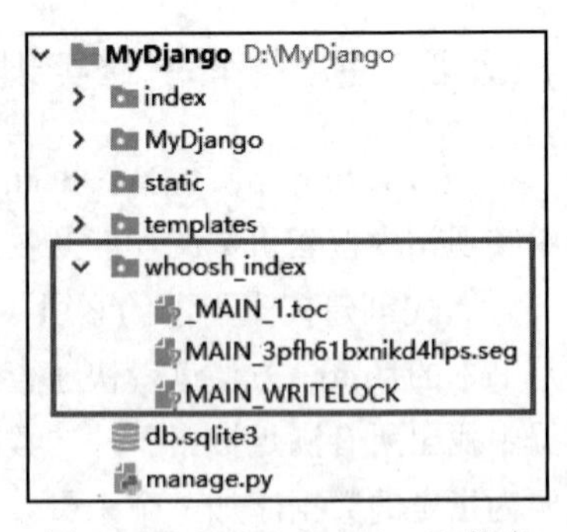

图 12-14 whoosh_index 文件夹

最后在MyDjango中实现模型Product的搜索功能。在MyDjango的urls.py和index的urls.py中定义路由haystack，代码如下：

```
# MyDjango的urls.py
from django.contrib import admin
from django.urls import path,include
urlpatterns = [
    path('',include(('index.urls','index'),namespace='index')),
]

# index的urls.py
from django.urls import path
from .views import MySearchView
urlpatterns = [
    # 搜索引擎
    path('', MySearchView(), name='haystack'),
]
```

路由haystack指向视图类MySearchView，该视图类MySearchView继承Django Haystack定义的视图类SearchView，它的定义过程与Django内置视图类的定义过程十分相似，因此本书不再深入分析视图类SearchView的定义过程。在index的views.py中，我们定义了视图MySearchView，并重写了父类的方法get()，该方法用于处理自定义视图类MySearchView接收到的HTTP的GET请求的响应内容。以下为具体的实现代码：

```
# index的views.py
from django.core.paginator import *
from django.shortcuts import render
from django.conf import settings
from .models import *
from haystack.generic_views import SearchView
# 视图以通用视图实现
class MySearchView(SearchView):
    # 模板文件
    template_name = 'search.html'
    def get(self, request, *args, **kwargs):
        if not self.request.GET.get('q', ''):
            product = Product.objects.all().order_by('id')
            per = settings.HAYSTACK_SEARCH_RESULTS_PER_PAGE
            p = Paginator(product, per)
```

```
            try:
                num = int(self.request.GET.get('page', 1))
                page_obj = p.page(num)
            except PageNotAnInteger:
                # 如果参数page不是整型，则返回第1页数据
                page_obj = p.page(1)
            except EmptyPage:
                # 访问页数大于总页数，则返回最后一页的数据
                page_obj = p.page(p.num_pages)
            return render(request,self.template_name,locals())
        else:
            return super().get(*args, request, *args, **kwargs)
```

视图类MySearchView指定模板文件search.html作为HTML网页文件，并自定义GET请求的处理函数get()，它先判断当前请求是否存在请求参数q，若不存在，则将模型Product的全部数据进行分页显示，否则使用搜索引擎对模型Product的数据进行全文搜索。

模板文件search.html用于显示搜索结果，网页实现的功能包括搜索文本框、产品信息列表和产品信息分页。模板文件search.html的代码如下：

```
# templates的search.html
<!DOCTYPE html>
<html lang="en">
<head>
<meta charset="UTF-8">
<title>搜索引擎</title>
{# 导入CSS样式文件 #}
{% load staticfiles %}
<link rel="stylesheet" href="{% static "common.css" %}">
<link rel="stylesheet" href="{% static "search.css" %}">
</head>
<body>
<div class="header">
<div class="search-box">
<form action="" method="get">
<div class="search-keyword">
{# 搜索文本框必须命名为q #}
<input name="q" type="text" class="keyword">
</div>
<input type="submit" class="search-button" value="搜 索">
</form>
</div>
</div><!--end header-->

<div class="wrapper clearfix">
<div class="listinfo">
<ul class="listheader">
    <li class="name">产品名称</li>
    <li class="weight">重量</li>
    <li class="describe">描述</li>
</ul>
<ul class="ullsit">
```

```
{# 列出当前分页所对应的数据内容 #}
{% if query %}
    {# 导入自带高亮功能 #}
    {% load highlight %}
    ...（略去部分代码）
    <div class="describeinfo">{{ item.describe }}</div>
    </div>
    </li>
    {% endfor %}
{% endif %}
</ul>
{# 分页导航 #}
<div class="page-box">
<div class="pagebar" id="pageBar">
{# 上一页的路由地址 #}
{% if page_obj.has_previous %}
    {% if query %}
        <a href="{% url 'index:haystack'%}?q={{ query }}
        &page={{ page_obj.previous_page_number }}"
        class="prev">上一页</a>
    {% else %}
        <a href="{% url 'index:haystack'%}?page=
        {{ page_obj.previous_page_number }}"
        class="prev">上一页</a>
    {% endif %}
{% endif %}
{# 列出所有的路由地址 #}
{% for num in page_obj.paginator.page_range %}
    {% if num == page_obj.number %}
        <span class="sel">{{ page_obj.number }}</span>
    {% else %}
        {% if query %}
            <a href="{% url 'index:haystack' %}?
            q={{ query }}&page={{ num }}">{{num}}</a>
        {% else %}
            <a href="{% url 'index:haystack' %}?
            page={{ num }}">{{num}}</a>
        {% endif %}
    {% endif %}
{% endfor %}
{# 下一页的路由地址 #}
{% if page_obj.has_next %}
    {% if query %}
        <a href="{% url 'index:haystack' %}?
        q={{ query }}&page={{ page_obj.next_page_number }}"
        class="next">下一页</a>
    {% else %}
        <a href="{% url 'index:haystack' %}?
        page={{ page_obj.next_page_number }}"
        class="next">下一页</a>
    {% endif %}
```

```
{% endif %}
</div>
</div>
</div>
</div>
</body>
</html>
```

模板文件search.html分别使用了模板上下文page_obj、query和模板标签highlight，具体说明如下：

- page_obj来自视图类MySearchView，这是模型Product分页处理后的数据对象。
- query来自Django Haystack定义的视图类SearchView，它的值来自请求参数q，即搜索文本框的内容。
- Highlight是由Django Haystack定义的模板标签，它将用户输入的关键词进行高亮处理。

至此，我们已完成站内搜索引擎的功能开发。运行MyDjango并访问127.0.0.1:8000，网页中显示模型Product的所有数据，在搜索页面的文本框中输入“华为”并单击“搜索”按钮，即可实现模型Product的字段name和describe的全文搜索，如图12-15所示。

127.0.0.1:8000/?q=华为

产品名称	重量	描述
华为运动手环	21g	华为手环B2，即TalkBa...
HUAWEI nova 2s	169g	华为nova 2s，是华为...
华为荣耀V90华为	120g	荣耀V9采用的是 5.7英...

图 12-15　运行结果

如果在运行过程中出现异常，提示No module named 'django.utils.datetime_safe'，则说明django-haystack版本暂时无法兼容Django 5，因为Django 5移除了django.utils.datetime_safe，所以需要修改django-haystack源码文件fields.py和whoosh_backend.py，对from django.utils import datetime_safe进行修改，代码如下：

```
# Lib\site-packages\haystack\backends\whoosh_backend.py
# Lib\site-packages\haystack\fields.py
# 修改前
from django.utils import datetime_safe
# 修改后
try:
    from django.utils import datetime_safe
except ImportError:
    import datetime as datetime_safe
```

12.4　第三方网站实现用户注册

用户注册与登录是网站必备的功能之一，Django内置的Auth认证系统可以帮助开发人员快速实现用户管理功能。但很多网站为了加强社交功能，在用户管理功能上增设了第三方网站的用户注册与登录功能，这是通过OAuth 2.0认证与授权来实现的。

12.4.1　Social-Auth-App-Django的安装与配置

OAuth 2.0认证与授权的实现过程相对烦琐，我们通过流程图来大致了解OAuth 2.0认证与授权的实现过程，如图12-16所示。

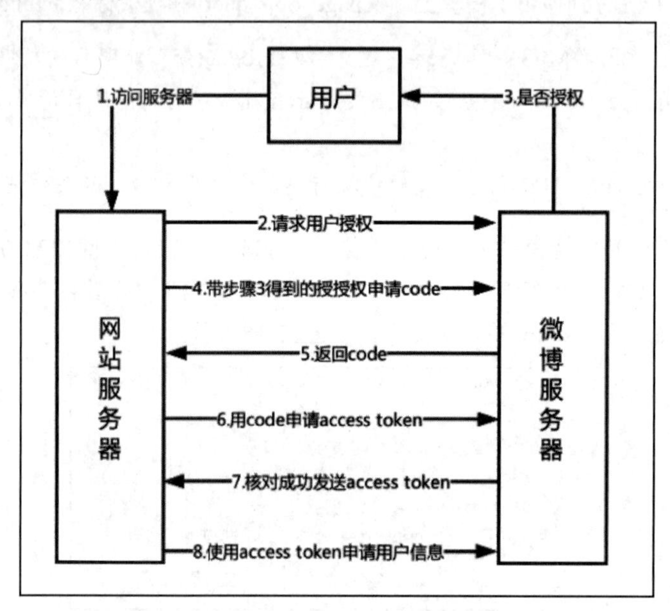

图 12-16　OAuth 2.0 认证与授权的实现过程

通过分析图12-16所示的实现过程，我们可以简单理解OAuth 2.0认证与授权是两个网站的服务器后台进行通信和交流的过程。根据实现原理，可以使用requests或urllib模块实现OAuth 2.0认证与授权，从而实现第三方网站的用户注册与登录功能。

但是一个网站可能同时使用多个第三方网站，这种实现方式就不太可取，而且代码会出现重复使用的情况。因此，我们可以使用Django第三方功能应用Social-Auth-App-Django，它提供了各大网站平台的认证与授权功能。

Social-Auth-App-Django是在Python Social Auth的基础上封装而成的，而Python Social Auth支持多个Python的Web框架使用，如Django、Flask、Pyramid、CherryPy和Webpy。除了安装Social-Auth-App-Django之外，还需要安装Python Social Auth，我们通过pip方式进行安装，安装指令如下：

```
pip install python-social-auth
# 若Django使用关系数据库，如MySQL、Oracle等
# 则安装social-auth-app-django
pip install social-auth-app-django
# 若Django使用非关系数据库，如MongoDB
# 则安装social-auth-app-django-mongoengine
pip install social-auth-app-django-mongoengine
```

功能模块安装成功后，下面以MyDjango为例，讲述如何使用Social-Auth-App-Django实现第三方网站的用户注册。在MyDjango中创建项目应用user，在模板文件夹templates中创建模板文件user.html，MyDjango项目的目录结构如图12-17所示。

MyDjango的目录结构较为简单，因为Social-Auth-App-Django的本质是一个Django的项目应用。我们可以在Python的安装目录下找到Social-Auth-App-Django的源码文件，发现它具有urls.py、views.py和models.py等文件，这与Django的项目应用的文件架构是一样的，如图12-18所示。

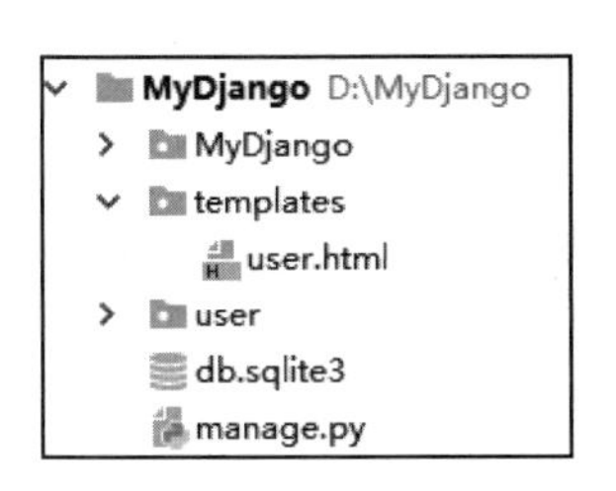

图 12-17　MyDjango 的目录结构

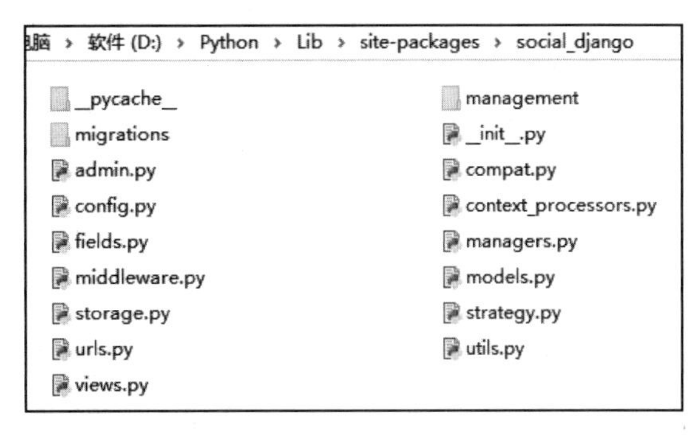

图 12-18　Social-Auth-App-Django 的源码文件

了解Social-Auth-App-Django的本质，可以方便我们在后续的使用中更加清晰地知道它的实现过程。Social-Auth-App-Django支持国内外多个网站认证，可以在官方文档中查阅网站认证信息（https://python-social-auth.readthedocs.io/en/latest/backends/index.html）。本节以微博为例，通过微博认证实现MyDjango的用户注册功能。

首先在浏览器中打开微博开放平台（http://open.weibo.com/），登录微博并新建网站接入应用，如图12-19所示。

我们将网站接入应用命名为MyDjango，在网站接入应用的页面中找到“应用信息”，从中获取网站接入应用的App Key和App Secret，如图12-20所示。

图 12-19　新建网站接入应用

图 12-20　应用信息

下一步设置网站接入应用的OAuth 2.0授权设置，在“应用信息”标签里单击“高级信息”，编辑OAuth 2.0授权设置的授权回调页，如图12-21所示。

授权回调页和取消授权回调页的路由地址具有有格式的要求，因为这两个页面的执行过程是由Social-Auth-App-Django实现的，而Social-Auth-App-Django的源码文件urls.py已为授权回调页和取消授权回调页设置了具体的路由地址。我们可以打开源码文件urls.py，查看路由的定义过程，如图12-22所示。

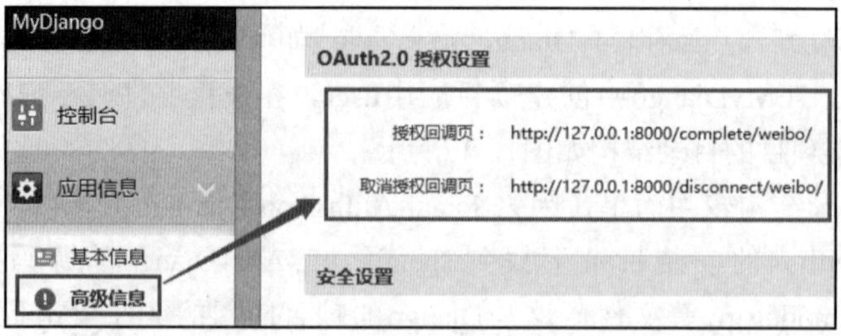

图 12-21　OAuth 2.0 授权设置

```
urlpatterns = [
    # authentication / association
    url(r'^login/(?P<backend>[^/]+){0}$'.format(extra),
        name='begin'),
    url(r'^complete/(?P<backend>[^/]+){0}$'.format(extr
        name='complete'),
    # disconnection
    url(r'^disconnect/(?P<backend>[^/]+){0}$'.format(e
        name='disconnect'),
    url(r'^disconnect/(?P<backend>[^/]+)/(?P<associat
        .format(extra), views.disconnect, name='disconnect
```

图 12-22　源码文件 urls.py

源码文件urls.py的路由变量backend代表网站名称，如“/complete/weibo/”代表微博网站的OAuth 2.0 授权设置。

完成上述配置后，接着在settings.py中设置Social-Auth-App-Django的配置信息，主要在INSTALLED_APPS和TEMPLATES中引入功能模块以及进行功能配置，配置信息如下：

```
# MyDjango的settings.py
INSTALLED_APPS = [
    'django.contrib.admin',
    'django.contrib.auth',
    'django.contrib.contenttypes',
    'django.contrib.sessions',
    'django.contrib.messages',
    'django.contrib.staticfiles',
    'user',
    # 添加第三方应用
    'social_django'
]
# 设置第三方的OAuth 2.0
AUTHENTICATION_BACKENDS = (
    # 微博的功能
    'social.backends.weibo.WeiboOAuth2',
    # QQ的功能
    'social.backends.qq.QQOAuth2',
    # 微信的功能
    'social.backends.weixin.WeixinOAuth2',
    'django.contrib.auth.backends.ModelBackend',)
# 注册成功后的跳转页面
SOCIAL_AUTH_LOGIN_REDIRECT_URL = 'user:success'
# 开放平台应用的 APPID 和 SECRET
```

```
SOCIAL_AUTH_WEIBO_KEY = '692671009'
SOCIAL_AUTH_WEIBO_SECRET = 'd2c4440e1a6d7950b1585cc58334a527'
...（略去部分代码）
            'social_django.context_processors.login_redirect',
        ],
    },
},
]
```

由于Social-Auth-App-Django的源码文件models.py中定义了多个模型，因此在完成MyDjango的配置后，还需要使用migrate指令执行数据迁移，在MyDjango的数据库文件db.sqlite3中生成数据表。

12.4.2　微博账号实现用户注册

在MyDjango中完成Social-Auth-App-Django的环境搭建后，下一步在MyDjango中实现用户注册页面和Social-Auth-App-Django的回调页面。首先定义路由login和success，并且引入Social-Auth-App-Django的路由文件，实现代码如下：

```
# MyDjango的urls.py
from django.urls import path, include
urlpatterns = [
    path('',include(('user.urls','user'),namespace='user')),
    # 导入social_django的路由信息
    path('',include('social_django.urls',namespace='social'))
]

# user的urls.py
from django.urls import path
from .views import *
urlpatterns = [
    # 用户注册界面的路由地址，显示微博登录链接
    path('', loginView, name='login'),
    # 注册后回调的页面，成功注册后跳转回站内地址
    path('success', success, name='success')
]
```

路由login和success分别指向视图函数loginView和success，视图函数无须实现任何功能，因为整个授权认证过程都是由Social-Auth-App-Django实现的。视图函数loginView和success的代码如下：

```
# user的views.py
from django.shortcuts import render
from django.http import HttpResponse
# 用户注册页面
def loginView(request):
    title = '用户注册'
    return render(request,'user.html',locals())

# 注册后回调的页面
def success(request):
    return HttpResponse('注册成功')
```

视图函数loginView使用模板文件user.html作为网页内容，模板文件user.html将使用Social-Auth-App-Django定义的路由地址作为第三方网站的认证链接，具体代码如下：

```
# templates的user.html
<!DOCTYPE html>
<html lang="zh-cn">
<head>
    <meta charset="utf-8">
    <title>{{ title }}</title>
    <link rel="stylesheet"
     href="https://unpkg.com/mobi.css/dist/mobi.min.css">
</head>
<body>
<div class="flex-center">
<div class="container">
<div class="flex-center">
<div>
<h1>Social-Auth-App-Django</h1>
<div>
     {# 路由地址来自Social-Auth-App-Django的源码文件urls.py #}
     <a class="btn btn-primary btn-block"
     href="{% url "social:begin" "weibo" %}">微博注册</a>
</div>
</div>
</div>
</div>
</div>
</body>
</html>
```

至此，我们通过微博认证实现了MyDjango的用户注册功能。运行MyDjango，在浏览器上访问127.0.0.1:8000，在用户登录页面单击“微博注册”按钮，Django将触发Social-Auth-App-Django的路由begin，由路由begin向微博平台发送OAuth 2.0 授权认证，如果认证成功，就访问Social-Auth-App-Django的路由complete，完成认证过程，再由路由complete重定向路由success，从而完成整个用户注册过程。

微博授权成功后，打开数据表social_auth_usersocialauth和auth_user可以看到用户注册信息，如图12-23所示。

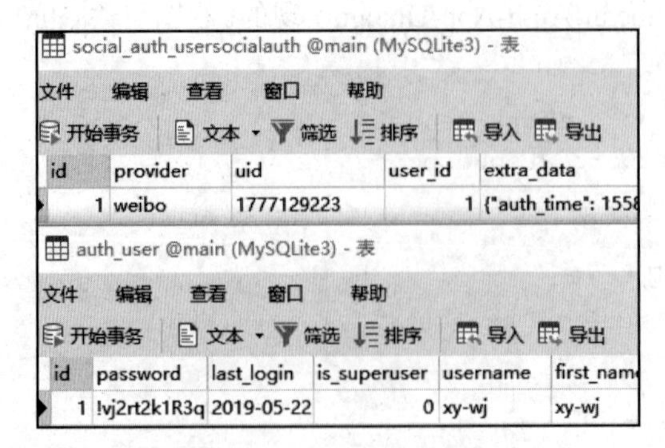

图12-23 数据表social_auth_usersocialauth和auth_user

12.5　异步任务和定时任务

网站的并发编程主要用于处理网站烦琐的业务流程。在处理用户的请求过程中，Django主要在视图中执行，视图是一个函数或类，而且是单线程执行的。然而，在视图函数或视图类处理用户请求时，复杂的数据读写操作或密集的计算往往会使响应时间过长，从而导致网页卡死，影响用户体验。为了解决这类问题，我们可以在视图中加入异步任务，让它处理一些耗时的业务流程，从而缩短用户的响应时间。这样可以提高网站的并发处理能力，改善用户体验。

12.5.1　Celery的安装与配置

Django的异步主要由Celery框架来实现，它是一个用于Python开发的异步任务队列。Celery支持在分布的机器、进程和线程上使用任务队列的方式进行任务调度。Celery侧重于实时操作，每天处理数以百万计的任务。需要注意的是，Celery本身不提供消息存储服务，而是使用第三方数据库来传递任务。目前，Celery支持使用RabbitMQ、Redis和MongoDB等第三方数据库。

本节使用第三方应用Django Celery Results、Django Celery Beat、Celery和Redis数据库实现Django的异步任务和定时任务开发。需要注意的是，定时任务是一种特殊类型的异步任务。

首先，需要安装Redis数据库。在Windows中，有两种方式可以安装Redis数据库：在官网下载压缩包安装或者在GitHub下载MSI安装程序。前者的数据库版本是最新的，但需要通过指令安装并设置相关的环境配置；后者是旧版本，安装方法是傻瓜式安装，启动安装程序后按照安装提示操作即可完成安装。两者的下载地址如下：

```
# 官网下载地址
https://redis.io/download
# GitHub下载地址
https://github.com/MicrosoftArchive/redis/releases
```

Redis数据库的安装过程本书就不再详细讲述，读者可自行查阅相关的资料。除了安装Redis数据库之外，还可以安装Redis数据库的可视化工具，这类工具有助于初次接触Redis的读者了解数据库结构。本书使用Redis Desktop Manager作为Redis的可视化工具，如图12-24所示。

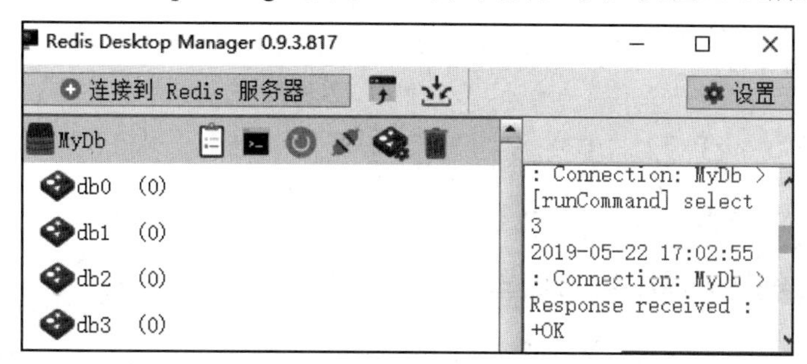

图 12-24　Redis Desktop Manager

接下来介绍实现异步任务所需要的功能模块，包括celery、redis、django-celery-results、django-celery-beat和eventlet。它们都可通过pip指令进行安装，安装指令如下：

```
pip install celery
pip install redis
pip install django-celery-results
pip install django-celery-beat
pip install eventlet
```

每个功能模块负责实现不同的功能，在此简单介绍各个功能模块的具体作用：

（1）celery：安装Celery框架，实现异步任务和定时任务的调度控制。

（2）redis：实现Python与Redis数据库之间的连接。

（3）django-celery-results：基于Celery封装的异步任务结果存储功能。

（4）django-celery-beat：基于Celery封装的定时任务调度功能。

（5）eventlet：Python的协程并发库，这是Celery实现的异步并发运行模式之一。

完成功能模块的安装后，在MyDjango文件夹中创建项目应用index，并且在index文件夹中创建文件tasks.py，该文件用于定义异步任务；在MyDjango文件夹中创建celery.py，该文件用于将Celery框架引入Django框架。

然后在配置文件settings.py中设置异步任务和定时任务的功能模块和功能配置，配置代码如下：

```
# MyDjango的settings.py
INSTALLED_APPS = [
    'django.contrib.admin',
    'django.contrib.auth',
    'django.contrib.contenttypes',
    'django.contrib.sessions',
    'django.contrib.messages',
    'django.contrib.staticfiles',
    'index',
    # 添加异步任务功能
    'django_celery_results',
    # 添加定时任务功能
    'django_celery_beat'
]

# 设置存储Celery任务队列的Redis数据库
CELERY_BROKER_URL = 'redis://127.0.0.1:6379/0'
CELERY_ACCEPT_CONTENT = ['json']
CELERY_TASK_SERIALIZER = 'json'
# 设置存储Celery任务结果的数据库
CELERY_RESULT_BACKEND = 'django-db'

# 设置定时任务相关配置
CELERY_ENABLE_UTC = True
CELERY_BEAT_SCHEDULER='django_celery_beat.schedulers:DatabaseScheduler'
```

最后在index的models.py中定义模型PersonInfo，利用异步任务实现修改模型PersonInfo的数据。模型PersonInfo的定义过程如下：

```
# index的models.py
from django.db import models
```

```
class PersonInfo(models.Model):
    id = models.AutoField(primary_key=True)
    name = models.CharField(max_length=20)
    age = models.IntegerField()
    hireDate = models.DateField()
    def __str__(self):
       return self.name
    class Meta:
       verbose_name = '人员信息'
```

对整个项目执行数据迁移，因为异步任务和定时任务在运行过程中需要依赖数据表才能完成任务执行。数据迁移后，打开项目的db.sqlite3数据库文件，可以看到项目一共生成了17个数据表，在数据表index_personinfo中添加人员信息，如图12-25所示。

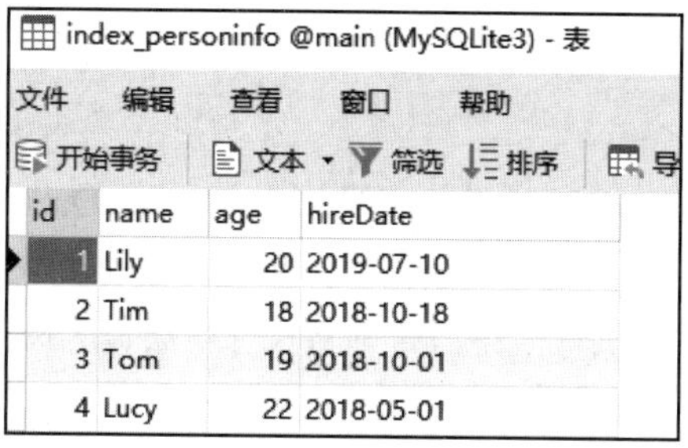

index_personinfo @main (MySQLite3) - 表

文件　编辑　查看　窗口　帮助

开始事务　文本 ▾　筛选　排序　导

id	name	age	hireDate
1	Lily	20	2019-07-10
2	Tim	18	2018-10-18
3	Tom	19	2018-10-01
4	Lucy	22	2018-05-01

图 12-25　数据表 index_personinfo

12.5.2　异步任务

在12.5.1节，我们已经完成了MyDjango的开发环境搭建，接下来将在MyDjango中实现异步任务开发。

首先在MyDjango的celery.py文件中实现Celery框架和Django框架的组合使用，Celery框架根据Django的运行环境进行实例化并生成app对象。celery.py的代码如下：

```
# MyDjango的celery.py
import os
from celery import Celery
# 获取settings.py的配置信息
os.environ.setdefault('DJANGO_SETTINGS_MODULE','MyDjango.settings')
# 定义Celery对象，并将项目配置信息加载到对象中
# Celery的参数一般以项目名称命名
app = Celery('MyDjango')
app.config_from_object('django.conf:settings',namespace='CELERY')
app.autodiscover_tasks()
```

上述代码只是在MyDjango中创建了Celery框架的实例化对象app，我们还需要将实例化对象app与MyDjango绑定，使Django在运行的时候能自动加载Celery框架的实例化对象app。因此，需要在MyDjango的初始化文件__init__.py中编写加载过程，代码如下：

```
# MyDjango的__init__.py
from .celery import app as celery_app
__all__ = ['celery_app']
```

现在已将Celery框架加载到Django框架了，下面讲述如何在Django中使用Celery框架实现异步任务开发，也就是将MyDjango定义的函数updateData与Celery框架的实例化对象app进行绑定，使该函数转换为异步任务。我们在index的task.py中定义函数updateData，函数代码如下：

```
# index的task.py
from celery import shared_task
from .models import *
import time
# 带参数的异步任务
@shared_task
def updateData(id, info):
    try:
        PersonInfo.objects.update_or_create(**info, id=id)
        return 'Done'
    except:
        return 'Fail'
```

函数updateData由装饰器shared_task转换成异步任务updateData，它设有参数id和info，分别代表模型PersonInfo的主键id和其他模型字段数据。异步任务没有要求函数设置返回值，如果函数设有返回值，它就作为异步任务的执行结果，否则将执行结果设为None。所有的执行结果都会记录在数据表django_celery_results_taskresult的result字段中。

接下来在MyDjango中编写异步任务updateData的触发条件，换句话说，当用户访问特定的网址时，视图函数或视图类将调用异步任务updateData。异步任务由Celery框架执行，视图函数或视图类只需返回响应内容即可，无须等待异步任务的执行过程。

我们在MyDjango的urls.py和index的urls.py中定义路由index和Admin后台系统的路由，路由信息如下：

```
# MyDjango的urls.py
from django.contrib import admin
from django.urls import path, include
urlpatterns = [
    path('admin/', admin.site.urls),
    path('',include(('index.urls','index'),namespace='index'))
]

# index的urls.py
from django.urls import path
from .views import *
urlpatterns = [
    path('', index, name='index'),
]
```

在上述代码中，定义Admin后台系统的路由是为了设置定时任务，定时任务将在下一节详细讲述。路由index为异步任务updateData的触发条件提供路由地址，路由的请求处理由视图函数index执行。因此，在index的views.py中定义视图函数index，代码如下：

```
# index的views.py
from django.http import HttpResponse
from .tasks import updateData
```

```
def index(request):
    # 传递参数并执行异步任务
    id = request.GET.get('id', 1)
    info=dict(name='May',age=19,hireDate='2019-10-10')
    updateData.delay(id, info)
    return HttpResponse("Hello Celery")
```

视图函数index设置了变量id和info，异步任务updateData调用delay方法创建任务队列，由Celery框架完成执行过程。如果异步任务设有参数，那么可以在delay方法里添加异步任务的函数参数。

至此，我们已完成Django的异步任务开发。最后讲述如何启动异步任务的运行环境。因为异步任务由Celery框架执行，所以除了启动MyDjango之外，还需要启动Celery框架。首先运行MyDjango，然后在PyCharm的Terminal中输入以下指令启动Celery：

```
# 指令中的MyDjango是项目名称
# 启动Celery
celery -A MyDjango worker -l info -P eventlet
```

上述指令是通过eventlet模块运行Celery框架的。Celery框架有多种运行方式，读者可以自行在网上查阅相关资料。当Celery框架成功启动后，它会自动加载MyDjango定义的异步任务updateData，并在PyCharm的Terminal中显示Redis数据库连接信息，如图12-26所示。

```
INFO/MainProcess] pidbox: Connected to redis://127.0.0.1:6379/0.
INFO/MainProcess] celery@DESKTOP-35G6AEE ready.
INFO/MainProcess] Task index.tasks.updateData[aadf0499-c0ac-48f5
INFO/MainProcess] Task index.tasks.updateData[aadf0499-c0ac-48f5
```

图 12-26　Celery 启动信息

在浏览器上访问127.0.0.1:8000时，视图函数index将触发异步任务updateData。如果当前请求没有请求参数id，就会默认修改模型PersonInfo中主键id等于1的数据。异步任务执行成功后，执行结果将显示在PyCharm的Terminal界面，并保存到数据表django_celery_results_taskresult中，如图12-27所示。

id	task_id	status	content_type	content_e	result
1	6d65ae2b-64f	SUCCESS	application/json	utf-8	"Done"

图 12-27　数据表 django_celery_results_taskresult

12.5.3　定时任务

定时任务是一种较为特殊的异步任务，它在特定的时间内触发并执行某个异步任务，换句话说，所有异步任务都可以设为定时任务。为了与12.5.2节的异步任务updateData进行区分，这里在index的tasks.py中定义异步任务timing，具体代码如下：

```
# index的tasks.py
@shared_task
```

```
def timing():
    now = time.strftime("%H:%M:%S")
    with open("d:\\output.txt", "a") as f:
        f.write("The time is " + now)
        f.write("\n")
        f.close()
```

下一步将异步任务timing设为定时任务。首先在PyCharm的Terminal中使用Django指令创建超级管理员账号（账号和密码皆为admin）。然后运行MyDjango，在浏览器上访问Admin后台系统并使用超级管理员登录。最后在Admin后台系统的主页面找到Periodic Tasks，单击该链接进入Periodic Tasks页面，在Periodic Tasks页面单击Add periodic task链接，进入Add periodic task页面，如图12-28所示。

Add periodic task

Name:

Short Description For This Task

Task (registered):

Task (custom):

Enabled

Set to False to disable the schedule

Description:

Detailed description about the details of this Periodic Task

Schedule

Interval Schedule: every 5 seconds

Interval Schedule to run the task on. Set only one schedule type, leave the others null.

图 12-28　创建定时任务

在Add periodic task页面，我们将Name设置为Mytiming，将Task设置为异步任务timing，Interval设置为5秒，这是创建定时任务Mytiming，每间隔5秒就会执行异步任务timing。定时任务创建成功后，可以在数据表django_celery_beat_periodictask中查看任务信息，如图12-29所示。

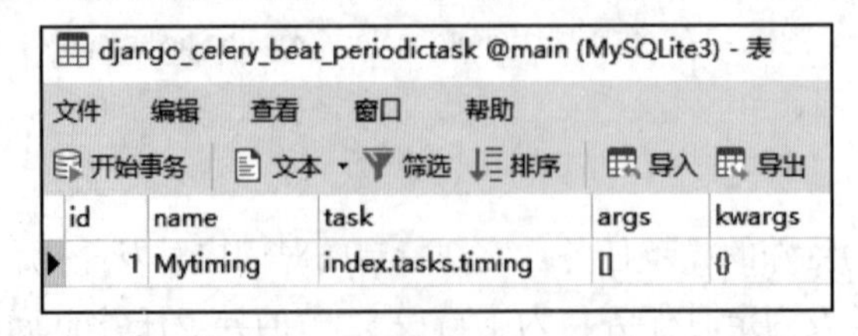

id	name	task	args	kwargs
1	Mytiming	index.tasks.timing	[]	{}

图 12-29　数据表 django_celery_beat_periodictask

如果异步任务设有参数，那么可以在Add periodic task页面设置Positional Arguments或Keyword arguments，参数以JSON格式表示，它们分别对应数据表字段args和kwargs。

定时任务设置完成后，我们通过输入指令来启动定时任务。在输入指令之前，必须保证MyDjango和Celery处于运行状态。换句话说，如果使用PyCharm启动定时任务，就需要运行MyDjango，启动Celery和Celery的定时任务。在PyCharm中创建两个Terminal界面，每个Terminal界面依次输入以下指令：

```
# 指令中的MyDjango是项目名称
# 启动Celery
celery -A MyDjango worker -l info -P eventlet
# 启动定时任务
celery -A MyDjango beat -l info -S django
```

定时任务启动后，数据表django_celery_beat_periodictask中所有的定时任务都会进入等待状态，只有当Django的系统时间达到定时任务的触发时间，Celery才会运行符合触发条件的定时任务。比如定时任务Mytiming，它每间隔5秒就会执行异步任务timing，我们在Terminal或数据表django_celery_results_taskresult中可以查看定时任务的执行情况，如图12-30所示。

```
10:34:52,899: INFO/MainProcess] beat: Starting...
10:34:53,130: INFO/MainProcess] Scheduler: Sending due task Mytiming
10:34:58,130: INFO/MainProcess] Scheduler: Sending due task Mytiming
10:35:03,138: INFO/MainProcess] Scheduler: Sending due task Mytiming
10:35:08,138: INFO/MainProcess] Scheduler: Sending due task Mytiming
10:35:13,148: INFO/MainProcess] Scheduler: Sending due task Mytiming
```

图12-30　定时任务的执行情况

12.6　即时通信——在线聊天

Web在线聊天室的实现方法有多种，每一种实现方法的基本原理各不相同，详细说明如下：

（1）使用AJAX技术：通过AJAX实现网页与服务器的无刷新交互，在网页上每隔一段时间就通过AJAX从服务器中获取数据，然后将数据更新并显示在网页上。这种方法简单明了，缺点是实时性不高。

（2）使用Comet（Pushlet）技术：Comet是一种Web应用架构，服务器以异步方式向浏览器推送数据，无须浏览器发送请求。Comet架构非常适合事件驱动的Web应用，以及对交互性和实时性要求较高的应用，如股票交易行情分析、聊天室和Web版在线游戏等。

（3）使用XMPP协议：XMPP（可扩展消息处理现场协议）是基于XML的协议，是专为即时通信系统设计的通信协议，用于即时消息以及在线现场探测。这个协议允许用户向其他用户发送即时消息。

（4）使用Flash的XmlSocket：Flash Media Server是一个强大的流媒体服务器，它基于RTMP协议，提供了稳定的流媒体交互功能。此外，它内置的远程共享对象（Shared Object）机制，可以让浏览器创建并连接服务器的远程共享对象。

（5）使用WebSocket协议：WebSocket是通过单个TCP连接提供全双工（双向通信）通信信道的计算机通信协议，可以在浏览器和服务器之间进行双向通信，允许多个用户连接到同一个实时服务器，并通过API进行通信且立即获得响应。WebSocket不仅适用于聊天/消息传递应用程序，还适用于实时更新和即时信息交换的应用程序，比如现场体育更新、股票行情、多人游戏、聊天应用、社交媒体等。

12.6.1 Channels的安装与配置

如果想在Django里开发Web在线聊天功能，建议使用WebSocket协议。通过Channels库使用WebSocket协议，可以实现浏览器和服务器之间的双向通信。它的实现原理是在Django中定义Channels的API接口，由网页的JavaScript与该API接口建立通信连接，使浏览器和服务器可以相互传递数据。

要实现Channels的功能，就必须依赖Redis数据库。因此，除了安装channels模块之外，还需要安装channels_redis、daphne和pypiwin32模块。我们可以使用pip指令安装这些模块，指令如下：

```
pip install channels
pip install channels_redis
pip install daphne
# Channels的功能依赖模块
pip install pypiwin32
```

完成第三方功能应用Channels的安装后，下一步需要在Django中配置Channels。以MyDjango为例，首先创建项目应用chat，并在项目应用chat中新建urls.py文件；然后在MyDjango文件夹中创建文件consumers.py（文件名称无硬性要求，读者可以自行命名）；在templates文件夹中创建模板文件chat.html和room.html；最后执行整个项目的数据迁移，因为Channels需要使用Django内置的Session机制，用于区分和识别每个用户的身份信息。

打开MyDjango的settings.py文件，将第三方功能应用Channels添加到MyDjango。首先在配置属性INSTALLED_APPS中添加channels和chat，前者是第三方功能应用Channels，后者是项目应用chat，配置信息如下：

```
# MyDjango的settings.py
INSTALLED_APPS = [
    # 必须引入daphne，用于启动ASGI服务器，否则前端连接ws失败
    'daphne',
    'django.contrib.admin',
    'django.contrib.auth',
    'django.contrib.contenttypes',
    'django.contrib.sessions',
    'django.contrib.messages',
    'django.contrib.staticfiles',
    # 添加channels功能
    'channels',
    'chat',
]
```

第三方功能应用Channels以项目应用的形式添加到MyDjango。由于Channels的功能依赖于Redis数据库，因此还需要在settings.py中设置Channels的功能配置，配置信息如下：

```
# MyDjango的settings.py
ASGI_APPLICATION = 'MyDjango.asgi.application'
CHANNEL_LAYERS = {
```

```
    'default': {
        'BACKEND':'channels_redis.core.RedisChannelLayer',
        'CONFIG': {
            "hosts": [('127.0.0.1', 6379)],
        },
    },
}
```

功能配置CHANNEL_LAYERS用于设置Redis数据库的连接方式，ASGI_APPLICATION主要实现Django与Channels的通信连接，具体的定义过程如下：

```
# MyDjango的asgi.py
import os
from MyDjango import urls
from django.core.asgi import get_asgi_application
from channels.auth import AuthMiddlewareStack
from channels.routing import ProtocolTypeRouter, URLRouter
from channels.security.websocket import AllowedHostsOriginValidator

os.environ.setdefault('DJANGO_SETTINGS_MODULE', 'MyDjango.settings')
application = ProtocolTypeRouter(
    {
        "http": get_asgi_application(),
        "websocket": AllowedHostsOriginValidator(
            AuthMiddlewareStack(URLRouter(urls.websocket_urlpatterns))
        ),
    }
)
```

上述代码的application对象由ProtocolTypeRouter实例化生成，在实例化过程中，需要传入参数application_mapping，该参数以字典格式表示，其中websocket代表使用WebSocket协议；websocket的值是Channels路由对象websocket_urlpatterns，该对象定义在MyDjango的urls.py中。因此，在MyDjango的urls.py中需要定义路由对象urlpatterns和websocket_urlpatterns，代码如下：

```
# MyDjango的urls.py
from django.urls import path, include
from .consumers import ChatConsumer
urlpatterns = [
    path('',include(('chat.urls','chat'),namespace='chat'))
]
websocket_urlpatterns = [
    # 使用同步方式实现
    # path('ws/chat/<room_name>/', ChatConsumer),
    # 如果使用异步方式实现，路由的视图必须调用as_asgi()
    path('ws/chat/<room_name>/', ChatConsumer.as_asgi()),
]
```

路由对象urlpatterns用于定义项目应用chat的路由信息，而websocket_urlpatterns用于定义Channels的路由信息。在上述代码中只定义了路由ws/chat/<room_name>/，它由视图类ChatConsumer处理和响应HTTP请求。该路由作为Channels的API接口，由网页的JavaScript与该路由构建通信连接，使浏览器和服务器之间可以相互传递数据。在MyDjango的consumers.py中定义视图类ChatConsumer，代码如下：

```
# MyDjango的consumers.py
from channels.generic.websocket import AsyncWebsocketConsumer
import json
class ChatConsumer(AsyncWebsocketConsumer):
    async def connect(self):
        self.room_name=self.scope['url_route']['kwargs']['room_name']
        self.room_group_name = 'chat_%s' % self.room_name
        # 加入聊天室
        await self.channel_layer.group_add(
            self.room_group_name,
            self.channel_name
        )
        await self.accept()

    async def disconnect(self, close_code):
        # 离开聊天室
        await self.channel_layer.group_discard(
            self.room_group_name,
            self.channel_name
        )

    # 从WebSocket接收信息
    async def receive(self, text_data):
        text_data_json = json.loads(text_data)
        message = text_data_json['message']
        # 发送信息到聊天室
        await self.channel_layer.group_send(
            self.room_group_name,
            {
                'type': 'chat_message',
                'message': message
            }
        )

    # 从聊天室接收信息
    async def chat_message(self, event):
        message = event['message']
        # 发送信息到WebSocket
        await self.send(text_data=json.dumps({
            'message': message
        }))
```

视图类ChatConsumer继承自父类AsyncWebsocketConsumer，父类定义WebSocket协议的异步通信方式。由视图类ChatConsumer的类方法可知，每个类方法都使用async语法标识，async语法从Python 3.5开始引入，该语法能将函数方法以异步方式运行，从而提高代码的运行速度和性能。

除此之外，Channels还定义了WebsocketConsumer类，它与AsyncWebsocketConsumer实现的功能一致，但以同步方式运行，对比AsyncWebsocketConsumer而言，它的运行速度和性能较低。

WebsocketConsumer和AsyncWebsocketConsumer是通过字符串格式进行数据通信的，如果使用JSON格式进行数据通信，那么可以采用Channels定义的JsonWebsocketConsumer或AsyncJsonWebsocketConsumer。

综上所述，在Django里配置第三方功能应用Channels的步骤如下：

（1）在settings.py的INSTALLED_APPS中添加channels，第三方功能应用Channels以项目应用的形式添加到Django中；同时设置Channels的功能配置属性ASGI_APPLICATION和CHANNEL_LAYERS。

（2）功能配置属性ASGI_APPLICATION设置了Django与Channels的连接方式，连接过程由application对象实现。application对象由ProtocolTypeRouter实例化生成，在实例化过程中，需要传入Channels的路由对象websocket_urlpatterns。

（3）路由对象websocket_urlpatterns定义在MyDjango的urls.py中，这是定义Channels的API接口，由网页的JavaScript与API接口建立通信连接，使浏览器和服务器之间可以相互传递数据。

（4）路由由ws/chat/<room_name>/由视图类ChatConsumer处理和响应HTTP请求，视图类ChatConsumer继承自父类AsyncWebsocketConsumer，这是使用WebSocket协议的异步通信方式实现浏览器和服务器之间的数据传递。

12.6.2　Web在线聊天功能

12.6.1节实现了Django和Channels的异步通信连接，本节将讲述如何在Django中使用Channels实现Web在线聊天功能。我们在MyDjango的urls.py中定义项目应用chat的路由空间，它指向项目应用chat的urls.py，在项目应用chat的urls.py中分别定义路由newChat和room，代码如下：

```
# chat的urls.py
from django.urls import path
from .views import *
urlpatterns = [
    # 用于开启新的聊天室
    path('', newChat, name='newChat'),
    # 创建聊天室
    path('<room_name>/', room, name='room'),
]
```

路由newChat供用户创建或进入某个聊天室，由视图函数newChat处理和响应HTTP请求。路由room是聊天室的聊天页面，路由地址设有路由变量room_name，它代表聊天室名称，由视图函数room处理和响应HTTP请求。在chat的views.py中定义视图函数newChat和room，视图函数的定义过程如下：

```
# chat的views.py
from django.shortcuts import render
# 用于创建或进入聊天室
def newChat(request):
    return render(request, 'chat.html', locals())

# 创建聊天室
def room(request, room_name):
    return render(request, 'room.html', locals())
```

视图函数newChat和room分别使用模板文件chat.html和room.html生成网页内容。由于路由newChat供用户创建或进入某个聊天室，因此模板文件chat.html需要生成路由room的路由地址，实现代码如下：

```
# templates的chat.html
<!DOCTYPE html>
<html>
<head>
    <meta charset="utf-8"/>
    <title>Chat Rooms</title>
</head>
<body>
<div>请输入聊天室名称</div>
<br/>
<input id="input" type="text" size="30"/>
<br/>
<input id="submit" type="button" value="进 入"/>
<script>
document.querySelector('#input').focus();
document.querySelector('#input').onkeyup = function(e) {
    if (e.keyCode === 13) {  // enter, return
        document.querySelector('#submit').click();
    }
};
document.querySelector('#submit').onclick = function(e) {
    var roomName = document.querySelector('#input').value;
    window.location.pathname = '/' + roomName + '/';
};
</script>
</body>
</html>
```

模板文件chat.html设有文本输入框和“进入”按钮，当用户在文本输入框输入聊天室名称后，单击“进入”按钮或按回车键将触发网页的JavaScript脚本，JavaScript将用户输入的聊天室名称作为路由room的路由变量room_name，以此来控制浏览器访问路由room。

除了在路由newChat的页面使用JavaScript脚本访问路由room之外，还可以使用网页表单方式实现，由视图函数newChat重定向访问路由room。

路由room使用模板文件room.html生成聊天室的聊天页面，模板文件room.html的代码如下：

```
# templates的room.html
<!DOCTYPE html>
<html>
<head>
    <meta charset="utf-8"/>
    <title>聊天室{{ room_name }}</title>
</head>
<body>
    <textarea id="chat-log" cols="100" rows="20"></textarea>
    <br/>
    <input id="input" type="text" size="100"/><br/>
    <input id="submit" type="button" value="发 送"/>
</body>
<script>
```

```
var roomName = '{{ room_name }}';
# 标注 ①
var chatSocket = new WebSocket(
    'ws://' + window.location.host +
    '/ws/chat/' + roomName + '/');

# 标注 ②
# 将MyDjango发送的数据显示在多行文本输入框中
chatSocket.onmessage = function(e) {
    var data = JSON.parse(e.data);
    var message = data['message'];
    document.querySelector('#chat-log').
    value += (message + '\n');
};

# 标注 ③
# 关闭网页与MyDjango的Channels连接
chatSocket.onclose = function(e) {
    console.error('Chat socket closed unexpectedly');
};

# 标注 ④
document.querySelector('#input').focus();
document.querySelector('#input').onkeyup = function(e) {
    if (e.keyCode === 13) {  // enter, return
        document.querySelector('#submit').click();
    }
};

# 标注 ⑤
# 网页向MyDjango的Channels发送数据
document.querySelector('#submit').onclick = function(e) {
    var messageInputDom = document.querySelector('#input');
    var message = messageInputDom.value;
    chatSocket.send(JSON.stringify({
        'message': message
    }));
    messageInputDom.value = '';
};
</script>
</html>
```

聊天室的聊天页面设有多行文本输入框（<textarea>标签）、单行文本输入框（<input type="text">标签）和“发送”按钮。多行文本输入框用于显示用户之间的聊天记录；单行文本输入框供当前用户输入聊天内容；“发送”按钮可以将聊天内容发送给所有在线的用户，并且显示在多行文本输入框中。

聊天功能的实现过程由JavaScript脚本执行，上述的JavaScript代码设有5个标注，每个标注实现的功能说明如下：

- 标注①创建WebSocket对象，对象命名为chatSocket，它连接了MyDjango定义的路由ws/chat/<room_name>/，使网页与MyDjango的Channels实现通信连接。

- 标注②设置chatSocket对象的onmessage事件，该事件接收MyDjango发送的数据，并将数据显示在多行文本输入框中。
- 标注③设置chatSocket对象的onclose事件，如果JavaScript与MyDjango的通信连接发生异常，就会触发此事件，该事件在浏览器的开发者工具中输出提示信息。
- 标注④设置“发送”按钮的onkeyup事件，如果用户按回车键即可触发此事件，那么该事件将会触发“发送”按钮的onclick事件。
- 标注⑤设置“发送”按钮的onclick事件，该事件将单行文本输入框的内容发送给MyDjango的Channels。Channels接收某用户的数据后，将数据发送给同一个聊天室的所有用户，此时就会触发chatSocket对象的onmessage事件，将数据显示在每个用户的多行文本输入框中，这样同一个聊天室的所有用户都能看到某个用户发送的信息。

运行MyDjango，打开谷歌浏览器并访问127.0.0.1:8000，在文本输入框中输入聊天室名称并单击“进入”按钮，如图12-31所示。

图 12-31 创建或进入聊天室

当成功创建聊天室MyDjango后，打开IE浏览器访问127.0.0.1:8000/MyDjango。聊天室MyDjango中已有两位在线用户，用户A代表谷歌浏览器，用户B代表IE浏览器。我们让用户A发送信息，在用户B的页面可以即时看到信息内容，如图12-32所示。

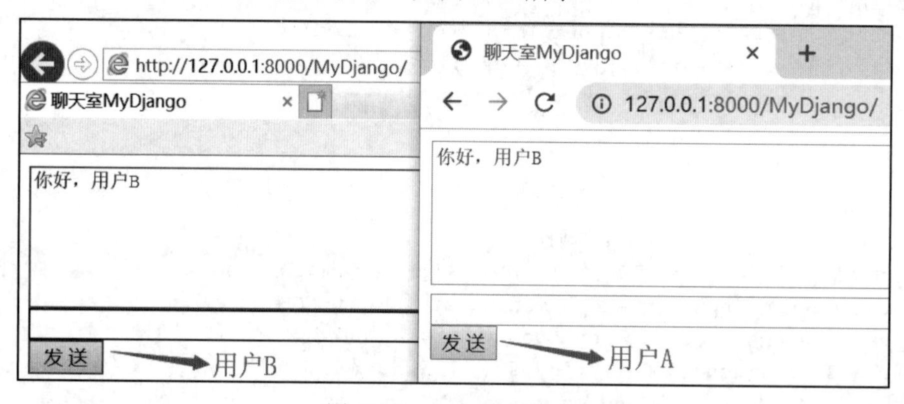

图 12-32 Web 在线聊天

12.7 本章小结

使用第三方功能应用可以极大地提升网站开发的效率，因此这些第三方应用在实际网站开发中经常会用到。读者应重点了解和掌握以下内容：

（1）为了简化API的开发过程，可以使用Django Rest Framework框架实现API开发。

（2）如果想在Django中实现验证码功能，可以通过第三方应用Django Simple Captcha实现。

（3）Django Haystack是一个专门提供搜索功能的Django第三方应用，它支持Solr、Elasticsearch、Whoosh和Xapian等多种搜索引擎，配合著名的中文自然语言处理库jieba（分词库）可以实现全文搜索系统。

（4）用户注册与登录是网站必备的功能之一，Django内置的Auth认证系统可以帮助开发人员快速实现用户管理功能。但很多网站为了加强社交功能，在用户管理功能上增设了第三方网站的用户注册与登录功能，这是通过OAuth 2.0认证与授权来实现的。

（5）Django的异步主要由Celery框架实现，这是Python开发的异步任务队列。它支持使用任务队列的方式在分布的机器、进程和线程上执行任务调度。Celery侧重于实时操作，每天处理数以百万计的任务。Celery本身不提供消息存储服务，它使用第三方数据库来传递任务。目前第三方数据库支持 RabbitMQ、Redis和MongoDB等。

（6）Channels是使用WebSocket协议实现浏览器和服务器的双向通信的，它的实现原理是在Django中定义Channels的API接口，由网页的JavaScript与该API接口构建通信连接，使浏览器和服务器之间可以相互传递数据。

第 13 章 博客系统的设计与实现

本章讲述如何使用Django开发个人博客系统。博客系统包括用户（博主）注册和登录、博主资料信息、图片墙功能、留言板功能、文章列表、文章正文内容和Admin后台系统。用户（博主）只能编辑自己的博客内容，并且允许任何人访问，整个博客系统有点类似于CSDN博客系统。

13.1 项目设计与配置

博客系统包括用户（博主）注册和登录、博主资料信息、图片墙功能、留言板功能、文章列表、文章正文内容和Admin后台系统，详细说明如下。

用户（博主）注册和登录是在同一页面实现的两种功能，实现方法可以使用JavaScript或网页表单，网页效果如图13-1所示。

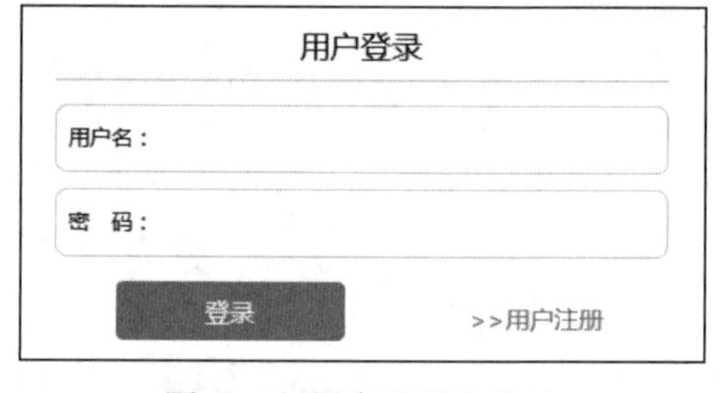

图 13-1　用户注册和登录

博主资料信息用于显示博主的个人简介、姓名和联系方式，联系方式主要有微博、微信和QQ，网页效果如图13-2所示。

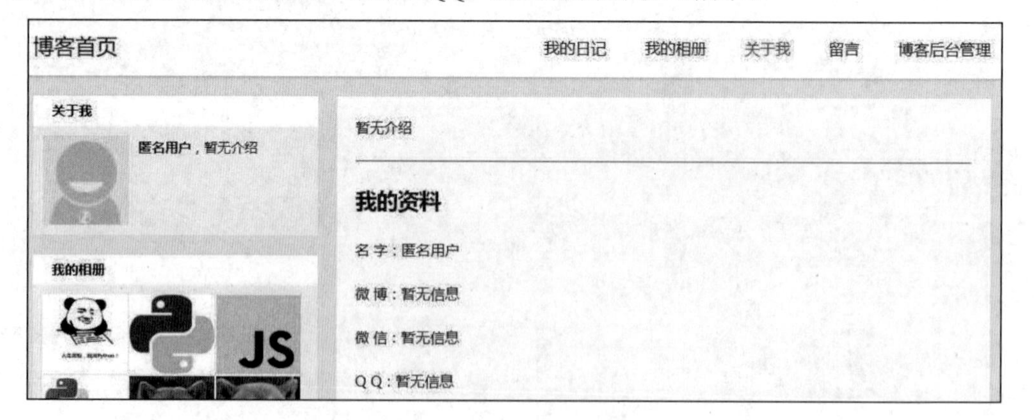

图 13-2　博主资料信息页

图片墙功能将用户（博主）上传的图片以列表形式展示，每幅图片允许设置标题和图片描述。图片墙每页显示8幅图片，每页设有两行图片，每行显示4幅图片，网页效果如图13-3所示。

图 13-3　图片墙功能

留言板功能是供访客和博主进行交流互动的页面，访客在网页表单中填写姓名、邮箱和留言内容即可完成留言过程，并且所有留言信息都会显示在网页上，网页效果如图13-4所示。

图 13-4　留言板功能

文章列表将每篇文章以列表形式展示，每篇文章显示文章图片、标题和部分内容，只要单击文章标题或图片即可查看文章正文内容，网页效果如图13-5所示。

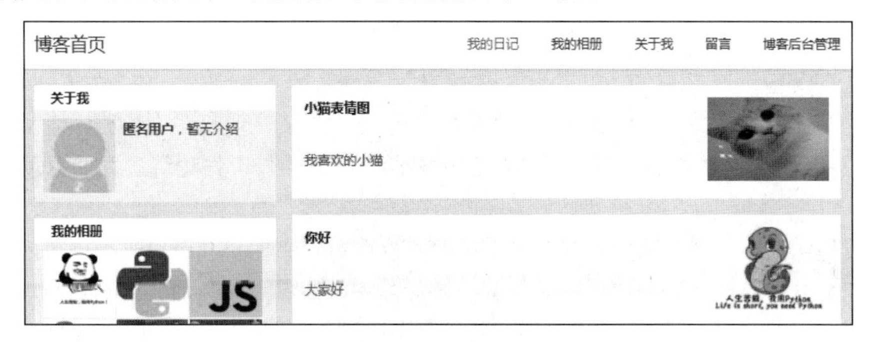

图 13-5　文章列表

文章正文内容用于显示文章的标签、阅读量、发布时间、作者、正文内容和评论内容，网页设计如图13-6所示。

图 13-6 文章正文内容

Admin后台系统主要实现博客管理、图片墙管理、用户管理和留言管理，如图13-7所示。

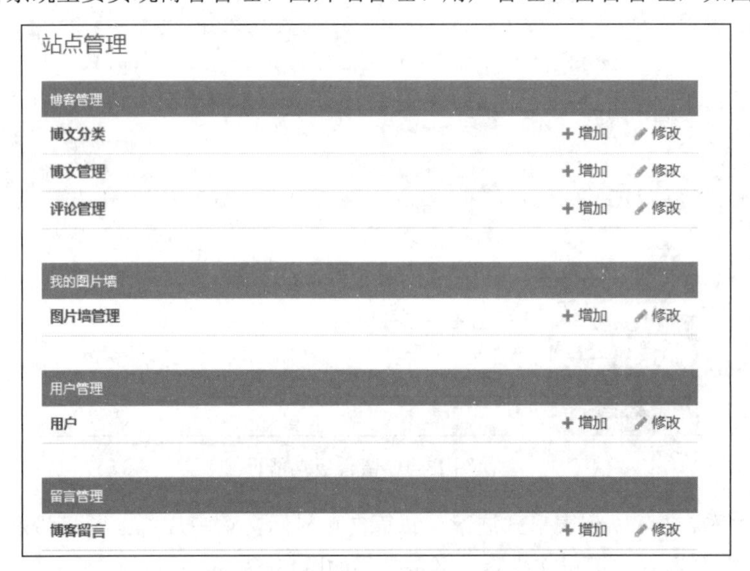

图 13-7 Admin 后台系统

每个管理功能的说明如下：

（1）博客管理划分为3个数据表，分别是博文分类、博文管理和评论管理。博文分类设置文章的分类标签；博文管理供博主对每篇文章进行编辑、修改操作；评论管理存储每篇文章的评论内容。

（2）我的图片墙管理供博主管理自己上传的图片，对每幅图片都可以进行修改或删除操作。

（3）用户管理只能看到自己的账号信息，例如，一个博客系统注册了多个用户（博主），用户之间是无法查看其他人的账号信息的，保障了用户账号的安全性。用户账号信息可显示在博主资料信息页，如图13-2所示。

（4）留言管理只能看到访客给自己的留言内容，并且具备所有操作权限，但无法查看和操作其他博主的博客留言内容。

13.1.1　项目架构设计

博客系统的网页数据是根据用户角色进行筛选和显示的，每个用户（博主）只能管理自己的博客内容，换句话说，博客系统所有的数据表必须关联到用户信息表。在设计项目架构的时候，必须围绕项目的核心功能进行设计，以核心功能为主体，向外延伸和完善其他功能，这是项目架构设计的思路之一。

在Windows系统下打开命令提示符窗口，将命令提示符窗口的路径切换到D盘，输入Django的项目创建指令创建项目，项目名称为myblog；然后创建项目应用account、album、article和interflow，并在每个项目应用中创建路由文件urls.py；最后在项目中创建文件夹media、publicStatic和templates，新建的项目应用和文件夹说明如下：

（1）项目应用account实现用户注册、登录和用户（博主）资料信息页，自定义模型MyUser继承内置模型User，在内置模型User的基础上添加新字段，以完善用户信息。模型MyUser为博主资料信息页提供数据支持，而且模型MyUser需要关联其他模型。

（2）项目应用album实现图片墙功能，每个用户（博主）的图片墙只能显示自己上传的图片信息。模型AlbumInfo用于存储图片墙的图片信息，它设有外键字段来关联模型MyUser，与模型MyUser组成一对多的数据关系。

（3）项目应用article实现用户（博主）的文章管理，每篇文章设有分类标签、正文内容和评论信息，三者分别对应模型ArticleTag、ArticleInfo和Comment。每个模型之间的数据关系说明如下：

- 模型ArticleTag设有外键字段来关联模型MyUser，与模型MyUser组成一对多的数据关系。
- 模型ArticleInfo不仅与模型MyUser组成一对多的数据关系，还与模型ArticleTag组成多对多的数据关系。
- 模型Comment只与模型ArticleInfo组成一对多的数据关系。

（4）项目应用interflow实现博客的留言板功能，模型Board存储留言板信息，它设有外键字段来关联模型MyUser，与模型MyUser组成一对多的数据关系，从而区分每个用户（博主）的留言板内容。

（5）媒体资源文件夹media存放用户（博主）上传的文章图片、图片墙的图片、用户（博主）头像等资源文件，这类资源文件的变动频率较高，因此要与静态资源区分，使用不同的存储路径。

（6）静态资源文件夹publicStatic中存放网页的CSS样式文件、JavaScript脚本文件和网页图片等静态资源。如果项目中创建了多个项目应用，而在每个项目应用中又单独创建静态资源文件夹，那么当更新或修改网页布局时，这样复杂的结构不利于日后的维护和管理。

（7）模板文件夹templates存放模板文件，本项目一共使用7个模板文件，每个模板文件的说明如下：

- base.html定义项目的共用模板文件。
- album.html实现图片墙的网页内容。
- article.html实现文章列表页。
- board.html实现留言板的网页内容。

- detail.html实现文章正文内容页。
- user.html实现用户注册和登录页。
- about.html实现用户（博主）资料信息页。

由于项目需要实现用户注册和登录功能，而Admin后台系统内置了用户登录页面，如果一个网站设有两个不同的登录页面，就会对用户体验产生负面影响。因此，我们将用户注册和登录页面作为Admin后台系统的登录页面。在myblog文件夹中添加myadmin.py和myapps.py文件，这两个文件用于自定义Admin后台系统，整个myblog的目录结构如图13-8所示。

```
myblog D:\myblog
  account
  album
  article
  interflow
  media
  myblog
    _init_.py
    myadmin.py
    myapps.py
    settings.py
    urls.py
    wsgi.py
  publicStatic
  templates
  manage.py
```

图13-8　目录结构

13.1.2　功能配置

从myblog的架构设计得知，项目中添加了多个项目应用，新建了媒体资源文件夹media、静态资源文件夹publicStatic和模板文件夹templates，并且在myblog文件夹中创建了myadmin.py和myapps.py文件。下面将上述设置写入Django的配置文件settings.py，当Django运行的时候能自动加载相应的功能应用。

首先，将项目应用account、album、article和interflow写入配置属性INSTALLED_APPS，并在配置属性MIDDLEWARE中添加中间件LocaleMiddleware，使Admin后台系统支持中文，配置代码如下：

```
# myblog的settings.py
INSTALLED_APPS = [
    'django.contrib.admin',
    'django.contrib.auth',
    'django.contrib.contenttypes',
    'django.contrib.sessions',
    'django.contrib.messages',
    'django.contrib.staticfiles',
    'article',
    'album',
    'account',
    'interflow',
]
MIDDLEWARE = [
    'django.middleware.security.SecurityMiddleware',
    'django.contrib.sessions.middleware.SessionMiddleware',
    # 添加中间件LocaleMiddleware
    'django.middleware.locale.LocaleMiddleware',
    'django.middleware.common.CommonMiddleware',
    'django.middleware.csrf.CsrfViewMiddleware',
    'django.contrib.auth.middleware.AuthenticationMiddleware',
    'django.contrib.messages.middleware.MessageMiddleware',
    'django.middleware.clickjacking.XFrameOptionsMiddleware',
]
```

然后，在配置属性TEMPLATES中设置模板文件夹templates，将模板文件夹templates引入Django，项目的数据存储采用MySQL数据库，我们在MySQL中创建数据库blogdb，并在配置属性DATABASES中设置数据库连接方式，配置代码如下：

```
# myblog的settings.py
TEMPLATES = [
{
'BACKEND':'django.template.backends.django.DjangoTemplates',
# 将模板文件夹templates引入Django
'DIRS': [BASE_DIR / 'templates', ],
'APP_DIRS': True,
'OPTIONS': {
    'context_processors': [
        'django.template.context_processors.debug',
        'django.template.context_processors.request',
        'django.contrib.auth.context_processors.auth',
        'django.contrib.messages.context_processors.messages',
    ],
},
},
]

DATABASES = {
    'default': {
        'ENGINE': 'django.db.backends.mysql',
        'NAME': 'blogdb',
        'USER': 'root',
        'PASSWORD': '1234',
        'HOST': '127.0.0.1',
        'PORT': '3306',
    },
}
```

最后，将静态资源文件夹publicStatic和媒体资源文件夹media引入Django的运行环境，同时将Django内置用户模型User改为项目应用account的自定义模型MyUser，配置代码如下：

```
# myblog的settings.py
# 配置自定义用户模型MyUser
AUTH_USER_MODEL = 'account.MyUser'

STATIC_URL = '/static/'
STATICFILES_DIRS = [BASE_DIR / 'publicStatic']

# 设置媒体资源的保存路径
MEDIA_URL = '/media/'
MEDIA_ROOT = BASE_DIR / 'media'
```

上述的功能配置只是项目的初步配置，在后续的开发中还会对功能配置进行添加和修改，比如添加博客文章的编辑器、自定义Admin后台系统和项目的上线运行等。

13.1.3 数据表架构设计

由项目的架构设计可知，项目应用account的模型MyUser是项目的核心数据，它与每个项目应用的模型都存在数据关联。模型MyUser继承内置模型User，在内置模型User的基础上添加新字段，用于完善用户信息。打开项目应用account的models.py定义模型MyUser，代码如下：

```
# account的models.py
from django.db import models
from django.contrib.auth.models import AbstractUser
class MyUser(AbstractUser):
    name=models.CharField('姓名',max_length=50,default='匿名用户')
    introduce = models.TextField('简介', default='暂无介绍')
    company=models.CharField('公司',max_length=100,default='暂无信息')
    profession=models.CharField('职业',max_length=100,default='暂无信息')
    address=models.CharField('住址',max_length=100,default='暂无信息')
    telephone=models.CharField('电话',max_length=11,default='暂无信息')
    wx = models.CharField('微信', max_length=50, default='暂无信息')
    qq = models.CharField('QQ', max_length=50, default='暂无信息')
    wb = models.CharField('微博', max_length=100, default='暂无信息')
    photo=models.ImageField('头像',blank=True,upload_to='images/user/')
    # 设置返回值
    def __str__(self):
        return self.name
```

模型MyUser在模型User的基础上新增了上述的模型字段，它继承自父类AbstractUser，而AbstractUser是模型User的父类，因此模型MyUser具有模型User的全部字段。

项目应用album使用模型AlbumInfo存储图片墙的图片信息，它设有外键字段来关联模型MyUser，与模型MyUser组成一对多的数据关系，使每个用户（博主）的图片墙只能显示自己上传的图片信息。我们在项目应用album的models.py中定义模型AlbumInfo，定义过程如下：

```
# album的models.py
from django.db import models
from account.models import MyUser
class AlbumInfo(models.Model):
    id = models.AutoField(primary_key=True)
    user = models.ForeignKey(MyUser, on_delete=models.CASCADE,
             verbose_name='用户')
    title = models.CharField('标题', max_length=50, blank=True)
    introduce = models.CharField('描述', max_length=200, blank=True)
    photo=models.ImageField('图片',blank=True,upload_to='images/album/')

    def __str__(self):
        return str(self.id)
    class Meta:
        verbose_name = '图片墙管理'
        verbose_name_plural = '图片墙管理'
```

项目应用article实现用户（博主）的文章管理，每篇文章设有分类标签、正文内容和评论信息，三者分别对应模型ArticleTag、ArticleInfo和Comment，每个模型之间的数据关系说明如下：

（1）模型ArticleTag设有外键字段来关联模型MyUser，与模型MyUser组成一对多的数据关系。

（2）模型ArticleInfo不仅与模型MyUser组成一对多的数据关系，还与模型ArticleTag组成多对多的数据关系。

（3）模型Comment只与模型ArticleInfo组成一对多的数据关系。

根据上述模型的数据关系分别定义模型ArticleTag、ArticleInfo和Comment，在项目应用article的models.py中实现模型的定义过程，代码如下：

```
# article的models.py
from django.db import models
from django.utils import timezone
from account.models import MyUser
class ArticleTag(models.Model):
    id = models.AutoField(primary_key=True)
    tag = models.CharField('标签', max_length=500)
    user = models.ForeignKey(MyUser,on_delete=models.CASCADE,
              verbose_name='用户')

    def __str__(self):
        return self.tag
    class Meta:
        verbose_name = '博文分类'
        verbose_name_plural = '博文分类'

class ArticleInfo(models.Model):
    author = models.ForeignKey(MyUser,on_delete=models.CASCADE,
              verbose_name='用户')
    title = models.CharField('标题', max_length=200)
    content = models.TextField('内容')
    articlephoto = models.ImageField('文章图片', blank=True,
                upload_to='images/article/')
    reading = models.IntegerField('阅读量', default=0)
    liking = models.IntegerField('点赞量', default=0)
    created = models.DateTimeField('创建时间',default=timezone.now)
    updated = models.DateTimeField('更新时间', auto_now=True)
    article_tag=models.ManyToManyField(ArticleTag, blank=True,
              verbose_name='文章标签')

    def __str__(self):
        return self.title
    class Meta:
        verbose_name = '博文管理'
        verbose_name_plural = '博文管理'

class Comment(models.Model):
    article=models.ForeignKey(ArticleInfo,on_delete=models.CASCADE,
              verbose_name='所属文章')
    commentator = models.CharField('评论用户', max_length=90)
    content = models.TextField('评论内容')
    created = models.DateTimeField('创建时间', auto_now_add=True)

    def __str__(self):
        return self.article.title
```

```
    class Meta:
        verbose_name = '评论管理'
        verbose_name_plural = '评论管理'
```

项目应用interflow使用模型Board存储留言板信息，它与模型MyUser组成一对多的数据关系，从而区分每个用户（博主）的留言板信息。在项目应用interflow的models.py中定义模型Board，定义过程如下：

```
# interflow的models.py
from django.db import models
from account.models import MyUser
from django.utils import timezone
class Board(models.Model):
    id = models.AutoField(primary_key=True)
    name = models.CharField('留言用户', max_length=50)
    email = models.CharField('邮箱地址', max_length=50)
    content = models.CharField('留言内容', max_length=500)
    created=models.DateTimeField('创建时间',default=timezone.now)
    user = models.ForeignKey(MyUser, on_delete=models.CASCADE,
             verbose_name='用户')

    def __str__(self):
        return self.email
    class Meta:
        verbose_name = '博客留言'
        verbose_name_plural = '博客留言'
```

综上所述，我们已定义了模型MyUser、AlbumInfo、ArticleTag、ArticleInfo、Comment和Board。最后为上述模型执行数据迁移，在数据库blogdb中创建相应的数据表，并使用数据库可视化工具Navicat Premium打开数据库blogdb，查看数据表之间的数据关系，结果如图13-9所示。

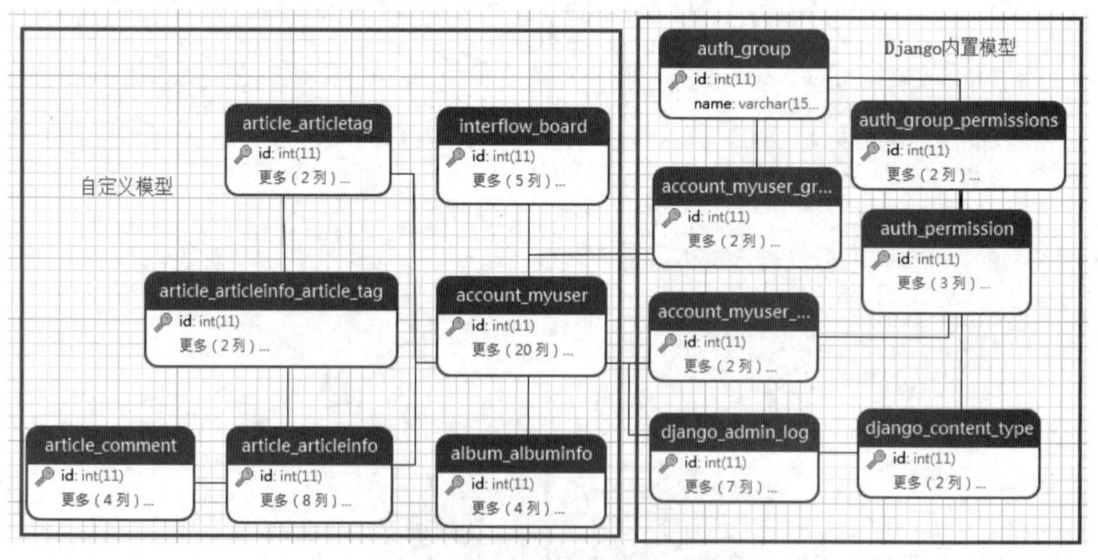

图 13-9　数据表之间的数据关系

13.1.4　定义路由列表

由于设置了多个项目应用，因此在myblog的urls.py中分别为每个项目应用定义路由空间，整个项目的路由列表代码如下：

```
# myblog的urls.py
from django.contrib import admin
from django.urls import path, include, re_path
from django.views.static import serve
from django.conf import settings
urlpatterns = [
    # Admin后台系统
    path('admin/', admin.site.urls),
    # 用户注册与登录
    path('user/', include('account.urls')),
    # 博客文章
    path('', include('article.urls')),
    # 图片墙
    path('album/', include('album.urls')),
    # 留言板
    path('board/', include('interflow.urls')),
    # 配置媒体资源的路由信息
    re_path('media/(?P<path>.*)', serve,
            {'document_root':settings.MEDIA_ROOT},name='media'),
]
```

上述的路由空间以简单的方式定义，因为项目的网页数量不多，所以路由空间可以不设置参数namespace。由于要使用项目的配置文件settings.py来设置媒体资源文件夹media，因此需要在路由对象urlpatterns中设置媒体资源的路由信息。

13.1.5　编写共用模板

由项目设计可知，博主资料信息展示、图片墙功能、留言板功能和文章列表、文章正文内容的页面布局存在相同之处，因此可以将这些网页功能编写在共用模板文件中，如图13-10所示。

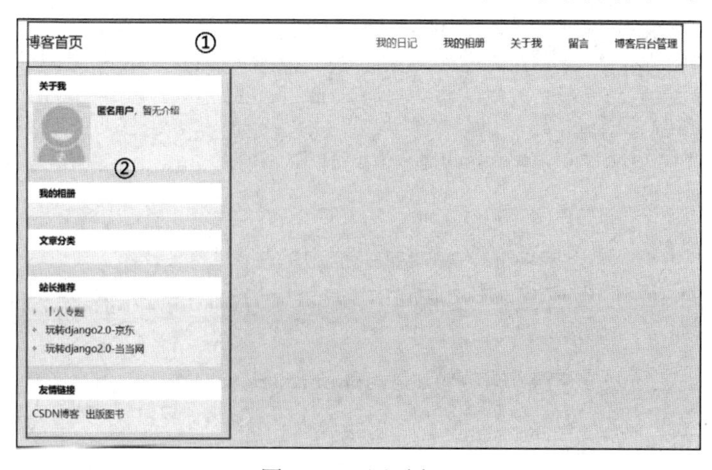

图 13-10　网页布局

图13-10标记了每个网页相同的网页内容，我们将这些网页内容编写在共用模板文件base.html中。在模板文件夹templates中找到模板文件base.html，并编写以下代码：

```
# templates的base.html
<html>
<head>
{% load static %}··················①
<title>{% block title %}我的博客{% endblock %}</title>
<link href="{% static "css/base.css" %}" rel="stylesheet">
<link href="{% static "css/index.css" %}" rel="stylesheet">
<link href="{% static "css/m.css" %}" rel="stylesheet">
<link href="{% static "css/info.css" %}" rel="stylesheet">
<script src="{% static "js/jquery.min.js" %}"></script>
<script src="{% static "js/comm.js" %}"></script>
<script src="{% static "js/modernizr.js" %}"></script>
<script src="{% static "js/scrollReveal.js" %}"></script>
</head>
<body>
<header class="header-navigation" id="header">
  <nav>··················②
    <div class="logo">
     <a href="javascript:;">博客首页</a>
     </div>
    <h2 id="mnavh"><span class="navicon"></span></h2>
    <ul id="starlist">
     <li><a href="{% url 'article' id 1%}">我的日记</a></li>
     <li><a href="{% url 'album' id 1 %}">我的相册</a></li>
     <li><a href="{% url 'about' id %}">关于我</a></li>
     <li><a href="{% url 'board' id 1 %}">留言</a></li>
     <li><a href="{% url 'admin:index' %}">博客后台管理</a></li>
    </ul>
  </nav>
</header>
{% block body %}··················③
<article>
<aside class="l_box">
  <div class="about_me">
     <h2>关于我</h2>
     <ul>
       {% if user.photo %}
          <i><img src="{{ user.photo.url }}"></i>
       {% else %}
          <i>
          <img src="{% static 'images/user.jpg' %}">
          </i>
       {% endif %}
       <p>
       <b>{{ user.name }}</b>, {{ user.introduce }}
       </p>
     </ul>
  </div>
```

```
  <div class="wdxc">
    <h2>我的相册</h2>
    <ul>
      {% for a in album %}
      <li>
      <a href="javascript:;">
      <img src="{{ a.photo.url }}">
      </a>
      </li>
      {% endfor %}
    </ul>
  </div>
  <div class="fenlei">
    <h2>文章分类</h2>
    <ul>
      {% for t in tag %}
      <li><a href="/">{{ t.tag }}</a></li>
      {% endfor %}
    </ul>
  </div>
  <div class="tuijian">
    <h2>站长推荐</h2>
    <ul>
      <li>
      <a href="https://blog.csdn.net/HuangZhang_123"
          target="new">个人专题</a>
      </li>
      <li><a href="https://item.jd.com/14055920.html"
      target="new">Django+Vue系统架构设计与实现</a></li>
      <li><a href="https://item.jd.com/13855631.html"
      target="new">Django+Vue.js商城项目实战</a></li>
    </ul>
  </div>
  <div class="links">
    <h2>友情链接</h2>
    <ul>
      <a href="https://blog.csdn.net/HuangZhang_123"
      target="new">CSDN博客</a>
      <a href="https://book.jd.com/writer/%E9%BB%84%E6%B0
      %B8%E7%A5%A5_1.html" target="new">出版图书</a>
    </ul>
  </div>
</aside>
{% endblock %}
{% block content %}{% endblock %}··················④
</article>
<a href="#" class="cd-top">Top</a>··················⑤
{% block script %}{% endblock %}
</body>
</html>
```

我们将模板文件base.html的代码分为5部分，分别用①②③④⑤标注，每个标注实现的网页内容说明如下：

- 标注①使用内置标签block编写模板继承接口，接口命名为title，接口默认值为“我的博客”，并且由内置标签static引入静态文件夹publicStatic的CSS样式文件和JavaScript脚本文件，实现网页的样式布局和动态效果。
- 标注②使用内置标签url设置各个页面的路由地址，网页效果如图13-10的标注①所示。
- 标注③编写模板继承接口，接口命名为body，接口默认值设有“关于我”“我的相册”“文章分类”“站长推荐”“友情链接”等，网页效果如图13-10的标注②所示。
- 标注④编写模板继承接口，接口命名为content，接口默认值为空，该接口实现各个页面特定的网页内容，比如图片墙的图片列表、文章列表等。
- 标注⑤实现页面置顶回滚功能，如果页面篇幅较长，单击置顶回滚图标即可回到页面顶部；此外还编写了模板继承接口，接口命名为script，接口默认值为空，该接口为各个页面编写特定的JavaScript脚本。

13.2 注册与登录

模型MyUser是内置模型User的扩展模型，用于保存用户信息，若想通过模型MyUser实现用户注册和登录功能，则可以使用Django的Auth认证系统。

用户注册与登录是在项目应用account中实现的，由于myblog的urls.py中已定义了项目应用account的路由空间，因此本节只需在项目应用account的urls.py中定义用户注册与登录的路由信息，并分别命名为路由register和userLogin，两者的HTTP请求处理由视图函数register和userLogin执行，代码如下：

```
# account的urls.py
from django.urls import path
from .views import *
urlpatterns = [
    # 用户注册
    path('register.html', register, name='register'),
    # 用户登录
    path('login.html', userLogin, name='userLogin'),
]
```

路由register是用户注册页面的网址，注册功能由视图函数register实现，打开项目应用account的views.py文件，定义视图函数register，功能代码如下：

```
# account的views.py
from django.shortcuts import render, redirect
from .models import MyUser
from django.contrib.auth import login
from django.contrib.auth import logout
from django.contrib.auth import authenticate
```

```
from django.urls import reverse
def register(request):
    title = '注册博客'
    pageTitle = '用户注册'
    confirmPassword = True
    button = '注册'
    urlText = '用户登录'
    urlName = 'userLogin'
    if request.method == 'POST':
        u = request.POST.get('username', '')
        p = request.POST.get('password', '')
        cp = request.POST.get('cp', '')
        if MyUser.objects.filter(username=u):
            tips = '用户已存在'
        elif cp != p:
            tips = '两次密码输入不一致'
        else:
            d = {
                'username': u, 'password': p,
                'is_superuser': 1, 'is_staff': 1
            }
            user = MyUser.objects.create_user(**d)
            user.save()
            tips = '注册成功，请登录'
            logout(request)
            return redirect(reverse('userLogin'))
    return render(request, 'user.html', locals())
```

视图函数register定义了6个变量（title、pageTitle、confirmPassword、button、urlText和urlName），这些变量作为模板文件user.html的模板上下文，用于控制注册页面的数据内容。由于注册和登录页面使用的都是模板文件user.html，因此有必要在视图函数里设置变量（模板上下文）来区分注册和登录页面。

当用户在浏览器上访问路由register时，视图函数register会收到用户的GET请求，它将定义6个变量并调用模板文件user.html生成用户注册页面，注册的表单功能由HTML语言编写。用户在注册页面输入账号和密码，然后单击“注册”按钮，将会触发POST请求，视图函数register接收POST请求后，将执行用户注册过程，执行过程说明如下：

（1）从网页表单的input控件获取用户输入的账号和密码，并对这些数据进行判断。

（2）判断用户输入的账号是否已存在模型MyUser中，若存在，则说明当前账号已被注册，然后设置变量tips，提示“当前用户已存在”，将提示内容显示在用户注册页面。

（3）若模型MyUser中不存在当前账号信息，则判断用户两次输入的密码是否一致，若密码不一致，则设置变量tips，提示“两次密码输入不一致”，并将提示内容显示在用户注册页面。

（4）若两次输入的密码一致，则执行用户注册，由模型MyUser调用内置方法create_user创建用户账号，将用户角色设为超级管理员身份（is_superuser=1）并激活用户状态（is_staff=1）。

（5）用户注册成功后，视图函数register将调用内置方法logout实现用户注销操作，使当前请求处于尚未登录的状态，最后重定向路由userLogin。

当我们成功注册新用户后，浏览器会自动访问路由userLogin。在用户登录页面，登录功能由视图函数userLogin实现，在项目应用account的views.py中定义视图函数userLogin，代码如下：

```
# account的views.py
def userLogin(request):
    title = '登录博客'
    pageTitle = '用户登录'
    button = '登录'
    urlText = '用户注册'
    urlName = 'register'
    if request.method == 'POST':
        u = request.POST.get('username', '')
        p = request.POST.get('password', '')
        if MyUser.objects.filter(username=u):
            user = authenticate(username=u, password=p)
            if user:
                if user.is_active:
                    login(request, user)
                kwargs = {'id': request.user.id, 'page': 1}
                return redirect(reverse('article', kwargs=kwargs))
            else:
                tips = '账号密码错误，请重新输入'
        else:
            tips = '用户不存在，请注册'
    else:
        if request.user.username:
            kwargs = {'id': request.user.id, 'page': 1}
            return redirect(reverse('article', kwargs=kwargs))
    return render(request, 'user.html', locals())
```

视图函数userLogin定义了5个变量（title、pageTitle、button、urlText和urlName），这些变量作为模板文件user.html的模板上下文，用于控制登录页面的数据内容。对比视图函数register，视图函数userLogin无须定义变量confirmPassword，当模板引擎解析模板文件时，如果模板上下文在视图里找不到对应值，则该模板上下文的值为None对象，登录页面就不会出现“确认密码”输入框。

当用户以GET请求访问登录页面的时候，如果当前用户处于已登录的状态，视图函数userLogin就将重定向访问文章列表的路由地址，用户无须重复登录。

如果用户处于尚未登录状态，当用户在登录页面的网页表单填写账号信息后，单击“登录”按钮，将会触发POST请求，视图函数userLogin接收POST请求后，执行用户登录过程，执行过程说明如下：

（1）从网页表单的input控件获取用户输入的账号和密码，将账号和密码作为模型MyUser的查询条件。

（2）若在模型MyUser中找不到当前的用户信息，则设置变量tips，提示“用户不存在，请注册”，并且将提示内容显示在用户登录页面。

（3）若在模型MyUser中找到当前的用户信息，则调用内置方法authenticate对用户信息进行验证。

（4）若用户信息验证成功，则调用内置方法login实现用户登录，并重定向访问文章列表的路由地址。

（5）若用户信息验证失败，则设置变量tips，提示“账号密码错误，请重新输入”，并将提示内容显示在用户登录页面。

我们知道，视图函数register和userLogin都使用模板文件user.html生成不同的网页内容。打开模板文件夹templates的user.html，编写用户注册和登录的页面内容，代码如下：

```
# templates的user.html
<!DOCTYPE html>
<html>
<head>………………①
    {% load static %}
     <title>{{ title }}</title>
     <link rel="stylesheet" href="{% static "css/reset.css" %}">
     <link rel="stylesheet" href="{% static "css/user.css" %}">
    <script src="{% static "js/jquery.min.js" %}"></script>
    <script src="{% static "js/user.js" %}"></script>
</head>
<body>
<div class="page">
<div class="loginwarrp">
<div class="logo">{{ pageTitle }}</div>
<div class="login_form">
<form name="Login" method="post" action="">………………②
{% csrf_token %}
<li class="login-item">
    <span>用户名：</span>
    <input type="text" name="username" class="login_input">
    <span id="count-msg" class="error"></span>
</li>
<li class="login-item">
    <span>密　码：</span>
    <input type="password" name="password" class="login_input">
    <span id="password-msg" class="error"></span>
</li>
{% if confirmPassword %}
    <li class="login-item">
        <span>确认密码：</span>
        <input type="password" name="cp" class="login_input">
        <span id="password-msg" class="error"></span>
    </li>
{% endif %}
<div>{{ tips }}</div>………………③
<li class="login-sub">
    <input type="submit" name="Submit" value="{{ button }}">
    <div class="turn-url">
        <a style="color: #45B572;"
        href="{% url urlName %}">>{{ urlText }}</a>
    </div>
```

```
</li>
</form>
</div>
</div>
</div>
<script type="text/javascript">
    window.onload = function() {
        var config = {
            vx : 4,
            vy : 4,
            height : 2,
            width : 2,
            count : 100,
            color : "121, 162, 185",
            stroke : "100, 200, 180",
            dist : 6000,
            e_dist : 20000,
            max_conn : 10
        }
        CanvasParticle(config);
    }
</script>
<script src="{% static "js/canvas-particle.js" %}"></script>
</body>
</html>
```

模板文件user.html没有调用共用模板文件base.html，因为注册（登录）页面与博客系统的其他页面没有共同功能。我们将模板文件user.html的代码划分为3部分，分别用①、②、③标注，每个标注实现的网页内容说明如下：

- 标注①使用内置标签static引入静态文件夹publicStatic的CSS样式文件和JavaScript脚本文件，实现网页的样式布局和动态效果；模板上下文title设置网页标题内容，以便于区分当前页面是注册页面还是登录页面。
- 标注②使用HTML语言编写网页表单，表单以POST请求方式发送给视图函数进行处理和响应。表单设有3个input控件，其中name="username"的input控件用于填写用户账号；name="password"的input控件用于填写用户密码；name="cp"的input控件用于二次确认用户密码，它只适用于用户注册页面，由模板上下文confirmPassword控制是否显示在网页上。
- 标注③使用模板上下文tips、button、urlName和urlText设置网页内容。若模板上下文tips在视图函数中找到对应值，则说明用户注册或登录操作异常，例如密码错误、用户不存在等；模板上下文button设置表单提交按钮的名称，以区分当前操作是实现用户注册还是实现用户登录；模板上下文urlName和urlText设置路由地址，如果当前页面是用户注册，就设置用户登录的路由地址；如果当前页面是用户登录，就设置用户注册的路由地址，这样可以在两个页面之间相互切换。

13.3　博主资料信息

博主资料信息页使用模板文件about.html生成，用户信息来自模型MyUser，在项目应用account中实现博主资料信息的网页功能。

我们已在项目应用account的urls.py中定义了路由register和userLogin，两者分别实现用户注册和用户登录功能。下面在项目应用account的urls.py中新增路由about，代码如下：

```
# account的urls.py
from django.urls import path
from .views import *
urlpatterns = [
    # 用户注册
    path('register.html', register, name='register'),
    # 用户登录
    path('login.html', userLogin, name='userLogin'),
    # 关于我
    path('about/<int:id>.html', about, name='about'),
]
```

路由about设有路由变量id，它代表模型MyUser的主键id。由于博客系统可以创建多个用户（博主），因此博客系统的所有页面（除了用户注册和登录页面之外）都需要设置路由变量id，这样便于区分不同用户的博客网站。

视图函数about接收并处理路由about的HTTP请求，我们在account的views.py中定义视图函数about，函数代码如下：

```
# account的views.py
from album.models import AlbumInfo
from article.models import ArticleTag
from django.shortcuts import render
def about(request, id):
    album = AlbumInfo.objects.filter(user_id=id)
    tag = ArticleTag.objects.filter(user_id=id)
    user = MyUser.objects.filter(id=id).first()
    return render(request, 'about.html', locals())
```

在上述代码中，函数参数id来自路由变量id，视图函数about使用参数id分别查询模型AlbumInfo、ArticleTag和MyUser的数据信息，生成数据对象album、tag和user，这些数据对象将作为共用模板文件base.html和模板文件about.html的模板上下文。

共用模板文件base.html设置了博客系统的网页架构，我们只需继承并重写模板文件base.html的接口即可实现博主资料信息页。博主资料信息页about.html只重写模板文件base.html的content接口，其他的模板继承接口使用默认值即可。在模板文件about.html中编写以下代码：

```
# templates的about.html
{% extends "base.html" %}
{% block content  %}
```

```
    <main class="r_box">
      <div class="about">
        <div>{{ user.introduce }}</div>
        <br><hr><br>
        <h2>我的资料</h2>
        <br>
        <p>名 字: {{ user.name }}</p>
        <br />
        <p>微 博: {{ user.wb }}</p>
        <br />
        <p>微 信: {{ user.wx }}</p>
        <br />
        <p>Q Q: {{ user.qq }}</p>
      </div>
    </main>
{% endblock %}
```

模板文件about.html使用模板上下文user生成博主资料信息，但视图函数about设置了数据对象album、tag和user，从13.1.5节的共用模板文件base.html的标注③看到，网页功能“关于我”“我的相册”和“文章分类”分别使用模板上下文user、album和tag生成网页内容。简单来说，共用模板文件base.html的content接口使用模板上下文user、album和tag生成网页内容，模板文件about.html则二次使用模板上下文user生成博主资料信息。

我们暂时无法访问博主资料信息页，因为共用模板文件base.html的标注②设置了各个页面的路由地址，而这些路由地址目前在项目中尚未定义，所以访问博主资料信息页（127.0.0.1:8000/user/about/1.html）将会提示异常信息，如图13-11所示。

NoReverseMatch at /user/about/1.html

Reverse for 'article' not found. 'article' is not a valid view function or pattern name.

图 13-11 异常信息

13.4 图片墙功能

图片墙功能将用户（博主）上传的图片显示在网页上，图片以分页方式显示，每一页分为两列，每列显示4幅图片。

在myblog文件夹的urls.py中定义了图片墙的路由空间，本节只需在项目应用album的urls.py中定义图片墙的路由信息即可。打开album的urls.py定义路由album，代码如下：

```
# album的urls.py
from django.urls import path
from .views import *
urlpatterns = [
    # 图片墙
    path('<int:id>/<int:page>.html', album, name='album'),
]
```

路由album设置路由变量id和page，路由变量id代表模型MyUser的主键id，它可以获取某个用户（博主）的博客信息；路由变量page代表所有图片分页后的某一页的页数，它可以获取不同页数的图片信息。

视图函数album接收并处理路由album的HTTP请求，我们在album的views.py中定义视图函数album，函数代码如下：

```
# album的views.py
from django.shortcuts import render
from django.core.paginator import Paginator
from django.core.paginator import PageNotAnInteger
from django.core.paginator import EmptyPage
from .models import AlbumInfo
def album(request, id, page):
    albumList=AlbumInfo.objects.filter(user_id=id).order_by('id')
    paginator = Paginator(albumList, 8)
    try:
        pageInfo = paginator.page(page)
    except PageNotAnInteger:
        # 如果参数page的数据类型不是整型，就返回第一页数据
        pageInfo = paginator.page(1)
    except EmptyPage:
        # 若用户访问的页数大于实际页数，则返回最后一页的数据
        pageInfo = paginator.page(paginator.num_pages)
    return render(request, 'album.html', locals())
```

视图函数album将函数参数id作为模型AlbumInfo的查询条件，并以模型主键id进行升序排列，生成数据对象albumList；然后对数据对象albumList进行分页处理，生成分页对象pageInfo；最后调用模板文件album.html生成网页内容。

模板文件album.html继承共用模板文件base.html，并且重写模板的继承接口body、content和script，代码如下：

```
# templates的album.html
{% extends "base.html" %}
<!--模板重写-->
{% block body %}{% endblock %}………………①
<!--模板重写-->
{% block content %}………………②
<article>
<div class="picbox">
{% for list in pageInfo.object_list %}
<div class="picvalue" data-scroll-reveal="enter bottom over 1s">
  <a href="javascript:;">
<!-- list.photo.url是模型字段photo的路径地址-->
  <i><img src="{{ list.photo.url }}"></i>
<div class="picinfo">
  {% if list.title %}
    <h3>{{ list.title }}</h3>
  {% else %}
    <h3>相册图片</h3>
```

```
    {% endif %}
    {% if list.introduce %}
      <span>{{ list.introduce }}</span>
    {% else %}
      <span>图片简介</span>
    {% endif %}
  </div>
  </a>
  </div>
  {% endfor %}
  </div>
  <!--分页功能-->
  <div class="pagelist">
  {% if pageInfo.has_previous %}
    <a href="{% url 'album' id pageInfo.
    previous_page_number %}">上一页</a>
  {% endif %}
  {% for page in pageInfo.paginator.page_range %}
    {% if pageInfo.number == page %}
      <a href="javascript:;" class="curPage">{{ page }}</a>
    {% else %}
      <a href="{% url 'album' id page %}">{{ page }}</a>
    {% endif %}
  {% endfor %}
  {% if pageInfo.has_next %}
    <a href="{% url 'album' id pageInfo.
    next_page_number %}">下一页</a>
  {% endif %}
  </div>
  </article>
  {% endblock %}
  <!--模板重写-->
  {% block script %}………………③
  <script>
  if (!(/msie [6|7|8|9]/i.test(navigator.userAgent))){
       (function(){
       window.scrollReveal=new scrollReveal({reset: true});
       })();
  };
  </script>
  {% endblock %}
```

我们将模板文件album.html的代码分为3部分，分别用①②③标注，每个标注实现的网页内容说明如下：

- 标注①重写模板继承接口body，将接口body的值设为空。按照项目设计来看，图片墙功能无须设置"关于我""我的相册""文章分类""站长推荐""友情链接"等网页功能，因此将接口body的值设为空即可。
- 标注②重写模板继承接口content，在接口content中实现图片展示和分页导航功能。图片展示与分页导航功能皆由模板上下文pageInfo实现，它来自视图函数album的pageInfo对象。

- 标注③重写模板继承接口script，该接口可在图片墙页面编写特定的JavaScript脚本。

13.5　留言板功能

留言板功能在项目应用interflow中实现，网页功能包括留言信息展示和留言提交。我们在项目应用interflow的urls.py中定义留言板的路由信息。打开interflow的urls.py定义路由board，代码如下：

```
# interflow的urls.py
from django.urls import path
from .views import *
urlpatterns = [
    # 留言板
    path('<int:id>/<int:page>.html', board, name='board'),
]
```

路由board设置路由变量id和page，路由变量的作用与路由album的路由变量相同，此处不再重复讲述。视图函数board接收并处理路由board的HTTP请求，在interflow的views.py中定义视图函数board，代码如下：

```
# interflow的views.py
from django.shortcuts import render, redirect
from django.core.paginator import Paginator
from django.core.paginator import PageNotAnInteger
from django.core.paginator import EmptyPage
from article.models import ArticleTag
from account.models import MyUser
from album.models import AlbumInfo
from .models import Board
from django.urls import reverse
def board(request, id, page):
    album = AlbumInfo.objects.filter(user_id=id)
    tag = ArticleTag.objects.filter(user_id=id)
    user = MyUser.objects.filter(id=id).first()
    if not user:
        return redirect(reverse('register'))
    if request.method == 'GET':
        boardList=Board.objects.filter(user_id=id).order_by('-created')
        paginator = Paginator(boardList, 10)
        try:
            pageInfo = paginator.page(page)
        except PageNotAnInteger:
            # 如果参数page的数据类型不是整型，就返回第一页数据
            pageInfo = paginator.page(1)
        except EmptyPage:
            # 若用户访问的页数大于实际页数，则返回最后一页的数据
            pageInfo = paginator.page(paginator.num_pages)
        return render(request, 'board.html', locals())
    else:
```

```
        name = request.POST.get('name')
        email = request.POST.get('email')
        content = request.POST.get('content')
        value = {'name': name, 'email': email,
                'content': content, 'user_id': id}
        Board.objects.create(**value)
        kwargs = {'id': id, 'page': 1}
        return redirect(reverse('board', kwargs=kwargs))
```

视图函数board主要实现4个业务逻辑，每个业务逻辑的说明如下：

- 将函数参数id作为模型AlbumInfo、ArticleTag和MyUser的查询条件，分别生成数据对象album、tag和user，数据对象将作为共用模板文件base.html的模板上下文。
- 判断数据对象user是否存在，若存在，则说明模型MyUser保存了当前用户信息，否则说明当前访问的用户不存在，程序将重定向访问路由register。
- 如果存在数据对象user，用户就以GET请求方式访问路由board，视图函数board将参数id作为模型Board的查询条件，以模型字段created降序排列，将日期最新的数据优先显示，并且将数据进行分页处理，生成分页对象pageInfo。
- 如果用户以POST请求方式访问路由board，视图函数board将网页表单的数据添加到模型Board中，实现留言提交功能。数据新增后将以GET请求方式访问路由board，模型Board重新获取数据，这样就能把新增的数据即时显示在网页上。

视图函数board使用模板文件board.html生成网页内容，模板文件board.html继承base.html，并且重写模板继承接口content和script，代码如下：

```
# templates的board.html
{% extends "base.html" %}
{% load static %}
<!--模板重写-->
{% block content %}·················①
<main class="r_box">
<!--留言列表-->
<div class="gbook">
{% for list in pageInfo.object_list %}
<div class="fb">
<ul style="background: url({% static "images/user.jpg" %})
    no-repeat top 20px left 10px;">
    <p class="fbtime">
    <span>{{ list.created|date:"Y-m-d" }}</span>
    {{ list.name }}
    </p>
<p class="fbinfo">{{ list.content }}</p>
</ul>
</div>
{% endfor %}
<!--分页功能-->
<div class="pagelist">
{% if pageInfo.has_previous %}
    <a href="{% url 'board' id pageInfo.
```

```
    previous_page_number %}">上一页</a>
{% endif %}
{% if pageInfo.object_list %}
{% for page in pageInfo.paginator.page_range %}
    {% if pageInfo.number == page %}
    <a href="javascript:;" class="curPage">{{ page }}</a>
    {% else %}
    <a href="{% url 'board' id page %}">{{ page }}</a>
    {% endif %}
{% endfor %}
{% endif %}
{% if pageInfo.has_next %}
    <a href="{% url 'board' id pageInfo.
    next_page_number %}">下一页</a>
{% endif %}
</div>
<hr>
<!--网页表单-->··················②
<div class="gbox">
<form action="" method="post" name="saypl"
onsubmit="return CheckPl(document.saypl)">
    {% csrf_token %}
    <p> <strong>来说点儿什么吧...</strong></p>
    <p><span> 您的姓名:</span>
    <input name="name" type="text" id="name">
    *</p>
    <p><span>联系邮箱:</span>
    <input name="email" type="text" id="email">
    *</p>
    <p><span class="tnr">留言内容:</span>
    <textarea name="content" cols="60" rows="12" id="lytext">
    </textarea>
    </p>
    <p>
    <input type="submit" name="Submit3" value="提交">
    </p>
</form>
</div>
</div>
</main>
{% endblock  %}
<!--模板重写-->
{% block script %}··················③
  <script>
    function CheckPl(obj)
    {
      if(obj.lytext.value=="")
    {
      alert("请写下您想说的话! ");
      obj.lytext.focus();
      return false;
```

```
    }
      if(obj.name.value=="")
    {
      alert("请写下您的名字！");
      obj.name.focus();
      return false;
    }
      if(obj.email.value=="")
    {
      alert("请写下您的邮箱地址！");
      obj.email.focus();
      return false;
    }
      return true;
  }
  </script>
{% endblock %}
```

模板文件board.html实现留言信息展示和留言提交功能，上述代码分为3部分，分别用①②③标注，每个标注实现的功能说明如下：

- 标注①是重写接口content，使用视图函数board的分页对象pageInfo生成留言信息列表和分页导航功能。
- 标注②在分页导航功能的正下方编写网页表单，用于提交留言信息，在模型Board中保存相应的留言数据。
- 标注③重写接口script，这是编写网页表单的数据验证脚本，在提交留言信息之前（发送POST请求之前），由JavaScript脚本验证文本输入框的数据是否为空。

13.6 文章列表

文章列表以模板文件base.html作为网页框架，它将当前用户（博主）的所有文章进行分页显示。我们在项目应用article中实现文章列表的功能开发，首先在article的urls.py中定义文章列表的路由article，代码如下：

```
# article的urls.py
from django.urls import path
from django.views.generic import RedirectView
from .views import *
urlpatterns = [
    # 首页地址自动跳转到用户登录页面
    path('', RedirectView.as_view(url='user/login.html')),
    # 文章列表
    path('<int:id>/<int:page>.html', article, name='article'),
]
```

上述代码将网站首页重定向到用户登录页面，因为路由article设有路由变量id和page，分别代表模型MyUser的主键id和文章分页后的某一页页数，所以在访问博客系统的时候，必须保证当前用户处于已登录状态，否则无法访问网站首页。

从用户登录的视图函数userLogin看到，当用户登录后，视图函数将重定向路由article。网站首页、用户登录和文章列表的重定向关系如图13-12所示。

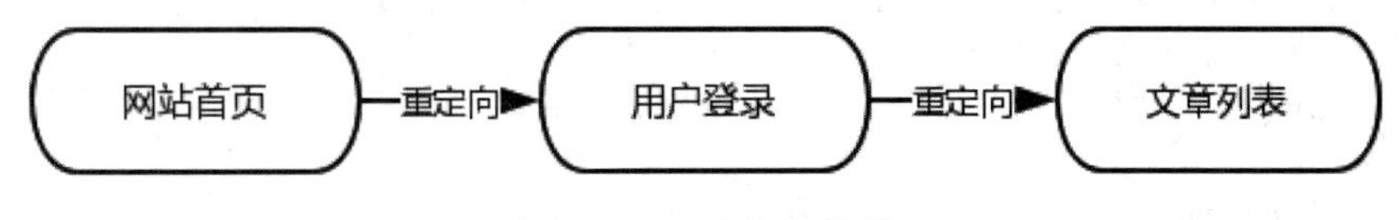

图 13-12　重定向关系

路由article由视图函数article负责接收和处理HTTP请求，在项目应用article的views.py中定义视图函数article，代码如下：

```
# article的views.py
from django.shortcuts import render, redirect
from account.models import MyUser
from album.models import AlbumInfo
from django.core.paginator import Paginator
from django.core.paginator import PageNotAnInteger
from django.core.paginator import EmptyPage
from .models import ArticleInfo, ArticleTag
from django.urls import reverse
def article(request, id, page):
    album = AlbumInfo.objects.filter(user_id=id)
    tag = ArticleTag.objects.filter(user_id=id)
    user = MyUser.objects.filter(id=id).first()
    if not user:
        return redirect(reverse('register'))
    ats=ArticleInfo.objects.filter(author_id=id).order_by('-created')
    paginator = Paginator(ats, 10)
    try:
        pageInfo = paginator.page(page)
    except PageNotAnInteger:
        # 如果参数page的数据类型不是整型，就返回第一页数据
        pageInfo = paginator.page(1)
    except EmptyPage:
        # 若用户访问的页数大于实际页数，则返回最后一页的数据
        pageInfo = paginator.page(paginator.num_pages)
    return render(request, 'article.html', locals())
```

视图函数article将函数参数id作为模型AlbumInfo、ArticleTag、MyUser和ArticleInfo的查询条件，分别生成数据对象album、tag、user和ats。数据对象ats执行数据分页处理，生成分页对象pageInfo，由pageInfo作为模板文件article.html的模板上下文，实现文章列表展示和分页导航功能。

视图函数article调用模板文件article.html生成网页内容，模板文件article.html只重写模板继承接口content，详细的代码如下：

```
# templates的article.html
{% extends "base.html" %}
{% load static %}
```

```
{% block content %}
<!--文章列表-->
<main class="r_box">
{% for list in pageInfo.object_list %}
<li>
    <i><a href="{% url 'detail' id list.id %}">
    {% if list.articlephoto %}··················①
        <img src="{{ list.articlephoto.url }}">
    {% else %}
        <img src="{% static 'images/pic.png' %}">
    {% endif %}
    </a></i>
    <h3>
    <a href="{% url 'detail' id list.id %}">
    {{ list.title }}</a>
    </h3>
    <p>{{ list.content|safe }}</p>··················②
</li>
{% endfor %}
<!--分页功能-->
<div class="pagelist">··················③
{% if pageInfo.has_previous %}
   <a href="{% url 'article' id pageInfo.
    previous_page_number %}">上一页</a>
{% endif %}
{% if pageInfo.object_list %}
{% for page in pageInfo.paginator.page_range %}
{% if pageInfo.number == page %}
    <a href="javascript:;" class="curPage">{{ page }}</a>
{% else %}
    <a href="{% url 'article' id page %}">{{ page }}</a>
{% endif %}
{% endfor %}
{% endif %}
{% if pageInfo.has_next %}
   <a href="{% url 'article' id pageInfo.
    next_page_number %}">下一页</a>
{% endif %}
</div>
</main>
{% endblock %}
```

模板文件article.html主要使用模板上下文pageInfo实现文章列表展示和分页导航功能，上述代码中设有标注①、②、③，每个标注实现的功能说明如下：

- 标注①判断当前文章是否添加了图片，如果没有文章图片，就使用静态资源pic.png作为文章图片。
- 标注②使用内置标签safe把当前文章的正文内容进行转义处理，正文内容允许使用HTML语言设置内容格式，例如字体加粗、颜色和大小等。转义处理可将正文内容的HTML代码转换成相应的网页效果。

- 标注③通过模板上下文pageInfo实现分页导航功能，使用内置标签url调用路由article生成每页的路由地址，路由article的路由变量id来自视图函数article的参数id，路由变量page由模板上下文pageInfo生成。

13.7　文章正文内容

文章正文内容显示文章的标签、阅读量、发布时间、作者、文章内容和评论内容，我们在项目应用article中实现文章正文内容的功能开发。在article的urls.py中添加路由detail，代码如下：

```
# article的urls.py
from django.urls import path
from django.views.generic import RedirectView
from .views import *
urlpatterns = [
    # 首页地址自动跳转到用户登录页面
    path('', RedirectView.as_view(url='user/login.html')),
    # 文章列表
    path('<int:id>/<int:page>.html', article, name='article'),
    # 文章正文内容
    path('detail/<int:id>/<int:aId>.html', detail, name='detail')
]
```

路由detail设置路由变量id和aId，路由变量id代表模型MyUser的主键id，路由变量aId代表模型ArticleInfo的主键id，这样可以精准定位到某个用户（博主）的某一篇博客文章。路由detail由视图函数detail负责接收和处理HTTP请求，因此在项目应用article的views.py中定义视图函数detail，代码如下：

```
# article的views.py
from django.shortcuts import render, redirect
from account.models import MyUser
from album.models import AlbumInfo
from django.core.paginator import Paginator
from django.core.paginator import PageNotAnInteger
from django.core.paginator import EmptyPage
from .models import ArticleInfo, ArticleTag, Comment
from django.db.models import F
from django.urls import reverse
def detail(request, id, aId):
    album = AlbumInfo.objects.filter(user_id=id)
    tag = ArticleTag.objects.filter(user_id=id)
    user = MyUser.objects.filter(id=id).first()
    if request.method == 'GET':
        ats = ArticleInfo.objects.filter(id=aId).first()
        atags = ArticleInfo.objects.get(id=aId).article_tag.all()
        cms=Comment.objects.filter(article_id=aId).order_by('-created')
        # 添加阅读量
        if not request.session.get('reading' + str(id) + str(aId), ''):
```

```
            reading = ArticleInfo.objects.filter(id=aId)
            reading.update(reading=F('reading') + 1)
            request.session['reading' + str(id) + str(aId)] = True
        return render(request, 'detail.html', locals())
    else:
        commentator = request.POST.get('name')
        email = request.POST.get('email')
        content = request.POST.get('content')
        value = {'commentator': commentator,
                 'content': content, 'article_id': aId}
        Comment.objects.create(**value)
        kwargs = {'id': id, 'aId': aId}
        return redirect(reverse('detail', kwargs=kwargs))
```

视图函数detail按照业务逻辑可以分为3部分，每部分实现的功能说明如下：

（1）使用函数参数id查询模型AlbumInfo、ArticleTag和MyUser的数据信息，分别生成数据对象album、tag和user，并作为模板文件base.html的模板上下文。

（2）如果请求方式为GET请求，就调用函数参数aId查询模型ArticleInfo和Comment的数据，获取某一篇博客文章的所有信息（文章标签、阅读量、发布时间、作者、文章内容和评论内容）；然后使用Session对阅读量执行自增1操作，确保每个访客在查看文章的时候只增加一次阅读量，这样可以防止同一个访客通过多次刷新页面来重复增加阅读量；最后将数据对象album、tag、user、ats、atags和cms传递给模板文件detail.html生成网页内容。

（3）如果请求方式为POST请求，就说明访客通过网页表单提交文章的评论内容，视图函数detail从网页表单获取表单数据并写入模型Comment，然后以GET请求方式重定向路由detail，浏览器重新访问路由detail，将新增的评论内容显示在网页上。

视图函数detail调用模板文件detail.html生成网页内容，模板文件detail.html重写模板继承接口content和script，详细的代码如下：

```
# templates的detail.html
{% extends "base.html" %}
{% load static %}
<!--模板重写-->
{% block content %}
<main>
<div class="infosbox">
<div class="newsview">………………①
<!--文章标题-->
<h3 class="news_title">{{ ats.title }}</h3>
<!--作者、发布时间、阅读量-->
<div class="bloginfo">
    <ul>
    <li class="author">作者：
        <a href="javascript:;">{{ user.name }}</a>
    </li>
    <li class="timer">
        时间：{{ ats.created|date:"Y-m-d" }}
    </li>
```

```
    <li class="view">
        阅读量：{{ ats.reading }}
    </li>
    </ul>
</div>
<!--文章标签-->
<div class="tags">
    {% for t in atags %}
        <a href="javascript:;">{{ t }}</a>
    {% endfor %}
</div>
<!--正文内容-->
<div class="news_con">
    {{ ats.content|safe }}
</div>
</div>
<div class="news_pl">
<h2>文章评论</h2>
<div class="gbko">
<!--评论展示-->··················②
{% for c in cms %}
    <div class="fb">
    <ul style="background: url({% static "images/user.jpg" %})
        no-repeat top 20px left 10px;">
    <p class="fbtime">
        <span>{{ c.created|date:"Y-m-d" }}</span>
        {{ c.commentator }}</p>
    <p class="fbinfo">{{ c.content }}</p>
    </ul>
    </div>
{% endfor %}
<!--提交评论的网页表单-->··················③
<form action="" method="post" name="saypl"
    onsubmit="return CheckPl(document.saypl)">
    <div id="plpost">
    {% csrf_token %}
    <p class="saying">
    <span>
    <a href="javascript:;">共有{{ cms|length }}条评论</a>
    </span>来说两句吧...</p>
    <p class="yname"><span>名称:</span>
    <input name="name" id="name" type="text"
        class="inputText" size="16">
    </p>
    <textarea name="content" rows="6" id="saytext"></textarea>
    <input name="submit" type="submit" value="提交">
    </div>
</form>
</div>
</div>
</div>
```

```
</main>
{% endblock %}
<!--模板重写-->
{% block script %}………………④
  <script>
    function CheckPl(obj)
    {
      if(obj.saytext.value=="")
    {
      alert("请写下您想说的话！");
      obj.saytext.focus();
      return false;
    }
      if(obj.name.value=="")
    {
      alert("请写下您的名字！");
      obj.name.focus();
      return false;
    }
      return true;
  }
  </script>
{% endblock %}
```

模板文件detail.html使用模板上下文ats、user、atags和cms实现文章正文内容、评论信息列表和评论提交功能，上述代码中设有标注①、②、③、④，每个标注实现的功能说明如下：

- 标注①使用模板上下文ats、user、atags生成文章的标题、标签、阅读量、发布时间、作者和文章内容。
- 标注②使用模板上下文cms生成文章的评论列表，每条评论设置了头像、评论时间、评论者的名称和评论内容。其中评论者的头像默认使用静态文件user.jpg，其他数据皆来自模板上下文cms。
- 标注③使用HTML语言编写网页表单，表单以POST请求方式发送给路由detail。表单设置两个控件，其中name="name"的input控件用于输入评论者的名称，name="content"的textarea控件用于填写评论内容。单击“提交”按钮，在发送POST请求之前，表单将执行JavaScript脚本验证表单控件的数据是否存在。
- 标注④重写模板继承接口script，JavaScript脚本验证表单控件的数据是否存在，若存在，则发送POST请求到路由detail，由视图函数detail执行模型Comment的数据新增操作；否则在浏览器上生成消息提示框，并且中断发送POST请求。

13.8 Admin 后台系统

我们在项目中定义了模型MyUser、AlbumInfo、ArticleTag、ArticleInfo、Comment和Board，为了更好地管理各个模型的数据信息，本节将讲述如何在Admin后台系统实现模型的数据管理。

13.8.1　模型的数据管理

项目的模型存储了所有用户的数据信息，但每个用户登录Admin后台系统只能管理自己的数据信息，因此每个模型的ModelAdmin必须重写方法formfield_for_foreignkey()和get_queryset()。

每个模型的ModelAdmin的定义过程较为相似，我们在每个项目应用的admin.py中定义每个模型的ModelAdmin，定义过程如下：

```
# account的admin.py
from django.contrib import admin
from .models import MyUser
from django.contrib.auth.admin import UserAdmin
from django.utils.translation import gettext_lazy as _
@admin.register(MyUser)
class MyUserAdmin(UserAdmin):
    list_display = ['username', 'email',
                    'name', 'introduce',
                    'company', 'profession',
                    'address', 'telephone',
                    'wx', 'qq', 'wb', 'photo']
    # 在修改界面添加'mobile','qq','weChat'的信息输入框
    # 将源码的UserAdmin.fieldsets转换成列表格式
    fieldsets = list(UserAdmin.fieldsets)
    # 重写UserAdmin的fieldsets，添加模型字段信息
    fieldsets[1] = (_('Personal info'),
                    {'fields': ('name', 'introduce',
                                'email', 'company',
                                'profession', 'address',
                                'telephone', 'wx',
                                'qq', 'wb', 'photo')})
    # 根据当前用户名设置数据访问权限
    def get_queryset(self, request):
        qs = super().get_queryset(request)
        return qs.filter(id=request.user.id)

# album的admin.py
from django.contrib import admin
from .models import AlbumInfo
from account.models import MyUser
@admin.register(AlbumInfo)
class AlbumInfoAdmin(admin.ModelAdmin):
    list_display = ['id', 'user', 'title', 'introduce', 'photo']
    # 根据当前用户名设置数据访问权限
    def get_queryset(self, request):
        qs = super().get_queryset(request)
        return qs.filter(user_id=request.user.id)
    # 新增或修改数据时，设置外键可选值
    def formfield_for_foreignkey(self,db_field,request,**kwargs):
        if db_field.name == 'user':
            id = request.user.id
```

```
            kwargs["queryset"] = MyUser.objects.filter(id=id)
        return super().formfield_for_foreignkey(db_field,request,**kwargs)

# article的admin.py
from django.contrib import admin
from .models import *
admin.site.site_title = '博客管理后台'
admin.site.site_header = '博客管理'
@admin.register(ArticleTag)
class ArticleTagAdmin(admin.ModelAdmin):
    list_display = ['id', 'tag', 'user']
    # 根据当前用户名设置数据访问权限
    def get_queryset(self, request):
        qs = super().get_queryset(request)
        return qs.filter(user_id=request.user.id)
    # 新增或修改数据时，设置外键可选值
    def formfield_for_foreignkey(self,db_field,request,**kwargs):
        if db_field.name == 'user':
            id = request.user.id
            kwargs["queryset"] = MyUser.objects.filter(id=id)
        return super().formfield_for_foreignkey(db_field,request,**kwargs)

@admin.register(ArticleInfo)
class ArticleInfoAdmin(admin.ModelAdmin):
    list_display = ['author', 'title', 'content',
                    'articlephoto', 'created', 'updated']
    # 根据当前用户名设置数据访问权限
    def get_queryset(self, request):
        qs = super().get_queryset(request)
        return qs.filter(author_id=request.user.id)
    # 新增或修改数据时，设置外键可选值
    def formfield_for_manytomany(self,db_field,request,**kwargs):
        if db_field.name == 'article_tag':
            id = request.user.id
            kwargs["queryset"]=ArticleTag.objects.filter(user_id=id)
        return super().formfield_for_manytomany(db_field,request,**kwargs)
    # 新增或修改数据时，设置外键可选值
    def formfield_for_foreignkey(self, db_field, request, **kwargs):
        if db_field.name == 'author':
            id = request.user.id
            kwargs["queryset"] = MyUser.objects.filter(id=id)
        return super().formfield_for_foreignkey(db_field,request,**kwargs)

@admin.register(Comment)
class CommentAdmin(admin.ModelAdmin):
    list_display=['article','commentator','content','created']
    # 根据当前用户名设置数据访问权限
    def get_queryset(self, request):
        qs = super().get_queryset(request)
        return qs.filter(article__author__id=request.user.id)
    # 新增或修改数据时，设置外键可选值
    def formfield_for_foreignkey(self,db_field,request,**kwargs):
        if db_field.name == 'article':
```

```
            id = request.user.id
            kwargs["queryset"] = Comment.objects.filter(
                                        article__author__id=id)
        return super().formfield_for_foreignkey(db_field,request,**kwargs)

# interflow的admin.py
from django.contrib import admin
from .models import Board
from account.models import MyUser
@admin.register(Board)
class BoardAdmin(admin.ModelAdmin):
    list_display = ['id', 'name', 'email',
                    'content', 'created', 'user']
    # 根据当前用户名设置数据访问权限
    def get_queryset(self, request):
        qs = super().get_queryset(request)
        return qs.filter(user_id=request.user.id)
    # 新增或修改数据时，设置外键可选值
    def formfield_for_foreignkey(self,db_field,request,**kwargs):
        if db_field.name == 'user':
            id = request.user.id
            kwargs["queryset"] = MyUser.objects.filter(id=id)
        return super().formfield_for_foreignkey(db_field,request,**kwargs)
```

每个模型的ModelAdmin设置了属性list_display，并重写类方法get_queryset()和formfield_for_foreignkey()，具体说明如下：

（1）list_display：在模型的数据列表页设置要显示的模型字段。

（2）get_queryset()：在模型的数据列表页过滤数据，只显示当前用户的数据。

（3）formfield_for_foreignkey()：在模型的数据修改页或数据新增页设置外键字段的值，确保新增或修改数据隶属于当前用户。

下一步在每个项目应用的初始化文件__init__.py中设置项目应用名称，项目应用名称将显示在Admin后台系统的首页，每个项目应用的__init__.py的代码如下：

```
# account的__init__.py
from django.apps import AppConfig
import os
# 修改App在Admin后台显示的名称
# default_app_config的值来自apps.py的类名
default_app_config = 'account.IndexConfig'
# 获取当前App的命名
def get_current_app_name(_file):
    return os.path.split(os.path.dirname(_file))[-1]
# 重写类IndexConfig
class IndexConfig(AppConfig):
    name = get_current_app_name(__file__)
    verbose_name = '用户管理'

# album的__init__.py
from django.apps import AppConfig
```

```
import os
# 修改App在Admin后台显示的名称
# default_app_config的值来自apps.py的类名
default_app_config = 'album.IndexConfig'
# 获取当前App的命名
def get_current_app_name(_file):
    return os.path.split(os.path.dirname(_file))[-1]
# 重写类IndexConfig
class IndexConfig(AppConfig):
    name = get_current_app_name(__file__)
    verbose_name = '我的图片墙'

# article的__init__.py
from django.apps import AppConfig
import os
# 修改App在Admin后台显示的名称
# default_app_config的值来自apps.py的类名
default_app_config = 'article.IndexConfig'
# 获取当前App的命名
def get_current_app_name(_file):
    return os.path.split(os.path.dirname(_file))[-1]
# 重写类IndexConfig
class IndexConfig(AppConfig):
    name = get_current_app_name(__file__)
    verbose_name = '博客管理'

# interflow的__init__.py
from django.apps import AppConfig
import os
# 修改App在Admin后台显示的名称
# default_app_config的值来自apps.py的类名
default_app_config = 'interflow.IndexConfig'
# 获取当前App的命名
def get_current_app_name(_file):
    return os.path.split(os.path.dirname(_file))[-1]
# 重写类IndexConfig
class IndexConfig(AppConfig):
    name = get_current_app_name(__file__)
    verbose_name = '留言管理'
```

综上所述，我们在每个项目应用的admin.py中定义了各个模型的ModelAdmin，并在每个项目应用的__init__.py中设置了项目应用名称。

13.8.2 自定义Admin的登录页面

我们在13.2节实现了用户注册和登录页面，而Django内置的Admin后台系统已有用户登录页面，这就与我们实现的用户登录页面相互冲突。一个网站系统存在两个不同的登录页面肯定不利于用户体验，因此将Admin后台系统的登录页面改为项目应用account实现的登录页面。

在13.1.2节中，我们已在myblog文件夹中创建了myadmin.py和myapps.py文件，本节只需在myadmin.py和myapps.py文件中定义Admin后台系统的路由信息。首先在myadmin.py文件中定义

MyAdminSite类，该类继承父类AdminSite并重写admin_view()和get_urls()方法，从而更改Admin后台系统的用户登录地址，实现代码如下：

```
# myblog的myadmin.py
from django.contrib import admin
……（略去部分代码）
                    return HttpResponseRedirect(index_path)
                # 修改注销后重新登录的路由地址
                return redirect_to_login(
                    request.get_full_path(),
                    '/user/login.html'
                )
            return view(request, *args, **kwargs)
        if not cacheable:
            inner = never_cache(inner)
        if not getattr(view, 'csrf_exempt', False):
            inner = csrf_protect(inner)
        return update_wrapper(inner, view)

    def get_urls(self):
        def wrap(view, cacheable=False):
            def wrapper(*args, **kwargs):
                return self.admin_view(view,cacheable)(*args,**kwargs)
            wrapper.admin_site = self
            return update_wrapper(wrapper, view)
        urlpatterns = [
            path('', wrap(self.index), name='index'),
            # 修改登录页面的路由地址
            path('login/',RedirectView.as_view(url='/user/login.html')),
            path('logout/', wrap(self.logout), name='logout'),
            path('password_change/', wrap(self.password_change,
              cacheable=True), name='password_change'),
            path(
                'password_change/done/',
                wrap(self.password_change_done, cacheable=True),
                name='password_change_done',
            ),
            path('jsi18n/', wrap(self.i18n_javascript,
              cacheable=True), name='jsi18n'),
            path(
                'r/<int:content_type_id>/<path:object_id>/',
                wrap(contenttype_views.shortcut),
                name='view_on_site',
            ),
        ]
        valid_app_labels = []
        for model, model_admin in self._registry.items():
            urlpatterns += [
                path('%s/%s/' % (model._meta.app_label,
                    model._meta.model_name), include(model_admin.urls)),
            ]
```

```
            if model._meta.app_label not in valid_app_labels:
                valid_app_labels.append(model._meta.app_label)
        if valid_app_labels:
            regex=r'^(?P<app_label>'+'|'.join(valid_app_labels)+')/$'
            urlpatterns += [
                re_path(regex, wrap(self.app_index), name='app_list'),
            ]
        return urlpatterns
```

上述代码将父类AdminSite的方法admin_view()和get_urls()进行局部修改，修改的代码已有注释说明，其他代码无须修改。从修改的代码中可以看到，Admin后台系统的用户登录页面的路由地址设为/user/login.html，即account的urls.py定义的路由userLogin。

然后，在myblog文件夹中的myapps.py文件内定义系统注册类MyAdminConfig，该继承父类AdminConfig并设置父类属性default_site，使它指向MyAdminSite，从而由MyAdminSite实例化创建Admin后台系统。实现代码如下：

```
# myblog的myapps.py
from django.contrib.admin.apps import AdminConfig
class MyAdminConfig(AdminConfig):
    default_site = 'myblog.myadmin.MyAdminSite'
```

最后在配置文件settings.py的INSTALLED_APPS中配置系统注册类MyAdminConfig，代码如下：

```
# myblog的settings.py
INSTALLED_APPS = [
    # 'django.contrib.admin',
    'myblog.myapps.MyAdminConfig',
    'django.contrib.auth',
    'django.contrib.contenttypes',
    'django.contrib.sessions',
    'django.contrib.messages',
    'django.contrib.staticfiles',
    'article',
    'album',
    'account',
    'interflow',
]
```

至此，我们已将Admin内置的登录页面改为13.2节实现的登录页面，这样就让博客系统只保留一个用户登录页面，而且13.2节的登录页面还设置了注册页面的路由地址，实现了两个页面之间相互切换。

13.8.3 Django CKEditor生成文章编辑器

Admin后台系统不仅能方便用户（博主）管理自己博客的数据内容，还可以直接在系统上编写和发布博客文章。我们在13.1.3节定义模型ArticleInfo的content字段为TextField类型，它对应的数据库字段为长文本类型，主要用于存储文章正文内容。

模型字段content只负责存储文章内容，它不会对文章内容进行排版和布局，如果要编写排版整齐、布局精美的博客文章，就需要引入Django的第三方功能应用——Django CKEditor，它是生成丰富文本的文章编辑器。

首先使用pip指令安装第三方功能应用Django CKEditor，在命令提示符窗口或者PyCharm的Terminal中输入安装指令：

```
# 安装Django CKEditor
pip install django-ckeditor
```

完成Django CKEditor的安装后，在项目的配置文件settings.py中添加Django CKEditor功能应用，并且设置该应用的功能配置，配置过程如下：

```
# myblog的settings.py
INSTALLED_APPS = [
    # 'django.contrib.admin',
    'myblog.myapps.MyAdminConfig',
    'django.contrib.auth',
    'django.contrib.contenttypes',
    'django.contrib.sessions',
    'django.contrib.messages',
    'django.contrib.staticfiles',
    'article',
    'album',
    'account',
    'interflow',
    # 添加Django CKEditor
    'ckeditor',
    'ckeditor_uploader',
]
# 编辑器的配置信息
CKEDITOR_UPLOAD_PATH = "article_images"
CKEDITOR_CONFIGS = {
    'default': {
        'toolbar': 'Full'
    }
}
CKEDITOR_ALLOW_NONIMAGE_FILES = False
CKEDITOR_BROWSE_SHOW_DIRS = True
```

如果需要在文章正文内容中添加图片，那么可以使用Django CKEditor上传的图片，并且上传的图片都会保存在配置属性CKEDITOR_UPLOAD_PATH设置的文件夹中，该文件夹必须在媒体资源文件夹（项目的media文件夹）的目录下，如图13-13所示。

配置属性CKEDITOR_CONFIGS用于设置编辑器的工具栏，比如设置字体粗细、颜色、下画线等排版功能，如图13-14所示。

配置属性CKEDITOR_ALLOW_NONIMAGE_FILES设置上传的文件是否限制为图片文件，默认支持任何文件的上传。配置属性CKEDITOR_BROWSE_SHOW_DIRS设置是否允许上传的文件显示在浏览器上。

myblog D:\myblog
account
album
article
interflow
media
article_images
images

图 13-13 配置属性 CKEDITOR_UPLOAD_PATH 设置的文件夹

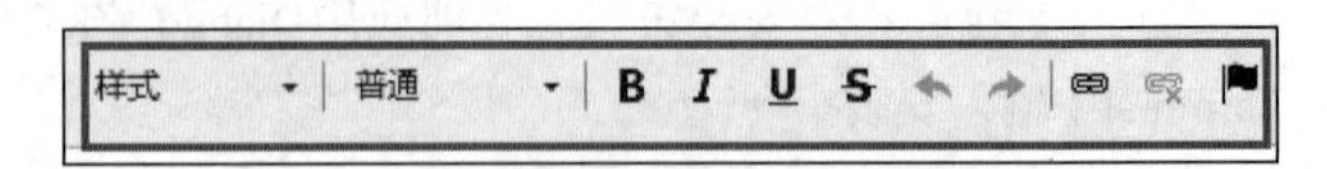

图 13-14 配置属性 CKEDITOR_CONFIGS

上述配置是Django CKEditor的基本配置，如果读者想深入了解Django CKEditor的功能配置和使用方法，那么可以查阅官方文档（https://pypi.org/project/django-ckeditor/）。

下一步在项目中定义Django CKEditor的路由信息，打开myblog的urls.py并添加路由ckeditor，路由信息如下：

```
# myblog的urls.py
from django.contrib import admin
from django.urls import path, include
from django.conf import settings
from django.conf.urls.static import static
urlpatterns = [
    path('admin/', admin.site.urls),
    path('user/', include('account.urls')),
    path('', include('article.urls')),
    path('album/', include('album.urls')),
    path('board/', include('interflow.urls')),
    # 配置媒体资源的路由信息
    re_path('media/(?P<path>.*)', serve,
            {'document_root':settings.MEDIA_ROOT},name='media'),
    # 设置编辑器的路由信息
    path('ckeditor/', include('ckeditor_uploader.urls')),
]
```

最后将模型ArticleInfo的content字段重新定义，将该字段改为Django CKEditor定义的字段类型，代码如下：

```
# article的models.py
from django.db import models
from django.utils import timezone
from account.models import MyUser
# 导入编辑器定义的字段类型
from ckeditor_uploader.fields import RichTextUploadingField
class ArticleInfo(models.Model):
    author = models.ForeignKey(MyUser,on_delete=models.CASCADE,
             verbose_name='用户')
    title = models.CharField('标题', max_length=200)
    content = RichTextUploadingField('内容')
    articlephoto = models.ImageField('文章图片', blank=True,
                   upload_to='images/article/')
    reading = models.IntegerField('阅读量', default=0)
```

```
    liking = models.IntegerField('点赞量', default=0)
    created = models.DateTimeField('创建时间',default=timezone.now)
    updated = models.DateTimeField('更新时间', auto_now=True)
    article_tag=models.ManyToManyField(ArticleTag, blank=True,
            verbose_name='文章标签')

    def __str__(self):
        return self.title
    class Meta:
        verbose_name = '博文管理'
        verbose_name_plural = '博文管理'
```

模型ArticleInfo重新定义后，我们还需要对模型ArticleInfo执行数据迁移，确保模型ArticleInfo与数据表article_articleinfo的字段类型一致。尽管字段类型改为RichTextUploadingField，但它在数据表中仍然是长文本类型。

至此，我们为模型ArticleInfo的content字段添加了文章编辑器。在Admin后台系统查看模型ArticleInfo的数据新增页，即可看到模型字段content的文章编辑器，如图13-15所示。

图 13-15　文章编辑器

13.9　测试与部署

至此，我们已经完成了博客系统所有功能的开发，接下来需要测试网站功能和业务逻辑是否合理。本节的测试方法是模拟用户在浏览器上操作博客系统，检测网页之间的业务衔接和网页内容是否符合开发要求。

13.9.1　测试业务逻辑

首先在浏览器上访问127.0.0.1:8000，程序将重定向到路由userLogin，生成用户登录页面。由于是初次访问博客系统，因此在用户登录页面单击“用户注册”链接，从用户登录页面跳转到用户注册页面，如图13-16所示。

在用户注册页面输入用户信息（账号和密码皆为admin），单击“注册”按钮即可完成用户注册过程，浏览器将重定向到用户登录页面。在用户登录页面输入刚才注册的用户信息，单击“登录”按钮即可完成用户登录过程，如图13-17所示。

用户成功登录后，程序重定向到路由article，浏览器上显示当前用户的博客文章列表页，如图13-18所示。

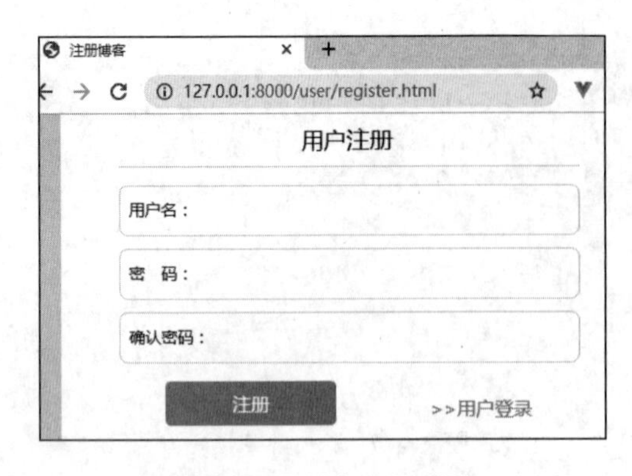

图 13-16　用户注册页面

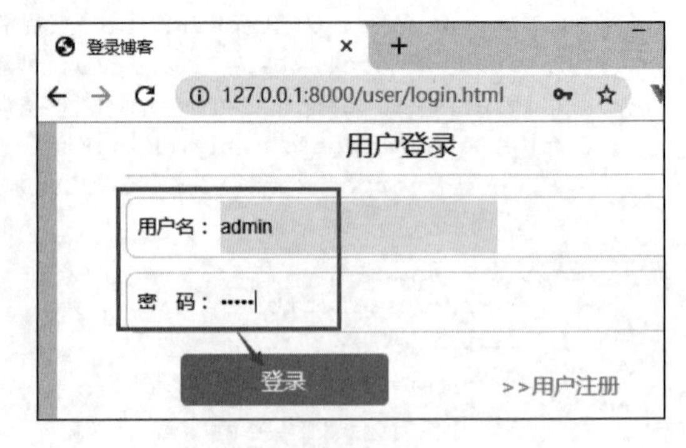

图 13-17　用户登录页面

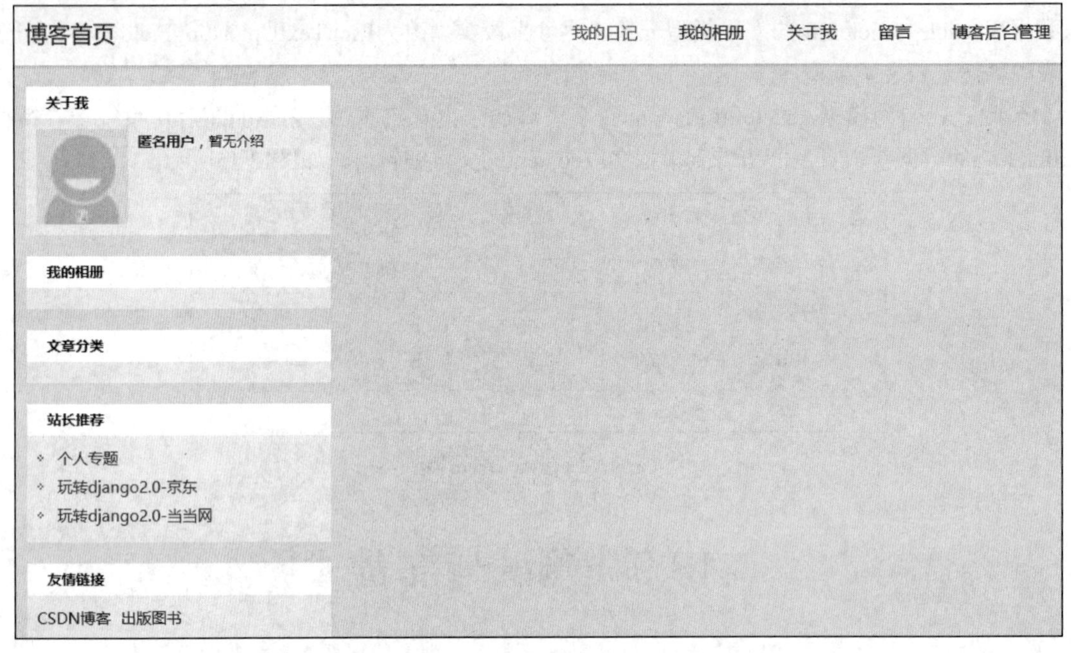

图 13-18　文章列表页

由于新注册的用户尚无更多数据，因此“我的日记”“我的相册”“关于我”和“留言”都是空白页面。单击“博客后台管理”，进入Admin后台系统，首先编辑当前用户的信息，填写姓名、简介、电话、QQ和头像等基本信息，如图13-19所示。

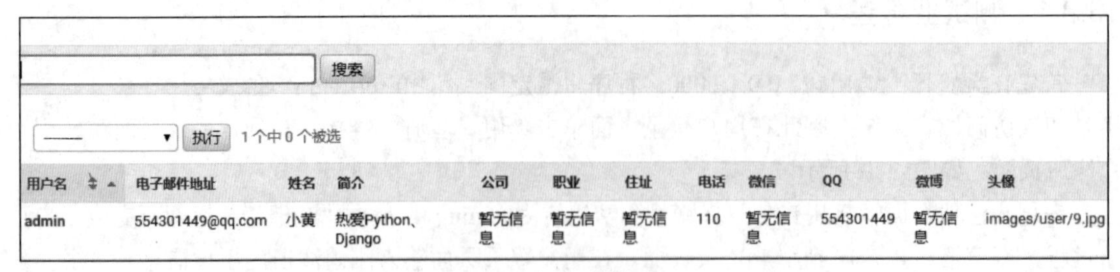

图 13-19　用户信息

然后依次进入“博文分类”“图片墙管理”和“博文管理”，分别添加文章标签、图片信息和博客文章，如图13-20所示。

博文分类

ID	标签	用户
2	随笔	小黄
1	技术	小黄

图片墙管理

ID	用户	标题	描述	图片
2	小黄	小狗表情图	表情图	images/album/6.jpg
1	小黄	小狗表情图	表情图	images/album/7.jpg

博文管理

用户	标题	内容	文章图片	创建时间
小黄	今天随笔	<p><strong>今天学习Django的入门知识。</strong></p>	images/article/4.jpg	2019年6月12日 07:43

图 13-20　博文分类、图片墙管理和博文管理

从用户头像、图片墙图片和文章图片中可以看到，这些图片的模型字段类型为ImageField，该字段在网页中生成文件上传控件，该控件可以打开本地文件系统，便于用户选择和上传本地的图片文件，如图13-21所示。当图片上传成功后，图片根据字段类型ImageField的参数upload_to保存到相应的文件夹，图片保存的路径必须为媒体资源文件夹。

增加 图片墙管理

用户: ——— ▾

标题:

描述:

图片: 选择文件 未选择任何文件

图 13-21　文件上传控件

在Admin后台系统完成“博文分类”“图片墙管理”和“博文管理”的数据新增后，再次访问文章列表页，依次单击“我的日记”“我的相册”“关于我”和“留言”，发现新增的数据和用户信息皆能显示在网页上，如图13-22所示。

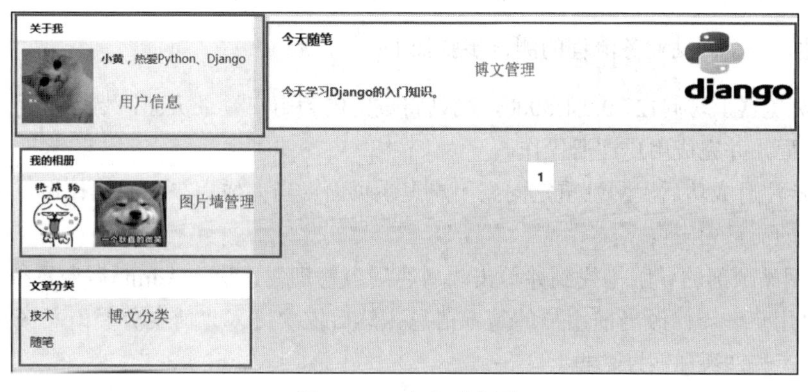

图 13-22　文章列表页

在文章列表页单击某篇文章即可查看该文章正文内容。在网页表单中输入名称和评论内容，单击“提交”按钮，向Django发送POST请求，由视图函数detail调用模型Comment实现数据新增操作，并且重定向到路由detail，在浏览器中刷新文章正文内容，将新增的评论内容显示在网页上，如图13-23所示。

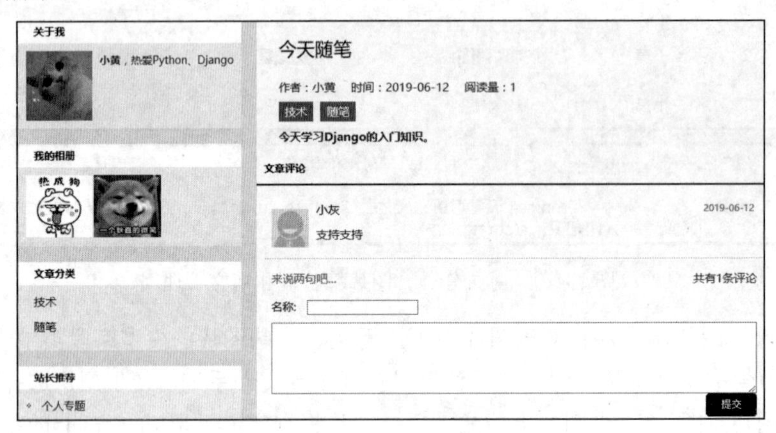

图 13-23 新增评论内容

最后单击网站顶部的导航栏的“留言”进入留言板页面，在留言表单里填写姓名、邮箱和留言内容并单击“提交”按钮，即可新增留言信息。视图函数board接收和处理网页表单的POST请求，调用模型Board实现数据新增操作，并且重定向到访问留言板页面，将新增的留言内容显示在网页上，如图13-24所示。

图 13-24 留言板页面

综上所述，整个网站业务流程的测试步骤如下：

（1）在浏览器上访问127.0.0.1:8000，网站将重定向到用户登录页面，然后从用户登录页面访问用户注册页面，并完成用户注册操作。

（2）用户注册成功后，网站重定向到用户登录页面。当完成用户登录操作后，网站重定向到用户（博主）的文章列表页。

（3）在网站顶部的导航栏找到并单击“博客后台管理”，进入Admin后台系统。在Admin后台系统单击“用户”，修改当前用户的基本信息；然后依次进入“博文分类”“图片墙管理”和“博文管理”，分别添加网站数据。

（4）再次访问文章列表页，在网站顶部的导航栏依次单击“我的日记”“我的相册”“关于我”和“留言”，分别查看新增的数据和用户信息是否显示在网页上。

（5）最后在文章正文内容和留言板页面测试表单功能，分别提交文章评论和留言内容，查看浏览器是否能将提交的内容显示在网页上。

13.9.2 上线部署

如果网站系统在试运行阶段符合开发需求，并且没有检测出BUG，我们就可以将网站系统设置为上线模式。首先在配置文件settings.py中设置STATIC_ROOT，并修改运行模式，代码如下：

```
# myblog的settings.py
DEBUG = False
ALLOWED_HOSTS = ['*']
STATIC_ROOT = BASE_DIR / 'static'
```

配置属性STATIC_ROOT指向根目录的static文件夹，下一步在PyCharm的Terminal中输入collectstatic指令创建static文件夹，如图13-25所示。

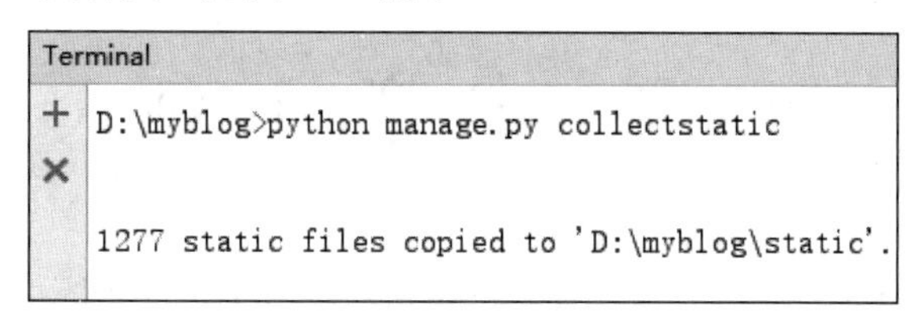

图 13-25　创建 static 文件夹

现在项目中存在两个静态资源文件夹static和publicStatic，Django根据不同的运行模式读取不同的静态资源文件夹，详细说明如下：

（1）如果将Django设为调试模式（DEBUG=True），那么项目运行时将读取publicStatic文件夹的静态资源。

（2）如果将Django设为上线模式（DEBUG=False），那么项目运行时将读取static文件夹的静态资源。

当Django设为上线模式时，它不再提供静态资源服务，该服务应交由Nginx或Apache服务器完成。因此，需要在项目的路由列表添加静态资源的路由信息，让Django知道如何找到静态资源文件，否则无法在浏览器上访问static文件夹的静态资源文件。路由信息如下：

```
# myblog的urls.py
from django.contrib import admin
from django.urls import path, include, re_path
from django.views.static import serve
from django.conf import settings
urlpatterns = [
    path('admin/', admin.site.urls),
    path('user/', include('account.urls')),
    path('', include('article.urls')),
    path('album/', include('album.urls')),
    path('board/', include('interflow.urls')),
```

```
    # 定义媒体资源的路由信息
    re_path('media/(?P<path>.*)', serve,
            {'document_root':settings.MEDIA_ROOT},name='media'),
    # 定义静态资源的路由信息
    re_path('static/(?P<path>.*)', serve,
            {'document_root':settings.STATIC_ROOT},name='static'),
    # 设置编辑器的路由信息
    path('ckeditor/', include('ckeditor_uploader.urls')),
]
```

综上所述，设置Django项目上线模式的操作步骤如下：

（1）在项目的settings.py中设置配置属性STATIC_ROOT，该配置指向整个项目的静态资源文件夹，然后修改配置属性DEBUG和ALLOWED_HOSTS。

（2）使用collectstatic指令收集整个项目的静态资源，这些静态资源将存放在配置属性STATIC_ROOT设置的文件路径下。

（3）在项目的urls.py中添加静态资源的路由信息，让Django知道如何找到静态资源文件。

13.10 本章小结

本章介绍了博客系统的功能构成和开发方法，从该项目中，读者既可以了解博客系统的业务流程，也可以掌握Django实现该项目各功能的技术细节，从而提升开发实际项目的能力。

第 14 章
音乐网站平台的设计与实现

本章以音乐网站项目为例，介绍Django在实际项目开发中的应用。

14.1 项目设计与配置

当我们接到一个项目时，首先需要了解项目的具体需求。我们要根据需求类型划分网站功能，并了解每个需求的业务流程。本章以音乐网站为例进行介绍，整个网站的功能分为：网站首页、歌曲排行榜、歌曲播放、歌曲点评、歌曲搜索和用户管理。各个功能说明如下：

（1）网站首页是整个网站的主页面，主要显示网站最新的动态信息以及网站的功能导航。网站动态信息以歌曲的动态为主，如热门下载、热门搜索和新歌推荐等；网站的功能导航是将其他页面的链接展示在首页上，方便用户访问。

（2）歌曲排行榜按照歌曲的播放量进行排序，用户还可以根据歌曲类型进行自定义筛选。

（3）歌曲播放为用户提供在线试听功能，此外还提供歌曲下载、歌曲点评和相关歌曲推荐功能。

（4）歌曲点评通过歌曲播放页面进入，每条点评信息包含用户名、点评内容和点评时间。

（5）歌曲搜索根据用户提供的关键字进行歌曲或歌手的匹配查询，搜索结果以数据列表的形式显示在网页上。

（6）用户管理分为用户注册、登录和用户中心。用户中心包含用户信息和歌曲播放记录。

我们根据需求对网站的开发进行设计，首先由UI设计师设计网页效果图，然后由前端工程师根据网页效果图实现HTML静态页面，最后由后端工程师根据HTML静态页面实现数据库构建和网站后台开发。音乐网站一共设计了6个网站页面，网站首页如图14-1所示。

从网站首页可以看到，整个页面划分为7个功能区，说明如下：

（1）歌曲搜索：位于网页顶端，由文本输入框和搜索按钮组成，文本输入框下面是热门搜索的歌曲。

（2）轮播图：以歌曲的封面进行轮播，单击图片可进入歌曲播放页。

（3）音乐分类：位于轮播图的左边，按照歌曲的类型进行分类，单击某个分类即可查看该分类的歌曲排行榜。

（4）热门歌曲：位于轮播图的右边，按照歌曲的播放量进行排序。

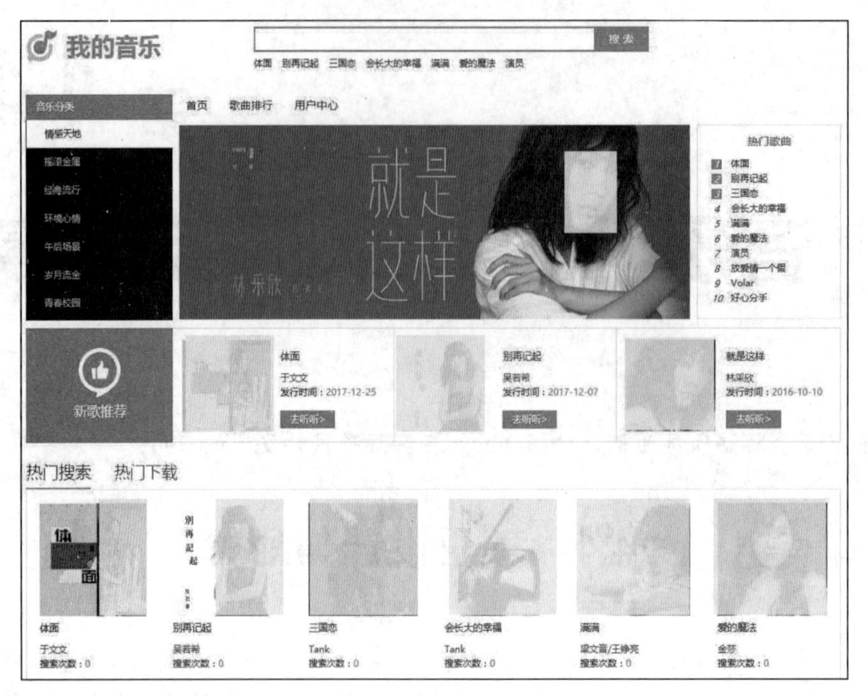

图 14-1　网站首页

（5）新歌推荐：按照歌曲的发行时间进行排序。

（6）热门搜索：按照歌曲的搜索量进行排序。

（7）热门下载：按照歌曲的下载量进行排序。

歌曲排行榜的页面如图14-2所示，整个页面分为两部分——歌曲分类和歌曲列表，说明如下：

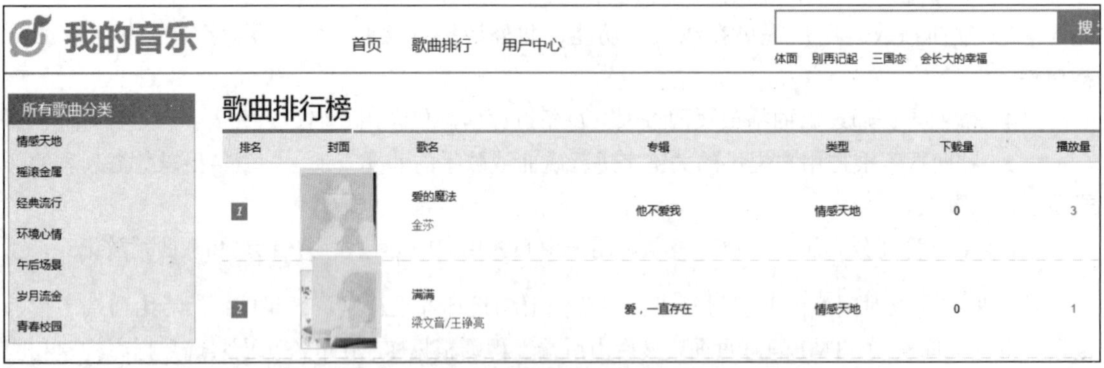

我的音乐　首页　歌曲排行　用户中心　搜

体面　别再记起　三国恋　会长大的幸福

所有歌曲分类：情感天地　摇滚金属　经典流行　环境心情　午后场景　岁月流金　青春校园

歌曲排行榜

排名	封面	歌名	专辑	类型	下载量	播放量
1		爱的魔法 金莎	他不爱我	情感天地	0	3
2		满满 梁文音/王铮亮	爱，一直存在	情感天地	0	1

图 14-2　歌曲排行榜

（1）歌曲分类：根据歌曲类型进行歌曲筛选，筛选后的歌曲显示在歌曲列表中。

（2）歌曲列表：歌曲信息以播放次数进行降序显示，若对歌曲进行类型筛选，则对同一类型的歌曲以播放次数进行降序显示。

歌曲播放页如图14-3所示，整个页面共有4大功能，各个功能说明如下：

（1）歌曲信息：包括歌名、歌手、所属专辑、语种、流派、发行时间、歌词、歌曲封面和歌曲文件等。

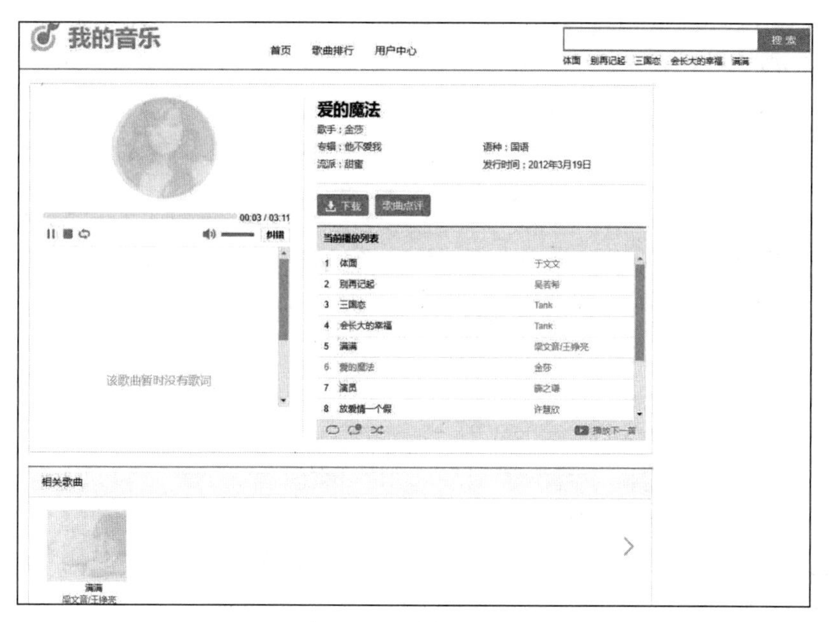

图 14-3　歌曲播放页

（2）下载与歌曲点评：实现歌曲下载，每下载一次就会对歌曲的下载次数累加一次。单击“歌曲点评”可进入歌曲点评页面。

（3）播放列表：记录当前用户的试听记录，每播放一次就会对歌曲的播放次数累加一次。

（4）相关歌曲：根据当前歌曲的类型筛选出同一类型的其他歌曲信息。

歌曲点评页如图14-4所示，主要分为两部分——歌曲点评和点评信息列表，两者说明如下：

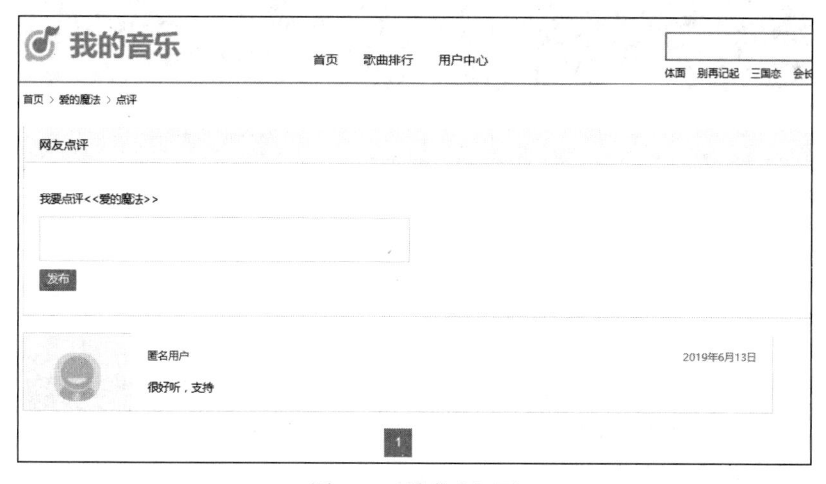

图 14-4　歌曲点评页

（1）歌曲点评：由文本输入框和“发布”按钮组成的表单，以POST的请求形式实现内容提交。

（2）点评信息列表：列出当前歌曲的点评信息，并且设置了分页功能。

歌曲搜索页如图14-5所示，是根据文本框的内容对歌名或歌手进行匹配查询，然后将搜索结果返回到搜索页面上，说明如下：

我的音乐　首页　歌曲排行　用户中心

体面　别再记起

歌曲	歌手	时长
体面	于文文	04:42
别再记起	吴若希	04:04
就是这样	林采欣	05:13
爱过了又怎样	张惠春	04:09
好心分手	王力宏/卢巧音	03:00

1　2　3　下一页

图 14-5　歌曲搜索页

（1）若文本框的内容为空，则默认返回前50首最新发行的歌曲。

（2）若文本框的内容不为空，则从全部歌曲的歌名或歌手中进行匹配查询，查询结果按歌曲的发行时间进行排序。

（3）每次搜索时，若文本框的内容与歌名完全匹配，则将这些歌曲的搜索次数累加一次。

用户中心（见图14-6）需要用户登录后才能访问，该页面主要分为用户基本信息和歌曲播放记录，说明如下：

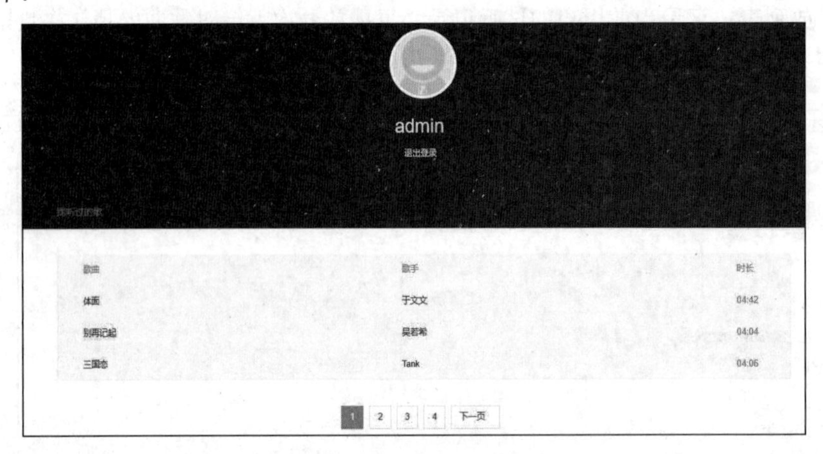

图 14-6　用户中心

（1）用户基本信息：显示当前用户的头像和用户名，并设有用户退出登录链接。

（2）歌曲播放记录：播放记录来自歌曲播放页面的播放列表，并对播放记录进行分页显示。

用户注册和登录（见图14-7）是由同一个页面实现的两个不同的功能，注册与登录的网页表单是通过JavaScript脚本相互切换的，其说明如下：

（1）用户注册：填写用户名、手机号码和用户密码，其中用户名和手机号码具有唯一性，而且不能为空。

（2）用户登录：根据用户注册时所填写的手机号码或用户名实现用户登录。

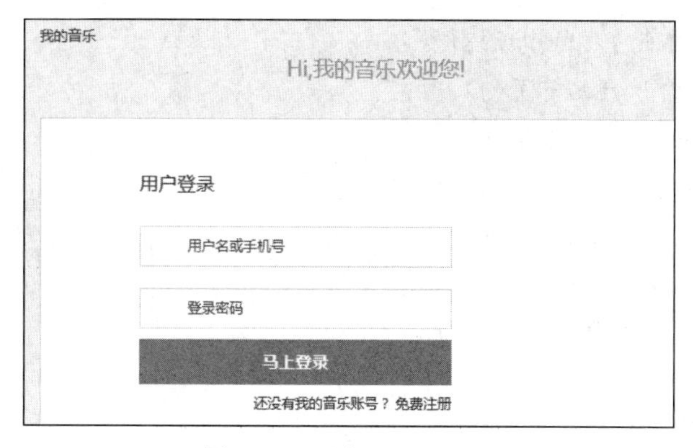

图 14-7　用户注册和登录

14.1.1　项目架构设计

在对音乐网站的需求与设计有了大概了解之后，下一步根据需求搭建项目的目录结构。首先在命令提示符窗口或PyCharm中创建Django项目，项目命名为music；然后创建项目应用index、ranking、play、comment、search和user，并在每个项目应用中创建路由文件urls.py；最后在项目的根目录中创建media、publicStatic和templates文件夹。整个项目的目录结构如图14-8所示。

```
music D:\music
  > comment
  > index
  > media
  > music
  > play
  > publicStatic
  > ranking
  > search
  > templates
  > user
    manage.py
```

图 14-8　目录结构

新建的项目应用和文件夹说明如下：

（1）媒体资源文件夹media用于存放歌曲文件、歌曲图片和歌词文件等资源文件，这类资源文件的变动频率较高，因此与静态资源分开存储为不同的路径。在media文件夹中分别创建songFile、songLyric和songImg文件夹，每个文件夹说明如下：

- songFile文件夹存放歌曲文件。
- songLyric文件夹存放歌词文件。
- songImg文件夹存放歌曲封面文件。

（2）静态资源文件夹publicStatic存放网页的CSS样式文件、JavaScript脚本文件和网页图片文件等静态资源。由于创建了多个项目应用，如果在每个项目应用里都单独创建静态资源文件夹，当更新或修改网页布局时，就不利于日后的维护和管理。因此创建可共用的静态资源文件夹publicStatic。在publicStatic文件夹中分别创建css、font、image、js文件夹和favicon.ico文件，详细说明如下：

- css文件夹存放网站的CSS样式文件。
- js文件夹存放网站的JavaScript脚本文件。
- font文件夹存放网站字体文件。
- image文件夹存放网站设计的图片。
- favicon.ico文件是网站的图标图片。

（3）模板文件夹templates存放模板文件，本项目一共使用9个模板文件，每个模板文件的说明如下：

- base.html定义项目的共用模板文件。
- index.html实现音乐网站首页。
- ranking.html实现榜单排行页面。
- play.html实现歌曲播放页面。
- comment.html实现歌曲点评页面。
- search.html实现歌曲搜索页面
- user.html实现用户注册和登录页面。
- home.html实现用户中心页面。
- 404.html实现404和500异常页面。

14.1.2 功能配置

项目的目录结构设计并非一成不变，不同的需求与设计都会导致项目的目录结构有所不同。下面对项目进行相关配置，配置信息主要在配置文件settings.py中完成。

首先将新建的项目应用index、ranking、play、comment、search和user添加到配置属性INSTALLED_APPS中，并在配置属性MIDDLEWARE中添加中间件LocaleMiddleware，使Admin后台系统支持中文语言，相关配置代码如下：

```
# music的settings.py
INSTALLED_APPS = [
    'django.contrib.admin',
    'django.contrib.auth',
    'django.contrib.contenttypes',
    'django.contrib.sessions',
    'django.contrib.messages',
    'django.contrib.staticfiles',
    'index',
    'ranking',
    'user',
    'play',
    'search',
    'comment',
]
MIDDLEWARE = [
    'django.middleware.security.SecurityMiddleware',
    'django.contrib.sessions.middleware.SessionMiddleware',
     # 添加中间件LocaleMiddleware
    'django.middleware.locale.LocaleMiddleware',
    'django.middleware.common.CommonMiddleware',
    'django.middleware.csrf.CsrfViewMiddleware',
    'django.contrib.auth.middleware.AuthenticationMiddleware',
    'django.contrib.messages.middleware.MessageMiddleware',
    'django.middleware.clickjacking.XFrameOptionsMiddleware',
]
```

然后在配置属性TEMPLATES中设置模板文件夹templates，将模板文件夹templates引入Django，项目的数据存储采用MySQL数据库，我们在MySQL中创建数据库music_db，并在配置属性DATABASES中设置MySQL的连接方式。TEMPLATES和DATABASES的配置代码如下：

```
# music的settings.py
TEMPLATES = [
{
'BACKEND': 'django.template.backends.django.DjangoTemplates',
# 将模板文件夹templates引入Django
'DIRS': [BASE_DIR / 'templates',],
'APP_DIRS': True,
'OPTIONS': {
    'context_processors': [
        'django.template.context_processors.debug',
        'django.template.context_processors.request',
        'django.contrib.auth.context_processors.auth',
        'django.contrib.messages.context_processors.messages',
    ],
},
},
]

DATABASES = {
    'default': {
        'ENGINE': 'django.db.backends.mysql',
        'NAME': 'music_db',
        'USER': 'root',
        'PASSWORD': '1234',
        'HOST': '127.0.0.1',
        'PORT': '3306',
    }
}
```

最后将静态资源文件夹publicStatic和媒体资源文件夹media引入Django的运行环境，同时将Django内置用户模型User改为项目应用user的自定义模型MyUser，配置代码如下：

```
# music的settings.py
# 配置自定义用户表MyUser
AUTH_USER_MODEL = 'user.MyUser'

STATIC_URL = '/static/'
STATICFILES_DIRS = [BASE_DIR / 'publicStatic']

# 设置媒体资源的保存路径
MEDIA_URL = '/media/'
MEDIA_ROOT = BASE_DIR / 'media'
```

至此，音乐网站的开发环境基本上搭建完毕。在整个项目搭建过程中，可以总结出Django开发环境的搭建流程，说明如下：

（1）创建Django项目，并根据开发需求分别创建相应的项目应用、静态资源文件夹、媒体资源文件夹和模板文件夹。

（2）在项目的settings.py中设置功能配置，常用的配置属性有INSTALLED_APPS、

MIDDLEWARE、TEMPLATES、DATABASES、STATICFILES_DIRS、MEDIA_URL和MEDIA_ROOT等。

14.1.3 数据表架构设计

从网站的开发需求与网站设计得知，歌曲信息是整个网站最为核心的数据。因此，设计网站的数据结构时，应以歌曲信息为核心，逐步向外扩展相关联的数据信息。我们将歌曲信息的数据表命名为song，歌曲信息表的数据结构如表14-1所示。

表 14-1 歌曲信息表的数据结构

表 字 段	字段类型	含 义
id	Int类型，长度为11	主键
name	Varchar类型，长度为50	歌曲名称
singer	Varchar类型，长度为50	演唱歌曲的歌手
time	Varchar类型，长度为10	歌曲的播放时长
album	Varchar类型，长度为50	歌曲所属专辑
languages	Varchar类型，长度为20	歌曲的语种
type	Varchar类型，长度为20	歌曲的风格类型
release	Date类型	歌曲的发行时间
img	Varchar类型，长度为100	歌曲封面图片路径
lyrics	Varchar类型，长度为100	歌曲的歌词文件路径
file	Varchar类型，长度为100	歌曲的文件路径
label_id	Int类型，长度为11	外键，关联歌曲分类表

从表14-1中可以看到，歌曲信息表记录了歌曲的基本信息，如歌名、歌手、时长、所属专辑、语种、流派、发行时间、歌词、歌曲封面和歌曲文件，其中歌曲封面、歌词和歌曲文件是以文件路径的形式记录在数据库中的。一般来说，如果网站中涉及文件的存储和使用，那么数据库最好记录文件的路径地址。若将文件内容以二进制的数据格式写入数据库，则会对数据库造成一定的压力，从而降低网站的响应速度。

从歌曲信息表的字段label_id可以知道，歌曲信息表关联歌曲分类表，我们将歌曲分类表命名为label，歌曲分类表主要实现排行榜的歌曲筛选功能，其数据结构如表14-2所示。

表 14-2 歌曲分类表的数据结构

表 字 段	字段类型	含 义
id	Int类型，长度为11	主键
name	Varchar类型，长度为10	歌曲的分类标签

项目需求涉及歌曲的动态信息，因此延伸出了歌曲动态表。歌曲动态表用于记录歌曲的播放次数、搜索次数和下载次数，并且与歌曲信息表实现一对一的数据关系，也就是说一首歌曲只有一条动态信息。将歌曲动态表命名为dynamic，其数据结构如表14-3所示。

表 14-3　歌曲动态表的数据结构

表　字　段	字段类型	含　　义
id	Int类型，长度为11	主键
plays	Int类型，长度为11	歌曲的播放次数
search	Int类型，长度为11	歌曲的搜索次数
download	Int类型，长度为11	歌曲的下载次数
song_id	Int类型，长度为11	外键，关联歌曲信息表

与歌曲信息表相互关联的还有歌曲点评表，该表主要用于歌曲点评页面。从歌曲点评页面可知，一首歌可以有多条点评信息，说明歌曲信息表和歌曲点评表存在一对多的数据关系。将歌曲点评表命名为comment，其数据结构如表14-4所示。

表 14-4　歌曲点评表的数据结构

表　字　段	字段类型	含　　义
id	Int类型，长度为11	主键
text	Varchar类型，长度为500	歌曲的点评内容
user	Varchar类型，长度为20	用户名
date	Date类型	点评日期
song_id	Int类型，长度为11	外键，关联歌曲信息表

除此之外，还有网站的用户管理功能，用户管理功能由用户表提供用户信息。用户表由Django内置模型User扩展而成，其数据结构如表14-5所示。

表 14-5　用户表的数据结构

表　字　段	字段类型	含　　义
id	Int类型，长度为11	主键
password	Varchar类型，长度为128	用户密码
last_login	Datetime类型，长度为6	上次登录时间
is_superuser	Tinyint类型，长度为1	超级用户
username	Varchar类型，长度为150	用户名
first_name	Varchar类型，长度为30	用户的名字
last_name	Varchar类型，长度为150	用户的姓氏
email	Varchar类型，长度为254	邮箱地址
is_staff	Tinyint类型，长度为1	登录Admin权限
is_active	Tinyint类型，长度为1	用户的激活状态
date_joined	Datetime类型，长度为6	用户创建的时间
qq	Varchar类型，长度为20	用户的QQ号码
weChat	Varchar类型，长度为20	用户的微信号码
mobile	Varchar类型，长度为11	用户的手机号码

我们根据数据表的数据关系定义项目的模型对象。由于所有的项目应用都使用这些模型生成

网页内容，而且模型之间存在外键关联，因此将所有关于歌曲信息的模型都定义在项目应用index中。打开项目应用index的models.py文件，分别定义模型Label、Song、Dynamic和Comment，定义过程如下：

```
# index的models.py
from django.db import models
# 歌曲分类表
class Label(models.Model):
    id = models.AutoField('序号', primary_key=True)
    name = models.CharField('分类标签', max_length=10)

    def __str__(self):
        return self.name
    class Meta:
        # 设置Admin的显示内容
        verbose_name = '歌曲分类'
        verbose_name_plural = '歌曲分类'

# 歌曲信息表
class Song(models.Model):
    id = models.AutoField('序号', primary_key=True)
    name = models.CharField('歌名', max_length=50)
    singer = models.CharField('歌手', max_length=50)
    time = models.CharField('时长', max_length=10)
    album = models.CharField('专辑', max_length=50)
    languages = models.CharField('语种', max_length=20)
    type = models.CharField('类型', max_length=20)
    release = models.DateField('发行时间')
    img = models.FileField('歌曲图片', upload_to='songImg/')
    lyrics = models.FileField('歌词', upload_to='songLyric/',
             default='暂无歌词', blank=True)
    file = models.FileField('歌曲文件', upload_to='songFile/')
    label = models.ForeignKey(Label, on_delete=models.CASCADE,
             verbose_name='歌名分类')

    def __str__(self):
        return self.name
    class Meta:
        # 设置Admin的显示内容
        verbose_name = '歌曲信息'
        verbose_name_plural = '歌曲信息'

# 歌曲动态表
class Dynamic(models.Model):
    id = models.AutoField('序号', primary_key=True)
    plays = models.IntegerField('播放次数', default=0)
    search = models.IntegerField('搜索次数', default=0)
    download = models.IntegerField('下载次数', default=0)
    song = models.ForeignKey(Song, on_delete=models.CASCADE,
        verbose_name='歌名')

    class Meta:
        # 设置Admin的显示内容
```

```
        verbose_name = '歌曲动态'
        verbose_name_plural = '歌曲动态'

# 歌曲点评表
class Comment(models.Model):
    id = models.AutoField('序号', primary_key=True)
    text = models.CharField('内容', max_length=500)
    user = models.CharField('用户', max_length=20)
    date = models.DateField('日期', auto_now=True)
    song = models.ForeignKey(Song, on_delete=models.CASCADE,
             verbose_name='歌名')

    class Meta:
        # 设置Admin的显示内容
        verbose_name = '歌曲评论'
        verbose_name_plural = '歌曲评论'
```

用户表由Django内置模型User扩展而成，它与歌曲信息表并无数据关联，因此将用户表的模型定义在项目应用user的models.py中，定义过程如下：

```
# user的models.py
from django.db import models
from django.contrib.auth.models import AbstractUser
class MyUser(AbstractUser):
    qq = models.CharField('QQ号码', max_length=20)
    weChat = models.CharField('微信账号', max_length=20)
    mobile=models.CharField('手机号码',max_length=11,unique=True)
    # 设置返回值
    def __str__(self):
        return self.username
```

最后对定义好的模型执行数据迁移，在数据库music_db中创建数据表。我们使用数据库可视化工具Navicat Premium查看所有关于歌曲信息的数据表，数据表之间的数据关系如图14-9所示。

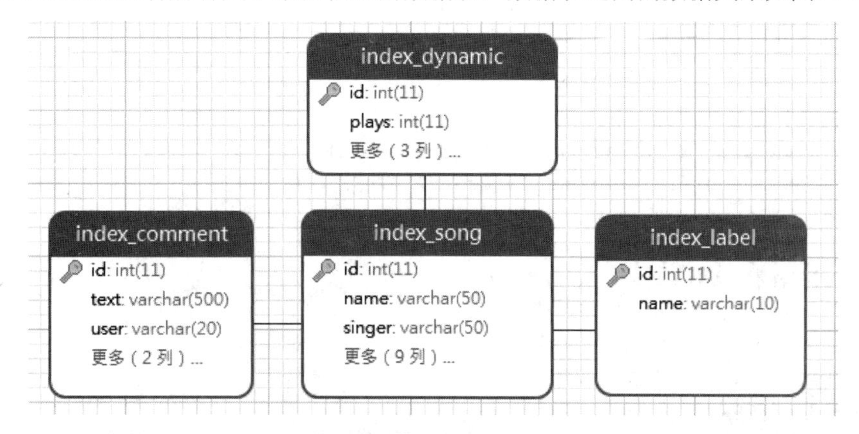

图 14-9　数据表之间的关系

14.1.4　定义路由列表

项目中设置了6个项目应用，每个项目应用实现不同的网页功能。在开发网页功能之前，首先为各个项目应用设置路由空间，再由各个项目应用的urls.py定义具体的路由信息。打开music的urls.py定义项目的路由列表，在路由列表中定义各个项目应用的路由空间，定义过程如下：

```
# music的urls.py
from django.contrib import admin
from django.urls import path, re_path, include
from django.views.static import serve
from django.conf import settings
urlpatterns = [
    path('admin/', admin.site.urls),
    path('', include('index.urls')),
    path('ranking.html', include('ranking.urls')),
    path('play/', include('play.urls')),
    path('comment/', include('comment.urls')),
    path('search/', include('search.urls')),
    path('user/', include('user.urls')),
    # 定义媒体资源的路由信息
    re_path('media/(?P<path>.*)', serve, {'document_root':
             settings.MEDIA_ROOT}, name='media'),
]
```

上述的路由空间以最简单的方式定义，因为项目的网页数量不多，所以路由空间可以不设置参数namespace。由于要使用项目的配置文件settings.py设置媒体资源文件夹media，因此还需要在路由对象urlpatterns中设置媒体资源的路由信息。

14.1.5 编写共用模板

在模板文件夹templates中设有共用模板文件base.html，该文件用于定义整个音乐网站平台的网页架构。打开共用模板文件base.html，编写以下网页代码：

```
# templates的base.html
<!doctype html>
<html>
<head>
<meta charset="utf-8">
<meta http-equiv="X-UA-Compatible" content="IE=edge">
<meta name="renderer" content="webkit">
<meta name="keywords" content="">
<meta name="description" content="">
<title>我的音乐</title>
{% block link %}{% endblock %}
</head>
{% block body %}{% endblock %}
<div class="footer">
<div class="copyright">
   <p>网站数据信息来源于网络</p>
</div>
</div>
</html>
```

由于每个网页的布局设计都各不相同，因此无法将相同的网页内容写入共用模板文件。模板文件base.html定义了模板继承接口link和body，每个接口负责实现不同的功能。接口link用于引入CSS样式文件、JavaScript脚本文件等静态资源文件；接口body用于编写网页内容。

14.2　网 站 首 页

网站首页是整个网站的主页面，从网站的需求设计来看，首页一共实现7个功能：歌曲搜索、轮播图、音乐分类、热门歌曲、新歌推荐、热门搜索和热门下载。网站首页在项目应用index中实现，首先在index的urls.py中定义路由index，定义过程如下：

```
# index的urls.py
from django.urls import path
from .views import *
urlpatterns = [
    path('', indexView, name='index'),
]
```

路由的HTTP请求由视图函数indexView接收和处理，在index的views.py中定义视图函数indexView，主要实现模型Dynamic、Label和Song的数据查询，实现代码如下：

```
# index的views.py
from django.shortcuts import render
from .models import *
def indexView(request):
    songDynamic = Dynamic.objects.select_related('song')
    # 热搜歌曲
    searchs = songDynamic.order_by('-search').all()[:8]
    # 音乐分类
    labels = Label.objects.all()
    # 热门歌曲
    popular = songDynamic.order_by('-plays').all()[:10]
    # 新歌推荐
    recommend = Song.objects.order_by('-release').all()[:3]
    # 热门搜索、热门下载
    downloads = songDynamic.order_by('-download').all()[:6]
    tabs = [searchs[:6], downloads]
    return render(request, 'index.html', locals())
```

视图函数indexView执行了6次数据查询，一共生成了7个变量，各变量的说明如下：

（1）变量songDynamic使用select_related方法实现模型Dynamic和Song的数据查询，由模型Dynamic作为查询主体，通过外键字段song关联模型Song的数据。

（2）变量searchs用于对变量songDynamic的数据对象执行数据排序查询，根据模型字段search进行降序排列，并且只获取前8行的数据信息。

（3）变量labels用于查询模型Label的全部数据。

（4）变量popular用于对变量songDynamic的数据对象执行数据排序查询，根据模型字段plays进行降序排列，并且只获取前10行的数据信息。

（5）变量recommend用于查询模型Song的数据，根据模型字段release进行降序排列，并且只获取前3行的数据信息。

（6）变量downloads用于对变量songDynamic的数据对象执行数据排序查询，根据模型字段download进行降序排列，并且只获取前6行的数据信息。

（7）变量tabs将变量searchs的前6行数据和变量downloads的数据放置在同一个列表中。

模板文件index.html从视图函数indexView中获取变量searchs、labels、popular、recommend和tabs，这些变量将作为模板上下文，并由模板引擎进行解析处理，最终在浏览器上生成网页内容。我们在模板文件index.html中编写以下代码：

```
# templates的index.html
{% extends "base.html" %}
{% load static %}
{% block link %}··················①
<link rel="shortcut icon" href="{% static "favicon.ico" %}">
<link rel="stylesheet" href="{% static "css/common.css" %}">
<link rel="stylesheet" href="{% static "css/index.css" %}">
{% endblock %}
{% block body  %}
<body class="index">
<div class="header">
<a href="/" class="logo">··················②
<img src="{% static "image/logo.png" %}">
</a>
<div class="search-box">
<form id="searchForm" action="{% url 'search' 1 %}"
    method="post">
    {% csrf_token %}
    <div class="search-keyword">
        <input name="kword" type="text"
        class="keyword" maxlength="120">
    </div>
    <input id="subSerch" type="submit"
    class="search-button" value="搜 索">
</form>
<div id="suggest" class="search-suggest"></div>
<div class="search-hot-words">
{% for s in searchs  %}
    <a target="play" href="{% url 'play' s.song.id %}">
    {{ s.song.name }}</a>
{% endfor %}
</div>
</div>
</div>
<div class="nav-box">
<div class="nav-box-inner">
<ul class="nav clearfix">··················③
```

```
<li><a href="{% url 'index' %}">首页</a></li>
<li>
<a href="{% url 'ranking' %}" target="_blank">歌曲排行</a>
</li>
<li>
<a href="{% url 'home' 1 %}" target="_blank">用户中心</a>
</li>
</ul>
<div class="category-nav">
<div class="category-nav-header">
    <strong>
    <a href="javascript:;" title="">音乐分类</a>
    </strong>
</div>
<div class="category-nav-body">
    <div id="J_CategoryItems" class="category-items">
    {% for l in labels  %}
        <div class="item" data-index="1"><h3>
            <a href="{% url 'ranking' %}?type={{ l.id }}">
            {{ l.name }}</a></h3>
        </div>
    {% endfor  %}
    </div>
</div>
</div>
</div>
<div class="wrapper clearfix">
<div class="main">
<div id="J_FocusSlider" class="focus">
<div id="bannerLeftBtn" class="banner_btn"></div>
<ul class="focus-list f_w">
<li class="f_s">
<a target="play" href="{% url 'play' 12 %}" class="layz_load">
    <img data-src="{% static '/image/datu-1.jpg' %}"
        width="750" height="275">
</a>
</li>
<li class="f_s">
<a target="play" href="{% url 'play' 13 %}" class="layz_load">
    <img data-src="{% static '/image/datu-2.jpg' %}"
        width="750" height="275">
</a>
</li>
</ul>
<div id="bannerRightBtn" class="banner_btn"></div>
</div>
</div>
<div class="aside">
<h2>热门歌曲</h2>··················④
<ul>
{% for p in popular %}
```

```
    <li><span>{{ forloop.counter }}</span>
        <a target="play" href="{% url 'play' p.song.id %}">
        {{ p.song.name }}
        </a>
    </li>
{% endfor  %}
</ul>
</div>
</div>
<div class="today clearfix">
<div class="today-header">
<i></i>
<h2>新歌推荐</h2>··················⑤
</div>
<div class="today-list-box slide">
<div id="J_TodayRec" class="today-list">
<ul>
{% for r in recommend %}
    <li>
    <a class="pic layz_load pic_po" target="play"
        href="{% url 'play' r.id %}">
        <img data-src="{{ r.img.url }}"></a>
    <div class="name">
        <h3>
        <a target="play" href="{% url 'play' r.id %}">
        {{ r.name }}
        </a></h3>
        <div class="singer"><span>{{ r.singer }}</span></div>
        <div class="times">发行时间：<span>
        {{ r.release |date:"Y-m-d" }}
        </span></div>
    </div>
    <a target="play" href="{% url 'play' r.id %}"
        class="today-buy-button" >去听听></a>
    </li>
{% endfor  %}
</ul>
</div>
</div>
</div><!--end today-->
<div class="section">
<ul id="J_Tab" class="tab-trigger">··················⑥
<li data-cur="0" class="current t_c">热门搜索</li>
<li data-cur="1" class="t_c">热门下载</li>
</ul>
<div class="tab-container">
<div id="J_Tab_Con" class="tab-container-cell">
{% for tab in tabs %}
{% if forloop.first %}
    <ul class="product-list clearfix t_s current">
{% else  %}
```

```
    <ul class="product-list clearfix t_s" style="display:none;">
{% endif  %}
    {% for item in tab %}
    <li>
        <a target="play" href="{% url 'play' item.song.id %}"
            class="pic layz_load pic_po">
            <img data-src="{{ item.song.img.url }}">
        </a>
        <h3>
        <a target="play" href="{% url 'play' item.song.id %}">
        {{ item.song.name }}
        </a></h3>
        <div class="singer">
        <span>{{ item.song.singer }}</span>
        </div>
        {% if tabs.0  == tab %}
        <div class="times">搜索次数: <span>
        {{ item.search }}</span>
        </div>
        {% else %}
        <div class="times">下载次数: <span>
        {{ item.download }}</span>
        </div>
        {% endif %}
    </li>
    {% endfor %}
    </ul>
{% endfor %}
</div>
</div>
</div><!--end section-->
</div>
<script data-main="{% static "js/index.js" %}"
    src="{% static "js/require.js" %}"></script>
</body>
{% endblock %}
```

模板文件index.html实现首页的歌曲搜索、轮播图、音乐分类、热门歌曲、新歌推荐、热门搜索和热门下载，上述代码中设有标注①、②、③、④、⑤和⑥，每个标注实现的功能说明如下：

- 标注①重写模板继承接口link，引入网站首页所需的CSS样式文件，实现网页的功能布局。
- 标注②一共实现了3个网页功能：调用静态资源文件logo.png生成网站LOGO；使用HTML语言编写网页表单，生成歌曲搜索框，表单以POST请求方式提交到路由search（歌曲搜索页）中；在歌曲搜索框下方使用模板上下文searchs生成热搜歌曲，每首歌曲可以跳转到歌曲播放页。
- 标注③实现了导航栏、音乐分类和轮播图功能。导航栏设置了“首页”“歌曲排行”和“用户中心”链接；音乐分类由模板上下文labels提供数据内容，单击某个音乐分类即可查看该分类的歌曲排行榜；轮播图调用了静态资源文件datu-1.jpg和datu-2.jpg，并且单击图片即可播放相应的歌曲。

- 标注④遍历模板上下文popular生成热门歌曲，每次遍历的数据对象为p，其中forloop.counter用于获取当前遍历的次数，从1开始计算；p.song.id用于获取模型Song的字段id；p.song.name用于获取模型Song的字段name。
- 标注⑤遍历模板上下文recommend生成新歌推荐，每次遍历的数据对象为r，从r对象中输出歌曲名称、发布时间、歌曲封面和歌手信息，每首歌曲设置了播放链接（歌曲播放页）。其中r.img.url用于获取模型Song的字段img的文件路径。模型字段img为FileField类型，该字段类型定义了url方法来获取文件的路径地址。
- 标注⑥遍历模板上下文tabs生成热门搜索和热门下载，模板上下文tabs通过嵌套循环可以生成不同的网页功能，这种代码编写方式在开发过程中较为常用。

14.3 歌曲排行榜

歌曲排行榜是按照歌曲的播放量进行排序的，用户还可以根据歌曲类型进行自定义筛选。整个页面分为两部分：歌曲分类和歌曲列表。歌曲排行榜在项目应用ranking中实现，首先在ranking的urls.py中定义路由ranking和rankingList，路由的定义过程如下：

```
# ranking的urls.py
from django.urls import path
from .views import *
urlpatterns = [
    path('', rankingView, name='ranking'),
    path('.list', RankingList.as_view(), name='rankingList'),
]
```

我们在music的urls.py中已为项目应用ranking定义了路由空间，因此路由ranking的路由地址为127.0.0.1:8000/ranking.html，路由的HTTP请求由视图函数rankingView接收和处理；路由rankingList的路由地址为127.0.0.1:8000/ranking.html.list，路由的HTTP请求由视图类RankingList接收和处理。打开项目应用ranking的views.py，分别定义视图函数rankingView和视图类RankingList，代码如下：

```
# ranking的views.py
from django.shortcuts import render
from index.models import *
from django.views.generic import ListView
def rankingView(request):
    # 热搜歌曲
    searchs = Dynamic.objects.select_related('song').
         order_by('-search').all()[:4]
    # 歌曲分类列表
    labels = Label.objects.all()
    # 歌曲列表信息
    t = request.GET.get('type', '')
    if t:
        dynamics = Dynamic.objects.select_related('song').
              filter(song__label=t).order_by('-plays').all()[:10]
    else:
```

```
        dynamics = Dynamic.objects.select_related('song').
              order_by('-plays').all()[:10]
    return render(request, 'ranking.html', locals())

class RankingList(ListView):
    # context_object_name设置模板的某个变量名称
    context_object_name = 'dynamics'
    # 设定模板文件
    template_name = 'ranking.html'
    # 设置变量dynamics的数据
    def get_queryset(self):
        # 获取请求参数
        t = self.request.GET.get('type', '')
        if t:
            dynamics = Dynamic.objects.select_related('song').
                    filter(song__label=t).order_by('-plays').all()[:10]
        else:
            dynamics = Dynamic.objects.select_related('song').
                    order_by('-plays').all()[:10]
        return dynamics
    # 添加其他变量
    def get_context_data(self, **kwargs):
        context = super().get_context_data(**kwargs)
        # 搜索歌曲
        context['searchs'] = Dynamic.objects.select_related('song').
              order_by('-search').all()[:4]
        # 所有歌曲分类
        context['labels'] = Label.objects.all()
        return context
```

视图函数rankingView和视图类RankingList实现的功能一致，本节使用视图类处理HTTP请求是为了让读者深入了解视图类的使用方式。在上述代码中，视图类和视图函数设置了变量searchs、labels和dynamics，它们将作为模板文件ranking.html的上下文，每个变量的说明如下：

- 变量searchs通过歌曲的搜索次数进行降序查询，由内置的select_related方法中实现模型Song和Dynamic的数据查询，它与视图函数index的searchs是同一个变量。
- 变量labels用于查询模型Label的全部数据。
- 变量dynamics根据GET请求的参数进行数据查询。若请求参数为空，则对全部歌曲进行筛选，获取播放次数最多的前10首歌曲；若请求参数不为空，则根据参数内容进行歌曲筛选，获取播放次数最多的前10首歌曲。

根据视图函数rankingView所生成的变量在模板文件ranking.html中编写相关的模板语法，详细代码如下：

```
# templates的ranking.html
{% extends "base.html"  %}
{% load static %}
{% block link %}………………①
<link rel="shortcut icon" href="{% static "favicon.ico" %}">
```

```
<link rel="stylesheet" href="{% static "css/common.css" %}">
<link rel="stylesheet" href="{% static "css/ranking.css" %}">
{% endblock %}
{% block body  %}
<body>
<div class="header">
<a href="/" class="logo">
<img src="{% static "image/logo.png" %}">
</a>
<div class="search-box">
<form id="searchForm" action="{% url 'search' 1 %}" method="post">
{% csrf_token %}
    <div class="search-keyword">
        <input name="kword" type="text"
        class="keyword" maxlength="120">
    </div>
    <input id="subSerch" type="submit"
    class="search-button" value="搜 索" />
</form>
<div id="suggest" class="search-suggest"></div>
<div class="search-hot-words">
    {% for s in searchs  %}
    <a target="play" href="{% url 'play' s.song.id %}">
    {{ s.song.name }}</a>
    {% endfor  %}
</div>
</div>
</div><!--end header-->
<div class="nav-box">
<div class="nav-box-inner">
<ul class="nav clearfix">
    <li>
    <a href="{% url 'index' %}">首页</a>
    </li>
    <li>
    <a href="{% url 'ranking' %}">歌曲排行</a>
    </li>
    <li>
    <a href="{% url 'home' 1 %}" target="_blank">
    用户中心</a>
    </li>
</ul>
</div>
</div><!--end nav-box-->
<div class="wrapper clearfix">
<!-- 左侧列表 -->
<div class="side">
<!-- 子类分类排行导航 -->………………②
<div class="side-nav">
    <div class="nav-head">
        <a href="{% url 'ranking' %}">所有歌曲分类</a>
```

```
        </div>
        <ul id="sideNav" class="cate-item">
        {% for l in labels %}
            <li class="computer">
            <div class="main-cate">
                <a href="{% url 'ranking' %}?type={{ l.id }}"
                class="main-title">{{ l.name }}</a>
            </div>
            </li>
        {% endfor  %}
        </ul>
    </div>
    </div><!-- 左侧列表 end -->………………③
    <div class="main">
    <div class="main-head-box clearfix">
        <div class="main-head"><h1>歌曲排行榜</h1></div>
    </div>
    <table class="rank-list-table">
    <tr>
        <th class="cell-1">排名</th>
        <th class="cell-2">封面</th>
        <th class="cell-3">歌名</th>
        <th class="cell-4">专辑</th>
        <th class="cell-5">类型</th>
        <th class="cell-6">下载量</th>
        <th class="cell-6">播放量</th>
    </tr>
    {% for d in dynamics %}
        <tr>
            {% if forloop.counter < 4 %}
            <td><span class="n1">{{forloop.counter}}</span></td>
            {% else %}
            <td><span class="n2">{{forloop.counter}}</span></td>
            {% endif %}
            <td>
            <a href="{% url 'play' d.song.id %}"
                ……(略去部分代码)
            <td class="num-cell">{{ d.plays }}</td>
        </tr>
    {% endfor %}
    </table>
    </div>
    </div>
    <script data-main="{% static "js/ranking.js" %}"
        src="{% static "js/require.js" %}"></script>
    </body>
    {% endblock %}
```

模板文件ranking.html重写了模板继承接口link和body，重写的网页内容已在上述代码中设置了标注①、②和③，每个标注实现的功能说明如下：

- 标注①一共实现了5个网页功能：CSS样式文件引入、网站LOGO、歌曲搜索框、热搜歌曲和网站导航栏功能。
- 标注②遍历模板上下文labels生成歌曲分类列表，并且每个歌曲分类设置了相应的路由地址，单击某个分类即可查看该分类的歌曲排行信息。
- 标注③遍历模板上下文dynamics生成歌曲列表，展示了每首歌曲的排名、封面、歌名、专辑、类型、下载量和播放量，单击某一首歌曲的歌名即可进入歌曲播放页，播放当前歌曲。

14.4 歌曲搜索

音乐平台的每个网页顶部都设置了歌曲搜索功能，歌曲搜索框以网页表单的形式展示，并以POST请求方式实现歌曲搜索功能，搜索结果显示在歌曲搜索页。歌曲搜索页由项目应用search实现。首先在search的urls.py中定义路由search，路由的定义过程如下：

```
# search的urls.py
from django.urls import path
from .views import *
urlpatterns = [
    path('<int:page>.html', searchView, name='search'),
]
```

路由search设置了路由变量page，该变量代表某一页的页数，因为歌曲的搜索结果具有不确定性，通过对搜索结果进行分页处理可以美化和规范网页内容。路由的Post请求由视图函数searchView负责接收和处理，在search的views.py中定义视图函数searchView，定义过程如下：

```
# search的views.py
from django.shortcuts import render, redirect
from django.core.paginator import Paginator
from django.core.paginator import EmptyPage
from django.core.paginator import PageNotAnInteger
from django.shortcuts import reverse
from django.db.models import Q, F
from index.models import *
def searchView(request, page):
    if request.method == 'GET':
        # 热搜歌曲
        searchs = Dynamic.objects.select_related('song').
                 order_by('-search').all()[:6]
        # 获取搜索内容，如果kword为空，就查询全部歌曲
        kword = request.session.get('kword', '')
        if kword:
            # Q是SQL语句里的or语法
            songs = Song.objects.filter(Q(name__icontains=kword)|
                     Q(singer=kword)).order_by('-release').all()
        else:
            songs = Song.objects.order_by('-release').all()[:50]
        # 分页功能
```

```
        paginator = Paginator(songs, 5)
        try:
            pages = paginator.page(page)
        except PageNotAnInteger:
            pages = paginator.page(1)
        except EmptyPage:
            pages = paginator.page(paginator.num_pages)
        # 添加歌曲搜索次数
        if kword:
            idList = Song.objects.filter(name__icontains=kword)
            for i in idList:
                # 判断歌曲动态信息是否存在，若存在，则在原来的基础上加1
                dynamics = Dynamic.objects.filter(song_id=i.id)
                if dynamics:
                    dynamics.update(search=F('search') + 1)
                # 若动态信息不存在，则创建新的动态信息
                else:
                    dynamic = Dynamic(plays=0, search=1,
                                      download=0, song_id=i.id)
                    dynamic.save()
        return render(request, 'search.html', locals())
    else:
        # 处理POST请求，并重定向到搜索页面
        request.session['kword'] = request.POST.get('kword', '')
        return redirect(reverse('search', kwargs={'page': 1}))
```

当视图函数searchView接收到路由search的POST请求后，它将执行歌曲搜索过程，执行过程说明如下：

（1）当用户在歌曲搜索框输入搜索内容并单击“搜索”按钮后，程序向网页表单的属性action所指向的路由地址发送一个POST请求，Django接收到请求后，将请求信息交给视图函数searchView进行处理。

（2）如果视图函数searchView收到一个POST请求，那么首先将请求参数kword写入Session进行存储，请求参数kword是歌曲搜索框的搜索内容，然后以重定向的方式访问歌曲搜索页。

（3）通过重定向访问歌曲搜索页，等同于向歌曲搜索页发送一个GET请求，视图函数searchView首先获取Session的数据，判断Session中是否存在kword。

（4）如果kword存在，就以kword作为查询条件，分别在模型Song的字段name和singer中进行模糊查询，查询结果根据模型字段release进行降序排列；如果kword不存在，就查询模型Song的所有歌曲，查询结果根据模型字段release进行降序排列，并且只获取前50首的歌曲信息。

(5)将查询结果进行分页处理，以每5首歌为一页的方式进行分页。函数参数page代表某一页的页数，它也代表路由变量page。

（6）根据搜索内容kword查找匹配的歌曲，将符合匹配条件的歌曲进行遍历和判断，如果歌曲的动态信息存在，就对该歌曲的搜索次数累加1；否则为歌曲新建一条动态信息，并将搜索次数设为1。

（7）最后将变量searchs和分页对象pages传递给模板文件search.html，由模板引擎进行解析并生成相应的网页内容。

当模板文件search.html接收到变量searchs和分页对象pages后，模板引擎对模板语法进行解析并转换成网页内容。变量searchs实现歌曲搜索框下方的热搜歌曲，分页对象pages实现当前分页的歌曲列表和分页导航功能，详细的代码如下：

```
# templates的search.html
{% extends "base.html" %}
{% load static %}
{% block link %}………………①
<link rel="shortcut icon" href="{% static "favicon.ico" %}">
<link rel="stylesheet" href="{% static "css/common.css" %}">
<link rel="stylesheet" href="{% static "css/search.css" %}">
{% endblock %}
{% block body %}
<body>
<div class="header">
<a href="/" class="logo">
<img src="{% static "image/logo.png" %}">
</a>
<div class="search-box">
<form id="searchForm" action="{% url 'search' 1 %}" method="post">
    {% csrf_token %}
    <div class="search-keyword">
        <input id="kword" name="kword" type="text"
        class="keyword" maxlength="120"/>
    </div>
    <input id="subSerch" type="submit"
    class="search-button" value="搜 索" />
</form>
<div id="suggest" class="search-suggest"></div>
<div class="search-hot-words">
    {% for s in searchs  %}
        <a target="play" href="{% url 'play' s.song.id %}">
        {{ s.song.name }}</a>
    {% endfor  %}
</div>
</div>
</div><!--end header-->
<div class="nav-box">
<div class="nav-box-inner">
<ul class="nav clearfix">
<li>
<a href="{% url 'index' %}">首页</a>
</li>
<li>
<a href="{% url 'ranking' %}" target="_blank">歌曲排行</a>
</li>
<li>
<a href="{% url 'home' 1 %}" target="_blank">用户中心</a>
</li>
</ul>
</div>
```

```
</div><!--end nav-box-->
<!--wrapper-->
<div class="wrapper clearfix" id="wrapper">
<div class="mod_songlist">
<ul class="songlist__header">
    <li class="songlist__header_name">歌曲</li>
    <li class="songlist__header_author">歌手</li>
    <li class="songlist__header_time">时长</li>
</ul>
<ul class="songlist__list">
{% for p in pages.object_list %}··················②
<li class="js_songlist__child">
    <div class="songlist__item">
    <div class="songlist__songname">
        <span class="songlist__songname_txt">
            <a href="{% url 'play' p.id %}"
            class="js_song" target="play">{{ p.name }}</a>
        </span>
    </div>
    <div class="songlist__artist">
        <a href="javascript:;" class="singer_name">
        {{ p.singer }}</a>
    </div>
    <div class="songlist__time">{{ p.time }}</div>
    </div>
</li>
{% endfor %}
</ul>
<div class="page-box">
<div class="pagebar" id="pageBar">··················③
    {% if pages.has_previous %}
    <a href="{% url 'search' pages.previous_page_number %}"
    class="prev" target="_self"><i></i>上一页</a>
    {% endif %}
    {% for p in pages.paginator.page_range %}
        {% if pages.number == p %}
            <span class="sel">{{ p }}</span>
        {% else %}
            <a href="{% url 'search' p %}"
            target="_self">{{ p }}</a>
        {% endif %}
    {% endfor %}
    {% if pages.has_next %}
    <a href="{% url 'search' pages.next_page_number %}"
    class="next" target="_self">下一页<i></i></a>
    {% endif %}
</div>
</div>
</div>
</div>
```

```
</body>
{% endblock %}
```

上述代码重写了模板继承接口link和body，并在代码中设置标注①、②和③，每个标注实现的功能说明如下：

- 标注①一共实现了5个网页功能：CSS样式文件引入、网站LOGO、歌曲搜索框、热搜歌曲展示和网站导航栏功能。
- 标注②使用模板上下文pages生成当前页数的歌曲列表，每首歌曲的信息包含歌名、歌手和时长，单击“歌名”即可进入歌曲播放页，播放当前歌曲。
- 标注③使用模板上下文pages生成分页导航功能，分页导航功能的页数随着路由变量page的不同而不同。

14.5 歌曲播放与下载

由网站首页、歌曲排行榜和歌曲搜索可知，每个页面的歌曲信息都设置了歌曲播放的链接，只需在页面上单击歌名即可访问歌曲播放页。总的来说，歌曲播放页是音乐网站的核心页面，对所有页面的歌曲信息都设置了播放链接，通过播放链接可以访问歌曲播放页。

歌曲播放由项目应用play实现，在play的urls.py中定义路由play和download，路由的定义过程如下：

```
# play的urls.py
from django.urls import path
from .views import *
urlpatterns = [
    # 歌曲播放页
    path('<int:id>.html', playView, name='play'),
    # 歌曲下载
    path('download/<int:id>.html', downloadView, name='download')
]
```

路由play和download设置路由变量id，该变量是模型Song的主键id，主要用于标记和区分当前播放的歌曲信息。路由play为用户提供在线试听、歌曲下载、歌曲点评链接和相关歌曲推荐，路由download用于实现歌曲下载功能。在play的views.py中定义视图函数playView和downloadView，代码如下：

```
# play的views.py
from django.shortcuts import render
from django.http import StreamingHttpResponse
from index.models import *
def playView(request, id):
    # 热搜歌曲
    searchs = Dynamic.objects.select_related('song').
            order_by('-search').all()[:6]
    # 相关歌曲推荐
```

```
    type = Song.objects.values('type').get(id=id)['type']
    relevant = Dynamic.objects.select_related('song').
            filter(song__type=type).order_by('-plays').all()[:6]
    # 歌曲信息
    songs = Song.objects.get(id=int(id))
    # 播放列表
    play_list = request.session.get('play_list', [])
    exist = False
    if play_list:
        for i in play_list:
            if int(id) == i['id']:
                exist = True
    if exist == False:
        play_list.append({'id': int(id), 'singer': songs.singer,
                          'name': songs.name, 'time': songs.time})
    request.session['play_list'] = play_list
    # 歌词
    if songs.lyrics != '暂无歌词':
        lyrics = str(songs.lyrics.url)[1::]
        with open(lyrics, 'r', encoding='utf-8') as f:
            lyrics = f.read()
    # 添加播放次数
    # 功能扩展：可使用Session实现每天只添加一次播放次数
    p = Dynamic.objects.filter(song_id=int(id)).first()
    plays = p.plays + 1 if p else 1
    Dynamic.objects.update_or_create(
            song_id=id, defaults={'plays': plays})
    return render(request, 'play.html', locals())

def downloadView(request, id):
    # 添加下载次数
    p = Dynamic.objects.filter(song_id=int(id)).first()
    download = p.download + 1 if p else 1
    Dynamic.objects.update_or_create(
            song_id=id, defaults={'download': download})
    # 读取文件内容
    # 根据id查找歌曲信息
    songs = Song.objects.get(id=int(id))
    file = songs.file.url[1::]
    def file_iterator(file, chunk_size=512):
        with open(file, 'rb') as f:
            while True:
                c = f.read(chunk_size)
                if c:
                    yield c
                else:
                    break
    # 将文件内容写入StreamingHttpResponse对象
    # 并以字节流方式返回给用户，实现文件下载
    f = str(id) + '.m4a'
    response = StreamingHttpResponse(file_iterator(file))
```

```
    response['Content-Type'] = 'application/octet-stream'
    response['Content-Disposition']='attachment;filename="%s"'%(f)
    return response
```

视图函数playView分别实现了4次数据查询：热搜歌曲、歌曲推荐、当前歌曲信息和播放次数的累加。功能的实现过程说明如下：

（1）变量searchs实现歌曲搜索框下方的热搜歌曲；变量relevant实现相关歌曲推荐功能，将同一类型的歌曲展示在歌曲播放页的最下方。

（2）播放列表由Session存储当前用户的播放记录。

（3）变量songs获取当前歌曲信息，如果当前歌曲存在歌词文件，就读取歌词文件的数据内容，并以变量lyrics表示。

（4）累加播放次数用于查询模型Dynamic是否存在歌曲的动态信息，若存在，则将播放次数累加1，否则新增动态信息并将播放次数设为1，最后调用内置方法update_or_create实现动态信息的更新或新增操作。如果模型Dynamic不存在当前歌曲的动态信息，那么内置方法update_or_create将执行数据新增操作，否则执行数据更新操作。

视图函数downloadView实现歌曲文件的下载功能，每下载一次歌曲，就对歌曲的下载次数累加1。因此，视图函数downloadView实现两个功能：累加下载次数和下载文件，功能说明如下：

（1）累加下载次数与累加播放次数的功能相似，两者都是调用Django内置方法update_or_create实现动态信息的更新或新增操作，前者是操作模型字段download，后者是操作模型字段palys。

（2）文件下载使用StreamingHttpResponse实现流式响应输出，其原理是使用Python的迭代器将数据分段处理并传输，文件下载原理在4.1.4节已详细讲述过了。

视图函数playView使用模板文件play.html生成歌曲播放页，我们在PyCharm里打开模板文件play.html，并在该文件里编写以下代码：

```
# templates的play.html
{% extends "base.html" %}
{% load static %}
{% block link  %}………………①
<link rel="shortcut icon" href="{% static "favicon.ico" %}">
<link rel="stylesheet" href="{% static "css/common.css" %}">
<link rel="stylesheet" href="{% static "css/play.css" %}">
{% endblock %}
{% block body %}
<body>
<div class="header">
<a href="/" class="logo">
<img src="{% static "image/logo.png" %}">
</a>
<div class="search-box">
<!-- 歌曲搜索框 -->
<form id="searchForm" action="{% url 'search' 1 %}" method="post">
{% csrf_token %}
<div class="search-keyword">
  <input id="kword" name="kword"
```

```
  type="text" class="keyword" maxlength="120">
</div>
<input id="subSerch" type="submit"
class="search-button" value="搜 索"/>
</form>
<div id="suggest" class="search-suggest"></div>
<div class="search-hot-words">
    {% for s in searchs %}
    <a target="play" href="{% url 'play' s.song.id %}">
    {{ s.song.name }}
    </a>
    {% endfor  %}
</div>
</div>
</div><!--end header-->
<div class="nav-box">
<div class="nav-box-inner">
<ul class="nav clearfix">
    <li><a href="{% url 'index' %}">首页</a></li>
    <li>
    <a href="{% url 'ranking' %}" target="_blank">歌曲排行</a>
    </li>
    <li>
    <a href="{% url 'home' 1 %}" target="_blank">用户中心</a>
    </li>
</ul>
</div>
</div><!--end nav-box-->
<div class="wrapper clearfix">………………②
<div class="content">
<div class="product-detail-box clearfix">
<div class="product-pics">
<div class="music_box">
<div id="jquery_jplayer_1" class="jp-jplayer"
    data-url={{ songs.file.url }}></div>
<div class="jp_img layz_load pic_po" title="点击播放">
<img data-src={{ songs.img.url }}></div>
<div id="jp_container_1" class="jp-audio">
<div class="jp-gui jp-interface">
<div class="jp-time-holder clearfix">
<div class="jp-progress">
<div class="jp-seek-bar">
<div class="jp-play-bar"></div></div></div>
<div class="jp-time">
<span class="jp-current-time"></span> /
<span class="jp-duration"></span></div></div>
<div class="song_error_corr" id="songCorr">
<b class="err_btn">纠错</b>
<ul>
    <li><span>歌词文本错误</span></li>
    <li><span>歌词时间错误</span></li>
```

```
    <li><span>歌曲错误</span></li>
</ul>
</div>
<div class="jp-volume-bar">
...（略去部分代码）
<div class="product-price-info">
    <span>歌手：{{ songs.singer }}</span>
</div>
<div class="product-price-info">
    <span>专辑：{{ songs.album }}</span>
    <span>语种：{{ songs.languages }}</span>
</div>
<div class="product-price-info">
    <span>流派：{{ songs.type }}</span>
    <span>发行时间：{{ songs.release }}</span>
</div>
</div><!--end product-price-->
<div class="product-comment">
<div class="links clearfix">
    <a class="minimum-link-A click_down"
    href="{% url 'download' songs.id %}">下载</a>
    <a class="minimum-link-A"
    href="{% url 'comment' songs.id %}" >歌曲点评</a>
</div><!-- end links-->
<h3 class="list_title">当前播放列表</h3>………………③
<ul class="playing-li" id="songlist">
    <!--播放列表-->
    {% for item in play_list %}
    {%if item.id == songs.id %}
    <li data-id="{{item.id}}" class="current">
    {%else %}
    <li data-id="{{item.id}}">
    {%endif %}
    <span class="num">{{forloop.counter}}</span>
    <a class="name" href="{% url 'play' item.id %}"
    target="play" >{{item.name}}</a>
    <a class="singer" href="javascript:;"
    target="_blank" >{{item.singer}}</a>
    </li>
    {% endfor %}
</ul>
<div class="nplayL-btns" id="playleixin">
<ul>
<li class="order current" data-run="order">
<a class="icon" href="javascript:void(0)" title="顺序播放">
</a></li>
<li class="single" data-run="single">
<a class="icon" title="单曲循环" href="javascript:void(0)">
</a></li>
<li class="random" data-run="random">
<a class="icon" title="随机播放" href="javascript:void(0)">
```

```
</a></li>
<li class="next" data-run="next">
<a href="javascript:void(0)"><i></i>播放下一首</a></li>
</ul>
</div></div></div></div>
<div class="section">
<div class="section-header">
<h3>相关歌曲</h3>
</div>
<div class="section-content">
<div class="parts-box">
<a href="javascript:;" target="_self"
id="J_PartsPrev" class="prev-btn"><i></i></a>
<div class="parts-slider" id="J_PartsList">
<div class="parts-list-wrap f_w">
<ul id="" class="parts-list clearfix f_s">
{% for item in relevant %}
<li>
    {% if item.song.id != songs.id %}
    <a class="pic layz_load pic_po"
        href="{% url 'play' item.song.id %}" target="play">
        <img data-src="{{ item.song.img.url }}">
    </a>
    <h4><a href="{% url 'play' item.song.id %}"
    target="play" >{{ item.song.name}}</a>
    </h4>
    <a href="javascript:;" class="J_MoreParts accessories-more">
    {{ item.song.singer }}
    </a>
    {% endif %}
</li>
{% endfor %}
</ul>
</div></div>
<a href="javascript:;" target="_self" id="J_PartsNext"
class="next-btn"><i></i></a>
</div></div></div></div></div>
<script data-main="{% static "js/play.js" %}"
src="{% static "js/require.js" %}"></script>
</body>
{% endblock %}
```

我们将模板文件play.html实现的功能划分为3部分，分别以①、②、③标注，每个标注实现的功能说明如下：

- 标注①与14.4节歌曲搜索的标注①实现的功能相同，本节就不再重复讲述。
- 标注②实现了歌曲播放、歌曲信息、歌曲下载与歌曲点评。歌曲播放功能通过包含class="jp-jplayer"的div标签实现，其中标签属性data-url设置了歌曲文件的路径地址，由JavaScript播放歌曲文件；歌曲信息则在class="product-dctail-main"的div标签中实现，而歌词动态效果由textarea文本框实现，同时JavaScript控制着歌曲的播放进度与歌词的滑动效果；歌曲下载与歌曲点评分别通过在class="links clearfix"的div标签中设置路由download和comment来实现。

- 标注③实现歌曲的播放列表和相关歌曲列表。通过遍历模板上下文play_list生成歌曲播放列表，通过遍历模板上下文relevant生成相关歌曲列表。

14.6　歌曲点评

在歌曲播放页设置了歌曲点评的链接，单击“点评”按钮即可访问当前歌曲的点评页。歌曲点评页实现两个功能：歌曲点评和歌曲点评信息列表，说明如下：

（1）歌曲点评是为用户提供歌曲点评功能，以表单的形式实现数据提交。

（2）歌曲点评信息列表是根据当前歌曲信息查找模型Comment的点评数据，并将数据以列表的形式展示在网页上。

我们在项目应用comment中实现歌曲点评页，打开comment的urls.py定义歌曲点评页的路由信息，代码如下：

```
# comment的urls.py
from django.urls import path
from .views import *
urlpatterns = [
    path('<int:id>.html', commentView, name='comment'),
]
```

路由comment设置路由变量id，它代表模型Song的主键id，用于区分和识别当前歌曲的点评信息。路由的HTTP请求由视图函数commentView负责接收和处理，在comment的views.py中定义视图函数commentView，代码如下：

```
# comment的views.py
from django.core.paginator import Paginator
from django.core.paginator import EmptyPage
from django.core.paginator import PageNotAnInteger
from django.shortcuts import render, redirect
from django.shortcuts import reverse
from django.http import Http404
from index.models import *
import time
def commentView(request, id):
    # 热搜歌曲
    searchs = Dynamic.objects.select_related('song').
                order_by('-search').all()[:6]
    # 点评内容的提交功能
    if request.method == 'POST':
        text = request.POST.get('comment', '')
        # 如果用户处于登录状态，就使用用户名，否则使用匿名用户
        if request.user.username:
```

```
            user = request.user.username
        else:
            user = '匿名用户'
        now=time.strftime('%Y-%m-%d',time.localtime(time.time()))
        if text:
            comment = Comment()
            comment.text = text
            comment.user = user
            comment.date = now
            comment.song_id = id
            comment.save()
        return redirect(reverse('comment',kwargs={'id':str(id)}))
    else:
        songs = Song.objects.filter(id=id).first()
        # 歌曲不存在，抛出404异常
        if not songs:
            raise Http404('歌曲不存在')
        c = Comment.objects.filter(song_id=id).order_by('date')
        page = int(request.GET.get('page', 1))
        paginator = Paginator(c, 2)
        try:
            pages = paginator.page(page)
        except PageNotAnInteger:
            pages = paginator.page(1)
        except EmptyPage:
            pages = paginator.page(paginator.num_pages)
        return render(request, 'comment.html', locals())
```

视图函数commentView分别对GET请求和POST请求执行不同的处理，并且将路由变量id作为函数参数id。当我们从歌曲播放页进入歌曲点评页时，浏览器访问歌曲点评页就相当于向网站发送GET请求，视图函数commentView执行以下处理：

（1）视图函数commentView将函数参数id作为模型Song的查询条件，如果模型Song中没有记录当前歌曲，就抛出404异常并提示歌曲不存在。

（2）如果模型Song中存在当前歌曲，就将函数参数id作为模型Comment的查询条件，查询当前歌曲的点评信息，查询结果命名为c。然后从GET请求中获取请求参数page，并且生成变量page，如果请求参数page不存在，变量page的值就设为1。

（3）最后将变量page和查询结果c进行分页处理，生成分页对象pages，并调用模板文件comment.html生成歌曲点评页。

如果我们在歌曲点评页填写点评内容并单击“发布”按钮，浏览器就向网站发送POST请求，视图函数commentView将会接收一个POST请求，并执行以下处理：

（1）从网页表单中获取点评内容，并将点评内容以变量text表示。然后获取当前用户名，如果当前用户处于未登录状态，那么用户名设为匿名用户，并以变量user表示。

（2）如果变量text不为空，就在模型Comment中新增一条点评信息，分别记录点评内容、用户名和点评日期，模型Comment的外键字段song设为函数参数id，这是为当前歌曲新增一条点评信息。

（3）最后重定向到歌曲点评页，以GET请求方式访问歌曲点评页，并将新增的点评信息显示在歌曲点评页，网站的重定向可以防止表单多次提交，解决同一条点评信息重复创建的问题。

下一步在模板文件comment.html中编写相应的网页内容。模板文件comment.html实现5个功能：歌曲搜索框、网站导航栏功能、歌曲点评框、歌曲点评信息列表和分页导航功能。歌曲搜索框和网站导航栏功能在前面的章节已详细讲述过了，此处不再重复讲解。模板文件comment.html的代码如下：

```
# templates的comment.html
{% extends "base.html" %}
{% load static %}
{% block link %}
<link rel="shortcut icon" href="{% static "favicon.ico" %}">
<link rel="stylesheet" href="{% static "css/common.css" %}">
<link rel="stylesheet" href="{% static "css/comment.css" %}">
{% endblock %}
{% block body %}
<body class="review">
<div class="header">
<a href="/" class="logo">
<img src="{% static "image/logo.png" %}">
</a>
<div class="search-box">
<form id="searchForm" action="{% url 'search' 1 %}" method="post">
    {% csrf_token %}
    <div class="search-keyword">
        <input id="kword" name="kword" type="text"
        class="keyword" maxlength="120">
    </div>
    <input id="subSerch" type="submit"
    class="search-button" value="搜 索"/>
</form>
<div id="suggest" class="search-suggest"></div>
<div class="search-hot-words">
{% for s in searchs %}
    <a target="play" href="{% url 'play' s.song.id %}">
    {{ s.song.name }}</a>
{% endfor  %}
</div></div>
</div><!--end header-->
<div class="nav-box">
<div class="nav-box-inner">
<ul class="nav clearfix">
<li><a href="{% url 'index' %}">首页</a></li>
<li>
<a href="{% url 'ranking' %}" target="_blank">歌曲排行</a>
</li>
<li>
<a href="{% url 'home' 1 %}" target="_blank">用户中心</a>
</li></ul></div>
</div><!--end nav-box-->
```

```
<div class="wrapper">
<div class="breadcrumb">
<a href="/">首页</a> &gt;
    <a href="{% url 'play' id %}" target="_self">
    {{songs.name}}</a> &gt;
<span>点评</span>
</div>
<div class="page-title" id="currentSong"></div>
</div>
<div class="wrapper">
<div class="section">
<div class="section-header"><h3 class="section-title">
网友点评</h3></div>
<div class="section-content comments-score-new
review-comments-score clearfix">
<div class="clearfix">
<!--点评框-->·················①
<div class="comments-box">
<div class="comments-box-title">
我要点评<<{{ songs.name }}>></div>
<div class="comments-default-score clearfix"></div>
<form action="" method="post" id="usrform">
{% csrf_token %}
<div class="writebox">
    <textarea name="comment" form="usrform"></textarea>
</div>
<div class="comments-box-button clearfix">
<input type="submit" value="发布"
class="_j_cc_post_entry cc-post-entry" id="scoreBtn">
<div data-role="user-login" class="_j_cc_post_login"></div>
</div>
<div id="scoreTips2" style="padding-top:10px;"></div>
</form>
</div></div></div></div></div>
<!--点评列表-->·················②
<div class="wrapper clearfix">
<div class="content">
<div id="J_CommentList">
<ul class="comment-list">
{% for item in pages.object_list %}
<li class="comment-item ">
<div class="comments-user">
<span class="face">
<img src="{% static "image/user.jpg" %}" width="60" height="60">
</span>
</div>
<div class="comments-list-content">
<div class="single-score clearfix">
    <span class="date">{{ item.date }}</span>
    <div><span class="score">{{ item.user }}</span></div>
</div>
```

```
<!--comments-content-->
<div class="comments-content">
<div class="J_CommentContent comment-height-limit">
<div class="content-inner">
<div class="comments-words">
    <p>{{ item.text }}</p>
</div></div></div></div></div>
</li>
{% endfor %}
</ul>
<!--点评列表的分页导航-->…………………③
<div class="page-box">
<div class="pagebar" id="pageBar">
{% if pages.has_previous %}
    <a href="{% url 'comment' id %}?page=
    {{ pages.previous_page_number }}"
    class="prev" target="_self">
    <i></i>上一页</a>
{% endif %}
{% for page in pages.paginator.page_range %}
    {% if pages.number == page %}
        <span class="sel">{{ page }}</span>
    {% else %}
        <a href="{% url 'comment' id %}?
        page={{ page }}" target="_self">{{ page }}</a>
    {% endif %}
{% endfor %}
{% if pages.has_next %}
    <a href="{% url 'comment' id %}?page=
    {{ pages.next_page_number }}" class="next" target="_self">
    <i></i>下一页</a>
{% endif %}
</div></div></div></div></div>
</body>
{% endblock %}
```

在上述代码中，除了歌曲搜索框和网站导航栏功能之外，我们将歌曲点评框、歌曲点评信息列表和分页导航功能分别用①、②、③标注，说明如下：

- 标注①实现歌曲点评框，网页表单由HTML语言编写，表单设置了textarea控件，用于给用户填写点评内容。
- 标注②调用分页对象pages的object_list方法获取当前分页的数据列表，每条点评信息包含用户头像、点评时间、用户名和点评内容。其中用户头像统一使用静态资源文件user.jpg。
- 标注③使用分页对象pages实现分页导航功能，在歌曲点评信息列表的下方生成各个页面的链接，通过单击某个页面的链接就可以访问对应页面的歌曲点评信息。

14.7　注册与登录

用户注册与登录是用户管理的必备功能之一，没有用户的注册与登录，就没有用户管理的存在。只要涉及用户方面的功能，我们都可以使用Django内置的Auth认证系统实现。

用户管理由项目应用user实现，在项目应用user中创建文件form.py，该文件用于定义表单类MyUserCreationForm，由表单类实现用户注册功能。打开user的form.py文件，定义表单类MyUserCreationForm，代码如下：

```
# user的form.py
from django.contrib.auth.forms import UserCreationForm
from .models import MyUser
from django import forms
# 定义模型MyUser的数据表单
class MyUserCreationForm(UserCreationForm):
    # 重写初始化方法
    # 设置自定义字段password1和password2的样式和属性
    def __init__(self, *args, **kwargs):
        super().__init__(*args, **kwargs)
        self.fields['password1'].widget = forms.PasswordInput(
            attrs={'class': 'txt tabInput',
              'placeholder':'密码,4-16位数字/字母/符号(空格除外)'})
        self.fields['password2'].widget = forms.PasswordInput(
              attrs={'class':'txt tabInput','placeholder':'重复密码'})

    class Meta(UserCreationForm.Meta):
        model = MyUser
        # 在注册界面添加模型字段：手机号码和密码
        fields = UserCreationForm.Meta.fields + ('mobile',)
        # 设置模型字段的样式和属性
        widgets = {
            'mobile': forms.widgets.TextInput(
              attrs={'class':'txt tabInput','placeholder':'手机号'}),
            'username': forms.widgets.TextInput(
              attrs={'class':'txt tabInput','placeholder':'用户名'}),
        }
```

表单类MyUserCreationForm在父类UserCreationForm的基础上实现两个功能：添加模型MyUser的新增字段和设置表单字段的CSS样式，功能说明如下：

- 添加模型MyUser的新增字段：在嵌套类Meta的fields属性中设置新增字段即可，添加的字段必须是模型字段，并以元组或列表的形式表示。
- 设置表单字段的CSS样式：设置表单字段mobile、username、password1和password2的attrs属性。表单字段mobile和username是模型MyUser的字段，在嵌套类Meta中重写widgets属性即可；password1和password2是父类UserCreationForm自定义的表单字段，必须重写初始化方法__init__设置字段的CSS样式。

完成表单类MyUserCreationForm的定义后，下一步在user的urls.py中定义用户注册与登录的路由信息，我们将用户注册与登录定义在同一个路由信息中，定义过程如下：

```
# user的urls.py
from django.urls import path
from .views import *
urlpatterns = [
    # 用户注册和登录
    path('login.html', loginView, name='login'),
]
```

路由login将实现用户注册与登录功能，路由的HTTP请求由视图函数loginView负责接收和处理。在user的views.py中定义视图函数loginView，代码如下：

```
# user的views.py
from django.shortcuts import render, redirect
from django.shortcuts import reverse
from user.models import *
from .form import MyUserCreationForm
from django.db.models import Q
from django.contrib.auth import login
from django.contrib.auth.hashers import check_password
# 用户注册与登录
def loginView(request):
    user = MyUserCreationForm()
    # 提交表单
    if request.method == 'POST':
        # 判断提交的是用户登录还是用户注册
        # 用户登录
        if request.POST.get('loginUser', ''):
            u = request.POST.get('loginUser', '')
            p = request.POST.get('password', '')
            if MyUser.objects.filter(Q(mobile=u)|Q(username=u)):
                u1 = MyUser.objects.filter(Q(mobile=u)|
                        Q(username=u)).first()
                if check_password(p, u1.password):
                    login(request, u1)
                    return redirect(reverse(
                                'comment', kwargs={'page': 1}))
                else:
                    tips = '密码错误'
            else:
                tips = '用户不存在'
        # 用户注册
        else:
            u = MyUserCreationForm(request.POST)
            if u.is_valid():
                u.save()
                tips = '注册成功'
            else:
                if u.errors.get('username', ''):
```

```
                tips=u.errors.get('username','注册失败')
            else:
                tips=u.errors.get('mobile','注册失败')
    return render(request, 'user.html', locals())
```

视图函数loginView分别对GET和POST请求执行不同的处理。如果当前请求为GET请求，就实例化表单类MyUserCreationForm，生成表单对象user，由模板文件user.html使用表单对象user生成注册表单，而登录表单则由HTML语言实现。

当用户在注册表单（登录表单）中填写账号信息并提交后，视图函数loginView将收到一个POST请求，然后判断当前用户提交的表单数据，根据判断结果执行相应的操作，具体说明如下：

（1）视图函数loginView判断请求参数loginUser是否存在，若存在，则说明当前用户正在执行用户登录操作，因为登录表单设置了name="loginUser"的文本输入框；否则说明当前操作为用户注册。

（2）若当前用户执行用户登录操作，则视图函数loginView获取请求参数loginUser和password，然后在模型MyUser中查找相关的用户信息并进行验证处理。若验证成功，则重定向访问用户中心页面，否则提示相应的错误信息。

（3）若当前用户执行用户注册操作，则视图函数loginView将请求参数加载到表单类MyUserCreationForm，生成表单对象u，然后由表单对象u调用is_valid方法验证表单数据。若验证成功，则在模型MyUser中创建用户信息，否则提示相应的错误信息。

视图函数loginView通过判断请求参数loginUser来区分注册与登录功能，模板文件user.html需要定义用户注册表单和用户登录表单，然后通过JavaScript脚本控制两个表单的相互切换，实现代码如下：

```
# templates的user.html
{% extends "base.html"  %}
{% load static %}
{% block link %}
<link rel="shortcut icon" href="{% static "favicon.ico" %}">
<link rel="stylesheet" href="{% static "css/common.css" %}">
<link rel="stylesheet" href="{% static "css/register.css" %}">
{% endblock %}
{% block body  %}
<body class="review">
<div class="wrapper">
<div class="header clearfix">
<a href="/" class="logo">我的音乐</a>
<span class="logo-tip">Hi,我的音乐欢迎您!</span>
</div>
<div class="content clearfix">
<!-- 登录注册版块 -->………………①
<div id="unauth_main" class="login-regist">
<div class="login-box switch_box" style="display:block;">
<div class="title">用户登录</div>
<form id="loginForm" class="formBox" action="" method="post">
    {% csrf_token %}
```

```
    <div class="itembox user-name">
    <div class="item">
        <input type="text" name="loginUser"
        placeholder="用户名或手机号" class="txt tabInput">
    </div></div>
    <div class="itembox user-pwd">
    <div class="item">
        <input type="password" name="password"
        placeholder="登录密码" class="txt tabInput">
    </div></div>
    {% if tips %}
        <div>提示:<span>{{ tips }}</span></div>
    {% endif %}
    <div id="loginBtnBox" class="login-btn">
        <input id="J_LoginButton" type="submit"
        value="马上登录" class="tabInput pass-btn" />
    </div>
    <div class="pass-reglink">
        还没有我的音乐账号?
        <a class="switch" href="javascript:;">免费注册</a>
    </div>
</form>
</div>
<!-- //登录版块end -->………………②
<div class="regist-box switch_box" style="display:none;">
<div class="title">用户注册</div>
<form id="registerForm" class="formBox" method="post" action="">
    {% csrf_token %}
    <div id="registForm" class="formBox">
    <div class="itembox user-name">
    <div class="item">
        {{ user.username }}
    </div></div>
    <div class="itembox user-name">
    <div class="item">
        {{ user.mobile }}
    </div></div>
    <div class="itembox user-pwd">
    <div class="item">
        {{ user.password1 }}
    </div></div>
    <div class="itembox user-pwd">
    <div class="item">
        {{ user.password2 }}
    </div></div>
    {% if tips %}
        <div>提示:<span>{{ tips }}</span></div>
    {% endif %}
    <div class="member-pass clearfix">
        <input id="agree" name="agree"
        checked="checked" type="checkbox" value="1">
```

```
        <label for="agree" class="autologon">
        已阅读并同意用户注册协议</label>
    </div>
        <input type="submit" value="免费注册"
            id="J_RegButton" class="pass-btn tabInput"/>
        <div class="pass-reglink">
            已有我的音乐账号
            <a class="switch" href="javascript:;">立即登录</a>
        </div>
    </div>
</form>
</div><!-- //注册版块end -->
</div></div></div>
<script data-main="{% static "js/register.js" %}"
    src="{% static "js/require.js" %}"></script>
</body>
{% endblock %}
```

模板文件user.html重写模板继承接口body，该接口分别定义了用户登录表单和用户注册表单，在上述代码中用①、②标注，详细的说明如下：

- 标注①使用HTML语言编写用户登录表单，表单设置了两个文本输入框，分别命名为loginUser和password。视图函数loginView通过判断loginUser文本输入框中的数据来识别当前操作。
- 标注②使用表单对象user生成用户注册表单，根据表单类MyUserCreationForm的表单字段生成相应的文本输入框。

14.8　用户中心

当用户成功登录后，浏览器将重定向访问用户中心，该页面分为用户基本信息和歌曲播放记录两个部分，说明如下：

- 用户基本信息：显示当前用户的头像和名称，并设有用户退出链接。
- 歌曲播放记录：播放记录来自歌曲播放页面的播放列表，并对播放记录进行分页显示。

我们在项目应用user中实现用户中心，首先在user的urls.py中定义路由home和logout，代码如下：

```
# user的urls.py
from django.urls import path
from .views import *
urlpatterns = [
    # 用户注册和登录
    path('login.html', loginView, name='login'),
    # 用户中心
    path('home/<int:page>.html', homeView, name='home'),
    # 退出用户登录
```

```
    path('logout.html', logoutView, name='logout'),
]
```

路由home设置路由变量page，该变量是歌曲播放记录经过分页处理后的某一页页数，视图函数homeView负责接收和处理路由home的HTTP请求。路由logout实现用户退出登录功能，该路由的请求处理和响应过程由视图函数logoutView完成。在user的views.py中定义视图函数homeView和logoutView，代码如下：

```
# user的views.py
from django.shortcuts import render, redirect
from index.models import *
from django.contrib.auth import logout
from django.contrib.auth.decorators import login_required
from django.core.paginator import Paginator
from django.core.paginator import EmptyPage
from django.core.paginator import PageNotAnInteger
# 用户中心
# 设置用户登录限制
@login_required(login_url='/user/login.html')
def homeView(request, page):
    # 热搜歌曲
    searchs = Dynamic.objects.select_related('song').
             order_by('-search').all()[:4]
    # 分页功能
    songs = request.session.get('play_list', [])
    paginator = Paginator(songs, 3)
    try:
        pages = paginator.page(page)
    except PageNotAnInteger:
        pages = paginator.page(1)
    except EmptyPage:
        pages = paginator.page(paginator.num_pages)
    return render(request, 'home.html', locals())
# 退出登录
def logoutView(request):
    logout(request)
    return redirect('/')
```

视图函数logoutView调用内置方法logout实现用户退出登录功能，并重定向到访问网站首页。视图函数homeView使用装饰器login_required限制用户访问权限，只有当前用户成功登录后才能访问用户中心。

从视图函数homeView的执行过程中可以看到，它实现了热搜歌曲的数据查询和歌曲播放记录的分页处理。但用户中心还需要展示用户基本信息。回顾10.6节可知，在settings.py的配置属性TEMPLATES中定义了处理器集合context_processors，在解析模板文件之前，Django依次运行处理器集合的程序。当运行到处理器auth时，程序会生成变量user和perms，并且将变量传入模板上下文TemplateContext中。因此，用户中心的用户基本信息可以使用模板上下文user实现数据展示，无须在视图函数homeView中重复定义。

最后打开模板文件home.html，编写用户中心的网页内容，代码如下：

```
# templates的home.html
{% extends "base.html" %}
{% load static %}
{% block link %}
<link rel="shortcut icon" href="{% static "favicon.ico" %}">
……（略去部分代码）
    class="search-button" value="搜 索">
</form>
<div id="suggest" class="search-suggest"></div>
<div class="search-hot-words">
    {% for s in searchs %}
        <a target="play" href="{% url 'play' s.song.id %}">
        {{ s.song.name }}</a>
    {% endfor %}
</div></div></div><!--end header-->
<div class="nav-box">
<div class="nav-box-inner">
<ul class="nav clearfix">
<li><a href="{% url 'index' %}">首页</a></li>
<li>
<a href="{% url 'ranking' %}" target="_blank">歌曲排行</a>
</li>
<li>
<a href="{% url 'home' 1 %}" target="_blank">用户中心</a>
</li>
</ul>
</div></div><!--end nav-box-->
<div class="mod_profile js_user_data" style="">
<div class="section_inner">………………①
<div class="profile__cover_link">
<img src="{% static "image/user.jpg" %}" class="profile__cover">
</div>
<h1 class="profile__tit">
<span class="profile__name">{{ user.username }}</span>
</h1>
<a href="{% url 'logout' %}" style="color:white;">退出登录</a>
</div></div>
<!--歌曲播放记录-->………………②
<div class="main main--profile" style="">
<div class="mod_tab profile_nav" role="nav" id="nav">
   <span class="mod_tab__item mod_tab__current"
    id="hear_tab">我听过的歌</span>
</div>
<div class="js_box" style="display: block;">
<div class="profile_cont">
<div class="js_sub" style="display: block;">
<div class="mod_songlist">
<ul class="songlist__header">
    <li class="songlist__header_name">歌曲</li>
```

```
        <li class="songlist__header_author">歌手</li>
        <li class="songlist__header_time">时长</li>
    </ul>
    <ul class="songlist__list">
    {% for item in pages.object_list %}
    <li>
        <div class="songlist__item songlist__item--even">
        <div class="songlist__songname">
            <a href="{% url 'play' item.id %}"
            class="js_song songlist__songname_txt" >
            {{ item.name }}</a>
        </div>
        <div class="songlist__artist">
            <a href="javascript:;" class="singer_name">
            {{ item.singer }}</a>
        </div>
        <div class="songlist__time">{{ item.time }}</div>
        </div>
    </li>
    {% endfor %}
    </ul></div><!--end mod_songlist-->
    <!--分页-->
    <div class="page-box">
    <div class="pagebar" id="pageBar">
    {% if pages.has_previous %}
        <a href="{% url 'home' pages.previous_page_number %}"
        class="prev" target="_self"><i></i>上一页</a>
    {% endif %}
    {% for page in pages.paginator.page_range %}
    {% if pages.number == page %}
        <span class="sel">{{ page }}</span>
    {% else %}
        <a href="{% url 'home' page %}" target="_self">{{ page }}</a>
    {% endif %}
    {% endfor %}
    {% if pages.has_next %}
        <a href="{% url 'home' pages.next_page_number %}"
        class="next" target="_self">下一页<i></i></a>
    {% endif %}
    </div></div></div></div></div></div></body>
    {% endblock %}
```

模板文件home.html实现了CSS样式文件引入、网站LOGO、歌曲搜索框、热搜歌曲、网站导航栏功能、用户基本信息和歌曲播放记录。其中CSS样式文件引入、网站LOGO、歌曲搜索框、热搜歌曲和网站导航栏功能在前面的章节已详细讲述过了，上述代码中标注的①和②，分别对应用户基本信息和歌曲播放记录，详细的实现过程说明如下：

- 标注①使用静态资源文件user.jpg作为用户头像，并在用户头像下方设置了用户名和用户退出登录链接。用户名由模板上下文user生成，用户退出登录链接由路由logout生成路由地址。
- 标注②使用分页对象pages生成当前页数的歌曲播放记录和分页导航功能。

14.9　Admin 后台系统

在前面的章节中，我们已经完成网站页面的基本开发，本节讲述网站的Admin后台系统开发。Admin后台系统主要方便网站管理员管理网站的数据和网站用户。由于项目应用index和user分别定义了模型Label、Song、Dynamic、Comment和MyUser，并且index和user是两个独立的项目应用，因此在Admin后台系统中需要区分两个功能模块。

首先实现项目应用index和user在Admin后台系统的名称，分别在index和user的初始化文件__init__.py中编写以下代码：

```
# index的__init__.py
from django.apps import AppConfig
import os
# 修改App在Admin后台显示的名称
# default_app_config的值来自apps.py的类名
default_app_config = 'index.IndexConfig'
# 获取当前App的命名
def get_current_app_name(_file):
    return os.path.split(os.path.dirname(_file))[-1]
# 重写类IndexConfig
class IndexConfig(AppConfig):
    name = get_current_app_name(__file__)
    verbose_name = '网站首页'

# user的__init__.py
from django.apps import AppConfig
import os
# 修改App在Admin后台显示的名称
# default_app_config的值来自apps.py的类名
default_app_config = 'user.IndexConfig'
# 获取当前App的命名
def get_current_app_name(_file):
    return os.path.split(os.path.dirname(_file))[-1]
# 重写类IndexConfig
class IndexConfig(AppConfig):
    name = get_current_app_name(__file__)
    verbose_name = '用户管理'
```

然后为每个模型设置相应的ModelAdmin，在Admin后台系统中设置每个模型的数据操作功能，分别在index和user的admin.py中编写以下代码：

```
# index的admin.py
from django.contrib import admin
from .models import *
# 修改title和header
admin.site.site_title = '我的音乐后台管理系统'
admin.site.site_header = '我的音乐'

@admin.register(Label)
class LabelAdmin(admin.ModelAdmin):
```

```
    # 设置模型字段，用于Admin后台的列名设置
    list_display = ['id', 'name']
    # 设置可搜索的字段并在Admin后台生成搜索框
    # 若有外键，则使用双下画线连接两个模型的字段
    search_fields = ['name']
    # 设置排序方式
    ordering = ['id']

@admin.register(Song)
class SongAdmin(admin.ModelAdmin):
    # 设置模型字段，用于Admin后台数据的列名设置
    list_display = ['id', 'name', 'singer',
                    'album', 'languages',
                    'release', 'img', 'lyrics', 'file']
    # 设置可搜索的字段并在Admin后台生成搜索框
    # 若有外键，则使用双下画线连接两个模型的字段
    search_fields = ['name', 'singer',
                     'album', 'languages']
    # 设置过滤器，在后台数据的右侧生成导航栏
    # 若有外键，则使用双下画线连接两个模型的字段
    list_filter = ['singer', 'album', 'languages']
    # 设置排序方式
    ordering = ['id']

@admin.register(Dynamic)
class DynamicAdmin(admin.ModelAdmin):
    # 设置模型字段，用于Admin后台数据的列名设置
    list_display = ['id', 'song', 'plays',
                    'search', 'download']
    # 设置可搜索的字段并在Admin后台生成搜索框
    # 若有外键，则使用双下画线连接两个模型的字段
    search_fields = ['song']
    # 设置过滤器，在后台数据的右侧生成导航栏
    # 若有外键，则使用双下画线连接两个模型的字段
    list_filter = ['plays', 'search', 'download']
    # 设置排序方式
    ordering = ['id']

@admin.register(Comment)
class CommentAdmin(admin.ModelAdmin):
    # 设置模型字段，用于Admin后台数据的列名设置
    list_display = ['id', 'text', 'user',
                    'song', 'date']
    # 设置可搜索的字段并在Admin后台生成搜索框
    # 若有外键，则使用双下画线连接两个模型的字段
    search_fields = ['user', 'song', 'date']
    # 设置过滤器，在后台数据的右侧生成导航栏
    # 若有外键，则使用双下画线连接两个模型的字段
    list_filter = ['song', 'date']
    # 设置排序方式
```

```
        ordering = ['id']

# user的admin.py
from django.contrib import admin
from .models import MyUser
from django.contrib.auth.admin import UserAdmin
from django.utils.translation import gettext_lazy as _
@admin.register(MyUser)
class MyUserAdmin(UserAdmin):
    list_display = ['username', 'email',
                    'mobile', 'qq', 'weChat']
    # 在用户修改页面添加'mobile','qq','weChat'
    # 将源码的UserAdmin.fieldsets转换成列表格式
    fieldsets = list(UserAdmin.fieldsets)
    # 重写UserAdmin的fieldsets，添加'mobile','qq','weChat'
    fieldsets[1] = (_('Personal info'),{'fields':
                    ('first_name', 'last_name',
                     'email', 'mobile',
                     'qq', 'weChat')})
```

在上述代码中，LabelAdmin、SongAdmin、DynamicAdmin和CommentAdmin都设置了属性list_display、search_fields、list_filter和ordering；而MyUserAdmin设置了属性list_display和fieldsets，并重写了fieldsets。

由于模型MyUser继承内置模型User，因此让MyUserAdmin继承UserAdmin即可使用内置模型User在Admin后台系统的功能，并且通过重写方式将模型MyUser的新增字段添加到Admin后台系统中，如图14-10所示。

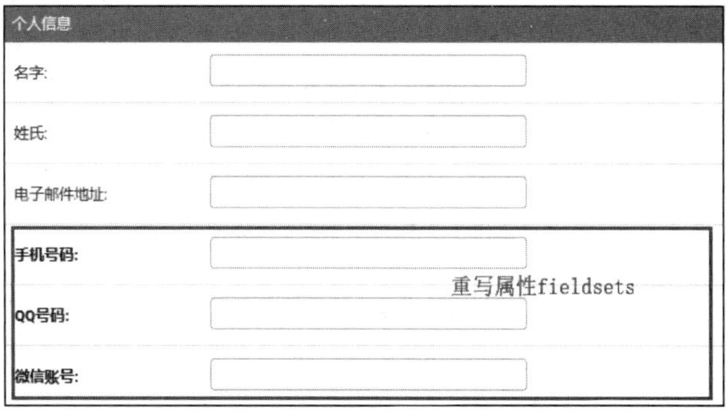

图 14-10　MyUserAdmin 功能页面

14.10　自定义异常页面

网站异常是一个普遍存在的问题，常见的异常以404或500为主。异常主要是网站自身的数据缺陷或者不合理的非法访问所导致的。比如音乐网站平台的链接地址为127.0.0.1:8000/play/6.html，其中的6代表模型Song的主键id，如果模型Song中不存在主键id等于6的数据，那么音乐网站就会抛出404异常。

项目的模板文件夹templates中已放置了模板文件404.html，我们将模板文件404.html作为404或500的异常页面。首先在music的urls.py中定义404或500的路由信息，代码如下：

```
# music的urls.py
# 设置404和500
from index import views
handler404 = views.page_not_found
handler500 = views.page_error
```

从404或500的路由信息可以看到，路由的HTTP请求分别由视图函数page_not_found和page_error负责接收和处理。我们在index的views.py中定义404和500的视图函数，代码如下：

```
# index的views.py
# 定义404和500的视图函数
def page_not_found(request, exception):
    return render(request, '404.html', status=404)

def page_error(request):
    return render(request, '404.html', status=500)
```

视图函数page_not_found和page_error使用模板文件404.html生成异常页面，我们在模板文件404.html中编写异常页面的HTML代码，代码如下：

```
# templates的404.html
<!doctype html>
<html>
<head>
<meta charset="utf-8">
<meta http-equiv="X-UA-Compatible" content="IE=edge">
<title>页面没找到</title>
{% load static %}
<link rel="stylesheet" href="{% static "css/common.css" %}">
<link rel="stylesheet" href="{% static "css/error.css" %}">
</head>
<body>
<img src="{% static "image/error_404.png" %}">
<div class="error_main">
    <a href='/' class="index">回到首页</a>
</div>
</body>
</html>
```

模板文件404.html引入CSS样式文件common.css和error.css，然后使用静态资源文件error_404.png作为页面内容，网页效果如图14-11所示。

图14-11 异常页面

14.11　部署与运行

我们已完成音乐网站平台所有功能的开发，接下来运行整个项目，测试每个页面的功能是否符合开发需求。由于项目定义了404或500异常页面，因此先将项目设为上线模式再执行功能测试。

14.11.1　上线部署

在试运行项目之前，还需要设置项目的上线模式，因为自定义异常页面只能在上线模式测试。首先打开配置文件settings.py，在该文件中设置以下配置属性：

```
# music的settings.py
DEBUG = False
ALLOWED_HOSTS = ['*']
STATIC_ROOT = BASE_DIR / 'static'
```

配置属性STATIC_ROOT指向根目录的static文件夹。

然后使用Django指令创建static文件夹，在PyCharm的Terminal中输入collectstatic指令，如图14-12所示。

```
D:\music>python manage.py collectstatic

155 static files copied to 'D:\music\static'.
```

图 14-12　创建 static 文件夹

现在项目中存在两个静态资源文件夹，即static和publicStatic，Django根据不同的运行模式读取不同的静态资源文件夹，详细说明如下：

- 如果将Django设为调试模式（DEBUG=True），那么项目运行时将读取publicStatic文件夹。
- 如果将Django设为上线模式（DEBUG=False），那么项目运行时将读取static文件夹。

当Django设为上线模式时，它不再提供静态资源服务，该服务应交由Nginx或Apache服务器完成。因此，在项目的路由列表中添加静态资源的路由信息，让Django知道如何找到静态资源文件，否则无法在浏览器上访问static文件夹的静态资源文件。路由信息如下：

```
# music的urls.py
from django.contrib import admin
from django.urls import path, re_path, include
from django.views.static import serve
from django.conf import settings
urlpatterns = [
    path('admin/', admin.site.urls),
    path('', include('index.urls')),
    path('ranking.html', include('ranking.urls')),
    path('play/', include('play.urls')),
    path('comment/', include('comment.urls')),
    path('search/', include('search.urls')),
    path('user/', include('user.urls')),
    # 定义静态资源的路由信息
    re_path('static/(?P<path>.*)', serve,
```

```
            {'document_root':settings.STATIC_ROOT},name='static'),
    # 定义媒体资源的路由信息
    re_path('media/(?P<path>.*)', serve,
            {'document_root':settings.MEDIA_ROOT},name='media'),
]
from index import views
handler404 = views.page_not_found
handler500 = views.page_error
```

综上所述，设置Django项目上线模式的操作步骤如下：

（1）在项目的settings.py中设置配置属性STATIC_ROOT，该配置指向整个项目的静态资源文件夹，然后修改配置属性DEBUG和ALLOWED_HOSTS。

（2）使用collectstatic指令收集整个项目的静态资源，这些静态资源将存放在配置属性STATIC_ROOT设置的文件路径中。

（3）在项目的urls.py中添加静态资源的路由信息，让Django知道如何找到静态资源文件。

14.11.2 网站试运行

我们将项目以上线模式运行，首先在PyCharm的Terminal中输入createsuperuser指令，创建超级管理员账号（账号和密码皆为admin），然后在浏览器上访问Admin后台系统，在“歌曲分类”中添加歌曲的分类标签，如图14-13所示。

序号	分类标签
1	情感天地
2	摇滚金属
3	经典流行
4	环境心情
5	午后场景
6	岁月流金
7	青春校园

图 14-13　分类标签

从Admin后台系统的主页进入“歌曲信息”，为每一首歌曲添加基本信息。歌曲信息对应模型Song，除了模型字段lyrics为可选字段之外，其他的模型字段必须填写数据内容。我们一共填写了13首歌曲的信息，歌曲文件、歌词文件和歌曲封面图片都存储在媒体资源文件夹media中，如图14-14所示。

数据添加成功后，我们可以访问音乐网站平台的各个功能页面。由于网站首页和歌曲排行榜需要查询模型Dynamic的歌曲动态信息，而模型Dynamic没有填写数据内容，因此网站首页和歌曲排行榜不会显示相应的歌曲信息。

为了填充模型Dynamic的数据内容，我们在歌曲播放页播放每一首歌曲，按照路由变量id从1到13的顺序依次访问路由play，模型Dynamic将记录每首歌曲的动态信息。在Admin后台系统的“歌曲动态”中可查看每首歌曲的动态信息，如图14-15所示。

序号	歌名	歌手	专辑	语种	发行时间	歌曲图片	歌词	歌曲文件
1	爱 都是对的	胡夏	胡 爱夏	国语	2010年12月8日	songImg/1.jpg	暂无歌词	songFile/1.m4a
2	体面	于文文	《前任3：再见前任》电影插曲	国语	2017年12月25日	songImg/2.jpg	暂无歌词	songFile/2.m4a
3	三国恋	Tank	Fighting！生存之道	国语	2006年4月15日	songImg/3.jpg	暂无歌词	songFile/3.m4a
4	会长大的幸福	Tank	第三回合	国语	2009年5月29日	songImg/4.jpg	暂无歌词	songFile/4.m4a
5	满满	梁文音/王铮亮	爱，一直存在	国语	2009年11月20日	songImg/5.jpg	暂无歌词	songFile/5.m4a
6	别再记起	吴若希	别再记起	粤语	2017年12月7日	songImg/6.jpg	暂无歌词	songFile/6.m4a
7	爱的魔法	金莎	他不爱我	国语	2012年3月19日	songImg/7.jpg	暂无歌词	songFile/7.m4a
8	演员	薛之谦	演员	国语	2015年6月5日	songImg/8.jpg	暂无歌词	songFile/8.m4a
9	放爱情一个假	许慧欣	谜	国语	2006年10月1日	songImg/9.jpg	暂无歌词	songFile/9.m4a
10	Volar	侧田	No Protection	粤语	2006年7月5日	songImg/10.jpg	暂无歌词	songFile/10.m4a
11	好心分手	王力宏/卢巧音	2 Love 致情挚爱	国语	2015年7月24日	songImg/11.jpg	songLyric/11.txt	songFile/11.m4a
12	就是这样	林采欣	单曲	国语	2016年10月10日	songImg/12.jpg	暂无歌词	songFile/12.m4a
13	爱过了 又怎样	张惠春	单曲	国语	2016年9月7日	songImg/13.jpg	暂无歌词	songFile/13.m4a

图 14-14　歌曲信息

序号	歌名	播放次数	搜索次数	下载次数
1	爱 都是对的	1	0	0
2	体面	1	0	0
3	三国恋	1	0	0
4	会长大的幸福	1	0	0
5	满满	1	0	0
6	别再记起	1	0	0
7	爱的魔法	1	0	0
8	演员	1	0	0
9	放爱情一个假	1	0	0
10	Volar	1	0	0
11	好心分手	1	0	0
12	就是这样	1	0	0
13	爱过了 又怎样	1	0	0

图 14-15　歌曲的动态信息

综上，音乐网站平台首次试运行的操作流程如下：

（1）首先在Admin后台系统中添加“歌曲分类”和“歌曲信息”的数据内容，而且添加的数据有固定的顺序，因为“歌曲信息”的外键字段label关联“歌曲分类”。

（2）在浏览器上访问歌曲播放页，按照路由变量id从1到13的顺序依次播放每一首歌曲，模型Dynamic将记录每首歌曲的动态信息。

14.12　本章小结

本章介绍了一个音乐平台网站的开发过程，从该项目中，读者既可以了解一个音乐平台网站的业务流程，也可以掌握Django实现该音乐平台网站项目各功能的技术细节，从而进一步提升开发实际项目的能力。

第 15 章 基于前后端分离与微服务架构的网站开发

按照以往的开发模式，前端人员负责编写网站的静态页面，后端人员在静态页面中编写模板语法，由后端系统实现网页的数据渲染（模板引擎解析模板文件）。简单来说，网页的路由地址、业务逻辑和网页的数据渲染都由后端开发人员实现。

前后端分离可以将网页的路由地址、业务逻辑和网页的数据渲染交给前端开发人员实现，后端人员只需提供API接口即可。在整个网站开发的过程中，后端人员提供的API接口主要实现数据库的数据操作（增、删、改、查），并将操作结果传递给前端；前端人员负责设计网页的样式、定义网页的路由地址、访问API接口获取数据、处理数据的业务逻辑和数据渲染等。

前后端分离已成为互联网项目开发的业界标准。在前后端分离的基础上，后端系统的架构设计也随之改变，微服务架构应运而生。本章将介绍如何使用Django实现前后端分离与微服务架构的Web项目。

15.1 Vue 开发用户界面

Vue是一套用于构建用户界面的渐进式框架，它被设计为可以自底向上逐层应用。一方面，Vue的核心库只关注视图层，不仅易于上手，还便于与第三方库或已有的项目整合。另一方面，当Vue与现代化的工具链以及各种类库结合使用时，它能够为复杂的单页应用提供驱动。本节将讲述如何使用Vue框架开发产品信息页，网页的样式布局采用Bootstrap框架实现。

15.1.1 Vue开发产品信息页

首先在D盘创建Vue文件夹，在该文件夹中创建lib文件夹和index.html文件。lib文件夹存放Vue框架和Bootstrap框架的源码文件；index.html文件用于编写产品信息页的网页内容，目录结构如图15-1所示。

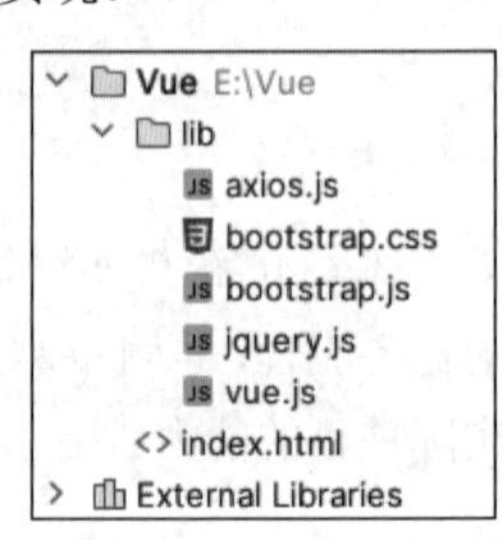

图 15-1 目录结构

我们在lib文件夹中存放了4个JavaScript脚本文件和1个CSS样式文件，每个文件实现的功能说明如下：

（1）axios.js是一个HTTP库，用于实现前端的AJAX异步请求。

（2）bootstrap.css和bootstrap.js是Bootstrap框架的源码文件，两者都必须依赖jQuery插件。

（3）jquery.js是一个快速简洁的JavaScript框架，它简化了JavaScript编程方式，并封装了JavaScript常用的功能代码，提供了一种简便的JavaScript设计模式，优化了HTML文档操作、事件处理、动画设计和AJAX交互。

（4）vue.js是Vue框架的源码文件，在HTML文件中引入该文件即可使用Vue开发网站。

上述的架构设计只适用于前端初学者，因为在实际开发中都采用Vue脚手架搭建项目的目录架构。

然后在index.html文件中引入lib文件夹中的CSS样式文件和JavaScript脚本文件，并使用Vue框架和Bootstrap框架实现网页开发，详细代码如下：

```
# index.html
<!DOCTYPE html>
<html>
<head>
<link rel="stylesheet" href="lib/bootstrap.css">
<script src="lib/vue.js"></script>
<script src="lib/axios.js"></script>
<script src="lib/jquery.js"></script>
<script src="lib/bootstrap.js"></script>
<script>
window.onload = function () {
Vue.createApp({
    data() {··················①
        return{
            myData: [],
            username: '',
            nowIndex: -100,
            message: ''
        }
    },
    // 定义JS脚本··················②
    methods: {
        // 定义add函数，访问后台获取数据并写入数组myData
        add: function () {},
        // 定义deleteMsg函数
        // 单击删除按钮即可删除当前数据
        // 由nowIndex确认当前数据的行数
        deleteMsg: function (n) {
            if (n == -2) {
                this.myData = [];
            } else {
                this.myData.splice(n, 1);
            }
        }
    }
}).mount('#box');··················③
};
```

```
</script>
</head>
<body>
<div class="container" id="box">
<form role="form">
<div class="form-group">
    <label for="username">用户名</label>………………④
    <!-- v-model是创建双向数据绑定-->
    <input type="text" id="username" class="form-control"
        placeholder="输入用户名" v-model="username">
</div>
<div>
    <!--v-on指定触发的函数，即绑定事件-->………………⑤
    <input type="button" value="查询"
        class="btn btn-primary" v-on:click="add()">
</div>
</form>
<hr>
<table class="table table-bordered table-hover">
<div class="text-info text-center">
<h2>产品信息表</h2></div>
<tr class="text-danger text-center">
    <th>序号</th>
    <th>用户</th>
    <th>产品</th>
    <th>类型</th>
    <th>操作</th>
</tr>
<!--遍历输出vue定义的数组-->………………⑥
<tr class="text-center" v-for="(item,index) in myData">
<th>{{index+1}}</th>
<th>{{item.username}}</th>
<th>{{item.name}}</th>
<th>{{item.type}}</th>
<th>
    <!--data-target指向模态框-->
    <!--为每个按钮设置变量nowIndex，用于识别行数-->
    <button data-toggle="modal" class="btn btn-primary btn-sm"
    @click="nowIndex=index,message=0" data-target="#layer">删除
    </button>
</th>
</tr>
<tr v-show="myData.length!=0">………………⑦
<td colspan="5" class="text-right">
    <!--变量nowIndex设为-2，在deleteMsg函数清空数组myData-->
    <button data-toggle="modal" class="btn btn-danger btn-sm"
    @click="nowIndex=-2,message=-1" data-target="#layer">
    删除全部
    </button>
</td>
……（略去部分代码）
```

```
</body>
</html>
```

上述代码中，<head>标签引入了CSS样式文件和JavaScript脚本文件，并且在网页加载过程中创建了Vue对象（window.onload是网页加载事件）；<body>标签使用Vue对象的属性和方法实现了网页功能开发。在上述代码中标注了①、②、③、④、⑤、⑥、⑦，每个标注实现的功能说明如下：

- 标注①定义Vue对象的变量，属性data以函数表示，函数返回值表示自定义变量，上述代码定义了变量myData、username、nowIndex和message。
- 标注②定义Vue对象的函数方法，属性methods以JSON格式表示，每个键值对代表一个函数方法，上述代码定义了函数方法add()和deleteMsg()。
- 标注③设置Vue对象的挂载目标，可以理解为Vue作用域，mount的参数值为#box，它代表Vue挂载目标为id="box"的div标签。
- 标注④使用v-model创建双向数据绑定，如v-model="username"，当用户在文本框输入数据时，Vue自动把数据赋值给变量username，或者当变量username的值发生变化时，文本框的数据也会随之变化，只要有一方的数据发生变化，另一方的数据也会随之变化。
- 标注⑤使用v-on设置事件触发的函数方法，如v-on:click="add()"，click代表鼠标单击事件，add()代表Vue对象定义的函数方法。当用户单击按钮时，网页将触发函数方法add()。
- 标注⑥使用v-for遍历输出变量myData的数据，其中item代表每次遍历的数据内容，index代表当前遍历的次数。@click是v-on:click的简易写法，当单击“删除”按钮时，Vue将重新设置变量nowIndex和message的值。
- 标注⑦使用v-show控制网页控件是否隐藏，如果myData.length!=0的判断结果为True，就显示tr标签，否则隐藏tr标签。v-if是Vue的条件控制语法，通过判断条件是否成立来隐藏或显示网页控件，比如v-if="message==0"，如果变量message等于0，就提示“删除吗”，否则提示“删除全部吗”。

在上述代码中，Vue通过内置指令（如v-if、v-model或@click等）设置变量值和使用函数方法，从而实现网页的功能开发。我们在浏览器中打开index.html文件，网页效果如图15-2所示。

图 15-2　产品信息页

15.1.2　Vue发送AJAX请求

从图15-2中可以看到，产品信息页分为产品查询和产品信息表两部分。产品查询使用HTML语言编写网页表单，输入用户名并单击“查询”按钮即可向Django发送HTTP请求，再从HTTP请求的响应内容中获取数据内容，并将数据展示在产品信息表中。

分析产品信息页的代码可知，“查询”按钮的鼠标单击事件绑定了函数方法add()，因此函数方法add()需要使用AJAX向Django发送HTTP请求，并且从响应内容里获取产品信息。我们在index.html里重新定义函数方法add()，代码如下：

```
# index.html
// 定义add函数，访问后台获取数据并写入数组myData
```

```
add: function () {
    axios.get('http://127.0.0.1:8000/',
    {params:{username:this.username}})
    .then(response => {this.myData = response.data;})
    .catch(function (error) {
        console.log(error);
    });
},
```

Vue官方推荐使用axios发送AJAX异步请求，上述代码向127.0.0.1:8000发送GET请求，请求参数为username，参数值为变量username的值（文本框的数据内容）。如果HTTP请求发送成功，就将响应内容写入变量myData，否则输出异常信息。

综上所述，我们使用Vue框架完成了产品信息页的功能开发，整个网页实现的功能说明如下：

（1）产品查询功能：使用变量username双向绑定文本框，“查询”按钮的鼠标单击事件绑定了函数方法add()。函数方法add()将变量username的值作为请求参数，向Django发送GET请求，然后将响应内容写入变量myData。

（2）产品信息表：遍历输出变量myData的数据，将产品信息以列表形式展示在网页上，并且每行数据设有“删除”按钮，该按钮只能删除当前数据。

（3）数据删除功能：控制变量message和nowIndex的值实现变量myData的数据删除操作，数据删除由函数方法deleteMsg()实现。

15.2 Django开发API接口

我们知道产品信息页使用axios发送AJAX异步请求，API接口为127.0.0.1:8000，请求参数为username，因此本节将在Django中开发API接口功能。

15.2.1 简化Django内置功能

Django内置了Admin后台系统、静态资源、模板和消息框架等功能，如果采用前后端分离模式开发网站，Django就无须生成网页内容，因此可以简化这些内置功能。在D盘创建MyDjango项目，然后创建项目应用index，并将15.1节的Vue文件夹（产品信息页）放在项目的根目录，整个项目的目录结构如图15-3所示。

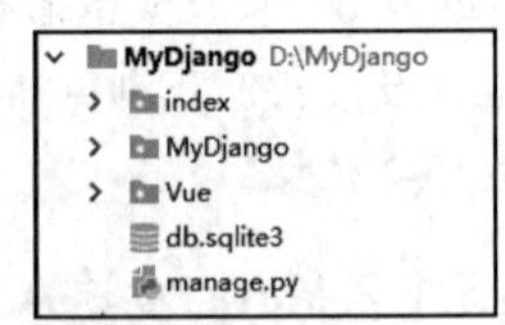

图15-3 目录结构

项目搭建成功后，我们在配置文件settings.py中简化Django的内置功能，将配置属性INSTALLED_APPS和MIDDLEWARE的部分功能去除，简化后的配置信息如下：

```
# MyDjango的settings.py
INSTALLED_APPS = [
    # 'django.contrib.admin',
    'django.contrib.auth',
    'django.contrib.contenttypes',
    'django.contrib.sessions',
```

```
    # 'django.contrib.messages',
    # 'django.contrib.staticfiles',
    'index',
]

MIDDLEWARE = [
    'django.middleware.security.SecurityMiddleware',
    'django.contrib.sessions.middleware.SessionMiddleware',
    'django.middleware.common.CommonMiddleware',
    'django.middleware.csrf.CsrfViewMiddleware',
    'django.contrib.auth.middleware.AuthenticationMiddleware',
    # 'django.contrib.messages.middleware.MessageMiddleware',
    'django.middleware.clickjacking.XFrameOptionsMiddleware',
]
```

上述配置中保留了Auth认证系统和Session功能，Django在运行的时候只会加载Auth认证系统和Session功能，这样能减少Django占用服务器的系统资源。除此之外，还需要注释配置属性TEMPLATES和STATIC_URL，因为API接口无须使用模板功能和静态资源。

下一步在配置属性DATABASES中设置数据库的连接方式，我们选择根目录的db.sqlite3作为数据库文件，配置信息如下：

```
# MyDjango的settings.py
DATABASES = {
    'default': {
        'ENGINE': 'django.db.backends.sqlite3',
        'NAME': BASE_DIR / 'db.sqlite3',
    }
}
```

综上所述，若选择Django作为前后端分离的后端服务器系统，其功能配置方法如下：

（1）将配置属性INSTALLED_APPS和MIDDLEWARE的部分功能去除，如Admin后台系统、静态资源和消息框架等功能。

（2）注释配置属性TEMPLATES和STATIC_URL，移除模板功能和静态资源的路由设置。

（3）将新建的项目应用添加到配置属性INSTALLED_APPS中，并在配置属性DATABASES中设置数据库的连接方式。

15.2.2　设置跨域访问

从传统的开发模式来看，Django通过模板功能生成网页信息，网页的静态资源也是由Django配置和读取的。如果静态资源的JavaScript脚本文件使用AJAX异步请求API接口，那么当前请求可以从API接口中获取数据内容。因为当前发送请求的域与API接口在同一个域，域可以理解为“协议+域名+端口号”，如果AJAX异步请求来自Django的静态资源文件，API接口也是Django定义的，那么两者的协议+域名+端口号相同，所以AJAX异步请求可以获取API接口的数据内容。

从前后端分离的开发模式来看，Vue的AJAX异步请求脱离了Django的静态资源，并且在项目上线部署的时候，Vue和Django各自部署在不同的服务器上，两者的协议+域名+端口号各不相同，因此Vue的AJAX异步请求无法访问Django的API接口。为了实现两者之间的数据传输，后端服务器系统必须设置跨域访问。

在Django中设置跨域访问，可以通过第三方功能应用DjangoCors Headers实现。打开PyCharm的Terminal，使用pip指令安装DjangoCors Headers，指令如下：

```
pip install django-cors-headers
```

下一步在MyDjango的配置文件settings.py中添加第三方功能应用DjangoCors Headers。首先在配置属性INSTALLED_APPS中添加DjangoCors Headers，然后在配置属性MIDDLEWARE中添加中间件CorsMiddleware，最后设置DjangoCors Headers的功能配置，整个配置过程如下：

```
# MyDjango的settings.py
INSTALLED_APPS = [
    # 'django.contrib.admin',
    'django.contrib.auth',
    'django.contrib.contenttypes',
    'django.contrib.sessions',
    # 'django.contrib.messages',
    # 'django.contrib.staticfiles',
    'index',
    'corsheaders'
]

MIDDLEWARE = [
    'django.middleware.security.SecurityMiddleware',
    'django.contrib.sessions.middleware.SessionMiddleware',
    # 跨域访问
    'corsheaders.middleware.CorsMiddleware',
    'django.middleware.common.CommonMiddleware',
    'django.middleware.csrf.CsrfViewMiddleware',
    'django.contrib.auth.middleware.AuthenticationMiddleware',
    # 'django.contrib.messages.middleware.MessageMiddleware',

    'django.middleware.clickjacking.XFrameOptionsMiddleware',
]

CORS_ALLOW_CREDENTIALS = True
CORS_ORIGIN_ALLOW_ALL = True
CORS_ORIGIN_WHITELIST = ()
CORS_ALLOW_METHODS = (
    'DELETE',
    'GET',
    'OPTIONS',
    'PATCH',
    'POST',
    'PUT',
    'VIEW',
)
CORS_ALLOW_HEADERS = (
    'XMLHttpRequest',
    'X_FILENAME',
    'accept-encoding',
    'authorization',
    'content-type',
```

```
    'dnt',
    'origin',
    'user-agent',
    'x-csrftoken',
    'x-requested-with',
)
```

在上述的配置信息中，DjangoCors Headers的功能配置说明如下：

（1）CORS_ALLOW_CREDENTIALS：设置HTTP请求是否允许携带Cookies信息，默认值为False。

（2）CORS_ORIGIN_ALLOW_ALL：默认值为False，只允许CORS_ORIGIN_WHITELIST设置的域名列表发送HTTP请求；若值为True，则允许所有域名发送HTTP请求。

（3）CORS_ORIGIN_WHITELIST：默认值为空列表，设置允许发送HTTP请求的域名，即部署Vue的服务器的IP地址或域名。

（4）CORS_ALLOW_METHODS：设置HTTP的请求方式，如POST、GET或PATCH等。

（5）CORS_ALLOW_HEADERS：设置非标准的HTTP请求头。

15.2.3　使用路由视图开发API接口

我们在MyDjango中简化了不必要的内置功能以及使用第三方功能应用DjangoCors Headers设置了跨域访问。本小节将使用Django的路由视图开发产品信息页的API接口，实现Vue和Django的数据传递。

在开发API接口之前，需要定义产品信息的数据模型。产品信息设有用户、产品名称和类型，因此将模型定义在index的models.py文件中，模型名称为Product，定义过程如下：

```
# index的models.py
from django.db import models
from django.contrib.auth.models import User
class Product(models.Model):
    id = models.AutoField(primary_key=True)
    name = models.CharField(max_length=50)
    type = models.CharField(max_length=20)
    user = models.ForeignKey(User, blank=True, null=True, on_delete=models.CASCADE)
    def __str__(self):
        return self.name
```

模型Product的字段无须设置属性verbose_name，因为Django已移除Admin后台系统。模型Product设有外键字段user，它与内置模型User组成一对多的数据关系。

对定义好的模型执行数据迁移，在数据库文件db.sqlite3中生成相应的数据表，然后使用可视化工具Navicat Premium打开数据库db.sqlite3，查看所有数据表信息，如图15-4所示。

下一步使用createsuperuser指令创建超级管理员（账号和密码皆为admin），确保数据表auth_user存在用户数据，该数据用于关联数据表index_product的数据；然后在数据表index_product中添加产品信息，如图15-5所示。

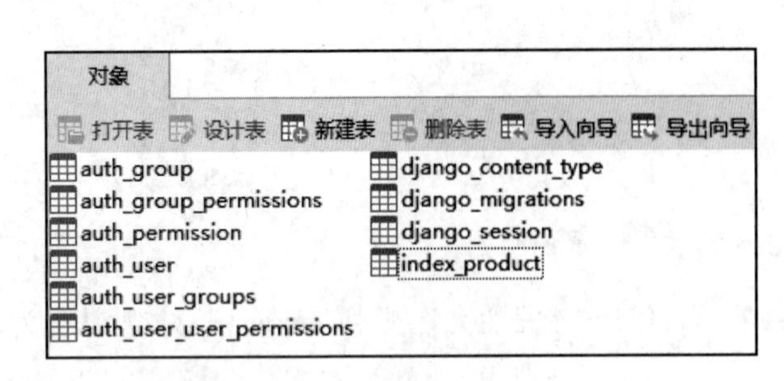

图 15-4 数据表信息

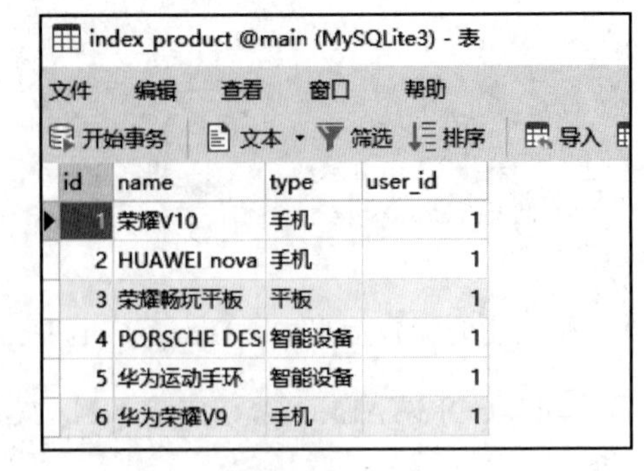
index_product @main (MySQLite3) - 表

id	name	type	user_id
1	荣耀V10	手机	1
2	HUAWEI nova	手机	1
3	荣耀畅玩平板	平板	1
4	PORSCHE DESI	智能设备	1
5	华为运动手环	智能设备	1
6	华为荣耀V9	手机	1

图 15-5 数据表 index_product

完成MyDjango的数据搭建，接下来开发产品信息页的API接口。首先在MyDjango中的urls.py中定义项目应用index的路由空间，然后在项目应用index中创建urls.py文件，并在该文件中定义路由index。路由的定义过程如下：

```
# MyDjango的urls.py
from django.urls import path, include
urlpatterns = [
    path('',include('index.urls'))
]
# index的urls.py
from django.urls import path
from .views import *
urlpatterns = [
    path('', index, name='index'),
]
```

路由index的HTTP请求由视图函数index负责接收和处理，因此在index的views.py中定义视图函数index，代码如下：

```
# index的views.py
from django.http import JsonResponse
from .models import Product
def index(request):
    if request.method == 'GET':
        u = request.GET.get('username', '')
        if u:
            infos = Product.objects.filter(user__username=u)
        else:
            infos = Product.objects.all()
        result = []
        for i in infos:
            value = {'username': i.user.username,
                     'name': i.name, 'type': i.type}
            result.append(value)
        return JsonResponse(result, safe=False)
```

视图函数index主要接收和处理GET请求，详细的处理过程说明如下：

（1）从GET请求中获取请求参数username，并且判断请求参数username是否存在。

（2）如果请求参数username的值不为空，就说明当前HTTP请求正在查询某个用户的产品信息，请求参数username作为模型Product的查询条件；否则查询模型Product的所有数据。

（3）遍历输出模型Product的查询结果，将每次遍历的数据写入列表result。最后将列表result转换成JSON格式，作为API接口的响应内容。

我们根据开发需求完成了产品信息页的API接口开发，为了验证API接口的功能是否正确，首先在PyCharm里启动MyDjango，然后使用浏览器打开index.html文件，在产品信息页的网页表单中输入用户名admin并单击“查询”按钮，即可在浏览器的开发者工具中看到相关的HTTP请求，如图15-6所示。

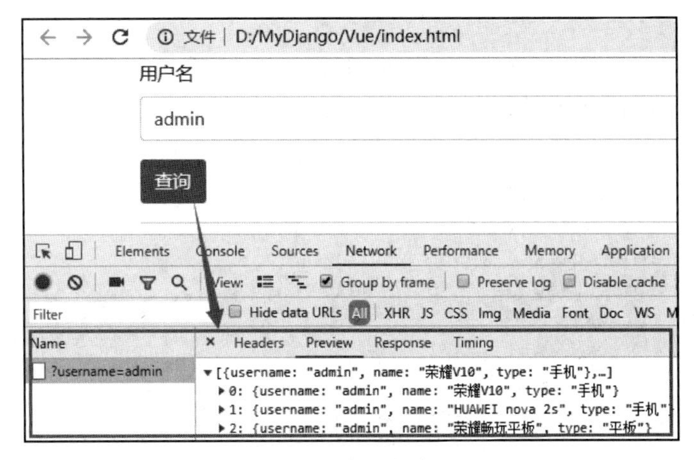

图 15-6　产品信息页

15.2.4　DRF框架开发API接口

我们知道第三方框架Django Rest Framework主要用于开发API接口功能，从企业级开发角度来看，API接口都会采用框架实现，因为框架式开发可以规范开发者的编码习惯和简化代码量。

本节将使用Django Rest Framework框架实现产品信息页的API接口开发。以15.2.3节的MyDjango为例，在项目应用index中添加serializers.py文件，该文件用于定义模型序列化类ModelSerializer。

首先在MyDjango的配置文件settings.py中添加Django Rest Framework框架，在配置属性INSTALLED_APPS中添加rest_framework。然后在index的serializers.py中定义模型Product的序列化类ModelSerializer，代码如下：

```
# index的serializers.py
from rest_framework import serializers
from .models import Product
# 定义ModelSerializer类
class ProductSerializer(serializers.ModelSerializer):
    username = serializers.CharField(source='user.username')
    class Meta:
        model = Product
        fields = ('username', 'name', 'type')
```

由于模型Product的外键字段user默认返回内置模型User的对象信息（模型的__str__方法），而产品信息页需要获取用户名称，因此在序列化类ProductSerializer中自定义序列化字段username，该字段的数据来自内置模型User的字段username。

下一步在index的urls.py中重新定义路由index，路由的HTTP请求由视图类index负责接收和处理，定义过程如下：

```
# index的urls.py
from django.urls import path
from .views import *
urlpatterns = [
    path('', index.as_view(), name='index'),
]
```

视图类index主要继承Django Rest Framework定义的APIView类，整个视图的业务逻辑都经过Django Rest Framework的封装和处理。我们在index的views.py中定义视图类index，代码如下：

```
# index的views.py
from .models import Product
from .serializers import ProductSerializer
from rest_framework.views import APIView
from rest_framework.response import Response
class index(APIView):
    # GET请求
    def get(self, request):
        u = request.GET.get('username', '')
        if u:
            q = Product.objects.filter(user__username=u).order_by('id')
        else:
            q = Product.objects.order_by('id')
        serializer = ProductSerializer(instance=q, many=True)
        return Response(serializer.data)
```

上述代码只定义了GET请求的处理过程，处理过程与15.2.3节的视图函数index大致相同，只不过视图类index将模型Product的查询结果交由序列化类ProductSerializer执行数据序列化处理，生成序列化对象serializer，由序列化对象serializer调用data方法生成数据内容，并将数据内容作为HTTP请求的响应内容。

如果模型Product的数据量较多，那么在视图类index中可以将模型Product的查询结果进行分页处理，将分页后的对象传入序列化类ProductSerializer执行数据序列化处理，从而完成整个HTTP请求的响应过程。

15.3　微服务架构

微服务（Microservice Architecture）是一种架构概念，它将功能分解成不同的服务，降低系统的耦合性，提供更加灵活的服务支持，各个服务之间通过API接口进行通信。从微服务架构的设计模式来看，它包含开发、测试、部署和运维等多方面因素，本节从开发角度讲述如何搭建微服务架构。

15.3.1　微服务实现原理

传统的开发模式使用单体式开发，即所有网页功能在一个Web应用中实现，然后在某个服务器上部署上线。当网站的访问量或数据量过大时，将导致单体式系统的某个功能出现异常，整个网站也随之瘫痪。

对于大型网站来说，微服务架构可以将网站功能拆分为多个不同的服务，每个服务部署在不同的服务器上，每个服务之间通过API接口实现数据通信，从而构建网站功能。服务之间的通信需要考虑服务的部署方式，比如重试机制、限流、熔断机制、负载均衡和缓存机制等，这样能保证每个服务之间的稳健性。微服务架构一共有6种设计模式，每种模式的设计说明如下：

（1）聚合器微服务设计模式：聚合器调用多个微服务实现应用程序或网页所需的功能，每个微服务都有自己的缓存和数据库，这是一种常见的、简单的设计模式。聚合器微服务设计模式的设计原理如图15-7所示。

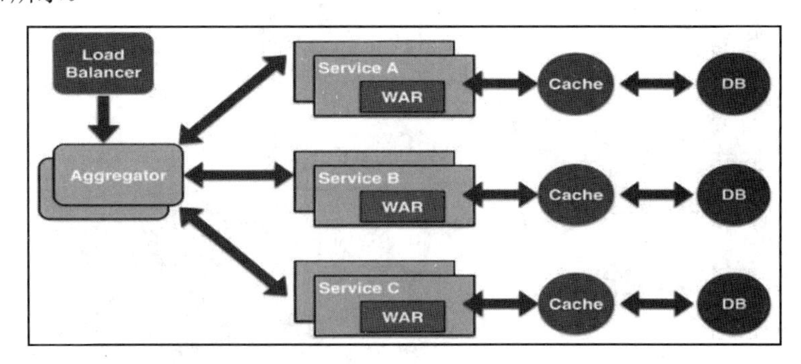

图 15-7　聚合器微服务设计模式

（2）代理微服务设计模式：这是聚合器微服务设计模式的演变模式，应用程序或网页根据业务需求的差异而调用不同的微服务，代理可以委派HTTP请求，也可以进行数据转换工作。代理微服务设计模式的设计原理如图15-8所示。

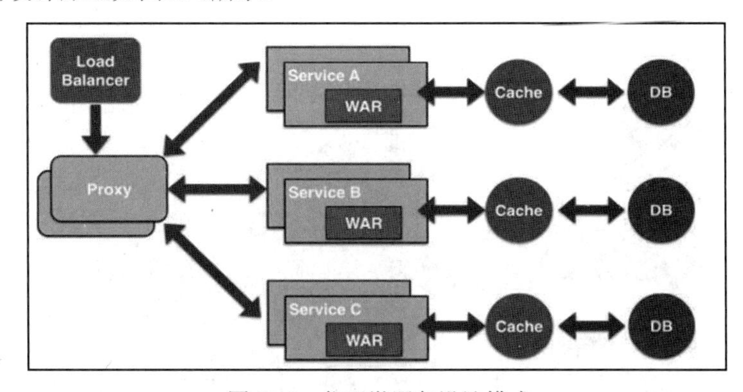

图 15-8　代理微服务设计模式

（3）链式微服务设计模式：每个微服务之间通过链式方式进行调用，比如微服务A接收到请求后会与微服务B进行通信；类似地，微服务B会同微服务C进行通信，所有微服务都使用同步消息传递。在整个链式调用完成之前，浏览器会一直处于等待状态。链式微服务设计模式的设计原理如图15-9所示。

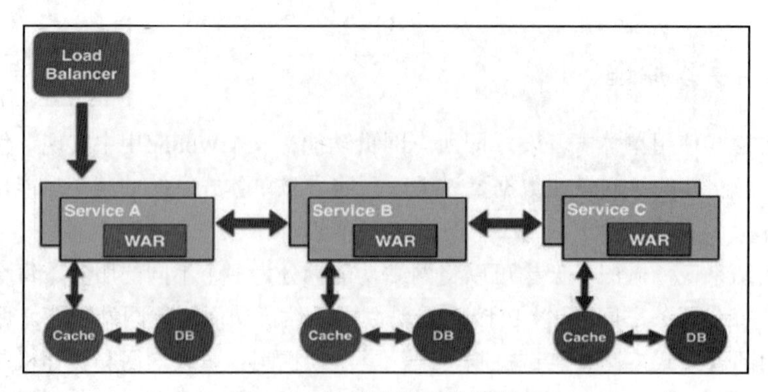

图 15-9 链式微服务设计模式

（4）分支微服务设计模式：这是聚合器微服务设计模式的扩展模式，允许微服务之间相互调用。分支微服务设计模式的设计原理如图15-10所示。

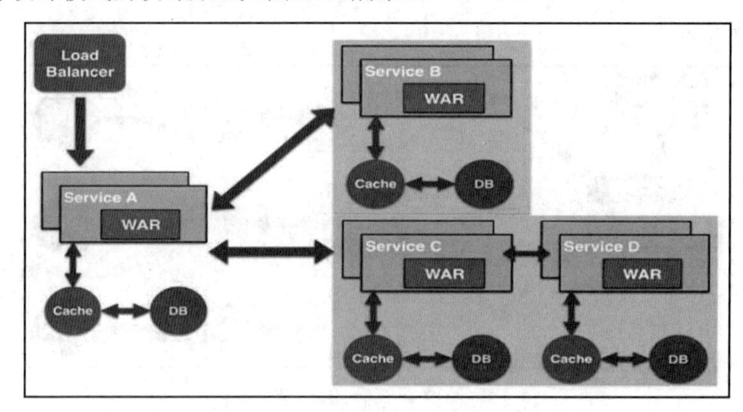

图 15-10 分支微服务设计模式

（5）数据共享微服务设计模式：部分微服务可能会共享缓存和数据库，即两个或两个以上的微服务共用一个缓存和数据库。这种情况只有在两个微服务之间存在强耦合关系时才能使用，对于使用微服务实现的应用程序或网页而言，这是一种反模式设计。数据共享微服务设计模式的设计原理如图15-11所示。

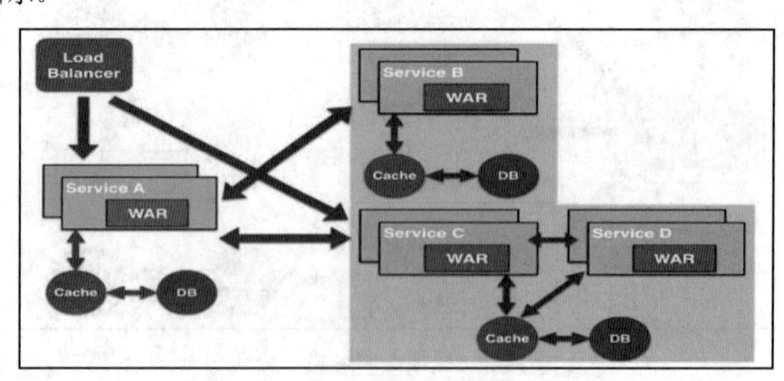

图 15-11 数据共享微服务设计模式

（6）异步消息传递微服务设计模式：由于API接口使用同步模式，如果API接口执行的程序耗时过长，就会增加用户的等待时间，因此某些微服务可以选择使用消息队列（异步请求）代替API接口的请求和响应。异步消息传递微服务设计模式的设计原理如图15-12所示。

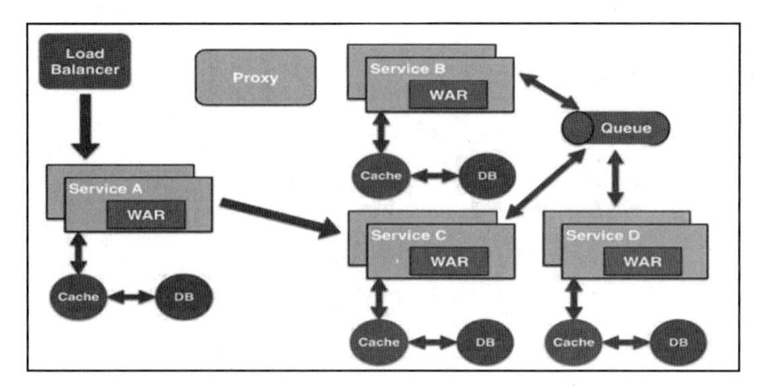

图 15-12　异步消息传递微服务设计模式

微服务设计模式不是唯一的，具体还需要根据项目需求、功能和应用场景等多方面综合考虑。对于微服务架构，架构的设计意识比技术开发更为重要，整个架构设计需要考虑多个微服务的运维难度、系统部署依赖、微服务之间的通信成本、数据一致性、系统集成测试和性能监控等。

15.3.2　功能拆分

分析15.2节实现的产品信息页可知，产品信息包含用户信息和产品信息，分别对应模型User和Product，并且两个模型之间构成一对多的数据关系。本小节将使用聚合器微服务设计模式开发产品信息页。

产品信息页需要模型User和Product提供数据支持，模型User存储用户信息，可以实现用户管理，模型Product存储产品信息，可以实现产品管理，因此将这两个模型划分为两个不同的微服务，其设计原理如图15-13所示。

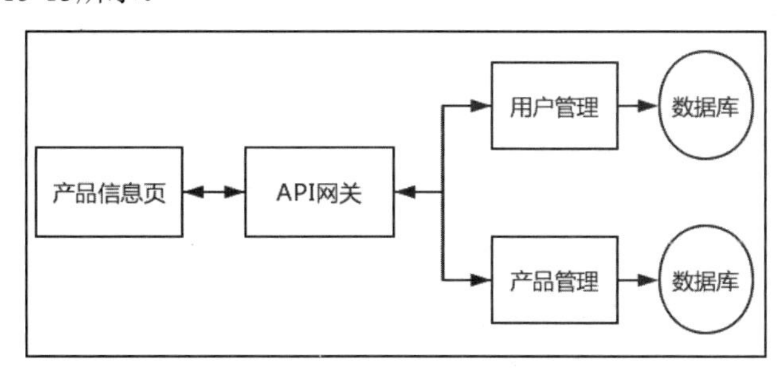

图 15-13　微服务设计模式

图15-13的微服务设计模式采用聚合器微服务设计模式，聚合器也被称为API网关，是统一管理和调度微服务的API接口。根据上述的设计模式，我们在D盘创建项目MyDjango_User和MyDjango_Index，分别实现用户管理和产品管理。

首先实现用户管理的微服务开发。在MyDjango_User中创建项目应用user，并在项目应用user中创建urls.py文件。打开配置文件settings.py设置项目的功能配置，注释配置属性TEMPLATES和STATIC_URL，然后简化INSTALLED_APPS和MIDDLEWARE的功能配置，代码如下：

```
# MyDjango_User的settings.py
INSTALLED_APPS = [
    # 'django.contrib.admin',
    'django.contrib.auth',
    'django.contrib.contenttypes',
```

```
    'django.contrib.sessions',
    # 'django.contrib.messages',
    # 'django.contrib.staticfiles',
    'user'
]

MIDDLEWARE = [
    # 'django.middleware.security.SecurityMiddleware',
    'django.contrib.sessions.middleware.SessionMiddleware',
    'django.middleware.common.CommonMiddleware',
    'django.middleware.csrf.CsrfViewMiddleware',
    'django.contrib.auth.middleware.AuthenticationMiddleware',
    # 'django.contrib.messages.middleware.MessageMiddleware',
    # 'django.middleware.clickjacking.XFrameOptionsMiddleware',
]
```

将MyDjango_User的db.sqlite3文件作为项目的数据库文件，因此项目的数据库连接方式如下：

```
# MyDjango_User的settings.py
DATABASES = {
    'default': {
        'ENGINE': 'django.db.backends.sqlite3',
        'NAME': BASE_DIR / 'db.sqlite3',
    }
}
```

完成MyDjango_User的功能搭建后，接着在MyDjango_User中开发用户管理功能。分别在MyDjango_User的urls.py和user的urls.py中定义API接口的路由user，在user的views.py中定义视图函数userView，代码如下：

```
# MyDjango_User的urls.py
from django.urls import path, include
urlpatterns = [
    path('', include('user.urls')),
]

# user的urls.py
from django.urls import path
from .views import *
urlpatterns = [
    path('', userView, name='user'),
]

# user的views.py
from django.http import JsonResponse
from django.contrib.auth.models import User
def userView(request):
    if request.method == 'GET':
        u = request.GET.get('username', '')
        user = User.objects.filter(username=u).first()
        result = {'id': user.id}
        return JsonResponse(result, safe=False)
```

视图函数userView根据请求参数username查询内置模型User的用户信息，将用户信息的主键id转换成JSON格式，作为HTTP请求的响应内容。最后在PyCharm的Terminal中执行migrate指令，在数据库创建数据表auth_user，并且使用createsuperuser指令创建超级管理员admin和root。

下一步在MyDjango_Index中实现产品管理的微服务开发，实现过程与MyDjango_User大致相同。在MyDjango_Index中创建项目应用index，并在项目应用index中创建urls.py文件。打开配置文件settings.py注释配置属性TEMPLATES、AUTH_PASSWORD_VALIDATORS和STATIC_URL，同时简化INSTALLED_APPS和MIDDLEWARE的功能配置，配置信息如下：

```
# MyDjango_Index的settings.py
INSTALLED_APPS = [
    # 'django.contrib.admin',
    # 'django.contrib.auth',
    'django.contrib.contenttypes',
    # 'django.contrib.sessions',
    # 'django.contrib.messages',
    # 'django.contrib.staticfiles',
    'index',
]

MIDDLEWARE = [
    'django.middleware.security.SecurityMiddleware',
    # 'django.contrib.sessions.middleware.SessionMiddleware',
    'django.middleware.common.CommonMiddleware',
    'django.middleware.csrf.CsrfViewMiddleware',
    # 'django.contrib.auth.middleware.AuthenticationMiddleware',
    # 'django.contrib.messages.middleware.MessageMiddleware',
    # 'django.middleware.clickjacking.XFrameOptionsMiddleware',
]
```

将MyDjango_Index的db.sqlite3文件作为项目的数据库文件，数据库连接方式与MyDjango_User相同，此处不再重复讲述。我们在项目应用index的models.py中定义模型Product，定义过程如下：

```
# index的models.py
from django.db import models
class Product(models.Model):
    id = models.AutoField(primary_key=True)
    name = models.CharField(max_length=50)
    type = models.CharField(max_length=20)
    user = models.IntegerField()

    def __str__(self):
        return self.name
```

模型字段user设为整数类型，它不再与内置模型User构成外键约束，从而实现两个模型之间的数据解耦。然后分别在MyDjango_Index的urls.py和index的urls.py中定义API接口的路由index，并且在index的views.py中定义视图函数indexView，代码如下：

```
# MyDjango_Index的urls.py
from django.urls import path, include
urlpatterns = [
    path('', include('index.urls'))
```

```
]
# index的urls.py
from django.urls import path
from .views import *
urlpatterns = [
    path('', indexView, name='index'),
]
# index的views.py
from django.http import JsonResponse
from .models import Product
def indexView(request):
    if request.method == 'GET':
        u = request.GET.get('username', '')
        if u:
            p = Product.objects.filter(user=u)
        else:
            p = Product.objects.all()
        result = []
        for i in p:
            value = {'username': i.user,
                     'name': i.name, 'type': i.type}
            result.append(value)
        return JsonResponse(result, safe=False)
```

视图函数indexView从HTTP请求中获取请求参数username，如果请求参数username的值不为空，就在模型Product中查询某个用户的产品信息，否则查询模型Product的所有产品信息，将查询结果转换为JSON格式并作为HTTP请求的响应内容。

最后在PyCharm的Terminal中执行模型Product的数据迁移，在数据库中生成相应的数据表，并在数据表index_product中添加数据内容，如图15-14所示。

index_product @main (MyDjango_Index) - 表

文件 编辑 查看 窗口 帮助

开始事务 文本 筛选 排序 导入 导出

id	name	type	user
1	荣耀V10	手机	1
2	HUAWEI nova 2s	手机	1
3	荣耀畅玩平板	平板	1
4	PORSCHE DESIGN	智能设备	2
5	华为运动手环	智能设备	2
6	华为荣耀V9	手机	2

图 15-14　数据表 index_product

至此，我们已完成用户管理和产品管理的微服务开发，实质上是把网页功能拆分为多个服务，通过服务的不同组合实现某个功能或应用程序。功能的拆分方式并非固定不变，一般遵从以下原则：

（1）单一职责、高内聚低耦合。

（2）服务粒度适中。

（3）考虑团队结构。

（4）从业务模型切入。

（5）演进式拆分。

（6）避免环形依赖与双向依赖。

15.3.3　设计API网关

产品信息页采用了聚合器微服务设计模式，为了更好地管理和调度用户管理和产品管理的微服务功能，本小节将实现聚合器（API网关）功能开发，由产品信息页的AJAX异步请求直接访问聚合器（API网关）获取产品信息。

首先在D盘创建项目MyDjango_Api，然后在MyDjango_Api中创建项目应用Api，并在项目应用Api中创建urls.py文件，最后将15.1节的Vue文件夹（产品信息页）放在项目MyDjango_Api的根目录。

打开MyDjango_Api的配置文件settings.py，注释大部分的配置属性，只保留基础的配置属性，整个文件的配置属性如下：

```
# MyDjango_Api的settings.py
from pathlib import Path
BASE_DIR = Path(__file__).resolve().parent.parent
SECRET_KEY='-jpzu6!fogvoiz9(=iys+9tg89ffe%pcdu008io_*u@m0lr$i&'
DEBUG = True
ALLOWED_HOSTS = []

INSTALLED_APPS = [
    'Api',
    'corsheaders',
]

MIDDLEWARE = [
    # 跨域访问
    'corsheaders.middleware.CorsMiddleware',
]

ROOT_URLCONF = 'MyDjango_Api.urls'
WSGI_APPLICATION = 'MyDjango_Api.wsgi.application'

CORS_ALLOW_CREDENTIALS = True
CORS_ORIGIN_ALLOW_ALL = True
CORS_ORIGIN_WHITELIST = ()
CORS_ALLOW_METHODS = (
    'DELETE',
    'GET',
    'OPTIONS',
    'PATCH',
    'POST',
    'PUT',
    'VIEW',
)
CORS_ALLOW_HEADERS = (
    'XMLHttpRequest',
```

```
    'X_FILENAME',
    'accept-encoding',
    'authorization',
    'content-type',
    'dnt',
    'origin',
    'user-agent',
    'x-csrftoken',
    'x-requested-with',
)
```

由于API网关接收前端的AJAX异步请求和管理调度微服务的API接口，因此项目的配置文件settings.py中只添加了项目应用Api和第三方功能应用DjangoCors Headers。

下一步在项目应用Api中开发API网关接口，该接口负责接收产品信息页的AJAX异步请求，并且访问用户管理和产品管理的API接口，将API接口返回的数据作为AJAX异步请求的响应内容。

在MyDjango_Api的urls.py和Api的urls.py中定义路由api，路由的HTTP请求由视图函数apiView接收和处理，实现的代码如下：

```
# MyDjango_Api的urls.py
from django.urls import path, include
urlpatterns = [
    path('', include('Api.urls'))
]

# Api的urls.py
from django.urls import path
from .views import *
urlpatterns = [
    path('', apiView, name='api'),
]

# Api的views.py
from django.http import JsonResponse
# 第三方模块requests，pip install requests安装即可
import requests
def apiView(request):
    if request.method == 'GET':
        u = request.GET.get('username', '')
        url = 'http://127.0.0.1:%s/?username=%s'
        result = []
        # 从MyDjango_User获取用户信息
        if u:
            user = requests.get(url %('8081', u))
            # 获取用户信息，从MyDjango_Index获取对应的产品信息
            id = user.json().get('id')
            products = requests.get(url %('8082', id))
            temp = products.json()
        # 若请求参数为空，则从MyDjango_Index获取所有产品信息
        else:
            products = requests.get(url % ('8082', ''))
```

```
        temp = products.json()
    for i in temp:
        value = {'username': i['username'],
                 'name': i['name'], 'type': i['type']}
        result.append(value)
    return JsonResponse(result, safe=False)
```

视图函数apiView从产品信息页的AJAX异步请求获取请求参数username，请求参数username的值会影响视图函数apiView的处理过程，具体说明如下：

（1）如果请求参数username的值不为空，就访问MyDjango_User的API接口获取用户信息，再从用户信息中获取主键id，然后使用主键id访问MyDjango_Index的API接口获取用户的产品信息，生成变量temp。

（2）如果请求参数username的值为空，就直接访问MyDjango_Index的API接口获取所有产品信息，生成变量temp。

（3）遍历输出变量temp，将产品信息转换成JSON格式，并作为产品信息页的AJAX异步请求的响应内容。

至此，我们已经完成微服务架构设计的服务开发阶段。此外，微服务架构设计还应包含测试、部署和运维监控阶段。微服务架构设计常用于大型网站系统，因此微服务的每个阶段实现的功能如下：

（1）开发阶段根据微服务架构设计模式进行功能拆分，将功能拆分成多个微服务，并且统一规范设计每个微服务的API接口，每个API接口符合RESTful设计规范。如果服务之间部署不同的服务器，就需要考虑跨域访问。

（2）测试阶段用于验证各个服务之间的API接口的输入和输出是否符合开发需求，还需要验证各个API接口之间的调用逻辑是否合理。

（3）部署阶段根据部署方案执行，部署方案需要考虑服务的重试机制、缓存机制、负载均衡和集群等部署方式。

（4）运维监控阶段需要对网站系统进行实时监控，监控内容包括日志收集、事故预警、故障定位和系统性能跟踪等，并且还要根据监测结果适当调整部署方式。

15.3.4　调试与运行

在前面几节中，我们已完成MyDjango_User、MyDjango_Index和MyDjango_Api的开发，分别对应用户管理、产品管理和API网关。产品信息页向API网关发送AJAX请求，当API网关接收到HTTP请求时，将分别向用户管理和产品管理发送HTTP请求，从用户管理和产品管理获取产品信息，并显示在产品信息页。

从MyDjango_Api的视图函数apiView可以看到，用户管理和产品管理的端口设为8081和8082，可以在同一台计算机分别使用不同端口启动MyDjango_User和MyDjango_Index。在桌面上打开两个命令提示符窗口，将命令提示符窗口的路径分别切换到MyDjango_User和MyDjango_Index，然后依次输入Django的运行指令，如图15-15所示。

下一步在PyCharm里启动API网关，MyDjango_Api的端口设为8000即可，它必须与产品信息页的AJAX异步请求的端口号一致。

```
python manage.py runserver 8081
D:\MyDjango_User>python manage.py runserver 8081
Watching for file changes with StatReloader
Performing system checks...
python manage.py runserver 8082
D:\MyDjango_Index>python manage.py runserver 8082
Watching for file changes with StatReloader
Performing system checks...
```

图 15-15 启动 MyDjango_User 和 MyDjango_Index

API网关成功启动后，在浏览器打开产品信息页（MyDjango_Api的Vue文件夹的index.html文件），只需在产品信息页输入“admin”并单击“查询”按钮即可获取某用户的产品信息，如图15-16所示。

D:/MyDjango_Api/Vue/index.html

用户名

root

查询

产品信息表

序号	用户	产品	类型	操作
1	2	PORSCHE DESIGN	智能设备	删除
2	2	华为运动手环	智能设备	删除

图 15-16 产品信息页

最后分别查看API网关、用户管理和产品管理的后台运行信息，了解三者之间的HTTP请求信息，如图15-17所示。

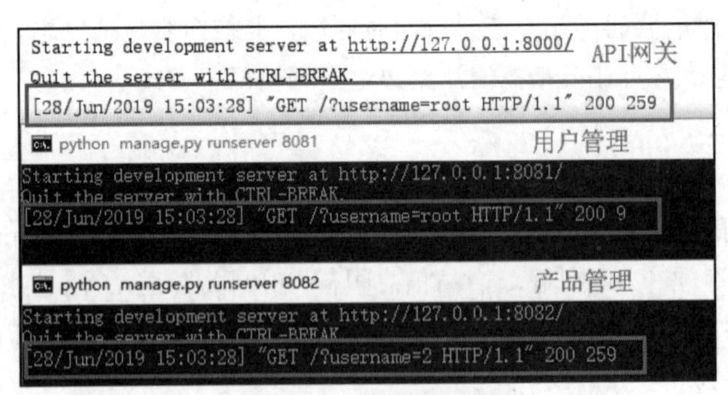

图 15-17 HTTP 请求信息

15.4 JWT认证

Json Web Token（JWT）是在网络应用环境传递的一种基于JSON的开放标准，它的设计是紧凑且安全的，用于各个系统之间安全传输JSON数据，并且经过了数字签名，可以被验证和信任，因此特别适用于分布式的单点登录场景。

15.4.1 认识JWT

如果网站架构采用的是前后端分离，那么执行用户登录的时候，Django只需提供用户认证的API接口，前端向API接口发送AJAX请求即可完成用户认证。

当前端发送AJAX请求进行用户认证的时候，如果使用的是Django内置的用户认证功能，那么每执行一次用户认证，Django就会在数据表django_session中存储用户登录信息并生成一个SessionID，前端只要获取到SessionID，在下一次发送请求的时候，将SessionID以请求参数形式传入请求中，Django就能识别当前请求是来自哪一个用户。

如果使用的是Session认证，那么随着用户的增加，数据表django_session会产生大量的用户登录信息，使得服务器无法承载更多的用户。为了减轻服务器对用户认证的负担，可以改用JWT认证，它不需要在服务器保存用户认证信息或者会话信息。

JWT声明一般用于在客户端和服务端之间传递信息，这样既便于客户端从服务器获取数据，也便于对一些业务逻辑进行声明。JWT不仅能直接用于认证，也可对数据进行加密处理。JWT的认证过程如下：

（1）用户在网页上输入用户名和密码并单击登录按钮，前端向后端发送HTTP请求。

（2）后端收到前端请求后，从请求参数中获取用户名和密码，并进行用户登录验证。

（3）后端验证成功后，将生成一个token并返回给前端。

（4）前端收到token之后保存在Cookie，每次发送请求都将Cookie一并传递给后端。

（5）后端收到前端请求后，通过Cookie获取token，从token获取信息就能识别当前请求是来自哪一个用户。

JWT是由三部分数据构成，第一部分称为头部（Header），第二部分称为载荷（Payload），第三部分称为签证（Signature），各个部分的说明如下：

（1）头部存储两部分信息：token的类型和加密算法，加密算法通常使用HMAC SHA256。token的类型和加密算法进行Base64编码后，构成了JWT的第一部分。

（2）载荷存放有效数据，比如用户信息等。这些数据进行Base64编码后，构成了JWT的第二部分。

（3）签名是拼接已编码的头部、载荷和一个密钥，使用头部中指定的签名算法进行加密，保证JWT没有被窜改。

15.4.2 DRF的JWT

JWT认证常用于前后端分离的系统架构，如果使用Django REST Framework框架编写API接口，可以使用Django REST Framework-JWT模块实现JWT认证，它是Django REST Framework框架的功能扩展模块。

打开CMD窗口，分别安装Django REST Framework、Django REST Framework-JWT和Django-Cors-Headers，指令如下：

```
pip install djangorestframework
pip install djangorestframework-jwt
pip install django-cors-headers
```

下一步讲述如何在MyDjango中使用Django REST Framework-JWT实现JWT认证。首先在MyDjango中创建项目应用users，并在项目应用users中创建serializers.py和urls.py，然后打开配置文件settings.py，修改配置属性INSTALLED_APPS、MIDDLEWARE和Django REST Framework的配置属性，代码如下：

```
# MyDjango的settings.py
INSTALLED_APPS = [
    'django.contrib.admin',
    'django.contrib.auth',
    'django.contrib.contenttypes',
    'django.contrib.sessions',
    'django.contrib.messages',
    'django.contrib.staticfiles',
    'users',
    # 添加Django Rest Framework框架
    'rest_framework',
    # 设置跨域访问
    'corsheaders'
]
MIDDLEWARE = [
    'django.middleware.security.SecurityMiddleware',
    'django.contrib.sessions.middleware.SessionMiddleware',
    # 跨域访问中间件
    'corsheaders.middleware.CorsMiddleware',
    # 使用中文
    'django.middleware.locale.LocaleMiddleware',
    'django.middleware.common.CommonMiddleware',
    'django.middleware.csrf.CsrfViewMiddleware',
    'django.contrib.auth.middleware.AuthenticationMiddleware',
    'django.contrib.messages.middleware.MessageMiddleware',
    'django.middleware.clickjacking.XFrameOptionsMiddleware',
]
REST_FRAMEWORK = {
    'DEFAULT_AUTHENTICATION_CLASSES': (
        # JWT认证
        'rest_framework_jwt.authentication.JSONWebTokenAuthentication',
        # Session认证
        'rest_framework.authentication.SessionAuthentication',
        # 基本认证
        'rest_framework.authentication.BasicAuthentication',
    ),
}
import datetime
JWT_AUTH = {
    # 过期时间
    'JWT_EXPIRATION_DELTA': datetime.timedelta(days=3),
}
```

```
CORS_ALLOW_CREDENTIALS = True
CORS_ORIGIN_ALLOW_ALL = True
CORS_ORIGIN_WHITELIST = ()
CORS_ALLOW_METHODS = (
    'DELETE',
    'GET',
    'OPTIONS',
    'PATCH',
    'POST',
    'PUT',
    'VIEW',
)
CORS_ALLOW_HEADERS = (
    'XMLHttpRequest',
    'X_FILENAME',
    'accept-encoding',
    'authorization',
    'content-type',
    'dnt',
    'origin',
    'user-agent',
    'x-csrftoken',
    'x-requested-with',
)
```

在项目应用users的serializers.py定义内置模型User的序列化对象，并重写序列化对象的create()方法，详细代码如下：

```
# users的serializers.py
from rest_framework import serializers
from django.contrib.auth.models import User
from rest_framework_jwt.settings import api_settings
# 定义ModelSerializer类
class UserSerializer(serializers.ModelSerializer):
    token = serializers.CharField(label='用户凭证', read_only=True)
    class Meta:
        model = User
        fields = ('username', 'password', 'token')

    def create(self, validated_data):
        # 在Serializer类中重写create方法
        user = super().create(validated_data=validated_data)
        # 密码加密
        user.set_password(validated_data['password'])
        user.save()
        # 根据用户创建token
        jwt_payload_handler = api_settings.JWT_PAYLOAD_HANDLER
        jwt_encode_handler = api_settings.JWT_ENCODE_HANDLER
        payload = jwt_payload_handler(user)
        token = jwt_encode_handler(payload)
        # 在用户对象user添加token属性
```

```
        user.token = token
        return user
```

使用Django REST Framework定义序列化对象，当重写序列化对象的create()方法的时候，通过调用Django REST Framework-JWT的api_settings对当前用户进行token签发，并把token保存在序列化字段token中。

我们打开并查看api_settings所在的源码文件settings.py，可以发现JWT认证的配置属性均在变量DEFAULTS中设置，如图15-18所示。如需修改JWT认证方式，可以对源码文件settings.py进行重新定义。

```
python 〉 Lib 〉 site-packages 〉 rest_framework_jwt 〉 settings.py
settings.py ×
7   USER_SETTINGS = getattr(settings, 'JWT_AUTH', None)
8
9   DEFAULTS = {
10      'JWT_ENCODE_HANDLER':
11      'rest_framework_jwt.utils.jwt_encode_handler',
12
13      'JWT_DECODE_HANDLER':
14      'rest_framework_jwt.utils.jwt_decode_handler',
15
16      'JWT_PAYLOAD_HANDLER':
17      'rest_framework_jwt.utils.jwt_payload_handler',
18
```

图 15-18　源码文件 settings.py

最后分别在MyDjango的urls.py、users的urls.py中定义路由users和getUser，在users的views.py中定义视图函数userView()、getView()和用户登录函数login()，详细定义过程如下：

```
# MyDjango的urls.py
from django.urls import path, include
urlpatterns = [
    path('',include(('users.urls','users'),namespace='users')),
]

# users的urls.py
from django.urls import path
from .views import userView, getView
urlpatterns = [
    path('users/', userView, name='users'),
    path('userInfo/', getView, name='getUser'),
]

# users的views.py
from django.http import JsonResponse
from django.contrib.auth.models import User
from django.views.decorators.csrf import csrf_exempt
from .serializers import UserSerializer
from rest_framework_jwt.utils import jwt_decode_handler
from django.forms.models import model_to_dict
from rest_framework_jwt.settings import api_settings
from django.contrib.auth import authenticate

def login(username, password):
    data = {'code': '400'}
```

```
    # 验证用户的账号密码是否正确
    vu = authenticate(username=username, password=password)
    if vu:
        user = User.objects.filter(username=username).first()
        # 根据用户创建对应的token
        jwt_payload_handler = api_settings.JWT_PAYLOAD_HANDLER
        jwt_encode_handler = api_settings.JWT_ENCODE_HANDLER
        payload = jwt_payload_handler(user)
        token = jwt_encode_handler(payload)
        data = {
            'username': user.username,
            'password': user.password,
            'token': token,
            'code': '200'
        }
    return data
# code=100代表是GET请求
# code=200代表登录成功
# code=400代表登录失败，密码不正确
# code=201代表用户注册成功
@csrf_exempt
def userView(request):
    data = {'code': '100'}
    if request.method == 'POST':
        serializer = UserSerializer(data=request.POST)
        # serializer.is_valid()验证成功说明用户尚未创建
        # 使用UserSerializer创建用户，触发自定义函数create()
        if serializer.is_valid():
            serializer.save()
            datas = serializer.data
            data['code'] = '201'
        # serializer.is_valid()验证失败说明用户存在，调用登录函数login
        else:
            datas = login(request.POST['username'],
                        request.POST['password'])
        data.update(datas)
    print(data)
    return JsonResponse(data)

# code=200代表用户信息获取成功
# code=400代表用户信息获取失败，即jwt_decode_handler验证失败
def getView(request):
    data = {'code': '400'}
    username = ''
    token = request.GET.get('token')
    # 接收token解析后的值，即通过token获取用户信息
    try:
        toke_user = jwt_decode_handler(token)
        username = toke_user['username']
    except: pass
    if username:
```

```
        getUser = User.objects.filter(username=username).first()
        if getUser:
            # model_to_dict将模型字段转换为字典格式
            exclude = ['date_joined', 'last_login']
            getUser = model_to_dict(getUser, exclude=exclude)
            data['code'] = '200'
            data.update(getUser)
    return JsonResponse(data)
```

在上述代码中，视图函数userView()、getView()和用户登录函数login()实现的功能说明如下：

（1）userView()收到POST请求之后，使用序列化类UserSerializer接收请求参数，并与内置模型User的用户信息进行匹配，如果匹配成功，则调用login()函数执行用户登录。

（2）getView()获取当前用户信息，从请求参数中获取token并对token进行解密，从解密结果中获取用户账号，并在内置模型User中查找该用户信息，如果用户存在，则返回用户信息。

（3）login()实现用户登录过程，使用Django内置认证功能authenticate()验证用户账号和密码，如果验证成功，则使用Django REST Framework-JWT的api_settings对当前用户进行token签发。

上述代码只是讲述了Django如何实现JWT的认证功能，为了更好地演示认证过程，我们在MyDjango中创建temp文件夹，在该文件夹中创建css、js文件夹和users.html文件。在users.html文件中编写用户注册与登录页面，css、js文件夹分别存放网页的CSS样式和JS脚本文件。users.html编写的代码如下：

```
# temp的users.html
<!DOCTYPE html>
<html>
<head>
<title>用户注册登录</title>
<link rel="stylesheet" href="css/reset.css" />
<link rel="stylesheet" href="css/user.css" />
<script src="js/jquery.min.js"></script>
<script src="js/user.js"></script>
</head>
<body>
<div class="page">
<div class="loginwarrp">
<div class="logo">用户注册登录</div>
<div class="login_form">
<div>
<li class="login-item">
   <span>用户名：</span>
   <input type="text" id="username" class="login_input">
   <span id="count-msg" class="error"></span>
</li>
<li class="login-item">
   <span>密  码：</span>
   <input type="password" id="password" class="login_input">
   <span id="password-msg" class="error"></span>
</li>
```

```
<li class="login-item">
    <span>新密码：</span>
    <input type="password" id="password2" class="login_input">
    <span id="password-msg" class="error"></span>
</li>

<li class="login-sub">
    <input type="submit" id="submits" value="注册/登录">
</li>
</div>
<br>
<li class="login-sub">
    <a id="getUser" href="javascript:;"
       target="_blank">查看用户信息</a>
</li>
</div>
</div>
</div>
<script type="text/javascript">
$("#submits").on('click',function(){
var datas = {
    "username": $("#username").val(),
    "password": $("#password").val(),
};
var password2 = $("#password2").val();
if (datas.password==password2){
    $.post("http://127.0.0.1:8000/users/",datas,
        function(data,status){
        if (status=="success") {
            console.log(data);
            $("#getUser").attr("href","http://127.0.0.1:8000"+
                "/userInfo/?token="+ data.token );
        }
    });
}else{
    alert("输入的密码不一致")
}
});
</script>
<script type="text/javascript">
    window.onload = function() {
        var config = {
            vx : 4,
            vy : 4,
            height : 2,
            width : 2,
            count : 100,
            color : "121, 162, 185",
            stroke : "100, 200, 180",
            dist : 6000,
            e_dist : 20000,
            max_conn : 10
```

```
            };
            CanvasParticle(config);
        }
    </script>
    <script src="js/canvas-particle.js"></script>
    </body>
    </html>
```

users.html与Django是独立运行的，users.html使用JavaScript的AJAX与Django的API接口（即路由users和getUser）进行数据传输，从而实现简单的前后端分离开发场景。运行MyDjango，使用浏览器打开users.html文件，网页如图15-19所示。

图 15-19 网页界面

在网页上输入用户账号和密码，单击“注册/登录”按钮，Django接收到POST请求，该请求由视图函数userView()处理，在PyChram的Run窗口中可以看到相应的请求信息。打开MyDjango的Sqlite3数据库文件，查看数据表auth_user新建的用户信息，如图15-20所示。

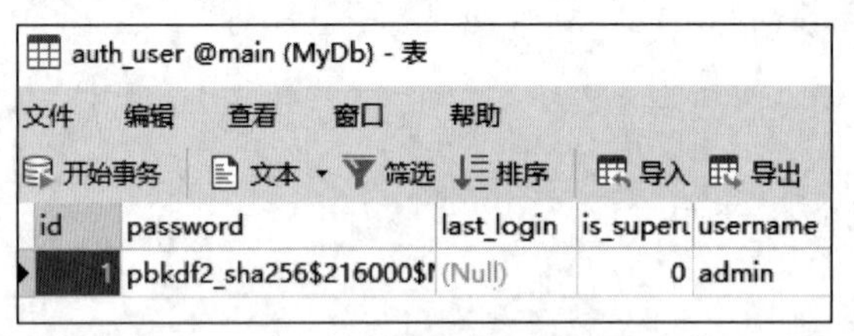

图 15-20 数据表 auth_user

单击网页上的“查看用户信息”，浏览器向Django发送GET请求，请求参数token是由Django的JWT认证生成的，当前请求交给视图函数getView()，它对请求参数token进行解密处理，从token中获取用户信息并返回给浏览器，如图15-21所示。

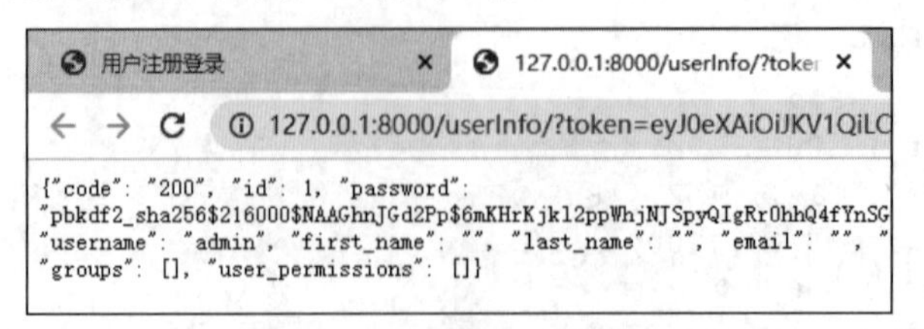

图 15-21 用户信息

如果后台系统不是使用DRF框架开发，而是使用传统的路由－视图模式开发，那么JWT认证可以使用Python的第三方模块python_jwt实现。

15.5　微服务注册与发现

服务注册与发现主要由微服务注册与发现的中间件实现，常用中间件有Zookeeper、Ectd、Consul和Eureka。服务注册是将自身服务信息注册到中间件，这部分服务信息包括服务所在主机IP地址和提供服务的端口，以及暴露服务自身状态和访问协议等信息。服务发现是从中间件获取服务实例的信息，通过这些信息发送HTTP请求并获取服务支持。

微服务注册与发现应部署在API网关与各个微服务之间，不仅能负责各个微服务的管理，还能为API网关提供统一的API接口。

15.5.1　常用的服务注册与发现框架

微服务架构是将系统所有应用拆解成多个独立自治的服务，每个服务仅实现某个单一的功能。比如电商平台的订单系统，一张订单信息包含了商品信息和用户信息，在创建订单的时候，商品信息和用户信息分别来自商品服务和用户服务，通过API接口为订单提供数据支持，从商品服务和用户服务获取商品信息和用户信息，完成订单的创建过程。

在微服务架构中，如果没有微服务的注册与发现，服务之间的数据通信就只能在代码中实现。有了微服务的注册与发现，服务之间可以通过API接口实现通信，API接口通常以主机IP地址和端口表示。当服务所在的服务器发生改变时，我们就要频繁改动代码中的API接口，并且每次改动都要重启服务，这就导致系统的灵活性和扩展性大大降低。

在微服务架构中，每个服务应该是可以随时开启和关闭的。比如商品秒杀，它只在某个时间内才开放给用户使用，其余时间处于空闲状态。为节省服务器成本，商品秒杀所在的服务器应该在开放时间内开启，在其余时间处于关闭状态，这样能减少服务器和网络带宽的开支成本。每次开启或关闭某个服务，都必须使用微服务注册与发现，确保服务的开启或关闭不会影响系统运行，并且能灵活地为系统实现功能扩展。

微服务注册与发现还能帮助我们更好地管理每个服务。在大型网站中，服务以集群方式运行，从而支撑整个网站，网站的所有服务器可能数以百计甚至更多。为了保障系统正常运行，必须有一个中心化的组件完成各个服务的整合，即将分散在各处的服务进行汇总，汇总信息可以是服务器的名称、地址、数量等。

微服务注册与发现的常用中间件有Zookeeper、Ectd、Consul和Eureka，每个中间件的功能对比如表15-1所示。

表 15-1　Zookeeper、Ectd、Consul 和 Eureka 中间件的功能

功　能	Zookeeper	Etcd	Consul	Eureka
服务健康检查	长连接 keepalive	连接心跳	服务状态 内存和硬盘等	可配支持

（续表）

功　能	Zookeeper	Etcd	Consul	Eureka
多数据中心	—	—	支持	—
KV存储服务	支持	支持	支持	—
一致性	Paxos	Raft	Raft	—
CAP定理	CP	CP	CP	AP
使用接口（多语言能力）	客户端	HTTP		
GRPC	支持HTTP和DNS	HTTP		
Watch支持	支持	支持long polling	全量 支持long polling	支持long polling 大部分增量
自身监控	—	Metrics	Metrics	Metrics
安全	Acl	HTTPS	Acl/HTTPS	Acl

在上述指标中，CAP定理又称CAP 原则，用于形容分布式系统的一致性（Consistency）、可用性（Availability）和分区容错性（Partition tolerance），这三个要素最多只能同时实现两个，不可能三者兼顾。

总的来说，系统的微服务架构将系统各个功能划分为一个个独立的服务，并且这些服务部署在不同的服务器上，微服务注册与发现将分散在各处的服务进行汇总和管理。

15.5.2 Consul的安装与接口

Consul是Google开源的一个服务发现、配置管理中心服务的中间件，内置了服务注册与发现框架、分布一致性协议实现、健康检查、Key/Value 存储和多数据中心方案等功能。它使用Go语言开发，整个中间件以二进制文件运行，因此它能在macOS、Linux和Windows等系统上运行。

我们以Windows为例，打开Consul官方网站（www.consul.io/downloads.html），根据操作系统下载相应的Consul版本，如图15-22所示。

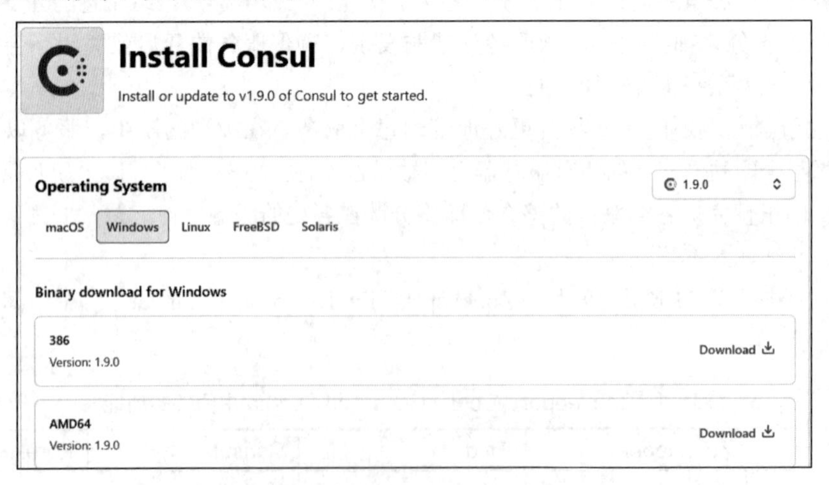

图 15-22　Consul 官方网站

在 Windows 系统中，Consul 是一个可执行的 EXE 文件，在启动 Consul 的时候，需要根据实际需求设置参数类型。我们打开 CMD 窗口，将 CMD 窗口当前路径切换到 Consul 所在的文件夹，输入 consul --help 并按回车键，CMD 窗口将显示 Consul 的所有功能，如图 15-23 所示。

```
D:\consul>consul --help
Usage: consul [--version] [--help] <command> [<args>]

Available commands are:
    acl            Interact with Consul's ACLs
    agent          Runs a Consul agent
    catalog        Interact with the catalog
    config         Interact with Consul's Centralized Configurations
    connect        Interact with Consul Connect
    debug          Records a debugging archive for operators
    event          Fire a new event
    exec           Executes a command on Consul nodes
```

图 15-23　Consul 功能信息

Consul的每个功能都有不同的启动参数，以agent为例，在CMD窗口下输入consul agent --help并按回车键，CMD窗口将显示agent的启动参数，如图15-24所示。每个参数都有英文注释，本书不再讲述参数的具体作用。

```
D:\consul>consul agent --help
Usage: consul agent [options]

  Starts the Consul agent and runs until an interrupt is received. The
  agent represents a single node in a cluster.

HTTP API Options

  -datacenter=<value>
     Datacenter of the agent.

Command Options

  -advertise=<value>
     Sets the advertise address to use.

  -advertise-wan=<value>
     Sets address to advertise on WAN instead of -advertise address.
```

图 15-24　agent 的启动参数

agent用于在Consul集群中启动某个节点成员，只需指定节点作为client或者server即可。所有agent节点支持DNS或HTTP接口，并负责运行时的心跳检查和保持服务同步。

Consul的agent有两种运行模式：server和client。两者的差异说明如下：

（1）client模式是客户端模式，这是Consul节点的一种模式，所有注册到当前节点的服务会被转发到server，数据不做持久化保存。

（2）server模式的功能与client一样，两者唯一不同的是，server模式会把所有数据持久化，当遇到故障时，数据可以被保留。

我们在Consul官网中找到Consul架构图，如图15-25所示。

在Consul架构图中分别搭建了数据中心DATACENTER1和DATACENTER2，并且数据中心以集群方式搭建。数据中心的server模式的agent节点数在1到5之间较为合适，server模式的agent节点数越多，Consul的整体性能越低；client模式的agent节点数则没有限制，根据实际需求设置即可。

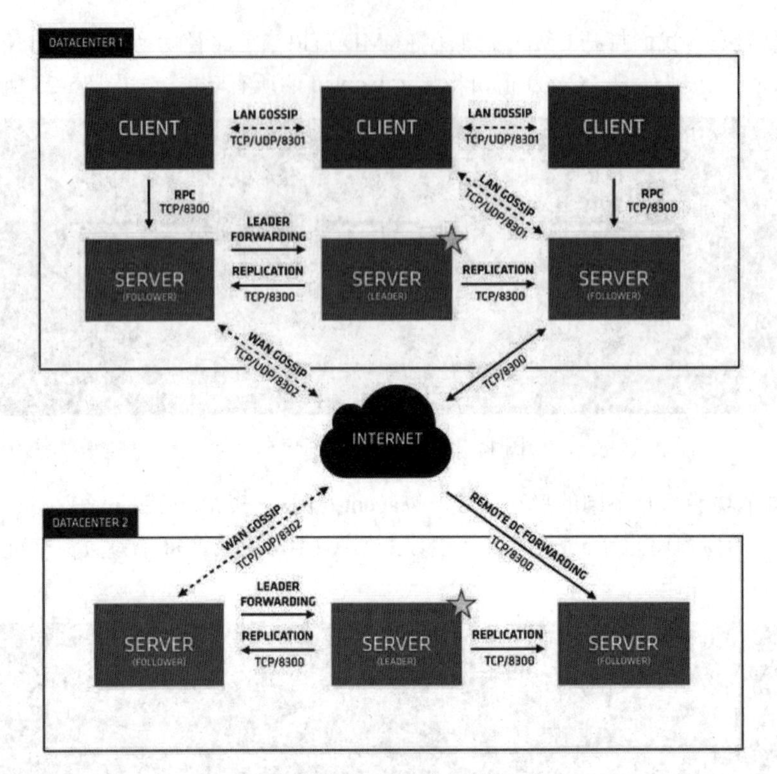

图 15-25　Consul 架构图

总的来说，使用Consul作为微服务注册与发现的中间件，有以下3点需要说明：

（1）一个系统的服务注册与发现通常以数据中心表示，数据中心以集群方式表示。

（2）数据中心可设置1个及以上的agent节点。

（3）数据中心至少有1个server模式的agent节点，client模式的agent节点数没有限制。

如果系统处于开发阶段，可以使用consul agent -dev启动Consul，如图15-26所示。

```
D:\consul>consul agent -dev
==> Starting Consul agent...
           Version: '1.9.0'
           Node ID: '23e24585-3515-e7cd-8525-e8f7c78b7747'
         Node name: 'DESKTOP-RLSUAOM'
        Datacenter: 'dc1' (Segment: '<all>')
            Server: true (Bootstrap: false)
       Client Addr: [127.0.0.1] (HTTP: 8500, HTTPS: -1, gRPC: 8502, DNS: 8600)
      Cluster Addr: 127.0.0.1 (LAN: 8301, WAN: 8302)
           Encrypt: Gossip: false, TLS-Outgoing: false, TLS-Incoming: false, Au

==> Log data will now stream in as it occurs:
```

图 15-26　启动 Consul

从图15-26中找到Client Addr属性，这是Consul提供的接口信息，我们打开浏览器并访问http://127.0.0.1:8500/就能查看当前Consul的运行状态，如图15-27所示。

如果项目处于上线阶段，Consul需要启动上线模式，需要根据实际情况设置启动参数，常用的启动指令如下：

```
consul agent -server -ui -bootstrap-expect=1 -data-dir=D:\consul
-node=agent-one -advertise=192.168.10.213 -bind=0.0.0.0 -client=0.0.0.0
```

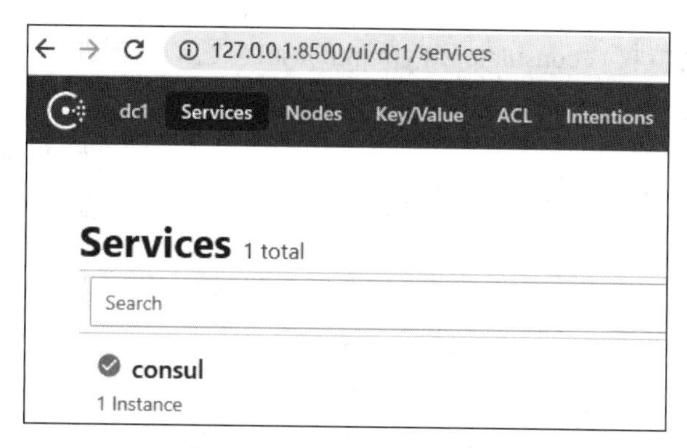

图 15-27　Consul 运行状态

启动指令的参数说明如下：

（1）server：定义agent运行模式为server，每个数据中心至少有一个server，每个数据中心的server数量建议不要超过5个。

（2）ui：是否支持使用Web页面查看。

（3）bootstrap-expect：设置数据中心的server模式的节点数，如果设置了该参数，那么当server模式的节点数等于参数值时，Consul才会引导整个数据中心，否则Consul处于等待状态。

（4）data-dir：指定agent储存状态的文件目录，对server模式的agent尤其重要，这是保存数据持久化的文件目录。

（5）node：设置agent节点在数据中心的名称，该名称必须是唯一的，也可以采用服务器IP地址命名。

（6）advertise：设置可使用的IP地址，通常代表本地IP地址，并且是以IP地址格式表示，不能使用localhost。

（7）bind：在数据中心内部的通信IP地址，数据中心的所有节点到IP地址必须是可达的，默认值是0.0.0.0。

（8）client：绑定client模式的节点，用于提供HTTP、DNS、RPC等服务，默认值是127.0.0.1。

我们在CMD窗口中执行上线模式指令启动Consul服务，执行结果如图15-28所示。

```
D:\consul>consul agent -server -ui -bootstrap-expect=1 -data-dir=D:\consul -node=agent-o
ne -advertise=192.168.10.213 -bind=0.0.0.0 -client=0.0.0.0
==> Starting Consul agent...
           Version: '1.9.0'
           Node ID: '7f3c7279-2d2c-fe69-c4ca-00bdf043fdc8'
         Node name: 'agent-one'
        Datacenter: 'dc1' (Segment: '<all>')
            Server: true (Bootstrap: true)
       Client Addr: [0.0.0.0] (HTTP: 8500, HTTPS: -1, gRPC: -1, DNS: 8600)
      Cluster Addr: 192.168.10.213 (LAN: 8301, WAN: 8302)
           Encrypt: Gossip: false, TLS-Outgoing: false, TLS-Incoming: false, Auto-Encryp
t-TLS: false
```

图 15-28　启动 Consul

15.5.3　Django与Consul的交互

掌握了Consul的系统架构和使用方法之后，本小节将讲述如何在Django中使用Consul实现微服务注册与发现。

首先安装第三方功能模块consulate和python-consul，它们通过HTTP方式操作Consul。由于consulate在2015年停止了更新，python-consul在2018年停止了更新，因此建议读者使用python-consul模块。

打开CMD窗口并输入python-consul的安装指令pip install python-consul，等待指令执行完毕即可。

然后在MyDjango中创建项目应用index和microservice文件夹，并在microservice中创建client.py、consulclient.py、startServer.py和startServer2.py文件，目录结构如图15-29所示。

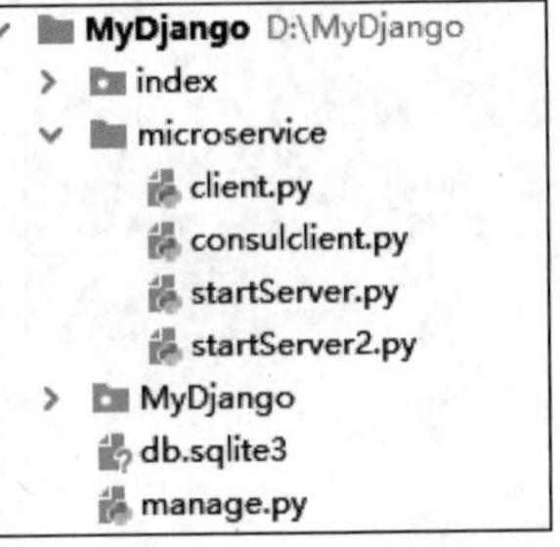

图15-29 目录结构

microservice的client.py、consulclient.py、startServer.py和startServer2.py实现的功能说明如下：

（1）client.py：定义HttpClient类，从数据中心获取已注册的服务实例，得到服务实例的API接口后，再向API接口发送HTTP请求，获取服务的响应内容。

（2）consulclient.py：定义ConsulClient类，由python-consul模块实现Consul操作。

（3）startServer.py：定义DjangoServer类和HttpServer类。DjangoServer用于自定义Django的启动方式；HttpServer使用ConsulClient的register()方法将Django注册到数据中心，生成服务实例。

（4）startServer2.py：与startServer.py实现的功能相同，但两者运行的端口不同。

为了深刻理解MyDjango的架构设计，我们将client.py、consulclient.py、startServer.py和startServer2.py实现的功能使用流程图表示，如图15-30所示。

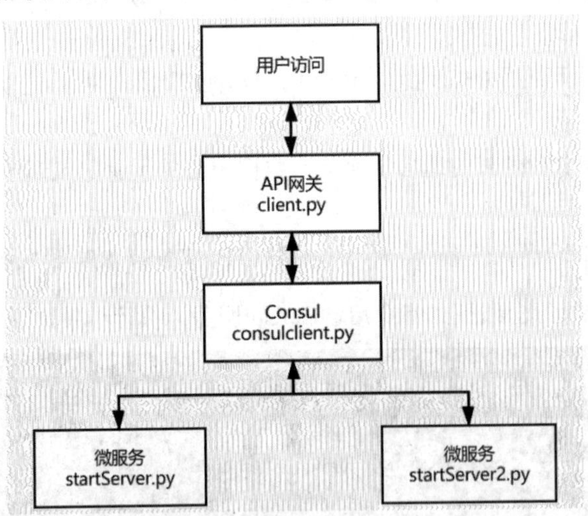

图15-30 流程图

打开consulclient.py文件，在该文件中定义ConsulClient类，代码如下：

```
# microservice的consulclient.py
import consul
from random import randint
import requests
import json

class ConsulClient():
```

```
    '''定义consul操作类'''
    def __init__(self, host=None, port=None, token=None):
        '''初始化，指定consul主机、端口和token'''
        self.host = host  # consul 主机
        self.port = port  # consul 端口
        self.token = token
        self.consul = consul.Consul(host=host, port=port)

    def register(self,name,service_id,address,port,tags,interval,url):
        # 设置检测模式：http和tcp
        # tcp模式
        # check=consul.Check().tcp(self.host, self.port,
        # "5s", "30s", "30s")
        # http模式
        check = consul.Check().http(url, interval,
                                     timeout=None,
                                     deregister=None,
                                     header=None)
        self.consul.agent.service.register(name,
                                           service_id=service_id,
                                           address=address,
                                           port=port,
                                           tags=tags,
                                           interval=interval,
                                           check=check)

    def getService(self, name):
        '''通过负载均衡获取服务实例'''
        # 获取相应服务下的DataCenter
        url = 'http://' + self.host + ':' + str(self.port) +
              '/v1/catalog/service/' + name
        dataCenterResp = requests.get(url)
        if dataCenterResp.status_code != 200:
            raise Exception('can not connect to consul ')
        listData = json.loads(dataCenterResp.text)
        # 初始化DataCenter
        dcset = set()
        for service in listData:
            dcset.add(service.get('Datacenter'))
        # 服务列表初始化
        serviceList = []
        for dc in dcset:
            if self.token:
                url = f'http://{self.host}:{self.port}/v1/
                health/service/{name}?dc={dc}&token={self.token}'
            else:
                url = f'http://{self.host}:{self.port}/v1/
                health/service/{name}?dc={dc}&token='
            resp = requests.get(url)
            if resp.status_code != 200:
                raise Exception('can not connect to consul ')
```

```
            text = resp.text
            serviceListData = json.loads(text)
            for serv in serviceListData:
                status = serv.get('Checks')[1].get('Status')
                # 选取成功的节点
                if status == 'passing':
                    address = serv.get('Service').get('Address')
                    port = serv.get('Service').get('Port')
                    serviceList.append({'port':port,'address':address})
        if len(serviceList) == 0:
            raise Exception('no serveice can be used')
        else:
            # 随机获取一个可用的服务实例
            print('当前服务列表：', serviceList)
            service = serviceList[randint(0, len(serviceList) - 1)]
            return service['address'], int(service['port'])
```

ConsulClient类定义了初始化函数__init__()和实例方法register()、getService()，说明如下：

（1）初始化函数__init__()将实例化参数host、port和token设为类属性，并将python-consul模块的Consul类实例化。

（2）实例方法register()用于将Django注册到Consul的数据中心，生成服务实例，主要被startServer.py调用。

（3）实例方法getService()从Consul数据中心获取服务实例，主要被client.py调用。如果同一个功能在数据中心有两个或以上的微服务，则使用随机函数randint()选取某个服务实例，从而实现简单的负载均衡。

下一步在startServer.py中定义DjangoServer和HttpServer类，代码如下：

```
# microservice的startServer.py
from microservice.consulclient import ConsulClient
import os

class DjangoServer():
    '''自定义Django的启动方式'''
    def __init__(self, host, port):
        self.host = host
        self.port = port
        # appname代表微服务的API地址
        self.appname = ['index', 'user']

    def run(self):
        os.environ.setdefault('DJANGO_SETTINGS_MODULE',
                              'MyDjango.settings')
        try:
            from django.core.management
                import execute_from_command_line
        except ImportError as exc:
            raise ImportError(
            "Couldn't import Django."
```

```
                "Are you sure it's installed and "
                "available on your PYTHONPATH"
                "environment variable? Did you "
                "forget to activate a virtual environment?"
                ) from exc
            filePath = os.getcwd() + '\\' + os.path.basename(__file__)
            hostAndPort = f'{self.host}:{self.port}'
            execute_from_command_line([filePath,'runserver',hostAndPort])

class HttpServer():
    '''定义服务注册与发现，将Django服务注册到Consul中'''
    def __init__(self,host,port,consulhost,consulport,appClass):
        self.port = port
        self.host = host
        self.app = appClass(host=host, port=port)
        self.appname = self.app.appname
        self.consulhost = consulhost
        self.consulport = consulport

    def startServer(self):
        client=ConsulClient(host=self.consulhost,port=self.consulport)
        # 注册服务，依次注册路由index和user
        for aps in self.appname:
            service_id = aps + self.host + ':' + str(self.port)
            url = f'http://{self.host}:{str(self.port)}/check'
            client.register(aps, service_id=service_id,
                            address=self.host,
                            port=self.port,
                            tags=['master'],
                                                interval='30s', url=url)
        # 启动Django
        self.app.run()

if __name__ == '__main__':
    server=HttpServer('127.0.0.1',8000,'127.0.0.1',8500,DjangoServer)
    server.startServer()
```

DjangoServer类定义了初始化函数__init__()和实例方法run()，说明如下：

（1）初始化函数__init__()将实例化参数host和port设为类属性，分别代表Django运行的IP地址和端口，类属性appname代表Django的API接口名称，Consul根据API接口名称找到对应的API地址。

（2）实例方法run()根据类属性host和port设置Django的启动方式。

HttpServer类定义了初始化函数__init__()和实例方法startServer()，说明如下：

（1）初始化函数__init__()将实例化参数host、port、consulhost、consulport和appClass设为类属性，其中host和port是Django运行的IP地址和端口；consulhost和consulport是Consul的运行agent的IP地址和端口；appClass代表DjangoServer类。

（2）实例方法startServer()将Django注册到Consul的数据中心，首先实例化ConsulClient生成client对象，再由client调用register()完成注册过程，最后使用DjangoServer的实例化对象app调用run()运行Django。

在startServer.py程序入口（即if __name__ == '__main__'）的代码中，将HttpServer类实例化生成server对象，调用实例方法startServer()连接Consul的agent和启动Django。Consul的agent连接地址为127.0.0.1:8500；Django的运行IP地址和端口分别设为127.0.0.1和8000。

打开startServer2.py文件，导入startServer.py的所有代码，并在startServer2.py程序入口（即if __name__ == '__main__'）的代码中实例化HttpServer，并调用实例方法startServer()连接Consul的agent和启动Django，代码如下：

```
# microservice的startServer2.py
from microservice.startServer import *
if __name__ == '__main__':
    server=HttpServer('127.0.0.1',8001,'127.0.0.1',8500,DjangoServer)
    server.startServer()
```

最后打开client.py文件，在该文件中定义HttpClient类，定义过程如下：

```
# microservice的client.py
from microservice.consulclient import ConsulClient
import requests

class HttpClient():
    '''
    从Consul获取服务的响应内容
    首先从数据中心获取已注册的服务实例
    得到服务实例的API接口
    再向API接口发送HTTP请求，获取服务的响应内容
    '''
    def __init__(self, consulhost, consulport, appname):
        self.appname = appname
        self.cc = ConsulClient(host=consulhost, port=consulport)

    def request(self):
        '''
        向Consul发送HTTP请求，获取服务实例
        再向服务实例发送HTTP请求，获取响应内容
        '''
        # 调用getService()方法从数据中心随机获取服务实例
        host, port = self.cc.getService(self.appname)
        print('选中的服务实例为：', host, port)
        # 向服务实例发送HTTP请求
        url = f'http://{host}:{port}/{self.appname}'
        scrapyMessage = requests.get(url).text
        print(scrapyMessage)

if __name__ == '__main__':
    client = HttpClient('127.0.0.1', '8500', 'index')
    client.request()
```

```
client = HttpClient('127.0.0.1', '8500', 'user')
client.request()
```

HttpClient类定义了初始化函数__init__()和实例方法request()，说明如下：

（1）初始化函数__init__()将实例化参数consulhost和consulport传入ConsulClient类进行实例化，生成实例化对象cc；实例化参数appname代表Django的API接口名称。

（2）实例方法request()使用实例化对象cc调用getService()，从Consul的数据中心获取符合类属性appname的服务实例，再根据服务实例的IP地址和端口构建API接口，向API接口发送HTTP请求，获取API接口的响应内容。

至此，我们在Django中完成了Consul的微服务注册与发现的功能开发，整个过程一共涉及4个文件：client.py、consulclient.py、startServer.py和startServer2.py。各文件之间存在调用关系和参数传递，在阅读理解代码的时候，必须梳理清楚对象之间的调用关系和参数传递。

15.5.4　服务的运行与部署

为了更好地验证Consul的微服务注册与发现，我们在MyDjango中分别定义路由check、index、user以及相应的视图函数，代码如下：

```
# MyDjango的urls.py
from django.urls import path, include
urlpatterns = [
    path('', include('index.urls')),
]

# index的urls.py
from django.urls import path
from .views import *
urlpatterns = [
    path('check/', checkView, name='check'),
    path('index/', indexView, name='index'),
    path('user/', userView, name='user'),
]

# index的views.py
from django.http import HttpResponse

def checkView(request):
    return HttpResponse('success')

def indexView(request):
    return HttpResponse('This is Index')

def userView(request):
    return HttpResponse('This is User')
```

路由check、index和user在startServer.py文件中已被使用，详细说明如下：

（1）路由check在HttpServer的startServer()方法中作为参数传入ConsulClient的register()，主要实现Consul的心跳检测，确保服务处于活跃状态，如图15-31所示。

```
py ×
def startServer(self):
    client = ConsulClient(host=self.consulhost, port=self.co
    # 注册服务，将路由index和user依次注册
    for aps in self.appname:
        service_id = aps + self.host + ':' + str(self.port)
        url = f'http://{self.host}:{str(self.port)}/check'
        client.register(aps, service_id=service_id, address=
                        port=self.port, tags=['master'],
                        interval='30s', url=url)
    # 启动Django
    self.app.run()

_name__ == '__main__':
server = HttpServer('127.0.0.1', 8000, '127.0.0.1', 8500, Dj
server.startServer()
```

```
consulclient.py ×
14      self.consul = consul.Consul(host=host, port=port)
15
16  def register(self, name, service_id, address, port, tags, interval, url):
17      '''注册服务'''
18      # 设置检测模式：http和tcp
19      # tcp模式
20      # check=consul.Check().tcp(self.host, self.port,
21      # "5s", "30s", "30s")
22      # http模式
23      check = consul.Check().http(url, interval,
24                                  timeout=None,
25                                  deregister=None,
26                                  header=None)
27      self.consul.agent.service.register(name,
28                                         service_id=service_id,
29                                         address=address,
```

图 15-31　路由 check 的应用

（2）路由index和user作为DjangoServer的类属性appname，初次应用在HttpServer的startServer()，然后以参数形式传入ConsulClient的register()，如图15-32所示。

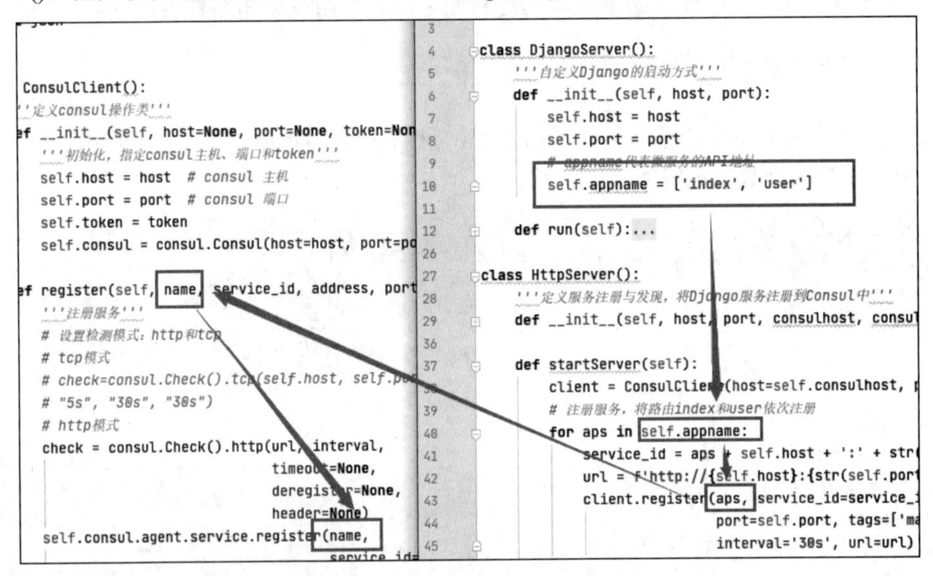

ConsulClient():
'''定义consul操作类'''
def __init__(self, host=None, port=None, token=None
'''初始化，指定consul主机、端口和token'''
self.host = host # consul 主机
self.port = port # consul 端口
self.token = token
self.consul = consul.Consul(host=host, port=po
def register(self, name, service_id, address, port
'''注册服务'''
# 设置检测模式：http和tcp
# tcp模式
# check=consul.Check().tcp(self.host, self.po
# "5s", "30s", "30s")
# http模式
check = consul.Check().http(url, interval,
timeout=None,
deregister=None,
header=None)
self.consul.agent.service.register(name,
class DjangoServer():
'''自定义Django的启动方式'''
def __init__(self, host, port):
self.host = host
self.port = port
# appname代表微服务的API地址
self.appname = ['index', 'user']
def run(self):...
class HttpServer():
'''定义服务注册与发现，将Django服务注册到Consul中'''
def __init__(self, host, port, consulhost, consul
def startServer(self):
client = ConsulClient(host=self.consulhost,
# 注册服务，将路由index和user依次注册
for aps in self.appname:
service_id = aps + self.host + ':' + str
url = f'http://{self.host}:{str(self.port
client.register(aps, service_id=service_
port=self.port, tags=['ma
interval='30s', url=url)

图 15-32　路由 index 和 user 的应用

在运行MyDjango之前，我们需要提前启动Consul服务，打开CMD窗口并将当前路径切换到consul.exe的文件路径，然后输入以下指令启动Consul：

```
consul agent -server -ui -bootstrap-expect=1 -data-dir=D:\consul
-node=agent-one -advertise=192.168.10.213 -bind=0.0.0.0 -client=0.0.0.0
```

下一步使用Python指令分别运行startServer.py和startServer2.py文件，两个文件分别启动两个Django服务，并把服务注册到Consul的数据中心。在文件的运行窗口中可以看到Consul的心跳检测信息，如图15-33所示。

```
Starting development server at http://127.0.0.1:8000/
Quit the server with CTRL-BREAK.
[11/Dec/2020 09:25:29] "GET /check HTTP/1.1" 301 0
[11/Dec/2020 09:25:29] "GET /check/ HTTP/1.1" 200 7
[11/Dec/2020 09:25:34] "GET /check HTTP/1.1" 301 0
[11/Dec/2020 09:25:34] "GET /check/ HTTP/1.1" 200 7
[11/Dec/2020 09:25:59] "GET /check HTTP/1.1" 301 0
```

图 15-33　Consul 的心跳检测

在Consul服务的运行窗口也能看到两个Django服务的心跳检测信息，如图15-34所示。

```
[INFO] agent: Synced service: service=index127.0.0.1:8001
[INFO] agent: Synced service: service=user127.0.0.1:8001
[INFO] agent: Synced service: service=index127.0.0.1:8001
[INFO] agent: Synced service: service=user127.0.0.1:8001
[INFO] agent: Synced check: check=service:index127.0.0.1:8001
[INFO] agent: Synced service: service=index127.0.0.1:8000
[INFO] agent: Synced service: service=user127.0.0.1:8000
[INFO] agent: Synced check: check=service:user127.0.0.1:8001
[INFO] agent: Synced service: service=index127.0.0.1:8000
[INFO] agent: Synced service: service=user127.0.0.1:8000
[INFO] agent: Synced check: check=service:user127.0.0.1:8000
[INFO] agent: Synced check: check=service:index127.0.0.1:8000
```

图 15-34 Consul 的心跳检测

在浏览器中打开http://127.0.0.1:8500/，可以看到当前Consul已注册的服务实例，如图15-35所示。

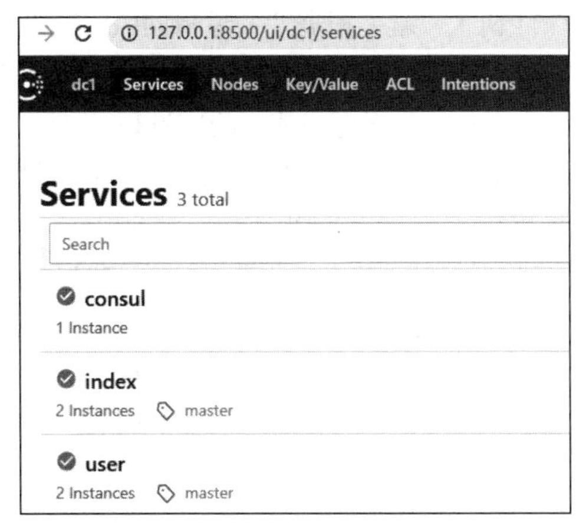

图 15-35 Consul 的服务实例

从图15-35中可以看到，Consul的数据中心已注册了两个服务，分别为index和user，每个服务有两个服务实例。单击“index”就能看到每个服务实例的详细信息，如图15-36所示。

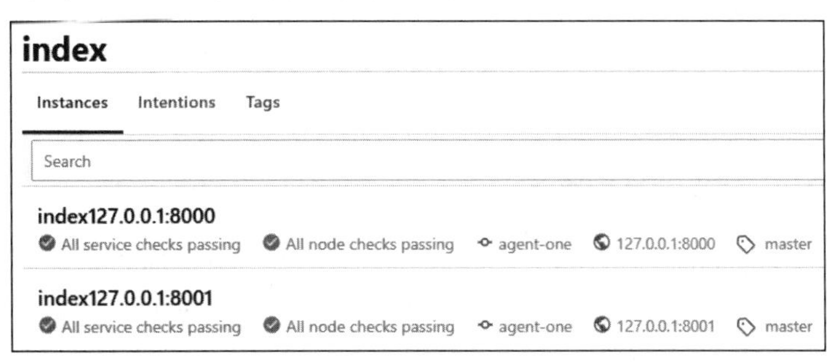

图 15-36 服务实例的详细信息

当停止运行startServer2.py文件时，Consul的心跳检测将无法检测startServer2.py的Django服务，说明当前服务已终止，它自动停止数据中心所对应的服务实例，如图15-37所示。

再次运行startServer2.py文件，startServer2.py的HttpServer类将Django的API接口注册到Consul的数据中心，然后启动Django服务。Consul的数据中心获取注册信息后就对Django发送心跳检测，确保当前服务能正常运行。

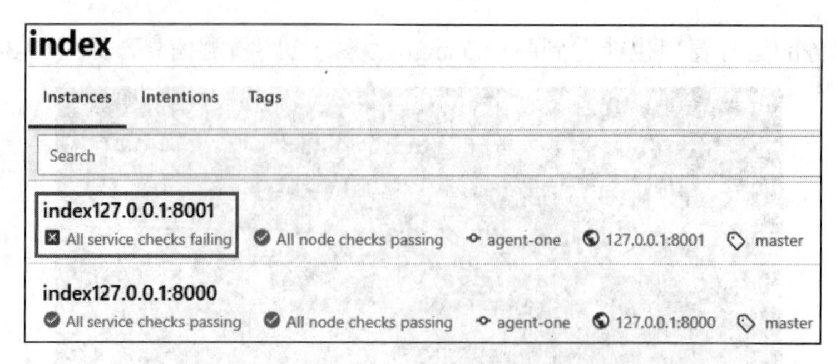

图 15-37 Consul 的服务实例

15.5.5 服务的负载均衡

当服务成功运行后，我们使用Python指令运行client.py文件，该文件主要作用在API网关。只要API网关收到用户发送的HTTP请求，就能根据业务逻辑向Consul的数据中心发送HTTP请求，从Consul的数据中心获取服务实例，再向服务实例发送HTTP请求，并将服务实例的响应内容进行加工处理，最后将处理结果返回给用户，从而完成整个响应过程。

client.py文件中定义了HttpClient类，它通过实例化ConsulClient类生成实例化对象cc，该对象用于实现Consul的连接过程，再由实例化对象cc调用实例方法getService()向Consul的数据中心获取服务实例的IP地址和端口，最后向服务实例的IP地址和端口发送HTTP请求，获取微服务的响应内容。

实例方法getService()使用随机函数randint()选取某个服务实例，从而实现简单的负载均衡。

在PyChram中运行client.py文件，查看Run窗口的运行信息，如图15-38所示。

```
当前服务列表： [{'port': 8000, 'address': '127.0.0.1'},
选中的服务实例为： 127.0.0.1 8001
This is Index
当前服务列表： [{'port': 8000, 'address': '127.0.0.1'},
选中的服务实例为： 127.0.0.1 8000
This is User
```

图 15-38 运行信息

在实际开发中，应根据业务场景和开发需求设置合理的负载均衡策略，确保每个服务实例的负载数量在合理范围内。

15.5.6 Django与Consul部署配置

在实际开发中，Django应部署在uWSGI和Nginx服务器，但DjangoServer类的run()方法是使用Django内置指令启动的，这种方式只适合在开发阶段使用。因此，如果项目处于上线阶段，应去掉run()方法，使其能对接uWSGI和Nginx服务器。

我们在microservice文件夹中仅保留client.py、consulclient.py和startServer.py文件，并且打开startServer.py重新编写以下代码：

```
# startServer.py
from .consulclient import ConsulClient

class HttpServer():
    '''定义服务注册与发现，将Django服务注册到Consul中'''
```

```
    def __init__(self, host, port, consulhost, consulport):
        self.port = port
        self.host = host
        self.appname = ['index', 'user']
        self.consulhost = consulhost
        self.consulport = consulport

    def startServer(self):
        client=ConsulClient(host=self.consulhost,port=self.consulport)
        # 注册服务，依次注册路由index和user
        for aps in self.appname:
            service_id = aps + self.host + ':' + str(self.port)
            url = f'http://{self.host}:{str(self.port)}/check'
            client.register(aps,
                            service_id=service_id,
                            address=self.host,
                            port=self.port,
                            tags=['master'],
                            interval='30s',
                            url=url)
```

分析上述代码得知：

（1）删除了原有startServer.py定义的DjangoServer类。

（2）将HttpServer类的appname属性设为了['index','user']。

（3）原有的HttpServer类负责Django与Consul的通信连接和启动Django服务，现在只保留Django与Consul的通信连接功能。

由于Django上线部署是通过wsgi.py文件和uWSGI服务器实现通信连接的，并且Django与Consul在startServer.py中定义了通信连接类HttpServer，因此在启动Django的时候还需要实例化通信连接类HttpServer。wsgi.py的代码如下：

```
# wsgi.py
import os
from django.core.wsgi import get_wsgi_application
from microservice.startServer import HttpServer
# 实现Django与Consul的数据通信，127.0.0.1:8000是Nginx对外访问的IP地址
server = HttpServer('127.0.0.1', 8000, '127.0.0.1', 8500)
server.startServer()
os.environ.setdefault('DJANGO_SETTINGS_MODULE', 'MyDjango.settings')
application = get_wsgi_application()
```

在wsgi.py中实例化HttpServer类，参数分别设置为Consul所在服务器的IP地址+端口和Django部署Nginx对外访问的IP地址+端口。当uWSGI服务器启动时，uWSGI通过wsgi.py分别启动Django与Consul的通信连接和Django与uWSGI服务器的通信连接，其通信方式如图15-39所示。

综上所述，wsgi.py只能启动单个Django服务连接Consul，因为项目部署通常是针对单个服务进行的，如需部署多个服务，则需要重复部署，并且每个服务的访问端口不能存在冲突。

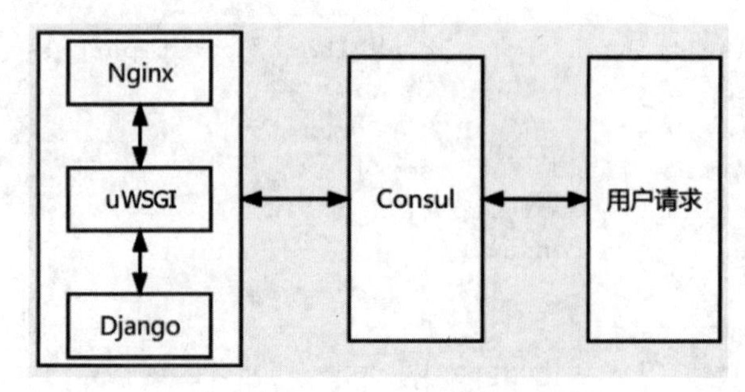

图 15-39　通信方式

15.6 本 章 小 结

本章主要介绍了基于前后端分离与微服务架构的网站的开发过程，读者应重点掌握前后端开发分离模式、微服务架构的实现原理以及微服务注册与发现的实现。

第 16 章

项目上线部署

目前，部署Django项目有两种主流方案：Nginx+uWSGI+Django和Apache+uWSGI+Django。Nginx或Apache作为服务器最前端，负责接收浏览器所有的HTTP请求并统一管理。静态资源的HTTP请求由Nginx或Apache自己处理；非静态资源的HTTP请求则由Nginx或Apache传递给uWSGI服务器，然后传递给Django应用，最后由Django进行处理并做出响应，从而完成一次Web请求。不同的计算机操作系统，Django的部署方法有所不同。本章主要讲述Django如何部署在Windows和Linux系统中。

16.1 基于Windows的项目部署

Windows系统内置IIS服务器，我们可以将Django项目部署在IIS服务器，因此无须下载安装Nginx或Apache服务器，从而简化了项目的部署过程。本节讲述的项目部署的系统及软件版本如下：

- Windows 10操作系统。
- IIS服务器6.0版本或以上。
- Python 3.10版本或以上。
- Django 5版本或以上。

16.1.1 安装IIS服务器

默认情况下，Windows 10操作系统没有开启IIS服务器，但是每个人的计算机系统设置各不相同，如果计算机上已开启IIS服务器，那么可以跳过本小节的内容，直接阅读下一小节；如果尚未开启IIS服务器，那么可以在计算机的“控制面板”找到“程序和功能”，如图16-1所示。

在“程序和功能”界面中找到并单击“启用或关闭Windows功能”，如图16-2所示。进入“启用或关闭Windows功能”界面，只需勾选“Internet Information Services”的部分功能选项，然后单击“确定”按钮，即可安装和开启IIS服务器，如图16-3所示。

当IIS服务器安装成功后，打开Windows的“开始菜单”，在“Windows管理工具”中找到并单击“Internet Information Services (IIS)管理器”，如图16-4所示，Windows系统将运行IIS服务器，服务器界面如图16-5所示。

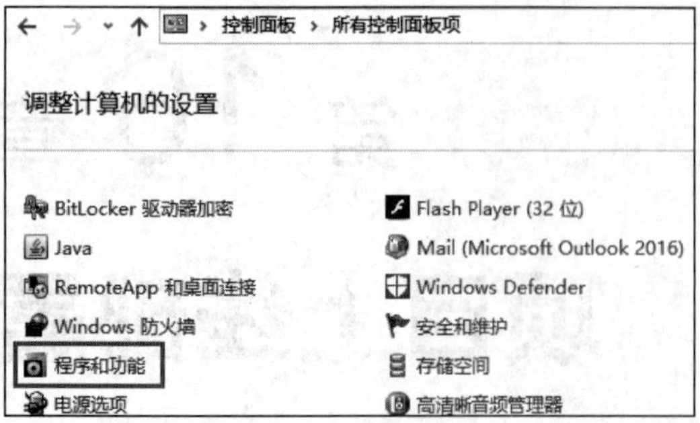

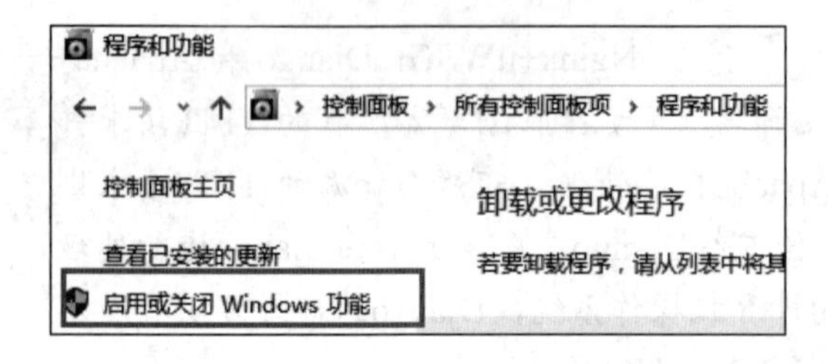

图 16-1　控制面板

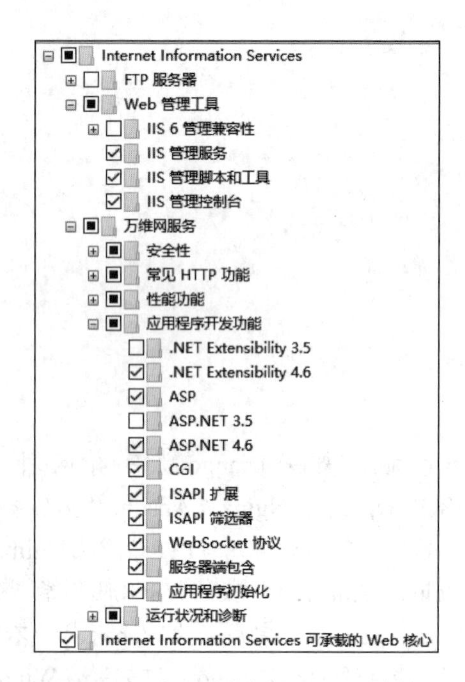

图 16-2　程序和功能

图 16-3　启用或关闭 Windows 功能

图 16-4　Windows 管理工具

图 16-5　IIS 服务器

16.1.2　创建项目站点

本节将讲述如何在IIS服务器中部署Django项目，以音乐网站平台为例，在部署项目之前必须确保音乐网站平台已设为上线模式。首先安装wfastcgi模块，在命令提示符窗口输入pip install wfastcgi指令即可完成模块的安装过程。该模块在Python与IIS服务器之间搭建桥梁，使两者实现有效连接。

下一步在IIS服务器配置项目站点，右击IIS服务器界面左侧的“网站”，选中并单击“添加网站”，在“添加网站”界面输入项目站点信息，如图16-6所示。

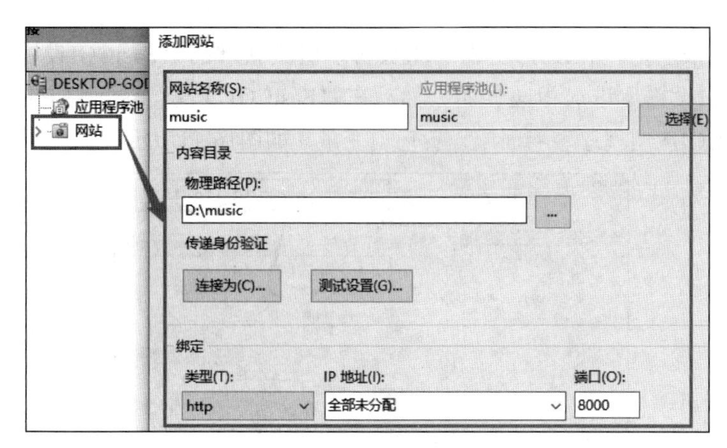

图 16-6　添加网站

从图16-6中可以看到，网站名称改为music；物理路径是音乐网站平台的项目文件夹；端口号改为8000，默认值为80。一般情况下，默认端口号80会被其他应用程序占用，因此将它改为8000可以防止端口重用的情况。

网站添加成功后，在IIS服务器界面可以看到新增网站music。单击新增网站music，在IIS服务器界面的正中间就能看到网站的配置信息，双击“处理程序映射”进入相应界面，如图16-7所示。然后在“处理程序映射”界面中右击，从弹出的快捷菜单中选择“添加模块映射”，如图16-8所示。

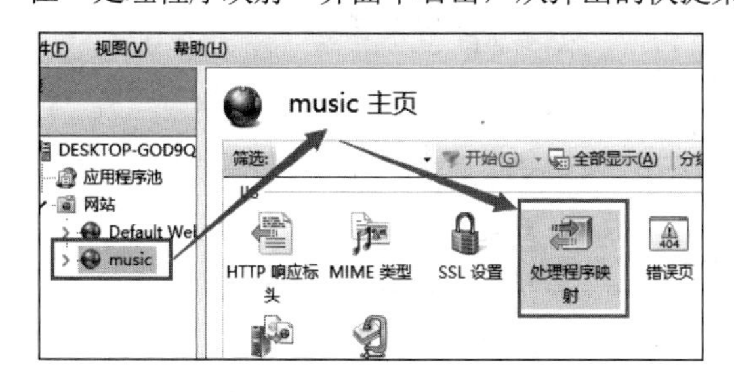

图 16-7　处理程序映射

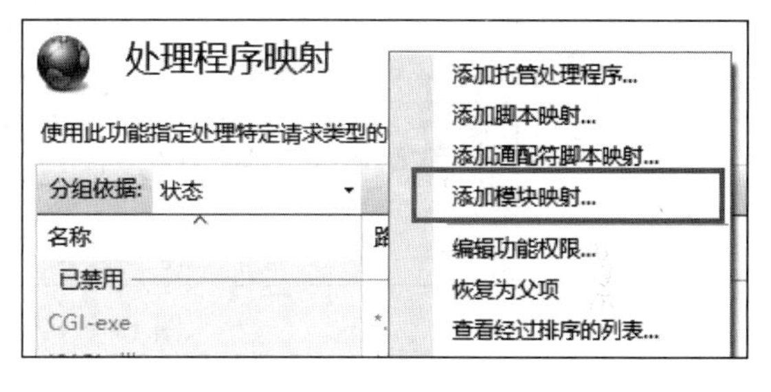

图 16-8　添加模块映射

在“添加模块映射”界面中分别输入请求路径、模块、可执行文件和名称等相关信息，并单击“请求限制”按钮，取消勾选“仅当请求映射至以下内容时才调用处理程序”复选框。其中请求路径和模块是固定内容；可执行文件由“|”分为两部分，“D:\Python\python.exe”代表Python解释器，“D:\Python\Lib\site-packages\wfastcgi.py”代表wfastcgi模块。整个模块映射的配置如图16-9所示。

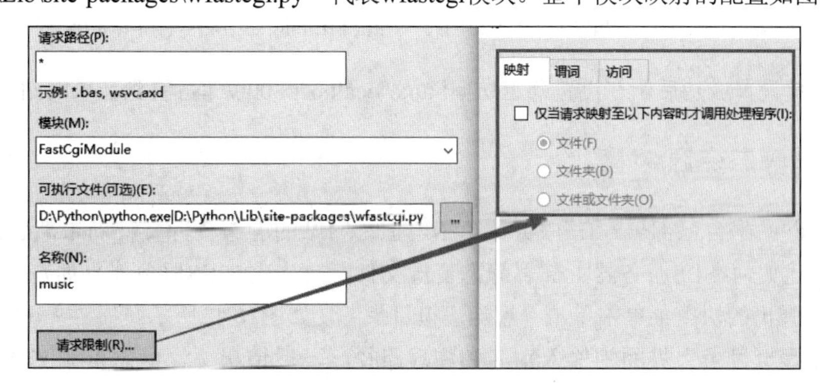

图 16-9　添加模块映射

模块映射添加成功后，在IIS服务器的主页可以看到新增的“FastCGI设置”，如图16-10所示。双击“FastCGI设置”进入相应界面，然后在“FastCGI设置”界面中双击打开当前路径信息，在“编辑FastCGI应用程序”界面中设置环境变量，如图16-11所示。

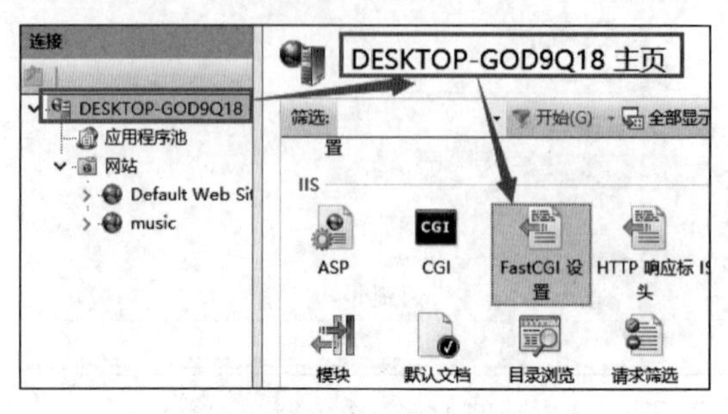

图 16-10 FastCGI 设置

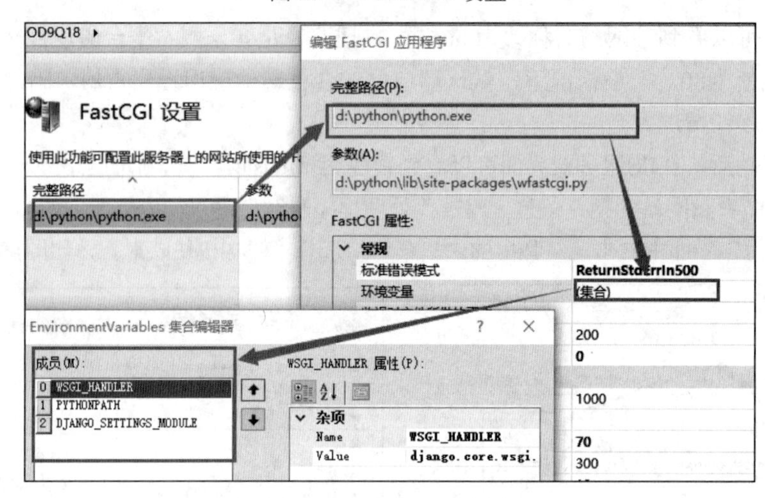

图 16-11 设置环境变量

从图16-11中可以看到，“编辑FastCGI应用程序”界面的完整路径D:\Python\python.exe来自图16-9新增的模块映射，我们需要对该路径添加3个环境变量，每个环境变量以键值对表示，具体设置如下：

- Name: WSGI_HANDLER、Value: django.core.wsgi.get_wsgi_application()。
- Name: PYTHONPATH、Value: D:\music（项目路径）。
- Name: DJANGO_SETTINGS_MODULE、Value: music.settings（项目的配置文件）。

当环境变量设置成功后，在浏览器上访问http://localhost:8000/即可看到音乐网站平台首页。

16.1.3 配置静态资源

现在音乐网站平台已部署在IIS服务器上了，但是网站的静态资源文件尚未部署在IIS服务器上，本节将讲述如何在IIS服务器上部署静态资源文件。首先右击IIS服务器界面左侧的项目站点music，然后在弹出的快捷菜单中单击“添加虚拟目录”，如图16-12所示。

在“添加虚拟目录”界面中输入别名和物理路径。一般情况下，静态资源文件的别名改为“static”，物理路径指向音乐网站平台的静态资源文件夹static，如图16-13所示。

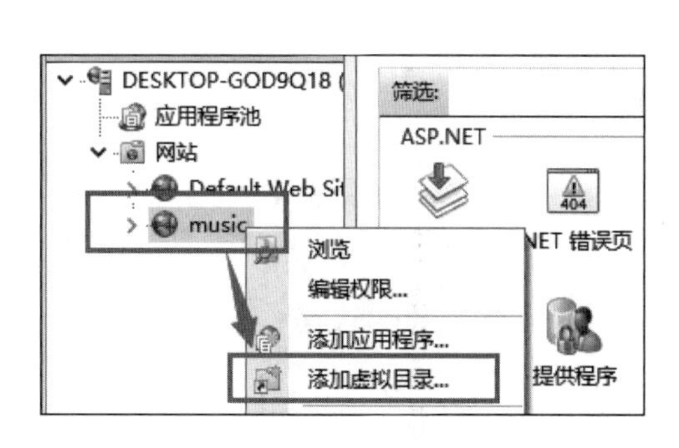

图 16-12　添加虚拟目录

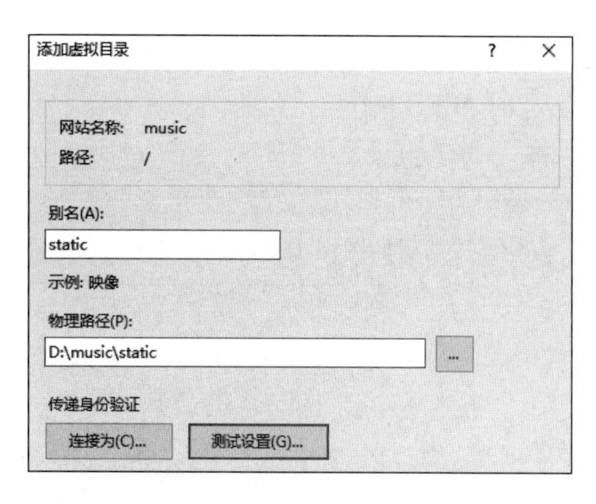

图 16-13　设置虚拟目录

当静态资源的虚拟目录添加成功后，项目站点music将会显示网站的目录结构，并为静态资源文件夹static设置虚拟目录，如图16-14所示。

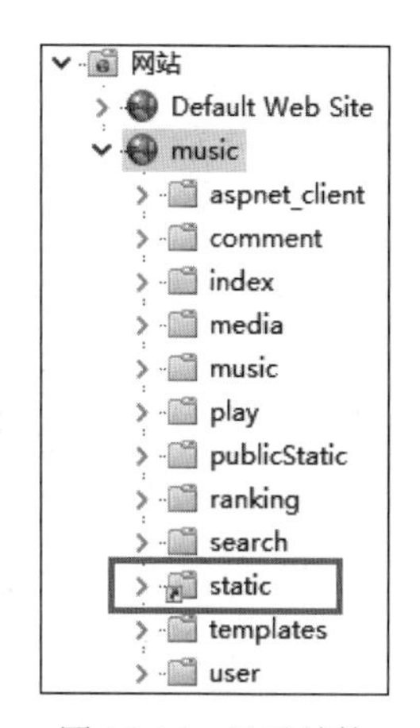

图 16-14　目录结构

至此，我们在Windows的IIS服务器上已完成Django项目的上线部署。回顾整个部署过程，可以总结出以下的操作步骤：

（1）从计算机的“控制面板”找到“程序和功能”，由“程序和功能”界面进入“启用或关闭Windows功能”界面，勾选“Internet Information Services”的部分功能选项并单击“确定”按钮，即可安装和开启IIS服务器。

（2）使用pip指令安装wfastcgi模块，然后右击IIS服务器界面左侧的“网站”，在弹出的快捷菜单中单击“添加网站”，在“添加网站”界面中输入网站信息，即可创建项目站点。

（3）在项目站点的“处理程序映射”界面中，右击并选择“添加模块映射”。在“添加模块映射”界面分别输入请求路径、模块、可执行文件和名称等相关信息，并单击“请求限制”按钮，取消勾选“仅当请求映射至以下内容时才调用处理程序”复选框。

（4）在IIS服务器的主页双击新增的“FastCGI设置”，进入“FastCGI设置”界面，找到路径信息D:\Python\python.exe，然后为该路径添加3个环境变量，即可完成网站部署。

（5）在项目站点添加虚拟目录，虚拟目录实现网站的静态资源部署，只需在“添加虚拟目录”界面中输入别名和静态资源的物理路径即可。

16.2　基于Docker的项目部署

16.2.1　安装Docker

Docker支持Windows、Linux和macOS等主流操作系统，大多数情况下都选择Linux运行Docker。不同版本的Linux发行版在安装Docker过程中会存在细微差异。

下面以CentOS为例，讲述如何安装Docker。首先使用官方脚本自动安装Docker，在云服务器输入以下指令并执行：

```
# 官方安装脚本
curl -fsSL https://get.docker.com | bash -s docker --mirror Aliyun
```

安装成功后如图16-15所示。

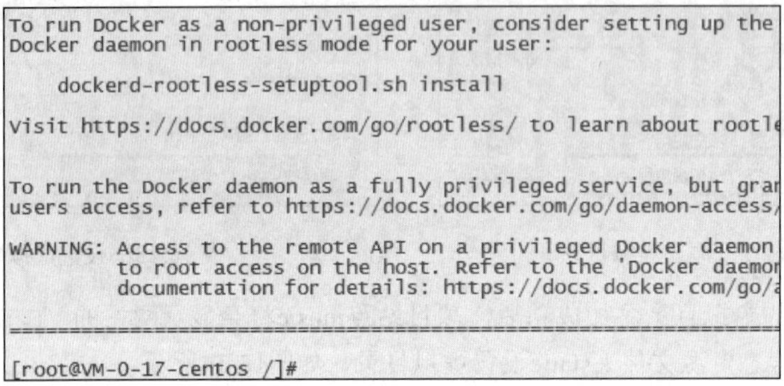

```
To run Docker as a non-privileged user, consider setting up the
Docker daemon in rootless mode for your user:

    dockerd-rootless-setuptool.sh install

Visit https://docs.docker.com/go/rootless/ to learn about rootl

To run the Docker daemon as a fully privileged service, but gran
users access, refer to https://docs.docker.com/go/daemon-access/

WARNING: Access to the remote API on a privileged Docker daemon
         to root access on the host. Refer to the 'Docker daemon
         documentation for details: https://docs.docker.com/go/a

================================================================

[root@VM-0-17-centos /]#
```

图 16-15　自动安装 Docker

然后设置Docker镜像仓库。镜像仓库负责镜像内容的存储和分发，简单来说，它是一个让使用者下载各种软件的平台。设置仓库之前需要在系统中安装相应的依赖软件，安装指令如下：

```
# 安装相应的依赖软件
sudo yum install -y yum-utils device-mapper-persistent-data lvm2
```

再通过yum-config-manager指令设置Docker镜像仓库，由于国内外网络问题，读者可以根据自身网络情况选择不同网站的镜像仓库，详细设置指令如下：

```
# 官方的镜像仓库
sudo yum-config-manager --add-repo
https://download.docker.com/linux/centos/docker-ce.repo
# 阿里云的镜像仓库
sudo yum-config-manager --add-repo
http://mirrors.aliyun.com/docker-ce/linux/centos/docker-ce.repo
# 清华大学源的镜像仓库
sudo yum-config-manager --add-repo https://mirrors.tuna.tsinghua.edu.cn/
docker-ce/linux/centos/docker-ce.repo
```

最后安装Docker引擎，只需通过yum指令安装即可，指令如下：

```
# 安装Docker引擎
sudo yum install docker-ce docker-ce-cli containerd.io --allowerasing
```

安装指令可以选择参数--allowerasing、--skip-broken或--nobest，如果没有设置参数，安装将提示异常。每个参数的说明如下：

- --allowerasing：替换冲突的软件包。
- --skip-broken：跳过无法安装的软件包。
- --nobest：不使用最佳选择的软件包。

至此，我们已在CentOS来成功安装Docker。下一步在系统中运行Docker，使用systemctl指令启动Docker，然后输入Docker指令查看Docker版本信息，操作指令分别如下：

```
# 运行Docker
sudo systemctl start docker
#  查看Docker版本信息
docker version
```

Docker成功运行之后，其版本信息如图16-16所示。

```
Client: Docker Engine - Community
 Version:           23.0.4
 API version:       1.42
 Go version:        go1.19.8
 Git commit:        f480fb1
 Built:             Fri Apr 14 10:34:20 2023
 OS/Arch:           linux/amd64
 Context:           default

Server: Docker Engine - Community
 Engine:
  Version:          23.0.4
  API version:      1.42 (minimum version 1.12)
  Go version:       go1.19.8
  Git commit:       cbce331
  Built:            Fri Apr 14 10:32:03 2023
  OS/Arch:          linux/amd64
  Experimental:     false
```

图 16-16　版本信息

16.2.2　Docker常用指令

要使用Docker，必须掌握它的操作指令。将指令按照操作类型划分，可分为4种类型：基础指令、容器指令、镜像指令、运维指令。

1. 基础指令

基础指令包含启动Docker、停止Docker、重启Docker、开机自启动Docker、查看运行状态、查看版本信息、查看帮助信息等。

启动Docker、停止Docker、重启Docker、开机自启动Docker和查看运行状态是在操作系统层面上实现的，等同于在计算机上运行或关闭软件等操作，其详细指令如下：

```
# 启动Docker
systemctl start docker
# 停止Docker
systemctl stop docker
# 重启Docker
systemctl restart docker
# 开机自启动Docker
systemctl enable docker
# 查看运行状态
systemctl status docker
```

查看版本信息和查看帮助信息是查看Docker基本信息，其详细指令如下：

```
# 查看版本信息
docker version
# 查看系统信息
docker info
# 查看帮助信息
```

```
docker --help
# 查看某个指令的参数格式
docker pull --help
```

2. 容器指令

容器指令包含查看正在运行的容器、查看所有容器、运行容器、删除容器、进入容器、停止容器、重启容器、启动容器、杀死容器、容器文件拷贝、更换容器名、查看容器日志等，详细指令如下：

```
# 查看正在运行的容器
docker ps
# 查看所有容器
docker ps -a
# 运行容器，以运行redis为例
docker run -itd --name myRedis -p 8000:6379 redis
# 删除容器
docker rm -f 容器名/容器ID（容器名/容器ID可以通过docker ps -a获取）
# 删除全部容器
docker rm -f $(docker ps -aq)
# 进入容器
# 使用exec进入
docker exec -it 容器名/容器ID /bin/bash
# 使用attach进入
docker attach 容器名/容器ID
# 停止容器
docker stop 容器ID/容器名
# 重启容器
docker restart 容器ID/容器名
# 启动容器
docker start 容器ID/容器名
# 杀死容器
docker kill 容器ID/容器名
# 容器文件拷贝
# 从容器内拷贝
docker cp 容器ID/名称：容器内路径  容器外路径
# 从外部拷贝到容器内
docker  cp 容器外路径 容器ID/名称：容器内路径
# 更换容器名
docker rename 容器ID/容器名 新容器名
# 查看容器日志
# 参数tail是查看行数，若不设置则默认为all
docker logs -f --tail=30 容器ID
```

在所有容器指令中，以运行容器最为核心，并且指令参数也是最多的，常用参数说明如下：

- -a：指定标准输入/输出的内容类型，参数值分别为STDIN、STDOUT和STDERR。
- -d：以后台方式运行容器，并返回容器ID。
- -i：以交互模式运行容器，通常与-t同时使用。
- -t：为容器重新分配一个伪输入终端，通常与-i同时使用。

- -P：随机端口映射，容器内部端口随机映射到主机端口。
- -p：指定端口映射，参数格式为主机端口:容器端口。
- -name：为容器指定一个名称。
- -dns：指定容器使用DNS服务器，默认使用主机的DNS服务器。
- -h：指定容器的hostname。
- -e：设置环境变量，参数格式为环境变量名=变量值，如username="XXYY"。
- -m：设置容器使用内存最大值。
- -net：指定容器的网络连接类型，参数值分别为bridge、host、none和container。
- -link：向另一个容器添加网络连接，实现两个容器之间的数据通信。
- -expose：使容器开放一个端口或一组端口，但不会与主机实现端口映射。
- -volume或-v：将主机文件目录挂载到容器里，实现数据持久化，参数格式为主机目录:容器目录。

3. 镜像指令

镜像指令包含查看镜像、搜索镜像、拉取镜像、删除镜像、强制删除镜像、保存镜像、加载镜像和镜像标签，详细指令如下：

```
# 查看镜像
docker images
# 搜索镜像
docker search 镜像名
# 搜索mysql
docker search mysql
# 拉取镜像
docker pull 镜像名
# tag是拉取镜像指定版本
docker pull 镜像名:tag
# 删除镜像
# 删除一个
docker rmi -f 镜像名/镜像ID
# 删除多个，多个镜像ID或镜像名使用空格隔开即可
docker rmi -f 镜像名/镜像ID 镜像名/镜像ID 镜像名/镜像ID
# 删除全部镜像，参数-a意思为显示全部，参数-q意思为只显示ID
docker rmi -f $(docker images -aq)
# 强制删除镜像
docker image rm 镜像名/镜像ID
# 保存镜像
docker save 镜像名/镜像ID -o 保存的文件路径
# 加载镜像
docker load -i 镜像保存文件位置
# 镜像标签
docker tag 源镜像名:标签名 新镜像名:新标签
```

4. 运维指令

运维指令是查看Docker运行情况以及清理闲置容器和镜像等操作，例如查看Docker工作目录、磁盘占用情况、磁盘使用情况、删除无用容器和镜像、删除没有被使用的镜像，详细指令如下：

```
# 查看Docker工作目录
sudo docker info | grep "Docker Root Dir"
# 磁盘占用情况
du -hs /var/lib/docker/
# 磁盘使用情况
docker system df
# 删除无用容器和镜像
# 删除异常停止的容器
docker rm `docker ps -a | grep Exited | awk '{print $1}'`
# 删除名称或标签为none的镜像
docker rmi -f  `docker images | grep '<none>' | awk '{print $3}'`
# 删除没有被使用的镜像
docker system prune -a
```

至此，我们简单说明了Docker的常用指令，如果能熟练使用这些指令，基本上就达到了入门水平。在实际工作中，还需要结合Dockerfile、Docker Compose、Docker Swarm或Kubernetes一起使用。

关于Dockerfile、Docker Compose、Docker Swarm或Kubernetes的教程，本书不进行深入讲述，但读者有必要知道每个工具所实现的功能：

- Dockerfile用来定制镜像，它是一个文本文件，包含一条或多条指令，每条指令主要对当前镜像的某一层执行修改或安装等操作。Docker的镜像是以分层结构实现的，每个功能是一层层叠加起来的。例如要创建一个Nginx容器，那么最底层使用操作系统是CentOS，然后在CentOS系统上叠加一层来安装Nginx服务。
- Docker Compose用来定义和管理容器，当Docker需要运行成百上千个容器的时候，如果一个一个容器依次启动，就要花费很多时间，而有了Docker Compose，只需编写配置文件，在文件中声明需要启动的容器以及参数，Docker就会按照配置文件启动所有容器。但是Docker Compose只能启动当前服务器的Docker，如果是其他服务器则无法启动。
- Docker Swarm是管理多服务器的Docker容器，它能启动不同服务器的Docker容器、监控容器状态、重启容器、提供负载均衡服务等，全面并多方位管理Docker容器。虽然Docker Swarm是Docker公司研发的，但目前基本弃用。
- Kubernetes与Docker Swarm的功能定位是一样的，不过它由谷歌研发，并且已成为当前备受欢迎的工具。

16.2.3 安装MySQL

使用Docker安装MySQL比直接在操作系统上安装MySQL更为简单，并且一台服务器能轻易部署多个MySQL。

首先使用SecureCRT等终端远程软件连接腾讯云服务器，前提条件是云服务器已安装Docker。然后在云服务器创建文件夹/home/mysql10/conf，在文件夹下创建mysql.cnf并写入配置信息，代码如下：

```
[mysqld]
pid-file=/var/run/mysqld/mysqld.pid
socket=/var/run/mysqld/mysqld.sock
datadir=/var/lib/mysql
secure-file-priv= NULL
```

上述操作包括创建文件夹以及创建、编辑文件，每个操作指令如下：

```
# 切换当前路径
[root@VM-0-17-centos /]# cd /home/
# 查看文件夹home的目录信息
[root@VM-0-17-centos home]# ls
# 创建文件夹mysql10/conf并切换路径
[root@VM-0-17-centos home]# mkdir mysql10
[root@VM-0-17-centos home]# cd mysql10/
[root@VM-0-17-centos mysql10]# mkdir conf
[root@VM-0-17-centos mysql10]# cd conf/
# 创建并编辑配置文件mysql.cnf
[root@VM-0-17-centos conf]# vim mysql.cnf
# 查看配置文件内容
root@VM-0-17-centos conf]# cat mysql.cnf
[mysqld]
pid-file=/var/run/mysqld/mysqld.pid
socket=/var/run/mysqld/mysqld.sock
datadir=/var/lib/mysql
secure-file-priv= NULL
```

最后在云服务器输入Docker指令运行MySQL服务，指令如下：

```
docker run --name mysql10 -p 3306:3306
-v /home/mysql10/conf:/etc/mysql/conf.d
-v /home/mysql10/data:/var/lib/mysql
-e MYSQL_ROOT_PASSWORD=1234 -d mysql
```

上述Docker指令通过docker run运行MySQL服务，指令的各个参数说明如下：

（1）--name mysql10：设置Docker容器名称。

（2）-p 3306:3306：将云服务器端口对接Docker端口，通过云服务器端口访问对应Docker端口的服务。参数p后面的第一个端口3306是云服务器端口，第二个端口3306是Docker端口。

（3）-v /home/mysql10/conf:/etc/mysql/conf.d：将Docker的MySQL配置文件/etc/mysql/conf.d挂载到云服务器的文件夹/home/mysql10/conf。参数v后面的第一个路径是云服务器文件夹路径，第二个路径是MySQL在Docker中的配置文件路径。

（4）-v /home/mysql/data:/var/lib/mysql：将Docker的MySQL数据/var/lib/mysql挂载到云服务器的文件夹/home/mysql10/data。

（5）-e MYSQL_ROOT_PASSWORD=1234：设置MySQL的root用户密码。

（6）-d mysql：是镜像名称，如果没有规定MySQL版本，则默认安装最新版本；如果规定了MySQL版本，则可以加上版本信息，如-d mysql5.7。

运行上述指令之后，如果之前未拉取MySQL镜像，则Docker自动下载并运行MySQL服务，运行结果如图16-17所示。

由于MySQL 8.0以上版本更换了加密方式，使用Navicat Premium等远程连接软件可能无法连接，并且MySQL没有开启远程访问，因此还需要对MySQL进行修改。

```
[root@VM-0-17-centos /]# docker run --name mysql10 -p 3306:3306 -v /home/mysql10/conf:/etc/
mysql/conf.d -v /home/mysql10/data:/var/lib/mysql -e MYSQL_ROOT_PASSWORD=1234 -d mysql
Unable to find image 'mysql:latest' locally
latest: Pulling from library/mysql
e54b73e95ef3: Pull complete
327840d38cb2: Pull complete
642077275f5f: Pull complete
e077469d560d: Pull complete
cbf214d981a6: Pull complete
7d1cc1ea1b3d: Pull complete
d48f3c15cb80: Pull complete
94c3d7b2c9ae: Pull complete
f6cfbf240ed7: Pull complete
e12b159b2a12: Pull complete
4e93c6fd777f: Pull complete
Digest: sha256:152cf187a3efc56afb0b3877b4d21e231d1d6eb828ca9221056590b0ac834c75
Status: Downloaded newer image for mysql:latest
350e8104254ccca756d39b0508281d52e6c55a29ba0a6809650380121e3a2d6f
[root@VM-0-17-centos /]# docker ps -a
CONTAINER ID   IMAGE     COMMAND                  CREATED              STATUS
PORTS                                                   NAMES
350e8104254c   mysql     "docker-entrypoint.s…"   About a minute ago   Up About a minute
0.0.0.0:3306->3306/tcp, :::3306->3306/tcp, 33060/tcp   mysql10
```

图 16-17　运行结果

我们输入命令“docker exec -it mysql10 bash”，进入MySQL所在的Docker，其中mysql10是Docker容器名称，如图16-18所示。

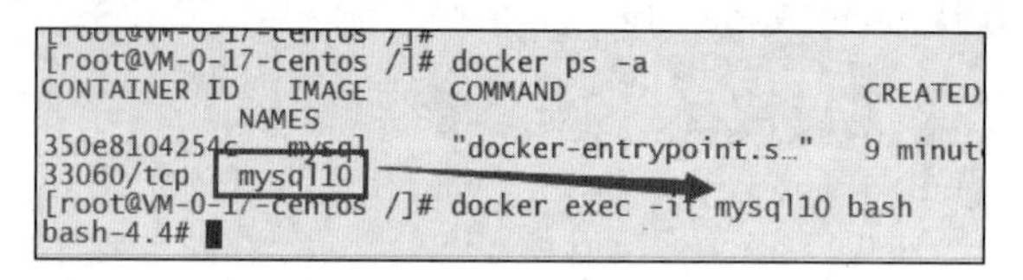

图 16-18　进入容器

进入容器之后，我们依次登录MySQL、选中数据表mysql、修改root用户的密码加密方式和开启远程访问、查看修改结果，每个操作指令如下：

```
# 登录MySQL
mysql -uroot -p1234
# 选中数据表mysql
use mysql;
# 修改root用户的密码加密方式和开启远程访问
alter user 'root'@'%' identified with mysql_native_password by '1234';
查看修改结果
select host,user,plugin,authentication_string from mysql.user;
```

上述操作指令运行结果如图16-19所示。最后输入两次exit分别退出MySQL和Docker。

我们使用Navicat Premium远程连接云服务器的MySQL，连接信息如图16-20所示。

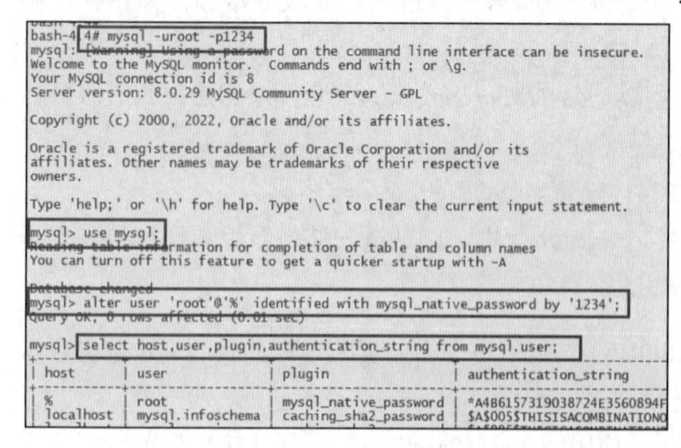

图 16-19　运行结果

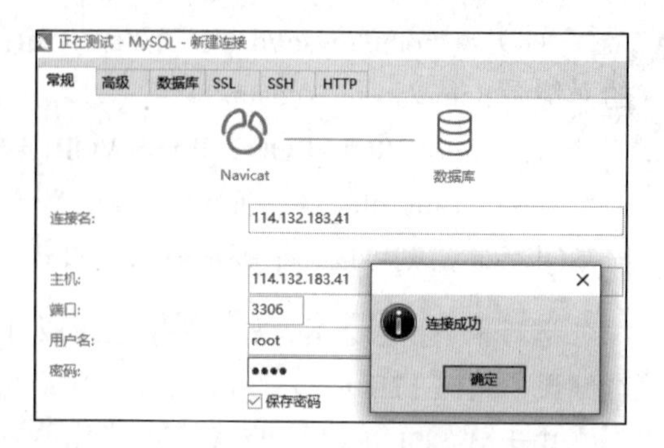

图 16-20　连接 MySQL

如需在同一台服务器上部署多个MySQL服务，则使用docker run运行MySQL服务时，必须将每个MySQL对应的云服务器端口、挂载配置文件和挂载MySQL数据文件夹单独分开，也就是说不同的MySQL服务不能共用同一个云服务器的端口、配置文件和MySQL数据文件夹。

16.2.4　使用Docker Compose部署

由于本书项目采用前后端不分离的架构模式，因此在部署项目时，只需单独部署Django项目即可。以音乐网站平台为例，其Docker部署方案如图16-21所示。

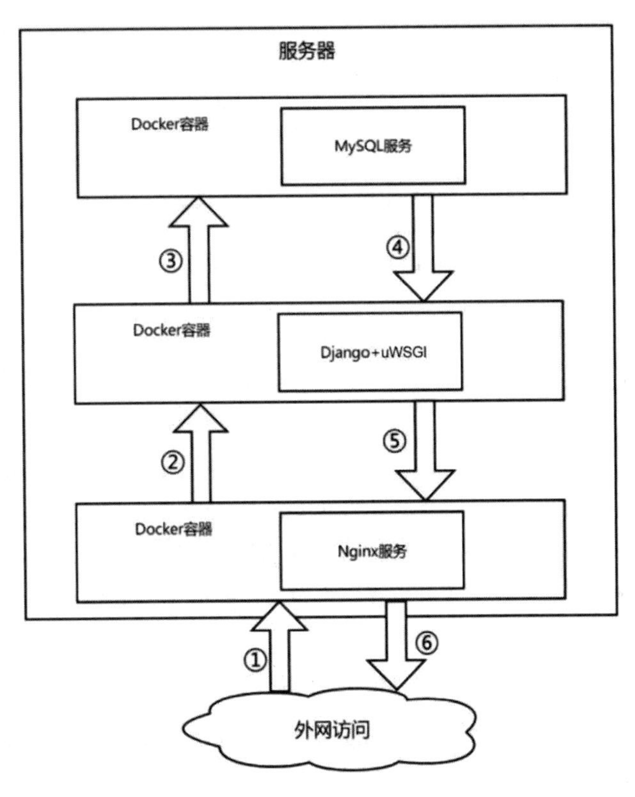

图 16-21　部署方案

整个项目的数据通信说明如下：

① 是指用户通过服务器IP+端口或域名等方式访问服务器，由于服务器端口与容器端口实现映射，因此用户的访问请求最终交由容器Nginx处理。

② 是指容器Nginx收到用户请求后，将请求转发给另一个容器Django+uWSGI进行处理。Django收到用户请求之后，首先找到对应的路由和视图函数进行数据处理。

③ 是指在Django处理数据的过程中，当程序数据与数据库发生交互时，会从另一个容器MySQL进行数据读写操作。

④ 是指数据库完成数据操作并返回执行结果，Django收到数据库返回的结果并进行下一步处理。

⑤ 是指Django将最终处理结果返回给容器Nginx。

⑥ 是指Nginx收到Django的处理结果之后将它转发并返回给用户。

由于3个容器之间存在数据通信关系，因此在部署过程中必须保证3个容器在同一个网络里，并且容器之间的通信端口设置符合实际需求。这些都是部署过程中需要注意的细节，只要某个细节出错，就会导致整个部署失败。

我们在E盘创建servers文件夹，然后在servers文件夹中分别创建文件夹django和mysql10，以及文件docker-compose.yml、Dockerfile和nginx.conf，目录结构如图16-22所示。

电脑 › 文档 (E:) › servers

名称	类型	大小
django	文件夹	
mysql10	文件夹	
docker-compose.yml	YML 文件	2 KB
Dockerfile	文件	1 KB
nginx.conf	CONF 文件	1 KB

图 16-22　servers 目录结构

servers的每个文件夹和文件说明如下：

（1）django文件夹用于存放Django项目文件、配置文件uwsgi.ini和Python模块安装文件requirements.txt。

（2）mysql10文件夹含有conf和init文件夹：conf文件夹里面存放MySQL配置文件mysql.cnf；init文件夹里面存放init.sql文件，它用于设置MySQL的用户加密方式。

（3）docker-compose.yml用于定义和运行容器，实现后端项目的部署。

（4）Dockerfile用于定义容器镜像，构建Python运行环境、安装模块依赖以及通过uWSGI运行Django。

（5）nginx.conf用于配置Nginx，通过Nginx与uWSGI实现数据通信并配置Django静态资源文件。

按照后端部署方案，第一步应该搭建MySQL。其实项目搭建顺序并没有先后之分，但为了更好地梳理搭建过程以及各个服务之间的通信关系，建议从底层服务开始搭建，然后向外延伸扩展。

首先在mysql10文件夹中创建conf文件夹，并在conf文件夹中创建mysql.cnf文件，文件目录如图16-23所示。

图 16-23　mysql.cnf 文件目录

打开mysql.cnf文件，在文件中写入MySQL的配置信息并保存退出，配置代码如下：

```
[mysqld]
pid-file=/var/run/mysqld/mysqld.pid
socket=/var/run/mysqld/mysqld.sock
datadir=/var/lib/mysql
secure-file-priv= NULL
```

然后在mysql10文件夹中创建init文件夹，并在init文件夹中创建init.sql文件，文件目录如图16-24所示。

打开init.sql文件，在文件中写入修改MySQL用户密码的加密方式和开启root用户远程访问的SQL语句，代码如下：

```
alter user 'root'@'%' identified with mysql_native_password by 'QAZwsx1234!';
```

从MySQL搭建过程可知，root用户密码为QAZwsx1234!，它将用于Django的配置文件settings.py。

下一步搭建Django应用程序，将音乐网站项目放在django文件夹，并创建配置文件uwsgi.ini和模块安装文件requirements.txt，文件目录如图16-25所示。

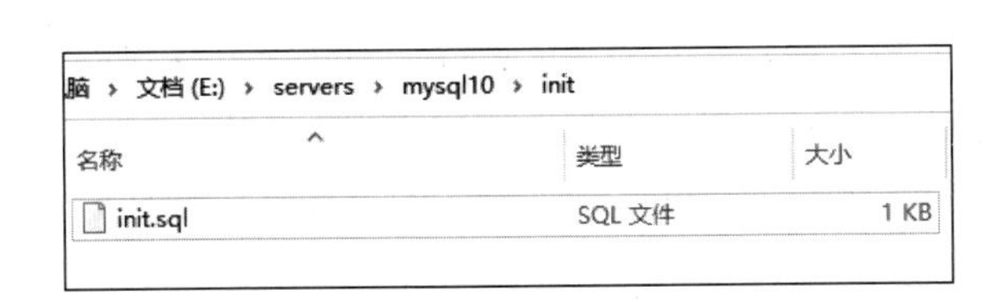

图 16-24　init.sql 文件目录

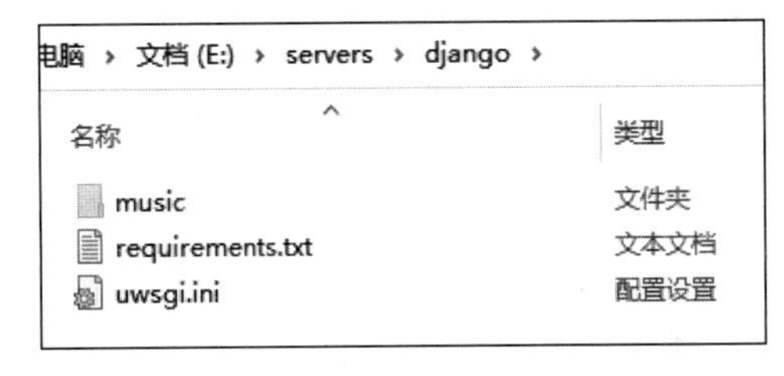

图 16-25　文件目录

打开模块安装文件requirements.txt，写入Django运行所需的模块名称并保存，代码如下：

```
django
uwsgi
mysqlclient
```

接着打开音乐网站的配置文件settings.py，将MySQL的基本信息写入配置属性DATABASES，详细配置如下：

```
DATABASES = {
    'default': {
        'ENGINE': 'django.db.backends.mysql',
        # 数据库名称
        'NAME': 'music_db',
        # 数据库用户名
        'USER': 'root',
        # 数据库密码
        'PASSWORD': 'QAZwsx1234!',
        # db是MySQL在docker-compose.yml的命名
        # 此处是MySQL与Django对接
        'HOST': 'db',
        'PORT': '3306',
    },
}
```

最后打开配置文件uwsgi.ini，写入uWSGI服务器的配置信息并保存，代码如下：

```
[uwsgi]
# Django-related settings
socket= 0.0.0.0:8080
```

```
# 代表Django项目目录，该目录是容器挂载的路径
chdir=/home/servers/django/music

# 代表music的wsgi.py文件
module= music.wsgi

# process-related settings
# master
master=true

# maximum number of worker processes
processes=4

# chmod-socket = 664
# clear environment on exit
vacuum=true
```

完成MySQL和Django的配置之后，接下来是构建和运行容器。在servers文件夹分别创建Dockerfile、nginx.conf和docker-compose.yml文件，并为每一个文件写入相应的配置信息。

首先打开Dockerfile文件，这是自定义构建Python运行环境的容器镜像文件，配置代码如下：

```
# 建立Python3.10.9环境
FROM python:3.10.9
# 镜像作者
MAINTAINER HYX
# 设置容器内的工作目录
WORKDIR /home
# 将当前目录django复制到容器的/home/servers/django
COPY ./django /home/servers/django
# 在容器内安装Python模块
RUN pip install -r /home/servers/django/requirements.txt
-i https://mirrors.aliyun.com/pypi/simple/
```

由Dockerfile配置可知，镜像自定义过程如下：

（1）从镜像仓库拉取Python版本，并安装在容器中。
（2）将Dockerfile同一目录的django文件夹复制到容器的/home/servers/django。
（3）在容器内使用pip指令对模块安装文件requirements.txt执行模块安装。

然后打开Nginx的配置文件nginx.conf，实现Django静态资源文件配置与Nginx与uWSGI的通信设置，详细代码如下：

```
worker_processes 1;

events {
    worker_connections 1024;
}

http {
    include mime.types;
    default_type application/octet-stream;
    sendfile on;
    keepalive_timeout 65;
    server {
```

```
        listen 80;
        server_name 127.0.0.1;
        charset utf-8;
        client_max_body_size 75M;
        # 配置静态资源文件
        location /static {
            expires 30d;
            autoindex on;
            add_header Cache-Control private;
            alias /home/servers/django/music/static/;
        }
        # 配置uWSGI服务器
        location / {
            include uwsgi_params;
            # web是Django在docker-compose.yml的命名
            # 此处是Django与Nginx对接
            uwsgi_pass web:8080;
            uwsgi_read_timeout 2;
        }
    }
}
```

在上述配置中，配置属性listen、server_name、alias和uwsgi_pass要根据情况设置，每个配置的说明如下：

（1）listen的端口设置为80，这是网站访问入口。

（2）server_name的IP地址设为本地IP地址，即CentOS的本地IP地址。

（3）alias是Nginx容器内部的Django静态文件路径，由CentOS的文件挂载到容器内，实现数据持久化。

（4）uwsgi_pass与Django+uWSGI容器实现通信对接，它等同于配置文件uwsgi.ini的socket=0.0.0.0:8080。Django+uWSGI容器以web命名方式使用，而容器命名来自配置文件docker-compose.yml。

最后编写配置文件docker-compose.yml，分别将MySQL、Django+uWSGI和Nginx容器命名为db、web和nginx，并通过自定义网络my_network将db、web和nginx容器捆绑一起，使各个容器之间能够相互通信，详细配置代码如下：

```
version: "3.8"

networks: # 自定义网络（默认桥接）
  my_network:
    driver: bridge

services:
  db:
    # 拉取最新的MySQL镜像
    image: mysql:latest
    # 设置端口
    ports:
```

```
      - "3306:3306"
    environment:
      # 数据库密码
      - MYSQL_ROOT_PASSWORD=QAZwsx1234!
      # 数据库名称
      - MYSQL_DATABASE=music_db
    # 设置挂载目录
    volumes:
      - /home/servers/mysql10/conf:/etc/mysql/conf.d # 挂载配置文件
      - /home/servers/mysql10/data:/var/lib/mysql
      - /home/servers/mysql10/init:/docker-entrypoint-initdb.d/
    # 容器运行发生错误时一直重启
    restart: always
    # 设置网络
    networks:
     - my_network

  web:
    # 通过同目录下的Dockerfile构建镜像
    build: ./
    # 容器启动后执行uWSGI，启动Django
    command: uwsgi --ini /home/servers/django/uwsgi.ini
    # 设置端口
    ports:
      - "8080:8080"
    volumes:
      - /home/servers/django:/home/servers/django
    # 容器运行发生错误时一直重启
    restart: always
    # 设置网络
    networks:
      - my_network

  nginx:
    # 拉取最新的Nginx镜像
    image: nginx:latest
    # 设置端口
    ports:
      - "80:80"
    # 容器运行发生错误时一直重启
    restart: always
    # 设置挂载目录
    volumes:
      - /home/servers/nginx.conf:/etc/nginx/nginx.conf
      - /home/servers/django/music/static/:/home/servers/django/music/static/
    # 设置网络
    networks:
      - my_network
    # 设置容器启动的先后顺序
```

```
    depends_on:
        - db
        - web
```

在上述配置中，自定义网络my_network以桥接方式搭建，并分别创建和运行容器db、web与nginx，每个容器的说明如下：

（1）容器db用于创建MySQL，从镜像仓库拉取最新的MySQL版本安装在容器内，并分别设置端口映射、root用户密码和创建数据库music_db；然后将CentOS的mysql10文件夹挂载到容器里；最后将容器设置在自定义网络my_network中。

（2）容器web用于创建Django+uWSGI应用程序，通过配置属性build将自定义镜像安装在容器内，属性值等于“./”，代表在docker-compose.yml同一目录下寻找Dockerfile文件；然后分别设置端口映射，挂载CentOS的/home/servers/django到容器里，设置自定义网络my_network；最后使用uwsgi指令启动Django，配置属性command若要执行多条指令，则每条指令之间使用“&&”隔开。

（3）容器nginx用于创建Nginx，从镜像仓库拉取最新的Nginx版本安装在容器内，并分别设置端口映射，将CentOS的项目的静态文件夹static挂载到容器内，由配置文件nginx.conf在容器内配置Django静态资源文件；最后将容器设置在自定义网络my_network中，并通过配置属性depends_on依次启动db、web和nginx容器。

使用FileZilla Client软件连接CentOS，将整个servers文件夹复制并粘贴到CentOS的home目录中，再通过SecureCRT等软件远程连接服务器，将当前路径切换到servers文件夹并执行“docker compose up -d”指令启动容器，详细指令如下：

```
[root@VM-0-17-centos /]# cd /home/servers/
[root@VM-0-17-centos servers]# ls
django  docker-compose.yml  Dockerfile  mysql10  nginx.conf
[root@VM-0-17-centos servers]# docker compose up -d
```

当容器启动成功后，输入docker ps -a指令查看容器的运行状态，如果容器能正常运行，再使用Navicat Premium 连接云服务器的数据库music_db，将音乐平台的数据库文件导入数据库，如图16-26所示。

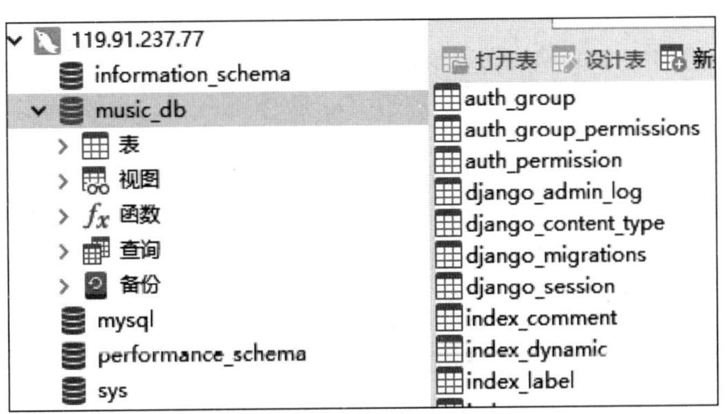

图 16-26　云服务器的数据库 music_db

最后打开浏览器，访问服务器外网IP地址端口就能看到网站首页，如图16-27所示。

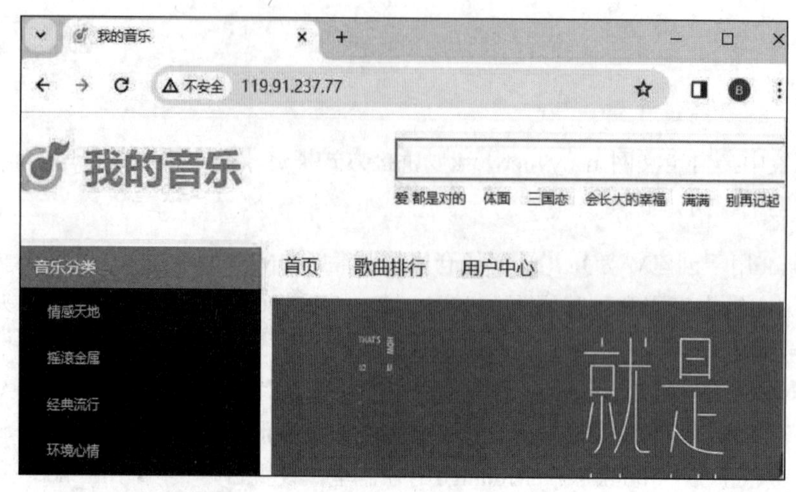

图 16-27 网站首页

至此，我们在Linux中完成了Django项目的上线部署。回顾整个部署过程，可以总结出以下操作步骤：

（1）分别编写MySQL配置文件mysql.cnf和init.sql。mysql.cnf负责配置数据库功能；init.sql负责修改数据库密码和访问权限。

（2）分别编写依赖文件requirements.txt和uWSGI服务器配置文件uwsgi.ini，在音乐平台的配置文件setting.py中修改数据库连接信息，并将Django调试模式改为生产模式。

（3）分别编写Nginx配置文件nginx.conf和Dockerfile，其中Dockerfile主要实现音乐平台的文件迁移和环境依赖安装。

（4）最后编写docker-compose.yml，按序搭建MySQL、uWSGI和Nginx服务，从而完成整个项目搭建过程。

16.3 本章小结

本章我们主要介绍了Django项目的上线部署，读者应当重点掌握项目在基于Windows的IIS服务器中部署项目的操作方法和基于Linux系统使用Docker部署项目的操作方法，以及其具体的操作步骤。